Eberhard Malkowsky
Wolfgang Nickel

Computergrafik in der Differentialgeometrie

vieweg
Informatik & Computer

Aufbau und Arbeitsweise von Rechenanlagen
von Wolfgang Coy

Mehr als nur Programmieren...
Eine Einführung in die Informatik
von Rainer Gmehlich und Heinrich Rust

Simulation neuronaler Netze
von Norbert Hoffmann

Computergrafik in der Differentialgeometrie

Ein Arbeitsbuch für Studenten
inklusive objektorientierter Software
von Eberhard Malkowsky und Wolfgang Nickel
herausgegeben von Kurt Endl

Modellbildung und Simulation
von Hartmut Bossel

Fuzzy-Theorie oder die Faszination des Vagen
Grundlagen einer präzisen Theorie des Unpräzisen
für Mathematiker, Informatiker und Ingenieure
von Bernd Demant

Fuzzy Sets and Fuzzy Logic
von Siegfried Gottwald

„Elemente" der Informatik
Ausgewählte mathematische Grundlagen
für Informatiker und Wirtschaftsinformatiker
von Rainer Beedgen

Computersicherheit
von Rolf Oppliger

Formale Methoden und kleine Systeme
von Dirk Siefkes

Vieweg

Eberhard Malkowsky
Wolfgang Nickel

Computergrafik in der Differentialgeometrie

Ein Arbeitsbuch für Studenten
inklusive objektorientierter Software

herausgegeben von Kurt Endl

vieweg

Alle Rechte vorbehalten
© Friedr. Vieweg & Sohn Verlagsgesellschaft mbH, Braunschweig/Wiesbaden, 1993
Softcover reprint of the hardcover 1st edition 1993
Additional material to this book can be downloaded from http://extras.springer.com

Der Verlag Vieweg ist ein Unternehmen der Verlagsgruppe Bertelsmann International.

Gedruckt auf säurefreiem Papier

ISBN 978-3-663-05913-4   ISBN 978-3-663-05912-7 (eBook)
DOI 10.1007/978-3-663-05912-7

VORWORT DES HERAUSGEBERS

Die Differentialgeometrie ist für viele Wissenschafts- und Anwendungsgebiete von überragender Bedeutung. Da ihre Objekte analytischer Natur sind, können sie mit mathematischen Methoden behandelt und computergrafisch dargestellt werden.

Inzwischen gibt es für zahlreiche Anwendungsgebiete - Mathematik, Physik, Konstruktion usw. - eine zum Teil sehr allgemeine Software, die bis zu einem gewissen Grad auch die computergrafische Behandlung einiger differentialgeometrischer Probleme erlaubt. Doch, wie vollkommen eine solche Software auch konzipiert und implementiert sein mag, sie ist auf eine wohldefinierte, naturgemäß begrenzte Palette von Möglichkeiten beschränkt. Probleme, die durch keine solche Software abgedeckt werden, bedürfen einer eigenen Behandlung.

Die vorliegende "Software zur Differentialgeometrie" ist eine Einführung in die Programmierung der grundlegenden differentialgeometrischen Sachverhalte. Sie bleibt auf der Programmierebene, im Gegensatz zu einer "fertigen" Software mit einer Benutzeroberfläche. Die Implementierung geschieht in objektorientierter, dynamischer Form mit TURBO PASCAL. Die Möglichkeiten der Objekthierarchie und insbesondere der Vererbung erlauben hierbei beliebige Verallgemeinerungen der behandelten Kurven- und Flächenklassen. Es handelt sich damit um eine offene Software im Sinne der objektorientierten Programmierung.

Neben der Möglichkeit des Einsatzes in Anwendungsbereichen eröffnet die "Software zur Differentialgeometrie" große Möglichkeiten für die Lehre. An einschlägigen Fachhochschulen und allen Universitäten gehört ja eine Einführung in die Differentialgeometrie im Prinzip zum notwendigen Repertoire. Wer immer aber eine einschlägige Vorlesung gehalten hat, weiß um die Schwierigkeiten, die Resultate des höchst komplexen Formelapparats zu veranschaulichen. Die Darstellung einer Kugel mit Meridianen und Breitenkreisen mag einem manuell begabten Dozenten noch gelingen, aber das Zeichnen geodätischer Linien auf einer allgemeinen Rotationsfläche ist schon etwas anderes.

Die Heranziehung einer "fertigen" Software zur Illustration oder gar zum Ersatz der theoretischen Grundlagen stellt keine Lösung dar. Es kann nicht Ziel der Erziehung sein, den Studenten das Drücken von Tasten und Herumschieben einer Maus zur Bedienung einer solchen Software beizubringen, so bequem das auch erscheinen mag. Die Vermittlung der grundlegenden theoretischen Tatsachen sollte nach wie vor im Vordergrund stehen. Eigene Programmierung von anfallenden Problemen erbringt dann den willkommenen Beweis, ob die Theorie tatsächlich verstanden ist. Zusätzlich lernt der Student noch, seine Gedanken einem Computer in einer Hochsprache mitzuteilen.

In diesem Zusammenhang schafft die Beispielbibliothek "Software
zur Differentialgeometrie" eine willkommene und brillante Unterstützung. Alle wichtigen Begriffe werden mit zahlreichen
lauffähigen Programmen demonstriert, wobei bei geeigneten Problemen zusätzlich noch kinematische Effekte eingebaut sind, so
daß man etwa die Genesis einer Raumkurve mitverfolgen kann.
Diese grafische Software-Bibliothek zur Differentialgeometrie
ist in der gesamten Literatur ohne Beispiel.

Die "Software zur Differentialgeometrie" ist eine Weiterent-
wicklung der "Software zur Geometrie", die in den letzten sie-
ben Jahren am Mathematischen Institut der Justus-Liebig-Univer-
sität Gießen entwickelt wurde. Sie hat die klassische Geometrie
zum Thema und beinhaltet unter anderem einen "Geometrischen
Werkzeugkasten", der die für eine anspruchsvolle Computergrafik
notwendigen Routinen erklärt und programmäßig zur Verfügung
stellt. In diversen Diplomarbeiten wurden hierzu einige Erwei-
terungen behandelt, etwa Quadriken mit ihren Schnittlinien,
allgemeine Polyeder, Rotationsflächen mit splineartigen Konturen usw.

Im Gegensatz hierzu sind in dieser neuen Software zusätzlich
alle analytischen Sachverhalte eingebunden, die in der Differentialgeometrie benötigt werden. Diese Zielsetzung bedingt
unter anderem auch eine substantielle Abänderung und Erwei-
terung der diversen Objekthierarchien. Die ebenfalls notwendigen numerischen Methoden sind maßgeschneidert zum Thema entwickelt und ebenfalls Bestandteil der neuen Software.

Gießen, August 1993

Kurt Endl

INHALTSVERZEICHNIS

VORWORT

Zweck des vorliegenden Buches ist es, die Möglichkeiten des
Personal Computers zur grafischen Darstellung differentialgeometrischer Probleme zu erschließen. Dazu haben wir eine "offene
Software zur Differentialgeometrie" entwickelt. Während einem
Anwender gängiger Softwarepakete im allgemeinen der Bereich un-
terhalb der Benutzeroberfläche verschlossen bleibt, öffnen wir
unser Paket und machen unsere Programme und Methoden zugäng-
lich, so daß der Leser aktiv auf der Programmebene eingreifen
kann, um seine eigenen grafischen Probleme zu lösen. In diesem
Sinne ist unsere Software offen und beliebig erweiterbar.

Unsere Programme sind in TURBO-PASCAL unter Ausnutzung des objektorientierten Programmierstils geschrieben. Ohne die damit
verbundene strikte Datenkapselung, die Vererbung und die Verwendung polymorpher Objektmethoden könnte die notwendige
Sicherheit und Transparenz in der Software wegen der großen
Komplexität der Aufgabenstellung nicht gewährleistet werden.

Wir haben auf die "Software zur Geometrie" von Prof. Dr. K.
Endl aufgebaut (siehe [1] und [2]). Sie stellt einen großen
geometrischen Werkzeugkasten dar und enthält die notwendigen
Routinen für den Umgang mit geometrischen Objekten.

Allerdings können die in [2] entwickelten Objekthierarchien in
der vorliegenden Form nicht übernommen werden, sondern es müssen völlig neue Strukturen geschaffen werden. Dabei hat es sich
als zweckmäßig erwiesen, für die geometrischen und die zeichentechnischen Aspekte jeweils einen eigenen Vererbungsbaum zu
konstruieren und beide an den geeigneten Stellen untereinander
zu verbinden.

Die Ergebnisse der einzelnen Kapitel werden mit vielen gerech-
neten Beispielen und insgesamt 156 lauffähigen Programmen ver-
tieft. Die entwickelten Prozeduren, Funktionen, Objekttypen und
Objektmethoden sind in 29 Units abgelegt.

Besonders zu erwähnen sind auch die vielen Programme, bei denen
kinematische Effekte erzeugt werden. Dadurch lassen sich die
geometrische Bedeutung einiger Sachverhalte oder das geometrische Konstruktionsprinzip vieler Kurven dynamisch darstellen
(zum Beispiel P2_21, P2_23, P2_30, und P2_32).

Weiterhin werden auch die Ausgabemöglichkeiten für unsere Gra-
fiken erweitert. Die neue Software erlaubt nun gleichzeitig das
Zeichnen auf dem Bildschirm, die direkte Ansteuerung eines
Plotters und eines postscriptfähigen Ausgabegerätes sowie das
Abspeichern aller erzeugten gerätespezifischen Daten in ver-
schiedenen Dateien.

Im nun folgenden Überblick über die einzelnen Kapitel weisen
wir an verschiedenen Stellen auf einige Programme hin, deren
Start wir dem Leser empfehlen. Die hierzu nötigen Schritte können im anschließenden Kapitel Installationshinweise nachge-
schlagen werden.

In Kapitel 1 wird zunächst ein kurzer Überblick über die "Software zur Geometrie" und die zum Zeichnen von 2D- und 3D-Kurven
entwickelte Strategie gegeben. Dabei erklären wir, wie der objektorientierte Programmierstil eingesetzt wird und wie wir unsere Objekthierarchien aufbauen. Zusätzlich behandeln wir in
den weiteren Abschnitten die Darstellung von Kugeln, Kegeln,
Zylindern und ihrer Schnitte mit Ebenen und führen den Basisob-
jekttyp zum Zeichnen allgemeiner Flächenkurven ein.

In Kapitel 2 werden die grundlegenden Fragen der Kurventheorie
behandelt. Nach der Einführung des Kurvenbegriffs und der Bogenlänge in den ersten beiden Abschnitten, beschäftigen wir uns
im weiteren Verlauf mit speziellen Kurven und zeigen an einigen
Beispielen, wie man das geometrische Erzeugungsprinzip dieser
Kurven computergrafisch simulieren kann (P2_05 und P2_13). Die
restlichen Abschnitte befassen sich mit weiteren grundlegenden
Begriffen.

In Kapitel 3 beschäftigen wir uns in den ersten Abschnitten mit
der Darstellung folgender Flächen: Sämtliche nicht entarteten
Quadriken, Regelflächen, Flächen in impliziter Form, allgemeine
Rotationsflächen und Schraubenflächen. Hierbei stehen das
Sichtbarkeits- und Konturproblem und die Schnitte dieser Flä-
chen mit Ebenen im Vordergrund, wozu auch numerische Verfahren
benötigt werden. Weiterhin führen wir die ersten und zweiten
Fundamentalgrößen ein. Schließlich befassen wir uns noch mit
Parametertransformationen und orthogonalen Parametersystemen.

In Kapitel 4 behandeln wir die geodätische Krümmung und geodätische Linien. Zur Darstellung des Verhaltens von geodätischen
Linien auf Rotationsflächen wird ein Objekttyp erstellt, der
das Zeichnen beliebiger geodätischer Linien auf allgemeinen Rotationsflächen ermöglicht (P4_08 bis P4_10). In den letzten
beiden Abschnitten behandeln wir geodätische Parallel- und Polarkoordinaten und beschreiben zwei Objekttypen, mit denen wir
diese Koordinaten auf allgemeinen Rotationsflächen darstellen
können (P4_15 und P4_18).

In Kapitel 5 beschäftigen wir uns hauptsächlich mit dem lokalen
Krümmungsverhalten von Flächen. Wir widmen uns weiter der Behandlung von Krümmungslinien und Asymptotenlinien auf verschiedenen Flächen. Dabei führen wir auch vor, wie man Krümmungslinien mit Hilfe von dreifach orthogonalen Flächensystemen gewinnen kann. Weiterhin befassen wir uns mit der Dupin'schen Indikatrix, einer Fläche, die lokal die Art der Flächenkrümmung
charakterisiert. Am Beispiel einiger Quadriken zeigen wir, wie
man mit unserer Software leicht die Dupin'sche Indikatrix er-

mitteln und zeichnen kann (P5_19 bis P5_21). Weiterhin konstruieren wir Torsen mit Hilfe von Krümmungslinien und widmen uns der geometrischen Deutung der Gauß'schen Krümmung.

In Kapitel 6 beschreiben wir die numerischen Verfahren, die wir in unserer Software zur Lösung verschiedener Probleme herangezogen haben. Dabei gehen wir auch auf die Ergebnisse ein, die wir bei ihren umfangreichen Tests erhalten haben.

In Kapitel 7 erklären wir die komplizierte Technik der Grafikausgabe. Im ersten Abschnitt entwickeln wir zunächst eine Strategie zur Koordinierung des Zugriffs auf die verschiedenen Ausgabegeräte. Die nächsten Abschnitte befassen sich dann mit der Plotter- und PostScript-Ausgabe sowie mit zwei verschiedenen Möglichkeiten zur leichten Reproduktion von Bildschirmgrafiken. Im letzten Abschnitt erklären wir, wie wir die einzelnen zuvor entwickelten Techniken in den Objekttypen zum Kurvenzeichnen einsetzen.

In Kapitel 8 geben wir eine Übersicht über sämtliche Units und die vier wichtigsten Basisobjekttypen. Zusätzlich stellen wir die implementierte Objekthierarchie grafisch dar und beschreiben die wichtigsten Regeln für die Wahl von Bezeichnern.

Die Prozeduren und Methoden der Software werden stets parallel zur mathematischen Theorie entwickelt. Bei ihrer Beschreibung listen wir den zugehörigen Quelltext mit auf, oder wir geben denjenigen Ort an, an dem der jeweilige Typ deklariert bzw. die Prozedur oder Methode implementiert worden ist. Umgekehrt fügen wir in den Interface-Teilen sämtlicher Units jeder Deklaration als Kommentar die Nummer desjenigen Abschnitts hinzu, in dem der Typ oder die Prozedur erklärt ist.

Die zur Behandlung der Differentialgeometrie notwendigen analytischen Konzepte und Methoden erfordern gegenüber der "Software zur Geometrie" Änderungen im Aufbau der grundlegenden Objekttypen Curve2DT und Curve3DT. Zwar übernehmen wir auch in unserer Software das Konzept aus [1] und [2], jeden Kurvenpunkt unmittelbar nach seiner Berechnung analytisch auf seine Sichtbarkeit zu untersuchen. Jedoch lösen wir das Sichtbarkeitsproblem mit einer von außen einzugebenden Prozedur und nicht wie in [2] mit einer virtuellen Objektmethode.

Die Sichtbarkeits- und Konturprobleme führen bei fast allen von uns behandelten Flächenklassen auf nichtlineare Gleichungen, zu deren numerischer Lösung wir einen effizienten schnellen Algorithmus zur Nullstellenbestimmung entwickelt haben; er wird universell in unserer Software erfolgreich angewendet.

Außerdem führt die Darstellung einiger Klassen von Flächenkurven auf Integrale, die nicht mehr elementar berechnet werden können. Zur Lösung dieses Problems implementieren wir ein schnelles Quadraturverfahren, welches ebenfalls universell in der gesamten Software benutzt wird.

Einen größeren Einsatz von Energie und Zeit erforderte die Optimierung der Prozeduren, Methoden und Programme bezüglich der Rechenzeit. Hier konnten oft durch geschickte Formulierungen und kleine Abänderungen erstaunliche Verkürzungen erreicht werden. So wurde zum Beispiel die Geschwindigkeit für die Sichtabfragen bei einer Kugel, einem Kegel oder einem Zylinder gegenüber [1] auf fast das Dreifache gesteigert.

Wir bedanken uns sehr herzlich bei Herrn Prof. Dr. K. Endl für seine zahlreichen kritischen und wertvollen Bemerkungen und bei Frau Hedda Behrendt für ihre unermüdliche Arbeit bei der Erstellung des Manuskriptes. Ein besonderer Dank gilt auch Herrn Dr. Klockenbusch vom Vieweg-Verlag für seine Geduld und seine Unterstützung bei der Fertigstellung des Buches.

Stellenbosch, April 1993
Gießen, April 1993

INSTALLATIONSHINWEISE

Die Software dieses Buches setzt einen TURBO-PASCAL-Compiler ab der Version 5.5 voraus. Sie läuft auf jedem Personalcomputer, der mit mindestens 640 kB Hauptspeicher und einer Festplatte ausgerüstet ist. Ein mathematischer Coprozessor ist empfehlenswert und wird bei Vorhandensein automatisch mit ausgenutzt. Zwingend erforderlich ist er jedoch nicht.

Das Hauptverzeichnis der beigefügten Diskette enthält sämtliche Units und Include-Dateien, deren Namen stets mit "U" bzw. "I" beginnen.

In den Unterverzeichnissen \Part1 und \Part2 befinden sich die Programme aus den Kapiteln 1-3 bzw. 4-8.

Der Einfachheit halber haben wir die Programme durchnumeriert. Einige von ihnen sind doppelt vorhanden, wobei die zweite Version durch Anhängen eines "A" an die Programmnummer gekennzeichnet ist und stets einen Spezialfall der ersten Version beinhaltet.

Wir schlagen folgende Installation vor:

-    Erzeugen Sie auf Ihrer Festplatte ein neues Hauptverzeichnis
  - etwa C:\DiffGeo - und darunter zwei Unterverzeichnisse
  - etwa C:\DiffGeo\Part1 und C:\DiffGeo\Part2.

-    Kopieren Sie den Disketteninhalt unter Beibehaltung der Struktur in die neuen Verzeichnisse.

-    Kopieren Sie in das neue Hauptverzeichnis auch die für Ihren Rechner passende Bildschirmtreiberdatei (*.BGI) und die Datei Graph.TPU.

-    Stellen Sie im Menüpunkt "Compile" den Schalter "Destination" und im Menüpunkt "Options/Linker" den Schalter "Link Buffer" jeweils auf "Disk". Andernfalls kann es bei einigen Programmen Probleme mit dem Speicherplatz geben.

-    Wählen Sie im Menüpunkt "File\Change Dir" das neu angelegte Hauptverzeichnis als aktuelles Verzeichnis und starten Sie aus ihm die Programme.

Die Zeichenfarben, die stets zu Beginn eines Programmes festgelegt werden, haben wir für EGA- bzw. VGA-Auflösung ausgewählt. Sollte nur eine geringere oder nur eine einfarbige Auflösung zur Verfügung stehen, müssen gegebenenfalls andere Farbparameter gesetzt werden.

Zum Abschluß noch ein kleiner Tip: Richten Sie auf Ihrer Festplatte ein weiteres Verzeichnis ein und wählen Sie dies im
Menüpunkt "Options\Directories\EXE & TPU directory". Der Compiler legt dann alle übersetzten Programme in diesem Verzeichnis
ab, und man kann sie - um neuen Platz zu schaffen - mit einem
einzigen Befehl löschen.

Bitte lesen Sie auch die auf der Diskette mitgelieferte Datei
ReadMe.TXT, die weitere Informationen enthält.

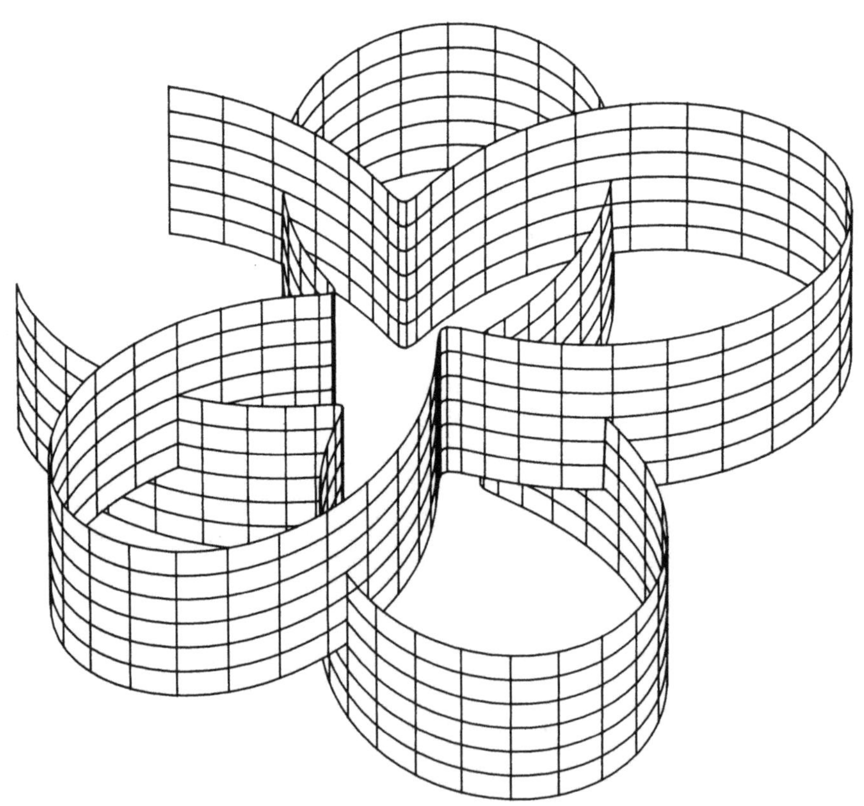

1. DIE TECHNIK DES ZEICHNENS

Im ersten Kapitel geben wir eine kurze Einführung in die Grundlagen der Computergrafik. Wir stellen die notwendigen geometrischen Routinen und zeichentechnischen Methoden zur Realisierung
von Grafiken vor. Dabei geben wir einen kurzen Abriß des in [1]
entwickelten Konzepts, welches wir benutzen und unseren Bedürf-
nissen entsprechend erweitert haben. Unser Hauptziel ist dabei
die Entwicklung von Methoden zum Zeichnen von 2D- und 3D-Kurven
unter Einsatz der objektorientierten Programmierung. Daneben
werden wir uns mit den grundlegenden Problemen bei der Darstellung von Flächen befassen.

1.1 Punkte und Vektoren

Die einfachsten geometrischen Objekte sind Punkte und Vektoren.
Bevor wir auf die ersten programmiertechnischen Details eingehen, erinnern wir uns daher an die Definition der rellen Punkt-
und Vektorräume:

Ist n eine natürliche Zahl, so heißt die Menge

$$\mathbb{R}^n := \{X=(x^1,x^2,\ldots,x^n): x^k \in \mathbb{R} \quad (k=1,2,\ldots,n)\}$$

aller n-Tupel reeller Zahlen x^k *n-dimensionaler (reeller)*
Punktraum; seine Elemente X nennen wir *Punkte*, die Zahlen x^k
die *Koordinaten* von X.

Der *euklidische Abstand* d(X,Y) zweier Punkte $X,Y \in \mathbb{R}^n$ ist definiert durch

$$d(X,Y) := \sqrt{\sum_{k=1}^{n} (x^k-y^k)^2};$$

der $\mathbb{R}^n$ versehen mit dieser Metrik heißt *n-dimensionaler eukli-*
discher Punktraum.

Dem $\mathbb{R}^n$ zur Seite stellen wir den n-dimensionalen reellen Vektorraum:

Die Menge

$$V^n := \{\vec{x}=\{x^1,x^2,\ldots,x^n\}: x^k \in \mathbb{R} \quad (k=1,2,\ldots,n)\}$$

aller n-tupel reeller Zahlen x^k zusammen mit den Operationen

$$\vec{x}+\vec{y} \; := \; \{x^1+y^1, x^2+y^2, \ldots, x^n+y^n\} \qquad (\vec{x}, \vec{y} \in \mathbf{V}^n)$$

und

$$\lambda\vec{x} \; := \; \{\lambda x^1, \lambda x^2, \ldots, \lambda x^n\} \qquad (\lambda \in \mathbf{R}; \vec{x} \in \mathbf{V}^n)$$

heißt *n-dimensionaler (reeller) Vektorraum*; seine Elemente $\vec{x}$ nennen wir *Vektoren*, die Zahlen x^k die *Komponenten* von $\vec{x}$. Die *euklidische Norm* oder Länge $\|\vec{x}\|$ eines Vektors $\vec{x} \in \mathbf{V}^n$ ist definiert durch

$$\|\vec{x}\| \; := \; \sqrt{\sum_{k=1}^{n} (x^k)^2} \; ;$$

der $\mathbf{V}^n$ versehen mit dieser Norm heißt *n-dimensionaler euklidischer Vektorraum*.

Wir können die Vektoren des $\mathbf{V}^n$ als Abbildungen des $\mathbf{R}^n$ auf sich auffassen, wenn wir für jeden Vektor $\vec{x} \in \mathbf{V}^n$ die Abbildung $\vec{x}: \mathbf{R}^n \to \mathbf{R}^n$ definieren, indem wir für alle $P \in \mathbf{R}^n$ setzen

$$Q \; := \; \vec{x}(P) = (q^1, q^2, \ldots, q^n) \text{ mit } q^k := p^k + x^k \quad (k=1, 2, \ldots, n).$$

Für den Vektor, der P in Q überführt, schreiben wir auch $\overrightarrow{PQ}$. Der euklidische Abstand der beiden Punkte P und Q ist dann gerade gleich der euklidischen Norm des Vektors $\overrightarrow{PQ}$

$$d(P, Q) \; = \; \|\overrightarrow{PQ}\|.$$

Ist O der Nullpunkt des $\mathbf{R}^n$, so ist der *Ortsvektor* $\vec{x}$ eines Punktes $X \in \mathbf{R}^n$ definiert durch

$$\vec{x} \; := \; \overrightarrow{OX}.$$

Hat also der Punkt X die Koordinaten x^k $(k=1, 2, \ldots, n)$, so hat sein Ortsvektor $\vec{x}$ die Komponenten x^k $(k=1, 2, \ldots, n)$; in diesem Sinn können wir Punkte mit ihren Ortsvektoren identifizieren.

Alle unsere Betrachtungen werden sich im zwei- und dreidimensionalen Raum abspielen, wobei wir häufig die Bezeichnungen X, Y und Z an Stelle von x^1, x^2 und x^3 benutzen. Es ist sinnvoll, für die Punkte und Vektoren dieser Dimensionen eigene Datentypen einzuführen. Wir deklarieren daher in der Unit UG1:

```
TYPE  Pt2D = RECORD                                      {UG1}
               X,Y: EXTENDED;
             END;

      Vt2D = Pt2D;                                       {UG1}

      Pt3D = RECORD                                      {UG1}
               X,Y,Z: EXTENDED;
             END;

      Vt3D = Pt3D;                                       {UG1}
```

Hierbei entsprechen die Datenfelder X,Y,Z den Koordinaten eines Punktes (bzw. den Komponenten eines Vektors) bezüglich irgendeines kartesischen Koordinatensystems der entsprechenden Dimension.

Wir werden in Zunkunft immer den Ort der Deklaration eines Typs oder einer Prozedur in geschweiften Klammern mit angeben, um dem Leser das Auffinden der entsprechenden Stellen im Quelltext zu erleichtern.

Für das Arbeiten mit Punkten und Vektoren stellen wir eine Reihe von Prozeduren zur Verfügung, von denen wir hier die Köpfe angeben:

```
PROCEDURE Distance3D (P1,P2: Pt3D; VAR D: EXTENDED);            {UG1}
PROCEDURE MinCoordinatesPt3D (P1,P2: Pt3D; VAR MinP: Pt3D);     {UG1}
PROCEDURE MaxCoordinatesPt3D (P1,P2: Pt3D; VAR MaxP: Pt3D);     {UG1}
PROCEDURE ApplyVt3D (P1: PT3D; V: Vt3D; VAR P2: Pt3D);          {UG1}
PROCEDURE LengthVt3D (V: Vt3D; VAR L: EXTENDED);                {UG1}
PROCEDURE ScalarVt3D (S: EXTENDED; V: Vt3D; VAR SV: Vt3D);      {UG1}
PROCEDURE ScaleVt3D (V: Vt3D; LG: EXTENDED; VAR ScalV: Vt3D);   {UG1}
PROCEDURE SumVt3D (V1,V2: Vt3D; VAR SV: Vt3D);                  {UG1}
PROCEDURE DifferenceVt3D (V1,V2: Vt3D; VAR DV: Vt3D);           {UG1}
PROCEDURE LinearCombinationVt3D (S1,S2: EXTENDED;              {UG1}
                             V1,V2: Vt3D; VAR LC: Vt3D);
PROCEDURE ScalarProductVt3D (V1,V2: Vt3D; VAR SP: EXTENDED);    {UG1}
PROCEDURE DirectionVt3D (Dgr: BOOLEAN; R,Phi,Theta: EXTENDED;   {UG1}
                             VAR V: Vt3D);
PROCEDURE VectorProduct (V1,V2: Vt3D; VAR V: Vt3D);            {UG1}
```

Entsprechende Prozeduren gibt es auch für 2D-Punkte und Vektoren, für die natürlich kein Vektorprodukt deklariert wird.

Eine kurze Erklärung dieser Prozeduren erfolgt in Abschnitt 8.5.

Neben der Darstellung eines Punktes in kartesischen Koordinaten benötigen wir 2D-Punkte auch in Polarkoordinaten. Wir deklarieren daher den Typ

```
TYPE  PtPol = RECORD                                    {UG1}
                R,Phi: EXTENDED;
              END;
```

und die Prozeduren zur Umrechnung der Darstellungen:

```
PROCEDURE PolarCart (Dgr: BOOLEAN; PPol: PtPol; VAR P: Pt2D);   {UG1}
PROCEDURE CartPolar (P: Pt2D; VAR PPol: PtPol);                 {UG1}
```

Der Parameter Dgr gibt an, ob der Winkel Phi von PPol im Gradmaß (Dgr=TRUE) oder im Bogenmaß (Dgr=FALSE) angegeben ist.

Punkte des dreidimonsionalen Raumes müssen wir oft in Zylinder- oder in sphärischen Koordinaten beschreiben. Wir deklarieren daher ähnlich wie bei den Polarkoordinaten:

```
TYPE  PtCyl = RECORD                                    {UG1}
                R,Phi,Z: EXTENDED;
              END;

      PtSph = RECORD                                    {UG1}
                R,Phi,Theta: EXTENDED;
              END;
```

```
PROCEDURE CylinCart (Dgr: BOOLEAN; PCyl: PtCyl; VAR P: Pt3D);   {UG1}
PROCEDURE CartCylin (P: Pt3D; VAR PCyl: PtCyl);                 {UG1}
PROCEDURE SphCart (Dgr: BOOLEAN; PSph: PtSph; VAR P: Pt3D);     {UG1}
PROCEDURE CartSph (P: Pt3D; VAR PSph: PtSph);                   {UG1}
```

Im Bereich der Koordinatentransformation für Bildschirm und Plotter benötigen wir häufig 2D-Punkte mit ganzzahligen Koordinaten. Wir führen daher noch die folgenden beiden Typen ein.

```
      Pt2DLongInt = RECORD                              {UG1}
                      X,Y: LONGINT;
                    END;
```

```
TYPE  Pt2DInt    = RECORD                                {UG1}
                     X,Y: INTEGER;
                  END;
```

1.2 Intervalle

Die einfachsten Punktmengen in unseren Räumen sind Intervalle,
mit denen wir uns in diesem Abschnitt befassen. Für eine systematische Bezeichnung führen wir zunächst auch für eindimensionale Punkte einen eigenen Datentyp ein:

```
TYPE  Pt1D = RECORD                                      {UG1}
               X: EXTENDED;
             END;
```

Damit kann man für ein eindimensionales Intervall, welches
durch zwei eindimensionale Punkte eindeutig beschrieben wird,
folgenden Typ erklären:

```
TYPE  Interval1D = ARRAY[1..2] OF Pt1D;                  {UG1}
```

Dabei entspricht der erste Punkt des Feldes dem Intervallanfang
und der zweite dem Intervallende. Wählt man als Variable

```
VAR I1D: Interval1D;
```

so kann man sich eindimensionale Intervalle wie folgt veranschaulichen:

I1D[1]   I1D[2]   X

In unseren Anwendungen betrachten wir immer nur Teilbereiche
unserer Räume. Im Falle des $\mathbb{R}^2$ handelt es sich dabei um Rechtecke, welche durch zwei diagonal gegenüberliegende 2D-Punkte

eindeutig beschrieben werden können. Diese Analogie zum Intervall im $\mathbb{R}^1$ legt es nahe, Rechtecke im $\mathbb{R}^2$ als zweidimensionale Intervalle zu bezeichnen und folgenden Typ einzuführen:

```
TYPE  Interval2D = ARRAY[1..2] OF Pt2D;                    {UG1}
```

Dabei entspricht der erste Punkt des Feldes der linken unteren Ecke des Rechtecks und der zweite der rechten oberen. Mit

```
VAR I2D: Interval2D;
```

erhält man folgende Veranschaulichung:

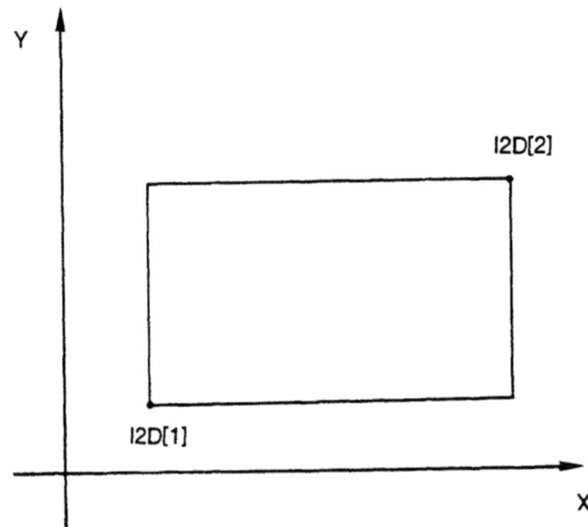

Im Falle des $\mathbb{R}^3$ handelt es sich bei den speziellen Teilbereichen um Quader, welche durch zwei diagonal gegenüberliegende 3D-Punkte eindeutig beschrieben werden können. Deshalb bezeichnen wir solche Quader als dreidimensionale Intervalle und führen folgenden Typ ein:

```
TYPE  Interval3D = ARRAY[1..2] OF Pt3D;                    {UG1}
```

Dabei entspricht der erste Punkt des Feldes der linken vorderen unteren Ecke des Quaders und der zweite der rechten hinteren oberen. Mit

        VAR I3D: Interval3D;

erhält man folgende Veranschaulichung:

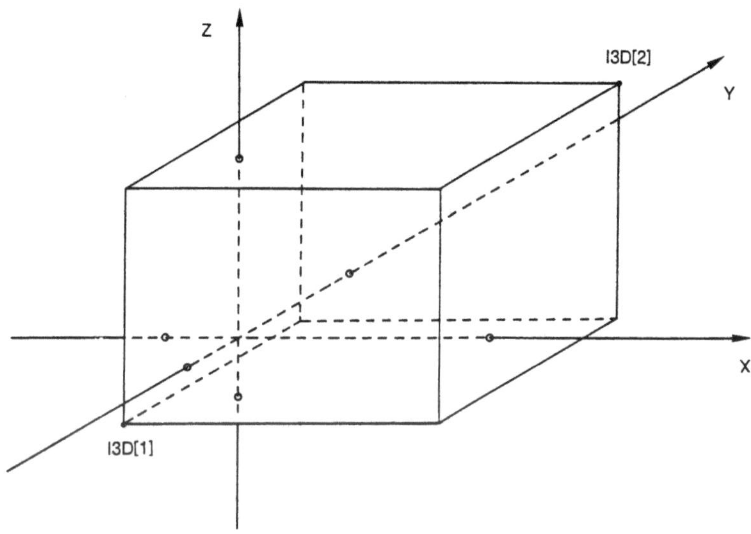

Für den Umgang mit Intervallen stellen wir einige Prozeduren
und Funktionen bereit, deren Köpfe wir hier auflisten:

```
PROCEDURE DefineInterval1D (X1,X2: EXTENDED;                      {UG1}
                            VAR I1D: Interval1D);
PROCEDURE DefineInterval2D (X1,Y1,X2,Y2: EXTENDED;               {UG1}
                            VAR I2D: Interval2D);
PROCEDURE DefineInterval3D (X1,Y1,Z1,X2,Y2,Z2: EXTENDED;         {UG1}
                            VAR I3D: Interval3D);

FUNCTION InInterval1D (I1D: Interval1D; X: EXTENDED): BOOLEAN;   {UG1}
FUNCTION InInterval2D (I2D: Interval2D; P: Pt2D): BOOLEAN;       {UG1}
FUNCTION InInterval3D (I3D: Interval3D; P: Pt3D): BOOLEAN;       {UG1}

PROCEDURE ConvexHullI2D (I1,I2: Interval2D; VAR CH: Interval2D); {UG1}
PROCEDURE ConvexHullI3D (I1,I2: Interval3D; VAR CH: Interval3D); {UG1}
```

Mit den Prozeduren DefineInterval.. lassen sich Intervalle bequem definieren. Die Funktionen InInterval.. entscheiden, ob
der eingegebene Punkt im eingegebenen Intervall liegt (InInter-
val=TRUE) oder nicht (InInterval=FALSE).

Die Prozeduren ConvexHullI.. liefern zu zwei Intervallen I1 und
I2 gleicher Dimension das kleinste Intervall CH, welches die
Vereinigung von I1 und I2 enthält.

1.3 Der Grafikbildschirm

Zur Darstellung von Grafiken auf dem Bildschirm müssen wir einige technische Einzelheiten erklären.

Der Grafikbildschirm eines Computers besteht aus vielen diskre-
ten Punkten - auch Pixels genannt -, die man einzeln ausschal-
ten oder in einer bestimmten Farbe zum Leuchten bringen kann.
Die Positionen der einzelnen Pixel werden durch ganzzahlige
Bildschirmkoordinaten beschrieben, für die wir den Typ

```
TYPE  PtScr = Pt2DInt;                            {UG1}
```

einführen. Die Definition des *Bildschirmkoordinatensystems* entnehmen wir folgender Zeichnung

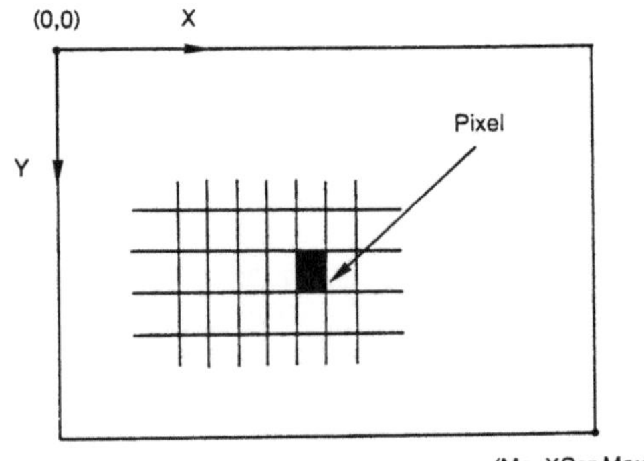

Die Zahlen MaxXScr und MaxYScr sind von der Hardware des Computers abhängig und beschreiben die sogenannte Auflösung des
Bildschirms. Nun ist ein Pixel eigentlich kein Punkt sondern
ein kleines Rechteck, das im allgemeinen höher als breit ist.
Dieser Tatsache muß bei der Transformation von allgemeinen
2D-Koordinaten auf Bildschirmkoordinaten Rechnung getragen werden. Das Verhältnis von Breite zur Höhe eines Pixels nennt man
Screen Factor. Für diesen führen wir die globale Variable
ScrFac ein.

Bevor man den Grafikbildschirm benutzen kann, muß der Computer in den Grafikmodus umgeschaltet werden. Dies geschieht bei uns in der Prozedur InitializeGraphic, welche dazu die TURBO-PASCAL Prozedur InitGraph aufruft. Dabei steuern wir die Auswahl der Bildschirmauflösung (genauer gesagt: die Auswahl des Grafiktreibers) mit der globalen Variablen NRes (= Number of Resolution). Die Bedeutung der einzelnen Werte für NRes kann man im Quelltext nachschauen. Wir haben im Anweisungsteil der Unit UG1 NRes=0 für die automatische Auswahl der besten Auflösung gesetzt. Nach der Initialisierung des Grafikmodus werden automatisch die Größen MaxXScr, MaxYScr und ScrFac berechnet.

Sollen - zum Beispiel für bessere Auflösungen - andere als die von Borland gelieferten Grafiktreiber benutzt werden, so sind diese ebenfalls durch die Prozedur InitializeGraphic zu installieren. Die Variablen MaxXScr und MaxYScr müssen gegebenenfalls per Hand mit den dann gültigen Werten besetzt werden.

Als maximalen Zeichenbereich für unsere Grafiken wählen wir nicht den gesamten Bildschirm, sondern wir reservieren an seinem unteren Rand einen schmalen Streifen für die Ausgabe von Meldungen (siehe hierzu Abschnitt 8.1)

Wir wollen uns die Möglichkeit offenhalten, unsere Bilder nur in einem Teilintervall IScr des maximalen Zeichenbereiches zu zeichnen.

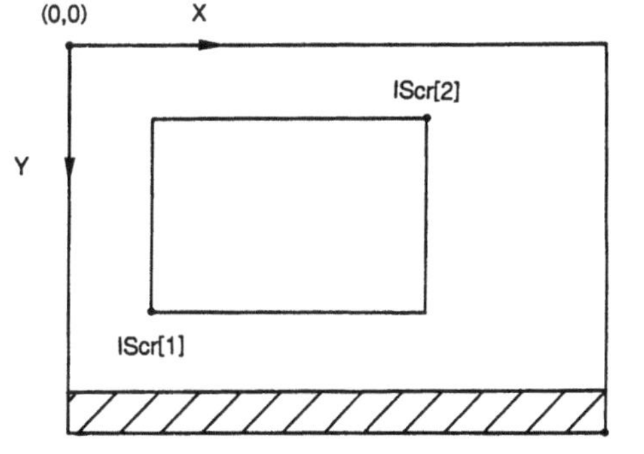

Da die definierenden Punkte des Intervalls IScr in Bildschirmkoordinaten gegeben sein müssen und somit von der Auflösung abhängen, wir aber bei der Festlegung des Zeichenbereiches auf dem Bildschirm von der Auflösung unabhängig sein wollen, gehen wir folgenden Weg: Wir definieren ein neues Koordinatensystem, in welchem die Höhe und die Breite des maximalen Zeichenbereiches jeweils 10 Einheiten beträgt. Bezüglich dieser neuen Koordinaten ist es nun sehr einfach, das gewünschte Teilintervall zu beschreiben. Wir führen dafür die globale Variable

```
        VAR IScrScal: Interval2D;                              {UG1}
```

ein, die im Anweisungsteil der Unit UG1 durch einen Aufruf der
dazu implementierten Prozedur SetIScrScal mit den maximalen
Werten IScrScal[1]=(0,10); IScrScal[2]=(10,0) vorbesetzt wird.
Will man in Teilbereichen zeichnen, so muß man andere Werte
einsetzen (vergleiche nachstehende Zeichnung)

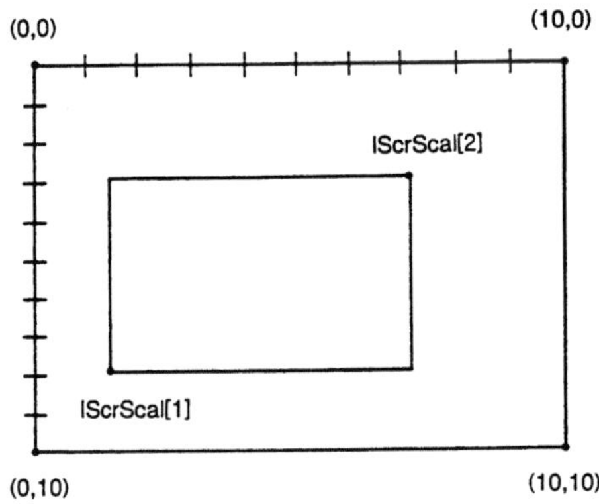

Die Prozedur

```
        PROCEDURE TransformationIScrScalToIScr;                {UG1}
```

rechnet das Intervall IScrScal in Abhängigkeit von der gewählten Auflösung in das Bildschirmintervall IScr um.

Für das spätere Zeichnen auf dem Bildschirm brauchen wir lediglich die drei folgenden elementaren Routinen:

Die Prozedur

```
        PROCEDURE PutPtScr (PScr: PtScr; Col: INTEGER);        {UScrData}
        BEGIN
          MoveTo (PScr.X,PScr.Y);
          PutPixel (PScr.X,PScr.Y,Col);
        END;
```

bewegt den Grafikcursor zum Bildschirmpunkt PScr und beleuchtet diesen in der Farbe Col.

Die Prozedur

```
PROCEDURE MoveToPtScr (PScr: PtScr);                    {UScrData}
BEGIN
  MoveTo (PScr.X,PScr.Y);
END;
```

setzt den Grafikcursor auf den Bildschirmpunkt PScr.

Die Prozedur

```
PROCEDURE DrawToPtScr (PScr: PtScr; Col: INTEGER);     {UScrData}
BEGIN
  SetColor (Col);
  LineTo (PScr.X,PScr.Y);
END;
```

zeichnet eine Gerade von der aktuellen Position des Grafikcursors bis zum Punkt PScr in der Farbe Col.

1.4 Das 2D-Weltkoordinatensystem

Da es sicherlich nicht sehr effektiv ist, 2D-Grafik direkt in
Bildschirmkoordinaten zu programmieren, beschreiben wir unsere
2D-Geometrie in einem festen kartesischen 2D-Koordinatensystem,
welches wir *2D-Weltkoordinatensystem* nennen. Erst am Ende der
jeweiligen Rechnungen transformieren wir die 2D-Weltkoordinaten
in die Bildschirmkoordinaten.

Da wir nicht den ganzen $\mathbb{R}^2$ auf dem Bildschirm darstellen können, wählen wir ein Intervall aus, in welchem alle Betrachtungen ablaufen. Wir nennen dieses Intervall das *2D-Weltintervall*
und führen dafür die globale Variable WI2D ein.

Dieses Weltintervall wird mittels der Prozedur

```
PROCEDURE ParameterTransformationScr;                  {UG1}
```

optimal in das ausgewählte Bildschirmintervall IScr eingepaßt.

Dabei verstehen wir unter "optimal", daß das Bild des eingepaßten Weltintervalles WI2D - welches wir in der globalen Variablen IScr2D speichern - und das Bildschirmintervall IScr mindestens in einer ihrer Seitenlängen übereinstimmen (siehe auch
nachstehende Zeichnung).

Die Prozedur liefert auch das Bild ScrO des Ursprungs unseres
2D-Weltkoordinatensystem in Bildschirmkoordinaten, sowie die
Einheitslängen auf den Achsen des Bildschirmkoordinatensystems
ausgedrückt in Pixels. Letztere werden in der globalen Variablen ScrU abgespeichert, die vom Typ Vt2D ist.

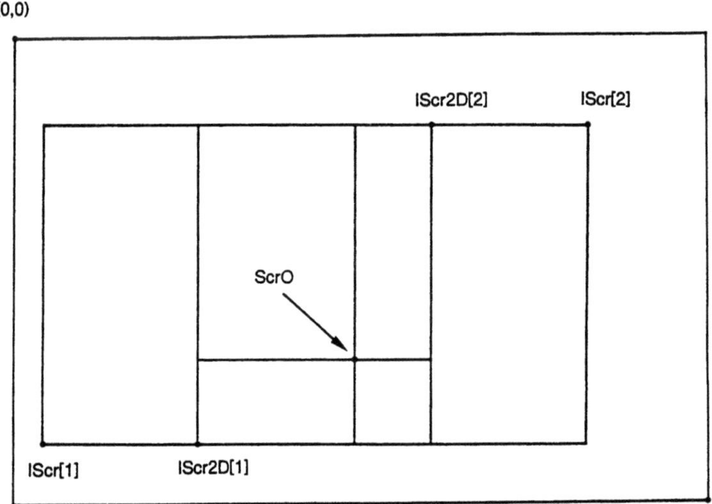

Man beachte, daß das Bild ScrO des Ursprungs nicht im Bildschirmintervall IScr liegen muß.

Mit den durch diese Prozedur zur Verfügung gestellten Größen
sind wir nun in der Lage, eine Prozedur anzugeben, welche die
Bildschirmkoordinaten eines 2D-Weltpunktes P berechnet.

```
PROCEDURE TransformationOS (P: Pt2D; VAR PScr: PtScr);          {UG1}
```

Zum Abschluß fassen wir noch einmal kurz die drei Prozeduren
zusammen, die wir aufrufen müssen, bevor wir eine 2D-Grafik auf
dem Bildschirm darstellem können.

1. InitializeGraphic: Damit wird der Bildschirm in den Grafikmodus umgeschaltet.

2. TransformationIScrScalToIScr: Damit wird das ausgewählte Intervall IScrScal in das Bildschirmintervall IScr umgerechnet.

3. ParameterTransformationScr: Damit werden die zur Transformation in Bildschirmkoordinaten notwendigen Größen ScrO und ScrU berechnet.

Die beiden letzten Schritte fassen wir in der Prozedur

```
PROCEDURE Parameter2D;                              {UG1}
```

zusammen, welche zu Beginn eines Programmes aufgerufen werden muß. Da im dritten Schritt bereits das Weltintervall benötigt wird, darf die Prozedur Parameter2D jedoch erst nach der Festlegung von WI2D aufgerufen werden. Andernfalls wird das Programm mit einer Fehlermeldung abgebrochen.

1.5 Die Strategie zum Zeichnen einer Kurve

Um differentialgeometrische Probleme computergrafisch darstellen zu können, müssen wir im wesentlichen nur das Zeichnen von Kurven beherrschen. Wir stellen nun kurz vor, wie wir sowohl 2D- als auch 3D-Kurven zeichnen.

Bei uns ist eine Kurve immer durch eine Parameterdarstellung $\vec{x}(t)$ gegeben. Der Parameter durchläuft dabei ein endliches Intervall $[a,b]$.

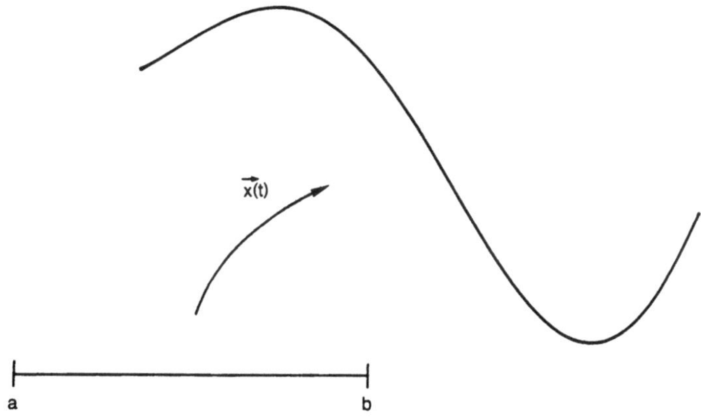

Zum Zeichnen der Kurve berechnen wir LL Kurvenpunkte und verbinden sie durch Geradenstücke. Der dadurch entstehende Polygonzug approximiert die Kurve beliebig genau, wenn wir LL entsprechend groß wählen.

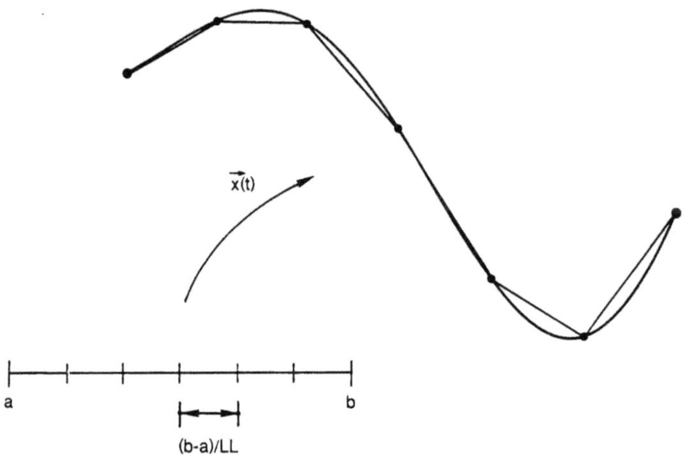

Nun kommt es besonders in der 3D-Grafik häufig vor, daß ein
Teil einer Kurve durch Verdeckung nicht sichtbar ist. Da wir
solche Stücke auch nicht zeichnen wollen, untersuchen wir jeden
berechneten Kurvenpunkt auf Sichtbarkeit, und wir verbinden benachbarte Punkte genau dann durch eine Linie, wenn beide sichtbar sind.

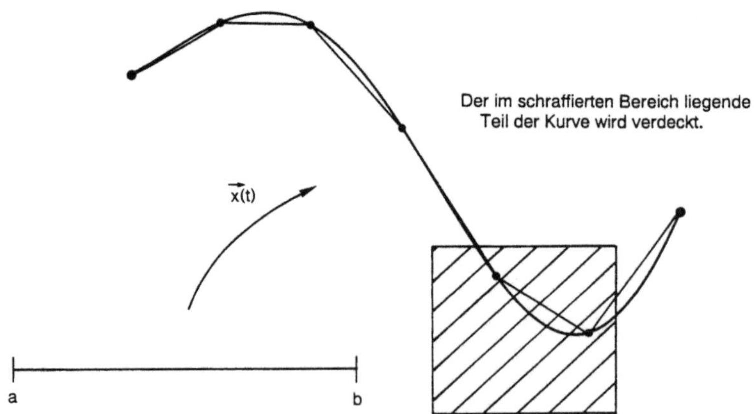

Wie man bereits an dieser Zeichnung erkennen kann, gibt es
hierbei kritische Stellen. Dort, wo die Kurve von einem sichtbaren in einen unsichtbaren Bereich übergeht oder umgekehrt,

können "Löcher" entstehen, die wir aus Gründen der Rechenge-
schwindigkeit mit der folgenden Interpolationsmethode
"schliessen":

Sind von zwei benachbarten Kurvenpunkten P1 und P2 mit zugehörigen Parametern t_1 und t_2 der eine sichtbar und der andere unsichtbar, so berechnen wir zusätzlich den Kurvenpunkt PI zum
Parameterwert t_i = $(t_1+t_2)/2$ und untersuchen ihn auf Sichtbarkeit. Aus PI und einem der Punkte P1 oder P2 bilden wir nun ein
neues Punktepaar P1, P2, von dem wieder genau ein Punkt sichtbar ist. Dieser Algorithmus wird insgesamt IP-mal durchlaufen,
und der letzte sichtbare Zwischenpunkt PI wird als zusätzlicher
Unterteilungspunkt in den Polygonzug mit aufgenommen. Die Anzahl IP der Durchläufe dieses Algorithmus kann für jede Kurve
neu gewählt werden. Setzt man IP=O, so wird nicht interpoliert.

Manchmal ist es sehr informativ, die nicht sichtbaren Teile
einer Kurve zu punkten und nicht einfach wegzulassen. Technisch
ist dies kein Problem. Wir setzen einfach für alle unsichtbaren
Zwischenpunkte der Kurve einen Punkt an der entsprechenden
Stelle des Bildschirms. Für die Entscheidung, ob unsichtbare
Kurvenstücke gepunktet werden oder nicht, erhält jede Kurve
einen booleschen Parameter WP (=<u>W</u>ith <u>P</u>oints). Bei WP=TRUE wird
gepunktet und bei WP=FALSE nicht.

1.6 Bemerkungen zur objektorientierten Programmierung

Da wir bei der Entwicklung der Zeichenroutinen objektorientiert
programmieren wollen, geben wir in diesem Kapitel zunächst eine
kurze Einführung zur Benutzung und Terminologie dieses Programmierstils.

Seit der Version 5.5 kennt der TURBO-PASCAL Compiler das reser-
vierte Wort "OBJECT", hinter dem sich eigentlich nichts anderes
als ein neuer Datentyp verbirgt, der noch am ehesten mit dem
Typ "RECORD" verglichen werden kann. Entscheidend ist jedoch,
daß dieser neue Typ nicht nur Datenfelder enthält, man kann in
ihm auch Prozeduren und Funktionen deklarieren.

Die Variablentypen, die mit dem reservierten Wort "OBJECT" ge-
bildet werden, nennen wir *Objekttypen*, ihre Bezeichner lassen
wir - zur Unterscheidung von allen anderen Typen - mit dem
Großbuchstaben T enden.

Eine Variable eines Objekttyps nennen wir eine *Instanz* oder
manchmal auch ein *Objekt*. Die in einem Objekttyp deklarierten
Prozeduren und Funktionen heißen Methoden.

Wir weisen darauf hin, daß in der Literatur die Terminologie
zum objektorientierten Programmierstil sehr uneinheitlich ist.

Wir haben uns hier sehr eng an die Begriffsbestimmungen der ausgezeichneten Handbücher zu TURBO-PASCAL gehalten.

Über die großen Vorteile bei der Verwendung von Objekten ist schon so viel geschrieben worden, daß wir dieses Thema nicht auch noch einmal aufgreifen wollen. Es stellt sich nur noch die Frage, warum wir in der Entwicklung unseres Gesamtkonzeptes erst recht spät Objekte einsetzen. Wir hätten ja auch Punkte und Vektoren schon als Objekttypen einführen können. Dagegen sprechen zwei Gründe: Zum ersten würde hierunter die Übersichtlichkeit der Programme leiden. Zum zweiten führen die dadurch notwendigen großen Verschachtelungstiefen in der Objekthierarchie zu einem recht beachtlichen Geschwindigkeitsverlust, der sich bei unseren teilweise doch sehr rechenintensiven Programmen negativ bemerkbar machen würde.

Wir verzichten hier auf eine weitere Einführung in die Problematik des objektorientierten Programmierens, da es nicht zu den Zielen dieses Buches gehört. Wenn Sie weitere Fragen insbesondere zu programmiertechnischen Details haben, empfehlen wir Ihnen die Handbücher zu TURBO-PASCAL oder irgendein anderes der mittlerweile sehr zahlreichen Bücher zu diesem Komplex.

1.7 Der Objekttyp Curve2DT

Zum Zeichnen zweidimensionaler Kurven führen wir den Typ Curve2DT ein. Da wir unsere Strategie schon erklärt haben, wissen wir auch, welche Elemente dieser Typ mindestens enthalten muß.

Als Daten müssen eingehen

- ein eindimensionales Intervall I1D für den Kurvenparameter,

- die ganzzahligen Parameter

    + LL für die Anzahl der Unterteilungspunkte des Parameter-
      intervalls,

    + IP für die Anzahl der Iterationsschritte,

    + Col für die Zeichenfarbe,

- der boolesche Parameter WP zur Entscheidung, ob nicht sicht
  bare Kurventeile gepunktet werden.

Als nächstes müssen wir in der Lage sein, zu einem Parameterwert T den zugehörigen Kurvenpunkt P zu berechnen. Dazu deklarieren wir die virtuelle Methode

```
PROCEDURE TToP (T: EXTENDED; VAR P: Pt2D);  VIRTUAL;
```

Es hat sich äußerst bewährt, die Untersuchung eines Kurvenpunktes P auf Sichtbarkeit von seiner Berechnung zu trennen. Für die Sichtbarkeitsüberprüfung wird jedoch wider Erwarten keine Methode deklariert. Für viele Anwendungen - insbesondere später in der 3D-Grafik - hat es sich als günstig erwiesen, dem Objekttyp Curve2DT eine Variable Check mitzugeben, die von folgendem prozeduralen Typ ist:

```
TYPE  Check2D = PROCEDURE (P: Pt2D; VAR Chk: BOOLEAN);          {UDraw}
```

Die Prozedur Check, die einem Objekt später also von außen mitgegeben wird, untersucht den Punkt P auf Sichtbarkeit und gibt das Ergebnis in der Variablen Chk aus (P ist sichtbar: Chk=TRUE; P ist unsichtbar: Chk=FALSE).

Schließlich brauchen wir noch eine Methode, die das eigentliche Zeichnen ausführt. Wir nennen diese Methode

```
POCEDURE DrawCurve2D;
```

Wir schauen uns nun einmal den Objekttyp an. Mit den Punkten in der Deklaration deuten wir hier und in Zukunft an, daß der Typ zu einem späteren Zeitpunkt um einige weitere Datenfelder oder Methoden ergänzt wird.

```
TYPE  Curve2DT = OBJECT                                   {UDraw}
        WP                : BOOLEAN;
        I1D               : Interval1D;
        LL,Col,IP         : INTEGER;
        Check             : Check2D;
        CurveType         : STRING;
        ScanningPossible  : BOOLEAN;
        ..........
        CONSTRUCTOR Init (WPInit: BOOLEAN;
                          IPInit,LLInit,ColInit: INTEGER;
                          I1DInit: Interval1D;
                          CheckInit: Check2D);
        PROCEDURE TToP (T: EXTENDED; VAR P: Pt2D); VIRTUAL;
        PROCEDURE DrawCurve2D;
        PROCEDURE ScanForI2D (VAR MaxI2D: Interval2D); VIRTUAL;
        ..........
      END;
```

Wir erkennen zunächst als weitere Methode einen Konstruktor.
Hierzu weisen wir auf folgendes hin: Jedes Objekt, welches virtuelle Methoden enthält, muß vor dem ersten Aufruf einer seiner
Methoden mittels eines Konstruktors initialisiert werden. Hält
man sich nicht an diese Konvention, stürzt der Rechner in der
Regel ohne weitere Fehlermeldung ab. Wir benutzen den Konstruktor Init gleichzeitig zur Besetzung der wesentlichen Datenfelder des Objekts.
Die Methode ScanForI2D bestimmt das kleinste 2D-Intervall, welches die ganze Kurve enthält. Dazu werden - ähnlich wie in der
Zeichenstrategie - schrittweise alle LL Zwischenpunkte der Kurve berechnet. Die dabei auftretenden größten und kleinsten X-
und Y-Kordinaten aller berechneten Punkte bestimmen das auszugebende Intervall. Die Berechnung des Intervalls wird jedoch
nur dann durchgeführt, wenn im Datenfeld ScanningPossible der
Werte TRUE steht. Andernfalls führt ein Aufruf dieser Methode
zu einer Fehlermeldung und einem Abbruch des Programms.

Schließlich gibt es noch ein weiteres Datum CurveType, in welches wir zum Beispiel den Namen der Kurve hineinschreiben können. Wir benutzen dieses Feld ab und zu bei der Ausgabe von
Meldungen auf dem Bildschirm.

Abschließend schauen wir uns in diesem Abschnitt einen Teil der
Implementation unserer Methode DrawCurve2D an, welche ja das
eigentliche Herzstück der gesamten 2D-Grafik darstellt. Einige
Teile dieser Prozedur, welche für das Verständnis nicht so
wichtig sind, sind durch Punkte ersetzt worden.

```
PROCEDURE Curve2DT.DrawCurve2D;                        {UDraw}
VAR .....

BEGIN
  IF (I1D[2].X <= I1D[1].X) THEN BEGIN
    OutError ('Wrong interval for '+CurveType);
  END;

  OutMessage ('Drawing '+ CurveType,FALSE);

  Step := 1/LL*(I1D[2].X-I1D[1].X);
  T    := I1D[1].X;

  IF OnlyScreen THEN BEGIN
    L := 0;
    TToP (T, P);
    Check (P, Chk);
    ChkOld := Chk;

    TransformationOS (P, PScr);
    IF Chk THEN MoveToPtScr (PScr);

    CASE (IP > 0) OF
      TRUE:  BEGIN
               FOR L := 1 TO LL DO BEGIN
                 T := T+Step;
                 TToP (T, P);
                 Check (P, Chk);
```

```
                    IF (ChkOld <> Chk) THEN BEGIN
                      T1 := T-Step;
                      T2 := T;
                      CounterForIP := 0;
                      WHILE (CounterForIP < IP) DO BEGIN
                        TI := (T1+T2)/2;
                        TToP (TI, PI);
                        Check (PI, ChkI);
                        IF (ChkOld = ChkI) THEN T1 := TI
                                           ELSE T2 := TI;
                        INC (CounterForIP);
                      END;
                      CHKI := TRUE;
                      IF ChkOld  THEN TToP (T1, PI)
                                 ELSE TToP (T2, PI);
                      DrawOS (WP,PI,ChkOld,ChkI,Col);
                      ChkOld := TRUE;
                    END;
                    DrawOS (WP,P,ChkOld,Chk,Col);
                    ChkOld := Chk;
                  END;
                END;
          FALSE: BEGIN
                   FOR L := 1 TO LL DO BEGIN
                     T := T+Step;
                     TToP (T, P);
                     Check (P, Chk);
                     DrawOS (WP,P,ChkOld,Chk,Col);
                     ChkOld := Chk;
                   END;
                 END;
         END;
       END  (*** OF OnlyScreen=TRUE ***)  ELSE BEGIN

       .....

       END;
     END;
```

Nach der Deklaration einiger lokaler Variablen untersuchen wir,
ob das Parameterintervall sinnvoll definiert ist und brechen
das Programm gegebenenfalls mit einer Fehlermeldung ab. Mit den
nächsten drei Programmzeilen geben wir eine Meldung auf dem
Bildschirm aus. Anschließend bestimmen wir die Schrittweite
Step für den Kurvenparameter T und setzen T auf den linken Rand
des Parameterintvalles I1D.

In der darauffolgenden IF-Abfrage steht ein boolescher Parameter OnlyScreen, dessen Bedeutung wir kurz erklären müssen. Wir
haben in unserer Software vorgesehen, daß Grafiken nicht nur
auf dem Bildschirm sondern auch auf einem Plotter oder postscriptfähigen Laserdrucker ausgegeben werden können. Der Erklärung der hierfür notwendigen etwas komplizierten Technik haben wir ein eigenes Kapitel gewidmet, da hier nicht der geeignete Platz dafür ist. Es genügt an dieser Stelle, folgendes

zu wissen: OnlyScreen ist eine globale Variable, mit der wir entscheiden, ob nur auf dem Bildschirm gezeichnet wird (OnlyScreen=TRUE) oder ob auch andere Ausgabegeräte benutzt werden können (OnlyScreen=FALSE). Im Anweisungsteil der Unit UG1 ist OnlyScreen mit TRUE vorbesetzt.

Kommen wir nun zurück zu unserer Methode DrawCurve2D. Wie wir sehen, ist genau der Teil der Methode ausgedruckt, in welchem nur auf dem Bildschirm gezeichnet wird.

Der erste Aufruf von TToP berechnet den Anfangspunkt der Kurve, der darauf mit Check auf Sichtbarkeit untersucht wird. Nach der anschließenden Transformation auf Bildschirmkoordinaten wird der Grafikcursor, sofern der Punkt sichtbar ist, auf die entsprechende Bildschirmstelle gesetzt.

Von der nun folgenden CASE-Anweisung schauen wir uns zunächst den FALSE-Teil an, der bei IP=0 - das bedeutet keine Interpolation - durchlaufen wird. In der L-Schleife wird der Kurvenparameter T um die Schrittweite Step erhöht. Der zu diesem T gehörende Kurvenpunkt P wird danach berechnet und auf Sichtbarkeit untersucht. Die Prozedur DrawOS führt dann den Zeichenvorgang auf dem Bildschirm aus. Die Implementation dieser Methode geben wir zusammen mit einer kurzen Erläuterung am Ende dieses Abschnittes. Schließlich wird die Sichtbarkeitsinformation des aktuellen Punktes P für den nächsten Schritt in der Variablen ChkOld gespeichert, und das Spiel beginnt von neuem.

Der TRUE-Teil der CASE-Anweisung unterscheidet sich vom FALSE - Teil durch den Einbau einer etwas längeren IF-Anweisung zwischen den Aufrufen von Check und DrawOS. In dieser wird die in Abschnitt 1.5 beschriebene Interpolation durchgeführt, wenn die Sichtbarkeitsinformation Chk des aktuellen Punktes P nicht mit der Sichtbarkeitsinformation ChkOld des Vorgängers von P übereinstimmt.

Wir beschreiben nun noch kurz die Funktion der Prozedur DrawOS. Wir erwähnen zunächst, daß die Buchstaben "OS" in ihrem Bezeichner eine Abkürzung für OnlyScreen sind.

Damit der Zeichenvorgang auf dem Bildschirm in unserem Sinne durchgeführt wird, ist folgendes notwendig: In DrawOS müssen zunächst die Bildschirmkoordinaten des aktuellen Punktes P berechnet werden. Sind P und sein Vorgänger beide sichtbar, so wird - unabhängig vom Wert des Parameters WP - eine Gerade zwischen den beiden zugehörigen Bildschirmpunkten gezeichnet. Ist P sichtar, sein Vorgänger jedoch unsichtbar und steht WP auf FALSE, wird nur der Grafikcursor zum Bild PScr von P bewegt. Ist P oder sein Vorgänger unsichtbar und steht WP auf TRUE, so wird der zu P gehörende Bildschirmpunkt gesetzt. In allen anderen Fällen geschieht nichts, das heißt, der Grafikcursor bleibt dort, wo er momentan steht. Die Implementation von DrawOS sieht also wie folgt aus:

```
PROCEDURE DrawOS (WP: BOOLEAN; P: Pt2D; ChkOld,Chk: BOLEAN;    {UDraw}
                  Col: INTEGER);
VAR PScr : PtScr;
BEGIN
  TransformationOS (P, PScr);
  CASE WP OF
    FALSE: BEGIN
             IF ChkOld AND Chk THEN
               DrawToPtScr (PScr,Col)
             ELSE
               IF Chk THEN MoveToPtScr (PScr);
           END;
    TRUE:  BEGIN
             IF ChkOld AND Chk THEN
               DrawToPtScr (PScr,Col)
             ELSE
               PutPtScr (PScr,Col);
           END;
  END;
END;
```

1.8 Beispiele für 2D-Kurven

Nach den langen theoretischen Vorüberlegungen der bisherigen
Kapitel sind wir nun endlich in der Lage, unser erstes Bild zu
zeichnen. Wir werden hierbei bereits auch die Vererbung von Objekten kennenlernen.

Als Aufgabe stellen wir uns, einen Kreis mit beliebigem Mittelpunkt M und Radius R zu zeichnen. Eine Parameterdarstellung
eines solchen Kreises lautet

$$\vec{x}(t) = \overrightarrow{OM} + \{R\cdot cost, R\cdot sint\}.$$

Wir behalten uns vor, nur einen Teil des Kreises zu zeichnen.
Dies bewerkstelligen wir dadurch, daß wir den Parameter t nur
das Intervall I1D := [TS,TE]⊂[0,2π] durchlaufen lassen. Zum
Zeichnen des Kreises führen wir einen neuen Objekttyp ein:

```
TYPE  Circle2DT = OBJECT(Curve2DT)                        {UDraw}
        M       : Pt2D;
        R,TS,TE : EXTENDED;

        CONSTRUCTOR Init (WPInit:BOOLEAN;
                          IPInit,LLInit,ColInit: INTEGER;
                          CheckInit: Check2D;
                          MInit: Pt2D;
```

```
                      RInit,TSInit,TEInit: EXTENDED);
          PROCEDURE TToP (T: EXTENDED; VAR P: Pt2D); VIRTUAL;
              .........
          END;
```

Dieser neue Typ Circle2DT kennt als Erbe alle Datenfelder und
alle Methoden seines Vorfahren Curve2DT. Zusätzlich haben wir
einige neue Daten aufgenommen, deren Bedeutung oben schon erklärt ist.

Da wir diese zusätzlichen Daten auch mit eingeben wollen, müssen wir einen neuen Konstruktor schreiben. Dabei beachten wir
immer folgende Regel: Wird bei einem Erben irgendeines Objekttyps ein neuer Konstruktor notwendig, so kommen in der Reihenfolge der eingehenden Parameter immer die Daten zuerst, die bereits der Vorfahr kennt. Die zusätzlichen Daten werden in der
Eingabeliste also jeweils an den Schluß gesetzt. Dadurch entsteht eine gewisse Systematik, die den Umgang mit unseren Objekten erleichtert. Wie wir erkennen können, darf der neue Konstruktor auch so heißen wie der des Vorfahren, ohne daß es dadurch zu einer Fehlermeldung kommt. Die Implementation des Konstruktors sieht bei uns folgendermaßen aus:

```
        CONSTRUCTOR Circle2DT.Init (WPInit: BOOLEAN;
                                    IPInit,LLInit,ColInit: INTEGER;
                                    CheckInit:Check2D;
                                    MInit: Pt2D;
                                    RInit,TSInit,TEInit:EXTENDED);
        VAR I1DInit : Interval1D;
        BEGIN
          TS := TSInit;
          TE := TEInit;
          I1DInit[1].X := TS;
          I1DInit[2].X := TE;
          Curve2DT.Init (WPInit,IPInit,LLInit,ColInit,I1DInit,CheckInit);
          M  := MInit;
          R  := RInit;
          TS := TSInit;
          TE := TEInit;
          CurveType := 'CIRCLE';
        END;
```

Wir definieren also zunächst eine Hilfsvariable I1DInit, besetzen diese mit den Werten TSInit und TEInit, welche ja das
Parameterintervall für den Teil des Kreises beschreiben, rufen
dann den Konstruktor des Vorfahren auf und besetzen zum Schluß
noch die restlichen Datenfelder.

Schließlich wird die Methode TToP entprechend der oben aufgeführten Parameterdarstellung neu implementiert.

```
PROCEDURE Circle2DT.TToP (T: EXTENDED; VAR P: Pt2D);
BEGIN
  P.X := M.X+R*COS(T);
  P.Y := M.Y+R*SIN(T);
END;
```

Wir müssen nun die bisher besprochenen Einzelteile zu einem
lauffähigen Programm zusammensetzen. Bei der Namensgebung haben
wir uns entschieden, unsere Programme kapitelweise einfach
durchzunumerieren. Unser erstes Programm P1_01 sieht dann wie
folgt aus:

```
Program P1_01;

USES UG1,UDraw;

CONST Col1=4;

VAR Circ  : Circle2DT;
    MInit : Pt2D;

(****   main program   *******************************************)

BEGIN
  MInit.X := 0;
  MInit.Y := 1;
  Circ.Init (FALSE,0,50,Col1,Check2DTRUE,MInit,2,0,2*PI);
  Circ.ScanForI2D (WI2D);

  InitializeGraphic;
  Parameter2D;

  Circ.DrawCurve2D;

  CloseGraphic (TRUE);
END.
```

Zunächst nehmen wir mit der USES-Anweisung die beiden benötig-
ten Units UG1 und UDraw auf. Danach deklarieren wir ein Objekt
Circ vom eben vorgestellten Typ Circle2DT und einen 2D-Punkt
MInit, der der Mittelpunkt unseres Kreises werden soll.

Im Hauptteil des Programmes besetzen wir zunächst MInit. Danach
initialisieren wir das Objekt Circ. Als Check-Prozedur übergeben wir die in der Unit UDraw definierte Prozedur Check2DTRUE.
In ihr wird der Parameter Chk immer auf TRUE gesetzt. Als Radi-

us haben wir zwei gewählt. Die für TS bzw. TE eingegebenen Werte 0 bzw. 2π bedeuten, daß wir einen vollen Kreis erhalten.

Nun rufen wir die Methode ScanForI2D des Objektes Circ auf.
Diese liefert das kleinste 2D-Intervall, welches den Kreis
vollständig enthält. Dieses Intervall wählen wir als unser
Weltintervall WI2D. Die Zeichenroutine DrawCurve2D zeichnet
dann den Kreis.

Zum Schluß des Programmes muß der Grafikmodus wieder verlassen
werden. Dazu dient die in der Unit UG1 definierte Routine
CloseGraphic. Ist der eingehende Parameter dieser Prozedur
TRUE, so wartet CloseGraphic mit dem Zurückschalten in den
Textmodus, bis eine Taste gedrückt worden ist. Andernfalls er-
folgt das Umschalten sofort.

Wir sollten uns nun etwas Zeit nehmen, um mit den Parametern in
diesem Programm zu· spielen. Dadurch lernen wir deren Wirkung
besser kennen. Wir kopieren dazu das Programm und ändern es an
einigen Stellen ab. Das neue Programm P1_02 sieht so aus:

```
Program P1_02;

USES UG1,UDraw;

CONST Col1=12; Col2=10; Col3=15;

VAR Circ  : Circle2DT;
    MInit : Pt2D;
    I2D   : Interval2D;

{$F+}
PROCEDURE Check1 (P:Pt2D; VAR Chk: Boolean);
BEGIN
  Chk := InInterval2D (I2D,P);
END;
{$F-}

(****   main program   *******************************************)

BEGIN
{ DefineInterval2D (2,6,8,1, IScrScal); }
  DefineInterval2D (-3,-3,4,4, WI2D);

  InitializeGraphic;
  Parameter2D;

  DefineInterval2D (-1,-1,2,2, I2D);

  MInit.X := 0;
  MInit.Y := 1;
  Circ.Init (TRUE,3,150,Col1,Check1,MInit,2,0,2*PI);

  DrawInterval2D (I2D,Col2);
  DrawCS2D (Col3);
```

```
      Circ.DrawCurve2D;

      CloseGraphic (TRUE);
   END.
```

Bei den Variablen haben wir ein 2D-Intervall hinzugefügt. Die
danach implementierte Prozedur Check1 untersucht, ob ein Punkt
P in diesem Intervall I2D liegt (Chk=TRUE) oder nicht (Chk=FAL-
SE).

Im Hauptprogramm wird das Weltintervall WI2D nicht mehr mit der
Methode ScanForI2D des Objektes Circ bestimmt, sondern wir wählen ein geeignetes Intervall sozusagen per Hand aus.

Ebenfalls neu hinzugenommen haben wir die Prozeduren DrawInter-
val2D und DrawCS2D, welche das 2D-Intervall I2D und das 2D-Ko-
ordinatensystem zeichnen. Diese beiden Prozeduren sind in der
Unit UDraw definiert.

Lassen Sie nun dieses Programm einmal laufen und ändern Sie danach einzelne Parameter ab. Wählen Sie zum Beispiel einmal
WP=TRUE oder geben Sie einmal eine größere bzw. kleinere Zahl
LL ein. Auch die Interpolation sollten Sie sich einmal anschau-
en, indem Sie den zweiten Parameter IP der Init-Prozedur ver-
größern. Wenn Sie die erste Zeile des Hauptprogrammes aktivie-
ren, wird ein anderes skaliertes Bildschirmintervall IScrScal
und damit ein anderer Zeichenbereich auf dem Bildschirm gewählt. Spielen Sie auch hier mit den Werten, aber beachten Sie
dabei, daß die Koordinaten der Eckpunkte dieses Intervalls zwischen 0 und 10 liegen müssen.

Wie Sie sehen, bietet sich bereits bei einem solch einfachen
Beispiel eine Fülle von Möglichkeiten.

Wir werden uns in den nun folgenden Abschnitten dem Aufbau der
3D-Grafik widmen. Wenn Sie weitere Beispiele zur 2D-Grafik sehen wollen, lesen Sie bitte im zweiten Kapitel nach.

1.9 Geraden und Ebenen

Bevor wir im nächsten Abschnitt die 3D-Grafik aufbauen können,
müssen wir einige weitere geometrische Datentypen einführen.

Auch im Raum beschreiben wir unsere Geometrie bezüglich eines
festen kartesischen 3D-Koordinatensystems, welches wir das
3D-Weltkoordinatensystem nennen.

Manchmal wird es jedoch erforderlich, auch die Darstellung bezüglich anderer kartesischer Koordinatensysteme zu benutzen.
Deshalb führen wir zunächst den folgenden Typ eines kartesischen 3D-Koordinatensystems ein:

```
TYPE  CoordinateSystem3D = RECORD                         {UG1}
                           O: Pt3D;
                           UX,UY,UZ: Vt3D;
                           END;
```

Hierin ist O der Ursprung des neuen Koordinatensystems, ausge-
drückt in Weltkoordinaten. Die Einheitsvektoren $\overrightarrow{UX}$, $\overrightarrow{UY}$ und $\overrightarrow{UZ}$
beschreiben die Richtungen der Achsen des neuen Koordinaten-
systems bezüglich des Weltkoordinatensystems.

Bei der Definition eines neuen Koordinatensystems geben wir uns
immer einen Punkt ONew vor, welcher der Ursprung des neuen Koordinatensystems wird, und einen Einheitsvektor $\overrightarrow{UZNew}$, welcher
die neue Z-Achse liefert. Dadurch ist auch schon die X-Y-Ebene
des neuen Koordinatensystems festgelegt, und wir müssen nur
noch die Lage der neuen X- und Y-Achse in dieser Ebene definieren. Dazu gibt es die folgenden beiden Möglichkeiten: Wir können erstens einen weiteren Punkt C mit angeben, der nicht auf
der neuen Z-Achse liegen darf. Die Ebene, welche den Punkt ONew
enthält und durch $\overrightarrow{ONewC}$ und $\overrightarrow{UZNew}$ aufgespannt wird, definieren
wir als neue X-Z-Ebene.

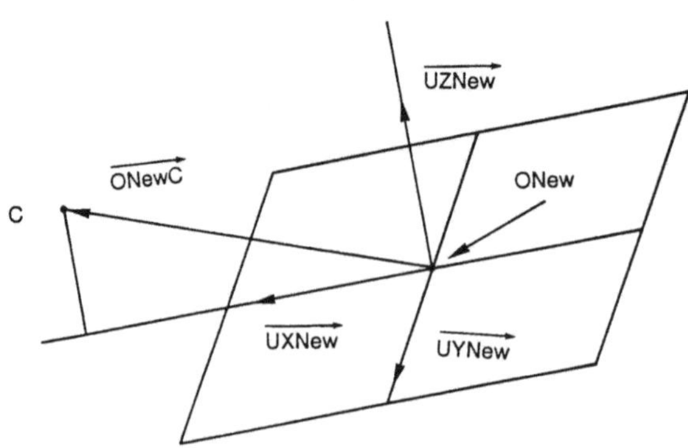

Die zugehörige Prozedur heißt

```
PROCEDURE DefineNewCS3DWithPt3D (ONew: Pt3D; UZNew: Vt3D;        {UG1}
                                 C: Pt3D;
                                 VAR CS3D: CoordinateSystem3D);
```

Zum zweiten können wir - wie übrigens in der CAD üblich - einen weiteren Vektor $\overrightarrow{YUP}$ mit angeben, der nicht proportional zu $\overrightarrow{UZNew}$ sein darf. Die Ebene, welche den Punkt ONew enthält und durch die Vektoren $\overrightarrow{YUP}$ und $\overrightarrow{UZNew}$ aufgespannt wird, definieren wir als neue Y-Z-Ebene.

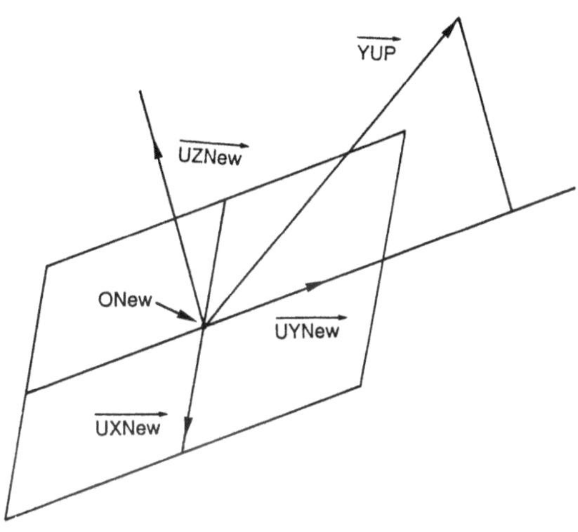

Die zugehörige Prozedur heißt

```
PROCEDURE DefineNewCS3DWithVt3D (ONew: Pt3D; UZNew: Vt3D;        {UG1}
                                YUP: Vt3D;
                                VAR CS3D: CoordinateSystem3D);
```

Zur Umrechnung zwischen neuen Koordinaten und Weltkoordinaten gibt es die Prozeduren

```
PROCEDURE World3DToNew3D (CS3D: CoordinateSystem3D;             {UG1}
                          P: Pt3D; VAR PNew: Pt3D);
PROCEDURE New3DToWorld3D (CS3D: CoordinateSystem3D;             {UG1}
                          PNew: Pt3D; VAR P: Pt3D);
```

Neben 3D-Koordinatensystemen spielen 3D-Geraden eine wichtige Rolle in der Computergrafik. Eine solche Gerade kann man durch die Parameterdarstellung

$$\vec{x}(t) = \overrightarrow{OO} + t\vec{U}$$

beschreiben. Dabei ist $\overrightarrow{OO}$ der Ortsvektor zu irgendeinem Punkt O auf der Geraden und $\vec{U}$ ein Richtungsvektor dieser Geraden, der nicht normiert sein muß. Wir führen daher folgenden Typ ein:

```
TYPE  Line3D = RECORD                                    {UG1}
                 O: Pt3D;
                 U: Vt3D;
               END;
```

Die Prozedur

```
PROCEDURE TToLine3D (Ln3D: Line3D; T: EXTENDED; VAR P: Pt3D);    {UG1}
```

liefert zu einem Parameterwert T den zugehörigen Punkt P auf der Geraden Ln3D.

Am Ende dieses Abschnittes befassen wir uns noch mit Ebenen. Eine Ebene im $\mathbb{R}^3$ ist durch die Angabe eines ihrer Punkte und eines Vektors senkrecht zu ihr eindeutig bestimmt. Da wir aber in der Ebene auch zwei orthogonale Koordinatenachsen festlegen wollen, definieren wir den Typ einer Ebene als dreidimensionales Koordinatensystem:

```
TYPE   Plane = CoordinateSystem3D;                        {UG1}
```

Dabei entspricht der Vektor $\overrightarrow{UZ}$ dieses Typs immer dem Vektor, der senkrecht auf der Ebene steht, und mit den anderen Daten des Typs kann man folgende Parameterdarstellung für die Ebene angeben:

$$\vec{x}(X,Y) = \overrightarrow{OO} + X \cdot \overrightarrow{UX} + Y \cdot \overrightarrow{UY}.$$

Dabei ist $\overrightarrow{OO}$ der Ortsvektor zu einem Punkt O der Ebene, welcher hier gleichzeitig der Ursprung des lokalen Koordinatensystems ist.

Die Zahlen X und Y nennen wir die Ebenenkoordinaten des 3D-Punktes P mit $\overrightarrow{OP} = \vec{x}(X,Y)$. Wir fassen sie manchmal aber auch als Koordinaten eines 2D-Punktes Q auf:

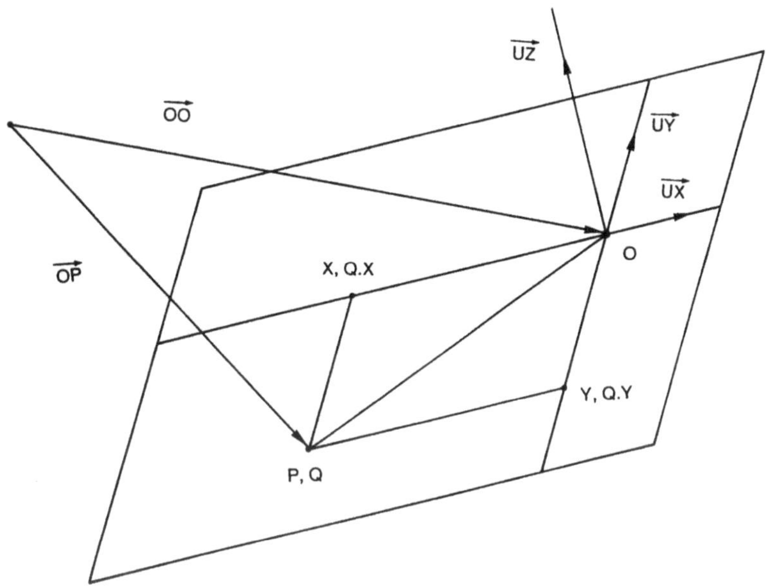

Zur Definition einer Ebene gibt es die Prozeduren

```
PROCEDURE DefinePlaneWithPt3D (O: Pt3D; UZ: Vt3D;          {UG1}
                               C: Pt3D; VAR PL: Plane);
PROCEDURE DefinePlaneWithVt3D (O: Pt3D; UZ: Vt3D;          {UG1}
                               YUP: Vt3D; VAR PL: Plane);
```

welche ihrerseits nur die weiter vorne vorgestellten Prozeduren
zur Definition eines 3D-Koordinatensystems aufrufen.

Die Prozedur

```
PROCEDURE PlaneTo3D (Pl: Plane; Q: Pt2D; VAR P: Pt3D);     {UG1}
```

berechnet aus den Ebenenkoordinaten (Q.X, Q.Y) eines Punktes P
der Ebene Pl dessen Weltkoordinaten (P.X, P.Y, P.Z).

Umgekehrt berechnet die Prozedur

```
PROCEDURE D3ToPlane (Pl: Plane; P: Pt3D; VAR Q: Pt2D);     {UG1}
```

aus den Weltkoordinaten (P.X, P.Y, P.Z) eines Punktes P der Ebene Pl dessen Ebenenkoordinaten (Q.X, Q.Y).

Mit der Prozedur

```
PROCEDURE IntersectionLinePlane (Ln3D: Line3D; Pl: Plane;        {UG1}
                           VAR Intsec: BOOLEAN;
                           VAR T: EXTENDED; VAR Q: Pt2D);
```

bringen wir die Gerade Ln3D mit der Ebene Pl zum Schnitt. Dabei untersuchen wir zunächst, ob sich Gerade und Ebene überhaupt schneiden (Intsec=TRUE) oder nicht (Intsec=FALSE). Falls ein Schnittpunkt vorliegt, geben wir seinen Parameter T bezüglich der Geraden Ln3D und seine Ebenenkoordinaten (Q.X, Q.Y) aus.

Abschließend erwähnen wir noch, daß in der Unit UG1 zu diesem Abschnitt analoge Typen und Prozeduren auch für den zweidimensionalen Fall deklariert sind, sofern diese sinnvoll sind.

1.10 Die perspektivische Abbildung

Es ist klar, daß wir uns von jedem dreidimensionalen Objekt ein zweidimensionales Bild verschaffen müssen. Dies geschieht mit Hilfe einer perspektivischen Abbildung.

Da wir nicht den ganzen Raum $\mathbb{R}^3$ auf dem Bildschirm darstellen können, wählen wir zunächst - analog zur 2D-Grafik - ein 3D-Intervall aus, in welchem alle unsere Betrachtungen ablaufen. Dieses Intervall nennen wir *3D-Weltintervall* und führen dafür die globale Variable WI3D ein.

Die ganze 3D-Grafik beruht nun darauf, daß wir vom Inhalt dieses Intervalles durch eine perspektivische Abbildung ein zweidimensionales Bild erzeugen, welches wir dann wie in der 2D-Grafik weiterverarbeiten können.

Als Abbildung wählen wir die *Zentralprojektion*, bei der aus einem festen Punkt C - dem *Projektionszentrum* oder *Augpunkt* - auf eine Ebene Pl - die *Projektionsebene* - projiziert wird.

Die räumliche Lage des Projektionszentrums C und der Projektionsebene Pl sind bei uns frei wählbar mit der einzigen Einschränkung, daß

- das Projektionszentrum nicht in der Projektionsebene liegen darf oder
- die Ebene durch das Projektionszentrum parallel zur Projektionsebene nicht das Weltintervall WI3D schneiden darf. (Alle Punkte dieser Ebene werden ins Unendliche projiziert.)

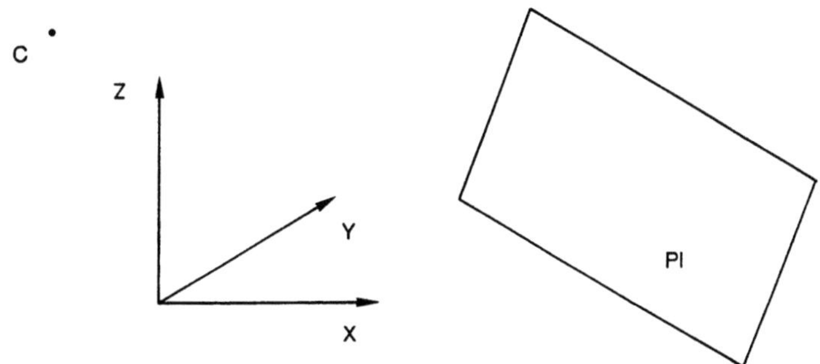

Für die Perspektive führen wir den Typ

```
TYPE  Projection = RECORD                          {UG1}
              C: Pt3D;
              Pl: Plane;
           END;
```

und die globale Variable

```
VAR Pr: Projection;                                {UG1}
```

ein.

Bei der Definition der Perspektive wollen wir eine der in Abschnitt 1.9 vorgestellten Prozeduren zur Erzeugung einer Ebene anwenden. Um eine Perspektive zu erklären, müssen wir daher folgendes angeben:

- das Projektionszentrum,
- den Ursprung der Projektionsebene,
- den Normalenvektor der Projektionsebene und
- einen weiteren Vektor zur Ausrichtung der Koordinatenachsen
  in der Projektionsebene.

Wir haben uns entschieden, diese Parameter in sphärischen Koordinaten einzugeben, weil man sich dann die Lage von Projektionszentrum und Projektionsebene besser vorstellen kann. Aus diesem Grund führen wir zunächst den Typ

```
TYPE ProjectionSph = RECORD                        {UG1}
              C,O,Z,YUP: PtSph;
           END;
```

und die globale Variable

```
    VAR PrSph: ProjectionSph;                          {UG1}
```

ein.

In der Prozedur

```
    PROCEDURE DefinePerspective;                        {UG1}
```

berechnen wir aus den sphärischen Koordinaten der Variablen PrSph die kartesischen Koordinaten und speichern sie in der Variablen Pr ab. Dabei gehen wir davon aus, daß sämtliche Winkel im Gradmaß eingegeben sind.

Für das weitere Vorgehen benötigen wir die Prozedur

```
    PROCEDURE Project (P: Pt3D; VAR Ln3D: Line3D;       {UG1}
                       VAR DistCP: EXTENDED; VAR P2D: Pt2D);
```

welche die Projektion eines 3D-Punktes P durchführt. Für die Gerade Ln3D in der Ausgabeliste gilt

$$\text{Ln3D.O} = P \quad \text{und} \quad \overrightarrow{\text{Ln3D.U}} = \frac{\overrightarrow{PC}}{\|\overrightarrow{PC}\|}.$$

Sie verbindet also den Augpunkt mit dem Punkt P. Ihr normierter Richtungsvektor zeigt vom Punkt P zum Augpunkt. Diese Gerade werden wir in Zukunft den *Sehstrahl zum Punkt P* nennen.

Daneben werden der Abstand DistCP zwischen Pr.C und P sowie die Ebenenkoordinaten (P2D.X, P2D.Y) des projizierten Bildes von P ausgegeben.

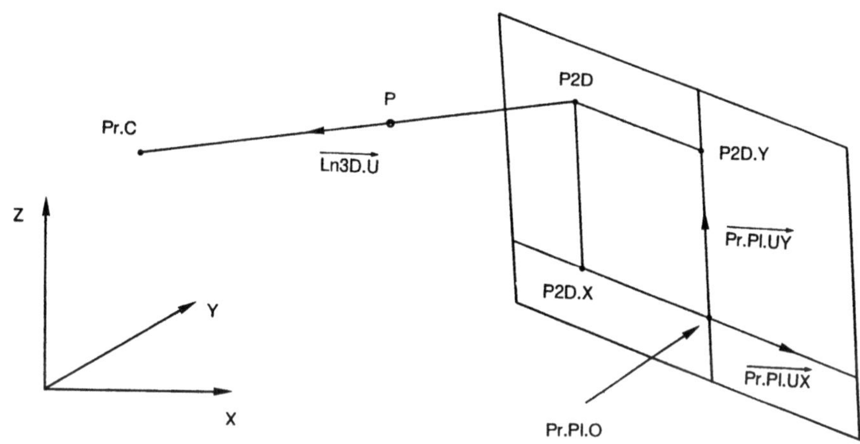

Da wir das projizierte Bild wie eine 2D-Grafik behandeln wollen, wir aber nicht die gesamte Projektionsebene auf demBild-
schirm darstellen können, müssen wir auch hier wieder ein Intervall dieser Ebene auswählen. Weil es dieselbe Rolle spielt
wie unser 2D-Weltintervall in der 2D-Grafik, benutzen wir für
es wieder die Variable WI2D, um keine neuen Prozeduren schreiben zu müssen.

Wir bestimmen das Intervall WI2D mittels der Prozedur

```
PROCEDURE WI3DToWI2D (VAR P2DA: Pt2DA12);                    {UG1}
```

aus dem vorher festgelegten 3D-Weltintervall WI3D auf folgende
Weise: Wir projizieren die acht Ecken von WI3D in die Projektionsebene und merken uns dabei die größten und kleinsten
X,Y-Ebenenkoordinaten der Bilder. Mit diesen Koordinaten besetzen wir dann WI2D. Damit ist WI2D optimal gewählt, denn es
ist das kleinste Intervall, welches die perspektivischen Bilder
aller Punkte aus WI3D enthält.

Zum Abschluß fassen wir noch einmal kurz die fünf Prozeduren
zusammen, die wir aufrufen müssen, bevor wir eine 3D-Grafik auf
dem Bildschirm darstellem können.

1. InitializeGraphic: Damit wird der Bildschirm in den Grafikmodus umgeschaltet.

2. TransformationIScrScalToIScr: Damit wird das ausgewählte Intervall IScrScal in das Bildschirmintervall IScr umgerechnet.

3. DefinePerspective: Damit werden die festgelegten sphärischen
Koordinaten der Perspektive in die kartesischen umgewandelt.

4. WI3DToWI2D: Damit wird aus dem gewählten 3D-Weltintervall
WI3D das 2D-Weltintervall WI2D bestimmt.

5. ParameterTransformationScr: Damit werden die zur Transformation in Bildschirmkoordinaten notwendigen Größen ScrO und ScrU
berechnet.

Die vier letzten Schritte fassen wir in der Prozedur

```
    PROCEDURE Parameter3D;                                    {UG1}
```

zusammen, welche zu Beginn eines Programmes aufgerufen werden
muß.

Vor ihrem Aufruf müssen die Perspektive in sphärischen Koordinaten und das Weltintervall WI3D festgelegt worden sein. Die
Prozedur Parameter3D bricht das Programm mit einer Fehlermeldung ab, wenn:

- kein Weltintervall WI3D festgelegt worden ist oder
- der Augpunkt Pr.C in der Projektionsebene Pr.Pl liegt oder
- die Ebene, welche parallel zur Projektionsebene ist und den
  Augpunkt enthält, das 3D-Weltintervall WI3D schneidet.

1.11 Der Objekttyp Curve3DT

Zum Zeichnen dreidimensionaler Kurven führen wir den Typ
Curve3DT ein. Da wir unsere Strategie schon erklärt haben, wissen wir auch, welche Elemente dieser Typ mindestens enthalten
muß.

Wir schauen uns zunächst seine Deklaration an:

```
    TYPE  Curve3DT = OBJECT                                   {UDraw}
          WP                 : BOOLEAN;
          I1D                : Interval1D;
          LL,Col,IP          : INTEGER;
          Check              : Check3D;
          CurveType          : STRING;
          ScanningPossible   : BOOLEAN;

          ..........
          CONSTRUCTOR Init (WPInit: BOOLEAN;
                            IPInit,LLInit,ColInit: INTEGER;
```

```
                          I1DInit: Interval1D;
                          CheckInit: Check3D);
              PROCEDURE TToP (T: EXTENDED; VAR P: Pt3D); VIRTUAL;
              PROCEDURE DrawCurve3D;
              PROCEDURE ScanForI3D (VAR MaxI3D: Interval3D); VIRTUAL;
              ...........
          END;
```

Wie wir erkennen, unterscheidet sich dieser Typ in seinem Aufbau nur sehr unwesentlich vom Typ Curve2DT, was nach den Ausführungen des vorangegangenen Kapitels nicht weiter verwunderlich ist. Wir beschränken uns daher an dieser Stelle darauf, nur auf die Unterschiede hinzuweisen.

Die Prozedur Check ist jetzt vom Typ

```
     TYPE  Check3D  = PROCEDURE (P: Pt3D; PrRay: Line3D;          {UDraw}
                                 Dist: EXTENDED;
                                 VAR Chk: BOOLEAN);
```

Zur Bestimmung der Sichtbarkeitsinformation Chk eines Punktes P geben wir der Check-Prozedur also nicht nur den Punkt selbst, sondern auch den Sehstrahl PrRay zu diesem Punkt und den Abstand Dist des Punktes vom Augpunkt mit.

Die Methode TToP liefert natürlich jetzt einen 3D-Punkt anstelle eines 2D-Punktes.

Schließlich muß in der Methode DrawCurve3D die Projektion mit verarbeitet werden. Um hier den Unterschied zur Methode DrawCurve2D zu erkennen, schauen wir uns wieder einen Teil der Implementation an.

```
    PROCEDURE Curve3DT.DrawCurve3D;
    VAR .....

    BEGIN
      ....
      Step := 1/LL*(I1D[2].X-I1D[1].X);
      T    := I1D[1].X;

      IF OnlyScreen THEN BEGIN
        L := 0;
        TToP (T, P);
        Project (P, PrRay,Dist,Q);
        Check (P,PrRay,Dist, Chk);
        ChkOld := Chk;

        TransformationOS (Q, PScr);
        IF Chk THEN MoveToPtScr (PScr);
```

```
CASE (IP > 0) OF
   TRUE:  BEGIN

             .....
          END;
   FALSE: BEGIN
             FOR L := 1 TO LL DO BEGIN
               T := T+Step;
               TToP (T, P);
               Project (P, PrRay,Dist,Q);
               Check (P,PrRay,Dist, Chk);
               DrawOS (WP,Q,ChkOld,Chk,Col);
               ChkOld := Chk;
             END;
          END;
   END;
   END  (*** OF OnlyScreen=TRUE ***)  ELSE BEGIN


      .....
      END;
   END;
```

Wie wir sehen, wird hier im Unterschied zur Methode DrawCurve2D
nach der Berechnung des Kurvenpunktes P in TToP zunächst die
Prozedur Project aufgerufen. Diese liefert unter anderem den
2D-Punkt Q, der die Ebenenkoordinaten des Bildes von P in der
Projektionsebene enthält. Dieser Punkt Q wird dann jeweils mit
der bekannten Prozedur TransformationOS in Bildschirmkoordinaten transformiert.

Eine weitere Abweichung erkennen wir im Aufruf der Check-Prozedur. Diese verlangt, wie bereits erwähnt, neben dem zu unter-
suchenden Punkt selbst auch seinen Sehstrahl und seinen Abstand
Dist vom Augpunkt, welche dafür ebenfalls in der Prozedur
Project berechnet werden.

In allen anderen Teilen stimmen die Methoden DrawCurve3D und
DrawCurve2D überein.

1.12 Beispiele für 3D-Kurven

In diesem Abschnitt wollen wir uns die theoretischen Ausführungen zur 3D-Grafik an einem Beispiel klarmachen.

Als Aufgabe stellen wir uns, eine Schraubenlinie (Helix) mit
folgender Parameterdarstellung zu zeichnen:

$$\vec{x}(t) = \{Rcost,Rsint,Ht\}.$$

Wir nennen dabei R den Radius und $2\pi H$ die Ganghöhe der Schraubenlinie. Den Parameter t lassen wir irgendein 1D-Intervall I1D
durchlaufen. Zum Zeichnen dieser Kurve führen wir folgenden

neuen Objekttyp ein:

```
TYPE  HelixT = OBJECT(Curve3DT)                              {UCurveEx}
         R,H: EXTENDED;
         ..........
         CONSTRUCTOR Init (WPInit:BOOLEAN;
                           IPInit,LLInit,ColInit: INTEGER;
                           I1DInit: Interval1D;
                           CheckInit: Check3D;
                           RInit,HInit: EXTENDED);
         PROCEDURE TToP (T: EXTENDED; VAR P: Pt3D); VIRTUAL;
         ..........
      END;
```

**Dieser neue Typ HelixT kennt als Erbe alle Datenfelder und alle
Methoden seines Vorfahren Curve3DT. Zusätzlich haben wir einige
neue Daten aufgenommen, deren Bedeutung oben schon erklärt ist.
Da wir diese neuen Daten auch mit eingeben wollen, schreiben
wir einen neuen Konstruktor.**

```
CONSTRUCTOR HelixT.Init (WPInit: BOOLEAN;
                         IPInit,LLInit,ColInit: INTEGER;
                         I1DInit: Interval1D;
                         CheckInit: Check3D;
                         RInit,HInit: EXTENDED);
BEGIN
  Curve3DT.Init (WPInit,IPInit,LLInit,ColInit,I1DInit,CheckInit);
  CurveType       := 'HELIX';
  ScanningPossible := TRUE;
  R               := RInit;
  H               := HInit;
  Omega           := 1/SQRT(SQR(R)+SQR(H));
END;
```

**In ihm rufen wir zunächst den Konstruktor des Vorfahren mit den
entsprechenden Daten auf und besetzen anschließend die restlichen Datenfelder. Schließlich wird die Methode TToP entsprechend der oben aufgeführten Parameterdarstellung neuimple-
mentiert.**

```
PROCEDURE HelixT.TToP (T: EXTENDED; VAR P: Pt3D);
BEGIN
  P.X := R*COS(T);
  P.Y := R*SIN(T);
  P.Z := H*T;
END;
```

Damit können wir unser erstes 3D-Programm schreiben, welches
den Namen P1_03 erhält und wie folgt aussieht:

```
Program P1_03;

USES UG1,UDraw,UCurveEx;

CONST Col1=14;

VAR Helix   : HelixT;
    I1DInit : Interval1D;

(****    main program    *********************************************)

BEGIN
  PrSph.C.R   := 1000; PrSph.C.PHI   := 20; PrSph.C.THETA   := 30;
  PrSph.O.R   :=-1000; PrSph.O.PHI   := 20; PrSph.O.THETA   := 30;
  PrSph.Z.R   := 1;    PrSph.Z.PHI   := 20; PrSph.Z.THETA   := 30;
  PrSph.YUP.R:= 1;     PrSph.YUP.PHI:= 0;   PrSph.YUP.THETA:= 90;

  DefineInterval1D (0,8*PI, I1DInit);
  Helix.Init (FALSE,0,150,Col1,I1DInit,Check3DTRUE,7,1);
  Helix.ScanForI3D (WI3D);

  InitializeGraphic;
  Parameter3D;

  Helix.DrawCurve3D;

  CloseGraphic (TRUE);
END.
```

Zunächst nehmen wir mit der USES-Anweisung die drei benötigten
Units auf. Danach deklarieren wir ein Objekt Helix vom eben
vorgestellten Typ HelixT und ein 1D-Intervall I1DInit, welches
das Intervall für den Kurvenparameter werden soll.

Im Hauptteil des Programms legen wir zunächst die Perspektive
fest, indem wir die Variable PrSph mit den von uns gewünschten
Werten besetzen. Danach definieren wir das Intervall I1DInit.
Mit dem darauf folgenden Aufruf der Methode Init wird das Objekt Helix initialisiert. Als Checkprozedur übergeben wir dabei
die in der Unit UDraw definierte Prozedur Check3DTRUE. In ihr
wird der Parameter Chk immer auf TRUE gesetzt.

Nun rufen wir die Methode ScanForI3D des Objektes Helix auf.
Diese liefert das kleinste 3D-Intervall, welches die Helix
vollständig enthält. Dieses Intervall wählen wir als unser
Weltintervall WI3D.

Nach dem notwendigen Aufruf der Prozeduren InitializeGraphic
und Parameter3D wird die Helix durch die Methode DrawCurve3D

gezeichnet. Abschließend wird mit der Routine CloseGraphic in den Textmodus zurückgeschaltet.

Auch hier wollen wir uns wieder etwas Zeit nehmen, um mit den Parametern dieses Programms zu spielen. Wir kopieren dazu das Programm und ändern es an einigen Stellen ab. Das neue Programm P1_04 sieht dann so aus:

```
Program P1_04;

USES UG1,UDraw,UCurveEx;

CONST Col1=13; Col2=15;

VAR Helix   : HelixT;
    I1DInit : Interval1D;

(****    main program    ********************************************)
BEGIN
  PrSph.C.R   := 1000; PrSph.C.PHI   := 20; PrSph.C.THETA   := 30;
  PrSph.O.R   :=-1000; PrSph.O.PHI   := 20; PrSph.O.THETA   := 30;
  PrSph.Z.R   := 1;    PrSph.Z.PHI   := 20; PrSph.Z.THETA   := 30;
  PrSph.YUP.R:= 1;     PrSph.YUP.PHI:= 0;   PrSph.YUP.THETA:= 90;

  DefineInterval3D (-8,-8,-1,8,8,9*PI, WI3D);
  InitializeGraphic;
  Parameter3D;

  DefineInterval1D (0,8*PI, I1DInit);
  Helix.Init (FALSE,0,150,Col1,I1DInit,Check3DTRUE,7,1);

  Helix.DrawCurve3D;

  DrawCS3D (5,5,Col2);

  CloseGraphic(TRUE);
END.
```

Im Hauptprogramm wird das Weltintervall WI3D nicht mehr mit der Methode ScanForI3D des Objektes Helix bestimmt, sondern wir wählen ein geeignetes Intervall sozusagen per Hand aus.

Ebenfalls hinzugenommen haben wir die Prozedur DrawCS3D, welche ohne Berücksichtigung von Verdeckungen das Weltintervall WI3D zeichnet. Zum besseren Verständnis haben wir den "Boden" des Weltintervalls mit einem Netz von Linien überzogen, deren Anzahl mit den ersten beiden Parametern der Prozedur DrawCS3D festgelegt wird. Der dritte Parameter gibt die Zeichenfarbe an.

Lassen Sie nun dieses Programm einmal laufen und ändern Sie danach einzelne Parameter ab. Hierbei sollten Sie sich insbesondere mit der Wirkung der Parameter für die Perspektive vertraut machen, damit Sie ein gewisses Gefühl für deren geschickte Auswahl entwickeln.

Wenn Sie weitere Beispiele für 3D-Kurven sehen möchten, lesen Sie bitte im zweiten Kapitel weiter.

1.13 Die Darstellung von Flächen

Da viele interessante 3D-Kurven auf Flächen verlaufen und der räumliche Eindruck sich verstärkt, wenn die Fläche ebenfalls gezeichnet wird, beschäftigen wir uns schon jetzt mit der Darstellung einiger spezieller Flächen. Wir beschränken uns hier auf das Nötigste, da eine mathematisch exakte Einführung des Flächenbegriffs im dritten Kapitel erfolgen wird.

Zum Zeichnen einer *Fläche* benutzen wir eine Parameterdarstellung:

$$\vec{x}(u^1,u^2) = \{x^1(u^1,u^2), \ x^2(u^1,u^2), \ x^3(u^1,u^2)\},$$

wobei das Paar $(u^i) := (u^1,u^2)$ der *Flächenparameter* u^1 und u^2 ein endliches zweidimensionales Intervall $I = I_1 \times I_2$ durchläuft.

Wir fordern, daß im Inneren von I die Komponentenfunktionen $x^k(u^i)$ (k=1,2,3) mindestens einmal stetig partiell nach jedem der beiden Parameter differenzierbar sind und die beiden Vektoren

$$\vec{x}_k(u^i) := \left\{ \frac{\partial x^1(u^i)}{\partial u^k}, \ \frac{\partial x^2(u^i)}{\partial u^k}, \ \frac{\partial x^3(u^i)}{\partial u^k} \right\} \quad (k=1,2)$$

linear unabhängig sind. Die Ebene durch den Punkt P mit $\overrightarrow{OP} = \vec{x}(u^i)$, welche von den Vektoren $\vec{x}_1(u^i)$ und $\vec{x}_2(u^i)$ aufgespannt wird, nennen wir *Tangentialebene im Punkt P*, und der Vektor

$$\vec{N}(u^i) := \frac{\vec{x}_1(u^i) \times \vec{x}_2(u^i)}{\|\vec{x}_1(u^i) \times \vec{x}_2(u^i)\|}$$

heißt *Flächennormalenvektor im Punkt P*.

Für die Parameterpunkte (u^1,u^2) führen wir den Typ

```
TYPE PtPar = RECORD                                      {UG1}
             U1,U2: EXTENDED;
          END;
```

ein, und für die Parameterintervalle definieren wir den Typ

```
TYPE IntervalPar = ARRAY[1..2] OF PtPar;                 {UG1}
```

der in seinem Aufbau dem Typ Interval2D entspricht. Zur bequemen Eingabe eines Parameterintervalls schreiben wir die Prozedur

```
PROCEDURE DefineIntervalPar (U11,U21,U12,U22: EXTENDED;  {UG1}
                             VAR IU1U2: IntervalPar);
```

Die Funktion

```
FUNCTION InIntervalPar (IU1U2: IntervalPar; Q: PtPar): BOOLEAN; {UG1}
```

untersucht, ob der Parameterpunkt Q im Parameterintervall IU1U2
liegt (InIntervalPar=TRUE) oder nicht (InIntervalPar=FALSE).

Aus Gründen der Übersichtlichkeit haben wir uns dazu entschieden, die geometrischen Eigenschaften einer Fläche in einem neu-
en Objekttyp SurfaceT zusammenzufassen, der nicht als Erbe
eines der bisher eingeführten Objekttypen deklariert wird, sondern die Wurzel eines eigenen Vererbungsbaumes wird. Bei der
Behandlung von Flächen trennen wir also die geometrische Seite
des Problems von der zeichentechnischen ab.

Schauen wir uns einmal kurz die für uns zunächst wesentlichen
Teile der Deklaration von SurfaceT an:

```
TYPE SurfaceT = OBJECT                          {USurface}
        SurfaceType : String[20];
        IU1U2       : IntervalPar;
        I1,I2       : Interval1D;
        I3D         : Interval3D;
        DiamI3D     : EXTENDED;
        I3DDefined  : BOOLEAN;
```

```
        CONSTRUCTOR InitEmpty;

        PROCEDURE SetIU1U2 (IU1U2Init: IntervalPar);

        FUNCTION  InIU1U2 (Q: PtPar): BOOLEAN;
        PROCEDURE CalcDiamI3D;

        PROCEDURE ParToSurf (Q: PtPar; VAR P:Pt3D); VIRTUAL;
        PROCEDURE SurfToPar (P: Pt3D; VAR Q:PtPar); VIRTUAL;

        PROCEDURE dXdU1 (Q: PtPar; VAR P: Pt3D); VIRTUAL;
        PROCEDURE dXdU2 (Q: PtPar; VAR P: Pt3D); VIRTUAL;

        PROCEDURE SurfNormal (Q: PtPar; VAR NV: Vt3D);
        .......
    END;
```

Ähnlich wie bei den Kurven haben wir hier ein Feld SurfaceType für den Namen der Fläche eingegeben. Das Datum IU1U2 enthält das 2D-Intervall für die Flächenparameter, die Daten I_1 bzw. I_2 enthalten die 1D-Intervalle für die Flächenparameter u^1 bzw. u^2.

Für manche Betrachtungen müssen wir das kleinste 3D-Intervall kennen, welches den Teil der Fläche enthält, der durch das Parameterintervall IU1U2 festgelegt wird. Für dieses 3D-Intervall reservieren wir das Feld I3D. Der Durchmesser von I3D wird mit der Methode CalcDiamI3D bestimmt und in DiamI3D abgespeichert. Mit der booleschen Variable I3DDefined merken wir uns schließlich, ob das Intervall I3D bestimmt wurde oder nicht.

Bei den Methoden dieses Typs befindet sich zunächst wieder ein Konstruktor, dessen Implementation wie folgt aussieht:

```
    CONSTRUCTOR SurfaceT.InitEmpty;
    BEGIN
      SurfaceType := '';
      I3D[1]      := O3D;
      I3D[2]      := O3D;
      DiamI3D     := 0;
      I3DDefined  := FALSE;
    END;
```

Mit der Methode SetIU1U2 können wir das Parameterintervall der Fläche eingeben. Wenn dabei das eingehende Intervall IU1U2Init falsch definiert ist, bricht SetIU1U2 das Programm mit einer Fehlermeldung ab. Anschließend werden I_1 und I_2 so besetzt, daß

$$IU1U2 = I_1 \times I_2.$$

Die Methode InIU1U2 untersucht, ob der Punkt Q im Intervall IU1U2 liegt (InIU1U2=TRUE) oder nicht (InIU1U2=FALSE). Analog überprüfen die Methoden InI_1 bzw. InI_2, ob die Zahl U1 bzw. U2 im Intervall I1 bzw. I2 liegt.

Mit der virtuellen Methode ParToSurf berechnen wir zum Parameterpunkt Q den Flächenpunkt P. Umgekehrt liefert uns die virtuelle Methode SurfToPar den zu einem Flächenpunkt P gehörenden Parameterpunkt Q.

Mit den virtuellen Methoden dXdU1 und dXdU2 bestimmen wir zu einem Parameterpunkt $Q = (u^1, u^2)$ die Vektoren $\vec{x}_1(u^i)$ und $\vec{x}_2(u^i)$ und mittels der Methode SurfNormal berechnen wir den zum Parameterpunkt Q gehörenden Flächennormalenvektor.

Die Punkte am Ende der Deklaration sollen andeuten, daß dieser Typ im Laufe der späteren Betrachtungen noch um einige weitere Methoden ergänzt wird.

Bevor wir nun zum Zeichnen übergehen, wenden wir uns den Sichtbarkeitsproblemen zu, die bei der Darstellung von Flächen auftreten. Da diese Probleme nur von der Geometrie abhängen, werden wir die Methoden zu ihrer Lösung in den Typen für die jeweiligen Flächenklassen implementieren.

Beim Sichtbarkeitsproblem unterscheiden wir die folgenden beiden Fälle "Visibility" und "NotHidden":

1. *Visibility*
   Ein Punkt P einer Fläche kann durch einen weiteren Punkt der Fläche verdeckt werden. Zur Entscheidung dieser Frage definieren wir in den Erben von SurfaceT eine Methode

```
PROCEDURE ...T.Visibility (P: Pt3D; PrRay: Line3D; Dist:EXTENDED;
                           VAR Vis: BOOLEAN);
```

   in der wir untersuchen, ob auf dem Sehstrahl PrRay zum Punkt P zwischen dem Augpunkt Pr.C und P ein weiterer Punkt der Fläche liegt. In diesem Fall wird Vis=FALSE ausgegeben, sonst Vis=TRUE.

2. *NotHidden*
   Dieses Problem kann nur dann auftreten, wenn mehrere Flächen gleichzeitig dargestellt werden sollen. Dann kann nämlich ein Punkt der einen Fläche durch einen Punkt einer anderen Fläche verdeckt werden. Aus diesem Grund implementieren wir bei den Erben von SurfaceT eine Methode

```
PROCEDURE ...T.NotHidden (P: Pt3D; PrRay: Line3D; Dist:EXTENDED;
                         VAR NotHidd: BOOLEAN);
```

mit der wir entscheiden, ob ein beliebiger Raumpunkt P durch einen Punkt der Fläche verdeckt wird. Hierzu untersuchen wir, ob auf dem Sehstrahl PrRay zum Punkt P zwischen Pr.C und P irgendein Punkt der Fläche liegt. In diesem Fall wird NotHidd=FALSE ausgegeben, andernfalls NotHidd=TRUE.

Nun wenden wir uns der grafischen Veranschaulichung von Flächen zu. Wir stellen Flächen dadurch dar, daß wir bestimmte Kurven auf ihnen zeichnen. Da wir das Zeichnen von 3D-Kurven bereits beherrschen, brauchen wir uns keine neue Strategie zu überlegen. Wir werden meistens sogenannte *Parameterlinien* zeichnen. Dieses sind Flächenkurven, für die einer der beiden Flächenparameter konstant ist. Kurven mit u^1 = const heißen u^2-*Linien* und Kurven mit u^2 = const nennen wir u^1-*Linien*.

Für das Zeichnen eines Netzes von Parameterlinien führen wir den folgenden neuen Objekttyp UiT als Erbe von Curve3DT ein:

```
TYPE UiT = OBJECT (Curve3DT)                              {UDraw}
         WPU1,WPU2                    : BOOLEAN;
         IPU1,LLU1,ColU1,NNU1,SU1,EU1,
         IPU2,LLU2,ColU2,NNU2,SU2,EU2 : INTEGER;
         CheckU1,CheckU2              : Check3D;
         U1,U2                        : EXTENDED;
         SurfaceType                  : String[20];
         ISurf                        : IntervalPar;
         I1DU1,I1DU2                  : Interval1D;
         U1Line,AutoScan              : BOOLEAN;

         CONSTRUCTOR Init (WPU1Init: BOOLEAN;
                           IPU1Init,LLU1Init,ColU1Init: INTEGER;
                           CheckU1Init: Check3D;
                           NNU1Init,SU1Init,EU1Init:INTEGER;
                           WPU2Init: BOOLEAN;
                           IPU2Init,LLU2Init,ColU2Init: INTEGER;
                           CheckU2Init: Check3D;
                           NNU2Init,SU2Init,EU2Init:INTEGER;
                           AutoScanInit:BOOLEAN);

         PROCEDURE DrawU1;  VIRTUAL;
         PROCEDURE DrawU2;  VIRTUAL;
         PROCEDURE ScanUiLinesForI3D (VAR MaxI3D: Interval3D);
                                      VIRTUAL;
       END;
```

Um die Bedeutung der einzelnen Daten und Methoden dieses Typs zu verstehen, betrachten wir das Zeichnen der u^1-Linien.

Die Anzahl der u^1-Linien legen wir mit dem Parameter NNU1 fest. In Abhängigkeit des Schalters WPU1 werden die unsichtbaren Teile aller u^1-Linien entweder gepunktet (WPU1=TRUE) oder nicht (WPU1=FALSE). Für alle u^1-Linien einer Fläche gilt dieselbe Anzahl IPU1 von Interpolationsschritten, dieselbe Anzahl LLU1 von Unterteilungspunkten und dieselbe Zeichenfarbe ColU1. Die Unterteilungspunkte sämtlicher u^1-Linien werden mit derselben Prozedur CheckU1 auf Sichtbarkeit überprüft. Bei allen u^1-Linien durchläuft der Kurvenparameter t dasselbe Intervall I1DU1, welches dem Intervall für den u^1-Parameter der Fläche entspricht. Da wir das Parameterintervall der Fläche in dem Feld ISurf zur Verfügung stellen, gilt also

$$I1DU1 = [ISurf[1].U1, ISurf[2].U1].$$

Für den Wert des längs einer u^1-Linie konstanten Parameters u^2 haben wir das Feld U2 vorgesehen. Mit dem booleschen Parameter U1Line halten wir fest,ob wir momentan eine u^1-Linie zeichnen (U1Line=TRUE) oder eine u^2-Linie (U1Line=FALSE).

Der Konstruktor dieses Typs überträgt die eingehenden Größen in die entsprechenden Felder und bestimmt außerdem das Intervall I1DU1 aus dem Parameterintervall ISurf der Fläche.
Das Zeichnen der u^1-Linien übernimmt dann die Methode DrawU1, die wie folgt aussieht:

```
PROCEDURE UiT.DrawU1;
VAR N : INTEGER;
BEGIN
  U1Line := TRUE;
  Curve3DT.Init (WPU1,IPU1,LLU1,ColU1,I1DU1,CheckU1);
  CurveType := 'U1-Line on '+SurfaceType;
  FOR N := SU1 TO NNU1-EU1 DO BEGIN
    U2 := ISurf[1].U2 + N/NNU1*(ISurf[2].U2-ISurf[1].U2);
    DrawCurve3D;
  END;
END;
```

Als erstes setzen wir U1Line auf TRUE, denn wir wollen ja u^1-Linien zeichnen. Wir rufen dann den Konstruktor des Vorfahren mit den für die u^1-Linien eingegebenen Werten auf. In der darauf folgenden Schleife bestimmen wir zunächst den zur jeweiligen u^1-Linie gehörenden festen Wert U2. Dazu unterteilen wir das Intervall des u^2-Parameters der Fläche äquidistant und zeichnen mit DrawCurve3D zu jedem dieser Unterteilungspunkte U2 die zugehörige u^1-Linie.

Da wir manchmal die ersten SU1 oder die letzten EU1 u^1-Linien weglassen wollen, lassen wir den Schleifenindex N nicht von 0 bis NNU1 sondern von SU1 bis NNU1-EU1 laufen. Dabei können wir die Parameter SU1 und EU1 im Konstruktor mit eingeben. Es muß jedoch SU1$\geq$0 und EU1$\geq$0 sein.

Wir stellen nun fest, daß im Objekttyp UiT die Methode TToP, welche ja die Parameterdarstellung einer Kurve enthält, nicht neu implementiert wird. Das liegt daran, daß die Parameterdarstellung einer u^1-Linie natürlich von der Parameterdarstellung der jeweiligen Fläche abhängt, welche jedoch auf dieser Hierarchiestufe noch nicht bekannt ist. Wir holen die notwendige Neuimplementation später bei den Erben von UiT nach, bei denen dann konkrete Flächen vorliegen.

Vollkommen analog werden die u^2-Linien behandelt.

Schließlich wird im Objekttyp UiT noch die Methode ScanUiLinesForI3D deklariert. Diese liefert das kleinste 3D-Intervall, welches alle zu zeichnenden Parameterlinien einer Fläche enthält.

1.14 Die Darstellung einer Kugel

Wie bereits bei Kurven vertiefen wir auch hier die bisherigen Ausführungen zur Darstellung einer Fläche anhand eines Beispieles. Als Aufgabe stellen wir uns, eine Kugel mit Radius R zu zeichnen.

Da die geometrischen Eigenschaften einer Fläche nicht von ihrer Lage im Raum abhängen, beschränken wir uns auf eine Kugel, deren Mittelpunkt im Ursprung des Weltkoordinatensystems liegt. Eine solche kann durch die Parameterdarstellung

$$\vec{x}(u^i) = \{Rcosu^1cosu^2, \; Rcosu^1sinu^2, \; Rsinu^1\}$$

beschrieben werden. Da wir uns vorbehalten, nur einen Teil der Kugel zu zeichnen, lassen wir die Parameter ein Intervall

$$IU1U2 \subset [-\tfrac{\pi}{2},\tfrac{\pi}{2}]\times[0,2\pi]$$

durchlaufen.

Wir wenden uns zuerst der geometrischen Seite des Problems zu.
Hier definieren wir folgenden neuen Objekttyp SphereT:

```
TYPE SphereT = OBJECT (SurfaceT)                    {USphere}
       Radius : EXTENDED;

       CONSTRUCTOR Init (IU1U2Init: IntervalPar;
                         RadiusInit: EXTENDED);

       PROCEDURE ParToSurf (Q: PtPar; VAR P: Pt3D); VIRTUAL;
       PROCEDURE SurfToPar (P: Pt3D; VAR Q: PtPar); VIRTUAL;
       PROCEDURE dXdU1 (Q: PtPar; VAR P: Pt3D); VIRTUAL;
       PROCEDURE dXdU2 (Q: PtPar; VAR P: Pt3D); VIRTUAL;
       ........
       PROCEDURE IntersectWithLine (Ln: Line3D;
                             VAR NOS: INTEGER;
                             VAR T1,T2: EXTENDED;
                             VAR Q1,Q2: PtPar);
       PROCEDURE Visibility (P: Pt3D; PrRay: Line3D;
                         Dist:EXTENDED;
                         VAR Vis: BOOLEAN);
       PROCEDURE NotHidden (P: Pt3D; PrRay: Line3D;
                         Dist:EXTENDED;
                         VAR NotHidd: BOOLEAN);
       END;
```

Als Erbe kennt dieser Typ alle Daten und Methoden seines Vorfahren SurfaceT. Daneben erhält er als weiteres Datum den Radius der Kugel. Da wir ihn und das Parameterintervall mit eingeben wollen, schreiben wir einen neuen Konstruktor. Die Methoden
ParToSurf, SurfToPar, dXdU1 und dXdU2 müssen gemäß der gewählt-
ten Parameterdarstellung der Kugel neu implementiert werden.

Die letzten drei Methoden schauen wir uns nun etwas genauer an.
Mit der Methode IntersectWithLine bringen wir die Kugel mit
einer Geraden Ln zum Schnitt. Dazu beachten wir zunächst, daß
unsere Kugel auch durch die Gleichung

$$(1.1) \qquad (x^1)^2 + (x^2)^2 + (x^3)^2 - R^2 = 0$$

beschrieben werden kann. Setzt man nun die Parameterdarstellung

$$(1.2) \qquad \vec{x}(t) = \overrightarrow{OLn.O} + t\overrightarrow{Ln.U}$$

der Geraden Ln in (1.1) ein, so erhält man eine quadratische
Gleichung

$$(1.3) \qquad\qquad at^2 + bt + c = 0$$

für den Geradenparameter t mit den Koeffizienten

$$a = \overrightarrow{Ln.U} \cdot \overrightarrow{Ln.U}$$
$$b = 2\overrightarrow{OLn.O} \cdot \overrightarrow{Ln.U}$$
$$c = \overrightarrow{OLn.O} \cdot \overrightarrow{OLn.O} - R^2 .$$

Hat (1.3) keine reelle Lösung, so schneidet die Gerade Ln die Kugel nicht. Andernfalls sind die Lösungen T1 und T2 von (1.3) die Parameter der Schnittpunkte bezogen auf die Darstellung der Geraden Ln.

Die Methode IntersectWithLine gibt zunächst die Anzahl NOS der Schnittpunkte aus. Ist NOS>0, so werden neben den Parametern T1 und T2 auch die zu den Schnittpunkten gehörenden Flächenparameterpunkte Q1 und Q2 ausgegeben. Gilt NOS=1, so ist dabei T1=T2 und Q1=Q2.

Die Implementation unserer Methode sieht nun wie folgt aus:

```
PROCEDURE SphereT.IntersectWithLine (Ln: Line3D;
                              VAR NOS: INTEGER;
                              VAR T1,T2: EXTENDED;
                              VAR Q1,Q2: PtPar);
VAR AI,BI,CI : EXTENDED;
    P1,P2    : Pt3D;
BEGIN
  ScalarProductVt3D (Ln.U,Ln.U, AI);
  ScalarProductVt3D (Ln.O,Ln.U, BI);
  BI := 2*BI;
  ScalarProductVt3D (Ln.O,Ln.O, CI);
  CI := CI-SQR(Radius);
  SquareEquation (AI,BI,CI, NOS,T1,T2);
  IF (NOS > 0) THEN BEGIN
    TToLine3D (Ln,T1, P1);
    TToLine3D (Ln,T2, P2);
    SurfToPar (P1, Q1);
    SurfToPar (P2, Q2);
  END;
END;
```

In den ersten fünf Zeilen bestimmen wir die Koeffizienten der quadratischen Gleichung (1.3), welche wir danach mittels der Prozedur SquareEquation aus der Unit UNum lösen. Falls die Anzahl NOS der Lösungen größer als Null ist, berechnen wir zunächst mit der Prozedur TToLine3D aus den Parameterwerten T1 und T2 die Schnittpunkte P1 und P2 in 3D-Weltkoordinaten, aus welchen wir dann mit der Methode SurfToPar die zugehörigen Parameterpunkte Q1 und Q2 ermitteln.

Mit der Methode Visibility entscheiden wir, ob ein Kugelpunkt P durch die Kugel selbst verdeckt wird. Wir implementieren Visibility daher wie folgt:

```
PROCEDURE SphereT.Visibility (P: Pt3D; PrRay: Line3D; Dist: EXTENDED;
                             VAR Vis: BOOLEAN);
VAR Den,Num,TIS : EXTENDED;
    QIS         : PtPar;
    PIS         : Pt3D;
BEGIN
  Vis := TRUE;
  ScalarProductVt3D (PrRay.U,PrRay.U, Den);
  ScalarProductVt3D (PrRay.U,PrRay.O, Num);
  TIS := -2*Num/Den;
  IF (TIS > 0) THEN BEGIN
    TToLine3D (PrRay,TIS, PIS);
    SurfToPar (PIS, QIS);
    IF InIU1U2(QIS) THEN Vis := FALSE;
  END;
END;
```

Wir schneiden den Sehstrahl PrRay zum Kugelpunkt P mit der Kugel. Da P auf der Kugel liegt, gilt c=0 in (1.3) und wir erhalten den Parameterwert TIS des zweiten möglichen Schnittpunktes PIS direkt aus (1.2):

$$TIS = -\frac{b}{a}.$$

Wir benutzen hier also nicht die wesentlich aufwendigere Methode IntersectWithLine.

Der Punkt P ist nun genau dann verdeckt, wenn TIS>0 ist und der zum zweiten Schnittpunkt PIS gehörende Flächenparameterpunkt QIS im ausgewählten Parameterintervall IU1U2 liegt.

Mit der Methode NotHidden entscheiden wir, ob irgendein Punkt P des Raumes durch die Kugel verdeckt wir. Wir implementieren NotHidden daher wie folgt:

```
PROCEDURE SphereT.NotHidden (P: Pt3D; PrRay: Line3D; Dist: EXTENDED;
                            VAR NotHidd: BOOLEAN);
VAR
    NOS       : INTEGER;
    LnIS      : Line3D;
    TIS1,TIS2 : EXTENDED;
    QIS1,QIS2 : PtPar;
    PIS1,PIS2 : Pt3D;
BEGIN
  NotHidd := TRUE;
  IntersectWithLine (PrRay, NOS,TIS1,TIS2,QIS1,QIS2);
```

```
    IF (NOS > 0) THEN BEGIN
      IF ( (TIS1 > 0) AND InIU1U2(QIS1) ) OR
         ( (TIS2 > 0) AND InIU1U2(QIS2) )
          THEN NotHidd := FALSE;
    END;
  END;
```

Wir schneiden mit der Methode IntersectWithLine den Sehstrahl
PrRay zum Punkt P mit der Kugel. Nun wird P genau dann durch
die Kugel verdeckt, wenn mindestens einer der zwei möglichen
Schnittpunkte jede der beiden folgenden Eigenschaften besitzt:

- sein Parameterwert bezüglich des Sehstrahls ist größer als
  Null und
- sein zugehöriger Flächenparameterpunkt liegt im Parameter
  intervall der Kugel.

Wir wenden uns nun dem Zeichnen der Kugel zu. Dazu deklarieren
wir auf der zeichentechnischen Seite zunächst den folgenden
neuen Objekttyp

```
      TYPE SphUiT = OBJECT (UiT)                        {USphere}
           Sph : SphereT;

           CONSTRUCTOR Init (WPU1Init: BOOLEAN;
                             IPU1Init,LLU1Init,ColU1Init: INTEGER;
                             CheckU1Init: Check3D;
                             NNU1Init,SU1Init,EU1Init:INTEGER;
                             WPU2Init: BOOLEAN;
                             IPU2Init,LLU2Init,ColU2Init: INTEGER;
                             CheckU2Init: Check3D;
                             NNU2Init,SU2Init,EU2Init:INTEGER;
                             AutoScanInit: BOOLEAN;
                             VAR SphInit: SphereT);
           PROCEDURE TToP (T: EXTENDED; VAR P: Pt3D); VIRTUAL;
           END;
```

Dieser Typ enthält als Erbe alle Daten und Methoden seines unmittelbaren Vorfahren UiT und dessen Vorfahren Curve3DT.

Neu hinzu genommen haben wir das Datenfeld Sph vom Typ SphereT.
In ihm sind alle geometrischen Daten der Kugel enthalten, die
wir zeichnen wollen. Da wir die Kugel in dieses Objekt auch
eingeben wollen, schreiben wir einen neuen Konstruktor, dessen
Implementation wie folgt lautet:

```
      CONSTRUCTOR SphUiT.Init(.....)
```

```
BEGIN
  Sph.InitEmpty;
  Sph   := SphInit;
  ISurf := Sph.IU1U2;
  UiT.Init (WPU1Init,IPU1Init,LLU1Init,ColU1Init,CheckU1Init,
            NNU1Init,SU1Init,EU1Init,
            WPU2Init,IPU2Init,LLU2Init,ColU2Init,CheckU2Init,
            NNU2Init,SU2Init,EU2Init,AutoScanInit);
  SurfaceType := Sph.SurfaceType;
  IF AutoScan THEN BEGIN
    ScanUiLinesForI3D (SphInit.I3D);
    SphInit.I3DDefined := TRUE;
    Sph.I3D := SphInit.I3D;
  END;
END;
```

Hier ist die erste Zeile ganz besonders wichtig, in der das Objekt Sph des Typs SphUiT initialisiert wird. Läßt man diese Zeile weg, kommt es zu den in Abschnitt 1.7 erwähnten Fehlern. Die Zuweisung in der zweiten Zeile ist also alleine nicht ausreichend.

Nachdem wir das Intervall ISurf mit dem Parameterintervall der Kugel besetzt haben, können wir mit den entsprechenden Daten den Konstruktor des Vorfahren aufrufen. Wenn für den Schalter AutoScan der Wert TRUE eingegeben worden ist, wird beim Aufruf dieses Konstruktors mit Hilfe der Methode ScanUiLinesForI3D automatisch das kleinste 3D-Intervall Sph.I3D bestimmt, welches die Kugel ganz enthält.

Nun müssen wir nur noch die Methode TToP neu implementieren.

```
PROCEDURE SphUiT.TToP (T: EXTENDED; VAR P: Pt3D);
VAR Q: PtPar;
BEGIN
  IF U1Line THEN BEGIN
    Q.U1 := T;
    Q.U2 := U2;
  END ELSE BEGIN
    Q.U1 := U1;
    Q.U2 := T;
  END;
  Sph.ParToSurf (Q,P);
END;
```

In ihr wird zum laufenden T der Parameterlinie ein Parameterpunkt Q bestimmt. Dies ist natürlich davon abhängig, ob wir gerade eine u^1-Linie (U1Line=TRUE) oder eine u^2-Linie (U1Line=FALSE) zeichnen wollen. Wir erinnern daran, daß der Parameter

U1Line in den beiden Zeichenmethoden DrawU1 und DrawU2 vor dem
Aufruf der Methode DrawCurve3D entsprechend gesetzt worden ist.
Die Parameter U1 bzw. U2 sind ebenfalls an dieser Stelle be-
rechnet worden.

Zum Schluß wird aus dem Parameterpunkt Q mit der Methode ParTo-
Surf des Objektes Sph der zugehörige Raumpunkt P berechnet.

Nun müssen wir die besprochenen Einzelteile zu einem lauffähigen Programm zusammensetzen, welches den Namen P1_05 erhält.

```
Program P1_05;

USES UG1,USphere;

CONST Col1=11; Col2=12;

VAR Sph       : SphereT;
    SphUi     : SphUiT;
    IU1U2Init : IntervalPar;

{$F+}
PROCEDURE CheckSph (P:Pt3D; PrRay: Line3D; Dist: EXTENDED;
                    VAR Chk: BOOLEAN);
BEGIN
  Sph.Visibility (P,PrRay,Dist, Chk);
END;
{$F-}

(****    main program    **********************************************)

BEGIN
  PrSph.C.R   := 1000; PrSph.C.PHI   := 20; PrSph.C.THETA   := 30;
  PrSph.O.R   :=-1000; PrSph.O.PHI   := 20; PrSph.O.THETA   := 30;
  PrSph.Z.R   := 1;    PrSph.Z.PHI   := 20; PrSph.Z.THETA   := 30;
  PrSph.YUP.R:= 1;     PrSph.YUP.PHI:= 0;   PrSph.YUP.THETA:= 90;
  InitializeGraphic;

  DefineIntervalPar (-PI/2,0,PI/2,2*PI, IU1U2Init);
  Sph.Init (IU1U2Init,10);
  SphUi.Init (FALSE,3,80,Col1,CheckSph,10,1,0,
              FALSE,3,80,Col2,CheckSph,10,1,1,TRUE,Sph);

  WI3D := Sph.I3D;
  Parameter3D;

  SphUi.DrawU1;
  SphUi.DrawU2;

  CloseGraphic (TRUE);
END.
```

Zunächst nehmen wir mit der USES-Anweisung die benötigten Units auf. Danach deklarieren wir je eine Instanz der Typen SphereT und SphUiT sowie das Intervall IU1U2Init, welches das Parameterintervall für die Kugel werden soll. Danach implementieren wir die Prozedur CheckSph, mit der die zu zeichnenden Parameterlinien auf Sichtbarkeit untersucht werden. Da neben der Kugel keine weiteren Flächen gezeichnet werden sollen, müssen wir in der Checkprozedur nur die Visibility-Methode des Objektes Sph aufrufen.

Im Hauptprogramm wählen wir zunächst die Parameter für die Perspektive und rufen die Prozedur InitializeGraphic auf. Danach definieren wir das Parameterintervall IU1U2Init. Wegen der Wahl der Grenzen erhalten wir eine volle Kugel. Wir initialisieren dann das Objekt Sph.

Im anschließenden Aufruf des Konstruktors für das Objekt SphUi stehen in der ersten Zeile die Daten für die u^1-Linien und in der zweiten direkt darunter diejenigen für die u^2-Linien. Da die u^1-Linien zu den Werten $u^2 = 0$ und $u^2 = 2\pi$ dieselben sind, lassen wir durch die Wahl von SU1=1 die Linie zu $u^2 = 0$ nicht zeichnen. Da die u^2-Linien zu den Werten $u^1 = -\frac{\pi}{2}$ und $u^1 = \frac{\pi}{2}$ jeweils nur aus einem Punkt - nämlich dem Süd- bzw. Nordpol der Kugel - bestehen, lassen wir auch sie nicht zeichnen und geben dazu SU2=1 und EU2=1 ein. Der zweitletzte Parameter in der Eingabeliste ist der Schalter AutoScan, der hier als TRUE eingegeben wird.

Als 3D-Weltintervall WI3D wählen wir das so bestimmte Intervall Sph.I3D. Danach rufen wir die Prozedur Parameter3D auf.

Mit Hilfe der Methoden DrawU1 und DrawU2 lassen wir dann die Parameterlinien zeichnen.

Zum Abschluß des Programms schalten wir auf Tastendruck zurück in den Textmodus.

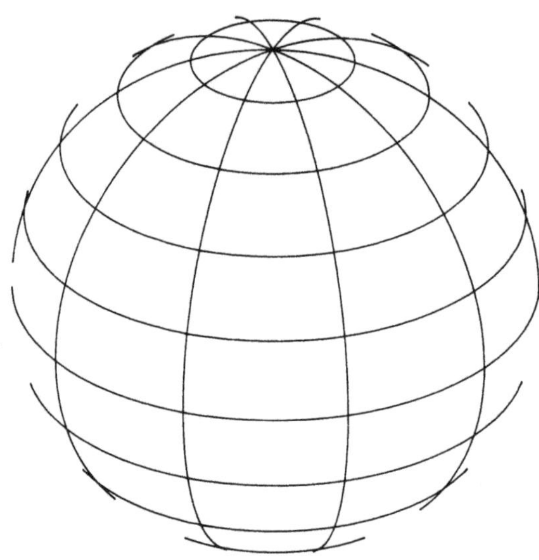

Wir gehen kurz auf diejenigen Änderungen von Parametern ein,
die wichtige Konsequenzen haben. Wird AutoScan=FALSE gesetzt,
so muß das Weltintervall WI3D explizit definiert werden. Ver-
kleinert man das Parameterintervall IU1U2, so müssen die Parameter SU1, SU2 und EU2 auf Null gesetzt werden, wenn allePara-
meterlinien des Kugelteiles gezeichnet werden sollen. Diese
Änderungen haben wir im Programm P1_06 angebracht.

Die bisherigen Flächendarstellungen erscheinen noch unvollstän-
dig, weil bei ihnen die Kontur fehlt. (Zum Konturproblem siehe
auch Abschnitt 3.13.)

Man macht sich geometrisch leicht klar, daß die Kontur einer
Kugel aus einem Kreis besteht. Zum Zeichnen der Kontur führen
wir den Objekttyp SphCT als Erben von Curve3DT ein:

```
TYPE SphCT = OBJECT (Curve3DT)                      {USphere}
        Sph : SphereT;
        Rad : EXTENDED;
        Pl  : Plane;

        CONSTRUCTOR Init (WPInit: BOOLEAN;
                          IPInit,LLInit,ColInit: INTEGER;
                          CheckInit: Check3D;
                          VAR SphInit: SphereT);
        PROCEDURE TToP (T: EXTENDED; VAR P: Pt3D); VIRTUAL;
        PROCEDURE Draw; VIRTUAL;
        PROCEDURE Visibility (P: Pt3D; PrRay: Line3D;
                              Dist: EXTENDED;
```

```
                                     VAR Vis: BOOLEAN);
              END;
```

Dabei haben die neuen Datenfelder folgende Bedeutung: Sph enthält die Kugel, deren Kontur gezeichnet werden soll. Rad ist
für den Radius des Konturkreises vorgesehen, und für die Ebene,
in welcher dieser Kreis liegt, reservieren wir das Feld Pl.

Mit dem Konstruktor initialisieren wir ein Objekt vom Typ SphCT
und übergeben dabei gleichzeitig die notwendigen Daten. Im Konstruktor berechnen wir dann auch gleich die Ebene Pl und den
Radius Rad. Alle Größen, die wir hierzu benötigen, können wir
der folgenden Zeichnung entnehmen.

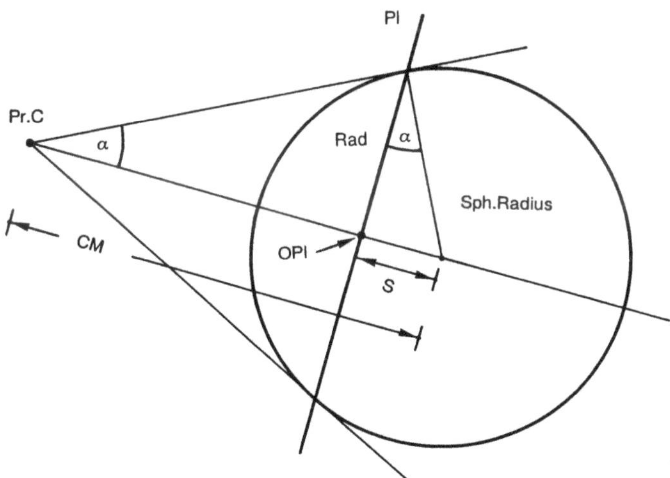

Bei der Berechnung der Größe S haben wir folgende Beziehung
ausgenutzt:

$$\sin\alpha = \frac{Sph.Radius}{CM} = \frac{S}{Sph.Radius}.$$

Der Ursprung des Koordinatensystems der Ebene Pl wird so gewählt, daß er mit dem Mittelpunkt OPl des Konturkreises zusammenfällt.

Wir werden uns in Zukunft immer daran halten, daß alle Größen,
die schon bei der Initialisierung eines Objektes bestimmt werden können, auch direkt im Konstruktor berechnet werden.

Die Methode TToP des Typs hat folgende Implementation:

```
PROCEDURE SphCT.TToP (T: EXTENDED; VAR P: Pt3D);
VAR PP1  : Pt2D;
    QSph : PtPar;
BEGIN
  PP1.X := Rad*COS(T);
  PP1.Y := Rad*SIN(T);
  PlaneTo3D (P1,PP1, P);
  Sph.SurfToPar (P, QSph);
  NoPoint := NOT Sph.InIU1U2(QSph);
END;
```

Wir berechnen die Unterteilungspunkte des Konturkreises zunächst in Ebenenkoordinaten. Die zugehörigen 3D-Weltkoordinaten
bestimmen wir danach mit der Prozedur PlaneTo3D.

Nun müssen wir später die Konturpunkte bezüglich der Kugel auf
Sichtbarkeit untersuchen. Das erscheint vielleicht zunächst etwas merkwürdig, denn man überlegt sich leicht, daß die Kugel
keinen einzigen ihrer Konturpunkte verdeckt. Wir wollen aber,
wenn wir lediglich einen Teil einer Kugel zeichnen, auch nur
den entsprechenden Abschnitt des Konturkreises sehen. Da es jedoch sehr schwer ist, das zu diesem Teil gehörende Parameterintervall zu bestimmen, lassen wir den Parameter t immer das Intervall $[0,2\pi]$ durchlaufen. Wir berechnen daher in der Methode
TToP den Parameterpunkt QSph zum Konturpunkt P und setzen die
Variable NoPoint auf TRUE, falls QSph nicht im Parameterintervall der Kugel liegt und sonst auf FALSE.

In der Methode Visibility, in der wir die Konturpunkte bezüglich der Kugel selbst auf Sichtbarkeit untersuchen, nutzen wir
NoPoint dann wie folgt aus.

```
PROCEDURE SphCT.Visibility (P: Pt3D; PrRay: Line3D;
                            Dist: EXTENDED;
                            VAR Vis: BOOLEAN);
BEGIN
  Vis := NOT NoPoint;
END;
```

Schließlich müssen wir in der Methode Draw nur noch die Methode
DrawCurve3D des Vorfahren Curve3DT aufrufen.

An das Ende dieser Ausführung stellen wir nun ein Programm,
welches eine Kugel mit ihrer Kontur zeichnet. Dazu wandeln wir
unser Programm P1_05 etwas ab. Das neue Programm erhält den
Namen P1_07 und sieht wie folgt aus:

```
Program P1_07;

USES UEC,UG1,USphere;

CONST Col1=11; Col2=12; Col3=14;

VAR Sph      : SphereT;
    SphUi    : SphUiT;
    SphC     : SphCT;
    IU1U2Init : IntervalPar;

{$F+}
PROCEDURE CheckSph (P:Pt3D; PrRay: Line3D; Dist: EXTENDED;
                    VAR Chk: BOOLEAN);
BEGIN
  Sph.Visibility (P,PrRay,Dist, Chk);
END;

PROCEDURE CheckSphC (P:Pt3D; PrRay: Line3D; Dist: EXTENDED;
                     VAR Chk: BOOLEAN);
BEGIN
  SphC.Visibility (P,PrRay,Dist, Chk);
END;
{$F-}

(****    main program    *******************************************)

BEGIN
  PrSph.C.R  := 1000; PrSph.C.PHI  := 20; PrSph.C.THETA  := 30;
  PrSph.O.R  :=-1000; PrSph.O.PHI  := 20; PrSph.O.THETA  := 30;
  PrSph.Z.R  := 1;    PrSph.Z.PHI  := 20; PrSph.Z.THETA  := 30;
  PrSph.YUP.R:= 1;    PrSph.YUP.PHI:= 0;  PrSph.YUP.THETA:= 90;
  InitializeGraphic;

  DefineIntervalPar (-PI/2,0,PI/2,2*PI, IU1U2Init);
  Sph.Init (IU1U2Init,10);
  SphUi.Init (FALSE,3,80,Col1,CheckSph,10,1,0,
              FALSE,3,80,Col2,CheckSph,10,1,1,TRUE,Sph);

  WI3D := Sph.I3D;
  Parameter3D;

  SphC.Init (FALSE,3,80,Col3,CheckSphC,Sph);

  SphUi.DrawU1;
  SphUi.DrawU2;
  SphC.Draw;

  CloseGraphic (TRUE);
END.
```

Gegenüber dem Programm P1_05 haben wir bei den Variablen noch
eine Instanz des Typs SphCT hinzugenommen. Bevor wir zum Hauptprogramm kommen, definieren wir eine weitere Checkprozedur für
die Kontur, in welcher wir nur die Visibility-Methode des Objekts SphC aufrufen.

Im Hauptprogramm müssen wir das Objekt SphC initialisieren. Da
die Kontur natürlich vom Augpunkt Pr.C abhängt, dürfen wir diese Initialisierung frühestens dann vornehmen, wenn Pr.C zur
Verfügung steht, also erst nach dem Aufruf der Prozedur Parame-
ter3D. Schließlich rufen wir nach dem Zeichnen der Parameterlinien noch die Methode Draw des Objektes SphC auf, damit die
Kontur der Kugel Sph gezeichnet wird.

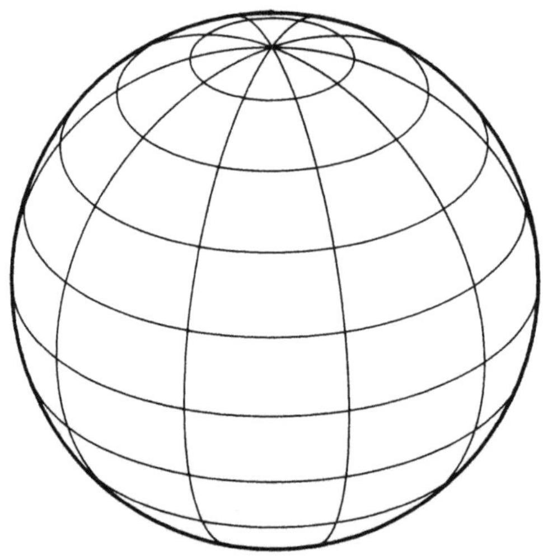

Zum Abschluß dieses Abschnitts veranschaulichen wir uns die zum
Zeichnen einer Kugel aufgebaute Objekthierarchie. Auf dieselbe
Art und Weise werden wir auch bei zukünftigen Flächen verfah-
ren.

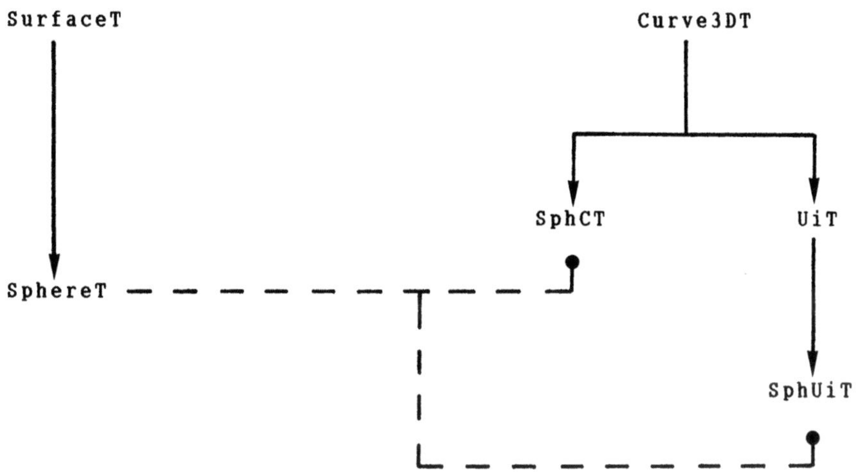

Im Geometriezweig haben wir den Typ SphereT als Erben von SurfaceT deklariert, der die geometrischen Eigenschaften der Kugel
enthält. Im zeichentechnischen Zweig haben wir die Typen SphUiT
als Erbe von UiT und SphCT als Erbe von Curve3DT eingeführt,
mit denen wir die Parameterlinien und die Kontur zeichnen. Diese beiden neuen Typen erhalten jeweils als Datum eine Instanz
des Typs SphereT, was wir durch die gestrichelten Linien ange-
deutet haben. Wir stecken also sozusagen die Geometrie von der
Seite in unseren zeichentechnischen Zweig hinein.

1.15 Die Darstellung eines Zylinders

In diesem Abschnitt werden wir lernen, wie wir einen (Kreis-)-
Zylinder mit Radius R zeichnen. Wir beschränken uns dabei auf
den Fall, daß die Zylinderachse mit der Z-Achse des Weltkoordinatensystems zusammenfällt. Ein solcher Zylinder kann durch die
Parameterdarstellung

$$\vec{x}(u^i) = \{R\cos u^2,\ R\sin u^2,\ u^1\}$$

beschrieben werden. Dabei lassen wir die Parameter ein Intervall

$$IU1U2 \subset \mathbb{R} \times [0,2\pi]$$

durchlaufen.

Genau wie bei der Kugel führen wir auf der Geometrieseite für
den Zylinder folgenden neuen Objekttyp ein:

```
CylinderT= OBJECT (SurfaceT)                              {UCyl}
   Radius : EXTENDED;

   CONSTRUCTOR Init (IU1U2Init: IntervalPar;
                     RadiusInit: EXTENDED);

   PROCEDURE ParToSurf (Q: PtPar; VAR P: Pt3D); VIRTUAL;
   PROCEDURE SurfToPar (P: Pt3D; VAR Q:PtPar); VIRTUAL;
   PROCEDURE dXdU1 (Q: PtPar; VAR P: Pt3D); VIRTUAL;
   PROCEDURE dXdU2 (Q: PtPar; VAR P: Pt3D); VIRTUAL;
   ........

   PROCEDURE IntersectWithLine (Ln: Line3D;
                                VAR NOS: INTEGER;
                                VAR T1,T2: EXTENDED;
                                VAR Q1,Q2: PtPar);
   PROCEDURE Visibility (P: Pt3D; PrRay: Line3D;
                         Dist:EXTENDED;
                         VAR Vis: BOOLEAN);
   PROCEDURE NotHidden (P: Pt3D; PrRay: Line3D;
                        Dist:EXTENDED;
                        VAR NotHidd: BOOLEAN);
   END;
```

Da dieser Typ vollkommen analog zum Typ SphereT aufgebaut ist,
werden wir nur die wesentlichen Unterschiede bei der Implementation der Methoden erklären.

Natürlich müssen beim Typ CylinderT alle unmittelbar von der
Parameterdarstellung abhängigen Methoden neu implementiert werden.

Für die Methode IntersectWithLine beschreiben wir den Zylinder
durch die Gleichung

$$(1.4) \qquad F(x^1,x^2,x^3) := (x^1)^2 + (x^2)^2 - R^2 = 0.$$

Setzen wir die Parameterdarstellung (1.2)

$$\vec{x}(t) = \overrightarrow{OLn.O} + t\overrightarrow{Ln.U}$$

der Geraden Ln in (1.4) ein, so ergibt sich wieder eine quadratische Gleichung der Form (1.3) mit den Koeffizienten

$$a = (Ln.U.X)^2 + (Ln.U.Y)^2$$
$$b = 2(Ln.U.X \cdot Ln.O.X + Ln.U.Y \cdot Ln.O.Y)$$
$$c = (Ln.O.X)^2 + (Ln.O.Y)^2 - R^2$$

Die Implementation der Methoden IntersectWithLine, Visibility
und NotHidden erfolgt vollkommen analog wie bei der Kugel.

Zum Zeichnen der Parameterlinien deklarieren wir den Objekttyp

```
    CylUiT = OBJECT (UiT)                              {UCyl}
      Cyl : CylinderT;

      CONSTRUCTOR Init (WPU1Init: BOOLEAN;
                        IPU1Init,LLU1Init,ColU1Init: INTEGER;
                        CheckU1Init: Check3D;
                        NNU1Init,SU1Init,EU1Init:INTEGER;
                        WPU2Init: BOOLEAN;
                        IPU2Init,LLU2Init,ColU2Init: INTEGER;
                        CheckU2Init: Check3D;
                        NNU2Init,SU2Init,EU2Init:INTEGER;
                        AutoScanInit: BOOLEAN;
                        VAR CylInit: CylinderT);
      PROCEDURE TToP (T: EXTENDED; VAR P: Pt3D); VIRTUAL;
    END;
```

Dieser unterscheidet sich vom Typ SphUiT nur an drei Stellen:
Als Datenfeld erhält er einen Zylinder, der Konstruktor muß
einen Zylinder übergeben, und in der Methode TToP muß die Parameterdarstellung des Zylinders aufgerufen werden.

Bevor wir uns ein Programm anschauen, lösen wir zunächst auch
noch das Konturproblem.

Sind $P := P(u^i)$ ein Zylinderpunkt, $\vec{N} := \vec{N}(u^i)$ der Flächennormalenvektor in P, und schreiben wir zur Abkürzung C für den
Augpunkt, so müssen wir die Gleichung

$$\vec{N} \cdot \overrightarrow{PC} = 0$$

lösen. Ist die Fläche in Gleichungsform

$$F(x^1, x^2, x^3) = 0$$

gegeben, so wissen wir aus der Analysis, daß der Gradient von F
stets senkrecht auf der Tangentialebene steht. Daher lösen wir
das äquivalente Problem

$$(1.5) \qquad\qquad \text{grad} F \cdot \overrightarrow{PC} = 0,$$

wobei $F = F(x^1, x^2, x^3)$ die Form aus (1.4) hat.

Bei der Rechnung nutzen wir die Rotationssymmetrie aus, indem
wir für den Augpunkt

$$C = (c^1, 0, c^3)$$

mit $c^1 \geq 0$ annehmen. Dann ergibt sich aus (1.5)

$$(1.6) \quad \{2x^1(u^i),\ 2x^2(u^i),\ 0\} \cdot \{c^1 - x^1(u^i),\ -x^2(u^i),\ c^3 - x^3(u^i)\} =$$

$$= -2((x^1(u^i))^2 - x^1(u^i)c^1 + (x^2(u^i))^2) =$$

$$= -2(R^2 - x^1(u^i)c^1) = 0.$$

Ist $c^1 = 0$ - liegt also der Augpunkt auf der Z-Achse - so hat (1.6) wegen R>0 keine Lösung. In diesem Fall gibt es keine Kontur. Andernfalls folgt aus (1.6):

$$\cos u^2 = \frac{R}{c^1}.$$

Ist $c^1 < R$, so gibt es keine Kontur.

Ist $c^1 = R$, so liegt der Augpunkt auf der u^1-Linie zu $u^2 = 0$, die dann auch Konturlinie ist. Diese werden wir jedoch nicht zeichnen.

Ist schießlich $c^1 > R$, so besteht die Kontur aus zwei u^1-Linien.

Beachtet man nun die Rotationssymmetrie, so ergibt sich hieraus folgendes für einen beliebigen Augpunkt: Wir zeichnen keine Kontur, wenn der Abstand des Augpunktes von der Z-Achse kleiner gleich dem Zylinderradius ist.

Andernfalls besteht die Kontur aus zwei u^1-Linien. Wir deklarieren daher auch den Objekttyp CylCT zum Zeichnen der Kontur nicht als unmittelbaren Erben von Curve3DT, sondern als Erben von CylUiT.

```
CylCT = OBJECT (CylUiT)                                {UCyl}
  CX,PrCPhi,U2New : EXTENDED;
  NoContour       : BOOLEAN;

  CONSTRUCTOR Init (WPInit: BOOLEAN;
                    IPInit,LLInit,ColInit: INTEGER;
                    CheckInit: Check3D;
                    VAR CylInit: CylinderT);
  PROCEDURE Draw; VIRTUAL;
  PROCEDURE Visibility (P: Pt3D; PrRay: Line3D;
                    Dist: EXTENDED;
```

```
                                    VAR Vis: BOOLEAN);
            END;
```

Der Konstruktor Init hat dieselbe Funktion wie der des Typs
SphCT. Schauen wir uns zunächst seine Implementation an:

```
        CONSTRUCTOR CylCT.Init (WPInit: BOOLEAN;
                                IPInit,LLInit,ColInit: INTEGER;
                                CheckInit: Check3D;
                                VAR CylInit: CylinderT);
        VAR I1DInit : Interval1D;
        BEGIN
          Cyl.InitEmpty;
          Cyl        := CylInit;
          I1DInit := Cyl.I1;
          Curve3DT.Init(WPInit,IPInit,LLInit,ColInit,I1DInit,CheckInit);
          CurveType        := 'contour of CYLINDER';
          ScanningPossible := FALSE;

          U1Line := TRUE;
          CX        := SQRT(SQR(Pr.C.X)+SQR(Pr.C.Y));
          IF (CX <= Cyl.Radius) THEN
            NoContour := TRUE
          ELSE BEGIN
            NoContour := FALSE;
            CosSinToAngle (Pr.C.X/CX,Pr.C.Y/CX, PrCPhi);
            IF (PrCPhi < 0) THEN PrCPhi := PrCPhi+2*PI;
            U2New := ARCCOS(Cyl.Radius/CX);
          END;
        END;
```

Bei den notwendigen Initialisierungen wählen wir für das Intervall I1D des Kurvenparameters das Intervall I1 des u^1-Flächen-
parameters des Zylinders. Nachdem wir U1Line auf TRUE gesetzt
haben, berechnen wir den Abstand CX des Augpunktes von der
x^3-Achse. Ist dieser kleiner gleich dem Zylinderradius, so
setzen wir den Parameter NoContour auf TRUE. Andernfalls wählen
wir NoContour=FALSE und berechnen die Größe PrCPhi, so daß sie
dem Winkel Phi in der Polarkoordinatendarstellung des Augpunktes entspricht. Nun denken wir uns den Punkt C dadurch entstanden, daß wir den Augpunkt in mathematisch negativem Sinn um den
Winkel PrCPhi um die x^3-Achse drehen, daß also

$$C = (CX,0,Pr.C.Z).$$

Bezüglich dieses Punktes hätte dann eine der beiden Konturlini-
en den u^2-Wert

$$U2New = arccos(Cyl.Radius/CX).$$

Diese Daten stehen nun auch in der Methode Draw zur Verfügung, deren Implementation wie folgt lautet

```
PROCEDURE CylCT.Draw;
BEGIN
  IF NoContour THEN EXIT;
  U2 := U2New+PrCPhi;
  IF (U2 > 2*PI) THEN U2 := U2-2*PI;
  IF Cyl.InI2(U2) THEN DrawCurve3D;
  U2 := 2*PI-U2New+PrCPhi;
  IF (U2 > 2*PI) THEN U2 := U2-2*PI;
  IF Cyl.InI2(U2) THEN DrawCurve3D;
END;
```

Steht NoContour auf TRUE, so verlassen wir die Methode. Andernfalls berechnen wir den u^2-Wert U2 einer der beiden Konturlinien bezüglich des tatsächlichen Augpunktes, indem wir zu U2New den Winkel PrCPhi addieren. Wird U2 dabei größer als 2π, so müssen wir 2π von U2 subtrahieren. Liegt der so gewonnene u^2-Wert U2 im Intervall I2 des u^2-Flächenparameters des Zylinders, so zeichnen wir die Konturlinie durch den Aufruf von DrawCurve3D. Durch eine einfache Überlegung verschaffen wir uns anschließend auch den u^2-Wert der zweiten Konturlinie, mit der wir genau wie mit der ersten verfahren.

Das Programm P1_08 zur Darstellung eines Zylinders ist eine Kopie unseres Programmes P1_07, in der wir nur die Kugel durch einen Zylinder ersetzt haben.

```
Program P1_08;

USES UG1,UCyl;

CONST Col1=11; Col2=12; Col3=14;

VAR Cyl       : CylinderT;
    CylUi     : CylUiT;
    CylC      : CylCT;
    IU1U2Init : IntervalPar;

{$F+}
PROCEDURE CheckCyl (P:Pt3D; PrRay: Line3D; Dist: EXTENDED;
                    VAR Chk: BOOLEAN);
BEGIN
  Cyl.Visibility (P,PrRay,Dist, Chk);
END;
```

```
PROCEDURE CheckCylC (P:Pt3D; PrRay: Line3D; Dist: EXTENDED;
                     VAR Chk: BOOLEAN);
BEGIN
  CylC.Visibility (P,PrRay,Dist, Chk);
END;
{$F-}


(****    main program    ********************************************)

BEGIN
  PrSph.C.R   := 10000; PrSph.C.PHI   := 40; PrSph.C.THETA   := 30;
  PrSph.O.R   :=-10000; PrSph.O.PHI   := 40; PrSph.O.THETA   := 30;
  PrSph.Z.R   :=-1;     PrSph.Z.PHI   := 40; PrSph.Z.THETA   := 30;
  PrSph.YUP.R:= 1;      PrSph.YUP.PHI:= 0;   PrSph.YUP.THETA:= 90;

  InitializeGraphic;

  DefineIntervalPar (-PI/2,0,PI/2,2*PI, IU1U2Init);
  Cyl.Init (IU1U2Init,5);
  CylUi.Init (FALSE,3,80,Col1,CheckCyl,10,1,0,
              FALSE,3,80,Col2,CheckCyl, 5,0,0,TRUE,Cyl);

  WI3D := Cyl.I3D;
  Parameter3D;

  CylC.Init (FALSE,3,80,Col3,CheckCylC,Cyl);

  CylUi.DrawU1;
  CylUi.DrawU2;
  CylC.Draw;

  CloseGraphic (TRUE);
END.
```

1.16 Die Darstellung eines Kegels

Als weiteres Beispiel für die Darstellung von Flächen werden
wir in diesem Abschnitt den (Kreis-)Kegel behandeln. Auch hier
beschränken wir uns auf den Fall, daß die Kegelachse mit der
Z-Achse des Weltkoordinatensystems zusammenfällt. Den Öffnungswinkel β des Kegels messen wir von seiner Achse aus. Ein solcher Kegel kann durch die Parameterdarstellung

$$\vec{x}(u^i) = \{u^1 \sin\beta \cos u^2,\ u^1 \sin\beta \sin u^2,\ u^1 \cos\beta\}$$

beschrieben werden.

Die Parameter lassen wir dabei ein Intervall

$$IU1U2 \subset \mathbb{R}_O^+ \times [0, 2\pi]$$

durchlaufen.

Für den Kegel führen wir auf der Geometrieseite folgenden neuen
Objekttyp ein:

```
ConeT = OBJECT (SurfaceT)                                    {UCone}
  Beta,SINBeta,COSBeta,TANBeta,SqrTANBeta : EXTENDED;

  CONSTRUCTOR Init (IU1U2Init: IntervalPar;
                    BetaInit: EXTENDED);

  PROCEDURE ParToSurf (Q: PtPar; VAR P: Pt3D); VIRTUAL;
  PROCEDURE SurfToPar (P: Pt3D; VAR Q:PtPar); VIRTUAL;
  ........

  PROCEDURE IntersectWithLine (Ln: Line3D;
                               VAR NOS: INTEGER;
                               VAR T1,T2: EXTENDED;
                               VAR Q1,Q2: PtPar);
  PROCEDURE Visibility (P: Pt3D; PrRay: Line3D;
                        Dist:EXTENDED;
                        VAR Vis: BOOLEAN);
  PROCEDURE NotHidden (P: Pt3D; PrRay: Line3D;
                       Dist:EXTENDED;
                       VAR NotHidd: BOOLEAN);
  END;
```

Damit wir beim Aufruf der Methoden dieses Typs nicht immer wie-
der die Werte $\sin\beta$, $\cos\beta$, $\tan\beta$ und $\tan^2\beta$ berechnen müssen, führen wir für sie eigene Datenfelder in den Typ ein, die wir be-
reits im Konstruktor mit den entsprechenden Zahlen besetzen.
Auch hier müssen wieder alle unmittelbar von der Parameterdarstellung abhängigen Methoden neu implementiert werden.

Für die Methode IntersectWithLine beschreiben wir den Kegel
durch die Gleichung

$$(1.7) \qquad\qquad (x^1)^2 + (x^2)^2 - \tan^2\beta (x^3)^2 = 0.$$

Setzen wir die Parameterdarstellung (1.2) von Ln in (1.7) ein,
so ergibt sich wieder eine quadratische Gleichung der Form
(1.3), mit den Koeffizienten

$$a = (Ln.U.X)^2 + (Ln.U.Y)^2 - \tan^2\beta (Ln.U.Z)^2$$
$$b = 2(Ln.U.X \cdot Ln.O.X + Ln.U.Y \cdot Ln.O.Y - \tan^2\beta Ln.U.Z \cdot Ln.O.Z)$$

$$c = (Ln.O.X)^2 + (Ln.O.Y)^2 - \tan^2\beta (Ln.O.Z)^2.$$

Die Implementation der Methoden IntersectWithLine, Visibility und NotHidden erfolgt vollkommen analog wie bei der Kugel. Zum Zeichnen der Parameterlinien deklarieren wir den Objekttyp

```
ConeUiT = OBJECT (UiT)                                    {UCone}
   Cone : ConeT;

   CONSTRUCTOR Init (WPU1Init: BOOLEAN;
                     IPU1Init,LLU1Init,ColU1Init: INTEGER;
                     CheckU1Init: Check3D;
                     NNU1Init,SU1Init,EU1Init:INTEGER;
                     WPU2Init: BOOLEAN;
                     IPU2Init,LLU2Init,ColU2Init: INTEGER;
                     CheckU2Init: Check3D;
                     NNU2Init,SU2Init,EU2Init:INTEGER;
                     AutoScanInit: BOOLEAN;
                     VAR ConeInit: ConeT);
   PROCEDURE TToP (T: EXTENDED; VAR P: Pt3D); VIRTUAL;
   END;
```

Dieser Typ unterscheidet sich von SphUiT nur an drei Stellen. Als Datenfeld erhält er einen Kegel, der Konstruktor muß einen Kegel übergeben und in der Methode TToP muß die Parameterdarstellung des Kegels aufgerufen werden.

Bevor wir ein Programm angeben, lösen wir zunächst noch das Konturproblem.

Mit denselben Bezeichnungen wie in Abschnitt 1.15 erhalten wir hier zunächst die Bedingung

$$(1.8) \qquad \sin\beta \cdot \cos u^2 c^1 - \tan^2\beta \cdot \cos\beta \cdot c^3 = 0.$$

Sind c^1 und c^3 beide gleich Null, so ist (1.8) für alle (u^1,u^2) erfüllt, d.h. jeder Kegelpunkt ist Konturpunkt. In diesem Fall werden wir keine Kontur zeichnen. Ist $c^1 = 0$ und $c^3 \neq 0$, so liegt der Augpunkt auf der Z-Achse. In diesem Fall hat (1.8) keine Lösung, also gibt es keine Konturpunkte. Andernfalls erhalten wir aus (1.8)

$$\cos u^2 = \frac{c^3 \tan\beta}{c^1} =: K.$$

Gilt $|K|>1$, so gibt es keine Konturpunkte.

Gilt $|K|=1$, so liegt der Augpunkt auf einer u^1-Linie, die dann auch Konturlinie ist. Diese werden wir jedoch nicht zeichnen.

Ist schließlich $|K|<1$, so besteht die Kontur aus zwei u^1-Linien.

Der Aufbau des Objekttyps ConeCT zum Zeichnen der Kontur entspricht genau dem Aufbau des Typs CylCT.

Mit dem Programm P1_09 zeichnen wir einen Kegel mit seiner Kontur. Da dieses Programm eine Kopie von P1_08 ist, in der wir lediglich den Zylinder durch einen Kegel ersetzt haben, verzichten wir hier auf einen Abdruck.

1.17 Die Darstellung einer Ebene

In diesem Kapitel werden wir das Zeichnen einer Ebene lernen. Wir haben bereits in Abschnitt 1.9 den Typ Plane für eine Ebene eingeführt, der dem Typ eines lokalen 3D-Koordinatensystems entspricht. Hierauf aufbauend führen wir auf der Geometrieseite daher folgenden Objekttyp für eine Ebene ein:

```
PlaneT   = OBJECT (SurfaceT)                              {UPlane}
  CS3D : CoordinateSystem3D;

  CONSTRUCTOR InitWP (IU1U2Init: IntervalPar;
                      PlOInit: Pt3D;
                      PlNVInit: Vt3D;
                      PInit: Pt3D);
  CONSTRUCTOR InitWV (IU1U2Init: IntervalPar;
                      PlOInit: Pt3D;
                      PlNVInit: Vt3D;
                      VInit: Vt3D);

  PROCEDURE ParToSurf (Q: PtPar; VAR P: Pt3D); VIRTUAL;
  PROCEDURE SurfToPar (P: Pt3D; VAR Q:PtPar); VIRTUAL;
  ........
  PROCEDURE IntersectWithLine (Ln: Line3D;
                      VAR IntSec:BOOLEAN;
                      VAR T: EXTENDED;
                      VAR Q: PtPar);
  PROCEDURE NotHidden (P: Pt3D; PrRay: Line3D;
                      Dist:EXTENDED;
                      VAR NotHidd: BOOLEAN);
  END;
```


Wir geben dem Typ einfach das Datenfeld CS3D für das lokale Koordinatensystem der Ebene mit. Da wir eine Ebene auf zwei ver-

schiedene Arten definieren können, erhält der Typ PlaneT auch
zwei Konstruktoren. Die Bedeutung ihrer eingehenden Parameter
wurde in Abschnitt 1.9 ausführlich erläutert.

Der Implementation der beiden Methoden ParToSurf und SurfToPar
legen wir folgende Parameterdarstellung für die Ebene zugrunde:

$$\vec{x}(u^i) = \overrightarrow{OCS3D.O} + u^1 \cdot \overrightarrow{CS3D.UX} + u^2 \cdot \overrightarrow{CS3D.UY}.$$

Die Parameter lassen wir ein Intervall

$$IU1U2 \subset \mathbb{R} \times \mathbb{R}$$

durchlaufen.

Um in der Methode IntersectWithLine den Schnitt der Ebene mit
einer Geraden Ln zu berechnen, benutzen wir einfach die bereits
in Abschnitt 1.9 vorgestellte Prozedur IntersectionLinePlane.
In der Variablen Intsec wird ausgegeben, ob sich Gerade und
Ebene schneiden (Intsec=TRUE) oder nicht (Intsec=FALSE). Liegt
ein Schnittpunkt vor, so geben wir auch seinen Parameter T bezogen auf die Parameterdarstellung der Geraden Ln und seinen
zugehörigen Parameterpunkt Q aus. Die Koordinaten von Q entsprechen natürlich den Ebenenkoordinaten des Schnittpunktes.

Da wir alle Punkte der Ebene bezüglich der Ebene als sichtbar
betrachten, müssen wir hier keine Methode Visibility einführen.

Bei der Implementation der Methode NotHidden wird wie bisher
die Methode IntersectWithLine benutzt.

Auf der zeichentechnischen Seite führen wir auf die mittlerweile sehr gut bekannte Art folgenden Objekttyp für das Zeichnen der Parameterlinien der Ebene ein:

```
PlUiT    = OBJECT (UiT)                              {UPlane}
  Pl : PlaneT;

  CONSTRUCTOR Init (WPU1Init: BOOLEAN;
                    IPU1Init,LLU1Init,ColU1Init: INTEGER;
                    CheckU1Init: Check3D;
                    NNU1Init,SU1Init,EU1Init:INTEGER;
                    WPU2Init: BOOLEAN;
                    IPU2Init,LLU2Init,ColU2Init: INTEGER;
                    CheckU2Init: Check3D;
                    NNU2Init,SU2Init,EU2Init:INTEGER;
                    AutoScanInit: BOOLEAN;
                    VAR PlInit: PlaneT);
  PROCEDURE TToP (T: EXTENDED; VAR P: Pt3D); VIRTUAL;
  END;
```

Da sich bei der Darstellung von Ebenen auch das Konturproblem
nicht stellt, geben wir nur noch das Programm P1_10, welches
eine Ebene zeichnet.

```
    PROGRAM P1_10;

    USES UG1,UPlane,UDraw;

    CONST Col1=11; Col2=12;

    VAR P1N,P1O   : Vt3D;
        P1        : PlaneT;
        P1Ui      : P1UiT;
        IU1U2Init : IntervalPar;

    (****   main program   ********************************************)

    BEGIN
      PrSph.C.R   := 1000; PrSph.C.PHI   := 30; PrSph.C.THETA   := 20;
      PrSph.O.R   :=-1000; PrSph.O.PHI   := 30; PrSph.O.THETA   := 20;
      PrSph.Z.R   := 1;    PrSph.Z.PHI   := 30; PrSph.Z.THETA   := 20;
      PrSph.YUP.R:= 1;     PrSph.YUP.PHI:= 0;   PrSph.YUP.THETA:= 90;
      InitializeGraphic;

      DefineIntervalPar (-2,-2,2,2, IU1U2Init);
      P1O := O3D; P1O.Y := 1;
      DirectionVt3D (TRUE,1,45,45,P1N);

      P1.INITWV (IU1U2Init,O3D,P1N,YAxisU3D);
      P1Ui.Init (FALSE,0,1,Col1,Check3DTRUE,27,0,0,
                 FALSE,0,1,Col2,Check3DTRUE,38,0,0,TRUE,P1);

      WI3D := P1.I3D;
      Parameter3D;

      P1Ui.DrawU1;
      P1Ui.DrawU2;
      DrawCS3D (3,3,14);

      CloseGraphic (TRUE);
    END.
```

Da außer der Ebene keine weiteren Flächen gezeichnet werden und
alle Punkte der Ebene sichtbar sind, definieren wir für die
Parameterlinien keine neue Checkprozedur, sondern wir benutzen
die von früher bekannte Prozedur Check3DTRUE, in welcher der
Parameter Chk immer auf TRUE gesetzt wird.

1.18 Der Schnitt einer Kugel mit einer Ebene

Da in vielen differentialgeometrischen Resultaten Schnitte von
Flächen mit Ebenen eine wichtige Rolle spielen, erklären wir in
den nächsten drei Abschnitten, wie wir Kugel, Zylinder und Kegel mit einer Ebene schneiden. Dabei werden wir auch lernen,
wie man zwei verschiedene Flächen gleichzeitig darstellen kann.
Die hier entwickelten Ideen lassen sich mühelos auch bei
anderen Flächenklassen anwenden; dies wird in Abschnitt 3.8 ge-
schehen.

Wir beginnen mit dem Schnitt von Kugel und Ebene, der aus einem
Kreis besteht:

Zum Zeichnen eines solchen Schnittes führen wir den nachstehen-
den Typ ISP1SphT ein. Wir werden in Zukunft den Bezeichner von
Objekttypen zum Zeichnen von Schnittlinien zwischen zwei Flächen immer mit den Buchstaben IS (Intersection) beginnen lassen.

```
TYPE ISP1SphT = OBJECT (Curve3DT)                      {USphere}
     Pl                : PlaneT;
     Sph               : SphereT;
     Intsec,NoPoint    : BOOLEAN;
     RadiusIS          : EXTENDED;
     MPIS              : PtPar;

     CONSTRUCTOR Init (WPInit: BOOLEAN;
                       IPInit,LLInit,ColInit: INTEGER;
                       CheckInit: Check3D;
                       PlInit: PlaneT;
                       SphInit: SphereT);

     PROCEDURE TToP (T: EXTENDED; VAR P: Pt3D); VIRTUAL;
     PROCEDURE Visibility (P: Pt3D; PrRay: Line3D;
                       Dist: EXTENDED;
                       VAR Vis: BOOLEAN);
     PROCEDURE Draw;

     END;
```

Die Datenfelder Pl und Sph enthalten die Ebene und die Kugel,
deren Schnitt gezeichnet werden soll. In der Variablen Intsec
halten wir fest, ob sich Ebene und Kugel überhaupt schneiden.
Das Feld NoPoint brauchen wir bei den Sichtabfragen und
schließlich haben wir die Daten RadiusIS und MPIS für den Radius und den Mittelpunkt des Schnittkreises vorgesehen.

Von den Methoden dieses Typs schauen wir uns als erstes den
Konstruktor an.

```
CONSTRUCTOR ISPlSphT.Init (WPInit: BOOLEAN;
                           IPInit,LLInit,ColInit: INTEGER;
                           CheckInit: Check3D;
                           VAR PlInit: PlaneT;
                           VAR SphInit: SphereT);
VAR I1DInit : Interval1D;
    LnIS    : Line3D;
    IS      : BOOLEAN;
    TIS     : EXTENDED;

BEGIN
  Pl.InitEmpty;
  Sph.InitEmpty;
  Pl  := PlInit;
  Sph := SphInit;
  DefineInterval1D (0,2*PI, I1DInit);
  Curve3DT.Init (WPInit,IPInit,LLInit,ColInit,I1DInit,CheckInit);
  CurveType := 'IS PLANE-SPHERE';

  LnIS.O := O3D;
  LnIS.U := Pl.CS3D.UZ;
  Pl.IntersectWithLine (LnIS, IS,TIS,MPIS);
  IF (ABS(TIS) >= Sph.Radius) THEN
    IntSec := FALSE
  ELSE BEGIN
    IntSec   := TRUE;
    RadiusIS := SQRT(SQR(Sph.Radius)-SQR(TIS));
  END;
  ScanningPossible := FALSE;
END;
```

In den ersten acht Zeilen besetzen wir zunächst die wesentlichen Datenfelder des Typs mit den entsprechenden Werten. Im
zweiten Teil der Methode bestimmen wir, ob ein Schnitt zwischen
Kugel und Ebene vorliegt und berechnen gegebenenfalls den Mittelpunkt und den Radius des Schnittkreises. Dabei ist uns folgende Zeichnung hilfreich:

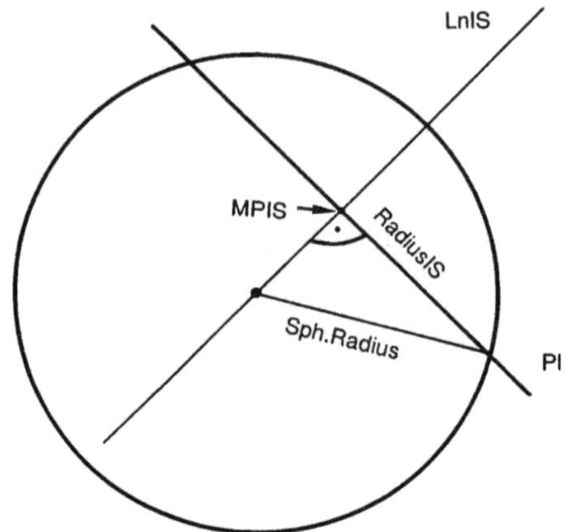

Nun stellt sich beim Zeichnen der Schnittlinie dasselbe Problem, das wir schon von der Kontur der Kugel kennen. In manchen
Fällen erhalten wir nicht den vollen Kreis als Schnittlinie,
sondern nur einen Teil davon. Da es im allgemeinen nicht
möglich ist, das zu diesem Kreisteil gehörende Parameterintervall zu bestimmen, lassen wir den Kurvenparameter der Schnittlinie immer das ganze Intervall $[0,2\pi]$ durchlaufen und lösen
unser Problem durch geeignete Sichtabfragen.

Wir betrachten zunächst die Implementation der Methode TToP:

```
PROCEDURE ISP1SphT.TToP (T: EXTENDED; VAR P: Pt3D);
VAR QP1,QSph: PtPar;
BEGIN
  QP1.U1 := MPIS.U1+RadiusIS*COS(T);
  QP1.U2 := MPIS.U2+RadiusIS*SIN(T);
  P1.ParToSurf (QP1, P);
  Sph.SurfToPar (P, QSph);
  NoPoint := NOT (P1.InIU1U2(QP1) AND Sph.InIU1U2(QSph));
END;
```

Zu einem Unterteilungspunkt P bestimmen wir zunächst seine
Parameter QP1.U1 und QP1.U2 bezüglich der Darstellung der Ebene
und berechnen daraus mittels der Methode P1.ParToSurf den
3D-Punkt P. Anschließend berechnen wir auch den zu P gehörenden
Parameterpunkt QSph bezüglich der Darstellung der Kugel. Den
Parameter NoPoint setzen wir genau auf TRUE, wenn QP1 nicht im
Parameterintervall von P1 oder QSph nicht im Parameterintervall
von Sph liegt. In der Methode Visibility nutzen wir NoPoint
dann wie folgt aus:

```
PROCEDURE ISP1SphT.Visibility (P: Pt3D; PrRay: Line3D;
                               Dist: EXTENDED;
                               VAR Vis: BOOLEAN);
BEGIN
  IF NoPoint THEN Vis := FALSE
             ELSE Sph.Visibility (P,PrRay,Dist, Vis);
END;
```

Wenn NoPoint=TRUE gilt, setzen wir einfach Vis=FALSE, andernfalls untersuchen wir mittels der Visibility-Methode des Objektes Sph, ob der berechnete Punkt P der Schnittlinie bezüglich
der Kugel sichtbar ist.

In der Methode Draw schließlich rufen wir falls Intsec=TRUE nur
die Methode DrawCurve3D zum Zeichnen der Schnittlinie auf.

```
PROCEDURE ISP1SphT.Draw;
BEGIN
  IF Intsec THEN DrawCurve3D;
END;
```

Wir schauen uns nun das Programm P1_11 an, mit dem wir eine Kugel und eine Ebene samt ihrem Schnitt zeichnen.

```
PROGRAM P1_11;

USES UG1,USphere,UPlane;

CONST Col1=10; Col2=12; Col3=15;

VAR Sph       : SphereT;
    SphUi     : SphUiT;
    SphC      : SphCT;
    Pl        : PlaneT;
    PlUi      : PlUiT;
    ISP1Sph   : ISP1SphT;
    IU1U2Sph,
    IU1U2Pl   : IntervalPar;
    PlN       : Vt3D;
    Pl0       : Pt3D;

{$F+}
PROCEDURE CheckSph (P:Pt3D; PrRay: Line3D; Dist: EXTENDED;
                   VAR Chk:BOOLEAN);
BEGIN
  Sph.Visibility (P,PrRay,Dist, Chk);
  IF Chk THEN Pl.NotHidden (P,PrRay,Dist, Chk);
END;

PROCEDURE CheckSphC (P:Pt3D; PrRay: Line3D; Dist: EXTENDED;
                    VAR Chk:BOOLEAN);
BEGIN
  SphC.Visibility (P,PrRay,Dist, Chk);
  IF Chk THEN Pl.NotHidden(P,PrRay,Dist, Chk);
END;


PROCEDURE CheckPl (P:Pt3D; PrRay: Line3D; Dist: EXTENDED;
                  VAR Chk:BOOLEAN);
BEGIN
  Sph.NotHidden (P,PrRay,Dist, Chk);
END;

PROCEDURE CheckIS (P:Pt3D; PrRay: Line3D; Dist: EXTENDED;
                  VAR Chk:BOOLEAN);
BEGIN
  ISP1Sph.VisIbility (P,PrRay,Dist, Chk);
END;
```

```
{$F-}

(****   main program   *********************************************)

BEGIN
  PrSph.C.R   := 100; PrSph.C.PHI   := 20; PrSph.C.THETA   := 25;
  PrSph.O.R   :=-100; PrSph.O.PHI   := 20; PrSph.O.THETA   := 25;
  PrSph.Z.R   := 1;   PrSph.Z.PHI   := 20; PrSph.Z.THETA   := 25;
  PrSph.YUP.R:= 1;    PrSph.YUP.PHI:= 0;   PrSph.YUP.THETA:= 90;
  InitializeGraphic;

  DefineIntervalPar (-PI/2,0.2*PI,PI/2,1.8*PI, IU1U2Sph);
  Sph.INIT (IU1U2Sph,4);

  DefineIntervalPar (-6,-3,5,5, IU1U2P1);
  DirectionVt3D (TRUE,1,10,80,P1N);
  P1O.X := 0; P1O.Y := 0; P1O.Z := 1;
  P1.INITWV (IU1U2P1,P1O,P1N,YAxisU3D);

  SphUi.Init (FALSE,2,100,Col1,CheckSph,13,0,0,
              FALSE,2,100,Col1,CheckSph,11,1,1,TRUE,Sph);
  P1Ui. Init (FALSE,4,55, Col2,CheckP1, 27,0,0,
              FALSE,4,55, Col2,CheckP1, 28,0,0,TRUE,P1);

  ISP1Sph.Init (FALSE,5,75,Col3,CheckIS,P1,Sph);

  ConvexHullI3D (Sph.I3D,P1.I3D, WI3D);
  Parameter3D;

  SphC.Init (FALSE,5, 55,Col1,CheckSphC,Sph);

  SphUi.DrawU1;
  SphUi.DrawU2;
  SphC.Draw;
  P1Ui.DrawU1;
  P1Ui.DrawU2;
  ISP1Sph.Draw;

  CloseGraphic (TRUE);
END.
```

Nach der Deklaration der notwendigen Variablen definieren wir
vier Checkprozeduren. Dabei ist die Prozedur CheckSph für die
Parameterlinien der Kugel vorgesehen. In ihr untersuchen wir
zunächst mittels der Methode Sph.Visilibiliy, ob ein Punkt P
einer solchen Kurve bezüglich der Kugel sichtbar ist. Wenn dies
der Fall ist, überprüfen wir noch mit der Methode P1.NotHidden,
ob der Punkt durch die Ebene verdeckt ist.

Analog gehen wir in der Prozedur CheckSphC vor, die wir beim
Zeichnen der Kontur der Kugel verwenden.

Die Sichtabfragen bei den Parameterlinien der Ebene führen wir mit der Prozedur CheckPl durch. Hier müssen wir nur mit der Methode Sph.NotHidden untersuchen, ob ein Punkt P einer solchen Linie durch die Kugel verdeckt wird.

Schließlich rufen wir zum Untersuchen der Schnittlinie in der Prozedur CheckIS nur die Visibility-Methode des Objekts ISPlSph auf.

Im Hauptprogramm werden nach der Festlegung der Perspektive zunächst bis auf das Objekt SphC alle anderen Objekte initialisiert.

Als Weltintervall wählen wir dann die konvexe Hülle der Intervalle Sph.I3D und Pl.I3D.

Nach dem Aufruf der Prozedur Parameter3D können wir auch die Kontur der Kugel initialisieren. Zum Zeichnen rufen wir danach nur noch die Zeichenmethoden der Objekte auf.

1.19 Der Schnitt eines Zylinders mit einer Ebene

Beim Schnitt eines Zylinders mit einer Ebene tritt folgendes Problem auf. Normalerweise zeichnen wir die Schnittlinie, indem wir LL der u^1-Linien des Zylinders mit der Ebene schneiden und die Schnittpunkte verbinden. Da diese Technik jedoch genau dann versagt, wenn die Zylinderachse parallel zur Ebene liegt, führen wir im Typ ISPlCylT eine Variable SpecialCase ein, die wir in diesem Fall auf TRUE und sonst auf FALSE setzen werden. Im Spezialfall besteht der Schnitt aus maximal zwei u^1-Linien des Zylinders. Für diese Anzahl geben wir dem Typ ein Datenfeld NOfIS mit. Die vollständige Deklaration lautet dann wie folgt:

```
ISPlCylT = OBJECT (Curve3DT)                              {UCyl}
   Pl                   : PlaneT;
   Cyl                  : CylinderT;
   SpecialCase,NoPoint  : BOOLEAN;
   NOfIS                : INTEGER;
   U2,U2_1,U2_2         : EXTENDED;

   CONSTRUCTOR Init (WPInit: BOOLEAN;
                     IPInit,LLInit,ColInit: INTEGER;
                     CheckInit: Check3D;
                     PlInit: PlaneT;
                     CylInit: CylinderT);

   PROCEDURE TToP (T: EXTENDED; VAR P: Pt3D); VIRTUAL;
   PROCEDURE Visibility (P: Pt3D; PrRay: Line3D;
                         Dist: EXTENDED;
                         VAR Vis: BOOLEAN);
```

```
    PROCEDURE Draw;
END;
```

**Von den Methoden dieses Typs schauen wir uns zunächst den Kon-
struktor an.**

```
    CONSTRUCTOR ISP1CylT.Init (WPInit: BOOLEAN;
                              IPInit,LLInit,ColInit: INTEGER;
                              CheckInit: Check3D;
                              PlInit: PlaneT;
                              CylInit: CylinderT);
        VAR ........

    BEGIN
      Pl.InitEmpty;
      Cyl.InitEmpty;
      Pl  := PlInit;
      Cyl := CylInit;
      Curve3DT.Init (WPInit,IPInit,LLInit,ColInit,I1DInit,CheckInit);
      CurveType        := 'IS PLANE-CYLINDER';
      ScanningPossible := FALSE;

      ScalarProductVt3D (Pl.CS3D.UZ,ZAxisU3D, SP);
      IF NOT Null(SP,Eps9) THEN BEGIN
        SpecialCase := FALSE;
        DefineInterval1D (Cyl.IU1U2[1].U2,Cyl.IU1U2[2].U2, I1D);
      END ELSE BEGIN
        SpecialCase := TRUE;
        DefineInterval1D (Cyl.IU1U2[1].U1,Cyl.IU1U2[2].U1, I1D);
        LnIS.0    := O3D;
        LnIS.U    := Pl.CS3D.UZ;
        LnIS.U.Z := 0;
        ScaleVt3D (LnIS.U,1, LnIS.U);

        Pl.IntersectWithLine (LnIS,IS,TIS,QIS);
        TToLine3D (LnIS,TIS,PIS);
        IF Null(ABS(TIS)-Cyl.Radius,Eps6) THEN BEGIN
          NOfIS := 1;
          Cyl.SurfToPar (PIS, QIS);
          U2_1 := QIS.U2;
        END ELSE BEGIN
          IF (ABS(TIS) > Cyl.Radius) THEN
            NOfIS := 0
          ELSE BEGIN
            NOfIS       := 2;
            LnIS1.0    := PIS;
            LnIS1.U.X := LnIS.U.Y;
            LnIS1.U.Y :=-LnIS.U.X;
            LnIS1.U.Z := 0;
            Cyl.IntersectWithLine (LnIS1,NOS,TIS1,TIS2,QIS1,QIS2);
```

```
        U2_1 := QIS1.U2;
        U2_2 := QIS2.U2;
      END;
    END;
  END;
END;
```

Als erstes initialisieren und übergeben wir die Ebene und den
Zylinder, welche wir schneiden wollen, rufen den Konstruktor
des Vorfahren auf und besetzen zwei Datenfelder.

Danach untersuchen wir, ob die Zylinderachse parallel zur Ebene
verläuft. Ist dies nicht der Fall, so setzen wir SpecialCase
auf FALSE und wählen als Intervall für den Kurvenparameter das
Intervall des u^2-Parameters des Zylinders.

Andernfalls setzen wir zunächst SpecialCase auf TRUE und wählen
als Intervall für den Kurvenparameter das Intervall des u^1-Pa-
rameters des Zylinders. Danach bestimmen wir die Anzahl NOfIS
der Schnittlinien und gegebenenfalls ihre zugehörigen u^2-Werte
U2_1 und U2_2 bezüglich der Darstellung des Zylinders. Dabei
ist uns folgende Zeichnung hilfreich, die einen Schnitt der gesamten Anordnung in Höhe der X-Y-Ebene des Weltkoordinatensystems darstellt:

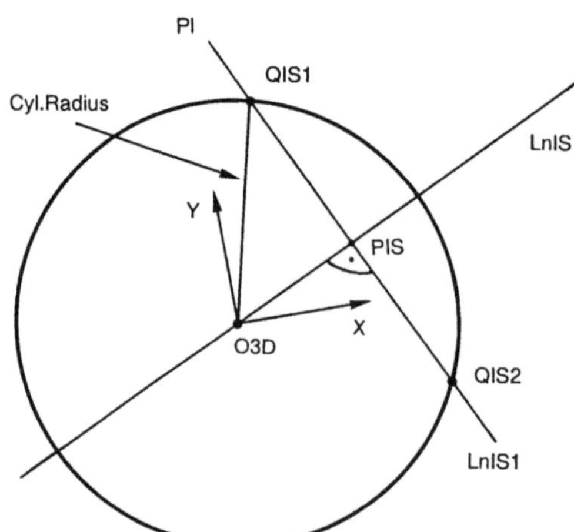

Die Gerade LnIS liegt in der X-Y-Ebene und steht senkrecht auf
Pl. Ihren Schnittpunkt PIS mit Pl wählen wir als Ursprung der
Geraden LnIS1, die in der X-Y-Ebene und in Pl liegt. Schneidet
man LnIS1 mit dem Zylinder, so sind die u^2-Koordinaten der zu
den möglichen Schnittpunkten gehörenden Parameterpunkte QIS1
und QIS2 die gesuchten Größen U2_1 und U2_2.

Als nächstes schauen wir uns die Methode TToP an.

```
PROCEDURE ISP1CylT.TToP (T: EXTENDED; VAR P: Pt3D);
VAR ..........

BEGIN
  NoPoint := FALSE;
  IF SpecialCase THEN BEGIN
    QCyl.U1 := T;
    QCyl.U2 := U2;
    Cyl.ParToSurf (QCyl,P);
    P1.SurfToPar (P,QP1);
    IF NOT P1.InIU1U2(QP1) THEN NoPoint := TRUE;
  END ELSE BEGIN
    QCyl.U1 := Cyl.IU1U2[1].U1;
    QCyl.U2 := T;
    Cyl.ParToSurf (QCyl,P1);
    QCyl.U1 := Cyl.IU1U2[2].U1;
    QCyl.U2 := T;
    Cyl.ParToSurf (QCyl,P2);
    LnIS.O := P1;
    DifferenceVt3D (P2,P1, LnIS.U);
    P1.IntersectWithLine (LnIS,IS,TIS,QP1);
    IF IS AND (TIS >= 0) AND (TIS <= 1) AND P1.InIU1U2(QP1) THEN
      TToLine3D (LnIS,TIS, P)
    ELSE BEGIN
      NoPoint := TRUE;
      P := O3D;
    END;
  END;
END;
```

Ist SpecialCase=TRUE, so steht hier die bekannte Parameterdarstellung einer u^1-Linie des Zylinders. Der zugehörige u^2-Para-
meter U2 wird vor dem Zeichnen in der Methode Draw auf einen
der in Init bestimmten Werte U2_1 oder U2_2 gesetzt.

Ist SpecialCase=FALSE, gehen wir wie folgt vor: Wir bestimmen
den Anfangspunkt P1 und den Endpunkt P2 der u^1-Linie, deren zugehöriger u^2-Wert der laufende Parameter T ist. Die durch diese
beiden Punkte bestimmte Gerade LnIS schneiden wir mittels der
Methode P1.IntersectWithLine mit der Ebene P1. Mit der Prozedur
TToLine3D berechnen wir dann aus dem Parameter TIS die 3D-Welt-
koordinaten des Schnittpunktes P. Nun kann es bei dieser Methode vorkommen, daß eine u^1-Linie die Ebene P1 nicht schneidet,
oder die Ebenenkoordinaten QP1.U1 und QP1.U2 eines berechneten
Schnittpunktes P nicht im Parameterintervall der Ebene liegen.
In diesem Fall setzen wir den Parameter NoPoint, den wir in der
Visibility-Methode dieses Objekttyps ausnutzen, auf TRUE. Die
Implementation der Methode Visibility entspricht genau der des

Typs ISP1SphT.

Zum Schluß schauen wir uns noch die Methode Draw dieses Typs an, mit der wir den Schnitt zeichnen.

Liegt der Spezialfall vor, so werden in der N-Schleife die berechneten u^1-Linien gezeichnet. (Man beachte, daß die Schleife gar nicht durchlaufen wird, wenn NOfIS=0.) Dabei werden für den u^2-Parameter in Abhängigkeit von N die in Init bestimmten Werte U2_1 oder U2_2 gesetzt.
Im Normalfall muß lediglich die Zeichenmethode DrawCurve3D aufgerufen werden.

```
PROCEDURE ISP1CylT.Draw;
VAR N : INTEGER;
BEGIN
  IF SpecialCase THEN BEGIN
    FOR N :=1 TO NOfIS DO BEGIN
      IF (N = 1) THEN U2 := U2_1
                 ELSE U2 := U2_2;
      IF Cyl.InI2(U2) THEN DrawCurve3D;
    END;
  END ELSE
      DrawCurve3D;
END;
```

Das Programm P1_12, welches einen Zylinder und eine Ebene samt ihrem Schnitt zeichnet, ist genauso aufgebaut wie das Programm P1_11 aus dem letzten Abschnitt.

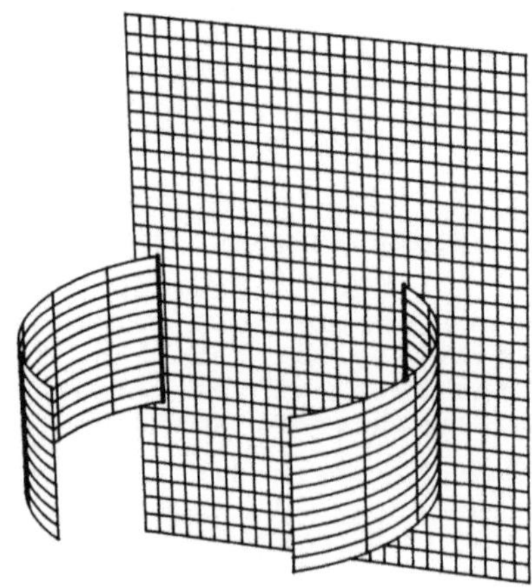

1.20 Der Schnitt eines Kegels mit einer Ebene

Beim Schnitt eines Kegels mit einer Ebene tritt ein ähnliches Problem wie beim Zylinder auf. Normalerweise zeichnen wir die Schnittlinie, indem wir LL der u^1-Linien des Kegels mit der Ebene schneiden und die Schnittpunkte verbinden. Diese Technik versagt hier genau dann, wenn die Kegelspitze in der Ebene liegt. In diesem Spezialfall besteht der Schnitt wieder aus maximal zwei u^1-Linien des Kegels.

Wegen dieser Analogie bauen wir den Typ ISP1ConeT genauso auf wie den Typ ISP1CylT aus dem letzten Abschnitt. Alle Datenfelder und Methoden des neuen Typs haben dieselbe Bedeutung wie die entsprechenden des alten Typs.

Die Implementationen der Methoden stimmen im wesentlichen mit den alten überein. Lediglich im Konstruktor bestimmen wir die für den Spezialfall notwendigen Daten etwas anders. Wie schon beim Zylinder machen wir uns das Vorgehen auch hier an Hand einer Zeichnung klar, die einen Schnitt der ganzen Anordnung in Höhe der Ebene Z=1 darstellt.

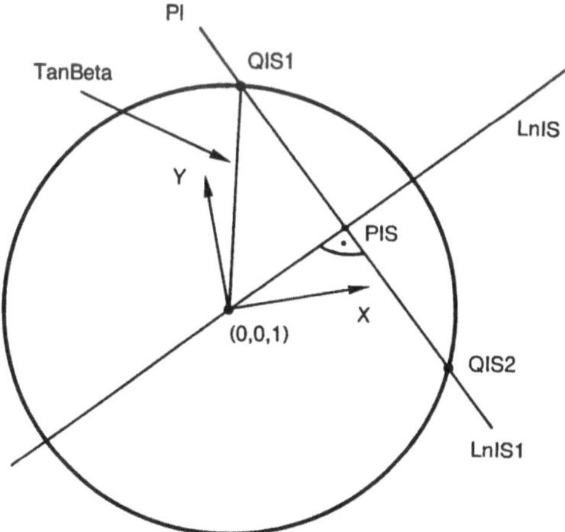

Wir verzichten hier auf weitere Erklärungen und verweisen lediglich noch auf das Programm P1_13, mit dem wir einen Kegel und eine Ebene samt ihres Schnittes zeichnen. In seinem Aufbau entspricht es den Programmen P1_11 und P1_12.

1.21 Das Zeichnen von Flächenkurven

Im letzten Abschnitt des ersten Kapitels zeigen wir noch, wie
wir Kurven zeichnen, die auf einer vorgegebenen Fläche verlaufen. Ist eine Fläche $\vec{x}(u^i)$ gegeben, so nennen wir eine Kurve,
für die

$$\vec{x}(t) = \vec{x}(u^i(t)) \quad (i=1,2)$$

gilt, eine *Flächenkurve*.

Da wir später manchmal eine ganze Kurvenfamilie auf einer Fläche zeichnen wollen, legen wir den Typ zum Zeichnen von Flächenkurven gleich etwas allgemeiner an. Wir schauen uns die wesentlichen Teile seiner Implementation an:

```
CFOnSurfT = OBJECT (Curve3DT)                          {USurface}
   NNF         : INTEGER;
   FamPar      : EXTENDED;
   SurfaceType : String[20];
   ..........
   PROCEDURE CalculateFamPar (N: INTEGER);  VIRTUAL;
   FUNCTION  TToU1 (T: EXTENDED): EXTENDED; VIRTUAL;
   FUNCTION  TToU2 (T: EXTENDED): EXTENDED; VIRTUAL;
   PROCEDURE ParToSurf (Q: PtPar; VAR P: Pt3D); VIRTUAL;
   PROCEDURE TToP (T: EXTENDED; VAR P: Pt3D); VIRTUAL;
   PROCEDURE DrawFamily;
   ...........
END;
```

Für die Anzahl der Kurven und für den Parameter zur Beschrei-
bung der Familie reservieren wir die Datenfelder NNF und Fam-
Par. Zur Bestimmung des Familienparameters der Kurve mit dem
Index N haben wir die Methode CalculateFamPar vorgesehen.

Die virtuellen Methoden TToU1 und TToU2 liefern die Flächenparameter u^1 und u^2 zum laufenden Parameter t der Kurve. Da später der Kurvenparameter häufig einem der beiden Flächenparameter entspricht, haben wir bei der Implementation der beiden Methoden auf dieser Hierarchiestufe

$$TToU1(t) = t \quad \text{und} \quad TToU2(t) = t$$

gesetzt. Bei den Erben muß dadurch meistens nur noch eine der
beiden Methoden neu implementiert werden.

In der virtuellen Methode ParToSurf werden wir bei den Erben
dieses Typs einfach die dann bekannte Parameterdarstellung der
Fläche aufrufen.

Die zum Kurvenzeichnen maßgebliche Methode TToP haben wir damit
wie folgt implementiert:

```
PROCEDURE CFOnSurfT.TToP (T: EXTENDED; VAR P: Pt3D);
VAR Q : PtPar;
BEGIN
  Q.U1 := TToU1(T);
  Q.U2 := TToU2(T);
  ParToSurf (Q,P);
END;
```

Mit Hilfe der Methoden TToU1 und TToU2 bestimmen wir den zum
laufenden T gehörenden Parameterpunkt Q, aus dem wir anschließend mittels der Methode ParToSurf den Flächenpunkt P berechnen. Schließlich haben wir in diesem Typ zum Zeichnen der
Kurvenfamilie die Methode DrawFamily geschrieben:

```
PROCEDURE CFOnSurfT.DrawFamily;
VAR NF : INTEGER;
BEGIN
  FOR NF := 1 TO NNF DO BEGIN
    CalculateFamPar(NF);
    DrawCurve3D;
  END;
END;
```

In der Schleife berechnen wir zunächst den zum Index NF gehörenden Familienparameter und zeichnen dann durch den Aufruf von
DrawCurve3D die zugehörige Kurve. Wir weisen darauf hin, daß
die Schleife hier - im Unterschied zum Zeichnen von Parameterlinien - stets bei NF=1 beginnt.

Wie immer werden wir nun unser Vorgehen anhand eines Beispiels
verdeutlichen, bei dem wir eine Kurvenfamilie auf einer Kugel
zeichnen werden. Dazu führen wir zunächst folgenden Erben von
CFOnSurfT ein:

```
CFOnSphT = OBJECT (CFOnSurfT)                          {USphere}
  Sph : SphereT;

  CONSTRUCTOR Init (WPInit: BOOLEAN;
                    IPInit,LLInit,ColInit: INTEGER;
                    I1DInit: Interval1D;
                    CheckInit: Check3D;
                    NNFInit: INTEGER;
                    SphInit: SphereT);
  PROCEDURE ParToSurf (Q: PtPar; VAR P: Pt3D); VIRTUAL;
END;
```

Vollkommen analog zum Vorgehen beim Zeichnen der Parameterlinien erhält dieser Typ jetzt als Datenfeld die Kugel, auf der die Kurvenfamilie gezeichnet werden soll. Mit dem neuen Konstruktor übergeben wir neben den bekannten Kurvengrößen auch die Anzahl der zu zeichnenden Kurven sowie die Kugel, auf der gezeichnet wird. In der neu implementierten Methode ParToSurf rufen wir – wie oben schon erwähnt – nur die Methode ParToSurf der Instanz Sph auf.

Bevor wir nun zu einem Programm übergehen, erwähnen wir noch, daß wir in den entsprechenden Units auf dieselbe Art und Weise die Objekttypen CFOnCylT, CFOnConeT und CFOnPlaneT zum Zeichnen von Kurvenscharen auf Zylinder, Kegel und Ebene definiert haben.

Mit dem folgenden Programm P1_14 zeichnen wir eine Familie spiralförmiger Kurven auf einem Teil einer Kugel:

```
Program P1_14;

USES UG1,USphere;

CONST Col1=7; Col2=12;

TYPE

  SpirOnSphT = OBJECT (CFOnSphT)
    PROCEDURE CalculateFamPar (NF: INTEGER);  VIRTUAL;
    FUNCTION  TToU2 (T: EXTENDED): EXTENDED;  VIRTUAL;
  END;


  PROCEDURE SpirOnSphT.CalculateFamPar (NF: INTEGER);
  BEGIN
    FamPar := NF*(Sph.IU1U2[2].U2-Sph.IU1U2[1].U2)/NNF/2;
  END;

  FUNCTION SpirOnSphT.TToU2 (T: EXTENDED): EXTENDED;
  BEGIN
    TToU2 := 16*T+FamPar;
  END;


  VAR Sph        : SphereT;
      SphUi      : SphUiT;
      SphC       : SphCT;
      SpirOnSph  : SpirOnSphT;
      IU1U2Init  : IntervalPar;
      I1DSpir    : Interval1D;
```

```
{$F+}
PROCEDURE CheckSph (P:Pt3D; PrRay: Line3D; Dist: EXTENDED;
                    VAR Chk: BOOLEAN);
BEGIN
  Sph.Visibility (P,PrRay,Dist, Chk);
END;

PROCEDURE CheckSphC (P:Pt3D; PrRay: Line3D; Dist: EXTENDED;
                     VAR Chk: BOOLEAN);
BEGIN
  SphC.Visibility (P,PrRay,Dist, Chk);
END;
{$F-}

(****    main program    ******************************************)

BEGIN
  PrSph.C.R  := 1000; PrSph.C.PHI   := 120; PrSph.C.THETA   := 50;
  PrSph.O.R  :=-1000; PrSph.O.PHI   := 120; PrSph.O.THETA   := 50;
  PrSph.Z.R  := 1;    PrSph.Z.PHI   := 120; PrSph.Z.THETA   := 50;
  PrSph.YUP.R:= 1;    PrSph.YUP.PHI:= 0;    PrSph.YUP.THETA:= 90;
  InitializeGraphic;

  DefineIntervalPar (-0.2*PI,0,0.2*PI,2*PI, IU1U2Init);
  Sph.Init (IU1U2Init,10);
  SphUi.Init (FALSE,3,80,Col1,CheckSph,21,1,0,
              FALSE,3,80,Col1,CheckSph,2 ,0,0,TRUE,Sph);
  I1dSpir := Sph.I1;
  SpirOnSph.Init (FALSE,3,100,Col2,I1DSpir,CheckSph,27,Sph);

  WI3D := Sph.I3D;
  Parameter3D;

  SphC.Init (FALSE,3,80,Col1,CheckSphC,Sph);

  SphUi.DrawU1;
  SphUi.DrawU2;
  SphC.Draw;
  SpirOnSph.DrawFamily;

  CloseGraphic (TRUE);
END.
```

Zunächst definieren wir einen Typ SpirOnSphT als Erben von
CFOnSphT, bei dem wir die Methoden TToU2 und CalculateFamPar
neu implementieren. Zur Berechnung des Familienparameters
unterteilen wir die Hälfte des u^2-Parameterintervalles der Kugel äquidistant. Anschließend deklarieren wir die benötigten
Instanzen und definieren zwei Checkprozeduren.

Im Hauptprogramm werden die Instanzen nach der üblichen Definition der Perspektive initialisiert. Als Parameterintervall für

die Kurven der Kurvenfamilie wählen wir das Intervall des
u^1-Parameters der Kugel. Dadurch können wir zu ihren Sichtabfragen dieselbe Prozedur wie bei den Parameterlinien verwenden.
Danach müssen wir nur noch die Zeichenroutinen dieser Objekte
aufrufen und am Ende des Programmes in den Textmodus zurückschalten.

Mit den Programmen P1_15 und P1_16 zeichnen wir Flächenkurven
auf einem Zylinder und einem Kegel. Sie sind analog zu P1_14
aufgebaut.

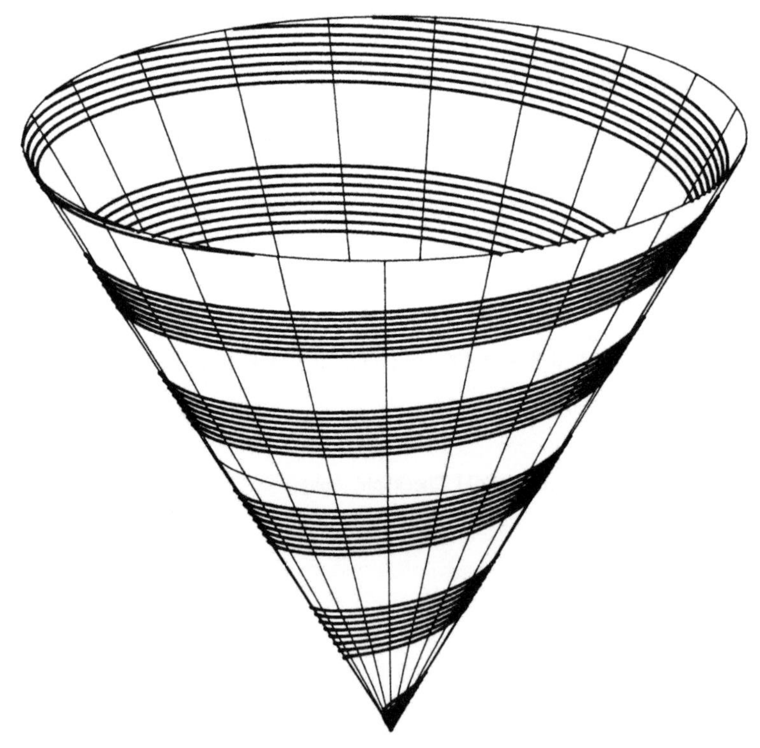

2. KURVENTHEORIE

In diesem Kapitel stellen wir die wichtigsten Ergebnisse der
klassischen Kurventheorie im dreidimensionalen Raum computergrafisch dar. Als erstes führen wir den differentialgeometrischen Kurvenbegriff mathematisch exakt ein und betrachten verschiedene wichtige Beispiele. Anschließend untersuchen wir elementare differentialgeometrische Eigenschaften von Kurven.

2.1 Der Kurvenbegriff in der Differentialgeometrie

Wir erklären zunächst, was wir unter einer Kurve im $\mathbb{R}^n$ verstehen: Es sei $f:\mathbb{R}\to\mathbb{R}^n$ eine auf einem Intervall I definierte und
dort stetige Funktion. Die Punktmenge

$$C := \{X\in\mathbb{R}^n: X = f(t) = (f^1(t),f^2(t),\ldots,f^n(t)), \ t\in I\}$$

heißt *Kurve* im $\mathbb{R}^n$, (f,I) eine *Parameterdarstellung* von C und t
der *Parameter*, den wir auch manchmal *Kurvenparameter* nennen.

Wir können eine Kurve C auch durch die Ortsvektoren ihrer
Punkte beschreiben:

$$(2.1) \qquad \vec{x}(t) = \{x^1(t),x^2(t),\ldots,x^n(t)\} \quad (t\in I),$$

wobei $x^k(t) = f^k(t)$ (k=1,...,n).

Diese Form, die wir in Zukunft stets benutzen, bezeichnet man
ebenfalls als Parameterdarstellung von C. Häufig identifizieren
wir eine Kurve C mit einer ihrer Parameterdarstellungen $\vec{x}(t)$;
wir sagen "eine Kurve $\vec{x}(t)$" anstelle von "eine Kurve C mit
einer Parameterdarstellung $\vec{x}(t)$ $(t\in I)$".

Für die Fragestellungen der Kurventheorie müssen wir fordern,
daß die Vektorfunktion in (2.1) eine Anzahl von Ableitungen besitzt. Weiterhin sollen einpunktige Kurven ausgeschlossen sein.

Eine Parameterdarstellung (2.1) heißt *zulässig*, wenn die beiden
folgenden Bedingungen erfüllt sind:

(a) $\vec{x}\in C^r(I)$, wobei $r\geq 1$ und nach Bedarf festgelegt ist, (d.h.
   die Komponentenfunktionen $x^1,\ldots,x^n$ sind r-mal auf dem Intervall I stetig differenzierbar.)

(b) Für alle $t_o \in I$ gilt

$$\vec{x}'(t_o) := \frac{d\vec{x}}{dt}(t_o) := \left\{ \frac{dx^1}{dt}(t_o), \ldots, \frac{dx^n}{dt}(t_o) \right\} \neq \vec{0}.$$

Die Forderung der Existenz und Stetigkeit einer gewissen Anzahl von Ableitungen reicht im allgemeinen für die Gültigkeit der differentialgeometrischen Sätze aus.

Wegen Bedingung (b) kann man eine der Beziehungen in (2.1) lokal nach t auflösen:

$$(2.2) \qquad t = t(x^k) \quad \text{für ein } k \in \{1,2,\ldots,n\};$$

dabei ist die Funktion in (2.2) im zugehörigen Definitionsbereich ebenfalls r-mal stetig differenzierbar.

Ist etwa in einem Teilintervall $\tilde{I}$ von I überall $\frac{dx^1}{dt}(t_o) \neq 0$, so kann man x^1 als neue unabhängige Variable einführen und auf $\tilde{I}$ von (2.1) zur Darstellung

$$(2.3) \qquad x^2 = x^2(x^1), \ldots, x^n = x^n(x^1)$$

übergehen.

Bei allen unseren Untersuchungen werden wir stets von einer Parameterdarstellung (2.1) ausgehen, weil sie einerseits am allgemeinsten ist und sich andererseits für die Computergrafik am besten eignet. Dabei setzen wir stets stillschweigend voraus, daß die Parameterdarstellung zulässig ist.

Zur Verdeutlichung betrachten wir nun einige wichtige Beispiele im $\mathbb{R}^3$:

2.1.1 Beispiel: Geraden
Eine Gerade durch den Endpunkt des Vektors $\vec{a}$ in Richtung des Vektors $\vec{b} \neq \vec{0}$ hat eine Parameterdarstellung

$$(2.4) \qquad \vec{x}(t) := \vec{a} + t\vec{b} \quad (t \in \mathbb{R}).$$

Offensichtlich gilt $\vec{x} \in C^r(\mathbb{R})$ für jedes $r \in \mathbb{N}$ und $\vec{x}'(t) = \vec{b} \neq \vec{0}$ für jedes $t \in \mathbb{R}$, so daß (2.4) eine zulässige Parameterdarstellung ist.

Wegen $\vec{b} \neq \vec{0}$ gibt es mindestens ein $k \in \{1,2,3\}$ mit $b^k \neq 0$, und wir können die Gleichung $x^k = a^k + tb^k$ nach t auflösen:

$$t = \frac{1}{b^k}(x^k - a^k).$$

Damit erhalten wir eine Darstellung (2.3)

$$x^j = a^j + \frac{b^j}{b^k}(x^k - a^k) \quad (j \neq k) \quad (x^k \in \mathbb{R}).$$

Zum Zeichnen einer Geraden führen wir folgenden Objekttyp Line-3DT ein:

```
Line3DT = OBJECT(Curve3DT)                                        {UDraw}
      Ln3D  : Line3D;
      P1,P2 : Pt3D;

      CONSTRUCTOR InitWithTwoPoints (WPInit:BOOLEAN;
                                     IPInit,LLInit,ColInit: INTEGER;
                                     CheckInit: Check3D;
                                     P1Init,P2Init: Pt3D);
      CONSTRUCTOR InitWithLine (WPInit:BOOLEAN;
                                IPInit,LLInit,ColInit: INTEGER;
                                I1DInit: Interval1D;
                                CheckInit: Check3D;
                                AInit,BInit: Vt3D);
      PROCEDURE TToP (T: EXTENDED; VAR P: Pt3D); VIRTUAL;
      PROCEDURE DrawBetweenTwoPoints;
   END;
```

Die Variable Ln3D ist von dem bereits in Kapitel 1.9 besprochenen Typ Line3D, wobei bezüglich der Darstellung (2.4) gelten
soll:

$$\overrightarrow{OLn3D.O} = \vec{a}, \quad \overrightarrow{Ln3D.U} = \vec{b}.$$

Da wir bei unseren späteren Betrachtungen häufig den Teil einer
Geraden zwischen zwei vorgegebenen Punkten P1 und P2 zeichnen
wollen, reservieren wir in unserem Typ die beiden Datenfelder
P1 und P2.

Zur Initialisierung einer Instanz vom Typ Line3DT stehen uns

zwei Konstruktoren zur Verfügung. Wenn wir die Vektoren $\vec{a}$ und $\vec{b}$
aus (2.4) kennen, werden wir den Konstruktor InitWithLine benutzen. Für den Fall, daß wir zwei Punkte der Gerade kennen,
haben wir den Konstruktor InitWithTwoPoints vorgesehen, dessen
Implementation wie folgt aussieht.

```
CONSTRUCTOR Line3DT.InitWithTwoPoints (WPInit: BOOLEAN;
                                       IPInit,LLInit,
                                       ColInit: INTEGER;
```

```
                                          CheckInit: Check3D;
                                          P1Init,P2Init: Pt3D);
    VAR I1DInit: Interval1D;
    BEGIN
      I1DInit[1].X := 0;
      I1DInit[2].X := 1;
      Curve3DT.Init (WPInit,IPInit,LLInit,ColInit,I1DInit,CheckInit);
      P1       := P1Init;
      P2       := P2Init;
      Ln3D.O := P1;
      DifferenceVt3D (P2,P1, Ln3D.U);
      CurveType := '3D-Line';
    END;
```

Wir wählen also in diesem Fall als Parameterintervall I1D =
$[0,1]$ und setzen Ln3D.O = P1 sowie $\overline{Ln3D.U} = \overline{P1P2}$.

Die Methode DrawBetweenTwoPoints zeichnet schließlich den Teil
der Geraden zwischen P1 und P2, sofern der Abstand dieser Punkte nicht Null ist. Ihre Implementation lautet:

```
    PROCEDURE Line3DT.DrawBetweenTwoPoints;
    VAR .........

    BEGIN
      DifferenceVt3D (P2,P1, P1P2);
      LengthVt3D (P1P2, L);
      IF NOT Null(L,Eps8) THEN BEGIN
        I1DOld  := I1D;
        Ln3DOld := Ln3D;
        Ln3D.O  := P1;
        DifferenceVt3D (P2,P1, Ln3D.U);
        DefineInterval1D (0,1, I1D);
        DrawCurve3D;
        I1D  := I1DOld;
        Ln3D := Ln3DOld;
      END;
    END;
```

Zu erwähnen sind hier noch die ersten und letzten beiden Zeilen
in der IF-Schleife. Wir merken uns in den Variablen I1DOld und
Ln3DOld das Parameterintervall und die Darstellung der Geraden
und besetzen am Ende der Schleife die entsprechenden Felder
wieder mit diesen ursprünglichen Werten. Damit haben wir gewährleistet, daß diese Methode nicht das Parameterintervall und
die Geradendarstellung ändert.

Wir erwähnen noch, daß wir für das Zeichnen von Geraden im $\mathbb{R}^2$ den Objekttyp Line2DT eingeführt haben, der in seinem Aufbau und in der Implementation seiner Methoden identisch zum Typ Line3DT ist.

2.1.2 Beispiel: Kreise

Ein Kreis in der x^1x^2-Ebene mit Mittelpunkt M und Radius $r>0$ hat eine Parameterdarstellung

$$(2.5) \qquad \vec{x}(t) = \overrightarrow{OM}+r\{cost,\ sint,\ 0\} \quad (t\in[0,2\pi]).$$

Offensichtlich ist (2.5) eine zulässige Parameterdarstellung. Die Darstellung eines Kreises haben wir bereits in Abschnitt 1.8 behandelt.

2.1.3 Beispiel: Gewöhnliche Schraubenlinien

Es seien $r>0$ und $h\neq0$. Dann ist

$$\vec{x}(t) := \{r\cdot cost,\ r\cdot sint,\ ht\} \quad (t\in\mathbb{R})$$

eine zulässige Parameterdarstellung einer gewöhnlichen Schraubenlinie. Die orthogonalen Projektionen auf die x^1x^2-, x^2x^3- bzw. x^1x^3-Ebenen sind ein Kreis vom Radius r, eine Sinus- bzw. eine Cosinuskurve.

Wächst der Wert des Parameters t um 2π, so wächst x^3 um die "Ganghöhe" $2\pi h$. Die Darstellung einer Schraubenlinie haben wir in Abschnitt 1.12 behandelt.

Die Beziehung (2.1) ist nicht die einzige Möglichkeit einer Parameterdarstellung. Vielmehr kann man von (2.1) ausgehend neue Vektorfunktionen bilden, indem man den Parameter t einer Transformation unterwirft, also einen neuen Parameter t^* einführt, so daß

$$(2.6) \qquad\qquad t := t(t^*).$$

Man muß dabei dafür sorgen, daß der Wertebereich der Funktion (2.6) wenigstens das Parameterintervall I für t umfaßt und daß sich die Gültigkeit der Zulässigkeitsbedingungen auf die neue Darstellung überträgt:

Eine Parametertransformation (2.6) heißt also *zulässig*, wenn die drei folgenden Bedingungen erfüllt sind:

(a) Die Funktion (2.6) sei definiert in einem Intervall I^* mit
$t(I^*) = I$.

(b) Es gelte $t \in C^r(I)$ für ein $r \geq 1$.

(c) Für alle $t_o^* \in I^*$ sei

$$\frac{dt}{dt^*}(t_o^*) \neq 0.$$

Auch hier setzen wir im Bedarfsfall immer stillschweigend voraus, daß eine Parametertransformation zulässig ist.

Eine Kurve C im $\mathbb{R}^3$ kann außer durch eine Parameterdarstellung (2.1) auch durch zwei implizite Funktionen F und G in der Form

$$(2.7) \qquad F(x^1,x^2,x^3) = 0, \quad G(x^1,x^2,x^3) = 0$$

geschrieben werden.

2.1.4 Beispiel:

Für den Kreis aus Beispiel 2.1.2 erhalten wir

$$F(x^1,x^2,x^3) := (x^1-m^1)^2+(x^2-m^2)^2-r^2 = 0, \quad G(x^1,x^2,x^3) = x^3 = 0.$$

Für die grafische Darstellung von Kurven ist jedoch die Form (2.7) nicht geeignet. Vielfach steht man jedoch vor der Aufgabe, sich aus (2.7) eine Parameterdarstellung zu verschaffen. Eine allgemein gültige Methode hierfür gibt es allerdings nicht.

2.1.5 Beispiel: Neil'sche Parabeln

Es sei $a \neq 0$. Die Neil'sche Parabel ist gegeben durch die Gleichungen

$$a^2(x^1)^{3/2}-x^2 = 0, \quad x^3 = 0.$$

Daraus erhalten wir eine Parameterdarstellung

$$\vec{x}(t) := \{t^2,at^3,0\}.$$

die wegen $\vec{x}'(0) = \vec{0}$ in 0 nicht zulässig ist. Jedoch handelt es sich in jedem der beiden Intervalle $I_1 := (-\infty,0)$ und $I_2 :=$ $(0,\infty)$ um eine zulässige Parameterdarstellung.

Zum Zeichnen einer Neil'schen Parabel deklarieren wir in der Unit UCurveEx, die wir eigens für die Kurvenbeispiele eingerichtet haben, den folgenden Objekttyp:

```
NeilParT = OBJECT(Curve2DT)                              {UCurveEx}
  A : EXTENDED;
  CONSTRUCTOR Init (WPInit:BOOLEAN;
                    IPInit,LLInit,ColInit: INTEGER;
                    I1DInit: Interval1D;
                    CheckInit: Check2D;
                    AInit: EXTENDED);
  PROCEDURE TToP (T: EXTENDED; VAR P: Pt2D); VIRTUAL;
END;
```

Da wir die Größe A auch mit eingeben wollen, schreiben wir folgenden neuen Konstruktor:

```
CONSTRUCTOR NeilParT.Init (WPInit: BOOLEAN;
                    IPInit,LLInit,ColInit: INTEGER;
                    I1DInit: Interval1D;
                    CheckInit: Check2D;
                    AInit: EXTENDED);
BEGIN
  Curve2DT.Init (WPInit,IPInit,LLInit,ColInit,I1DInit,CheckInit);
  CurveType        := 'NEILSCHE PARABEL';
  ScanningPossible := TRUE;
  A                := AInit;
END;
```

Schließlich implementieren wir die virtuelle Methode TToP gemäß der Parameterdarstellung neu.

Wir erwähnen noch, daß unsere Parameterintervalle auch die Null enthalten dürfen, denn beim Zeichnen der Kurve ist es unerheblich, daß die Parameterdarstellung für t=0 nicht zulässig ist.

Mit folgendem Programm zeichnen wir dann eine Neil'sche Parabel:

```
Program P2_01;

USES UG1,UDraw,UCurveEx;

CONST Col1=12; Col2=7;

VAR NeilPar : NeilParT;
    I1DInit : Interval1D;

(****    main program    *********************************************)

BEGIN
```

```
DefineInterval1D (-2,2, I1DInit);
NeilPar.Init (FALSE,0,50,Col1,I1DInit,Check2DTRUE,1);
NeilPar.ScanForI2D (WI2D);
WI2D[1].X := WI2D[1].X-1;

InitializeGraphic;
Parameter2D;

NeilPar.DrawCurve2D;

DrawCS2D (Col2);

CloseGraphic (TRUE);
END.
```

Nach der Aufnahme der benötigten Units und der Deklaration der
notwendigen Variablen definieren wir im Hauptteil des Programmes zunächst das Parameterintervall und initialisieren dann
das Objekt NeilPar mit dem gewünschten Werten. Anschließend bestimmen wir mit der Methode ScanForI2D das kleinste 2D-Inter-
vall, welches die Neil'sche Parabel ganz enthält und welches
wir als unser 2D-Weltintervall wählen. Nach dem Aufruf der Prozeduren InitializeGraphic und Parameter2D müssen wir nur noch
unsere Zeichenmethode DrawCurve2D aufrufen. Am Ende des Programms schalten wir auf Tastendruck in den Textmodus zurück.

2.2 Die Bogenlänge

In der Differentialgeometrie hat die Bogenlänge unter allen
möglichen Kurvenparametern eine ausgezeichnete Rolle .

Ist C eine Kurve mit zulässiger Parameterdarstellung $\vec{x}(t)$
($t \in I$), so ist die *Bogenlänge* von C zwischen den Punkten $\vec{x}(t_0)$
und $\vec{x}(t_1)$ ($t_0, t_1 \in I$) gegeben durch

$$s(t) = \int_{t_0}^{t_1} \|\vec{x}'(\tau)\| d\tau .$$

Offensichtlich sind $s(t)$ eine zulässige Parametertransformation
und $\vec{x}^*(s) := \vec{x}(t(s))$ eine zulässige Parameterdarstellung von C.

Die Bogenlänge wird wegen ihrer geometrischen Bedeutung, durch
die sie vor allen anderen Kurvenparametern ausgezeichnet ist,
auch als *natürlicher* Parameter bezeichnet. Wie wir später sehen
werden, vereinfacht die Benutzung der Bogenlänge als Parameter

viele Untersuchungen.

2.2.1 Beispiel: Bogenlänge eines Kreises

Für den Kreis aus Beispiel 2.1.2 erhalten wir aus
$\vec{x}'(t) = r\{-\sin t, \cos t, 0\}$ und $\|\vec{x}'(t)\| = r$ für $t_o := 0$:

$$s(t) := r \int_o^t d\tau = rt.$$

Damit ergibt sich eine Parameterdarstellung

$$\vec{x}^*(s) = \overrightarrow{OM} + r\{\cos\frac{s}{r}, \sin\frac{s}{r}, 0\} \quad (s\in[0,2\pi r]).$$

2.2.2 Beispiel: Bogenlänge einer gewöhnlichen Schraubenlinie

Für die gewöhnliche Schraubenlinie aus Beispiel 2.1.3 erhalten
wir aus $\vec{x}'(t) = \{-r\cdot\sin t, r\cdot\cos t, h\}$ und $\|\vec{x}'(t)\| = \sqrt{r^2+h^2}$ für
$t_o := 0$

$$s(t) := \sqrt{r^2+h^2} \int_o^t d\tau = \sqrt{r^2+h^2}\, t.$$

Wenn wir

$$\omega := \frac{1}{\sqrt{r^2+h^2}}$$

setzen, ergibt sich eine Parameterdarstellung

$$\vec{x}^*(s) = \{r\cdot\cos\omega s, r\cdot\sin\omega s, h\omega s\} \quad (s\in\mathbb{R}).$$

2.3 Quadratische ebene Kurven

Eine wichtige Klasse ebener Kurven sind die algebraischen Kurven n-ter Ordnung C_n, die üblicherweise in Gleichungsform gegeben sind:

$$(2.8) \qquad C_n := \left\{ X \in \mathbb{R}^2 : \sum_{0 \le k+m \le n} a'_{km}(x^1)^k(x^2)^m = 0 \quad (a'_{km} \in \mathbb{R}) \right\}.$$

Im Spezialfall erhalten wir die quadratischen Kurven $C := C_2$, für die wir uns in diesem Paragraphen eine Parameterdarstellung zum Zeichnen verschaffen werden. Wir diskutieren diese Kurven sehr ausführlich, da wir sie später mehrmals benötigen.

Mit M^T bezeichnen wir die Transponierte einer beliebigen Matrix M und mit (x^k) die $(n \times 1)$-Matrix $\begin{bmatrix} x^1 \\ \vdots \\ x^n \end{bmatrix}$. Ferner definieren wir die 2×2-Matrix A und den Vektor $\vec{b}$ durch

$$A := \begin{bmatrix} a_{11} & a_{12} \\ a_{12} & a_{22} \end{bmatrix} := \begin{bmatrix} a'_{20} & \frac{1}{2}a'_{11} \\ \frac{1}{2}a'_{11} & a'_{02} \end{bmatrix} \quad \text{sowie} \quad \vec{b} := \left\{ b^1, b^2 \right\} := \left\{ a'_{10}, a'_{01} \right\}.$$

Setzen wir noch $c := a'_{00}$, so können wir (2.8) wie folgt schreiben:

$$(2.9) \qquad (x^k)^T A(x^k) + \vec{b} \cdot \vec{x} + c = 0.$$

Um uns eine Parameterdarstellung für diese Kurven zu verschaffen, unterwerfen wir (2.9) zunächst einer Hauptachsentransformation.

Ist $a_{12} = 0$, so sind

$$\lambda_1 := a_{11} \quad \text{und} \quad \lambda_2 := a_{22}$$

die Eigenwerte von A. Die Transformationsmatrix ist also

$$D := \begin{bmatrix} 1 & 0 \\ 0 & 1 \end{bmatrix}.$$

Ist $a_{12} \neq 0$, so gilt für die Eigenwerte von A:

$$(2.10) \qquad \lambda_{1,2} = \frac{1}{2}\left[a_{11} + a_{22} \pm \sqrt{(a_{11} - a_{22})^2 + 4a_{12}^2} \right].$$

Mit

$$\mu_k := \sqrt{1 + \left[\frac{a_{11} - \lambda_k}{a_{12}}\right]^2} \quad (k=1,2)$$

lautet die Transformationsmatrix

$$D := \begin{bmatrix} \dfrac{1}{\mu_1} & \dfrac{1}{\mu_2} \\[2ex] \dfrac{\lambda_1 - a_{11}}{\mu_1 \cdot a_{12}} & \dfrac{\lambda_2 - a_{11}}{\mu_2 \cdot a_{12}} \end{bmatrix} .$$

Wir führen nun neue Koordinaten x^{*k} $(k=1,2)$ ein mittels

$$(2.11) \qquad\qquad (x^k) = D(x^{*k})$$

ein.

Wenn wir die Größen δ^k $(k=1,2)$ durch

$$2 \cdot (\delta^k) := D^T (b^k)$$

definieren, so geht (2.9) über in

$$(2.12) \qquad \lambda_1 (x^{*1})^2 + \lambda_2 (x^{*2})^2 + 2\delta^1 x^{*1} + 2\delta^2 x^{*2} + c = 0 .$$

Es treten folgende Fälle auf:

(I) $\lambda_1 \neq 0$ und $\lambda_2 \neq 0$

Mit

$$\gamma := \frac{(\delta^1)^2}{\lambda_1} + \frac{(\delta^2)^2}{\lambda_2} - c \quad \text{und} \quad \hat{x}^k := x^{*k} + \frac{\delta^k}{\lambda_k} \quad (k=1,2)$$

wird (2.12) zu

$$\lambda_1 (\hat{x}^1)^2 + \lambda_2 (\hat{x}^2)^2 = \gamma .$$

Wir erhalten für C, wenn

(I.1) $\lambda_1 > 0$, $\lambda_2 > 0$, $\gamma \leq 0$, oder $\lambda_1 < 0$, $\lambda_2 < 0$, $\gamma \geq 0$
        die leere Menge ($\gamma \neq 0$) bzw. die Menge $\{0\}$ ($\gamma = 0$);   (Typ 0)

(I.2) $\lambda_1 > 0$, $\lambda_2 > 0$, $\gamma > 0$ oder $\lambda_1 < 0$, $\lambda_2 < 0$, $\gamma < 0$,
        eine Ellipse mit einer Parameterdarstellung

$$\hat{x}^1(t) := t, \quad \hat{x}^2(t) := \pm\sqrt{\frac{\gamma - \lambda_1 t^2}{\lambda_2}} \quad (t \in [-\sqrt{\tfrac{\gamma}{\lambda_1}}, \sqrt{\tfrac{\gamma}{\lambda_1}}]); \qquad \underline{(\text{Typ 1})}$$

(I.3) $\lambda_1 > 0$, $\lambda_2 < 0$, $\gamma < 0$ oder $\lambda_1 < 0$, $\lambda_2 > 0$, $\gamma > 0$,
        eine Hyperbel mit einer Parameterdarstellung

$$\hat{x}^1(t) := t, \quad \hat{x}^2(t) := \pm\sqrt{\frac{\gamma - \lambda_1 t^2}{\lambda_2}} \quad (t \in \mathbb{R}); \qquad \underline{(\text{Typ 2})}$$

(I.4) $\lambda_1 > 0$, $\lambda_2 < 0$, $\gamma > 0$ oder $\lambda_1 < 0$, $\lambda_2 > 0$, $\gamma < 0$,
        eine Hyperbel mit einer Parameterdarstellung

$$\hat{x}^1(t) := \pm\sqrt{\frac{\gamma - \lambda_2 t^2}{\lambda_1}}, \quad \hat{x}^2(t) := t \quad (t \in \mathbb{R}); \qquad \underline{(\text{Typ 3})}$$

(I.5) $\lambda_1 \lambda_2 < 0$, $\gamma = 0$,
        ein Geradenpaar mit Parameterdarstellungen

$$\hat{x}^1(t) := t; \quad \hat{x}^2(t) := \pm\sqrt{-\frac{\lambda_1}{\lambda_2}}\, t \quad (t \in \mathbb{R}). \qquad \underline{(\text{Typ 4})}$$

Mittels

$$x^{*k} = \hat{x}^k - \frac{\delta^k}{\lambda_k} \quad (k = 1, 2)$$

erhalten wir dann die Parameterdarstellung $\{x^{*1}(t), x^{*2}(t)\}$.

(II) $\underline{\lambda_1 \neq 0 \quad \text{und} \quad \lambda_2 = 0}$

Mit

$$\gamma := \frac{(\delta^1)^2}{\lambda_1} - c, \quad \hat{x}^1 := x^{*1} + \frac{\delta^1}{\lambda_1} \quad \text{und} \quad \hat{x}^2 := x^{*2}$$

wird (2.12) zu

$$\lambda_1 (\hat{x}^1)^2 + 2\delta^2 \hat{x}^2 = \gamma.$$

Wir erhalten für C, wenn

(II.1) $\delta^2 = 0$, $\lambda_1 \cdot \gamma < 0$,

      die leere Menge;   (Typ 0)

(II.2) $\delta^2 = 0$, $\lambda_1 \cdot \gamma \geq 0$,

      ein paralleles Geradenpaar mit Parameterdarstellungen

$$\hat{x}^1(t) := \pm\sqrt{\frac{\gamma}{\lambda_1}}, \quad \hat{x}^2(t) := t \quad (t \in \mathbb{R});$$
      (Typ 5)

(II.3) $\delta^2 \neq 0$,

      eine Parabel mit einer Parameterdarstellung

$$\hat{x}^1(t) := t, \quad \hat{x}^2(t) := \frac{\gamma - \lambda_1 t^2}{2\delta^2} \quad (t \in \mathbb{R}).$$
      (Typ 6)

Mittels

$$x^{*1} = \hat{x}^1 - \frac{\delta^2}{\lambda_1} \quad \text{und} \quad x^{*2} = \hat{x}^2$$

halten wir dann die Parameterdarstellungen $\{x^{*1}(t), x^{*2}(t)\}$.

(III) $\lambda_1 = 0$ und $\lambda_2 \neq 0$

Mit

$$\gamma := \frac{(\delta^2)^2}{\lambda_2} - c, \quad \hat{x}^1 := x^{*1} \quad \text{und} \quad \hat{x}^2 := x^{*2} + \frac{\delta^2}{\lambda_2}$$

wird (2.12) zu

$$\lambda_2 (\hat{x}^2)^2 + 2\delta^1 \hat{x}^1 = \gamma.$$

Wir erhalten für C, wenn

(III.1) $\delta^1 = 0$, $\lambda_2 \cdot \gamma < 0$,

      die leere Menge;   (Typ 0)

(III.2) $\delta^1=0$, $\quad \lambda_2 \cdot \gamma \geq 0$,

ein paralleles Geradenpaar mit Parameterdarstellungen

$$\hat{x}^1(t) := t, \quad \hat{x}^2(t) := \pm\sqrt{\frac{\gamma}{\lambda_2}} \quad (t \in \mathbb{R}); \qquad \underline{(Typ\ 7)}$$

(III.3) $\delta^1 \neq 0$,

eine Parabel mit einer Parameterdarstellung

$$\hat{x}^1(t) := \frac{\gamma - \lambda_2 t^2}{2\delta^1}, \quad \hat{x}^2(t) := t \quad (t \in \mathbb{R}). \qquad \underline{(Typ\ 8)}$$

Mittels

$$x^{*1} = \hat{x}^1 \quad und \quad x^{*2} = \hat{x}^2 - \frac{\delta^2}{\lambda_2}$$

erhalten wir dann die Parameterdarstellungen $\{x^{*1}(t), x^{*2}(t)\}$.

(IV) $\lambda_1=0$ und $\lambda_2=0$

Mit

$$\gamma = -c \quad und \quad \hat{x}^k := x^{*k} \quad (k=1,2)$$

wird (2.12) zu

$$2\delta^1 \hat{x}^1 + 2\delta^2 \hat{x}^2 = \gamma.$$

Wir erhalten für C, wenn

(IV.1) $\delta^2 \neq 0$,

eine Gerade mit einer Parameterdarstellung

$$\hat{x}^1(t) := t, \quad \hat{x}^2(t) := \frac{\gamma - 2\delta^1 t}{2\delta^2} \quad (t \in \mathbb{R}); \qquad \underline{(Typ\ 9)}$$

(IV.2) $\delta^1 \neq 0$

eine Gerade mit einer Parameterdarstellung

$$\hat{x}^1(t) := \frac{\gamma - 2\delta^2 t}{2\delta^1}, \quad \hat{x}^2(t) := t \quad (t \in \mathbb{R}); \qquad \underline{(Typ\ 10)}$$

(IV.3) $\delta^1=0$, $\quad \delta^2=0$, $\quad \gamma \neq 0$,

die leere Menge; $\qquad \underline{(Typ\ 0)}$

(IV.4) $\delta^1=0$, $\delta^2=0$, $\gamma=0$,

den gesamten Raum $\mathbb{R}^2$.   (Typ 0)

Mittels

$$x^{*k} := \hat{x}^k \quad (k=1,2)$$

erhalten wir dann die Parameterdarstellungen $\{x^{*1}(t),\ x^{*2}(t)\}$.

In allen Fällen (I) - (IV) ergeben sich die Parameterdarstellungen in den ursprünglichen Koordinaten x^k aus (2.11).

Bevor wir zum Zeichnen einer quadratischen Kurve übergehen, stellen wir zunächst fest, daß eine quadratische Kurve vom Typ 1,...,5 oder 7 bedingt durch unsere Wahl der Parameterdarstellung in zwei Zweige zerfällt, die sich im Vorzeichen einer Koordinate unterscheiden. Da so etwas noch mehrmals vorkommen wird, führen wir zunächst folgenden Objekttyp als Erben von Curve2DT ein.

```
Curve2DWithTwoSgnT = OBJECT(Curve2DT)                        {UDraw}
    Sgn : INTEGER;

    PROCEDURE DrawTwoBranches;
    PROCEDURE ScanForI2D (VAR MaxI2D: Interval2D); VIRTUAL;
  END;
```

Das zusätzliche Datenfeld Sgn in diesem Typ ist für das wechselnde Vorzeichen reserviert.

In der Methode

```
PROCEDURE Curve2DWithTwoSgnT.DrawTwoBranches;
VAR SgnOld : INTEGER;
BEGIN
  SgnOld := Sgn;
  Sgn    := 1;
  DrawCurve2D;
  Sgn    :=-1;
  DrawCurve2D;
  Sgn    := SgnOld;
END;
```

zeichnen wir zunächst den Zweig zu Sgn=1 und dann den Zweig zu Sgn=-1.

Schließlich implementieren wir auch noch die virtuelle Methode
ScanForI2D neu.

```
PROCEDURE Curve2DWithTwoSgnT.ScanForI2D (VAR MaxI2D: Interval2D);
VAR I2D1,I2D2 : Interval2D;
    SgnOld    : INTEGER;
BEGIN
  SgnOld := Sgn;
  Sgn    := 1;
  Curve2DT.ScanForI2D (I2D1);

  Sgn := -1;
  Curve2DT.ScanForI2D (I2D2);
  ConvexHullI2D (I2D1,I2D2, MaxI2D);
  Sgn := SgnOld;
END;
```

Wir bestimmen zunächst mit Hilfe der Methode ScanForI2D des
Vorfahren die 2D-Intervalle I2D1 und I2D2, welche jeweils einen
Zweig der Kurve enthalten und ermitteln daraus durch die Proze-
dur ConvexHullI2D das kleinste Intervall MaxI2D, welches beide
Zweige enthält.

Wir bemerken noch, daß wir in der Unit UDraw für 3D-Kurven, die
aus zwei von einem Vorzeichen abhängenden Zweigen bestehen,
einen entsprechenden Objekttyp Curve3DWithTwoSgnT deklariert
haben.

Unseren Objekttyp QCT zum Zeichnen einer quadratischen Kurve
führen wir nun als Erben von Curve2DTWithTwoSgnT ein.

```
QCT       = OBJECT(Curve2DWithTwoSgnT)                       {UQC}
            A                    : Matrix2D;
            B                    : Vt2D;
            C                    : EXTENDED;
            EVal1,EVal2          : EXTENDED;
            D,DT                 : Matrix2D;
            Delta1,Delta2,Gamma  : EXTENDED;
            TransV               : Vt2D;
            TypeNumber,NOfBranches : INTEGER;
            I2D                  : Interval2D;
            NOfTIntV1,NOfTIntV2  : INTEGER;
            I1DA1,I1DA2          : I1DA;

            PROCEDURE InitGeometry (A11,A12,A22,
                            B1,B2,CInit: EXTENDED);
            PROCEDURE InitWithI1D (WPInit: BOOLEAN;
                            IPInit,LLInit,ColInit: INTEGER;
                            I1DInit: Interval1D;
                            CheckInit: Check2D;
```

```
                              A11,A12,A22,
                              B1,B2,CInit: EXTENDED);
             PROCEDURE InitWithI2D (WPInit: BOOLEAN;
                              IPInit,LLInit,ColInit: INTEGER;
                              CheckInit: Check2D;
                              A11,A12,A22,
                              B1,B2,CInit: EXTENDED;
                              I2DInit: Interval2D);
             PROCEDURE IntersectWithLine (Ln: Line2D;
                              VAR NOS: INTEGER;
                              VAR T1,T2: EXTENDED);
             PROCEDURE FindTIntervals;
             PROCEDURE TToP (T: EXTENDED; VAR P: Pt2D); VIRTUAL;
             PROCEDURE PToT (P: Pt2D; VAR T: EXTENDED;
                         VAR QCBranch: INTEGER);
             PROCEDURE DrawWithI1D;
             PROCEDURE DrawWithI2D;
          END;
```

Die ersten drei Datenfelder in diesem Typ reservieren wir für
die Matrix A, den Vektor $\vec{b}$ und die Konstante c in (2.9). Die
Bedeutung der anderen Daten erklären wir bei der Besprechung
der einzelnen Methoden.

Im Konstruktor InitGeometry besetzen wir zunächst die Variablen
A,B und C mit den eingehenden Werten. Dabei gilt:

$$A = \begin{bmatrix} A11 & A12 \\ A12 & A22 \end{bmatrix} \qquad B = \{B1, B2\} \qquad C = CInit.$$

Danach werden die beiden Eigenwerte EVal1 und EVal2 der Matrix
A, die Transformationsmatrix D, ihre Transponierte DT und die
Größen Delta1 und Delta2 berechnet. Anschließend bestimmen wir
die Größe Gamma und die Nummer des Typs (TypeNumber) der quadratischen Kurve. Der danach besetzte 2D-Vektor TransV dient
zur Umrechnung zwischen den Koordinaten x^{*k} und $\hat{x}^{k}$. Dabei gilt

$$(2.13) \qquad \hat{x}^1 = x^{*1}+TransV.X \quad \text{und} \quad \hat{x}^2 = x^{*2}+TransV.Y$$

oder umgekehrt

$$(2.14) \qquad x^{*1} = \hat{x}^1-TransV.X \quad \text{und} \quad x^{*2} = \hat{x}^2-TransV.Y.$$

Schließlich besetzen wir noch die Variable NOfBranches mit der
Anzahl der Zweige der quadratischen Kurve.

Als nächstes schauen wir uns die Methode TToP an. In ihr bestimmen wir zunächst zum Parameterwert T die Koordinaten $\hat{x}^{k}$ des
Kurvenpunktes P gemäß der Parameterdarstellung für den jeweiligen Typ. Die Koordinaten x^{*k} dieses Punktes erhalten wir aus

(2.14) und daraus mit (2.11) die Weltkoordinaten x^k von P.

Umgekehrt berechnen wir in der Methode PToT aus den Weltkoordinaten x^k eines vorgegebenen Punktes P die Koordinaten x^{*k} mittels

$$(x^{*k}) = D^T (x^k)$$

und daraus mit (2.13) die Koordinaten $\hat{x}^k$. Aus ihnen bestimmen wir den Kurvenparameter T von P und das Vorzeichen QCBranch des Zweiges, auf welchem P liegt.

Mit der Methode IntersectWithLine schneiden wir die quadratische Kurve mit der 2D-Geraden Ln. Dazu setzen wir die Parameterdarstellung

$$\vec{x}(t) = \overrightarrow{OLn.O} + t\overrightarrow{Ln.U}$$

von Ln in (2.9) ein. Die möglichen Lösungen T1 und T2 der daraus resultierenden quadratischen Gleichungen entsprechen den Parametern der möglichen Schnittpunkte bezogen auf die Darstellung von Ln. Neben diesen Werten T1 und T2 geben wir auch die Anzahl NOS der Schnittpunkte aus.

Beim Zeichnen einer quadratischen Kurve betrachten wir zwei Fälle:

Zum einen wollen wir - wie bisher üblich - denjenigen Teil der Kurve zeichnen, der durch das Intervall I1D des Kurvenparameters festgelegt ist. Zum anderen wollen wir in der Lage sein, genau diejenigen Teile einer quadratischen Kurve zu zeichnen, die in einem fest vorgegebenen 2D-Intervall liegen. Für dieses Intervall reservieren wir in unserem Typ die Variable I2D.

Wir behandeln zunächst den ersten Fall. Für diesen schreiben wir folgenden Konstruktor InitWithI1D:

```
PROCEDURE QCT.InitWithI1D (WPInit: BOOLEAN;
                           IPInit,LLInit,ColInit: INTEGER;
                           I1DInit: Interval1D;
                           CheckInit: Check2D;
                           A11,A12,A22,B1,B2,CInit: EXTENDED);
BEGIN
  InitGeometry (A11,A12,A22,B1,B2,CInit);
  Init (WPInit,IPInit,LLInit,ColInit,I1DInit,CheckInit);
  IF TypeNumber = 1 THEN BEGIN
    I1D[1].X := MAX(I1D[1].X,-SQRT(Gamma/EVal1));
    I1D[2].X := MIN(I1D[2].X, SQRT(Gamma/EVal1));
  END;
  ScanningPossible := TRUE;
  CASE TypeNumber OF
```

```
  1..5,7: ScanForI2D (I2D);
  6,8..9: Curve2DT.ScanForI2D (I2D);
     END;
  END;
```

Mit diesem Konstruktor übergeben wir alle zum Zeichnen notwendigen Daten sowie die Koeffizienten der quadratischen Kurve. Da der Kurvenparameter bei einer Ellipse maximal das Intervall

$$I1D = \left[-\sqrt{\frac{\gamma}{\lambda_1}}, \ \sqrt{\frac{\gamma}{\lambda_1}} \right]$$

durchlaufen darf, beschränken wir in diesem Fall das eingegebene Intervall I1D automatisch auf diese Werte. Zum Abschluß bestimmen wir durch die Methode ScanForI2D das kleinste 2D-Intervall, welches den durch I1D festgelegten Teil der Kurve enthält, und speichern es in der Variablen I2D. Für das Zeichnen haben wir in diesem Fall die Methode DrawWithI1D vorgesehen, in der wir in Abhängigkeit von der Anzahl der Zweige nur die Methoden DrawCurve2D oder DrawTwoBranches aufrufen.

Für den zweiten Fall überlegen wir uns zuerst, daß von jedem Zweig einer quadratischen Kurve maximal zwei Teilstücke in das vorgegebene Intervall I2D fallen können.

Mit der Methode FindTIntervals bestimmen wir die Anzahlen NOfTIntV1 bzw. NOfTIntV2 der Teilstücke der Zweige mit positivem bzw. negativen Vorzeichen sowie die zugehörigen Parameterintervalle, welche wir in den Arrays I1DA1 bzw. I1DA2 ablegen.

Da die Implementation dieser Methode sehr lang ist, erklären wir nur kurz das prinzipielle Vorgehen.

Wir bestimmen zunächst alle Schnittpunkte der quadratischen Kurve mit dem Intervallrand. Gehört ein Schnittpunkt zum Zweig mit positivem Vorzeichen, speichern wir seinen zugehörigen Kurvenparameter im Array TISA1, andernfalls im Array TISA2. Ist die quadratische Kurve eine Ellipse, so nehmen wir in diese

Arrays auch noch die Parameterwerte $T = \pm\sqrt{\dfrac{\gamma}{\lambda_1}}$ auf, sofern die

zugehörigen Kurvenpunkte in das Intervall I2D hineinfallen.

Im Anschluß daran sortieren wir die Werte in den beiden Arrays der Größe nach und erhalten so die Arrays SorTISA1 und SorTISA2. Als nächstes untersuchen wir, ob es in diesen Arrays benachbarte Werte gibt, die sehr nahe beieinander liegen (Abstand $< 10^{-10}$). Wenn dies der Fall ist, entfernen wir einen dieser beiden Werte.

Aus den so entstandenen Arrays konstruieren wir schließlich
unsere gesuchten Parameterintervalle. Dazu untersuchen wir pro
Zweig in einer Schleife, ob die Kurve zwischen je zwei benachbarten T-Werten des Arrays innerhalb oder außerhalb von I2D
verläuft. Nur im ersten Fall nehmen wir das Intervall, welches
durch die beiden benachbarten T-Werte bestimmt ist, in das dem
Zweig entsprechende Array I1DA1 oder I1DA2 auf und erhöhen den
zugehörigen Intervallzähler um 1.

Weiter haben wir zur Initialisierung den Konstruktor InitWith-
I2D vorgesehen.

```
PROCEDURE QCT.InitWithI2D (WPInit: BOOLEAN;
                          IPInit,LLInit,ColInit: INTEGER;
                          CheckInit: Check2D;
                          A11,A12,A22,B1,B2,CInit: EXTENDED;
                          I2DInit: Interval2D);
VAR I1DInit: Interval1D;
BEGIN
  Init (WPInit,IPInit,LLInit,ColInit,I1DInit,CheckInit);
  InitGeometry (A11,A12,A22,B1,B2,CInit);
  I2D := I2DInit;
  FindTIntervals;
END;
```

Dieser unterscheidet sich von InitWithI1D nur dadurch, daß wir
anstelle des 1D-Intervalls I1D jetzt das 2D-Intervall I2D übergeben und am Schluß anstelle von ScanForI2D die Methode Find-
TIntervalls aufrufen.

Schließlich haben wir noch für das Zeichnen die Methode Draw-
WithI2D wie folgt implementiert:

```
PROCEDURE QCT.DrawWithI2D;
VAR SgnOld,Count : INTEGER;
    IDraw        : Interval1D;
BEGIN
  SgnOld := Sgn;
  Sgn    := 1;
  FOR Count := 1 TO NOfTIntV1 DO BEGIN
    I1D := I1DA1[Count];
    DrawCurve2D;
  END;
  Sgn := -1;
  FOR Count := 1 TO NOfTIntV2 DO BEGIN
    I1D := I1DA2[Count];
    DrawCurve2D;
  END;
  Sgn := SgnOld;
END;
```

Wir zeichnen also in einer ersten Schleife zunächst alle Teile des Zweiges mit positivem Vorzeichen, welche in I2D liegen, und dann in einer zweiten alle die des Zweiges mit negativem Vorzeichen.

Wir testen jeweils eine der beiden Zeichenmöglichkeiten in den Programmen P2_02 und P2_03.

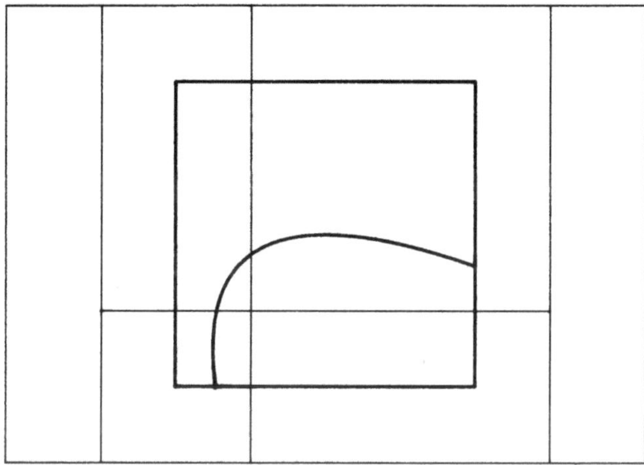

2.4 Algebraische Kurven dritter und vierter Ordnung

Eine systematische Klassifikation, wie sie in Abschnitt 2.3 für quadratische Kurven durchgeführt wurde, bereitet schon bei algebraischen Kurven dritter Ordnung erhebliche Schwierigkeiten. Wir stellen daher in diesem Paragraphen nur einige wichtige algebraische Kurven dritter und vierter Ordnung vor. Ihrer Definition liegt stets ein elementargeometrisches Prinzip zugrunde:

2.4.1 Beispiel: Kissoiden

Kissoiden werden wie folgt erzeugt: Es seien C_1 und C_2 zwei Kurven und P ein Punkt im $\mathbb{R}^2$. Legt man durch P eine Gerade g, die C_1 in P_1 und C_2 in P_2 schneidet, so ist die Kissoide bei Drehung von g um P der geometrische Ort aller Punkte $X \in \mathbb{R}^2$, für die gilt:

$$(2.15) \qquad \overrightarrow{PX} = \overrightarrow{P_1 P_2}.$$

Als ersten Spezialfall betrachten wir:

(a) die Kissoide des Diokles.

Hier ist $P=0$, der Ursprung des $\mathbb{R}^2$, C_1 ein Kreis mit Radius r $(r>0)$ und Mittelpunkt $(r,0)$ sowie C_2 die Gerade parallel zur x^2-Achse durch den Punkt $(2r,0)$.

Mit $\overrightarrow{OX} = \{x^1,x^2\}$ ergibt sich für $x^1 > 0$:

$$\overrightarrow{OP_2} = \frac{2r}{x^1}\,\overrightarrow{OX}, \quad \overrightarrow{OP_1} = \frac{2rx^1}{\|\overrightarrow{OX}\|^2}\,\overrightarrow{OX}$$

und

$$\overrightarrow{P_1P_2} = \frac{2r(x^2)^2}{x^1((x^1)^2+(x^2)^2)}\,\overrightarrow{OX},$$

so daß aus (2.15) folgt

$$1 = \frac{2r(x^2)^2}{x^1((x^1)^2+(x^2)^2)}.$$

Daraus ergibt sich die Gleichung

$$(x^1)^3+x^1(x^2)^2-2r(x^2)^2 = 0.$$

In Polorkoordinaten (ρ,φ) mit $x^1 := \rho\cos\varphi$ und $x^2 := \rho\sin\varphi$ erhalten wir

$$\rho(\varphi) = 2r\frac{\sin^2\varphi}{\cos\varphi} \quad \left[\varphi\in(-\tfrac{\pi}{2},\tfrac{\pi}{2})\right]$$

und daraus eine Parameterdarstellung $(t:=\varphi)$

$$\vec{x}(t) = 2r\sin^2 t\{1,\tan t\} \quad \left[t\in(-\tfrac{\pi}{2},\tfrac{\pi}{2})\right],$$

die wegen $\vec{x}'(0) = \vec{0}$ in $t=0$ nicht zulässig ist.

Zum Zeichnen einer Kissoide führen wir folgenden Typ als Erben von Curve2DT ein:

```
CissoidT = OBJECT(Curve2DT)                          {UCurveEx}
   R : EXTENDED;

   CONSTRUCTOR Init (WPInit:BOOLEAN;
                     IPInit,LLInit,ColInit: INTEGER;
                     I1DInit: Interval1D;
```

```
                        CheckInit: Check2D; RInit: EXTENDED);
         PROCEDURE TToP (T: EXTENDED; VAR P: Pt2D); VIRTUAL;
       END;
```

Als zusätzliches Datum nehmen wir den Radius R von C1 auf. Die Implementation des neuen Konstruktors Init sieht wie folgt aus:

```
     CONSTRUCTOR CissoidT.Init (WPInit: BOOLEAN;
                                IPInit,LLInit,ColInit: INTEGER;
                                I1DInit: Interval1D;
                                CheckInit: Check2D;
                                RInit: EXTENDED);

     BEGIN
       I1DInit[1].X := MAX(I1DInit[1].X,-PI/2+Eps3);
       I1DInit[2].X := MIN(I1DInit[2].X, PI/2-Eps3);
       Curve2DT.Init (WPInit,IPInit,LLInit,ColInit,I1DInit,CheckInit);
       CurveType        := 'CISSOID';
       ScanningPossible := TRUE;
       R                := RInit;
     END;
```

Da der Kurvenparameter t der Kissoide nur das Intervall $(-\frac{\pi}{2},\frac{\pi}{2})$ durchlaufen darf, beschränken wir in den ersten beiden Zeilen das eingegebene Intervall I1DInit, so daß gilt:

$$I1DInit \subset [-\frac{\pi}{2}+10^{-3}, \frac{\pi}{2}-10^{-3}].$$

Danach rufen wir mit den entsprechenden Daten den Konstruktor des Vorfahren auf und besetzen abschließend einige Datenfelder. Als letztes müssen wir in diesem Typ die virtuelle Methode TToP gemäß der oben aufgeführten Parameterdarstellung neu implementieren.

Mit dem Programm P2_04 zeichnen wir dann eine Kissoide.

Bevor wir zu weiteren Kurvenbeispielen übergehen, zeigen wir anhand der Kissoide, wie man ihr geometrisches Erzeugungsprinzip auf dem Computer graphisch simulieren kann. Zu diesem Zweck führen wir folgenden Typ als Erben von CissoidT ein:

```
     CissoidGeomT = OBJECT (CissoidT)                        {UCurveEx}
       C1   : Circle2DT;
       C2,G : Line2DT;
       I2D  : Interval2D;
```

```
        CONSTRUCTOR Init (WPInit:BOOLEAN;
                          IPInit,LLInit,ColInit: INTEGER;
                          I1DInit: Interval1D;
                          CheckInit: Check2D;
                          RInit: EXTENDED);
    PROCEDURE Draw;
END;
```

Für den Kreis C1 haben wir die Instanz C1 vom Typ Circle2DT und
für die Geraden C2 und g die Instanzen C2 und G vom Typ Line2DT
reserviert.

Das Intervall I2D wird im neuen Konstruktor besetzt, so daß es
die ganze Anordnung enthält und somit als Weltintervall gewählt
werden kann. Daneben wird in Init nur noch der Konstruktor des
Vorfahren aufgerufen und ScanningPossible=FALSE gesetzt.
Die Methode Draw ist wie folgt implementiert:

```
PROCEDURE CissoidGeomT.Draw;

CONST Col1=10; Col2=14; Col3=15; Col4=13;

VAR ........

BEGIN
  C1M.X := R;
  C1M.Y := 0;
  C1.Init (FALSE,0,50,Col2,Check2DTRUE,
           C1M,R,2*I1D[2].X,2*PI+2*I1D[1].X);
  C1.DrawCurve2D;
  C1.Init (FALSE,0,50,Col1,Check2DTRUE,
           C1M,R,2*I1D[1].X,2*I1D[2].X);
  C1.DrawCurve2D;

  C2U        := YAxisU2D;
  C2O.X      := 2*R;
  C2O.Y      := 0;
  I1DC2[1].X := 2*R*SIN(I1D[1].X)/COS(I1D[1].X);
  I1DC2[2].X := 2*R*SIN(I1D[2].X)/COS(I1D[2].X);
  C2.InitWithLine (FALSE,0,1,Col1,I1DC2,Check2DTRUE,C2O,C2U);
  C2.DrawCurve2D;

  Step    := (I1D[2].X-I1D[1].X)/LL;
  Phi     := I1D[1].X;
  MoveLL := 40;

  FOR L:=0 TO LL DO BEGIN
    P1.X := R*COS(2*Phi)+R;
    P1.Y := R*SIN(2*Phi);
    P2.X := 2*R;
    P2.Y := 2*R*SIN(Phi)/COS(Phi);
```

```
DifferenceVt2D (P2,P1,P1P2);
LengthVt2D (P1P2,DistP1P2);
PKiss.X := DistP1P2*COS(PHI);
PKiss.Y := DistP1P2*SIN(PHI);
IF NOT Null(DistP1P2,Eps6) THEN BEGIN
  ScaleVt2D (P1P2,1, GU);
  GO := O2D;
  LengthVt2D (P1,DistP1);
  MoveStep := DistP1/MoveLL;
  FOR MoveL:= 0 TO MoveLL DO BEGIN
    I1DG[1].X := DistP1-MoveL*MoveStep;
    I1DG[2].X := I1DG[1].X+DistP1P2;
    G.InitWithLine (FALSE,0,1,Col3,I1DG,Check2DTRUE,GO,GU);
    G.DrawCurve2D;
    IF (MoveL = 0) THEN Delay(500)
                   ELSE Delay(20);
    IF (MoveL < MoveLL) THEN BEGIN
      G.Col := 0;
      G.DrawCurve2D;
    END;
  END;
END;
C1.DrawCurve2D;
C2.DrawCurve2D;
IF (L > 0) THEN BEGIN
  LnKiss.InitWithTwoPoints (FALSE,0,1,Col4,Check2DTRUE,
                            PKissOld,PKiss);
  LnKiss.DrawBetweenTwoPoints;
END;
PKissOld := PKiss;
Phi      := Phi+Step;
  END;
END;
```

Bevor wir die Methode erklären, erinnern wir zunächst daran,
daß der Kurvenparameter t einer Kissoide der Winkel zwischen
der x^1-Achse und der Geraden g bei der Drehung von g um P ist.
Dementsprechend beschreibt das Parameterintervall I1D den Win-
kelbereich, der von g bei der Drehung um P überstrichen wird.

Nachdem wir in der ersten Zeile den Mittelpunkt C1M von C1
festgelegt haben, zeichnen wir zunächst den Teil von C1, der
nicht von g überstrichen wird. Anschließend zeichnen wir in
einer anderen Farbe die Teile von C1 und C2, die von g überstrichen werden. Danach bestimmen wir die Schrittweite Step des
Drehwinkels Phi zwischen g und der x^1-Achse. Dabei unterteilen
wir - wie üblich - das Winkelintervall I1D äquidistant.

In der L-Schleife berechnen wir zuerst zum aktuellen Phi die
Punkte P1 und P2, den Vektor $\overrightarrow{P1P2}$, den Abstand DistP1P2 zwischen P1 und P2, und den Punkt PKiss auf der Kissoiden.

Ist DistP1P2 > 0, so bestimmen wir dann zunächst den Ursprung GO und den normierten Richtungsvektor $\overrightarrow{GU}$ der zum aktuellen Phi gehörenden Geraden g. In der folgenden Schleife zeichnen wir auf g jeweils eine Strecke der Länge DistP1P2 und löschen sie nach einer kurzen Pause wieder, indem wir sie in der Hintergrundfarbe erneut zeichnen. Das Parameterintervall I1DG wählen wir dazu so aus, daß im ersten Schleifendurchlauf die Strecke zwischen P1 und P2 und in jedem weiteren Durchlauf eine jeweils um die Länge MoveStep näher zum Ursprung hin verschobene Strecke gezeichnet wird. Dadurch entsteht auf dem Bildschirm der Eindruck, daß $\overline{P1P2}$ zum Ursprung hin wandern würde.

Schließlich zeichnen wir nach der Schleife erneut die Kurven C1 und C2 und verbinden - falls L>0 - den zum aktuellen Phi gehörenden Kissoidenpunkt PKiss mit seinem Vorgänger PKissOld. Für eine Demonstration dieses Objekttyps haben wir das Programm P2_05 vorgesehen.

Als weiteren Spezialfall betrachten wir

(b) die Strophoide.
Hier sind P und C_1 wie in (a) gewählt, und C_2 ist die Gerade parallel zur x^2-Achse durch den Punkt (r,0). Es ergibt sich ähnlich wie in (a)

$$\overrightarrow{OP_2} = \frac{r}{x^1}\,\overrightarrow{OX}, \quad \overrightarrow{OP_1} = \frac{2rx^1}{\|\overrightarrow{OX}\|^2}\,\overrightarrow{OX}$$

und

$$\overrightarrow{P_2P_1} = \frac{r((x^1)^2-(x^2)^2)}{x^1((x^1)^2+(x^2)^2)}\,\overrightarrow{OX},$$

so daß aus (2.15) folgt

$$(x^1)^3+x^1(x^2)^2-r(x^1)^2+r(x^2)^2 = 0.$$

In Polarkoordinaten erhalten wir

$$\rho = r\frac{\cos 2\varphi}{\cos\varphi} \quad \left[\varphi\in(-\tfrac{\pi}{2},\tfrac{\pi}{2})\right]$$

und daraus eine Parameterdarstellung (t:=φ)

$$\vec{x}(t) = r\cos 2t\{1,\tan t\} \quad \left(t\in\left[-\tfrac{\pi}{2},\tfrac{\pi}{2}\right)\right),$$

die überall zulässig ist.

Zum Zeichnen einer Strophoide haben wir in der Unit UCurveEx
den Typ StrophoidT deklariert, der in seinem Aufbau und in der
Implementation seiner Methoden dem Typ CissoidT entspricht. Mit
dem Programm P2_06 zeichnen wir eine Strophoide.

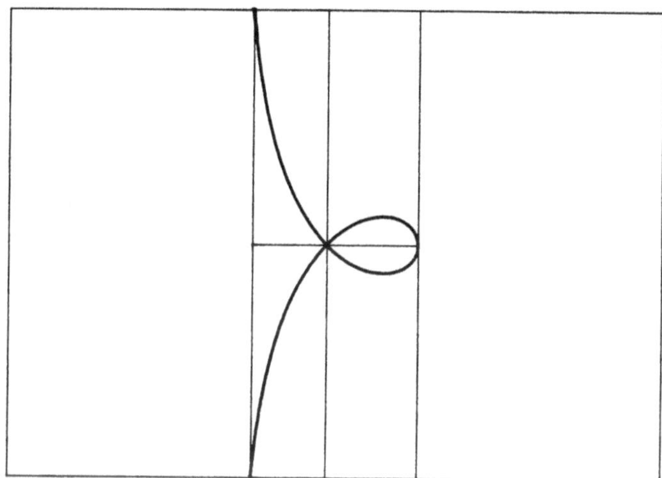

Als letzten Spezialfall betrachten wir:

(c) die Trisektrix des MacLaurin.

   Hier ist P=0, der Ursprung des $\mathbb{R}^2$, C_1 ein Kreis mit Radius
   2r und Mittelpunkt (2r,0) und C_2 die Gerade parallel zur
   x^2-Achse durch (r,0). Hier erhalten wir

$$(x^1)^3 + x^1(x^2)^2 + r(x^2)^2 - 3r(x^1)^2 = 0,$$

in Polarkoordinaten

$$\rho = \frac{r(\sin^2\varphi - 3\cos^2\varphi)}{\cos\varphi} \qquad \left[\varphi \in (-\frac{\pi}{2}, \frac{\pi}{2})\right]$$

und daraus eine Parameterdarstellung

$$\vec{x}(t) = r(\sin^2 t - 3\cos^2 t)\{1, \tan t\} \qquad \left[t \in (-\frac{\pi}{2}, \frac{\pi}{2})\right].$$

Den Typ TrisectrixT zum Zeichnen einer Trisektrix führen wir
vollkommen analog zum Typ CissoidT in der Unit UCurveEx ein und
testen ihn im Programm 2_07.

Wir betrachten nun einige algebraische Kurven vierter Ordnung:

2.4.2 Beispiel: Konchoiden

Die Konchoide einer gegebenen Kurve C ist diejenige Kurve, die sich ergibt, wenn man den Ortsvektor jedes Punktes von C um die konstante Strecke ± 1 verlängert:
Lautet die Gleichung von C in Polarkoordinaten

$$\rho_C = f(\varphi),$$

so ist die Gleichung der Konchoiden

$$\rho = f(\varphi)\pm 1.$$

Als ersten Spezialfall erhalten wir

(a) die Konchoide des Nikomedes.

   Diese ist die Konchoide der Geraden C senkrecht zur x^1-Achse durch den Punkt (a,0).
   Mit $t:=\varphi$, dem Polarwinkel, erhalten wir

$$\vec{x}(t) = \{a\pm l\cos t,\ a\tan t\pm l\sin t\} \quad \left[t\in(-\tfrac{\pi}{2},\tfrac{\pi}{2})\right]$$

   oder in Polarkoordinaten

$$\rho = \frac{a}{\cos\varphi}\pm l \quad (\varphi\in(-\tfrac{\pi}{2},\tfrac{\pi}{2})).$$

   Die Gleichung lautet

$$(x^1-a)^2((x^1)^2+(x^2)^2)-l^2(x^1)^2 = 0.$$

Da die Parameterdarstellung einer Konchoide von einem Vorzeichen abhängt, führen wir zum Zeichnen einer Konchoide des Nikomedes in der Unit UCurveEx den Typ ConchoidT als Erben von Curve2DTWithTwoSgnT ein. Mit seinem neuen Konstruktor

```
CONSTRUCTOR ConchoidT.Init (WPInit: BOOLEAN;
                            IPInit,LLInit,ColInit: INTEGER;
                            I1DInit: Interval1D;
                            CheckInit: Check2D;
                            LInit,AInit: EXTENDED);
```

sind wir in der Lage, auch die Größen l und a zu übergeben. Der weitere Aufbau dieses Typs entspricht dem des Typs CissoidT. Zum Zeichnen der Konchoide in Programm P2_08 benutzen wir dann die Methode DrawTwoBranches und erhalten so gleichzeitig die Kurven zu +1 und -1.

Als weiteren Spezialfall erhalten wir

(b) die Pascalsche Schnecke.

Diese ist die Konchoide des Kreises mit Radius $\frac{a}{2} > 0$ und Mittelpunkt $(\frac{a}{2},0)$.

Mit $t:=\varphi$, dem Polarwinkel, erhalten wir

$$\vec{x}(t) = \{a\cos^2 t \pm l\cos t,\ a\sin t\cos t \pm l\sin t\} \qquad \left[t \in (-\tfrac{\pi}{2},\tfrac{\pi}{2})\right]$$

oder in Polarkoordinaten

$$\rho = a\cos\varphi \pm l \qquad \left[\varphi(-\tfrac{\pi}{2},\tfrac{\pi}{2})\right].$$

Die Gleichung lautet

$$((x^1)^2+(x^2)^2-ax^1)^2 - l^2((x^1)^2+(x^2)^2) = 0.$$

Den Typ PascalsLimaconT zum Zeichnen einer Pascalschen Schnecke implementieren wir in der Unit UCurveEx völlig analog zum Typ ConchoidT und testen ihn im Programm P2_09.

2.5 Zykloiden, Spiralen und Kettenlinien

In der Technik spielen Zykloiden, Spiralen und Kettenlinien eine wichtige Rolle.

Unter einer Zykloide (Rollkurve) versteht man eine Kurve, die ein fest mit einem Kreis K verbundener Punkt P beschreibt, wenn K gleitfrei auf einer Kurve C abrollt.

Die gewöhnlichen Zykloiden ergeben sich, wenn C eine Gerade ist. Läßt man K auf der x^1-Achse abrollen und bezeichnet man den Radius von K mit r, so erhält man eine Parameterdarstellung:

$$\vec{x}(t) = \{r(t-\lambda\sin t),\ r(1-\lambda\cos t)\} \qquad (t \in \mathbb{R})$$

Je nachdem, ob der Punkt P auf K oder innerhalb bzw. außerhalb von K liegt, ist der Parameter $\lambda=1$ oder $\lambda<1$ bzw. $\lambda>1$.

Zum Zeichnen der gewöhnlichen Zykloide führen wir in der Unit UCurveEx den Typ CycloidT ein. Da wir den Radius r des Kreises K und den Parameter λ mit eingeben wollen, erhält dieser Typ folgenden neuen Konstruktor:

```
CONSTRUCTOR CycloidT.Init (WPInit:BOOLEAN;
                           IPInit,LLInit,ColInit: INTEGER;
                           I1DInit: Interval1D;
                           CheckInit: Check2D;
                           LambdaInit,RInit: EXTENDED);
```

Der weitere Aufbau dieses Typs entspricht dem von CissoidT und
wir erwähnen nur noch, daß wir mit dem Programm P2_10 eine
Zykloide zeichnen.

Epizykloiden ergeben sich, wenn C ein Kreis ist und K auf seiner Außenseite abrollt. Wählen wir den Ursprung als Mittelpunkt
von C und bezeichnen wir den Radius von C mit r_1, so erhalten
wir mit $R:=r_1+r$ eine Parameterdarstellung:

$$\vec{x}(t) = \{R\cos t - \lambda r\cos\tfrac{R}{r}t, \ R\sin t - \lambda r\sin\tfrac{R}{r}t\} \quad (t\in\mathbb{R}).$$

Hierbei hat der Parameter λ dieselbe geometrische Bedeutung wie
bei der gewöhnlichen Zykloide.

Für $r=r_1$ erhalten wir als Spezialfall die Pascalsche Schnecke

$$\vec{x}(t) = \{r(2\cos t - \lambda\cos 2t), \ r(2\sin t - \lambda\sin t)\} \quad (t\in[0,2\pi]).$$

Zum Zeichnen einer Epizykloide definieren wir in der Unit
UCurveEx den Typ EpicycloidT, der in seinem Aufbau dem Typ
CycloidT entspricht. Mit dem neuen Konstruktor geben wir neben
den Parametern r und λ auch noch den Radius r_1 von C ein.

Beim Zeichnen von Epizykloiden ist es reizvoll, wenn man ge-
schlossene Kurven erhält. Dies kann man zum Beispiel dadurch er
reichen, indem man den Kurvenparameter t ein Intervall I1D =
$[0,2k\pi]$ $(k\in\mathbb{N})$ durchlaufen läßt und dabei die Radien r und r_1 so

wählt, daß $k\dfrac{r_1}{r} \in \mathbb{N}$. Eine solche Wahl haben wir im Programm
P2_11 getroffen.

Hypozykloiden erhält man, wenn C ein Kreis ist und K auf seiner
Innenseite abrollt. Wählt man dieselben Bezeichnungen wie bei
der Epizykloide und setzt $R = r_1-r$, so ergibt sich eine Parameterdarstellung

$$\vec{x}(t) = \{R\cos t + \lambda r\cos\tfrac{R}{r}t, \ R\sin t - \lambda r\sin\tfrac{R}{r}t\} \quad (t\in\mathbb{R}).$$

Ist $\dfrac{r_1}{r} = 4$ und $\lambda=1$, so ergibt sich als Spezialfall die Astroide

$$\vec{x}(t) = \{r_1\cos^3 t, r_1\sin^3 t\} \quad (t\in[0,2\pi]).$$

Ist $r_1 = 2r$ und λ beliebig, so wird die Hypozykloide zur Ellipse

$$\vec{x}(t) = \{r(1+\lambda)\cos t,\ r(1-\lambda)\sin t\} \quad (t\in[0,2\pi]).$$

Zum Zeichnen einer Hypozykloide deklarieren wir in der Unit UCurveEx den Typ HypocycloidT, der analog zu seinem Vorfahr EpicycloidT aufgebaut ist und den wir im Programm P2_12 vorführen.

 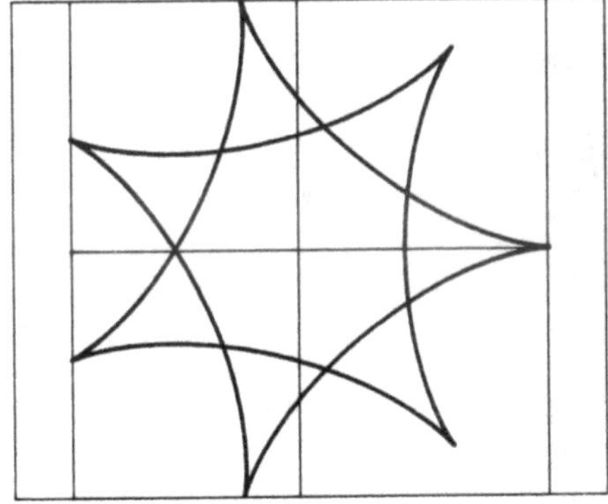

Bevor wir zu den Spiralen übergehen, wollen wir noch kurz das Konstruktionsprinzip einer Epizykloide graphisch darstellen. Wir deklarieren dazu den Typ

```
EpicycloidGeomT = OBJECT(EpiCycloidT)                    {UCurveEx}
   CPRadius : EXTENDED;
   C,K,CP   : Circle2DT;
   Ln       : Line2DT;
   I2D      : Interval2D;
   CONSTRUCTOR Init (WPInit:BOOLEAN;
                     IPInit,LLInit,ColInit: INTEGER;
                     I1DInit: Interval1D;
                     CheckInit: Check2D;
                     LambdaInit,RInit,R1Init: EXTENDED);
   PROCEDURE Draw;
END;
```

In seinem Konstruktor rufen wir im wesentlichen nur den Konstruktor des Vorfahren auf und definieren das Intervall I2D, so daß es die gesamte Anordnung enthält und somit als Weltintervall gewählt werden kann.

Die Methode Draw sieht dann wie folgt aus:

```
PROCEDURE EpicycloidGeomT.Draw;

CONST Col1=1; Col2=2; Col3=3; Col4=4;

VAR KM,P   : Pt2D;
    L      : INTEGER;
    Step,T : EXTENDED;
BEGIN
  C.Init (FALSE,0,50,Col1,Check2DTRUE,O2D,R1,0,2*PI);
  C.DrawCurve2D;

  Step := (I1D[2].X-I1D[1].X)/LL;
  T    := I1D[1].X;
  FOR L:=0 TO LL Do BEGIN
    KM.X := KapR*COS(T);
    KM.Y := KapR*SIN(T);
    TToP (T,P);
    K. Init (FALSE,0,20,Col2,Check2DTRUE,KM,R,        0,2*PI);
    CP.Init (FALSE,0,5 ,Col4,Check2DTRUE,P, CPRadius,0,2*PI);
    Ln.InitWithTwoPoints (FALSE,0,1,Col3,Check2DTRUE,KM,P);
    K.DrawCurve2D;
    Ln.DrawBetweenTwoPoints;
    CP.DrawCurve2D;
    K. Col := 0;
    Ln.Col := 0;
    K.DrawCurve2D;
    Ln.DrawBetweenTwoPoints;
    T := T+Step;
  END;
  C.Col := 0;
  C.DrawCurve2D;
  DrawCurve2D;
END;
```

Wir zeichnen zunächst den Kreis C, dann in der Schleife zum laufenden Kurvenparameter T jeweils den Kreis K, eine Verbindungslinie zwischen dessen Mittelpunkt KM und dem aktuellen Zykloidenpunkt P sowie einen kleinen Kreis um P. Danach löschen wir den Kreis K und die Verbindungslinie dadurch, daß wir sie in der Hintergrundfarbe erneut zeichnen.

Schließlich löschen wir nach der Schleife den Kreis C und zeichnen durch den Aufruf der Methode DrawCurve2D noch einmal die Epizykloide. Für eine Demonstration des Konstruktionsprinzips haben wir das Programm P2_13 geschrieben.

Bei Spiralen unterscheidet man archimedische, hyperbolische und
logarithmische Spiralen mit den Parameterdarstellungen

$$\left.\begin{array}{l} \rho = a \\[2em] \rho = \dfrac{a}{\varphi} \end{array}\right\} \quad \text{mit } \varphi \in (0,\infty) \text{ für } a>0 \text{ und } \varphi \in (-\infty,0) \text{ für } a<0$$

und

$$\rho = ae^{b\varphi} \quad \text{mit } a,b \in \mathbb{R} \text{ fest und } \varphi \in \mathbb{R}.$$

Zum Zeichnen der verschiedenen Spiralen haben wir auf die
mittlerweile wohlbekannte Art die Objekttypen Archimedian-
SpiralT, HyperbolicSpiralT und LogarithmicSpiralT in der Unit
UCurveEx definiert und die Programme P2_14 - P2_16 geschrieben.

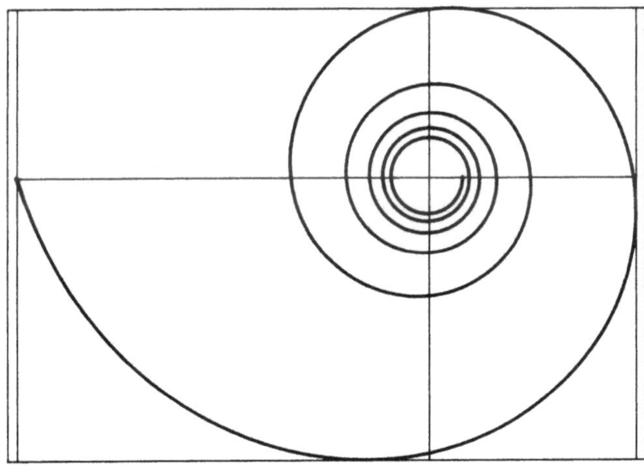

Die Kettenlinie hat eine Parameterdarstellung

$$\vec{x}(t) = \{t, a\cosh\tfrac{t}{a}\} \quad (a\neq 0; \ t\in\mathbb{R});$$

offensichtlich ist

$$x^2(t) \geq a+\frac{t^2}{2a} \quad (a\neq 0; \ t\in\mathbb{R}).$$

Zum Zeichnen einer Kettenlinie haben wir in der Unit UCurveEx
den Typ CatenaryCurveT implementiert, den wir im Programm P2_17
demonstrieren.

2.6 Tangentenvektor und Tangente

Von großer Bedeutung ist der Begriff des Tangentenvektors, weil er die Richtung einer Kurve in einem Punkt beschreibt.

Wir betrachten eine Kurve C mit einer zulässigen Parameterdarstellung $\vec{x}(t)$ ($t \in I$) und bilden den Einheitsvektor

$$\vec{t}(t_o) := \frac{\vec{x}'(t_o)}{\|\vec{x}'(t_o)\|}.$$

Dieser heißt *Tangentenvektor der Kurve C im Punkt* $\vec{x}(t_o)$.

Die Gerade

$$T(t_o) := \{X \in \mathbb{R}^n : \vec{x}(\lambda) := \vec{x}(t_o) + \lambda \vec{t}(t_o) \quad (\lambda \in \mathbb{R})\}$$

heißt *Tangente an die Kurve C im Punkt* $\vec{x}(t_o)$.

Da wir bei späteren Programmen ab und zu den Tangentenvektor in einem Punkt einer Kurve benötigen, ergänzen wir unseren Typ Curve2DT um die folgenden zwei Methoden:

Die virtuelle Methode

```
      PROCEDURE Curve2DT.dXdT (T: EXTENDED; VAR dX: Vt2D); VIRTUAL;
```

reservieren wir für die Berechnung des Vektors $\vec{x}'(t)$. Mit ihrer Hilfe berechnen wir dann in der Methode

```
      PROCEDURE Curve2DT.TangentVt (T: EXTENDED; VAR TV:Vt2D);
      VAR dX  : Pt2D;
          LdX : EXTENDED;
      BEGIN
        dXdT (T, dX);
        LengthVt2D (dX, LdX);
        IF Null(LdX,Eps9) THEN TV := O2D
                          ELSE ScalarVt2D (1/LdX,dX, TV);
      END;
```

den Tangentenvektor TV zum eingehenden Parameterwert T.

Der Typ Curve3DT wird natürlich ebenfalls um die beiden entsprechenden Methoden erweitert.

Ist C eine Flächenkurve mit einer Parameterdarstellung $\vec{x}(u^i(t))$, so folgt nach der Kettenregel für den Vektor $\vec{x}'(t)$:

$$\vec{x}'(t) = \vec{x}_1(u^i(t)) \cdot u^{1'}(t) + \vec{x}_2(u^i(t))u^{2'}(t).$$

Den Typ CFOnSurfaceT, den wir in Abschnitt 1.21 eingeführt haben, erweitern wir um die virtuellen Methoden dU1dT und dU2dT, die wir für die ersten Ableitungen $u^{1'}(t)$ und $u^{2'}(t)$ der Parameterfunktionen reservieren. Zudem deklarieren wir in diesem Typ die virtuellen Methoden dXdU1 und dXdU2 zur Berechnung der Vektoren $\vec{x}_1(u^i)$ und $\vec{x}_2(u^i)$, in denen wir später bei den Erben nur die entsprechenden Methoden der jeweiligen Fläche aufrufen. Hiermit implementieren wir die Methode dXdT in diesem Typ auf folgende Art neu:

```
PROCEDURE CFOnSurfT.dXdT (T: EXTENDED; VAR dX: Pt3D);
VAR Q      : PtPar;
    X1,X2 : Vt3D;
BEGIN
  Q.U1 := TToU1(T);
  Q.U2 := TToU2(T);
  dXdU1 (Q, X1);
  dXdU2 (Q, X2);
  LinearCombinationVt3D (dU1dT(T),dU2dT(T),X1,X2, dX);
END;
```

Wir bestimmen also zunächst den Punkt $Q = Q(u^i(t))$ und die Vektoren $\vec{X1} = \vec{x}_1(u^i(t))$ und $\vec{X2} = \vec{x}_2(u^i(t))$, um daraus den Vektor $\vec{dX} = \vec{x}'(t)$ zu berechnen.

Wir betrachten einige Beispiele:

2.6.1 Beispiel: Tangentenvektor einer Geraden, Tangente an eine Gerade

Für die Gerade aus Beispiel 2.1.1 erhalten wir für alle $t_0 \in \mathbb{R}$:

$$\vec{x}'(t_0) = \vec{b}, \quad \vec{t}(t_0) = \frac{\vec{b}}{\|\vec{b}\|} \quad \text{und}$$

$$T(t_0) = \left\{ X \in \mathbb{R}^3 : \vec{x}(\lambda) = \vec{a} + \left[t_0 + \frac{\lambda}{\|\vec{b}\|} \right] \vec{b} \quad (\lambda \in \mathbb{R}) \right\}.$$

2.6.2 Beispiel: Tangentenvektor eines Kreises, Tangente an einen Kreis

Für den Kreis aus Beispiel 2.1.2 erhalten wir für alle $t_0 \in [0, 2\pi]$:

$$\vec{x}'(t_0) = r\{-\sin t_0, \cos t_0, 0\}, \quad \vec{t}(t_0) = \{-\sin t_0, \cos t_0, 0\} \quad \text{und}$$

$$T(t_0) = \{ X \in \mathbb{R}^3 : \vec{x}(\lambda) = \overrightarrow{OM} + \{ r\cos t_0 - \lambda\sin t_0, r\sin t_0 + \lambda\cos t_0, 0 \}$$

$$(\lambda \in \mathbb{R}) \}.$$

Zur Illustration von Beispiel 2.6.2 geben wir folgendes Programm:

```
Program P2_18;

USES UG1,UDraw;

CONST Col1=13; Col2=15; Col3=14; Col4=8;

PROCEDURE Draw;
VAR TVO,TVU : Vt2D;
    TV,T    : Line2DT;
    Circ    : Circle2DT;
    T1,T2   : EXTENDED;
    I1DInit : Interval1D;

BEGIN
  Circ.Init (FALSE,0,50,Col1,Check2DTRUE,O2D,1.5,0,2*PI);
  Circ.DrawCurve2D;

  T1 := 0.1*2*PI;
  Circ.TToP       (T1,TVO);
  Circ.TangentVt (T1,TVU);
  DefineInterval1D (0,1, I1DInit);
  TV.InitWithLine (FALSE,0,1,Col2,I1DInit,Check2DTRUE,TVO,TVU);
  TV.DrawCurve2D;

  T2 := 0.65*2*PI;
  Circ.TToP       (T2,TVO);
  Circ.TangentVt (T2,TVU);
  DefineInterval1D (-3,3, I1DInit);
  T.InitWithLine (FALSE,0,1,Col3,I1DInit,Check2DTRUE,TVO,TVU);
  T.DrawCurve2D;
END;
```

```
(****   main program   ******************************************)

BEGIN
  DefineInterval2D (-4,-4,4,4, WI2D);
  InitializeGraphic;
  Parameter2D;

  Draw;
  DrawCS2D(Col4);

  CloseGraphic(TRUE);
END.
```

In der Prozedur Draw, die wir vor dem Hauptprogramm implemen-
tieren, initialisieren und zeichnen wir zunächst einen Kreis.
Danach bestimmen wir zum Parameterwert T1 den Punkt TVO auf dem
Kreis und den Tangentenvektor TVU in diesem Punkt. Mit diesen
beiden Größen initialisieren wir dann die Instanz TV des Typs
Line2DT. Da wir dabei das Parameterintervall I1DInit=$[0,1]$
übergeben, wird durch den Aufruf von TV.DrawCurve2D genau der
Tangentenvektor zum Punkt $\vec{x}(T1)$ gezeichnet.

Wir wiederholen diesen Vorgang mit der Instanz T des Typs Line-
2DT, wählen dabei jedoch einen anderen Parameterwert T2 und ein
anderes Parameterintervall I1DInit. Der Aufruf von T.Draw-
Curve2D zeichnet dann den durch I1DInit bestimmten Teil der
Tangente im Punkt $\vec{x}(T2)$. Im Hauptprogramm rufen wir nach der
üblichen Grafikinitialisierung nur die Prozedur Draw auf.

2.6.3 Beispiel: Tangentenvektor einer gewöhnlichen Schrauben- linie, Tangente an eine gewöhnliche Schrauben- linie

Für die gewöhnliche Schraubenlinie aus Beispiel 2.1.3 erhalten
wir mit ω wie in Beispiel 2.2.2 für alle $t_0 \in \mathbb{R}$:

$$\vec{x}'(t_0) = \{-r \cdot \sin t_0, \ r \cdot \cos t_0, h\}, \quad \vec{t}(t_0) = \omega\{-r \cdot \sin t_0, \ r \cdot \cos t_0, h\}$$

und

$$T(t_0) = \{X \in \mathbb{R}^3 : \vec{x}(\lambda) =$$

$$= \{r \cdot \cos t_0 - \lambda r\omega \cdot \sin t_0, r \cdot \sin t_0 + \lambda r\omega \cdot \cos t_0, ht_0 + \lambda h\omega\} \ (\lambda \in \mathbb{R})\}$$

Eine Parameterdarstellung für die Schnittkurve $\vec{x}^*(t)$ der Tangenten T(t) mit der Ebene $x^3 = 0$ ist:

$$\vec{x}^{*}(t) = \{r(cost-tsint),r(sint+tcost),0\} \quad (t\in\mathbb{R}).$$

Auch zu diesem Beispiel schreiben wir ein Programm.

Dazu erweitern wir zuvor den Typ HelixT aus der Unit UCurveEx
um das Datenfeld Omega, welches wir im Konstruktor besetzen.
Außerdem implementieren wir in diesem Typ jetzt auch die vir-
tuelle Methode dXdT neu. Damit schreiben wir folgendes Programm
P2_19, welches einen Teil der x^1x^2-Ebene, eine Helix, einige
Tangenten an die Helix sowie die Kurve der Schnittpunkte aller
Tangenten mit der x^1x^2-Ebene zeichnet.

```
Program P2_19;

USES UG1,UDraw,UPlane,UCurveEx;

CONST Col1=8; Col2=13; Col3=14; Col4=10;

VAR Plane : PlaneT;


{$F+}
PROCEDURE Check (P: Pt3D; PrRay: Line3D; Dist: EXTENDED;
                 VAR Chk: BOOLEAN);
BEGIN
  Plane.NotHidden (P,PrRay,Dist, Chk);
END;
{$F-}


PROCEDURE Draw;
VAR Helix         : HelixT;
    TV,LnC        : Line3DT;
    PlaneUi       : PlUiT;
    IU1U2P1       : IntervalPar;
    I1DHelix      : Interval1D;
    L,LL          : INTEGER;
    P1Init,P2Init : Pt3D;
    Step,T        : EXTENDED;

  PROCEDURE ISTangentAndPlane (T: EXTENDED; VAR P: Pt3D);
  BEGIN
    P.X := Helix.R*(COS(T)+T*SIN(T));
    P.Y := Helix.R*(SIN(T)-T*COS(T));
    P.Z := 0;
  END;

BEGIN
  DefineIntervalPar (-5,-7,5,7, IU1U2P1);
  Plane.InitWV (IU1U2P1,O3D,ZAxisU3D,YAxisU3D);
  PlaneUi.Init (FALSE,0,1,Col1,Check3DTRUE,13,0,0,
                FALSE,0,1,Col1,Check3DTRUE,7, 0,0,FALSE,Plane);
```

```
PlaneUi.DrawU1; PlaneUi.DrawU2;

DefineInterval1D (-6*PI,6*PI,I1DHelix);
Helix.Init (TRUE,3,200,Col2,I1DHelix,Check,1,0.2);
Helix.DrawCurve3D;

DefineInterval1D (0,2*PI,I1DHelix);
LL   := 7;
Step := (I1DHelix[2].X-I1DHelix[1].X)/LL;
T    := I1DHelix[1].X;

FOR L := 1 TO LL DO BEGIN
  T := T+STEP;
  Helix.TToP (T,P1Init);
  ISTangentAndPlane (T, P2Init);
  TV.InitWithTwoPoints (FALSE,0,1,Col4,Check3DTRUE,P1Init,P2Init);
  TV.DrawBetweenTwoPoints;
END;
LL   := 50;
Step := (I1DHelix[2].X-I1DHelix[1].X)/LL;
T    := I1DHelix[1].X;
ISTangentAndPlane (T, P1Init);

FOR L := 1 TO LL DO BEGIN
  T := T+STEP;
  ISTangentAndPlane (T, P2Init);
  LnC.InitWithTwoPoints (FALSE,0,1,Col3,Check3DTRUE,P1Init,P2Init);
  LnC.DrawBetweenTwoPoints;
  P1Init := P2Init;
END;
END;

(****    main program    **********************************************)

BEGIN
  PrSph.C.R   := 1000; PrSph.C.PHI   := 20; PrSph.C.THETA   := 22;
  PrSph.O.R   :=-1000; PrSph.O.PHI   := 20; PrSph.O.THETA   := 22;
  PrSph.Z.R   :=-1;    PrSph.Z.PHI   := 20; PrSph.Z.THETA   := 22;
  PrSph.YUP.R:= 1;     PrSph.YUP.PHI:= 0;   PrSph.YUP.THETA:= 90;

  InitializeGraphic;
  DefineInterval3D (-5,-7,-6*PI*0.2,5,7,6*PI*0.2, WI3D);
  Parameter3D;
  Draw;

  CloseGraphic(TRUE);
END.
```

In diesem Programm definieren wir zunächst die Prozedur Check,
mit der wir die Helix bezüglich der Ebene auf Sichtbarkeit untersuchen. Im Hauptteil der Prozedur Draw zeichnen wir zuerst

die Ebene, wie wir es aus Abschnitt 1.17 kennen. Anschließend
zeichnen wir die Helix, deren durch die Ebene verdeckte Teile
gepunktet werden. In der ersten Schleife zeichnen wir mittels
der Instanz TV einige Tangenten. Dazu berechnen wir zum Parameter T den Berührpunkt P1Init der Tangente mit der Helix und den
Schnittpunkt P2Init der Tangente mit der x^1x^2-Ebene. Zur Bestimmung der Schnittpunkte haben wir die lokale Prozedur ISTan-
gentAndPlane gemäß der im Beispiel angegebenen Formel implementiert.

In der zweiten Schleife der Prozedur Draw zeichnen wir
schließlich die Kurve der Schnittpunkte dadurch, daß wir mit
der Instanz LnC den zum laufenden T gehörenden Schnittpunkt
P2Init mit seinem Vorgänger P1Init verbinden.

In beiden Schleifen durchläuft der Parameter T übrigens nur
einen Teil des Parameterintervalls der Helix.

Im Hauptprogramm brauchen wir dann nach der Definition der Perspektive nur die Prozedur Draw aufzurufen.

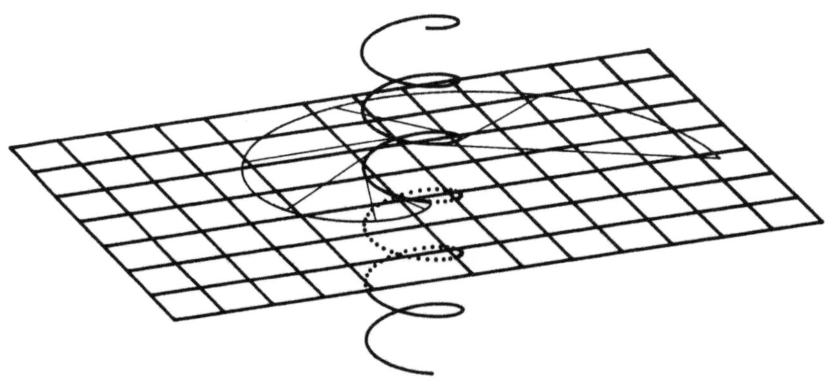

Wir können nun den Winkel zwischen zwei sich schneidenden Kurven definieren:

Sind C und C^* zwei Kurven mit Parameterdarstellungen $\vec{x}(t)$ $(t \in I)$
und $\vec{x}^*(t^*)$ $(t^* \in I^*)$, die sich in einem Punkt P mit $\vec{x}(t_0) =
\vec{x}^*(t_0^*)$ schneiden. Dann ist der *Cosinus des Winkels* α *zwischen C*
und C^* gegeben durch

$$\cos\alpha := \frac{\vec{x}'(t_0)\cdot\vec{x}^{*\,\prime}(t_0^*)}{\|\vec{x}'(t_0)\|\cdot\|\vec{x}^{*\,\prime}(t_0^*)\|}\ .$$

Als Beispiel bestimmen wir alle ebenen Kurven, die eine einparametrige Schar konzentrischer Kreise unter einem konstanten Winkel $\alpha\in(0,\pi)$ schneiden:

2.6.4 Beispiel:

Es sei

$$\vec{x}_r^{*}(t^*) = \{r\cos t^*,\ r\sin t^*\}\quad (r\in(0,\infty),\ t^*\in[0,2\pi])$$

eine Parameterdarstellung für den Kreis C_r^* vom Radius r um den Nullpunkt. Weiter sei

$$\vec{x}(t) = \{\rho(t)\cos\varphi(t),\rho(t)\sin\varphi(t)\}\quad (t\in\mathbb{R})$$

eine Parameterdarstellung für die Kurve C. Für den Schnittpunkt von C_r^* und C ergeben sich die Bedingungen

$$\left.\begin{cases} r\cos t_0^* = \rho(t_0)\cos\varphi(t_0) \\ r\sin t_0^* = \rho(t_0)\sin\varphi(t_0) \end{cases}\right\}\ ,$$

so daß

$$r = \rho(t_0)\quad\text{und}\quad t_0^* = \varphi(t_0)+2k\pi\quad(k\in\mathbb{Z}).$$

Für den Winkel α zwischen C_r^* und C in t_0 gilt daher

$$\cos^2\alpha = \frac{(\rho(t_0))^2(\varphi'(t_0))^2}{(\rho'(t_0))^2+(\rho(t_0))^2(\varphi'(t_0))^2}\ .$$

Ist $\alpha = \frac{\pi}{2}$, so folgt $\varphi'(t_0) = 0$ für alle t_0, also $\varphi(t_0) = \beta$ für ein $\beta\in[0,2\pi]$. Dann ist $\rho(t_0)$ beliebig. Wir können $\rho(t_0) = t_0$ ($t_0\in(0,\infty)$) wählen und erhalten für jedes feste β eine Halbgerade mit der Parameterdarstellung ($t=t_0$):

$$\vec{x}_{\beta}(t) = \{t\cos\beta, t\sin\beta\} \quad t \in (0,\infty).$$

Für $\alpha \neq \frac{\pi}{2}$ ist

$$(\rho'(t_0))^2 \cos^2\alpha = (\rho(t_0))^2 (\varphi'(t_0))^2 \sin^2\alpha$$

also

$$\frac{\rho'}{\rho} = \pm \tan\alpha \cdot \varphi'.$$

Daraus folgt

$$\log\rho = \pm\tan\alpha(\varphi + c) \quad \text{mit } c \in \mathbb{R},$$

so daß mit $a := e^{\pm\tan\alpha \cdot c} > 0$ gilt

$$\rho(\varphi) = ae^{\pm\tan\alpha \cdot \varphi} \quad \text{mit } \varphi \in \mathbb{R};$$

das ist eine Parameterdarstellung für eine logarithmische Spirale.

Zu diesem Beispiel schreiben wir folgendes Programm P2_20, welches einige konzentrische Kreise, eine logarithmische Spirale sowie die Tangentenvektoren in den Schnittpunkten zeichnet.

```
Program P2_20;

USES UG1,UDraw,UCurveEx;

CONST Col1=4; Col2=3; Col3=12; Col4=11; Col5=8;

PROCEDURE Draw;
VAR P1,TS,TC,P2C,P2S                 : Vt2D;
    TVC,TVS                          : Line2DT;
    Circ                             : Circle2DT;
    LS                               : LogarithmicSpiralT;
    I1DCR,I1DSpir                    : Interval1D;
    K,NOfCircles                     : INTEGER;
    Alpha,TanAlpha,R,Step,AInit,BInit,T : EXTENDED;

BEGIN
  Alpha := 8*PI/180; TanAlpha:=SIN(Alpha)/COS(Alpha);
  DefineInterval1D (0.2,2, I1DCR);

  AInit := I1DCR[1].X;
  BInit := TanAlpha;
  DefineInterval1D (0, Ln(I1DCR[2].X/AInit)/TanAlpha, I1DSpir);
```

```
      LS.Init (FALSE,0,100,Col1,I1DSpir,Check2DTRUE,AInit,BInit);
      LS.DrawCurve2D;

      NOfCircles := 4;
      Step       := (I1DCR[2].X-I1DCR[1].X)/NOfCircles;
      R          := I1DCR[1].X;
      FOR K := 0 TO NOfCircles DO BEGIN
        Circ.Init (FALSE,0,50,Col2,Check2DTRUE,O2D,R,0,2*PI);
        Circ.DrawCurve2D;

        T := Ln(R/LS.A)/LS.B;
        LS. TToP (T,P1);

        LS. TangentVt (T,TS); SumVt2D (P1,TS, P2S);
        Circ.TangentVt (T,TC); SumVt2D (P1,TC, P2C);

        TVS.InitWithTwoPoints (FALSE,0,1,Col3,Check2DTRUE,P1,P2S);
        TVC.InitWithTwoPoints (FALSE,0,1,Col4,Check2DTRUE,P1,P2C);
        TVS.DrawBetweenTwoPoints;
        TVC.DrawBetweenTwoPoints;

        R := R+Step;
      END;
    END;

    (****    main program    ***********************************************)

    BEGIN
      DefineInterval2D (-2.25,-2.25,2.25,2.25, WI2D);
      InitializeGraphic;
      Parameter2D;
      Draw;

      DrawCS2D (Col5);

      CloseGraphic (TRUE);
    END.
```

In der Prozedur Draw legen wir zunächst den Schnittwinkel Alpha
fest und definieren dann das Intervall I1DCR, welches der Radius R der Kreise durchlaufen soll. Danach zeichnen wir mittels
der Instanz LS eine logarithmische Spirale. Das Parameterintervall I1DSpir und die Größen AInit und BInit haben wir dabei so
bestimmt, daß die Spirale stets im Punkt (R,0) des innersten
Kreises beginnt und genau auf dem äußersten Kreis endet.

Danach bestimmen wir die Schrittweite für den Radius der Kreise. Dabei wird das Intervall I1DCR äquidistdant unterteilt.
In der Schleife zeichnen wir zuerst den Kreis zum aktuellen Radius R. Dann bestimmen wir den Parameter T des Schnittpunktes
dieses Kreises mit der logarithmischen Spirale, bezogen auf die
Parameterdarstellung der Spirale. Aus diesem berechnen wir anschließend den Schnittpunkt P1 selbst, sowie die Tangentenvektoren TC an den Kreis und TS an die Spirale in diesem Punkt.

Schließlich zeichnen wir die beiden Tangenvektoren mit Hilfe
der Instanzen TVS und TVC.

Im Zusammenhang mit dem Begriff der Tangente beschäftigen wir
uns noch mit einer Kurve, die später in der Flächentheorie noch
eine wesentliche Rolle spielen wird (s. Beispiel 5.7.2).

2.6.5 Beispiel: Die Traktrix oder Schleppkurve

Die Traktrix ist die Bahnkurve eines Massenpunktes P, der an
einem Faden konstanter Länge c von einem sich längs einer Geraden bewegenden Punktes Q gezogen wird, wobei P zu Beginn der
Bewegung nicht auf der Bahngeraden von Q liegen darf.

Die Gerade von Q sei die x^1-Achse. Wir gehen aus von einer Parameterdarstellung für die Bahnkurve von P in der Form

$$\vec{x}(x^1) = \{x^1, x^2(x^1)\}.$$

Es gilt

$$(x^2(x^1))^2\left[1+\frac{1}{\tan^2\alpha}\right] = (x^2(x^1))^2\left[1+\frac{1}{\left[\frac{dx^2}{dx^1}(x^1)\right]^2}\right] = c^2 .$$

Daraus folgt wegen $c^2 > (x^2)^2$:

$$(x^2)' = \pm\frac{x^2}{\sqrt{c^2-(x^2)^2}}$$

oder

$$x^1 = \pm\int\frac{\sqrt{c^2-(x^2)^2}}{x^2}\,dx^2 =$$

$$= \pm\left[\sqrt{c^2-(x^2)^2}-c\log\frac{c+\sqrt{c^2-(x^2)^2}}{x^2}\right]+d \quad (d\in\mathbb{R},\ 0 < x^2 < c).$$

2.6.6 Bemerkung:

Ist $\vec{x}(s)$ eine Parameterdarstellung einer Kurve bezogen auf die
Bogenlänge s, so gilt mit

$$\dot{\vec{x}}(s) := \frac{d\vec{x}}{ds}(s)$$

offensichtlich:

$$\|\dot{\vec{x}}(s)\| = 1,$$

so daß $\dot{\vec{x}}(s)$ stets ein Einheitsvektor ist. Das bedeutet: Bezogen auf die Bogenlänge wird eine Kurve mit konstanter Geschwindigkeit 1 durchlaufen. Dies können wir ausnutzen, wenn wir eine Kurve äquidistant punkten wollen. Umgekehrt gilt: Ist $\|\vec{x}'(t)\|$ − = 1 für eine Kurve, so ist t die Bogenlänge.

2.6.7 Beispiel: Bogenlänge einer Epizykloide

Für die Epizykloide aus Abschnitt 2.5 mit einer Parameterdarstellung

$$\vec{x}(t) := \{R\cos t - r\cos\frac{R}{r}t,\ R\sin t - r\sin\frac{R}{r}t\}\quad (t\in\mathbb{R})$$

erhalten wir

$$\vec{x}'(t) = \{-R\sin t + R\sin\frac{R}{r}t,\ R\cos t - R\cos\frac{R}{r}t\}$$

und

$$\|\vec{x}'(t)\|^2 = 2R^2\left[1-\cos\frac{r_1}{r}t\right] = 4R^2\sin^2\left[\frac{r_1}{2t}t\right].$$

Es ist $\vec{x}'(t) \neq \vec{0}$, genau dann, wenn

$$\sin\left[\frac{r_1}{2r}t\right] \neq 0,$$

etwa für $0 < t < \dfrac{2\pi r}{r_1}$.

Wir erhalten also die Bogenlänge

$$s(t) = 2R\int_0^t \sin\frac{r_1}{2r}\tau\,d\tau = 4R\frac{r}{r_1}\left[1-\cos\frac{r_1}{2r}t\right],$$

und mit

$$t = \frac{2r}{r_1}\cdot\arccos\left[1-\frac{r_1}{4Rr}s\right]$$

ergibt sich

$$\vec{x}^{*}(s) = \left\{ R\cos\left[\frac{2r}{r_1}\arccos\left[1-\frac{r_1}{4Rr}s\right]\right] - r\cos\left[\frac{2R}{r_1}\arccos\left[1-\frac{r_1}{4Rr}s\right]\right],\right.$$

$$\left. R\sin\left[\frac{2r}{r_1}\arccos\left[1-\frac{r_1}{4Rr}s\right]\right] - r\sin\left[\frac{2R}{r_1}\arccos\left[1-\frac{r_1}{4Rr}s\right]\right]\right\}$$

für $s \in \left[0, 8R\dfrac{r}{r_1}\right]$.

2.6.8 Beispiel: Bogenlänge einer logarithmischen Spirale

Für die logarithmische Spirale aus Abschnitt 2.5 mit

$$\rho = ae^{b\varphi} \qquad (a,b \in \mathbb{R} \text{ fest}, \ \varphi \in \mathbb{R})$$

ergibt sich mit

$$\vec{x}(\varphi) = \{\rho(\varphi)\cos\varphi, \ \rho(\varphi)\sin\varphi\} \quad \text{und} \quad \rho' = \frac{d\rho}{d\varphi}:$$

$$\frac{d\vec{x}}{d\varphi} = \{\rho'(\varphi)\cos\varphi-\rho(\varphi)\sin\varphi, \ \rho'(\varphi)\sin\varphi+\rho(\varphi)\cos\varphi\},$$

und

$$\left\|\frac{d\vec{x}}{d\varphi}\right\|^2 = (\rho'(\varphi))^2+\rho^2(\varphi) = a^2e^{2b\varphi}(b^2+1),$$

also für $a,b > 0$:

$$s(\varphi) = a\sqrt{1+b^2}\int_{-\infty}^{\varphi} e^{b\tilde{\varphi}}d\tilde{\varphi} = \frac{a\sqrt{1+b^2}}{b}\cdot e^{b\varphi}.$$

Damit erhalten wir

$$\vec{x}^{*}(s) = \left\{\frac{bs}{\sqrt{1+b^2}}\cdot\cos\left[\frac{1}{b}\log\frac{bs}{a\sqrt{1+b^2}}\right], \ \frac{bs}{\sqrt{1+b^2}}\cdot\sin\left[\frac{1}{b}\log\frac{bs}{a\sqrt{1+b^2}}\right]\right\} \quad (s \in \mathbb{R}).$$

Am Beispiel einer logarithmischen Spirale schauen wir uns nun im Programm P2_21 an, wie sich die Wahl des Parameters auf die Durchlaufungsgeschwindigkeit einer Kurve auswirkt. Dazu zeichnen wir in der linken Bildschirmhälfte eine logarithmische Spirale, so wie wir sie aus Abschnitt 2.5 kennen, und in der rechten Hälfte dieselbe Kurve noch einmal, jetzt jedoch auf die Bogenlänge bezogen. An diesen Kurven lassen wir dann den Tangentenvektor entlang wandern.

```pascal
Program P2_21;

USES Crt,UEC,UG1,UDraw,UCurveEx;

CONST Col1=15; Col2=10; Col3=13;

VAR I1DInit           : Interval1D;
    AInit,BInit,HC1 : EXTENDED;


TYPE LogarithmicSpiralALT = OBJECT (LogarithmicSpiralT)
        PROCEDURE TToP (T: EXTENDED; VAR P: Pt2D); VIRTUAL;
        PROCEDURE dXdT (T: EXTENDED; VAR dX: Vt2D); VIRTUAL;
     END;

     PROCEDURE LogarithmicSpiralALT.TToP (T: EXTENDED; VAR P: Pt2D);
     VAR HC1,HC2,TransX : EXTENDED;
     BEGIN
       HC1    := B*T/SQRT(1+SQR(B));
       HC2    := LN(HC1/A)/B;
       TransX := 2.5*B*I1D[2].X/SQRT(1+SQR(B));
       P.X    := HC1*COS(HC2)+TransX;
       P.Y    := HC1*SIN(HC2);
     END;

     PROCEDURE LogarithmicSpiralALT.dXdT (T: EXTENDED; VAR dX: Vt2D);
     VAR HC1,HC2,HC3,HC4 : EXTENDED;
     BEGIN
       HC1  := 1/SQRT(1+SQR(B));
       HC2  := B*HC1;
       HC3  := LN(HC2*T/A)/B;
       dX.X := HC2*COS(HC3)-HC1*SIN(HC3);
       dX.Y := HC2*SIN(HC3)+HC1*COS(HC3);
     END;



PROCEDURE Draw;
VAR  LS                                    : LogarithmicSpiralT;
     LSAL                                  : LogarithmicSpiralALT;
     I1DAL                                 : Interval1D;
     L,LL                                  : INTEGER;
     T,S,StepT,StepS                       : EXTENDED;
     P1T,P1TOld,P1S,P1SOld,dXT,dXS,P2T,P2S : Pt2D;
     LnTVT,LnTVS,LnT,LnS                   : Line2DT;
BEGIN
  LL:=350;
  LS.Init (FALSE,0,LL,Col1,I1DInit,Check2DTRUE,AInit,BInit);

  I1DAL[1].X := LS.A/LS.B*SQRT(1+SQR(LS.B))*EXP(LS.B*LS.I1D[1].X);
  I1DAL[2].X := LS.A/LS.B*SQRT(1+SQR(LS.B))*EXP(LS.B*LS.I1D[2].X);
  LSAL.Init (FALSE,0,LL,Col1,I1DAL   ,Check2DTRUE,AInit,BInit);
```

```
      LS.DrawCurve2D;
      LSAL.DrawCurve2D;

      StepT := (LS.   I1D[2].X-LS.   I1D[1].X)/LL;
      StepS := (LSAL.I1D[2].X-LSAL.I1D[1].X)/LL;
      T     := LS.I1D[1].X;
      S     := LSAL.I1D[1].X;

      FOR L := 0 TO LL DO BEGIN
        LS.TToP    (T,P1T);
        LSAL.TToP (S,P1S);
        LS.TangentVt    (T,dXT);
        LSAL.TangentVt (S,dXS);
        SumVt2D (P1T,dXT, P2T);
        SumVt2D (P1S,dXS, P2S);
        LnTVT.InitWithTwoPoints (FALSE,0,1,Col2,Check2DTRUE,P1T,P2T);
        LnTVS.InitWithTwoPoints (FALSE,0,1,Col2,Check2DTRUE,P1S,P2S);
        LnTVT.DrawBetweenTwoPoints;
        LnTVS.DrawBetweenTwoPoints;

        IF (L > 0) THEN BEGIN
          LnT.InitWithTwoPoints (FALSE,0,1,Col3,Check2DTRUE,P1T,P1TOld);
          LnS.InitWithTwoPoints (FALSE,0,1,Col3,Check2DTRUE,P1S,P1SOld);
          LnT.DrawBetweenTwoPoints;
          LnS.DrawBetweenTwoPoints;
        END;

        IF (L < LL) THEN BEGIN
          Delay (50);
          LnTVT.Col := 0;
          LnTVS.Col := 0;
          LnTVT.DrawBetweenTwoPoints;
          LnTVS.DrawBetweenTwoPoints;
        END;

        T := T+StepT; P1TOld := P1T;
        S := S+StepS; P1SOld := P1S;
      END;
    END;

    (****    main program    *******************************************)

    BEGIN
      DefineInterval1D (PI,6*PI, I1DInit);
      AInit := 0.02;
      BInit := 0.275;

      HC1 := AInit*EXP(BInit*I1DInit[2].X);
      DefineInterval2D (-HC1-1,-HC1-1,3.5*HC1+1,HC1+1, WI2D);
      InitializeGraphic;
      Parameter2D;
      SetSuppressMessage (TRUE);

      Draw;
```

```
    CloseGraphic (TRUE);
END.
```

Wir führen zunächst den Typ LogarithmicSpiralALT ein, bei dem wir gegenüber seinem Vorfahr lediglich die Methoden TToP und dXdT gemäß der in Beispiel 2.6.8 errechneten Parameterdarstellung neu implementieren. Durch Addition einer geeigneten Konstanten zur x-Koordinate von P in der Methode TToP verschieben wir die Kurve dabei ein Stück nach rechts.

In der Methode Draw initialisieren wir als erstes die Instanzen LS und LSAL. Dabei definieren wir das Parameterintervall I1DAL für die Instanz LSAL in Abhängigkeit vom Parameterintervall LS.I1D, so daß die Aufrufe der Zeichenmethoden zwei ähnliche Kurven liefern.

In der Schleife zeichnen wir zu LL Zwischenpunkten jeder Kurve den Tangentenvektor und löschen ihn danach wieder. Die Zwischenpunkte verschaffen wir uns dabei wie üblich dadurch, daß wir die Parameterintervalle der beiden Kurven äquidistant unterteilen. Da wir in jedem Schleifendurchlauf auch noch die aktuellen Zwischenpunkte durch eine Gerade mit ihren jeweiligen Vorgängern verbinden, entsteht der Eindruck, die wandernden Tangentenvektoren würden die Kurve in einer anderen Farbe nachzeichnen.

Im Hauptprogramm definieren wir zuerst die benötigten Größen und wählen das Weltintervall, so daß es die gesamte Anordnung enthält. Nach der obligatorischen Graphikinitialisierung rufen wir dann nur die Prozedur Draw auf. Beim Programmdurchlauf kann man dann sehr schön beobachten, daß der Tangentenvektor bei der linken Kurve immer schneller wird, während er bei der rechten Kurve seine Geschwindigkeit beibehält.

2.7 Das begleitende Dreibein einer Kurve

Bei der Untersuchung der lokalen geometrischen Eigenschaften einer Kurve spielt das begleitende Dreibein eine wichtige Rolle. Darauf werden wir in den folgenden Abschnitten noch näher eingehen.

Es sei C eine Kurve mit einer Parameterdarstellung bezogen auf die Bogenlänge s, also

$$\vec{x} = \vec{x}(s) \quad (s \in I).$$

Wir bezeichnen die Ableitungen nach s stets durch einen Punkt.

Aus

$$\dot{\vec{x}}^2 = 1$$

folgt, falls $\vec{x} \in C^2(I)$ ist,

$$\ddot{\vec{x}} \cdot \dot{\vec{x}} = 0.$$

Ist $\ddot{\vec{x}} \neq \vec{0}$, so können wir die Einheitsvektoren

$$(2.16) \quad \vec{v}_1(s) := \dot{\vec{x}}(s), \quad \vec{v}_2(s) := \frac{\ddot{\vec{x}}(s)}{\|\ddot{\vec{x}}(s)\|} \quad \text{und} \quad \vec{v}_3(s) := \vec{v}_1(s) \times \vec{v}_2(s)$$

einführen. Die Vektoren $\vec{v}_k$ aus (2.16) bilden das sogenannte *orthonormierte Dreibein*, sie heißen

$\vec{v}_1$: *Tangentenvektor*,

$\vec{v}_2$: *Hauptnormalenvektor* und

$\vec{v}_3$: *Binormalenvektor*.

Abgetragen im Kurvenpunkt $\vec{x}(s)$ bilden die Vektoren $\vec{v}_k$ das *begleitende Dreibein der Kurve im Punkt $\vec{x}(s)$*.

In der Literatur findet man auch häufig die Bezeichnungen $\vec{t}$, $\vec{n}$ und $\vec{b}$ für Tangenten-, Hauptnormalen und Binormalenvektor.

In den meisten Fällen ist es nicht möglich, die Bogenlänge einer Kurve in geschlossener Form anzugeben, da das Integral

$$s(t) = \int_{t_o}^{t} \|\vec{x}(\tau)\| \, d\tau$$

nicht elementar ausgerechnet werden kann.

Ist C eine Kurve mit Parameterdarstellung $\vec{x}(t)$ $(t \in I)$, bezogen auf einen beliebigen Kurvenparameter t, so gilt für den Tangentenvektor

$$\vec{v}_1(t) = \frac{\vec{x}'(t)}{\|\vec{x}'(t)\|} \quad (t \in I),$$

den Hauptnormalenvektor, sofern $\vec{x}''(t) \neq \vec{0}$:

$$\vec{v}_2(t) = \frac{\vec{x}'(t) \times (\vec{x}''(t) \times \vec{x}'(t))}{\|\vec{x}'(t) \times ((\vec{x}''(t) \times \vec{x}'(t))\|}$$

$$= \frac{\vec{x}''(t) \|\vec{x}'(t)\|^2 - \vec{x}'(t)(\vec{x}''(t) \cdot \vec{x}'(t))}{\|\vec{x}'(t)\| \ \|\vec{x}'(t) \times \vec{x}''(t)\|} \quad (t \in I),$$

und für den Binormalenvektor

$$\vec{v}_3(t) = \frac{\vec{x}'(t) \times \vec{x}''(t)}{\|\vec{x}'(t) \times \vec{x}''(t)\|} \quad (t \in I).$$

Da wir in späteren Programmen manchmal Hauptnormalen- und Binormalenvektoren einer Kurve benötigen, erweitern wir den Objekttyp Curve3DT um folgende Methoden:

Die virtuelle Methode

```
    PROCEDURE Curve3DT.d2XdT2 (T: EXTENDED; VAR d2X: Vt3D); VIRTUAL;
```

reservieren wir für die Berechnung des Vektors $\vec{x}''(t)$. Mit ihrer Hilfe berechnen wir in der statischen Methode

```
    PROCEDURE Curve3DT.PrincipalNormalVt (T: EXTENDED; VAR PNV: Vt3D);
    VAR dX,d2X,dX_d2X        : Vt3D;
        LdX,Ld2X,LdX_d2X,SP : EXTENDED;
    BEGIN
      dXdT (T, dX);
      LengthVt3D (dX,  LdX);

      d2XdT2 (T, d2X);
      LengthVt3D (d2X, Ld2X);

      VectorProductNN (dX,d2X, dX_d2X);
      LengthVt3D (dX_d2X, LdX_d2X);

      IF Null(LdX,Eps9) OR Null(Ld2X,Eps9) OR Null(LdX_d2X,Eps9)
        THEN PNV := O3D
        ELSE BEGIN
          ScalarProductVt3D (dX,d2X, SP);
          LinearCombinationVt3D (SQR(LdX),-SP,d2X,dX, PNV);
          ScalarVt3D (1/LdX/LdX_d2X,PNV, PNV);
        END;
    END;
```

den Hauptnormalenvektor PNV zum Parameterwert T.

Den Binormalenvektor BNV zum Parameter T bestimmen wir auf folgende Art durch die Methode

```
PROCEDURE Curve3DT.BinormalVt (T: EXTENDED; VAR BNV: Vt3D);
VAR TV,PNV   : Vt3D;
    lTV,LPNV : EXTENDED;
BEGIN
  TangentVt (T, TV);
  LengthVt3D (TV,  LTV);

  PrincipalNormalVt (T, PNV);
  LengthVt3D (PNV, LPNV);

  IF Null(LTV,Eps3) OR Null(LPNV,Eps3)
    THEN BNV := O3D
    ELSE VectorProduct (TV,PNV, BNV);
END;
```

Die beiden letzten Methoden sind so geschrieben, daß der eingehende Parameter T nicht die Bogenlänge der Kurve sein muß.

Da der Begriff des Binormalenvektors bei einer 2D-Kurve nicht
mehr sinnvoll ist, ergänzen wir den Typ Curve2DT nur um die
Methoden d2XdT2 und PrincipalNormalVt, deren Implementation
analog zum dreidimensionalen Fall erfolgt.

Liegt eine Flächenkurve mit einer Parameterdarstellung $\vec{x}(u^i(t))$
vor, so gehen wir etwas anders vor. In diesem Fall folgt nämlich mit

$$\vec{x}_{km}(u^i) := \frac{\partial\vec{x}}{\partial u^k \partial u^m}(u^i)$$

nach der Kettenregel für den Vektor $\vec{x}''(t)$:

$$\vec{x}''(t) = \sum_{k,m=1}^{2} \vec{x}_{km}(u^i(t)) \cdot u^{k'}(t) \cdot u^{m'}(t) + \sum_{k=1}^{2} \vec{x}_k(u^i(t)) \cdot u^{k''}(t).$$

Wir setzen nun stets voraus, daß die Reihenfolge bei den partiellen Ableitungen einer Flächenparameterdarstellung ver-
tauschbar ist:

$$\vec{x}_{km}(u^i) = \vec{x}_{mk}(u^i) \quad (k,m=1,2).$$

Wir erweitern den Typ CFOnSurfaceT um die virtuellen Methoden

d2U1dT2 und d2U2dT, die wir für die zweiten Ableitungen $u^{k''}(t)$

(k=1,2) der Parameterfunktionen reservieren, sowie um die virtuellen Methoden d2XdU1dU1, d2XdU1dU2 und d2XdU2dU2, mit denen wir die Vektoren $\vec{x}_{km}(u^i)$ (k,m=1,2) berechnen wollen. Bei den Erben dieses Typs werden die drei letzten Methoden neu implementiert. Dabei werden nur die entsprechenden Methoden der jeweiligen Fläche aufgerufen.

Hiermit sind wir nun in der Lage, die Methode d2XdT2 im Typ CFOnSurfaceT wie folgt neu zu implementieren:

```
PROCEDURE CFOnSurfT.d2XdT2 (T: EXTENDED; VAR d2X: Pt3D);
VAR Q                          : PtPar;
    X1,X2,X11,X12,X22,LC1,LC2,SV : Vt3D;
BEGIN
  Q.U1 := TToU1(T);
  Q.U2 := TToU2(T);
  dXdU1      (Q, X1);
  dXdU2      (Q, X2);
  d2XdU1dU1 (Q, X11);
  d2XdU1dU2 (Q, X12);
  d2XdU2dU2 (Q, X22);

  LinearCombinationVt3D (d2U1dT2(T)    ,d2U2dT2(T)    ,X1 ,X2, LC1);
  LinearCombinationVt3D (SQR(dU1dT(T)),SQR(dU2dT(T)),X11,X22, LC2);
  SumVt3D (LC1,LC2, SV);
  LinearCombinationVt3D (1,2*dU1dT(T)*dU2dT(T),SV,X12, d2X);
END;
```

Wir berechnen also zunächst alle benötigten Vektoren im Punkt $Q = (u^i(t))$ und daraus den Vektor $\overrightarrow{d2X} = \vec{x}''(t)$.

2.7.1 Beispiel: Die Vektoren des begleitenden Dreibeins für einen Kreis

Nach Beispiel 2.2.1 ist die Parameterdarstellung des Kreises aus Beispiel 2.1.2 bezogen auf die Bogenlänge s:

$$\vec{x}(s) = \overrightarrow{OM} + r\{\cos\tfrac{s}{r},\ \sin\tfrac{s}{r},\ 0\} \quad (s \in [0, 2\pi r]).$$

Dann folgt für den Tangentenvektor

$$\vec{v}_1(s) = \{-\sin\tfrac{s}{r},\ \cos\tfrac{s}{r},\ 0\} \quad (s \in [0, 2\pi]),$$

den Hauptnormalenvektor

$$\vec{v}_2(s) = \{-\cos\tfrac{s}{r},\ -\sin\tfrac{s}{r},\ 0\} \quad (s \in [0, 2\pi])$$

und den Binormalenvektor

$$\vec{v}_3(s) = \vec{e}_3 = \{0,0,1\}.$$

2.7.2 Beispiel: Die Vektoren des begleitenden Dreibeins für eine gewöhnliche Schraubenlinie

Nach Beispiel 2.2.2 ist die Parameterdarstellung der gewöhnlichen Schraubenlinie aus Beispiel 2.1.3, bezogen auf die Bogenlänge s:

$$\vec{x}(s) = \{r\cos\omega s, \ r\sin\omega s, \ h\omega s\} \quad (s \in \mathbb{R}).$$

Dann folgt für den Tangentenvektor

$$v_1(s) = \{-\omega r\sin\omega s, \ \omega r\cos\omega s, \ h\omega\} \quad (s \in \mathbb{R}),$$

den Hauptnormalenvektor

$$\vec{v}_2(s) = \{-\cos\omega s, \ -\sin\omega s, \ 0\} \quad (s \in \mathbb{R})$$

und den Binormalenvektor

$$\vec{v}_3(s) = \{\omega h\sin\omega s, \ -\omega h\cos\omega s, \ \omega r\} \quad (s \in \mathbb{R}).$$

Mit dem Programm P2_22 zu Beispiel 2.7.2 demonstrieren wir, wie das begleitende Dreibein eine Schraubenlinie entlang wandert.

```
Program P2_22;

USES Crt,UEC,UG1,UDraw,UCurveEx;

CONST Col1=15; Col2=9; Col3=10; Col4=12;

PROCEDURE Draw;
VAR Helix                    : HelixT;
    LnV1,LnV2,LnV3           : Line3DT;
    P1,P2T,P2P,P2B,V1,V2,V3  : Pt3D;
    I1DInit                  : Interval1D;
    L,LL                     : INTEGER;
    RInit,HInit,T,Step       : EXTENDED;
BEGIN
  RInit := 1;
  HInit := 0.3;
  DefineInterval1D (0,6*PI, I1DInit);
  Helix.Init (FALSE,0,100,Col1,I1DInit,Check3DTRUE,RInit,HInit);
  Helix.DrawCurve3D;
```

```
    LL   := 200;
    Step := 0.4*(Helix.I1D[2].X-Helix.I1D[1].X)/LL;
    T    := Helix.I1D[1].X;

    FOR L := 0 TO LL DO BEGIN
      Helix.TToP (T, P1);
      Helix.TangentVt          (T, V1);  SumVt3D (P1,V1,  P2T);
      Helix.PrincipalNormalVt (T, V2);  SumVt3D (P1,V2,  P2P);
      Helix.BinormalVt         (T, V3);  SumVt3D (P1,V3,  P2B);
      LnV1.InitWithTwoPoints (FALSE,0,1,Col2,Check3DTRUE,P1,P2T);
      LnV2.InitWithTwoPoints (FALSE,0,1,Col3,Check3DTRUE,P1,P2P);
      LnV3.InitWithTwoPoints (FALSE,0,1,Col4,Check3DTRUE,P1,P2B);
      LnV1.DrawBetweenTwoPoints;
      LnV2.DrawBetweenTwoPoints;
      LnV3.DrawBetweenTwoPoints;

      IF (L < LL) THEN BEGIN
        Delay(50);
        LnV1.Col := 0;
        LnV2.Col := 0;
        LnV3.Col := 0;
        LnV1.DrawBetweenTwoPoints;
        LnV2.DrawBetweenTwoPoints;
        LnV3.DrawBetweenTwoPoints;
      END;
      T := T+Step;
    END;

    DefineInterval1D (0,6*PI, I1DInit);
    Helix.Init (FALSE,0,100,Col1,I1DInit,Check3DTRUE,1,0.3);
    Helix.DrawCurve3D;
  END;

  (****    main program    *******************************************)
BEGIN
  PrSph.C.R  := 1000; PrSph.C.PHI  := 20; PrSph.C.THETA  := 30;
  PrSph.O.R  :=-1000; PrSph.O.PHI  := 20; PrSph.O.THETA  := 30;
  PrSph.Z.R  := 1;    PrSph.Z.PHI  := 20; PrSph.Z.THETA  := 30;
  PrSph.YUP.R:= 1;    PrSph.YUP.PHI:= 0;  PrSph.YUP.THETA:= 90;
  DefineInterval3D(-2,-2,0,2,2,6*PI*0.3, WI3D);
  InitializeGraphic;
  Parameter3D;
  SetSuppressMessage (TRUE);

  Draw;

  CloseGraphic (TRUE);
END.
```

In der Prozedur Draw zeichnen wir zunächst eine Helix und in
der L-Schleife dann zu den Zwischenpunkten dieser Helix das begleitende Dreibein und löschen es gleich wieder, damit der Eindruck einer Bewegung entsteht. Den Parameter T der Zwischen-

punkte lassen wir aber nicht das ganze Parameterintervall der Helix durchlaufen. Da bei der Bewegung des Dreibeins Teile der Schraubenlinie gelöscht werden, zeichnen wir sie nach dem Durchlaufen der Schleife noch einmal. Im Hauptprogramm müssen wir nach der Initialisierung der Grafik nur die Prozedur Draw aufrufen.

2.8 Frenet'sche Formeln, Krümmung und Torsion einer Kurve

Die im vorangegangenen Abschnitt eingeführten Vektoren $\vec{v}_k(s)$ des begleitenden Dreibeins einer Kurve mit Parameterdarstellung $\vec{x}(s)$ bilden eine Orthonormalbasis des $\mathbf{w}^3$. Daher kann jeder Vektor des $\mathbf{w}^3$ eindeutig als Linearkombination von $\vec{v}_1$, $\vec{v}_2$ und $\vec{v}_3$ dargestellt werden. Dies gilt insbesondere für die Ableitungen der Vektoren $\vec{v}_k$. Wir machen den Ansatz

$$\dot{\vec{v}}_k = \sum_{l=1}^{3} a_{kl}\vec{v}_l \ .$$

Wenn wir

$$\kappa := \|\ddot{\vec{x}}\| \quad \text{und} \quad \tau := a_{23}$$

setzen, so erhalten wir die *Frenet'schen Formeln*

$$(2.17) \quad \begin{cases} \dot{\vec{v}}_1 = \quad\quad \kappa\vec{v}_2 \\ \dot{\vec{v}}_2 = -\kappa\vec{v}_1 + \tau\vec{v}_3 \\ \dot{\vec{v}}_3 = \quad\quad -\tau\vec{v}_2 \end{cases} .$$

2.8.1 Bemerkung: Die geometrische Bedeutung von κ

Ist C eine Kurve mit Parameterdarstellung $\vec{x}(s)$, so bedeutet

$$\ddot{\vec{x}}(s) = \dot{\vec{v}}_1(s)$$

die Änderungsgeschwindigkeit des Tangentenvektors beim Durchlaufen der Kurve C mit gleichförmiger Bahngeschwindigkeit. Wenn diese Änderung groß ist, so ändert C ihre Richtung stark. Man nennt daher die Größe

$$\kappa(s) := \|\ddot{\vec{x}}(s)\|$$

die *Krümmung von C im Punkt* $\vec{x}(s)$. Sie ist ein Maß für die Abweichung der Kurve von geradlinigem Verlauf, denn es gilt $\kappa(s) \equiv 0$ genau dann, wenn C eine Gerade ist.

Der Vektor

$$\vec{k}(s) := \ddot{\vec{x}}(s) = \kappa(s) \cdot \vec{v}_2(s)$$

heißt *Krümmungsvektor von C im Punkt* $\vec{x}(s)$.

2.8.2 Beispiel: Die Krümmung eines Kreises

Nach Beispiel 2.7.1 gilt für den Kreis mit Mittelpunkt im Ursprung

$$\ddot{\vec{x}}(s) = - \frac{1}{r^2} \vec{x}(s) \quad (s \in [0, 2\pi r]),$$

so daß

$$\kappa(s) = \frac{1}{r}.$$

Das letzte Beispiel legt nahe, für Kurven $\vec{x}(s)$ mit $\kappa(s) > 0$ die Größe

$$\rho(s) := \frac{1}{\kappa(s)}$$

als *Krümmungsradius der Kurve im Punkt* $\vec{x}(s)$ zu bezeichnen.

2.8.3 Bemerkung: Die geometrische Bedeutung der Größe τ

Man kann leicht zeigen, daß $\tau(s) \equiv 0$ genau dann gilt, wenn die Kurve eben ist. Daher ist τ ein Maß für die Abweichung vom ebenen Verlauf einer Kurve, ähnlich wie κ ein Maß für die Abweichung von geradlinigem Verlauf ist. Man nennt die Größe $\tau(s)$ daher auch die *Torsion der Kurve im Punkt* $\vec{x}(s)$.

Es gilt

$$\tau = \frac{\dot{\vec{x}} \cdot (\ddot{\vec{x}} \times \dddot{\vec{x}})}{\|\ddot{\vec{x}}\|^2}.$$

2.8.4 Beispiel: Krümmung und Torsion einer gewöhnlichen Schraubenlinie

Nach Beispiel 2.7.2 gilt für die gewöhnliche Schraubenlinie aus Beispiel 2.1.3

$$\ddot{\vec{x}}(s) = -\omega^2 r\{\cos\omega s,\ \sin\omega s,\ 0\} \quad (s \in \mathbb{R}),$$

so daß

$$\kappa(s) = \omega^2 r = \frac{r}{r^2+h^2} \quad (s \in \mathbb{R}).$$

Weiter folgt aus den Frenet'schen Formeln

$$\tau(s) = \vec{v}_3 \cdot \dot{\vec{v}}_2 =$$

$$= \omega^2\{h\sin\omega s, -h\cos\omega s, r\} \cdot \{\sin\omega s, -\cos\omega s, 0\} = \omega^2 h = \frac{h}{r^2+h^2} \quad (s \in \mathbb{R})$$

Somit gilt

$$\frac{\tau(s)}{\kappa(s)} = \frac{h}{r} \quad (s \in \mathbb{R}).$$

Es ist oft nützlich, Formeln für Krümmung und Torsion bezogen auf einen beliebigen Kurvenparameter t zur Verfügung zu haben. Ist C eine Kurve mit Parameterdarstellung $\vec{x}(t)$, so ergibt sich

$$(2.18) \quad \kappa(t) = \frac{\sqrt{\|\vec{x}'(t)\|^2 \|\vec{x}''(t)\|^2 - (\vec{x}'(t) \cdot \vec{x}''(t))^2}}{\|\vec{x}'(t)\|^3} = \frac{\|\vec{x}'(t) \times \vec{x}''(t)\|}{\|\vec{x}'(t)\|^3}$$

und für $\kappa(t) \neq 0$

$$(2.19) \quad \tau(t) = \frac{\vec{x}'(t) \cdot (\vec{x}''(t) \times \vec{x}'''(t))}{\|\vec{x}'(t) \times \vec{x}''(t)\|^2}.$$

Zur Berechnung von Krümmung und Torsion in Programmen erweitern wir den Typ Curve3DT aus der Unit UDraw um folgende Methoden. Die virtuelle Methode

```
PROCEDURE Curve3DT.d3XdT3 (T: EXTENDED; VAR d3X: Vt3D); VIRTUAL;
```

reservieren wir zur Berechnung des Vektors $\vec{x}'''(t)$. Mit den

Methoden

```
FUNCTION Curve3DT.Curvature (T: EXTENDED): EXTENDED;
VAR dX,d2X,dX_d2X : Vt3D;
    LdX,LdX_d2X    : EXTENDED;
BEGIN
  dXdT (T, dX);
  LengthVt3D (dX,  LdX);

  d2XdT2 (T, d2X);

  VectorProductNN (dX,d2X, dX_d2X);
  LengthVt3D (dX_d2X, LdX_d2X);

  IF Null(LdX,Eps9) THEN Curvature := 0
                    ELSE Curvature := LdX_d2X/SQR(LdX)/LdX;
END;
```

und

```
FUNCTION Curve3DT.Torsion (T: EXTENDED): EXTENDED;
VAR dX,d2X,d3X,dX_d2X,d2X_d3X : Vt3D;
    LdX_d2X,SP               : EXTENDED;
BEGIN
  dXdT   (T, dX);
  d2XdT2 (T, d2X);
  d3XdT3 (T, d3X);

  VectorProductNN (d2X,d3X, d2X_d3X);

  VectorProductNN (dX, d2X, dX_d2X);
  LengthVt3D (dX_d2X, LdX_d2X);

  IF Null(LdX_d2X,Eps9)
    THEN Torsion := 0
    ELSE BEGIN
      ScalarProductVt3D (dX,d2X_d3X, SP);
      Torsion := SP/SQR(LdX_d2X);
    END;
END;
```

bestimmen wir die Krümmung und Torsion im Punkt $\vec{x}(t)$. Da wir
diese beiden Methoden gemäß den Formeln (2.18) und (2.19) implementiert haben, muß der eingehende Parameter T nicht die Bogenlänge sein.

Weil die Torsion einer ebenen Kurve identisch verschwindet, erweitern wir den Typ Curve2DT nur um die Methode Curvature, die analog zum dreidimensionalen Fall implementiert wird.

Ähnlich wie in den beiden vorangegangenen Abschnitten implementieren wir an dieser Stelle auch gleich noch die Methode d3XdT3 im Typ CFOnSurfaceT neu. Bei Flächenkurven mit einer Parameterdarstellung $\vec{x}(u^i(t))$ folgt mit

$$\vec{x}_{kmn}(u^i) := \frac{\partial \vec{x}}{\partial u^k \partial u^m \partial u^n}(u^i)$$

nach der Kettenregel für den Vektor $\vec{x}'''(t)$:

$$\vec{x}'''(t) = \sum_{k,m,n=1}^{2} \vec{x}_{kmn}(u^i(t)) \cdot u^{k'}(t) \cdot u^{m'}(t) \cdot u^{n'}(t) +$$

$$+ 3 \cdot \sum_{k,m=1}^{2} \vec{x}_{km}(u^i(t)) \cdot u^{k'}(t) \cdot u^{m''}(t) + \sum_{k=1}^{2} \vec{x}_k(u^i(t)) \cdot u^{k'''}(t),$$

wobei wir die Vertauschbarkeit der Reihenfolge bei den partiellen Ableitungen 2. Ordnung schon ausgenutzt haben. Wir fordern auch die Vertauschbarkeit der Reihenfolge bei den partiellen Ableitungen 3. Ordnung und ergänzen den Typ CFOnSurfaceT um die virtuellen Methoden d3U1dT3, d3U2dT3, bzw. d3XdU1dU1dU1, d3XdU1dU1dU2, d3XdU1dU2dU2 und d3XdU2dU2dU2 zur Berechnung der 3. Ableitungen $u^{1'''}(t)$ und $u^{2'''}(t)$ der Parameterfunktionen bzw. zur Bestimmung der Vektoren $\vec{x}_{kmn}(u^i)$ $(k,m,n=1,2)$.

Bei den Erben dieses Typs werden die vier letzten Methoden neu implementiert. Dabei werden nur die entsprechenden Methoden der jeweiligen Fläche aufgerufen. Hiermit wird dann analog zum Vorgehen in den letzten beiden Abschnitten die Methode d3XdT3 neu implementiert.

Mit Hilfe dieser neuen Methoden können wir nun auch ganz leicht die geometrische Bedeutung der Krümmung graphisch illustrieren. Dazu zeichnen wir im Programm P2_23 eine Epizykloide und lassen an ihr den Krümmungsvektor entlang wandern.

Wir ergänzen zunächst den Typ EpicycloidT in der Unit UCurveEx dadurch, daß wir bei ihm die Methoden dXdT und d2XdT2 neu implementieren. Damit sind wir in der Lage, folgendes Programm zu schreiben:

```
Program P2_23;

USES Crt,UEC,UG1,UDraw,UCurveEx;
```

```pascal
CONST Col1=13; Col2=10;

VAR I1DInit                            : Interval1D;
    RInit,R1Init,LambdaInit,K,HC1 : EXTENDED;


PROCEDURE Draw;
VAR Epicycloid : EpicycloidT;
    L,LL       : INTEGER;
    Step,T     : EXTENDED;
    Ln0,LnU    : Vt2D;
    I1DLnV2    : Interval1D;
    LnV2       : Line2DT;
BEGIN
  Epicycloid.Init (FALSE,0,450,Col1,I1DInit,Check2DTRUE,
                   LambdaInit,RInit,R1Init);
  Epicycloid.DrawCurve2D;

  LL   := 500;
  Step := (Epicycloid.I1D[2].X-Epicycloid.I1D[1].X)/LL;
  T    := Epicycloid.I1D[1].X;

  FOR L := 0 TO LL DO BEGIN
    Epicycloid.TToP (T,Ln0);
    Epicycloid.PrincipalNormalVt (T,LnU);
    DefineInterval1D (0,Epicycloid.Curvature(T), I1DLnV2);
    LnV2.InitWithLine (FALSE,0,1,Col2,I1DLnV2,Check2DTRUE,Ln0,LnU);
    LnV2.DrawCurve2D;

    Delay(100);

    LnV2.Col := 0;
    LnV2.DrawCurve2D;
    T := T+Step;
  END;

  Epicycloid.DrawCurve2D;
END;

(****   main program   ******************************************)

BEGIN
  LambdaInit := 1.5;
  K          := 2;
  RInit      := 1;
  R1Init     := 3*RInit/K;
  HC1        := RInit+(1+LambdaInit)*R1Init + 1;

  DefineInterval1D (0,2*K*PI, I1DInit);
  DefineInterval2D (-HC1,-HC1,HC1,HC1, WI2D);
  InitializeGraphic;
  Parameter2D;
  SetSuppressMessage (TRUE);

  Draw;
```

```
    CloseGraphic (TRUE);

  END.
```

In der Prozedur Draw initialisieren und zeichnen wir als erstes
eine Epizykloide. Dann zeichnen wir in der Schleife in LL Zwischenpunkten - die wir uns wie immer durch eine äquidistante
Unterteilung des Parameterintervalles der Epizykloide verschaffen - den Krümmungsvektor und löschen ihn nach einer kurzen
Pause wieder. Dazu initialisieren wir zum aktuellen Parameter T
die Gerade LnV2, so daß ihr Ursprung der zu T gehörende Epizykloidenpunkt ist, ihr Richtungsvektor dem Hauptnormalenvektor
in diesem Punkt entspricht und ihr Parameterintervall I1D =
$[0,\kappa(T)]$ ist. Diese Gerade zeichnen wir dann in der Farbe Col2
und nach einer kurzen Pause in der Hintergrundfarbe noch einmal.

Bei der Bestimmung des Weltintervalles im Hauptprogramm müssen
wir darauf achten, daß der zu zeichnende Vektor stets ganz in
ihm verläuft. Wir initialisieren WI2D daher mit der Hilfsvariablen HC1, in der wir zum größtmöglichen Abstand eines Zykloi-
denpunktes vom Nullpunkt noch eine Konstante addieren, die wir
durch einfaches Probieren ermittelt haben. Nach der Graphikinitialisierung wird dann nur noch die Prozedur Draw aufgerufen.

Nun veranschaulichen wir noch mit dem Programm P2_24 die geometrische Bedeutung der Torsion. Hierbei zeichnen wir eine Kurve auf einem Kegel, die durch die Funktionen

$$u^1(t) := c \cdot \sin(Osc \cdot t) + k \quad \text{und} \quad u^2(t) := t$$

in der Parameterebene gegeben ist, und lassen den Vektor

$$\overrightarrow{TauV}(t) := |\tau(t)| \cdot \vec{v}_3(t)$$

die Kurve entlang wandern.

Die Konstante k wird bei der im Programm als erstes durchge-
führten Implementation der Methoden des neuen Typs SinusOnConeT
geeignet gewählt.

Nachdem wir die notwendigen Checkprozeduren zur Verfügung gestellt haben, initialisieren und zeichnen wir in der Prozedur
Draw zunächst den Kegel und die Flächenkurve. In der darauffolgenden Schleife zeichnen wir zum aktuellen Parameter T - den
wir wie immer durch eine äquidistante Unterteilung des Parameterintervalles der Flächenkurve gewinnen - mittels der Instanz
LnTauV den im jeweiligen Kurvenpunkt abgetragenen Vektor
$\overrightarrow{TauV}(T)$ und löschen ihn nach einer kurzen Pause wieder. Dabei

verwenden wir unterschiedliche Farben, je nachdem ob die Spitze von $\overrightarrow{\mathrm{TauV}}(T)$ innerhalb oder außerhalb des Kegels liegt. Falls L>0 ist, verbinden wir mit den Instanzen LNSinus bzw. LnC den aktuellen Flächenkurvenpunkt P bzw. die Spitze des Vektors $\overrightarrow{\mathrm{TauV}}(T)$ mit ihren jeweiligen Vorgängern und zeichnen so erneut die Flächenkurve bzw. die Kurve, die durch die Spitze von $\overrightarrow{\mathrm{TauV}}(T)$ beschrieben wird.

Da die räumliche Bewegung des Vektors Teile des Bildes löscht, zeichnen wir zum Schluß noch einmal den Kegel, die Flächenkurve und die durch die Spitze von $\overrightarrow{\mathrm{TauV}}(T)$ beschriebene Kurve. Wegen der Länge des Programms geben wir hier kein Listing an.

2.8.5 Beispiel: Krümmung einer Epizykloiden

Wir betrachten die allgemeine Epizykloide aus Abschnitt 2.5 mit

$$\vec{x}(t) = \{R\cos t - \lambda r\cos\tfrac{R}{r}t,\ R\sin t - \lambda r\sin\tfrac{R}{r}t,\ 0\}$$

$$(\lambda > 0 \text{ fest}, \ R := r_1 + r; \ t \in \mathbb{R}).$$

Es folgt

$$\vec{x}'(t) = R\{-\sin t + \lambda\sin\tfrac{R}{r}t,\ \cos t - \lambda\cos\tfrac{R}{r}t,\ 0\}$$

$$\vec{x}''(t) = R\{-\cos t + \lambda\tfrac{R}{r}\cos\tfrac{R}{r}t,\ -\sin t + \lambda\tfrac{R}{r}\sin\tfrac{R}{r}t,\ 0\}$$

$$\vec{x}'(t)\times\vec{x}''(t) = R^2\left[1 + \lambda^2\cdot\tfrac{R}{r} - \lambda(1+\tfrac{R}{r})\cos\tfrac{r_1}{r}t\right]\vec{e}_3,$$

$$\|\vec{x}'(t)\|^2 = R^2(1+\lambda^2 - 2\lambda\cos\tfrac{r_1}{r}t) \quad \text{und}$$

$$\kappa(t) = \frac{\left|1+\lambda^2\cdot\tfrac{R}{r} - \lambda(1+\tfrac{R}{r})\cos\tfrac{r_1}{r}t\right|}{R\left[1+\lambda^2 - 2\lambda\cos\tfrac{r_1}{r}t\right]^{3/2}} \quad (t\in\mathbb{R} \text{ mit } 1+\lambda^2 \neq 2\lambda\cos\tfrac{r_1}{r}t).$$

Speziell für $\lambda=1$ erhalten wir

$$\kappa(t) := \frac{2r+r_1}{4r(r+r_1)\left|\sin\tfrac{r_1}{2r}t\right|} \quad \text{für } t \neq \frac{2kr_1}{r}\pi.$$

2.9 Schmieg-, Normal- und Streckebene

Wenn wir zur geometrischen Untersuchung des Verlaufs einer Kurve C mit Parameterdarstellung $\vec{x}(s)$ in der Umgebung eines festen
Punktes s_o die Taylor'sche Formel anwenden, so erhalten wir mit
den Frenet'schen Formeln

$$\vec{x}(s_o + \Delta s) - \vec{x}(s_o) =$$

$$= \vec{v}_1(s_o)\Delta s \left[1 - \frac{1}{6}\kappa(s_o)(\Delta s)^2\right] + \vec{v}_2(s_o)(\Delta s)^2 \left[\frac{1}{2}\kappa(s_o) + \frac{1}{6}\dot{\kappa}(s_o)\Delta s\right] +$$

$$+ \vec{v}_3(s_o)(\Delta s)^3 \cdot \frac{1}{6}\kappa(s_o)\tau(s_o) + r_4(\Delta s) \quad \text{mit } \lim_{\Delta s \to o} \frac{r_4(\Delta s)}{(\Delta s)^3} = 0.$$

Aus dieser Formel lesen wir ab:

In erster Näherung verläuft die Kurve in ihrer Tangente und in
zweiter Näherung in der von $\vec{v}_1$ und $\vec{v}_2$ aufgespannten Ebene.

Die Krümmung κ tritt als Koeffizient des Gliedes zweiter Ordnung auf und mißt die Abweichung von der Kurventangente, während die Torsion τ in die Glieder dritter Ordnung eingeht, welche für die Abweichung von der von $\vec{v}_1$ und $\vec{v}_2$ aufgespannten Ebene verantwortlich sind. Wählt man ein räumliches Koordinaten-
system, so daß $\vec{x}(s_o) = \vec{0}$ und $\vec{v}_1$, $\vec{v}_2$, $\vec{v}_3$ die Einheitsvektoren
auf den x^1, x^2, x^3-Achsen sind, so ergibt sich

$$x^1 = \Delta s \cdot (1 - \frac{1}{6}\kappa^2(\Delta s)^2)$$

$$(2.20) \qquad x^2 = (\Delta s)^2(\frac{1}{2}\kappa + \frac{1}{6}\dot{\kappa}\Delta s) \quad .$$

$$x^3 = (\Delta s)^3 \cdot \frac{1}{6}\kappa\tau$$

Wir nennen die:

$\vec{v}_1, \vec{v}_2$-Ebene, d.h. die Ebene senkrecht zu $\vec{v}_3$, die *Schmiegebene*,

$\vec{v}_2, \vec{v}_3$-Ebene, d.h. die Ebene senkrecht zu $\vec{v}_1$, die *Normalebene*,

$\vec{v}_3, \vec{v}_1$-Ebene, d.h. die Ebene senkrecht zu $\vec{v}_2$, die *Streckebene*.

Die *Risse* einer Kurve in diesen Ebenen erhält man, wenn man aus
jeweils einem Paar Gleichungen (2.20) den Parameter Δs zu eli-

minieren versucht:

$$x^2 = \frac{1}{2}\kappa (x^1)^2 + (\ldots)(\Delta s)^3, \qquad \textit{Riß in der Schmiegebene,}$$

$$(2.21) \qquad (x^3)^2 = \frac{2}{9}\cdot\frac{\tau^2}{\kappa}(x^2)^3 + (\ldots)(\Delta s)^7, \qquad \textit{Riß in der Normalebene,}$$

$$x^3 = \frac{1}{6}\cdot\kappa\tau(x^1)^3 + (\ldots)(\Delta s)^4, \qquad \textit{Riß in der Streckebene.}$$

Für $\kappa > 0$ und $\tau \neq 0$ verhalten sich die drei Risse im Punkt $\vec{x}(s_o)$, d.h. für $\Delta s = 0$, wie eine quadratische, eine Neil'sche und eine kubische Parabel.

2.9.1 Beispiel: Die Risse für eine gewöhnliche Schraubenlinie
Für die gewöhnliche Schraubenlinie aus Beispiel 2.1.3 erhalten wir aus (2.21) wegen Beispiel 2.8.4 mit $\kappa = r\omega^2$ und $\tau = h\omega^2$:

$$x^2 = \frac{1}{2}r\omega^2(x^1)^2 \qquad \text{in der Schmiegebene,}$$

$$(x^3)^2 = \frac{2}{9}\frac{h^2}{r}\cdot\omega^2(x^2)^3 \qquad \text{in der Normalebene,}$$

$$x^3 = \frac{1}{6}rh\omega^4(x^1)^3 \qquad \text{in der Streckebene.}$$

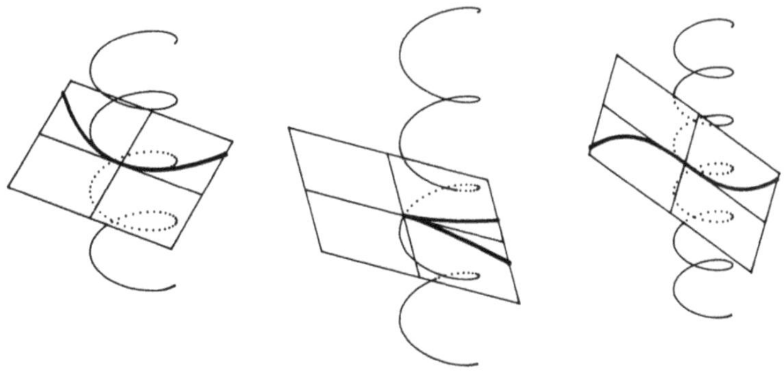

Zu diesem Beispiel geben wir das Programm P2_25, welches die Risse einer Helix in der Schmieg-, Normal- und Streckebene zeichnet. Bei diesem Programm sehen wir auch, wie man mehrere verschiedene Bilder gleichzeitig auf dem Bildschirm zeichnen kann.

```
Program P2_25;

USES UG1,UDraw,UPlane,UCurveEx;

CONST Col1=10; Col2=13; Col3=15;

VAR Plane    : PlaneT;
    Helix    : HelixT;
    T1,T2,T3 : EXTENDED;


TYPE CFOnOsculatingP1T = OBJECT (CFOnPlaneT)
        FUNCTION TToU2 (T:  EXTENDED): EXTENDED;  VIRTUAL;
        END;

     CFOnNormalP1T = OBJECT (CFOnPlaneT)
       FUNCTION TToU1 (T:  EXTENDED): EXTENDED;  VIRTUAL;
       FUNCTION TToU2 (T:  EXTENDED): EXTENDED;  VIRTUAL;
       END;

     CFOnRectifyingP1T = OBJECT (CFOnPlaneT)
       FUNCTION TToU2 (T:  EXTENDED): EXTENDED;  VIRTUAL;
       END;



     FUNCTION CFOnOsculatingP1T.TToU2 (T: EXTENDED): EXTENDED;
     BEGIN
       TToU2 := 0.5*Helix.Curvature(T1)*SQR(T);
     END;

     ........

{$F+}
PROCEDURE Check (P: Pt3D; PrRay: Line3D; Dist: EXTENDED;
                 VAR Chk: BOOLEAN);
BEGIN
  Plane.NotHidden (P,PrRay,Dist, Chk);
END;
{$F-}


PROCEDURE Draw;
VAR .........

BEGIN
  DefineInterval1D (-4*PI,4*PI,I1DHelix);
  Helix.Init (TRUE,5,120,Col1,I1DHelix,Check,2,0.5);
  Helix.ScanForI3D (HelixI3D);

  T1 := 0.56*(Helix.I1D[2].X-Helix.I1D[1].X)+Helix.I1D[1].X;
  DefineIntervalPar(-4,-5,4,5, IU1U2P1);
```

```
        Helix.TToP (T1, P10);
        Helix.BinormalVt (T1, P1N);
        Helix.PrincipalNormalVt (T1,P1Y);
        Plane.InitWV (IU1U2P1,P10,P1N,P1Y);
        PlaneUi.Init (FALSE,0,1,Col2,Check3DTRUE,2,0,0,
                      FALSE,0,1,Col2,Check3DTRUE,2,0,0,TRUE,Plane);

        DefineInterval1D (Plane.IU1U2[1].U1,Plane.IU1U2[2].U1, I1DCF);
        CF1.Init (FALSE,0,30,Col3,I1DCF,Check3DTRUE,1,Plane);
        ConvexHullI3D (Plane.I3D,HelixI3D, WI3D);
        SetIScrScal (0,10,3.3,0);
        Parameter3D;

        Helix.DrawCurve3D;
        PlaneUi.DrawU1; PlaneUi.DrawU2;
        CF1.DrawFamily;


        ...........
    END;


(****    main program    *********************************************)

BEGIN
  PrSph.C.R    := 1000; PrSph.C.PHI    := 70; PrSph.C.THETA    := 30;
  PrSph.O.R    :=-1000; PrSph.O.PHI    := 70; PrSph.O.THETA    := 30;
  PrSph.Z.R    :=-1;    PrSph.Z.PHI    := 70; PrSph.Z.THETA    := 30;
  PrSph.YUP.R:= 1;      PrSph.YUP.PHI:= 0;  PrSph.YUP.THETA:= 90;

  InitializeGraphic;
  DefineInterval3D (-5,-7,-6*PI*0.2,5,7,6*PI*0.2, WI3D);
  Parameter3D;

  Draw;

  CloseGraphic (TRUE);
END.
```

Für das Zeichnen der Risse deklarieren wir die neuen Typen
CFOnOsculatingPlT, CFOnNormalPlT und CFOnRectifyingPlT, bei
denen wir lediglich die Parameterdarstellungen der Risse bezüglich der Ebenen neu implementieren müssen. Da diese von der
Krümmung und Torsion in den jeweils betrachteten Punkten einer
Helix abhängen, stellen wir in diesem Programm eine globale Instanz vom Typ HelixT und die globalen Variablen T1, T2 und T3
zur Verfügung.

In der Methode Draw initialisieren wir zuerst die Helix und
lassen das kleinste Intervall HelixI3D bestimmen, welches die
Helix ganz enthält. Danach initialisieren wir die Instanz

Plane, so daß sie die Schmiegebene im Punkt $\vec{x}$(T1) der Helix
darstellt.

Nachdem wir auch die Instanzen PlaneUi und CF1 zum Zeichnen der
Ebene und des Risses in ihr definiert haben, legen wir das
Weltintervall fest, so daß es die gesamte Anordnung enhält, und
wählen als Bildschirmintervall IScrScal das linke Drittel des
Bildschirms. Nach dem dadurch notwendig gewordenen Aufruf der
Prozedur Parameter3D werden die Helix, die Ebene und der Riß
gezeichnet.

Diese Zeilen werden nun im Prinzip zweimal wiederholt mit dem
Unterschied, daß

- die Ebene Plane einmal als Normalebene im Punkt $\vec{x}$(T2) und

  einmal als Streckebene im Punkt $\vec{x}$(T3) gewählt wird und

- als Bildschirmintervall einmal das mittlere und einmal das
  rechte Drittel des Bildschirmes gewählt wird.

Im Hauptprogramm wird dann nach der Festlegung der Perspektive
nur noch die Prozedur Draw aufgerufen.

2.10 Krümmungskreis und Schmiegkugel

Für viele Probleme ist es nötig, eine Kurve von höherer als
erster Ordnung zu approximieren. Dies geschieht mit Krümmungskreis und Schmiegkugel.

Es sei C eine Kurve mit Parameterdarstellung $\vec{x}$(s).

Trägt man in einem Kurvenpunkt $\vec{x}$(s), mit κ(s) > 0 in Richtung
des Hauptnormalenvektors den zugehörigen Krümmungsradius
ρ(s) = $\frac{1}{\kappa(s)}$ ab, so erhält man einen Punkt M auf der Hauptnormalen, der als *Krümmungsmittelpunkt von C im Punkt* $\vec{x}$(s) bezeichnet wird.

Der Kreis in der Schmiegebene mit Mittelpunkt M und Radius ρ(s)
heißt *Krümmungskreis oder Schmiegkreis der Kurve im Punkt* $\vec{x}$(s).

Für den Ortsvektor $\vec{x}_m(s_o)$ des Krümmungsmittelpunkts M des Krüm-
mungskreises einer Kurve $\vec{x}$(s) im Punkt $\vec{x}(s_o)$ erhalten wir also

$$(2.22) \quad \vec{x}_m(s_o) = \vec{x}(s_o) + \rho(s_o)\vec{v}_2(s_o) = \vec{x}(s_o) + \rho^2(s_o)\vec{k}(s_o) =$$

$$= \vec{x}(s_o) + \frac{1}{\kappa^2(s_o)} \cdot \ddot{\vec{x}}(s_o).$$

Der Krümmungskreis einer Kurve im Punkt $\vec{x}(s_o)$ approximiert dort die Kurve von zweiter Ordnung: Er hat dieselbe Tangente und Krümmung wie die Kurve.

Mit dem folgenden Programm P2_26 zeichnen wir zu zwei verschiedenen Punkten einer Epizykloide jeweils den Krümmungskreis und den Krümmungsvektor. Wir erzeugen P2_26 aus einer Kopie von P2_23, die wir wie folgt abändern:

```
Program P2_26;

USES Crt,UG1,UDraw,UCurveEx;

CONST Col1=13; Col2=14; Col3=10;

VAR I1DInit                    : Interval1D;
    RInit,R1Init,LambdaInit,K,HC1 : EXTENDED;


PROCEDURE Draw;
VAR Epicycloid : EpicycloidT;
    T,CircRad,C : EXTENDED;
    P,V2,CircM  : Pt2D;
    Circ        : Circle2DT;
    I1DLnKV     : Interval1D;
    LnKV        : Line2DT;
    L           : INTEGER;
BEGIN
  Epicycloid.Init (FALSE,0,450,Col1,I1DInit,Check2DTRUE,
                   LambdaInit,RInit,R1Init);
  Epicycloid.DrawCurve2D;

  FOR L := 1 TO 2 DO BEGIN
    IF (L = 1) THEN
      T := 0.26 *(Epicycloid.I1D[2].X-Epicycloid.I1D[1].X)
    ELSE
      T := 0.995*(Epicycloid.I1D[2].X-Epicycloid.I1D[1].X);

    Epicycloid.TToP (T,P);
    Epicycloid.PrincipalNormalVt (T, V2);

    C:=Epicycloid.Curvature(T);
    LinearCombinationVt2D (1,1/C,P,V2, CircM);
```

```
      CircRad := 1/C;
      Circ.Init (FALSE,0,50,Col2,Check2DTRUE,CircM,CircRad,0,2*PI);
      Circ.DrawCurve2D;

      DefineInterval1D(0,C, I1DLnKV);
      LnKV.InitWithLine(FALSE,0,1,Col3,I1DLnKV,Check2DTRUE,P,V2);
      LnKV.DrawCurve2D;
    END;
  END;


  (****    main program    ****************************************)

  BEGIN
    LambdaInit := 1.5;
    K          := 2;
    RInit      := 1;
    R1Init     := 3*RInit/K;
    HC1        := RInit+(1+LambdaInit)*R1Init;

    DefineInterval1D (0,2*K*PI, I1DInit);
    DefineInterval2D (-HC1,-HC1,HC1,HC1, WI2D);
    InitializeGraphic;
    Parameter2D;

    Draw;

    CloseGraphic (TRUE);
  END.
```

In der Prozedur Draw zeichnen wir zunächst die Epizykloide. In
der Schleife zeichnen wir dann zum aktuellen Epizykloidenpunkt
$\vec{x}(t)$ jeweils den Krümmungskreis und den Krümmungsvektor. Dazu
benutzen wir die Instanzen Circ und KV, die wir passend initialisiert haben.

2.10.1 Beispiel: Krümmungsmittelpunkte einer gewöhnlichen Schraubenlinie

Für die Krümmungsmittelpunkte einer gewöhnlichen Schraubenlinie
folgt mit den Beispielen 2.7.2 und 2.8.4 aus (2.22)

$$\vec{x}_m(s) = \{r\cos\omega s, r\sin\omega s, h\omega s\} - \frac{1}{\omega^2 r}\{\cos\omega\omega s, \sin\omega s, 0\}$$

$$= \{-\frac{h^2}{r}\cos\omega s, -\frac{h^2}{r}\sin\omega s, h\omega s\}, \quad (s\in\mathbb{R})$$

so daß die Krümmungsmittelpunkte ebenfalls auf einer Schraubenlinie liegen, welche die gleiche Ganghöhe wie die ursprüngliche
Schraubenlinie hat.

Mit dem Programm P2_27, welches wir aus einer Kopie von P2_25
erzeugt haben, zeichnen wir eine Schraubenlinie und in einem

ihrer Punkte $\vec{x}(t_o)$ einen Teil der Schmiegebene, den Krümmungskreis und die Vektoren $\vec{v}_1(t_o)$ und $\vec{v}_2(t_o)$.

Programmiertechnisch fassen wir dabei den Krümmungskreis als Flächenkurve in der Schmiegebene auf. Hat die Schmiegebene im Punkt $\vec{x}(t_o)$ die Parameterdarstellung

$$\vec{x}^*(u^i) = \vec{x}(t_o) + u^1\vec{v}_1(t_o) + u^2\vec{v}_2(t_o),$$

so müssen die Parameterfunktionen $u^i(t)$ (i=1,2) für den Krümmungskreis wie folgt gewählt werden:

$$u^1(t) = \frac{1}{\kappa(t_o)}\cos t, \quad u^2(t) = \frac{1}{\kappa(t_o)}(1+\sin t).$$

Da der Aufbau von P2_27 im Prinzip dem von P2_25 entspricht, verzichten wir hier auf die Angabe des Listings

Wir beschäftigen uns nun mit dem Begriff der Schmiegkugel: Ist C eine Kurve mit Parameterdarstellung $\vec{x}(s)$, so ist die **Schmiegkugel** von C im Punkt $\vec{x}(s_o)$ diejenige Kugel, die C in $\vec{x}(s_o)$ von dritter Ordnung berührt. Gilt für C:

$$\kappa(s_o) \neq 0, \quad \tau(s_o) \neq 0$$

so gibt es genau eine solche Kugel; für ihren Mittelpunkt gilt

$$\vec{m}(s_o) = \vec{x}(s_o) + \frac{1}{\kappa(s_o)}\cdot\vec{v}_2(s_o) - \frac{\dot\kappa(s_o)}{\tau(s_o)\kappa^2(s_o)}\cdot\vec{v}_3(s_o) =$$

$$= \vec{x}(s_o) + \rho(s_o)\vec{v}_2(s_o) + \frac{\dot\rho(s_o)}{\tau(s_o)}\cdot\vec{v}_3(s_o)$$

und für ihren Radius gilt

$$r(s_o) = \sqrt{\frac{1}{\kappa^2(s_o)} + \frac{(\dot\kappa(s_o))^2}{\tau^2(s_o)\kappa^4(s_o)}} = \sqrt{\rho^2(s_o) + \left[\frac{\dot\rho(s_o)}{\tau(s_o)}\right]^2}.$$

2.10.2 Beispiel: Schmiegkugel einer gewöhnlichen Schraubenlinie

Für die Mittelpunkte der Schmiegkugel der gewöhnlichen Schraubenlinie aus Beispiel 2.1.3 folgt mit den Beispielen 2.7.2, 2.8.4 und 2.10.1 wegen $\dot{\kappa}(s_0) \equiv 0$:

$$\vec{m}(s) = \vec{x}_m(s) = \{-\frac{h^2}{r}\cdot\cos\omega s, -\frac{h^2}{r}\cdot\sin\omega s, h\omega s\} \quad (s\in\mathbb{R})$$

und

$$r(s) = \frac{1}{\kappa(s)} = \frac{r^2+h^2}{r}\ .$$

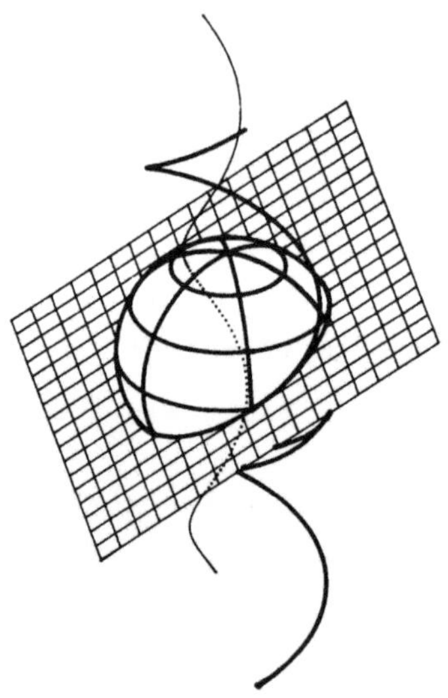

Unsere Absicht ist es nun, die Schmiegkugel in einem Punkt einer Helix zu zeichnen. Da nach obenstehender Formel die Kurve der Mittelpunkte aller Schmiegkugeln einer Helix nicht durch den Nullpunkt des Weltkoordinatensystems läuft, wir aber zur Zeit nur Kugeln darstellen können, deren Mittelpunkt in diesem Nullpunkt liegt, müssen wir uns hier einen kleinen Kunstgriff einfallen lassen. Wir verschieben die betrachtete Helix in Richtung der positiven x-Achse, so daß die Schmiegkugel zum Parameterwert t=0 eine Kugel um den Nullpunkt ist. Dazu führen wir im Programm P2_28, welches wir aus einer Kopie von P2_27 erzeugen, zunächst den Typ NewHelixT ein, bei dem wir einzig und allein die Parameterdarstellung einer Helix wie folgt abändern:

```
PROCEDURE NewHelixT.TToP (T: EXTENDED; VAR P: Pt3D);
BEGIN
  HelixT.TToP (T,P);
  P.X := P.X+SQR(H)/R;
END;
```

Der zusätzliche Summand in der x^1-Komponente ergibt sich unmittelbar aus der Formel für die Mittelpunkte der Schmiegkugeln.

Bevor wir - wie mittlerweile üblich - die Prozedur Draw schreiben, definieren wir analog zum Programm P2_27 einen Typ zum Zeichnen des Schmiegkreises im Punkt $\vec{x}(0)$ sowie einige Checkprozeduren.

In der Prozedur Draw initialisieren wir dann als erstes die Instanz Helix, die jetzt vom Typ NewHelixT ist und unsere betrachtete Schraubenlinie repräsentiert. Danach initialisieren wir die Instanz HelixC, so daß sie die Kurve der zur Instanz Helix gehörenden Krümmungsmittelpunkte darstellt. Die Instanzen Plane und Sphere werden anschließend als Schmiegebene und Schmiegkugel im Punkt $\vec{x}(0)$ der Instanz Helix definiert. Nachdem wir dann auch die Instanzen zum Zeichnen dieser Objekte initialisiert haben, wählen wir das Weltintervall, so daß es die ganze Anordnung enthält und rufen die Prozedur Parameter3D auf. Danach zeichnen wir durch die Aufrufe der Zeichenmethoden einen Teil der Schmiegebene, die Schmiegkugel samt Kontur, den Schmiegkreis und die beiden Schraubenlinien. Im Hauptprogramm wird wieder nach der Festlegung der Perspektive nur die Prozedur Draw aufgerufen. Wegen der Länge von P2_28 verzichten wir auch hier auf einen Ausdruck des Listings.

2.11 Der Fundamentalsatz der Kurventheorie, die natürlichen Gleichungen einer Kurve

Aus den Frenet'schen Formeln folgt mit Hilfe des Existenz- und Eindeutigkeitssatzes für Systeme linearer Differentialgleichungen, daß Kurven im wesentlichen durch ihre Krümmung und Torsion bestimmt sind. Genauer gilt:

2.11.1 Satz:

Es seien I ein offenes Intervall mit $0 \in I$, $\tilde{\kappa} \in C^1(I)$, $\tilde{\tau} \in C(I)$ und $\tilde{\kappa}(s) > 0$ auf I. Ferner seien $\vec{c}_o$ ein Vektor und $\vec{c}_k$ $(k=1,2,3)$ ein

orthonormiertes Dreibein. Dann gibt es genau eine Kurve $\vec{x}(s)$, die in I definiert ist und folgende Eigenschaften hat:

(a) s ist die Bogenlänge;

(b) es gilt $\vec{x}(0) = \vec{c}_o$ und $\vec{v}_k(0) = \vec{c}_k$ $(k=1,2,3)$ für die Vektoren
  des begleitenden Dreibeins;

(c) für die Krümmung $\kappa(s)$ und $\tau(s)$ der Kurve $\vec{x}(s)$ gilt

$$\kappa(s) = \tilde{\kappa}(s), \quad \tau(s) = \tilde{\tau}(s).$$

Dieses Ergebnis legt die folgende Bezeichnung nahe:

Die Gleichungen

$$\kappa = \kappa(s) \quad \text{und} \quad \tau = \tau(s),$$

welche Krümmung und Torsion einer Kurve $\vec{x}(s)$ als Funktion der Bogenlänge angeben, heißen die *natürlichen Gleichungen* der Kurve.

2.12 Böschungslinien

Für eine bestimmte Klasse von Kurven läßt sich aus den natürlichen Gleichungen eine explizite Formel für die Parameterdarstellung der Kurve angeben:

Eine Kurve mit Parameterdarstellung $\vec{x}(s)$ heißt *Böschungslinie*, wenn es eine Konstante c gibt, so daß

$$\tau(s) = c \cdot \kappa(s) \quad \text{für alle s.}$$

Offensichtlich sind alle ebenen Kurven Böschungslinien.

**2.12.1 Beispiel: Gewöhnliche Schraubenlinien sind
                   Böschungslinien**

Nach Beispiel 2.8.4 gilt für die gewöhnliche Schraubenlinie aus Beispiel 2.1.3

$$\tau(s) = \frac{h}{r}\kappa(s) \quad (s \in \mathbb{R}).$$

Wir geben nun die eingangs erwähnte explizite Formel für die Parameterdarstellung von Böschungslinien:

2.12.2 Satz:

Alle Böschungslinien mit

$$\tau(s) = c \cdot \kappa(s)$$

sind gegeben durch

$$(2.23) \quad \begin{cases} \vec{x}(s) = \dfrac{\vec{a}}{\omega} \displaystyle\int_{s_0}^{s} \sin\omega t(\sigma)\,d\sigma - \dfrac{\vec{b}}{\omega} \displaystyle\int_{s_0}^{s} \cos\omega t(\sigma)\,d(\sigma) + \vec{c}_1 s + \vec{c}_0 \\[3mm] \text{mit } t(s) = \displaystyle\int_{s_0}^{s} \kappa(\sigma)\,d\sigma \quad \text{und} \quad \omega^2 = 1 + c^2 \end{cases} \quad .$$

2.12.3 Bemerkung:

Satz 2.12.2 gibt nur eine notwendige Bedingung. Damit auch wirklich eine Böschungslinie der vorgegebenen Krümmung und Torsion vorliegt, müssen die Integrationskonstanten $\vec{a}, \vec{b}$ und $\vec{c}_1$ noch die Bedingungen

$$(2.24) \quad \vec{a}^2 = \vec{b}^2 = 1, \quad \vec{a} \cdot \vec{b} = \vec{a} \cdot \vec{c}_1 = \vec{b} \cdot \vec{c}_1 = 0 \quad \text{und} \quad \vec{c}_1^2 = \frac{c^2}{1+c^2}$$

erfüllen.

2.12.4 Beispiel:

Alle ebenen Kurven mit

$$\frac{1}{\kappa} = c_1 s + c_2 > 0 \quad (c_1 \in \mathbb{R} \setminus \{0\}, \ c_2 \in \mathbb{R} \text{ konstant})$$

sind logarithmische Spiralen.

Mit (2.23) und (2.24) folgt:

$$t(s) =: \int_{s_0}^{s} \kappa(\sigma)\,d\sigma = \frac{1}{c_1}\log\frac{c_1 s + c_2}{c_1 s_0 + c_2} \quad (c_1 s_0 + c_2 > 0), \quad \omega^2 := 1 + c^2 = 1$$

$$\vec{x}(s) = \vec{a}\int_{s_0}^{s} \sin\left[\frac{1}{c_1}\log\frac{c_1\sigma+c_2}{c_1 s_0+c_2}\right]d\sigma - \vec{b}\int_{s_0}^{s}\cos\left[\frac{1}{c_1}\log\frac{c_1\sigma+c_2}{c_1 s_0+c_2}\right]d\sigma+\vec{c}_0,$$

wobei $\vec{a}^2 = \vec{b}^2 = 1$, $\vec{a}\cdot\vec{b} = 0$ und $\vec{c}_1^2 = \dfrac{c^2}{1+c^2} = 0$.

Wir setzen $\tilde{d} := c_1 s_0 + c_2$ und substituieren

$$y(\sigma) := \frac{1}{c_1}\log\frac{c_1\sigma+c_2}{\tilde{d}}.$$

Damit ergibt sich, wenn wir

$$\vec{c}_2 := \vec{c}_0 + \frac{\tilde{d}}{1+c_1^2}\cdot(\vec{a}+c_1\vec{b})$$

setzen

$$\vec{x}(s) = \frac{\tilde{d}}{1+c_1^2}\cdot e^{c_1 y(s)}.$$

$$\cdot\left[\vec{a}(c_1\sin y(s)-\cos y(s))-\vec{b}(c_1\cos y(s)+\sin y(s))\right]+\vec{c}_2.$$

Wir schreiben

$$x^1 := \frac{\tilde{d}}{1+c_1^2}\cdot e^{c_1 y(s)}(c_1\sin y(s)-\cos y(s)),$$

$$x^2 := \frac{\tilde{d}}{1+c_1^2}\cdot e^{c_1 y(s)}(c_1\cos y(s)+\sin y(s))$$

und erhalten, wenn wir Polarkoordinaten $\rho := \sqrt{(x^1)^2+(x^2)^2}$ und φ, den Winkel zwischen $\vec{a}$ und $\vec{b}$, einführen

$$\rho = \frac{\tilde{d}}{\sqrt{1+c_1^2}}\cdot e^{c_1 y(s)}.$$

Weiter ist mit $\tan\varphi_0 := c_1$

$$\frac{x^2}{x^1} = \tan\varphi = \tan(\varphi_0 + y(s)),$$

so daß $y(s) = \varphi - \varphi_0$. Wir erhalten also

$$\rho = \frac{\tilde{d}}{\sqrt{1+c_1^2}} \cdot e^{c_1(\varphi-\varphi_0)} = \frac{c_1 s_0 + c_2}{\sqrt{1+c_1^2}} \cdot e^{c_1(\varphi-\varphi_0)}.$$

Für ebene Kurven vereinfacht sich die Bestimmung der Parameterdarstellung aus κ. Es gilt

2.12.5 Satz:

Bei einer ebenen Kurve mit $\kappa(s) \neq 0$ gilt für den gerichteten
Winkel $\varphi(s)$ zwischen der positiven x^1-Achse und dem Tangentenvektor $\vec{v}_1(s)$:

$$\left|\frac{d\varphi}{ds}\right| = \kappa.$$

2.12.6 Beispiel:

Die natürlichen Gleichungen

$$\kappa = \frac{1}{r} = \text{const}, \quad \tau \equiv 0$$

ergeben einen Kreis.

Aus

$$\kappa = \frac{d\varphi}{ds} = \frac{1}{r}$$

folgt

$$\vec{v}_1(s) = \{\cos\varphi(s),\ \sin\varphi(s)\} = \frac{d\vec{x}}{d\varphi} \cdot \frac{d\varphi}{ds} = \frac{1}{r}\frac{d\vec{x}}{d\varphi},$$

so daß

$$\vec{x}(\varphi) = r(\sin\varphi, -\cos\varphi) + \vec{c}$$

mit einem konstanten Vektor $\vec{c}$.

Der Begriff Böschungslinie wird durch folgende Charakterisierung gerechtfertigt:

2.12.7 Satz:
Eine Kurve mit Parameterdarstellung $\vec{x}(s)$ und $\kappa(s) > 0$ ist genau dann eine Böschungslinie, wenn es einen Einheitsvektor $\vec{e}_0$ gibt, so daß

$$\vec{e}_0 \cdot \vec{v}_1 = \text{const.}$$

Ist φ der konstante Winkel zwischen $\vec{e}_0$ und $\vec{v}_1$, so gilt

$$\tau(s) = \cot\varphi \cdot \kappa(s) \quad \text{für alle } s.$$

Für das nächste Beispiel ist das folgende Ergebnis hilfreich:

2.12.8 Bemerkung:
Es seien $\vec{x}(s)$ eine auf ihre Bogenlänge bezogene Böschungslinie, die mit einem festen Richtungsvektor $\vec{e}_0$ den konstanten Winkel φ bildet, und $\rho(s)$ für $\kappa(s) > 0$ der Krümmungsradius von $\vec{x}(s)$. Ist $\vec{x}^*(s)$ die orthogonale Projektion von $\vec{x}(s)$ auf eine Ebene senkrecht zu $\vec{e}_0$, so gilt:

(a) $s^* = (s-s_0)\sin\varphi$ für die Bogenlänge s^* von $\vec{x}^*(s)$ und

(b) $\rho^*(s) = \rho(s)\sin^2\varphi$ für den Krümmungsradius ρ^* von $\vec{x}^*(s)$.

Beweis: Für $\vec{x}^*(s)$ gilt offensichtlich

$$\vec{x}^*(s) = \vec{x}(s) - (\vec{x}(s) \cdot \vec{e}_0)\vec{e}_0.$$

(a) Mit

$$\frac{d\vec{x}^*}{ds} = \dot{\vec{x}}(s) - (\dot{\vec{x}}(s) \cdot \vec{e}_0)\vec{e}_0 = \vec{v}_1(s) - (\vec{v}_1(s) \cdot \vec{e}_0)\vec{e}_0 = \vec{v}_1(s) - \cos\varphi\,\vec{e}_0$$

und

$$\left\|\frac{d\vec{x}^*}{ds}\right\|^2 = 1 - 2\cos\varphi\,\vec{v}_1(s) \cdot \vec{e}_0 + \cos^2\varphi = 1 - \cos^2\varphi = \sin^2\varphi$$

folgt für $\varphi \in [0,\pi)$:

$$s^* = (s-s_0)\sin\varphi.$$

(b) Weiter ist

$$\frac{d^2\vec{x}^*}{ds^2} = \dot{\vec{v}}_1 = \frac{1}{\rho(s)}\,\vec{v}_2(s),$$

$$\frac{d\vec{x}^*}{ds}\times\frac{d^2\vec{x}^*}{ds^2} = \frac{1}{\rho(s)}(\vec{v}_1(s)-\cos\varphi\,\vec{e}_0)\times\vec{v}_2(s) =$$

$$= \frac{1}{\rho(s)}(\vec{v}_3(s)-\cos\varphi(\vec{e}_0\times\vec{v}_2(s))),$$

$$\left\|\frac{d\vec{x}^*}{ds}\times\frac{d^2\vec{x}^*}{ds^2}\right\|^2 = \frac{1}{\rho^2(s)}(1-2\vec{v}_3(s)\cdot(\vec{e}_0\times\vec{v}_2(s))\cos\varphi+\cos^2\varphi) =$$

$$= \frac{1}{\rho^2(s)}(1+\cos^2\varphi-2(\vec{e}_0\cdot\vec{v}_1(s))\cos\varphi) = \frac{1}{\rho^2(s)}\cdot\sin^2\varphi$$

und

$$\rho^*(s) = \frac{\|d\vec{x}^*/ds\|^3}{\|d\vec{x}^*/ds\times d^2\vec{x}^*/ds^2\|} = \rho(s)\cdot\frac{|\sin^3\varphi|}{|\sin\varphi|} = \rho(s)\sin^2\varphi.$$

2.12.9 Beispiel: Böschungslinien auf Kugeloberflächen

Ist S die Oberfläche einer Kugel vom Radius R, so ist diese Kugel die Schmiegkugel jeder Kurve C auf S. Sind ρ bzw. τ der Krümmungsradius bzw. die Torsion von C, so gilt nach Abschnitt 2.10:

$$R = \sqrt{\rho^2+\frac{\dot{\rho}^2}{\tau^2}}.$$

Ist C eine Böschungslinie, so erhalten wir mit dem Winkel φ zwischen C und dem konstanten Richtungsvektor $\vec{e}_0$:

$$R = \sqrt{\rho^2+\dot{\rho}^2\rho^2\tan^2\varphi} = \rho\sqrt{1+\dot{\rho}^2\tan^2\varphi}.$$

Daraus folgt

$$R^2-\rho^2 = \rho^2\dot{\rho}^2\tan^2\varphi$$

und für $\rho \cdot \tan\varphi \neq 0$

$$\dot{\rho} = \pm \frac{\sqrt{R^2 - \rho^2}}{\rho |\tan\varphi|}.$$

Das ergibt

$$s - s_0 = \mp \tan\varphi \sqrt{R^2 - \rho^2}.$$

Wir wählen $s_0 := 0$, und es folgt

$$\rho(s) = \sqrt{R^2 - s^2 \cot^2\varphi} \quad \text{für} \quad |s| < R|\tan\varphi|.$$

Damit sind die natürlichen Gleichungen und auch im Prinzip die Parameterdarstellungen der Böschungslinien auf S bekannt

Zum Zeichen wählen wir $\vec{e}_0 := \vec{e}_3$. Wegen der Symmetrie der Kugel ist dies keine Einschränkung.

Wir projizieren die Böschungslinien orthogonal auf die $x^1 x^2$-Ebene. Ist $\vec{x}(s)$ die Parameterdarstellung einer Böschungslinie, so gilt für den Krümmungsradius $\rho^*(s)$ ihrer orthogonalen Projektion $\vec{x}^*(s)$ in die $x^1 x^2$-Ebene mit Bemerkung 2.12.8 (b):

$$\rho^*(s) = \rho(s)\sin^2\varphi = \sqrt{R^2 \sin^4\varphi - s^2 \cos^2\varphi \sin^2\varphi}$$

und bezogen auf die Bogenlänge s^* von $\vec{x}^*(s)$ nach Bemerkung 2.12.8 (a)

$$\rho^*(s^*) = \sqrt{R^2 \sin^4\varphi - (s^*)^2 \cos^2\varphi} \quad \text{für} \quad |s^*| < R\sin\varphi |\tan\varphi|.$$

Wenn wir für die Epizykloide aus Abschnitt 2.5

$$r_1 := R\cos\varphi \quad \text{und} \quad r := \frac{R(1-\cos\varphi)}{2}$$

wählen, so erhalten wir bei geeigneter Wahl ihrer Bogenlänge $\tilde{s}$ nach Beispiel 2.6.7

$$t = \frac{2r}{r_1} \cdot \arccos \frac{r_1}{4r(r_1 + r)} \, \tilde{s}$$

und nach Beispiel 2.8.5 mit $\lambda := 1$ für ihren Krümmungsradius

$$\rho(t(\tilde{s})) = \frac{4r(r_1+r)\sin\frac{r_1}{2r}t(\tilde{s})}{r_1+r} = \frac{4r(r_1+r)}{r_1+2r}\sqrt{1-\left[\frac{r_1\tilde{s}}{4r(r_1+r)}\right]^2} =$$

$$= \sqrt{\frac{(4r(r_1+r))^2}{(r_1+2r)^2} - \frac{(r_1)^2}{(r_1+2r)^2}(\tilde{s})^2} =$$

$$= \sqrt{\frac{(R^2(1-\cos^2\varphi))^2}{R^2} - \frac{R^2\cos^2\varphi}{R^2}(\tilde{s})^2} =$$

$$= \sqrt{R^2\sin^4\varphi - \cos^2\varphi\cdot(\tilde{s})^2} \quad \text{für} \quad |\tilde{s}| < R\sin\varphi|\tan\varphi|.$$

Somit ist die orthogonale Projektion einer Böschungslinie auf
einer Kugeloberfläche in eine Ebene senkrecht zum Richtungsvektor $\vec{e}_0$ eine Epizykloide.

Mit dem Programm P2_29 zeichnen wir Böschungslinien auf einer
Kugel, ohne ihre Parameterdarstellungen zu benutzen. Dazu gehen
wir einfach den umgekehrten Weg von Beispiel 2.12.9 und bestimmen ausgehend von der Epizykloiden die Böschungslinienpunkte
auf der Kugel.

Hierfür müssen wir eine Epizykloide auch als 3D-Kurve darstellen können. Wir fassen sie zu diesem Zweck als Flächenkurve in
einer Ebene auf und führen den Typ ECOnPlT als Erben von CFOn-
PlaneT ein. Der Einfachheit halber benutzen wir bei der Neuimplementation der beiden Parameterfunktionen dieses Typs eine
globale Instanz EC vom Typ EpicycloidT:

```
FUNCTION ECOnPlT.TToU1 (T: EXTENDED): EXTENDED;
VAR P: Pt2D;
BEGIN
  EC.TToP (T,P);
  TToU1 := P.X;
END;

FUNCTION ECOnPlT.TToU2 (T: EXTENDED): EXTENDED;
VAR P: Pt2D;
BEGIN
  EC.TToP (T,P);
  TToU2 := P.Y;
END;
```

In der Prozedur Draw, welche sich der obligatorischen Definition der Checkprozeduren anschließt, initialisieren wir eine

Kugel sowie eine Ebene parallel zur x^1x^2-Ebene mit Ursprung im Südpol der Kugel. Danach geben wir uns den Winkel Phi zwischen Böschungslinie und x^3-Achse vor und bestimmen damit die Radien RInit und R1Init zur Definition der Epizykloide. Da wir $\lambda=1$ wählen müssen, ist der Abstand aller Punkte der Epizykloide von der x^3-Achse größer als R1Init. Dies bedeutet, daß die Böschungslinien nur in einem gewissen Bereich der Kugel verlaufen können, der durch zwei symmetrisch zum Äquator liegende Breitenkreise begrenzt wird.

Zum Zeichnen dieser Breitenkreise und des Äquators initialisieren wir die Instanzen CircLower, CircUpper und Equator, die vom Typ CircleOnPlT sind, den wir in einer eigenen Unit UCrvOnPl implementiert haben.

In der äußeren K-Schleife zeichnen wir für K<4 als erstes die Kugel, die Ebene, die Epizykloide und die Breitenkreise. In der L-Schleife wählen wir die Gerade Ln3D in Richtung der x^3-Achse und mit Ursprung im Epizykloidenpunkt zum aktuellen T.

Wir ermitteln darauf die beiden Schnittpunkte PLower und PUpper dieser Geraden mit der Kugel und zeichnen in den ersten beiden Durchläufen der K-Schleife mit den Instanzen LnLower bzw. LnUpper die Teilstrecken auf dieser Geraden zwischen den Punkten PEC und PLower bzw. PUpper und PEnd.

Wir müssen jetzt noch die Böschungslinien zeichnen. Wie wir dazu vorgehen, erklären wir exemplarisch am ersten Durchlauf (K=1) der K-Schleife, in welchem wir die auf der Kugel von unten nach oben verlaufenden Teile der Böschungslinie zeichnen. Wir wählen den aktuellen Böschungslinienpunkt PBL in Abhängigkeit des Epizykloidenparameters T wie folgt:

$$PBL := \begin{cases} PLower & (T \in [2k\pi \cdot \frac{r}{r_1},\ (2k+1)\pi \cdot \frac{r}{r_1}]) \\[2ex] PUpper & (T \in ((2k+1)\pi \cdot \frac{r}{r_1},\ (2k+2)\pi \cdot \frac{r}{r_1}]) \end{cases}$$

$$(k=0,1,\ldots,NN).$$

(Man beachte: Durchläuft der Parameter T ein Intervall $[2k\pi \cdot \frac{r}{r_1},\ (2k+2)\pi \cdot \frac{r}{r_1}]$, so haben wir genau einen Bogen der Epizykloiden durchlaufen.)

Der aktuelle Punkt wird dann mittels der Instanz LnBL mit seinem Vorgänger verbunden. Dabei zeichnen wir die Verbindungsgerade nicht, wenn für den aktuellen Böschungslinienpunkt PBL = PLower gilt und im vorangegangenen Schritt PBL=PUpper gewesen ist.

Analog gehen wir im zweiten Durchlauf der K-Schleife beim
Zeichnen der von oben nach unten verlaufenden Böschungslinien
vor.

Da durch die räumliche Bewegung der Geraden Teile der Zeichnung
gelöscht werden, zeichnen wir im dritten und vierten Durchlauf
die Böschungslinien erneut.

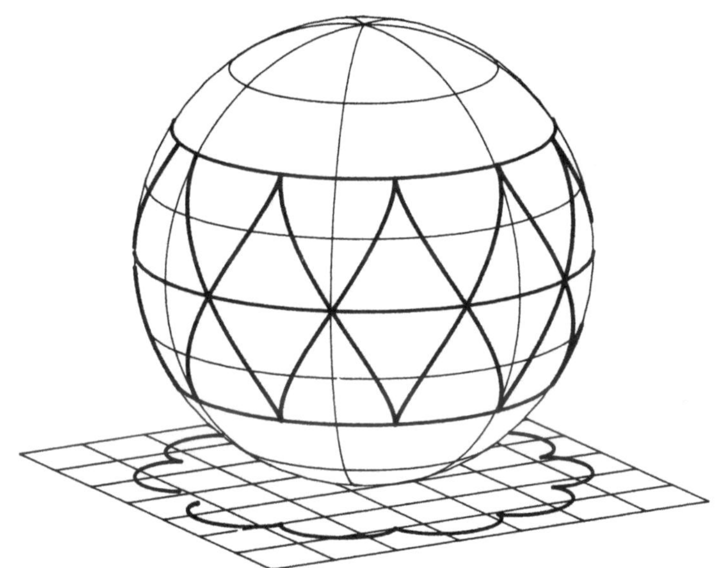

2.13 Sphärische Bilder einer Kurve

Um die Richtungsänderungen der Vektoren des begleitenden Dreibeins beim Durchlaufen einer Kurve darzustellen, trägt man sie
im Ursprung des räumlichen Koordinatensystems ab. Dadurch entstehen drei Kurven auf der Oberfläche der Einheitskugel, die
man *sphärisches Tangenten-*, *Hauptnormalen-* und *Binormalenbild*
der Kurve nennt.

2.13.1 Beispiel:

Für die gewöhnliche Schraubenlinie aus Beispiel 2.1.4 erhalten
wir nach Beispiel 2.7.2 für das sphärische Tangentenbild

$$\vec{v}_1(s) = \omega\{-r\sin\omega s,\ r\cos\omega s, h\} \quad (s\in\mathbb{R}),$$

für das sphärische Hauptnormalenbild

$$\vec{v}_2(s) = -\{\cos\omega s,\ \sin\omega s,\ 0\} \quad (s \in \mathbb{R})$$

und für das sphärische Binormalenbild

$$\vec{v}_3(s) = \omega\{h\sin\omega s,\ -h\cos\omega s,\ r\} \quad (s \in \mathbb{R}).$$

Im Programm P2_30 zeigen wir das Erzeugungsprinzip der drei
sphärischen Bilder einer Schraubenlinie. Dazu lassen wir das
begleitende Dreibein einen Teil einer Schraubenlinie entlang
laufen und zeichnen gleichzeitig in jedem Schritt das entsprechende im Ursprung abgetragene Dreibein innerhalb der Einheitskugel. Damit die Helix nicht durch die Kugel hindurch oder
um die Kugel herum läuft, verschieben wie sie geeignet längs
der negativen x^1-Achse. Wie schon im Programm P2_28 führen wir
dazu im Programm zunächst den Typ NewHelixT ein, bei dem wir
die Parameterdarstellung der Schraubenlinie wie folgt neu implementieren:

```
PROCEDURE NewHelixT.TToP (T: EXTENDED; VAR P: Pt3D);
BEGIN
  HelixT.TToP (T,P);
  P.X := P.X-RInit-2;
END;
```

Nach der Definition zweier Checkprozeduren für die Sichtabfragen schreiben wir dann folgende Prozedur Draw:

```
PROCEDURE Draw;
VAR Helix                           : NewHelixT;
    ..........

BEGIN
  RInit := 0.5;
  HInit := 0.15;
  DefineInterval1D (-3*PI,3*PI,I1DHelix);
  Helix.Init (FALSE,5,120,Col1,I1DHelix,Check3DTRUE,RInit,HInit);
  Helix.ScanForI3D (HelixI3D);

  DefineIntervalPar (-PI/2,0,PI/2,2*PI, IU1U2Sph);
  Sphere.Init (IU1U2Sph,1);
  SphereUi.Init (FALSE,3,50,Col1,CheckSph,7,1,0,
                 FALSE,3,50,Col1,CheckSph,7,1,1,TRUE,Sphere);

  ConvexHullI3D (HelixI3D,Sphere.I3D, WI3D);
  WI3D[1].X := WI3D[1].X-1;
  WI3D[2].Z := WI3D[2].Z+1;
```

```
Parameter3D;

SphereC.Init (FALSE,3,50, Col1,CheckSphC,Sphere);

SphereUi.DrawU1; SphereUi.DrawU2;  SphereC.Draw;
Helix.DrawCurve3D;

LL   := 150;
Step := 0.875*(Helix.I1D[2].X-Helix.I1D[1].X)/LL;
T    := Helix.I1D[1].X;

DefineInterval1D (0,1, I1DLn);
SetSuppressMessage (TRUE);

FOR L := 0 TO LL DO BEGIN;
  Helix.TToP              (T, P);
  Helix.TangentVt         (T, V1);
  Helix.PrincipalNormalVt (T, V2);
  Helix.BinormalVt        (T, V3);

  Ln1V1.InitWithLine (FALSE,0,1,Col2,I1DLn,Check3DTRUE,P,V1);
  Ln1V2.InitWithLine (FALSE,0,1,Col3,I1DLn,Check3DTRUE,P,V2);
  Ln1V3.InitWithLine (FALSE,0,1,Col4,I1DLn,Check3DTRUE,P,V3);

  Ln2V1.InitWithLine (FALSE,0,1,Col2,I1DLn,Check3DTRUE,O3D,V1);
  Ln2V2.InitWithLine (FALSE,0,1,Col3,I1DLn,Check3DTRUE,O3D,V2);
  Ln2V3.InitWithLine (FALSE,0,1,Col4,I1DLn,Check3DTRUE,O3D,V3);

  Ln1V1.DrawCurve3D;
  Ln1V2.DrawCurve3D;
  Ln1V3.DrawCurve3D;

  Ln2V1.DrawCurve3D;
  Ln2V2.DrawCurve3D;
  Ln2V3.DrawCurve3D;

  IF (L > 0) THEN BEGIN
    LnSIV1.InitWithTwoPoints (FALSE,0,1,Col2,CheckSph,V1Old,V1);
    LnSIV2.InitWithTwoPoints (FALSE,0,1,Col3,CheckSph,V2Old,V2);
    LnSIV3.InitWithTwoPoints (FALSE,0,1,Col4,CheckSph,V3Old,V3);

    LnSIV1.DrawBetweenTwoPoints;
    LnSIV2.DrawBetweenTwoPoints;
    LnSIV3.DrawBetweenTwoPoints;
  END;

  IF (L < LL) THEN BEGIN
    Delay(75);
    Ln1V1.Col:=0;
    Ln1V2.Col:=0;
    Ln1V3.Col:=0;

    Ln2V1.Col:=0;
    Ln2V2.Col:=0;
    Ln2V3.Col:=0;
```

```
        Ln1V1.DrawCurve3D;
        Ln1V2.DrawCurve3D;
        Ln1V3.DrawCurve3D;

        Ln2V1.DrawCurve3D;
        Ln2V2.DrawCurve3D;
        Ln2V3.DrawCurve3D;
      END;

      V1Old := V1;
      V2Old := V2;
      V3Old := V3;
      T     := T+Step;
    END;


      .........
    END;
```

Wir initialisieren zunächst eine Helix und eine Kugel mit Radius 1 sowie die Instanzen zum Zeichnen der Parameterlinien und
der Kontur dieser Kugel.

Nachdem wir das Weltintervall bestimmt haben, so daß es die
ganze Anordnung enthält, und wir die Prozedur Parameter3D aufgerufen haben, werden die Helix und die Kugel gezeichnet. In
der Schleife bestimmen wir zum aktuellen Parameter T den Helixpunkt P sowie die Vektoren $\vec{v}_1(T)$, $\vec{v}_2(T)$ und $\vec{v}_3(T)$ des begleitenden Dreibeins zu diesem Punkt. Bei der Berechnung des Parameters T unterteilen wir einen Teil des Parameterintervalles
der Helix äquidistant.

Mit den Instanzen Ln1V1, Ln1V2 und Ln1V3 vom Typ Line3DT zeichnen wir das begleitende Dreibein im Punkt P der Helix und mit
den Instanzen Ln2V1, Ln2V2 und Ln2V3 das Dreibein in den Koordinatenursprung verschoben.

Für L<LL werden beide Dreibeine jeweils nach einer kurzen Pause
wieder gelöscht, und für L>0 verbinden wir zudem noch mittels
der Instanzen LnSIV1, LnSIV2 und LnSIV3 die Endpunkte der Vektoren des im Ursprung abgetragenen Dreibeins mit ihren jeweiligen Vorgängern und zeichnen so die sphärischen Bilder der
Helix. Da wir diese Geradenstücke mit der Prozedur CheckSph auf
Sichtbarkeit bezüglich der Kugel abfragen, sehen wir nur diejenigen Teile der Bilder, die nicht von der Kugel verdeckt
sind.

Weil bei der räumlichen Bewegung der Dreibeine Teile der Zeichnung gelöscht werden, zeichnen wir im Anschluß die Helix, die
Kugel und die sphärischen Bilder noch einmal. Hierbei wählen
wir beim Zeichnen der Bilder den Parameter WP=TRUE, so daß ihre
hinten auf der Kugel liegenden Teile gepunktet werden.

2.13.2 Beispiel:

Wir betrachten die Kurve

$$\vec{x}(t) = r\{\cos t \cdot \cos u^2(t), \ \cos t \cdot \sin u^2(t), \ \sin t\}$$

mit

$$u^2(t) = c \cdot \log(\tan(\tfrac{t}{2} + \tfrac{\pi}{4})) \quad (t \in (-\tfrac{\pi}{2}, \tfrac{\pi}{2})),$$

wobei $c = \cot\alpha$ mit $\alpha \in (0,\pi)$.

Auch zu Beispiel 2.13.2 schreiben wir ein Programm. Wir bemerken zunächst, daß die im Beispiel beschriebene Kurve auf einer
Kugel mit Radius r verläuft, also als Flächenkurve mit den Parameterfunktionen

$$u^1(t) = t, \quad u^2(t) = c \cdot \log(\tan(\tfrac{t}{2} + \tfrac{\pi}{4}))$$

behandelt werden kann. Im Programm P2_31 führen wir deshalb zunächst den Typ LoxOnSphT als Erben von CFOnSphT ein, bei dem
wir nur die Methoden für die Parameterfunktion $u^2(t)$ und deren
Ableitungen neu implementieren müssen. Der weitere Aufbau entspricht nun im wesentlichen dem von P2_30. Nachdem wir die
nötigen Checkprozeduren zur Verfügung gestellt haben, schreiben
wir wie üblich eine Prozedur Draw. In ihr initialisieren wir
zunächst eine Kugel sowie die Instanzen zum Zeichnen der Parameterlinien und der Kontur dieser Kugel. Das Parameterintervall
der Kugel haben wir dabei so gewählt, daß wir nur die obere
Halbkugel zeichnen. Dementsprechend wählen wir bei der Initialisierung der Instanz Lox zum Zeichnen der Flächenkurve 0 als
untere Grenze des Parameterintervalles. In der äußeren
K-Schleife zeichnen wir zunächst jeweils die Kugel und die Kurve. In der inneren L-Schleife lassen wir das begleitende Dreibein auf die mittlerweile bekannte Art an der Kurve entlang
laufen. Gleichzeitig zeichnen wir dabei im ersten Durchlauf der
äußeren Schleife das sphärische Tangentenbild, im zweiten das
sphärische Hauptnormalenbild und im dritten das sphärische Binormalenbild der Kurve. Dazu verbinden wir in jedem Schritt den
Endpunkt des entsprechenden im Nullpunkt abgetragenen Vektors
des Dreibeins durch eine Gerade mit seinem Vorgänger.

Da bei der räumlichen Bewegung des Dreibeins Teile der Zeichnung gelöscht werden, zeichnen wir in jedem Durchlauf der
äußeren Schleife die Kugel, die Kurve und das jeweilige sphärische Bild noch einmal.

Wir erwähnen noch, daß P2_31 ein erster Test ist für die in den
Abschnitten 2.6 bis 2.8 vorgestellten Methoden zur Berechnung
der Vektoren $\vec{x}'(t)$, $\vec{x}''(t)$ und $\vec{x}'''(t)$ bei Flächenkurven.

Für die Bogenlängen s_1, s_2 und s_3 der sphärischen Tangenten-, Hauptnormalen- und Binormalenbilder einer Kurve $\vec{x}(s)$ gilt:

$$\frac{ds_1}{ds} = \kappa, \quad \frac{ds_2}{ds} = \sqrt{\kappa^2 + \tau^2} \quad \text{und} \quad \frac{ds_3}{ds} = |\tau|.$$

Da ebene Kurven durch $\tau \equiv 0$ gekennzeichnet sind, gilt

$$\frac{ds_1}{ds} = \frac{ds_2}{ds}$$

genau für ebene Kurven.

Schließlich gilt noch die Aussage, daß das sphärische Tangentenbild einer Kurve genau dann ein Kreis ist, wenn die Kurve eine Böschungslinie ist. Da Schraubenlinien nach Beispiel 2.12.1 Böschungslinien sind, ergibt sich in Beispiel 2.13.1 für ihr sphärisches Tangentenbild folgerichtig die Parameterdarstellung eines Kreises.

2.14 Die räumliche Bewegung des begleitenden Dreibeins, Darboux'scher Vektor

In diesem Abschnitt beschäftigen wir uns mit einer Drehbewegung des begleitenden Dreibeins.

Die Drehung eines starren Körpers kann in einfacher Weise durch einen Drehvektor $\vec{d}$ beschrieben werden.

Ein Vektor $\vec{d}$ heißt *Drehvektor einer Drehbewegung*, wenn er folgende Eigenschaften hat:

(a) $\vec{d}$ hat die Richtung der Drehachse;

(b) der Richtungssinn von $\vec{d}$ ist so festgelegt, daß man die Drehung entgegengesetzt dem Uhrzeigersinn sieht, wenn man in die positive $\vec{d}$-Richtung blickt;

(c) es gilt $\|\vec{d}\| = \omega$, wobei ω die Winkelgeschwindigkeit ist, d.h. die Geschwindigkeit der Punkte des sich drehenden Körpers im Abstand 1 von der Drehachse.

Durch den Drehvektor $\vec{d}$ ist die Drehung eindeutig bestimmt. Die Geschwindigkeit $\vec{v}$ eines Punktes P eines sich drehenden Körpers läßt sich mit Hilfe von $\vec{d}$ leicht angeben:

Hat P bezüglich eines Koordinatensystems mit Ursprung auf der

Drehachse den Ortsvektor $\vec{r}$, so ergibt sich

$$\vec{v} = \vec{d} \times \vec{r}.$$

Es gelten folgende Ergebnisse:

2.14.1 Satz:

Der Drehvektor der Drehbewegung, die das begleitende Dreibein einer Kurve mit Parameterdarstellung $\vec{x}(s)$ und nichtverschwindender Krümmung κ ausführt, wenn diese Kurve mit konstanter Geschwindigkeit 1 durchlaufen wird, hat die Gestalt

$$\vec{d} = \tau\vec{v}_1 + \kappa\vec{v}_3;$$

$\vec{d}$ heißt *Darboux'scher Drehvektor*.

2.14.2 Satz:

Der Darboux'sche Drehvektor $\vec{d}$ besitzt genau dann für alle Punkte einer Kurve $\vec{x}(s)$ dieselbe räumliche Richtung, wenn $\vec{x}(s)$ eine Böschungslinie ist.

Zur Darstellung der Bedeutung des Darboux-Vektors schreiben wir das Programm P2_32. Mit ihm zeichnen wir die Kurve, die die Spitze des im Nullpunkt abgetragenen Darboux-Vektors beim Durchlaufen einer vorgegebenen Kurve beschreibt. Letztere wählen wir dabei als Flächenkurve auf einer Kugel mit den Parameterfunktionen

$$u^1(t) = t \quad \text{und} \quad u^2(t) = c \cdot t^3.$$

Für sie führen wir im Programm den Typ ParOnSphT als Erben von CFOnSphT ein, bei dem wir nur die Methoden für die Parameterfunktion $u^2(t)$ und deren Ableitungen neu implementieren müssen. Nach der Bereitstellung der notwendigen Checkprozeduren schreiben wir folgende Prozedur Draw:

```
PROCEDURE Draw;
VAR .........

BEGIN
  DefineIntervalPar (-PI/2,0,PI/2,2*PI, IU1U2Sph);
  Sphere.Init (IU1U2Sph,2);
  SphereUi.Init (FALSE,3,50,Col1,CheckSph,6,1,0,
              FALSE,3,50,Col1,CheckSph,6,1,1,TRUE,Sphere);
```

```
      C := 6;
      DefineInterval1D (-0.3*PI,0.3*PI,I1DPar);
      Par.Init (TRUE,5,600,Col2,I1DPar,CheckSph,1,Sphere);

      WI3D := Sphere.I3D;
      Parameter3D;

      SphereC.Init (FALSE,3,50,Col1,CheckSphC,Sphere);

      SphereUi.DrawU1; SphereUi.DrawU2;  SphereC.Draw;
      Par.DrawFamily;

      LL   := Par.LL;
      Step := (Par.I1D[2].X-Par.I1D[1].X)/LL;
      T    := Par.I1D[1].X;

      DefineInterval1D (0,1, I1DLn);

      FOR L := 0 TO LL DO BEGIN;
        Par.TToP      (T, P);
        Par.TangentVt (T, V1);
        Par.BinormalVt (T, V3);
        LinearCombinationVt3D (Par.Torsion(T),Par.Curvature(T),V1,V3, D);
        LengthVt3D (D, LengthD);
        LnD.InitWithTwoPoints (TRUE,0,1,Col3,Check3DTRUE,O3D,D);
        LnD.DrawBetweenTwoPoints;

        Delay(75);
        LnD.Col := 0;
        LnD.DrawBetweenTwoPoints;

        IF (L > 0) THEN BEGIN
          LnPar.InitWithTwoPoints (TRUE,0,1,Col4,CheckSph,POld,P);
          LnPar.DrawBetweenTwoPoints;

          IF (LengthD > Sphere.Radius) THEN
            LnC.InitWithTwoPoints(TRUE,0,1,Col5,Check3DTRUE,DOld,D)
          ELSE
            LnC.InitWithTwoPoints(TRUE,0,1,Col6,Check3DTRUE,DOld,D);
          LnC.DrawBetweenTwoPoints;
        END;

        T    := T+Step;
        DOld := D;
        POld := P;
      END;

      ..........
    END;
```

Wir zeichnen zunächst die Kugel und die Flächenkurve, letztere mit Hilfe der Instanz Par vom Typ ParOnSphT.

In der Schleife berechnen wir zum aktuellen Parameterwert T,
den wir durch eine äquidistante Unterteilung des Parameterintervalles der Flächenkurve erhalten, den Darboux-Vek-tor $\vec{D}$.
Wir zeichnen dann ohne Berücksichtigung von Sichtabfragen den
im Ursprung abgetragenen Vektor $\vec{D}$ unter Verwendung des Objektes
LnD und löschen ihn nach einer Pause wieder.

Falls L$\rangle$0 ist, verbinden wir den Endpunkt dieses Vektors durch
eine Gerade mit seinem Vorgänger. Dabei wählen wir - abhängig
davon, ob der Endpunkt innerhalb oder außerhalb der Kugel liegt
- verschiedene Farben und können so erkennen, welche Teile der
durch die Spitze des Darboux-Vektors beschriebenen Kurve innerhalb oder außerhalb der Kugel verlaufen. Schließlich verbinden
wir noch den aktuellen Kurvenpunkt P mit seinem Vorgänger und
zeichnen so die Flächenkurve - jetzt allerding in einer anderen
Farbe - nach. Dadurch können wir gut erkennen, zu welchem Kurvenpunkt der momentane Darboux-Vektor gehört. Da bei der räumlichen Bewegung von $\vec{D}$ Teile der Zeichnung gelöscht werden,
zeichnen wir abschließend die Kugel, die Flächenkurve und die
durch die Spitze von $\vec{D}$ beschriebene Kurve noch einmal.

Eine weitere Demonstration des Darboux-Vektors geben wir im
Programm P2_33, dessen prinzipieller Aufbau dem von P2_32 entspricht. Wir geben uns jedoch diejenige Kurve auf einem Kegel
vor, die wir bereits im Programm P2_24 in Abschnitt 2.8 benutzt
haben.

2.15 Evolventen und Evoluten einer Kurve

Einer gegebenen Kurve C mit Parameterdarstellung $\vec{x}(s)$ kann man
auf verschiedene Weise neue Kurven zuordnen:

Ist C eine Kurve mit Parameterdarstellung $\vec{x}(s)$ und Tangentenvektoren $\vec{v}_1(s)$, so definiert

$$(2.25) \qquad \vec{y}(s,\lambda) := \vec{x}(s) + \lambda\vec{v}_1(s)$$

eine Tangentenfläche von C. Kurven auf der Tangentenfläche
(2.25) einer Kurve, welche die Tangenten senkrecht schneiden,
heißen *Fadenevolventen von C*.

Es gilt:

2.15.1: Satz:

Die Fadenevolventen einer Kurve mit Parameterdarstellung $\vec{x}(s)$ haben die Parameterdarstellung

$$(2.26) \qquad \vec{x}^{*}(s) = \vec{x}(s)+(s_{0}-s)\vec{v}_{1}(s) .$$

Jeder Wert der Konstanten s_{0} entspricht genau einer bestimmten Fadenevolventen; es gibt also zu jeder Kurve eine einparametrige Schar von Fadenevolventen.

2.15.2 Beispiel:

Für die Fadenevolventen der gewöhnlichen Schraubenlinie aus Beispiel 2.1.3 gilt nach Beispiel 2.7.2 und (2.26)

$$\vec{x}^{*}(s) = \{r\cos\omega s,\ r\sin\omega s,\ h\omega s\}+(s_{0}-s)\{-\omega r\sin\omega s,\ \omega r\cos\omega s,\ h\omega\}$$

$$(s\in\mathbb{R};\ s_{0}\in\mathbb{R}) .$$

Für spätere Anwendungen berechnen wir noch die Krümmung einer Evolventen:

2.15.3 Bemerkung:

Ist $\vec{x}(s)$ eine Kurve mit Krümmung $\kappa(s)>0$ und Torsion $\tau(s)$, so gilt für die Krümmung $\kappa^{*}(s)$ der Fadenevolventen $\vec{x}^{*}(s)$ von $\vec{x}(s)$:

$$\kappa^{*}(s) = \frac{\sqrt{\kappa^{2}(s)+\tau^{2}(s)}}{|s-s_{0}|\kappa(s)} \qquad (s\neq s_{0}) .$$

Beweis: Aus (2.26) folgt

$$\frac{d\vec{x}^{*}}{ds} = \vec{v}_{1}(s)-\vec{v}_{1}(s)+(s_{0}-s)\dot{\vec{v}}_{1}(s) = (s_{0}-s)\kappa(s)\vec{v}_{2}(s) ,$$

also

$$\left\|\frac{d\vec{x}^{*}}{ds}\right\| = |s_{0}-s|\kappa(s)$$

und weiter

$$\frac{d^2\vec{x}^*}{ds^2} = \frac{d}{ds}\left[(s_o-s)\kappa(s)\right]\vec{v}_2(s) + (s_o-s)\kappa(s)\dot{\vec{v}}_2(s) =$$

$$= \frac{d}{ds}\left[(s_o-s)\kappa(s)\right]\vec{v}_2(s) + (s_o-s)\kappa(s)(-\kappa(s)\vec{v}_1(s)+\tau(s)\vec{v}_3(s)),$$

$$\frac{d\vec{x}^*}{ds}\times\frac{d^2\vec{x}^*}{ds^2} = (s_o-s)^2\kappa^2(s)(\kappa(s)\vec{v}_3(s)+\tau(s)\vec{v}_1(s))$$

und

$$\left\|\frac{d\vec{x}^*}{ds}\times\frac{d^2\vec{x}^*}{ds^2}\right\| = (s_o-s)^2\kappa^2(s)\sqrt{\kappa^2(s)+\tau^2(s)}$$

so daß

$$\kappa^*(s) = \frac{\left\|\dfrac{d\vec{x}^*}{ds}\times\dfrac{d^2\vec{x}^*}{ds^2}\right\|}{\left\|\dfrac{d\vec{x}^*}{ds}\right\|^3} = \frac{\sqrt{\kappa^2(s)+\tau^2(s)}}{|s_o-s|\kappa(s)} \quad \text{für } s \neq s_o$$

2.15.4 Beispiel:

Für die Fadenevolventen der Kurve aus Beispiel 2.13.2 erhalten wir mit $a := \dfrac{\sin\alpha}{r}$

$$\vec{x}^*(t) = \vec{x}(t) + \frac{t_o-t}{a}a\vec{x}'(t) = \vec{x}(t)+(t_o-t)\vec{x}'(t)$$

wobei

$$\vec{x}(t) := r\cos t\cdot\vec{u}(u^2(t))+r\sin t\cdot\vec{e}_3, \quad u^2(t) := c\cdot\log\left[\tan\left[\frac{t}{2}+\frac{\pi}{4}\right]\right],$$

$$\vec{u} := \vec{u}(u^2(t))=\{\cos u^2(t), \sin u^2(t), 0\} \quad \text{und}$$

$$\vec{x}'(t) = r(-\sin t\cdot\vec{u}+c\cdot\vec{u}'+\cos t\cdot\vec{e}_3) \quad (t\in(-\tfrac{\pi}{2},\tfrac{\pi}{2})).$$

Zu Beispiel 2.15.4 schreiben wir das Programm P2_34. Ähnlich wie in P2_31 implementieren wir zunächst den Typ LoxOnSphT zum Zeichnen der Flächenkurve. Anschließend führen wir den Typ

```
TYPE InvoluteLoxT = OBJECT (Curve3DT)
         T0 : EXTENDED;
         PROCEDURE TToP (T: EXTENDED; VAR P: Pt3D); VIRTUAL;
       END;
```

ein, mit dem wir eine Schar von Evolventen zeichnen. Sein Datenfeld TO ist für die Integrationskonstante t_o reserviert. Bei der Neuimplementation seiner Methode TToP benutzen wir eine globale Instanz Lox vom Typ LoxOnSphT:

```
PROCEDURE InvoluteLoxT.TToP (T: EXTENDED; VAR P: Pt3D);
VAR PL,dXL : Vt3D;
BEGIN
  Lox.TToP (T, PL);
  Lox.dXdT (T, dXL);
  LinearCombinationVt3D (1,TO-T,PL,dXL,P);
END;
```

Nach der Bereitstellung der notwendigen Checkprozeduren initialisieren wir in der Prozedur Draw zunächst alle auftretenden Objekte.

In der ersten L-Schleife bestimmen wir das Weltintervall WI3D, so daß es die gesamte Anordnung enthält. Da hierbei lediglich die Evolventen mit dem kleinsten und größten t_o eine Rolle spielen, wird auch nur für diese beiden Kurven die Methode ScanForI3D aufgerufen. Anschließend zeichnen wir die Kugel, die Flächenkurve und in der zweiten L-Schleife eine Anzahl Evolventen. Die Integrationskonstante t_o lassen wir das Intervall [-0.35,0.35] in äquidistanten Schritten durchlaufen.

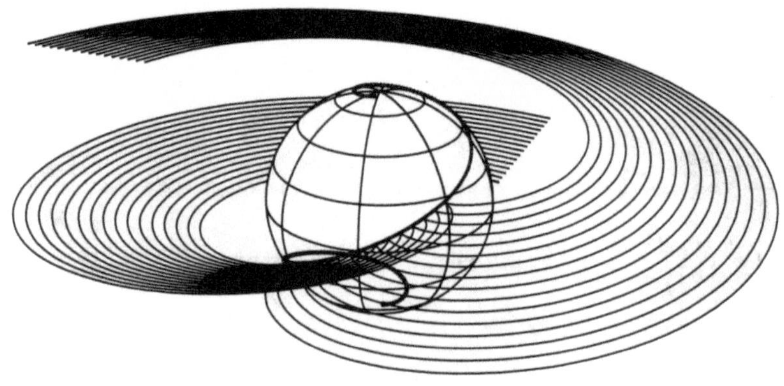

Neben der Fadenevolvente einer Kurve betrachtet man auch häufig die Planevolvente.

Planevolventen C^* einer Kurve C sind Kurven, die die Schmieg-ebene von C senkrecht schneiden.

Es gilt:

2.15.5 Satz:

Ist C eine nicht-ebene Kurve mit Parameterdarstellung $\vec{x}(s)$ und

$$\gamma(s) \; := \; \int_0^s \kappa(\sigma)\,d\sigma,$$

so haben die Planevolventen C^* Parameterdarstellungen

$$\vec{z}(s) = \vec{x}(s)$$

$$-\left[\cos\gamma(s)\left[\int\cos\gamma(s)\,ds+k_1\right]+\sin\gamma(s)\left[\int\sin\gamma(s)\,ds+k_2\right]\right]\vec{v}_1(s)+$$

$$+\left[\sin\gamma(s)\left[\int\cos\gamma(s)\,ds+k_1\right]-\cos\gamma(s)\left[\int\sin\gamma(s)\,ds+k_2\right]\right]\vec{v}_2(s),$$

wobei $k_1,k_2\in\mathbb{R}$ Integrationskonstanten sind. Da man k_1 und k_2 be-liebig wählen kann, gibt es zu jeder Kurve nichtverschwindender Krümmung und Torsion eine zweiparametrige Schar von Planevol-venten.

2.15.6 Beispiel:
Für die gewöhnliche Schraubenlinie aus Beispiel 2.1.3 gilt nach Beispiel 2.7.2

$$\vec{v}_1(s) = \{-\omega r\sin\omega s,\; \omega r\cos\omega s,\; h\omega\} \quad (s\in\mathbb{R}),$$

$$\vec{v}_2(s) = \{-\cos\omega s,\; -\sin\omega s,\; 0\} \quad\quad (s\in\mathbb{R})$$

und nach Beispiel 2.8.4

$$\kappa(s) = \omega^2 r,$$

so daß

$$\gamma(s) = \omega^2 rs$$

und

$$\vec{z}(s) = \vec{x}(s) - \left[\cos(\omega^2 rs)\left(\frac{1}{\omega^2 r}\cdot\sin(\omega^2 rs) + k_1\right) + \right.$$

$$\left. + \sin(\omega^2 rs)\left(-\frac{1}{\omega^2 r}\cdot\cos(\omega^2 rs) + k_2\right)\right]\vec{v}_1(s) + $$

$$+ \left[\sin(\omega^2 rs)\left(\frac{1}{\omega^2 r}\cdot\sin(\omega^2 rs) + k_1\right) - \right.$$

$$\left. - \cos(\omega^2 rs)\left(-\frac{1}{\omega^2 r}\cdot\cos(\omega^2 rs) + k_2\right)\right]\vec{v}_2(s) = $$

$$= \vec{x}(s) - \left[k_1\cos(\omega^2 rs) + k_2\sin(\omega^2 rs)\right]\vec{v}_1(s) + $$

$$+ \left[\frac{1}{\omega^2 r} + k_1\sin(\omega^2 rs) - k_2\cos(\omega^2 rs)\right]\vec{v}_2(s) \qquad (s \in \mathbb{R}).$$

Zu Beispiel 2.15.6 schreiben wir das Programm P2_35. Hier führen wir als erstes den Typ

```
TYPE PlaneInvoluteHelixT = OBJECT (Curve3DT)
        K1,K2 : EXTENDED;
        PROCEDURE TToP (T: EXTENDED; VAR P: Pt3D); VIRTUAL;
     END;
```

zum Zeichnen der Planevolventen ein. Die beiden Datenfelder K1
und K2 haben wir für die Integrationskonstanten k_1 und k_2 vorgesehen. Bei der Neuimplementation der Methode TToP benutzen
wir eine globale Instanz Helix vom Typ HelixT:

```
PROCEDURE PlaneInvoluteHelixT.TToP (T: EXTENDED; VAR P: Pt3D);
VAR PH,V1,V2,LC    : Vt3D;
    HC1,FacV1,FacV2 : EXTENDED;
BEGIN
  HC1   := Helix.R*Helix.Omega*T;
  FacV1 :=-K1*COS(HC1)-K2*SIN(HC1);
  FacV2 := 1/SQR(Helix.Omega)/Helix.R+K1*SIN(HC1)-K2*COS(HC1);
  Helix.TToP              (T, PH);
  Helix.TangentVt         (T, V1);
  Helix.PrincipalNormalVt (T, V2);
  LinearCombinationVt3D (FacV1,FacV2,V1,V2, LC);
  SumVt3D (PH,LC, P);
END;
```

Da wir auch den Zylinder darstellen wollen, auf dem die Schraubenlinie verläuft, führen wir die Instanz Cyl ein und schreiben die notwendigen Checkprozeduren. Im ersten Teil der anschliessenden Prozedur Draw zeichnen wir eine Schar von Planevolventen, bei der wir die Konstante k_1 variieren und die Konstante k_2 festhalten. Dazu initialisieren wir zunächst die Helix und dann den Zylinder, so daß die Helix vom unteren bis zum oberen Rand läuft. Danach initialisieren wir die Instanz PlInvoHelix zum Zeichnen der Planevolventen. In der ersten L-Schleife bestimmen wir das Weltintervall, so daß es die ganze Anordnung enthält. Anschließend definieren wir die Perspektive, rufen die Prozedur Parameter3D auf und zeichnen den Zylinder, die Helix und die Planevolventenschar.

Nach dem nächsten Tastendruck löschen wir den Bildschirm und wiederholen den ersten Teil noch einmal mit dem Unterschied, daß wir für die Helix und die Perspektive andere Daten wählen und bei der Planevolventenschar die Konstante k_2 variieren und k_1 festhalten.

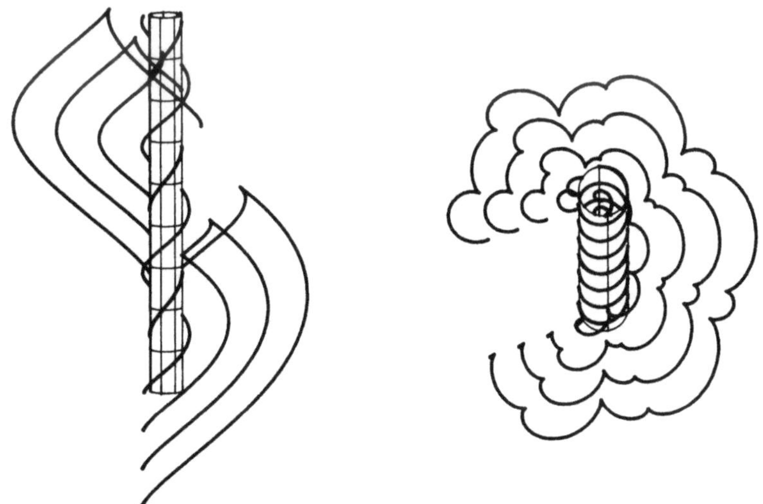

Interessanter, als zu einer gegebenen Kurve C eine Fadenevolvente zu finden, ist die Umkehrung, nämlich eine Kurve C^* zu bestimmen, so daß C Fadenevolvente von C^* ist.

Eine Kurve C^* heißt **Fadenevolute** einer Kurve C, wenn C Fadenevolvente zu C^* ist.

Es gilt:

2.15.7 Satz:

Die Fadenevoluten einer Kurve mit Parameterdarstellung $\vec{x}(s)$ und $\kappa(s) > 0$ haben die Parameterdarstellungen

$$(2.27) \qquad \vec{y}^{\,*}(s) = \vec{x}(s) + \frac{1}{\kappa(s)}(\vec{v}_2(s) + \vec{v}_3(s)\cot\alpha(s)) \quad \text{mit}$$

$$\alpha(s) := \int\limits_0^s \tau(\sigma)\,d\sigma + \tilde{c},$$

wobei $\tilde{c}$ eine Integrationskonstante ist.

2.15.8 Beispiel:

Für die Fadenevoluten der gewöhnlichen Schraubenlinie aus Beispiel 2.1.3 erhalten wir mit Beispiel 2.8.4 und (2.27) wegen $\alpha(s) = h\omega^2 s + \tilde{c}$:

$$\vec{y}^{\,*}(s) = \left\{ -\frac{h^2}{r}\cdot\cos\omega s + \frac{h}{r\omega}\cdot\sin\omega s\cdot\cot(h\omega^2 s + \tilde{c}), \right.$$

$$\left. -\frac{h^2}{r}\cdot\sin\omega s - \frac{h}{r\omega}\cdot\cos\omega s\cdot\cot((h\omega^2 s + \tilde{c}), \; h\omega s + \frac{1}{\omega}\cdot\cot(h\omega^2 s + \tilde{c}) \right\}$$

$$\left(s \in \left(\frac{-\tilde{c}}{h\omega^2}, \; \frac{\pi - \tilde{c}}{h\omega^2}\right)\right).$$

Mit dem Programm P2_36 zeichnen wir eine Schraubenlinie, einen Teil des Zylinders, auf dem sie verläuft, und die Evolute dieser Helix. Ähnlich wie im letzten Programm führen wir als erstes den Typ EvoluteHelixT für die Evolute ein. Bei der Neuimplementation seiner Methode TToP benutzen wir wieder eine globale Instanz Helix vom Typ HelixT. Nach der obligatorischen Definition der Checkprozeduren initialisieren wir zunächst in der Prozedur Draw alle auftretenden Instanzen, bestimmen das Weltintervall und zeichnen den Zylinder, die Schraubenlinie und die Evolute. In der darauf folgenden L-Schleife zeichnen wir die Evolute noch einmal, jetzt allerdings dadurch, daß wir jeweils mittels der Instanz LnEH vom Typ Line3DT den zum aktuellen T gehörenden Evolutenpunkt PEH mit seinem Vorgänger verbinden. Gleichzeitig zeichnen wir mit der Instanz LnH auf dieselbe Art die Helix nach, damit wir erkennen können, welche Punkte der Evolute zu welchen Punkten der Helix gehören.

Für ebene Kurven mit Parameterdarstellung $\vec{x}(s)$ und $\kappa(s) > 0$ reduziert sich die Parameterdarstellung (2.27) für die Fadenevoluten wegen $\tau(s) \equiv 0$ bei Wahl von $\alpha(s) = \pi/2$ auf

$$(2.28) \qquad\qquad y^{*}(s) = \vec{x}(s) + \frac{1}{\kappa(s)} \cdot \vec{v}_{2}(s) \, ;$$

damit ist die Fadenevolute einer ebenen Kurve der Ort der Krümmungsmittelpunkte der Kurve.

2.16 Bertrand'sche Kurvenpaare

In diesem letzten Abschnitt der Kurventheorie beschäftigen wir uns mit Bertrand'schen Kurvenpaaren.

Zwei Kurven mit gemeinsamer Hauptnormalen heißen ein *Bertrand'sches Kurvenpaar*.

2.16.1 Beispiel:
Zu jeder ebenen Kurve C kann man stets eine Kurve C^{*} finden, so daß C und C^{*} ein Bertrand'sches Kurvenpaar bilden:
Ist E die ebene Fadenevolute von C, dann haben alle Evolventen C^{*} von E dieselbe Hauptnormale wie C, da sie nach Definition einer Evolvente alle Tangenten von E senkrecht schneiden. Jede dieser Kurven C^{*} bildet zusammen mit C ein Bertrand'sches Kurvenpaar. Außerdem ist der längs der gemeinsamen Hauptnormalen gemessene Abstand entsprechender Punkte zweier dieser Evolventen konstant. Zwei ebene Kurven mit gemeinsamen Hauptnormalen heißen deshalb *ebene Parallelkurven*.

2.16.2 Beispiel:
Als Kurve C geben wir uns eine logarithmische Spirale vor:

$\vec{x}(t) = ae^{bt}\vec{u}(t)$ mit $\vec{u}(t) = \{\cos t, \sin t, 0\}$ $(a,b > 0$ fest; $t \in \mathbb{R})$.

Damit ist

$\qquad \vec{x}'(t) = ae^{bt}(b\vec{u}+\vec{u}')$,

$\qquad \vec{x}''(t) = ae^{bt}(b^{2}\vec{u}+b\vec{u}'+b\vec{u}'+\vec{u}'') = ae^{bt}((b^{2}-1)\vec{u}+2b\vec{u}')$,

$$\vec{x}''(t) \times \vec{x}'(t) = a^2 e^{2bt}(b^2-1-2b^2)\vec{e}_3 = -a^2(b^2+1)e^{2bt}\vec{e}_3,$$

$$\vec{x}'(t) \times (\vec{x}''(t) \times \vec{x}'(t)) = -a^3(b^2+1)e^{3bt}(-b\vec{u}'+\vec{u})$$

$$= a^3(b^2+1)e^{3bt}(b\vec{u}'-\vec{u}),$$

$$\|\vec{x}'(t)\|^2 = a^2 e^{2bt}(b^2+1) \quad \text{und}$$

$$\|\vec{x}'(t) \times \vec{x}''(t)\|^2 = a^4(b^2+1)^2 e^{4bt},$$

so daß wir für die Evolute E von C nach (2.28) erhalten:

$$\vec{y}^*(t) = \vec{x}(t) + \frac{\|\vec{x}'(t)\|^2}{\|\vec{x}'(t) \times \vec{x}''(t)\|^2} \cdot \vec{x}(t) \times (\vec{x}''(t) \times \vec{x}'(t)) =$$

$$= ae^{bt}\vec{u} + \frac{a^2 e^{2bt}(b^2+1)}{a^4(b^2+1)^2 e^{4bt}} \cdot a^3(b^2+1)e^{3bt}(b\vec{u}'-\vec{u}) =$$

$$= abe^{bt}\vec{u}'.$$

Wir bestimmen nun die Evolventen C^* von E.

Aus

$$\vec{y}^{*\prime}(t) = abe^{bt}(b\vec{u}'-\vec{u})$$

folgt

$$\|\vec{y}^{*\prime}(t)\| = ab\sqrt{b^2+1}\ e^{bt}$$

und damit für die Bogenlänge s^* von E:

$$s^* = a\sqrt{b^2+1}\ e^{bt} + s_o^*.$$

Offensichtlich folgt damit für die Evolventen C^* von E

$$\vec{y}^{**}(t) = \vec{y}^*(t) + (t_o-s)\frac{\vec{y}^{*\prime}(t)}{\|\vec{y}^{*\prime}(t)\|} = \vec{x}(t) + \frac{t_o}{\sqrt{b^2+1}}(b\vec{u}'-\vec{u}).$$

Mit dem Programm P2_37 zeichnen wir eine logarithmische Spirale und durch unterschiedliche Wahl der Integrationskonstanten t_o eine Schar von Kurven, von denen jede die Spirale zu einem Bertrand'schen Kurvenpaar ergänzt. Wir zeigen in diesem Programm

auch, wie wir die Rechnung in Beispiel 2.16.2 optisch auf ihre
Richtigkeit überprüfen können. Wir lassen dazu an jeder Kurve
dieser Schar einen Vektor entlang laufen, der jeweils in Richtung der Hauptnormalen dieser Kurve zeigt und dessen Länge das
jeweilige t_o ist. Dieser Vektor muß dann stets auf der logarithmischen Spirale enden.

Zu Beginn des Programmes führen wir den Typ BCPWithLST ein, mit
dem wir die Kurvenschar zeichnen werden. Sein Datenfeld T0 ist
für die Integrationskonstante t_o reserviert. Da wir die Haupt-
normalenvektoren für diese Kurven berechnen wollen, müssen wir
neben der Methode TToP auch die Methoden dXdT und d2XdT2 neu
implementieren. Wir benutzen dabei die globale Instanz LS vom
Typ LogarithmicSpiralT. In der Prozedur Draw initialisieren wir
zunächst die Instanzen LS für die logarithmische Spirale und
BCPWithLS für die Kurvenschar. Anschließend bestimmen wir mit
Hilfe der Methode ScanForI2D das Weltintervall WI2D, so daß es
die ganze Anordnung enthält. Wir zeichnen dann die logarithmische Spirale. In der K-Schleife berechnen wir zunächst das
aktuelle T0 und zeichnen die dazugehörige Kurve der Schar. In
der L-Schleife bestimmen wir zum aktuellen T den Vektor $\vec{v}_2(T)$
dieser Kurve. Wir zeichnen mit der Instanz LnV2 den Vektor
$T0 \cdot \vec{v}_2(T)$ und gleichzeitig dabei die Kurve und die logarithmische Spirale erneut, indem wir mittels der Instanzen LnBCP
und LnLS die jeweiligen zum aktuellen T gehörenden Kurvenpunkte
mit ihren Vorgängern verbinden. Dabei wählen wir für die logarithmische Spirale eine neue Farbe.

Da durch die Bewegung des Vektors Teile des Bildes gelöscht
werden, zeichnen wir in der N-Schleife die Spirale und die bisherigen Kurven der Schar erneut.

2.16.3 Beispiel:

Wir betrachten die gewöhnliche Schraubenlinie aus Beispiel
2.1.3:

$$\vec{x}(s) = \{r\cos\omega s,\ r\sin\omega s,\ h\omega s\} \quad (s \in \mathbb{R}).$$

Wegen

$$\vec{v}_2(s) = \{-\cos\omega s,\ -\sin\omega s,\ 0\}$$

schneiden die Hauptnormalen von $\vec{x}(s)$ die $\vec{e}_3$-Achse - d.h. die
Achse des Zylindermantels Z, auf dem $\vec{x}(s)$ liegt - senkrecht.
Die Schnittpunkte der Hauptnormalen mit jedem zu Z koaxialen
Zylindermantel bestimmen eine gewöhnliche Schraubenline $\vec{x}^*$, die

zusammen mit $\vec{x}$ ein Bertrand'sches Kurvenpaar bildet. Man kann
also im Fall der Schraubenlinien $\vec{x}$ unendlich viele Schraubenlinien $\vec{x}^*$ finden, die zusammen mit $\vec{x}$ Bertrand'sche Kurvenpaare
bilden.

Mit dem Programm P2_38 demonstrieren wir die Ergänzung einer
Schraubenlinie zu einem Bertandschen Kurvenpaar. Wir lassen dazu den Hauptnormalenvektor an einer vorgegebenen Schraubenlinie
entlang wandern und verbinden dabei seinen Endpunkt mit dem jeweiligen Vorgänger. Es entsteht eine neue Schraubenlinie, deren
Radius um 1 kleiner ist als der Radius der Ausgangsschraubenli-
nie. Wir zeichnen auch die beiden Zylinder, auf denen die
Schraubenlinien verlaufen.

Im Programm stellen wir zunächst die benötigten Checkprozeduren
zur Verfügung und in der Prozedur Draw initialisieren wir als
erstes die Helix und die beiden Zylinder. Dabei wählen wir als
u^2-Parameterintervall des äußeren Zylinders nur einen Teil des
Intervalles $[0,2\pi]$. Nachdem wir das Weltintervall geeignet bestimmt haben, zeichnen wir die beiden Zylinder und die Schraubenlinie. In der L-Schleife berechnen wir zum aktuellen Schrau-
benlinienparameter T den Hauptnormalenvektor und zeichnen ihn
mittels der Instanz LnV2. Da wir diesen Vektor bezüglich beider
Zylinder auf Sichtbarkeit untersuchen, wählen wir bei der Initialisierung LL=15 und IP=2. Schließlich zeichnen wir die
Schraubenlinie auf dem inneren Zylinder dadurch, daß wir den
Endpunkt des Hauptnormalenvektors mittels der Instanz LnBCP mit
seinem Vorgänger verbinden.

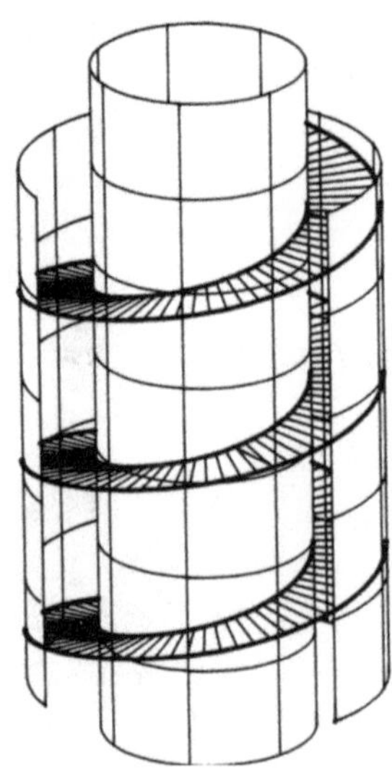

Während man nach Beispiel 2.16.1 jede ebene Kurve zu einem Bertrand'schen Kurvenpaar ergänzen kann, trifft dies für nicht-
ebene Kurven im allgemeinen nicht mehr zu. Es gilt jedoch:

2.16.4 Satz:

Eine nicht ebene Kurve C gehört genau dann zu einem Bertrand'
schen Kurvenpaar, wenn für die Krümmung κ und die Torsion τ von
C gilt:
Es gibt Konstanten c_1 und c_2, so daß für alle s

$$c_1 \kappa(s) + c_2 \tau(s) = 1.$$

Die gewöhnliche Schraubenlinie ist die einzige nichtebene Kurve, die auf mehr als eine Weise zu einem Bertrand'schen Kurvenpaar ergänzt werden kann.

2.16.5 Satz:

Eine nichtebene Kurve C mit konstanter Krümmung $\kappa = \kappa_0 \neq 0$ kann

stets durch Hinzunahme einer geeigneten Kurve C^* zu einem Bertrand'schen Kurvenpaar ergänzt werden. Ist C keine gewöhnliche

Schraubenlinie, so ist C^* eine nicht ebene Kurve mit derselben

Krümmung $\kappa^* = \kappa_0$. Jede der beiden Kurven ist der geometrische

Ort der Krümmungsmittelpunkte der anderen. Die Tangentenvek-

toren in zugeordneten Punkten P und P^* stehen aufeinander senkrecht; die Normalebene der Kurve C im Punkt P fällt mit der

Schmiegebene der Kurve C^* im Punkt P^* zusammen.

3. FLÄCHEN UND FLÄCHENKURVEN

Um Differentialgeometrie auf Flächen betreiben zu können, führen wir in diesem Kapitel zunächst den differentialgeometrischen Flächenbegriff mathematisch exakt ein. Anschließend entwickeln wir Methoden zur computergrafischen Darstellung wichtiger Flächenklassen und deren Schnitte mit Ebenen. In den letzten Abschnitten beschäftigen wir uns mit den grundlegenden Ideen der lokalen Krümmungstheorie von Flächen.

3.1 Flächen und Flächenkurven

Während eine Kurve durch eine Parameterdarstellung bezüglich eines Parameters beschrieben werden können, werden in der Parameterdarstellung einer Fläche zwei reelle Parameter benötigt. Im allgemeinen ist es nicht möglich, global alle Punkte einer Fläche gleichzeitig eineindeutig auf Parameter aus einem Gebiet der kartesischen $u^1 u^2$-Ebene zu beziehen; so versagen die Kugelkoordinaten in den Polen. Wir beschränken uns in der lokalen Differentialgeometrie auf die Untersuchung hinreichend kleiner Flächenstücke.

Wir erklären zunächst, was wir unter einer Fläche im $\mathbb{R}^3$ verstehen: Es sei $f:G \to \mathbb{R}^3$ eine auf einem Gebiet $G \subset \mathbb{R}^2$ definierte und dort mindestens einmal stetig partiell differenzierbare Funktion. Die Punktmenge

$$F := \{X \in \mathbb{R}^3 : X = f(u^1, u^2) = (f^1(u^1, u^2), f^2(u^1, u^2), f^3(u^1, u^2)),$$

$$(u^1, u^2) \in G\}$$

heißt *Fläche im $\mathbb{R}^3$*, wenn zusätzlich noch die folgende Bedingung gilt:

$$\left\{\frac{\partial f^1}{\partial u^1}, \frac{\partial f^2}{\partial u^1}, \frac{\partial f^3}{\partial u^1}\right\} \times \left\{\frac{\partial f^1}{\partial u^2}, \frac{\partial f^2}{\partial u^2}, \frac{\partial f^3}{\partial u^2}\right\} \neq \vec{0} \quad \text{auf } G;$$

(f, G) heißt *Parameterdarstellung von F*, u^1 und u^2 heißen *Flächenparameter*.

Wir können eine Fläche F auch durch die Ortsvektoren ihrer Punkte beschreiben:

$$(3.1) \quad \left\{ \begin{aligned} \vec{x} = \vec{x}(u^i) = \vec{x}(u^1,u^2) = \{x^1(u^1,u^2),x^2(u^1,u^2),x^3(u^1,u^2)\}, \\ (u^1,u^2)\in G\}, \end{aligned} \right.$$

wobei $x^k(u^i) = f^k(u^i)$ (k=1,2,3) und für die Vektoren $\vec{x}_k := \dfrac{\partial \vec{x}}{\partial u^k}$ (k=1,2) gilt:

$$(3.2) \qquad\qquad \vec{x}_1 \times \vec{x}_2 \neq \vec{0}.$$

Diese Form, die wir in Zukunft stets benutzen, bezeichnet man ebenfalls als Parameterdarstellung von F. Häufig identifizieren wir eine Fläche F mit einer ihrer Parameterdarstellungen $\vec{x}(u^i)$; wir sagen "eine Fläche $\vec{x}(u^i)$" anstelle von "eine Fläche F mit einer Parameterdarstellung $\vec{x}(u^i)$ $(u^i\in G)$".

Bei weitergehenden Fragestellungen der Flächentheorie müssen wir fordern, daß die Vektorfunktion in (3.1) auch stetige Ableitungen höherer Ordnung besitzt. Wir gehen später im einzelnen nicht mehr auf die Differenzierbarkeitsforderungen ein. Im allgemeinen reicht die dreimalige stetige Differenzierbarkeit.

Eine Kurve liegt in der Fläche F, wenn sie eine Parameterdarstellung

$$(3.3) \qquad\qquad \vec{x}(t) = \vec{x}(u^i(t)) \quad (t\in I)$$

hat mit Funktionen $u^i\in C^r(I)$ (i=1,2), für die

$$|u^{1'}(t)| + |u^{2'}(t)| \neq 0 \text{ für alle } t\in I.$$

Wir nennen sie dann eine *Flächenkurve*. Spezielle Flächenkurven sind die *Parameterlinien*: Die Kurven mit $u^1(t)$ = const und $u^2(t)$ = t heißen *u^2-Linien* und diejenigen mit $u^2(t)$ = const und $u^1(t)$ = t heißen *u^1-Linien*.

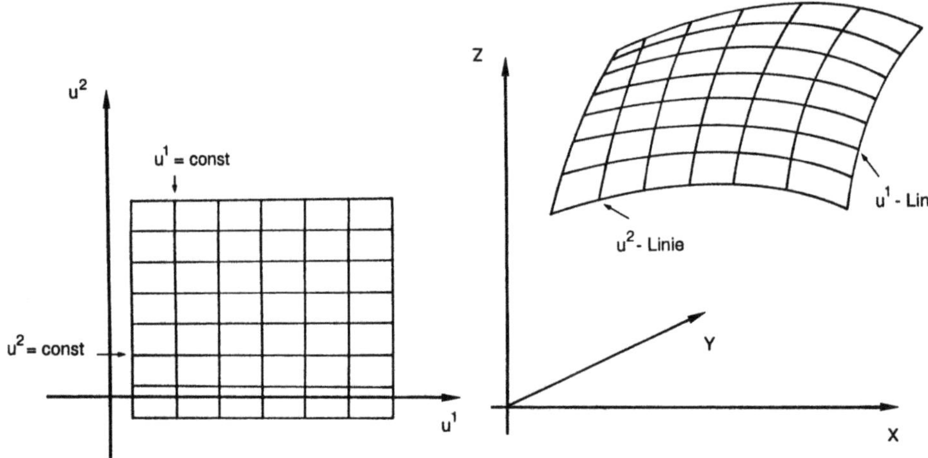

Um im folgenden die Schreibweise zu vereinfachenm, benutzen wir ab sofort die *Einstein'sche Summationskonvention*:

Tritt in einem Ausdruck derselbe Index einmal als oberer und einmal als unterer Index auf, so ist über ihn zu summieren und zwar bei Flächen von 1 bis 2.

3.1.1 Bemerkung:

Die Richtung einer Flächenkurve (3.3) ist gegeben durch

$$(3.4) \qquad \vec{x}' = \vec{x}_1 u^{1'} + \vec{x}_2 u^{2'} := \vec{x}_k u^{k'} .$$

Für u^1-Linien vereinfacht sich (3.4) zu $\vec{x}'(t) = \vec{x}_1$ und für u^2-Linien zu $\vec{x}'(t) = \vec{x}_2$.

Somit ist $\vec{x}_k$ ein Vektor in Richtung der Tangente an eine u^k-Linie (k=1,2). Bedingung (3.2) bedeutet, daß die Vektoren $\vec{x}_1$ und $\vec{x}_2$ für alle $(u^1, u^2) \in G$ linear unabhängig sind. Sie spannen also in jedem Punkt der Fläche eine Ebene auf, die sogenannte *Tangentialebene*.

3.1.2 Beispiel:

Für die x^1x^2-Ebene erhalten wir die Darstellungen

$$\vec{x}(u^i) = \{u^1, u^2, 0\} \quad ((u^1, u^2) \in G := \mathbb{R}^2)$$

bezüglich der kartesischen Koordinaten und

$$\vec{x}(u^{i*}) = \{u^{1*}\cos u^{2*}, u^{1*}\sin u^{2*}, 0\} \quad ((u^{1*}, u^{2*}) \in G := (0, \infty) \times (-\pi, \pi))$$

bezüglich der Polarkoordinaten.

Im ersten Fall ist

$$\vec{x}_1 = \{1, 0, 0\}, \quad \vec{x}_2 = \{0, 1, 0\} \quad \text{und} \quad \vec{x}_1 \times \vec{x}_2 \neq \vec{0}$$

für alle $(u^1, u^2) \in G$;

Im zweiten Fall erhalten wir lediglich die Ebene ohne die negative x^1-Achse und den Punkt $(0,0)$, und es ist

$$\vec{x}_1 = \{\cos u^{2*}, \sin u^{2*}, 0\}, \quad \vec{x}_2 = \{-u^{1*}\sin u^{2*}, u^{1*}\cos u^{2*}, 0\}$$

und $\vec{x}_1 \times \vec{x}_2 = \{0, 0, u^{1*}\} \neq \vec{0}$ genau dann, wenn $u^{1*} \neq 0$.

Wir betrachten die Kurven

$$u^1(t) = u^{1*}(t) := ae^{bt} \quad u^2(t) = u^{2*}(t) = t \quad (a, b > 0, \ t \in \mathbb{R}).$$

Bezüglich der ersten Darstellung erhalten wie die Flächenkurve

$$\vec{x}(u^i(t)) = \{ae^{bt}, t, 0\} \quad (t \in \mathbb{R})$$

und im zweiten Fall

$$\vec{x}(u^{i*}(t)) = \{ae^{bt}\cos t, ae^{bt}\sin t, 0\} \quad (t \in \mathbb{R}).$$

Mit dem Programm P3_01 zu Beispiel 3.1.2 zeichnen wir in der linken Bildschirmhälfte die x^1x^2-Ebene in kartesischen Koordinaten zusammen mit der Flächenkurve $\vec{x}(u^i(t))$ und in der rechten Bildschirmhälfte die x^1x^2-Ebene in Polarkoordinaten zusammen mit der Flächenkurve $\vec{x}(u^{i*}(t))$.

Für beide Flächenkurven führen wir zu Beginn des Programmes die Typen CurveCartT und CurvePolarT als Erben von CFOnPlaneT ein, bei denen wir nur die entsprechenden Parameterfunktionen neu implementieren müssen. Zum Zeichnen der Ebene in Polarkoordinaten deklarieren wir keinen neuen Typ für die Ebene, sondern wir fassen die Parameterlinien dieser Darstellung einfach als Flächenkurven in der Ebene in kartesischen Koordinaten auf. Für die u^{1*}-Linien bzw. u^{2*}-Linien führen wir daher die Typen RhoLinesOnPlT bzw. PhiLinesOnPlT ebenfalls als Erben von CFOnPlaneT ein. Bei diesen implementieren wir neben den Parameterfunktionen jetzt auch jeweils die Methode CalculateFamPar auf folgende Art neu:

```
PROCEDURE PhiLinesOnPlT.CalculateFamPar (N: INTEGER);
BEGIN
  FamPar := I1DRho[1].X+N/NNF*(I1DRho[2].X-I1DRho[1].X);
END;


FUNCTION PhiLinesOnPlT.TToU1 (T: EXTENDED): EXTENDED;
BEGIN
  TToU1 := FamPar*COS(T);
END;
```

Beim Zeichnen der u^{1*}-Linien bzw. u^{2*}-Linien gewinnen wir also das konstante u^{2*} bzw. u^{1*} durch eine äquidistante Unterteilung des Intervalls I1DPhi bzw. I1DRho.

Die Prozedur Draw sieht in diesem Programm wie folgt aus:

```
PROCEDURE Draw;
VAR .........
BEGIN
  A := 1;
  B := 1;

  DefineIntervalPar (-0.1,-1,3,1, IU1U2Pl);
  Pl1  .InitWV (IU1U2Pl,O3D,ZAxisU3D,YAxisU3D);
  Pl1Ui.Init (FALSE,0,1,Col1,Check3DTrue,7,0,0,
              FALSE,0,1,Col1,Check3DTrue,7,0,0,TRUE,Pl1);

  WI3D := Pl1.I3D;
  SetIScrScal (0,10,4.5,0);
  Parameter3D;

  DefineInterval1D (Pl1.IU1U2[1].U2,
                    MIN (LN(Pl1.IU1U2[2].U1/A)/B,Pl1.IU1U2[2].U2),
                    I1DCC);
  CCart.Init (FALSE,0,50,Col3,I1DCC,Check3DTrue,1,Pl1);

  Pl1Ui.DrawU1; Pl1Ui.DrawU2; CCart.DrawFamily;
```

```
DefineInterval1D (-PI,PI, I1DPhi);
DefineInterval1D (0,1,   I1DRho);
PhiL.Init (FALSE,0,50,Col2,I1DPhi,Check3DTrue,7,Pl1);
RhoL.Init (FALSE,0,1, Col2,I1DRho,Check3DTrue,7,Pl1);
PhiL.ScanFamilyForI3D (I3DPhiL);
RhoL.ScanFamilyForI3D (I3DRhoL);

DefineInterval1D (-5,Ln (I1DRho[2].X/A)/B, I1DCP);
CPolar.Init (FALSE,0,250,Col3,I1DCP,Check3DTrue,1,Pl1);
ConvexHullI3D (I3DPhiL,I3DRhoL, WI3D);
SetIScrScal (5.5,10,10,0);
Parameter3D;

  PhiL.DrawFamily;  RhoL.DrawFamily; CPolar.DrawFamily;
END;
```

Nachdem wir die Größen A und B für die Flächenkurven festgelegt
haben, initialisieren wir die Instanz Pl1, so daß sie die
$x^1 x^2$-Ebene darstellt, sowie die Instanzen Pl1Ui und CCart zum
Zeichnen der Parameterlinien und der Flächenkurve. Nach der
Festlegung des Welt- und des Bildschirmintervalles folgt der
notwendige Aufruf der Prozedur Parameter3D. Anschließend werden
die Parameterlinien und die Flächenkurve gezeichnet.

Im zweiten Teil der Prozedur initialisieren wir zunächst die
Objekte PhiL und RhoL zum Zeichnen der Parameterlinien bezüglich der Polarkoordinaten und das Objekt CPolar für die zweite
Flächenkurve. Danach bestimmen wir das Weltintervall, legen die
rechte Hälfte des Bildschirms als Bildschirmintervall fest, rufen Parameter3D auf und zeichnen die Parameterlinien und die
Flächenkurve.

Für die Perspektive im Hauptprogramm wählen wir den Augpunkt
auf der positiven x^3-Achse, damit wir senkrecht auf die zu
zeichnende Ebene schauen.

3.1.3 Beispiel:

Die Oberfläche einer Kugel mit Radius $r > 0$ und dem Nullpunkt als
Mittelpunkt kann durch die Gleichung

$$\sum_{k=1}^{3} (x^k)^2 = r^2$$

dargestellt werden. Hieraus gewinnen wir eine Darstellung

$$\vec{x}(u^i) = \{u^1, u^2, \sqrt{r^2 - (u^1)^2 - (u^2)^2}\} \quad (0 < (u^1)^2 + (u^2)^2 < r^2).$$

für die obere Halbkugel ohne Äquator und Nordpol. Es gilt

$$\vec{x}_1 = \left\{ 1,0, \frac{-u^1}{\sqrt{r^2-(u^1)^2-(u^2)^2}} \right\}, \quad \vec{x}_2 = \left\{ 0,1, \frac{-u^2}{\sqrt{r^2-(u^1)^2-(u^2)^2}} \right\}$$

und

$$\vec{x}_1 \times \vec{x}_2 = \left\{ \frac{u^1}{\sqrt{r^2-(u^1)^2-(u^2)^2}}, \frac{u^2}{\sqrt{r^2-(u^1)^2-(u^2)^2}}, 1 \right\} \neq \vec{0}.$$

Für jedes feste c mit $|c| < r$ ist die u^1-Linie zu $u^2 = c$ mit Parameterdarstellung

$$\vec{x}(t) = \{ t,c,\sqrt{r^2-t^2-c^2} \}$$

eine Halbkreislinie in der Ebene $x^2 = c$ mit Radius $\sqrt{r^2-c^2}$ und Mittelpunkt $(0,c,0)$.

Analog ist die u^2-Linie zu $u^1=c$ mit Parameterdarstellung

$$\vec{x}(t) = \{ c,t,\sqrt{r^2-c^2-t^2} \}$$

eine Halbkreislinie in der Ebene $x^1 = c$ mit Radius $\sqrt{r^2-c^2}$ und Mittelpunkt $(c,0,0)$.

3.1.4 Beispiel:

Für die Oberfläche einer Kugel mit Radius $r>0$ und dem Nullpunkt als Mittelpunkt ohne Nord- und Südpol sowie ohne den Nullmeridian erhalten wir eine Parameterdarstellung bezogen auf Kugelkoordinaten

$$\vec{x}(u^i) = r\{ \cos u^1 \cos u^2, \cos u^1 \sin u^2, \sin u^1 \}$$

$$((u^1,u^2) \in G := (-\tfrac{\pi}{2},\tfrac{\pi}{2}) \times (0,2\pi)).$$

Diese Parameterdarstellung einer Kugel haben wir auch im Typ SphereT verwendet, den wir in Abschnitt 1.14 eingeführt haben.

Es gilt

$$\vec{x}_1 = r\{ -\sin u^1 \cos u^2, -\sin u^1 \sin u^2, \cos u^1 \},$$

$$\vec{x}_2 = r\{ -\cos u^1 \sin u^2, \cos u^1 \cos u^2, 0 \} \quad \text{und}$$

$$\vec{x}_1 \times \vec{x}_2 = -r^2 \cos u^1 \{\cos u^1 \cos u^2, \ \cos u^1 \sin u^2, \ \sin u^1\} =$$

$$= -r \cos u^1 \vec{x} \neq \vec{0} \quad ((u^1, u^2) \in G).$$

Die u^1-Linien sind die Meridiane, und die u^2-Linien sind die Breitenkreise.

Mit dem Programm P3_02 zeichnen wir eine obere Halbkugel in der linken Bildschirmhälfte bezüglich der Darstellung aus Beispiel 3.1.4 und in der rechten Bildschirmhälfte bezüglich der Darstellung aus Beispiel 3.1.3.

Zum Zeichnen der Parameterlinien aus Beispiel 3.1.3 führen wir keinen neuen Typ für die Kugel ein, sondern wir nutzen aus, daß es sich bei ihnen um Kreise in bestimmten Ebenen handelt. Wir verwenden daher den in der Unit UCrvOnPl deklarierten Typ CircleOnPlT, mit dem wir Kreise in einer Ebene zeichnen können.

Nach der Definition der notwendigen Checkprozeduren schreiben wir dann folgende Prozedur Draw:

```
PROCEDURE Draw;
VAR .........
BEGIN
  DefineIntervalPar (0,0,PI/2,2*PI, IU1U2Sph);
  Sphere.Init (IU1U2Sph,2);
  SphereUi.Init (FALSE,3,50,Col1,CheckSph,8,1,0,
               FALSE,3,50,Col1,CheckSph,8,0,1,TRUE,Sphere);

  WI3D:=Sphere.I3D;
  SetIScrScal (0,10,4.5,0);
  Parameter3D;

  SphereC.Init (FALSE,3,50,Col1,CheckSphC,Sphere);

  SphereUi.DrawU1; SphereUi.DrawU2;
  SphereC.Draw;

  SetIScrScal (5.5,10,10,0);
  Parameter3D;
  SphereUi.Init (FALSE,3,50,Col1,CheckSph,1,1,1,
               FALSE,3,50,Col1,CheckSph,1,0,1,TRUE,Sphere);
  SphereUi.DrawU1; SphereUi.DrawU2; SphereC.Draw;

  DefineIntervalPar (-Sphere.Radius,-Sphere.Radius,
               Sphere.Radius, Sphere.Radius, IU1U2Pl1);
  DefineInterval1D (0,PI, I1DCirc);

  NNU1 := 17;
  FOR NU1 := 1 TO NNU1-1 DO BEGIN
    C := -Sphere.Radius+NU1/NNU1*2*Sphere.Radius;
    P110 := O3D; P110.Y := C;
```

```
    Pl1.InitWV (IU1U2Pl1,Pl1O,YAXisU3D,ZAxisU3D);
    COnPl.InitWithMP00 (FALSE,3,50,Col2,I1DCirc,CheckSph,
                        Pl1,SQRT(SQR(Sphere.Radius)-C*C));
    COnPl.DrawFamily;
  END;

  NNU2 := 13;
  FOR NU2 := 1 TO NNU2-1 DO BEGIN
    C := -Sphere.Radius+NU2/NNU2*2*Sphere.Radius;
    Pl1O := O3D; Pl1O.X := C;
    Pl1.InitWV (IU1U2Pl1,Pl1O,XAXisU3D,ZAxisU3D);
    COnPl.InitWithMP00 (FALSE,3,50,Col3,I1DCirc,CheckSph,
                        Pl1,SQRT(SQR(Sphere.Radius)-C*C));
    COnPl.DrawFamily;
  END;
END;
```

Wir definieren zunächst die Instanz Sphere, so daß sie die obere Hälfte einer Kugel mit Radius 2 darstellt, und zeichnen dann im ersten Teil der Prozedur die Parameterlinien bezüglich der Darstellung aus Beispiel 3.1.4 einfach mit dem Objekt SphereUi vom Typ SphUiT.

Im zweiten Teil der Prozedur zeichnen wir nach Auswahl der rechten Bildschirmhälfte zunächst den Äquator, die Kontur der Kugel und dann in der NU1-Schleife die u^1-Linien bezüglich der Darstellung aus Beispiel 3.1.3. Wir installieren hierzu als erstes die Ebene Pl1, in der die jeweilige Parameterlinie liegt. Dabei wählen wir den Ursprung von Pl1 auf der x^2-Achse, sodaß sich eine äquidistante Unterteilung des Kugeldurchmessers ergibt. Mit der Ebene Pl1 und dem Kurvenparameterintervall I1DCirc = $[0,\pi]$ initialisieren wir dann das Objekt COnPl vom Typ CircleOnPlT, mit dem wir die Parameterlinie zeichnen. Bei den u^2-Linien gehen wir in der NU2-Schleife analog vor.

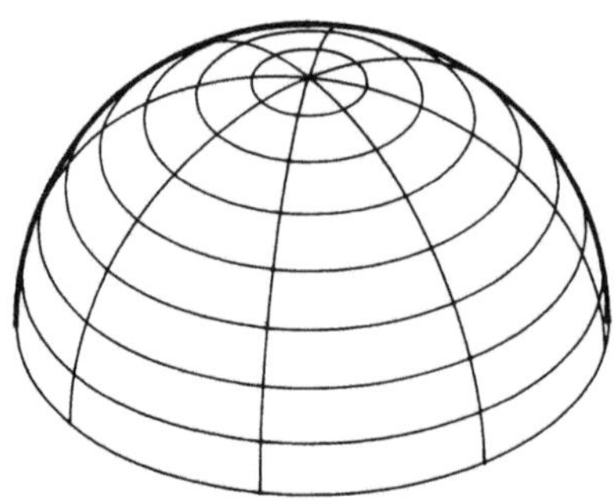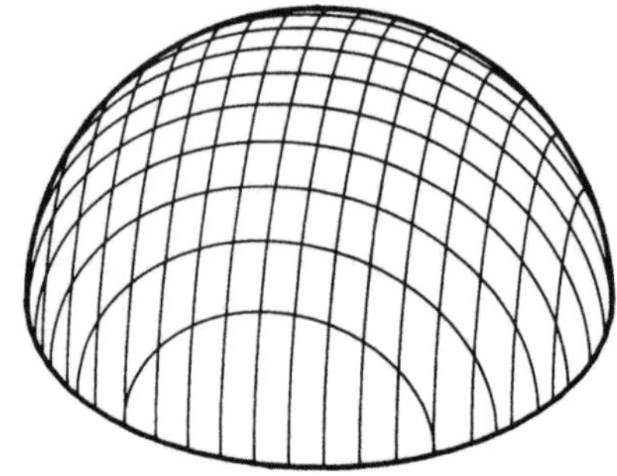

3.1.5 Beispiel:

Wir setzen für $\alpha_k \in (0, \frac{\pi}{2})$ und $c_k := \cot\alpha_k$ $(k=1,2)$ $(c_1 \neq c_2)$:

$$\varphi := \varphi(u^i) := \frac{u^1 - u^2}{c_1 - c_2}, \quad \psi(u^i) := \frac{c_1 u^1 - c_2 u^2}{c_1 - c_2} \text{ und}$$

$$\vec{x} := \vec{x}(u^i) := \frac{r}{\cosh\psi}\{\cos\varphi, \sin\varphi, \sinh\psi\} \quad ((u^1, u^2) \in \mathbb{R}).$$

Dies ist eine weitere Parameterdarstellung für die Kugeloberfläche.

Mit $\vec{u}(\varphi) := \{\cos\varphi, \sin\varphi, 0\}$ ist

$$\vec{x} = \frac{r}{\cosh\psi}(\vec{u}(\varphi) + \sinh\psi \cdot \vec{e}_3)$$

und es folgt

$$\vec{x}_1 = + \frac{r}{c_1 - c_2} \frac{1}{\cosh\psi}(-\tanh\psi \cdot \vec{u}(\varphi) + c_1 \cdot \vec{u}'(\varphi) + \frac{1}{\cosh\psi} \cdot \vec{e}_3),$$

$$\vec{x}_2 = - \frac{r}{c_1 - c_2} \frac{1}{\cosh\psi}(-\tanh\psi \cdot \vec{u}(\varphi) + c_2 \cdot \vec{u}'(\varphi) + \frac{1}{\cosh\psi} \cdot \vec{e}_3) \text{ und}$$

$$\vec{x}_1 \times \vec{x}_2 = - \frac{r^2}{c_1 - c_2} \frac{1}{\cosh^2\psi}(\tanh\psi \cdot \vec{e}_3 + \frac{1}{\cosh\psi} \cdot \vec{u}(\varphi)) \neq \vec{0}$$

Die u^1-Linien zu $u^2 = c$ sind

$$\vec{x}(t) = \frac{r}{\cosh\frac{t-c}{c_1 - c_2}}\left\{\cos\frac{c_1 t - c_2 c}{c_1 - c_2}, \sin\frac{c_1 t - c_2 c}{c_1 - c_2}, \sinh\frac{t-c}{c_1 - c_2}\right\} \quad (t \in \mathbb{R}).$$

Wenn wir

$$t^* := 2\arctan\left[\exp\frac{t-c}{c_1 - c_2}\right] - \frac{\pi}{2}$$

setzen, so ist

$$\frac{r}{\cosh\frac{t-c}{c_1 - c_2}} = r\cos t^*,$$

$$\frac{c_1 t - c_2 c}{c_1 - c_2} = c_1 \log\left[\tan(\frac{t^*}{2} + \frac{\pi}{4})\right] + c,$$

$$\sinh\frac{t-c}{c_1-c_2} = \frac{\sin t^*}{\cos t^*},$$

also

$$\vec{x}(t^*) = r\left\{\cos t^*\cdot\cos\left[c_1\log\left[\tan(\frac{t^*}{2}+\frac{\pi}{4})\right]+c\right],\right.$$

$$\left.\cos t^*\cdot\sin\left[c_1\log\left[\tan(\frac{t^*}{2}+\frac{\pi}{4})\right]+c\right], \sin t^*\right\} \quad (t^*\in(-\frac{\pi}{2},\frac{\pi}{2})).$$

Die u^2-Linien zu $u^1 = c$ sind

$$\vec{x}(t) = \frac{r}{\cosh\frac{c-t}{c_1-c_2}}\left\{\cos\frac{c_1 c-c_2 t}{c_1-c_2}, \sin\frac{c_1 c-c_2 t}{c_1-c_2}, \sinh\frac{c-t}{c_1-c_2}\right\} \quad (t\in\mathbb{R}).$$

Wenn wir

$$t^* = 2\arctan\left[\exp\frac{c-t}{c_1-c_2}\right]-\frac{\pi}{2}$$

setzen, so ist analog

$$\vec{x}(t^*) = r\left\{\cos t^*\cdot\cos\left[c_2\log\left[\tan(\frac{t^*}{2}+\frac{\pi}{4})\right]+c\right],\right.$$

$$\left.\cos t^*\cdot\sin\left[c_2\log\left[\tan(\frac{t^*}{2}+\frac{\pi}{4})\right]+c\right], \sin t^*\right\} \quad (t^*\in(-\frac{\pi}{2},\frac{\pi}{2})).$$

Mit dem Programm P3_03 zeichnen wir auf einer Kugel Parameterlinien bezüglich der Darstellung aus Beispiel 3.1.5. Wir beachten, daß die u^1- bzw. u^2-Linien dieser Darstellung als Flächenkurven auf einer Kugel mit der üblichen Kugelkoordinatendarstellung aufgefaßt werden können, für deren Parameterfunktionen

$$u^1(t^*) = t^*, \quad u^2(t^*) = c_1\cdot\log(\tan(\frac{t}{2}+\frac{\pi}{4}))+c$$

bzw.

$$u^1(t^*) = t^*, \quad u^2(t^*) = c_2\cdot\log(\tan(\frac{t}{2}+\frac{\pi}{4}))+c$$

gilt. Zum Zeichnen der Parameterlinien führen wir daher die Typen NewU1OnSphT und NewU2OnSphT ein, bei denen wir neben der
Methode TToU2 jeweils auch die Methode CalculateFamPar neu implementieren müssen. Bei der Berechnung des Familienparameters
FamPar, der ja die Konstante c in den Parameterfunktionen darstellt, unterteilen wir das Intervall $[0,2\pi]$ äquidistant.

Nach den notwendigen Checkprozeduren schreiben wir folgende
Prozedur Draw:

```
    PROCEDURE Draw;
    VAR ..........
    BEGIN
      DefineIntervalPar (-0.7*PI/2,0,0.7*PI/2,2*PI, IU1U2Sph);
      Sphere.Init (IU1U2Sph,1);
      DefineInterval3D (-Sphere.Radius,-Sphere.Radius,-Sphere.Radius,
                         Sphere.Radius, Sphere.Radius, Sphere.Radius,
                         WI3D);
      Parameter3D;

      SphereUi.Init (FALSE,3,50,Col1,CheckSph,1,1,1,
                  FALSE,3,50,Col1,CheckSph,2,0,0,FALSE,Sphere);

      SphereC.Init (FALSE,3,50,Col1,CheckSphC,Sphere);

      SphereUi.DrawU1; SphereUi.DrawU2;  SphereC.Draw;

      Alpha1 := 5 *PI/180;
      C1     := COS(Alpha1)/SIN(Alpha1);
      Alpha2 := 50*PI/180;
      C2     := COS(Alpha2)/SIN(Alpha2);

      NewU1OnSph.Init (FALSE,5,1000,Col2,Sphere.I1,CheckSph,4 ,Sphere);
      NewU2OnSph.Init (FALSE,5,100, Col3,Sphere.I1,CheckSph,23,Sphere);

      NewU1OnSph.DrawFamily;  NewU2OnSph.DrawFamily;
    END;
```

Durch die Wahl des Parameterintervalles IU1U2Sph beschreibt die
Instanz Sphere nur einen Teil der Kugel. Nach der Definition
des Weltintervalles zeichnen wir mittels der Instanzen SphereUi
und SphereC den untersten und obersten Breitenkreis, den Äquator und die Kontur von Sphere. Anschließend initialisieren wir
für die neuen Parameterlinien die Objekte NewU1OnSph und NewU2-
OnSph. Dabei wählen wir für deren Parameterintervalle das Intervall I_1 von Sphere, damit die Kurven jeweils vom unteren zum
oberen Rand des Kugelteiles laufen. Danach müssen wir nur noch
die Zeichenmethoden dieser Objekte aufrufen.

3.1.6 Beispiel:

Wir geben uns die Kurve C mit Parameterdarstellung

$$u^1(t) := t, \quad u^2(t) = c \cdot \log\left[\tan\left(\frac{t}{2} + \frac{\pi}{4}\right)\right] \quad (t \in (-\frac{\pi}{2}, \frac{\pi}{2}))$$

in der $u^1 u^2$-Ebene vor.

Bezüglich der Darstellung der Kugeloberfläche aus Beispiel 3.1.3 erhalten wir die Flächenkurve

$$\vec{x}(t) = \left\{ t, c \cdot \log\left[\tan(\tfrac{t}{2} + \tfrac{\pi}{4})\right], \sqrt{r^2 - t^2 - c^2 \log^2\left[\tan(\tfrac{t}{2} + \tfrac{\pi}{4})\right]} \right\}$$

$$\left[t^2 + c^2 \log^2\left[\tan(\tfrac{t}{2} + \tfrac{\pi}{4})\right] \leq r^2 \right];$$

bezüglich der Darstellung der Kugeloberfläche aus Beispiel 3.1.4 erhalten wir die Flächenkurve

$$\vec{x}(t) = r\left\{ \cos t \cdot \cos\left[c \cdot \log\left[\tan(\tfrac{t}{2} + \tfrac{\pi}{4})\right]\right], \right.$$

$$\left. \cos t \cdot \sin\left[c \cdot \log\left[\tan(\tfrac{t}{2} + \tfrac{\pi}{4})\right]\right], \sin t \right\} \quad (t \in (-\tfrac{\pi}{2}, \tfrac{\pi}{2}));$$

bezüglich der Darstellung der Kugeloberfläche aus Beispiel 3.1.5 erhalten wir die Flächenkurve

$$\vec{x}(t) = \frac{r}{\cosh \varphi(t)}\{\cos\varphi(t), \sin\varphi(t), \sinh\varphi(t)\} \quad (t \in (-\tfrac{\pi}{2}, \tfrac{\pi}{2}))$$

mit

$$\varphi(t) := \frac{t - c \cdot \log\left[\tan(\tfrac{t}{2} + \tfrac{\pi}{4})\right]}{c_1 - c_2},$$

$$\varphi(t) = \frac{c_1 t - c_2 c \cdot \log\left[\tan(\tfrac{t}{2} + \tfrac{\pi}{4})\right]}{c_1 - c_2} \quad (t \in (-\tfrac{\pi}{2}, \tfrac{\pi}{2})).$$

Mit dem Programm P3_04 zeichnen wir eine Kugel mit den drei Flächenkurven aus Beispiel 3.1.6. Für die erste und die dritte, die wir als 3D-Kurven auffassen, führen wir die Typen C1OnSphT und C3OnSphT als Erben von Curve3DT ein, bei denen wir jeweils nur die Methode TToP neu implementieren müssen. Die zweite Kurve behandeln wir als Flächenkurve bezüglich der Kugelkoordinatendarstellung einer Kugel und deklarieren daher für sie den Typ C2OnSphT als Erben von CFOnSphT, bei dem nur die Methode TToU2 neu geschrieben werden muß.

In der Methode Draw zeichnen wir zunächst auf die wohlbekannte Art eine Kugel und dann mit den Instanzen C1OnSph, C2OnSph und C3OnSph die drei Flächenkurven. Das Parameterintervall I1DC1 für die erste Flächenkurve haben wir experimentell gewonnen.

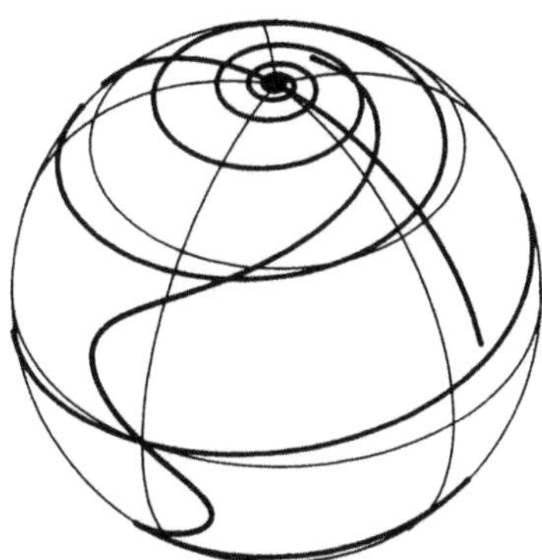

Wie wir in den Beispielen gesehen haben, gibt es auch bei Flächen verschiedene Parameterdarstellungen. Ausgehend von (3.1) können wir neue Vektorfunktionen bilden, indem wir die Parameter u^i einer Transformation unterwerfen, also neue Parameter $\overline{u}^k$ einführen, so daß

$$(3.5) \qquad\qquad u^i := u^i(\overline{u}^k) \quad (i=1,2).$$

Wir müssen dabei dafür sorgen, daß der Wertebereich der Funktionen in (3.5) wenigstens das Parametergebiet G für (u^1,u^2) umfaßt und daß sich die Gültigkeit der Forderungen an Parameterdarstellungen auf die neue Vektorfunktion überträgt:

Eine Parametertransformation (3.5) heißt *zulässig*, wenn die drei folgenden Bedingungen erfüllt sind:

(a)   Die Funktionen (3.5) seien definiert auf einem Gebiet $\overline{G}$ mit $(u^1(\overline{G}),u^2(\overline{G})) = G$.

(b)   Es gelte $u^i \in C^r(G)$ $(i=1,2)$ für ein $r \geq 1$.

(c)   (3.6) $\quad \dfrac{\partial(u^k)}{\partial(\overline{u}^l)} := \begin{vmatrix} \dfrac{\partial u^1}{\partial \overline{u}^1} & \dfrac{\partial u^1}{\partial \overline{u}^2} \\[2ex] \dfrac{\partial u^2}{\partial \overline{u}^1} & \dfrac{\partial u^2}{\partial \overline{u}^2} \end{vmatrix} \neq 0 \quad ((\overline{u}^1,\overline{u}^2) \in \overline{G}).$

Auch hier setzen wir im Bedarfsfall immer stillschweigend voraus, daß eine Parametertransformation zulässig ist.

3.1.7 Beispiel:

Wir setzen für $c_1 \neq c_2$:

$$u^1(\overline{u}^1) := 2\arctan\left[\exp\left[\frac{\overline{u}^1 - \overline{u}^2}{c_1 - c_2}\right]\right] - \frac{\pi}{2} \quad \text{und} \quad u^2(\overline{u}^1) := \frac{c_1 \overline{u}^1 - c_2 \overline{u}^2}{c_1 - c_2}$$

$$((\overline{u}^1, \overline{u}^2) \in \mathbb{R}^2).$$

Dann ist

$$\frac{\partial u^1}{\partial \overline{u}^1} = 2 \frac{1}{1 + \left[\exp\frac{\overline{u}^1 - \overline{u}^2}{c_1 - c_2}\right]^2} \cdot \exp\left[\frac{\overline{u}^1 - \overline{u}^2}{c_1 - c_2}\right] \cdot \frac{1}{c_1 - c_2} = \frac{1}{c_1 - c_2} \frac{1}{\cosh\frac{\overline{u}^1 - \overline{u}^2}{c_1 - c_2}},$$

$$\frac{\partial u^1}{\partial \overline{u}^2} = -\frac{1}{c_1 - c_2} \frac{1}{\cosh\frac{\overline{u}^1 - \overline{u}^2}{c_1 - c_2}}, \quad \frac{\partial u^2}{\partial \overline{u}^1} = \frac{c_1}{c_1 - c_2}, \quad \frac{\partial u^2}{\partial \overline{u}^2} = \frac{-c_2}{c_1 - c_2}$$

und

$$\frac{\partial(u^k)}{\partial(\overline{u}^1)} = -\frac{c_2}{(c_1 - c_2)^2} \frac{1}{\cosh\frac{\overline{u}^1 - \overline{u}^2}{c_1 - c_2}} + \frac{c_1}{c_1 - c_2} \frac{1}{\cosh\frac{\overline{u}^1 - \overline{u}^2}{c_1 - c_2}} =$$

$$= \frac{1}{c_1 - c_2} \frac{1}{\cosh\frac{\overline{u}^1 - \overline{u}^2}{c_1 - c_2}} \neq 0.$$

Es handelt sich also um eine zulässige Parametertransformation.

3.1.8 Bemerkung:

Wir beziehen eine Fläche (3.1) auf neue Parameter $\overline{u}^r$ $(r=1,2)$. Dann ist

$$\vec{x}(u^k) = \vec{x}(u^k(\overline{u}^r)) = \vec{\overline{x}}(\overline{u}^j),$$

und wir erhalten

$$(3.7) \qquad \vec{\overline{x}}_r = \frac{\partial \vec{\overline{x}}}{\partial \overline{u}^r} = \frac{\partial \vec{x}}{\partial u^k} \frac{\partial u^k}{\partial \overline{u}^r} = \vec{x}_k \frac{\partial u^k}{\partial \overline{u}^r} \qquad (r=1,2)$$

sowie

(3.8)
$$\vec{\bar{x}}_1 \times \vec{\bar{x}}_2 = (\vec{x}_1 \times \vec{x}_2)\frac{\partial(u^k)}{\partial(\bar{u}^r)}.$$

3.2 Tangentialebene und begleitendes Dreibein einer Fläche

Tangentialebene und begleitendes Dreibein einer Fläche haben eine ähnliche Bedeutung wie Tangenten und begleitendes Dreibein einer Kurve.

Es seien F eine Fläche mit einer Parameterdarstellung $\vec{x}(u^k)$ und P ein Punkt von F mit Ortsvektor $\vec{x}(\overset{k}{\underset{o}{u}})$.

Die Tangentialebene von F in P besteht aus allen Vektoren

$$\vec{t}_P = \vec{x}(\overset{k}{\underset{o}{u}}) + \lambda^j \vec{x}_j(\overset{k}{\underset{o}{u}}) \qquad (\lambda_j \in \mathbb{R} \text{ für } j=1,2).$$

Mit

$$\vec{N}_P := \vec{N}(\overset{k}{\underset{o}{u}}) := \frac{\vec{x}_1(\overset{k}{\underset{o}{u}}) \times \vec{x}_2(\overset{k}{\underset{o}{u}})}{\|\vec{x}_1(\overset{k}{\underset{o}{u}}) \times \vec{x}_2(\overset{k}{\underset{o}{u}})\|}$$

bezeichnen wir den *Normalenvektor* von F in P.

3.2.1 Bemerkung:

(a) Für die Tangentialebene von F in P ergibt sich die Gleichungsform

$$\left[\vec{t}_P - \vec{x}(\overset{k}{\underset{o}{u}})\right] \cdot \vec{N}_P = 0.$$

(b) Wegen (3.8) wechselt der Normalenvektor bei zulässigen Parametertransformationen höchstens seine Richtung.

(c) Das Dreibein $\vec{x}_1, \vec{x}_2$ und $\vec{N}$ spielt in der Flächentheorie eine ähnliche Rolle wie das begleitende Dreibein in der Kurventheorie. Allerdings ist es nicht orthonormiert; es gilt lediglich

$$\vec{N}^2 = 1 \quad \text{und} \quad \vec{N} \cdot \vec{x}_k = 0 \quad (k=1,2).$$

3.2.2 Beispiel:

Bezüglich der Parameterdarstellung der Kugel aus Beispiel 3.1.4 erhalten wir für die Tangentialebene

$$\vec{t}_P = r\{\cos u^1 \cos u^2, \cos u^1 \sin u^2, \sin u^1\} +$$

$$+ \lambda_1 r\{-\sin u^1 \cos u^2, -\sin u^1 \sin u^2, \cos u^1\} +$$

$$+ \lambda_2 r\{-\cos u^1 \sin u^2, \cos u^1 \cos u^2, 0\}$$

$$(\lambda_1, \lambda_2 \in \mathbb{R} \text{ für jedes Paar } (u^1, u^2) \in G)$$

und für den Normalenvektor

$$\vec{N} = -\frac{\vec{x}(u^k)}{\|\vec{x}(u^k)\|} = -\{\cos u^1 \cos u^2, \cos u^1 \sin u^2, \sin u^1\} \quad ((u^1, u^2) \in G).$$

Mit dem Programm P3_05 zeichnen wir einen Teil einer Kugel, einen Teil der Tangentialebene in einem Punkt $P = P(u^i_o)$ dieses Kugelteils, die Vektoren $\vec{x}_1$, $\vec{x}_2$ und $\vec{N}$ in P, sowie den Meridian und den Breitenkreis durch P.

Im Programm reservieren wir für den Punkt u^i_o der Parameterebene die Variable Q0. Für den einzelnen Meridian bzw. Breitenkreis führen wir die Typen U1OnSphT bzw. U2OnSphT ein, bei denen die Methoden TToU2 bzw. TToU1 neu definiert werden.

In der Prozedur Draw initialisieren wir zunächst die Instanz Sphere, so daß sie einen Kugelteil beschreibt, und wählen den Punkt Q0, so daß er im Parameterintervall von Sphere liegt. Mit den bekannten Methoden berechnen wir dann den Punkt P(Q0) sowie die Vektoren $\vec{X1}(Q0)$, $\vec{X2}(Q0)$ und $\vec{N}(Q0)$, mit denen wir anschliessend das Objekt Pl1 initialisieren, so daß es die Tangentialebene in P darstellt. Nachdem wir die Objekte SphereUi und PlUi zum Zeichnen der Kugel und der Ebene initialisiert haben, bestimmen wir das Weltintervall und rufen die Prozedur Parameter3D auf. Anschließend initialisieren wir die Instanzen für die Kontur, den Meridian, den Breitenkreis und die Vektoren und zeichnen die Anordnung durch den Aufruf der Zeichenmethoden.

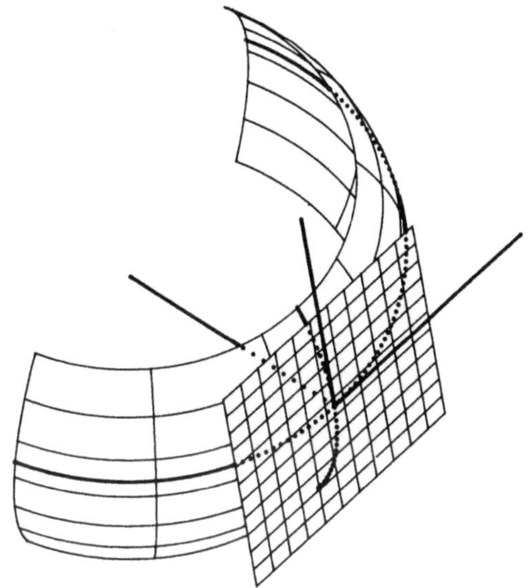

3.2.3 Beispiel:

Wir betrachten ein Stück eines Kegels mit Öffnungswinkel $\beta \in (0, \frac{\pi}{2})$ und der Parameterdarstellung

$$\vec{x}(u^k) = \{u^1 \sin\beta \cos u^2, u^1 \sin\beta \sin u^2, u^1 \cos\beta\}$$

$$((u^1, u^2) \in G := (0, \infty) \times (0, 2\pi)).$$

Es gilt:

$$\vec{x}_1 = \{\sin\beta \cos u^2, \sin\beta \sin u^2, \cos\beta\},$$

$$\vec{x}_2 = \{-u^1 \sin\beta \sin u^2, u^1 \sin\beta \cos u^2, 0\}$$

und

$$\vec{x}_1 \times \vec{x}_2 = -u^1 \sin\beta \{\cos\beta \cos u^2, \cos\beta \sin u^2, -\sin\beta\}.$$

Damit ist der Normalenvektor

$$\vec{N} = -\{\cos\beta \cos u^2, \cos\beta \sin u^2, -\sin\beta\} \quad ((u^1, u^2) \in G).$$

3.2.4 Beispiel:

Wir betrachten den Kreiszylinder mit Parameterdarstellung

$$\vec{x}(u^k) = \{r\cos u^2, r\sin u^2, u^1\} \quad ((u^1, u^2) \in G := \mathbb{R} \times (0, 2\pi)).$$

Es gilt

$$\vec{x}_1 = \{0, 0, 1\}, \quad \vec{x}_2 = r\{-\sin u^2, \cos u^2, 0\} \quad \text{und}$$

$$\vec{x}_1 \times \vec{x}_2 = -r\{\cos u^2, -\sin u^2, 0\}.$$

Damit ist der Normalenvektor

$$\vec{N} = -\{\cos u^2, \sin u^2, 0\} \quad ((u^1, u^2) \in G).$$

3.3 Die Darstellung von Quadriken

Nachdem wir die mathematischen Grundlagen behandelt haben, wenden wir uns nun der Darstellung von Flächen zu.

In diesem Abschnitt beschäftigen wir uns mit den neun *nicht entarteten Quadriken in Normalform*: Sind $a, b, c \in \mathbb{R} \setminus \{0\}$, so sind dies

(1) Das **Ellipsoid** mit $\dfrac{(x^1)^2}{a^2} + \dfrac{(x^2)^2}{b^2} + \dfrac{(x^3)^2}{c^2} = 1$;

wir setzen $a_1 := \dfrac{1}{a^2}, \; a_2 := \dfrac{1}{b^2}, \; a_3 := \dfrac{1}{c^2}, \; b_3 := 0, \; d := -1$

und wählen als Parameterdarstellung

$$\vec{x}(u^i) = \left\{ \frac{1}{\sqrt{a_1}} \cdot \cos u^1 \cos u^2, \; \frac{1}{\sqrt{a_2}} \cdot \cos u^1 \sin u^2, \; \frac{1}{\sqrt{a_3}} \cdot \sin u^1 \right\}$$

$$((u^1, u^2) \in G \subset (-\tfrac{\pi}{2}, \tfrac{\pi}{2}) \times (0, 2\pi)).$$

(2) Das **einschalige Hyperboloid** mit $\dfrac{(x^1)^2}{a^2} + \dfrac{(x^2)^2}{b^2} - \dfrac{(x^3)^2}{c^2} = 1$;

wir setzen $a_1 := \dfrac{1}{a^2}, \; a_2 := \dfrac{1}{b^2}, \; a_3 := -\dfrac{1}{c^2}, \; b_3 := 0, \; d := -1$

und wählen als Parameterdarstellung

$$\vec{x}(u^i) = \left\{ \frac{1}{\sqrt{a_1}} \cdot \cosh u^1 \cos u^2, \ \frac{1}{\sqrt{a_2}} \cdot \cosh u^1 \sin u^2, \ \cdot \frac{1}{\sqrt{-a_3}} \cdot \sinh u^1 \right\}$$

$$((u^1, u^2) \in G \subset \mathbb{R} \times (0, 2\pi)).$$

(3)   Das *zweischalige Hyperboloid* mit

$$\frac{(x^1)^2}{a^2} + \frac{(x^2)^2}{b^2} - \frac{(x^3)^2}{c^2} = -1;$$

wir setzen $a_1 := \dfrac{1}{a^2}$, $a_2 := \dfrac{1}{b^2}$, $a_3 := -\dfrac{1}{c^2}$, $b_3 := 0$, $d := 1$

und wählen als Parameterdarstellung

$$\vec{x}(u^i) = \left\{ \frac{1}{\sqrt{a_1}} \cdot \sinh u^1 \cos u^2, \ \frac{1}{\sqrt{a_2}} \cdot \sinh u^1 \sin u^2, \ \pm \frac{1}{\sqrt{-a_3}} \cdot \cosh u^1 \right\}$$

$$((u^1, u^2) \in G \subset \mathbb{R}^+ \times (0, 2\pi)).$$

(4)   Das *elliptische Paraboloid* mit $\dfrac{(x^1)^2}{a^2} + \dfrac{(x^2)^2}{b^2} - x^3 = 0;$

wir setzen $a_1 := \dfrac{1}{a^2}$, $a_2 := \dfrac{1}{b^2}$, $a_3 := 0$, $b_3 := -1$, $d := 0$

und wählen als Parameterdarstellung

$$\vec{x}(u^i) = \left\{ \frac{1}{\sqrt{a_1}} \cdot u^1 \cos u^2, \ \frac{1}{\sqrt{a_2}} \cdot u^1 \sin u^2, \ (u^1)^2 \right\}$$

$$((u^1, u^2) \in \mathbb{R}^+ \times (0, 2\pi)).$$

(5)   Das *hyperbolische Paraboloid* mit $\dfrac{(x^1)^2}{a^2} - \dfrac{(x^2)^2}{b^2} - x^3 = 0;$

wir setzen $a_1 := \dfrac{1}{a^2}$, $a_2 := -\dfrac{1}{b^2}$, $a_3 := 0$, $b_3 := -1$, $d := 0$

und wählen als Parameterdarstellung

$$\vec{x}(u^i) = \left\{ \frac{1}{\sqrt{a_1}} \cdot u^1, \ \frac{1}{\sqrt{-a_2}} \cdot u^2, \ (u^1)^2 - (u^2)^2 \right\} \qquad ((u^1, u^2) \in G \subset \mathbb{R} \times \mathbb{R}).$$

(6) Den **elliptischen Zylinder** mit $\dfrac{(x^1)^2}{a^2} + \dfrac{(x^2)^2}{b^2} = 1$;

wir setzen $a_1 := \dfrac{1}{a^2}$, $a_2 := \dfrac{1}{b^2}$, $a_3 := 0$, $b_3 := 0$, $d := -1$

und wählen als Parameterdarstellung

$$\vec{x}(u^i) = \left\{ \frac{1}{\sqrt{a_1}} \cdot \cos u^2, \ \frac{1}{\sqrt{a_2}} \cdot \sin u^2, \ u^1 \right\} \qquad ((u^1, u^2) \in G \subset \mathbb{R} \times (0, 2\pi)).$$

(7) Den **hyperbolischen Zylinder** mit $\dfrac{(x^1)^2}{a^2} - \dfrac{(x^2)^2}{b^2} = 1$;

wir setzen $a_1 := \dfrac{1}{a^2}$, $a_2 := -\dfrac{1}{b^2}$, $a_3 := 0$, $b_3 := 0$, $d := -1$

und wählen als Parameterdarstellung

$$\vec{x}(u^i) = \left\{ \pm \frac{1}{\sqrt{a_1}} \cdot \cosh u^2, \ \frac{1}{\sqrt{-a_2}} \cdot \sinh u^2, \ u^1 \right\} \qquad ((u^1, u^2) \in G \subset \mathbb{R} \times \mathbb{R}).$$

(8) Den **parabolischen Zylinder** mit $\dfrac{(x^1)^2}{a^2} - x^3 = 0$;

wir setzen $a_1 := \dfrac{1}{a^2}$, $a_2 := 0$, $a_3 := 0$, $b_3 := -1$, $d := 0$

und wählen als Parameterdarstellung

$$\vec{x}(u^i) = \left\{ \frac{1}{\sqrt{a_1}} \cdot u^1, \ u^2, \ (u^1)^2 \right\} \qquad ((u^1, u^2) \in G \subset \mathbb{R} \times \mathbb{R}).$$

(9) Den **Kegel** mit $\dfrac{(x^1)^2}{a^2} + \dfrac{(x^2)^2}{b^2} - (x^3)^2 = 0$;

wir setzen $a_1 := \dfrac{1}{a^2}$, $a_2 := \dfrac{1}{b^2}$, $a_3 := -1$, $b_3 := 0$, $d := 0$

und wählen als Parameterdarstellung

$$\vec{x}(u^i) = \left\{ \frac{1}{\sqrt{a_1}}\, u^1 \cos u^2,\; \frac{1}{\sqrt{a_2}}\, u^1 \sin u^2,\; u^1 \right\}$$

$$((u^1, u^2) \in G \subset \mathbb{R} \times (0, 2\pi)).$$

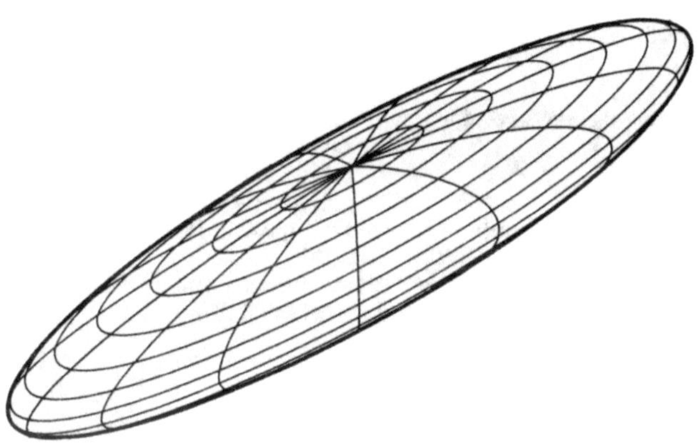

Wenn wir

$$A := \begin{bmatrix} a_1 & 0 & 0 \\ 0 & a_2 & 0 \\ 0 & 0 & a_3 \end{bmatrix}, \quad \vec{b} := \{0, 0, b^3\}$$

mit $b^3 \in \{0, -1\}$ und $d \in \{-1, 0, 1\}$ schreiben, so lassen sich alle neun Typen in der Form

$$(3.9) \qquad\qquad Q := \{X \in \mathbb{R}^3 : (x^k)^T \cdot A \cdot (x^k) + \vec{b} \cdot \vec{x} + d = 0\}$$

darstellen.

Zum Zeichnen der Quadriken führen wir auf der Geometrieseite zunächst folgenden Typ QST (Quadratic Surface) ein.

```
QST = OBJECT (SurfaceT)                                    {UQS}
   TypeNumber,
   Sgn,SgnA2,Sgna3 : INTEGER;
   A               : Matrix3D;
```

```
    B               : Vt3D;
    D               : EXTENDED;
    FA1,FA2,FA3     : EXTENDED;

    CONSTRUCTOR Init (IU1U2Init: IntervalPar;
                      TypeNumberInit: INTEGER;
                      AInit,BInit,CInit: EXTENDED);

    FUNCTION  Branch (P: Pt3D): INTEGER;
    FUNCTION  SqrF (Q:PtPar): EXTENDED;

    PROCEDURE ParToSurf     (Q: PtPar; VAR P: Pt3D); VIRTUAL;
    ......

    PROCEDURE IntersectWithLine (Ln: Line3D;
                      VAR NOS: INTEGER;
                      VAR T1,T2: EXTENDED;
                      VAR Q1,Q2: PtPar);
    PROCEDURE Visibility (P: Pt3D; PrRay: Line3D; Dist:EXTENDED;
                      VAR Vis: BOOLEAN);
    PROCEDURE NotHidden (P: Pt3D; PrRay: Line3D; Dist: EXTENDED;
                      VAR NotHidd: BOOLEAN);
    END;
```

Die Datenfelder A, B und D sind für die Matrix A, den Vektor $\vec{b}$
und die Konstante d in (3.9) bestimmt. Das Feld TypeNumber reservieren wir für die Typnummer einer Quadrik; sie entspricht
der Nummer in der Aufzählung. Die zwei Zweige der Quadriken vom
Typ 3 oder 7 unterscheiden sich jeweils im Vorzeichen einer Koordinate, für welches wir das Feld Sgn vorsehen. Sgn nimmt -
wie üblich - die Werte +1 für positives Vorzeichen und -1 für
negatives Vorzeichen an. Die Vorzeichen der Terme $\frac{(x^2)^2}{b^2}$ bzw.
$\frac{(x^3)^2}{c^2}$ in der Quadrikgleichung speichern wir in den Variablen
SgnA2 bzw. SgnA3. Dabei setzen wir SgnA2=0 bzw. SgnA3=0, wenn
der entsprechende Term in der Gleichung nicht vorkommt. Die
Felder FA1, FA2 und FA3 werden wir zur Abkürzung bei der Implementation der Parameterdarstellung und ihrer partiellen Ableitungen benutzen. Sie werden im Konstruktor Init wie folgt besetzt:

$$FA1 := \sqrt{\frac{1}{a_1}}, \quad FA2 := \sqrt{\frac{SgnA2}{a_2}}, \quad FA3 := \sqrt{\frac{SgnA3}{a_3}}.$$

Eine Instanz vom Typ QST können wir mit dem Konstruktor Init
initialisieren. Der Typ der definierten Quadrik wird dabei
allein durch die eingehende Größe TypeNumberInit festgelegt.

Für die ebenfalls eingegebenen Größen AInit, BInit und CInit,
welche für die Größen a, b und c in der jeweiligen Normalform
stehen, gilt folgendes: Treten in der Normalform des Typs mit
der Nummer TypeNumberInit die Größen b bzw. c nicht auf und ist
im Konstruktor aber BInit≠0 bzw. CInit≠0 gewählt worden, so
setzen wir die entsprechenden Elemente der Matrix A einfach
gleich Null. Treten umgekehrt die Größen b bzw. c in der Normalform auf und ist BInit=0 bzw. CInit=0 gewählt worden, so
bricht das Programm mit einer Fehlermeldung ab.

In der ersten Case-Anweisung des Konstruktors besetzen wir die
Variablen A, B, D, SgnA2 und SgnA3 in Abhängigkeit der eingehenden Größen. Gleichzeitig beschränken wir ein eventuell zu
groß eingegebenes Parameterintervall IU1U2Init, so daß es anschließend im Gebiet G liegt, welches wir bei der jeweiligen
Parameterdarstellng angegeben haben. Nach der Besetzung der
Felder FA1, FA2 und FA3 wird in der zweiten CASE-Anweisung das
3D-Intervall I3D bestimmt, so daß es denjenigen Teil der
Quadrik ganz enthält, der durch das Parameterintervall festgelegt worden ist. Man beachte jedoch, daß das hier bestimmte I3D
nicht unbedingt das kleinste Intervall mit dieser Eigenschaft
sein muß.

Die Methode Branch liefert bei Quadriken der Typen 3 oder 7 das
Vorzeichen des Zweiges, auf welchem der eingehende Punkt P
liegt. Bei allen anderen Quadriktypen wird "+1" ausgegeben.

In der Methode ParToSurf benutzen wir eine durch die Typnummer
gesteuerte CASE-Anweisung zur Implementation der Parameterdarstellung wie folgt:

```
PROCEDURE QST.ParToSurf (Q: PtPar; VAR P: Pt3D);
VAR COSu1,COSHu1,SINHu1 : EXTENDED;
BEGIN
  CASE TypeNumber OF
    1: BEGIN
         COSu1 := COS(Q.U1);
         P.X   := FA1*COSu1*COS(Q.U2);
         P.Y   := FA2*COSu1*SIN(Q.U2);
         P.Z   := FA3*SIN(Q.U1);
       END;
    ..........
  END;
END;
```

Analog werden die Methoden für die partiellen Ableitungen der
Parameterdarstellung bis zur Ordnung 3 und die Methode SurfTo-
Par implementiert.

Zur Lösung des Sichtbarkeitsproblems schneiden wir nun zunächst
wie in den Abschnitten 1.14, 1.15 usw. eine beliebige Gerade
mit Parameterdarstellung

$$(3.10) \qquad\qquad \vec{x}(t) = \vec{p} + t\vec{v}$$

mit unseren Quadriken. Dazu setzen wir (3.10) in die Quadriken-
gleichung (3.9) ein und erhalten

$$((x(t))^k)^T \cdot A \cdot ((x(t))^k) + \vec{b} \cdot \vec{x}(t) + d =$$

$$= t^2 (v^k)^T \cdot A \cdot (v^k) + (2(v^k)^T \cdot A \cdot (p^k) + \vec{b} \cdot \vec{v}) t + (p^k)^T \cdot A \cdot (p^k) + \vec{b} \cdot \vec{p} + d = 0,$$

also eine quadratische Gleichung.

$$(3.11) \qquad\qquad at^2 + bt + c = 0$$

mit den Koeffizienten

$$(3.12) \qquad \begin{cases} a := (v^k)^T \cdot A \cdot (v^k) \\ b := 2(v^k)^T \cdot A \cdot (p^k) + \vec{b} \cdot \vec{v} \\ c := (p^k)^T \cdot A \cdot (p^k) + \vec{b} \cdot \vec{p} + d \end{cases}$$

Mit der Methode IntersectWithLine schneiden wir die Gerade Ln
und die Quadrik. In (3.10) ist also

$$\vec{p} = \overrightarrow{OLn.O} \quad \text{und} \quad \vec{v} = \overrightarrow{Ln.U} \ .$$

Die Methode gibt zunächst die Anzahl NOS der Schnittpunkte aus.
Ist NOS>0, so werden auch ihre Parameter T1 und T2 - bezogen
auf die Darstellung der Geraden Ln - sowie ihre Parameterpunkte
Q1 und Q2 - bezogen auf die Darstellung der Quadrik - ausgegeben.

In der Methode Visibility schneiden wir den Sehstrahl PrRay zum
Punkt P mit der Quadrik. Nun ist in (3.10) also

$$\vec{p} = \overrightarrow{OPrRay.O} \quad \text{und} \quad \vec{v} = \overrightarrow{PrRay.U} \ .$$

(Dies werden wir in Zukunft nicht mehr wiederholen.)

Da in diesem Fall in (3.11) der Term c verschwindet, benutzen
wir nicht die Methode IntersectWithLine, sondern wir lösen die
übrigbleibende Gleichung

$$at + b = 0.$$

Gilt für deren Lösung TIS>0 und liegt der zugehörige Parameterpunkt QIS im Parameterintervall der Quadrik, so wird P verdeckt
und wir setzen Vis:=FALSE andernfalls Vis:=TRUE.

In der Methode NotHidden schneiden wir die Quadrik mit dem Sehstrahl PrRay zum Punkt P mittels der Methode IntersectWithLine.

Nun wird P genau dann durch die Quadrik verdeckt, wenn mindestens einer der beiden möglichen Schnittpunkte folgende Eigenschaft besitzt:

- sein Parameterwert bezüglich des Sehstrahls ist größer als Null und
- sein zugehöriger Flächenparameterpunkt liegt im Parameterintervall der Quadrik.

In diesem Fall setzen wir NotHidd=FALSE andernfalls NotHidd= TRUE.

Zum Zeichnen der Parameterlinien einer Quadrik führen wir - vollkommen analog zum Vorgehen in den Abschnitten 1.14 bis 1.16 - folgenden Typ QSUiT als Erben von UiT ein:

```
QSUiT = OBJECT (UiT)                                      {UQS}
   QS: QST;

   CONSTRUCTOR Init (WPU1Init: BOOLEAN;
                     IPU1Init,LLU1Init,ColU1Init: INTEGER;
                     CheckU1Init: Check3D;
                     NNU1Init,SU1Init,EU1Init:INTEGER;
                     WPU2Init: BOOLEAN;
                     IPU2Init,LLU2Init,ColU2Init: INTEGER;
                     CheckU2Init: Check3D;
                     NNU2Init,SU2Init,EU2Init:INTEGER;
                     AutoScanInit: BOOLEAN;
                     VAR QSInit: QST);
   PROCEDURE TToP (T: EXTENDED; VAR P: Pt3D); VIRTUAL;
   PROCEDURE DrawU1; VIRTUAL;
   PROCEDURE DrawU2; VIRTUAL;
   PROCEDURE ScanUiLinesForI3D (VAR MaxI3D: Interval3D); VIRTUAL;
END;
```

Die Bedeutung der in den Konstruktor Init eingehenden Daten ist dieselbe wie beim Typ SphUiT in Abschnitt 1.14.

Da Quadriken der Typen 3 oder 7 jedoch aus zwei Zweigen bestehen, müssen im Typ QSUiT neben der Methode TToP auch die Methoden DrawU1, DrawU2 und ScanUiLinesForI3D neu geschrieben werden. Ihre Implementationen entsprechen aber weitgehend denen der entsprechenden Methoden im Vorfahr UiT. Das schauen wir uns am Beispiel der Methode DrawU1 zum Zeichnen der u^1-Linien exemplarisch an:

```
PROCEDURE QSUiT.DrawU1;
VAR N,SgnOld : INTEGER;
BEGIN
```

```
U1Line := TRUE;
Curve3DT.Init (WPU1,IPU1,LLU1,ColU1,I1DU1,CheckU1);
CurveType := 'U1-Line on '+SurfaceType;
SgnOld    := QS.Sgn;
QS.Sgn    := 1;

FOR N := SU1 TO NNU1-EU1 DO BEGIN
  U2 := ISurf[1].U2 + N/NNU1*(ISurf[2].U2-ISurf[1].U2);
  DrawCurve3D;
  IF (QS.TypeNumber = 3) OR (QS.TypeNumber = 7) THEN BEGIN
    QS.Sgn :=-1;
    DrawCurve3D;
    QS.Sgn := 1;
  END;
END;
  QS.Sgn := SgnOld;
END;
```

Nach der üblichen Initialisierung merken wir uns in der Variablen SgnOld zunächst das Vorzeichen QS.Sgn, welches durch diese Methode nicht verändert werden soll. In der N-Schleife zeichnen wir durch den ersten Aufruf von DrawCurve3D die u^1-Linie zum jeweiligen U2. Ist die Quadrik vom Typ 3 oder 7, so setzen wir zunächst QS.Sgn:=-1 und zeichnen durch einen erneuten Aufruf von DrawCurve3D die entsprechende u^1-Linie auf dem anderen Zweig.

In den Methoden DrawU2 und ScanUiLinesForI3D gehen wir analog vor.

Wir erwähnen an dieser Stelle noch, daß wir für das Zeichnen von Flächenkurven auf Quadriken den Typ CFOnQST einführen. Aus den Gründen, die wir bei der Beschreibung des Typs QSUiT genannt haben, müssen wir hier im Vergleich zum Typ CFOnSphT aus Abschnitt 1.21 auch die Methode DrawFamily neu implementieren.

Bevor wir Quadriken zeichnen, lösen wir zunächst auch noch das Konturproblem.

Wir setzen

$$F(x^k) := (x^k)^T \cdot A \cdot (x^k) + \vec{b} \cdot \vec{x} + d = a_1(x^1)^2 + a_2(x^2)^2 + a_3(x^3)^2 + b^3 x^3 + d.$$

Ist $C = (c^1, c^2, c^3)$ das Projektionszentrum, so ist ein Quadrikpunkt $P = (p^1, p^2, p^3)$ genau dann Konturpunkt, wenn

$$(3.13) \qquad\qquad \text{grad } F(p^k) \cdot \vec{PC} = 0.$$

Wegen grad $F(p^k) = \{2a_1 p^1, 2a_2 p^2, 2a_3 p^3 + b^3\}$ ist (3.13) gleichbedeutend mit

$$2a_1 c^1 p^1 + 2a_2 c^2 p^2 + 2a_3 c^3 p^3 + b^3 c^3 - 2a_1(p^1)^2 - 2a_2(p^2)^2 - 2a_3(p^3)^2 - b^3 p^3 =$$

$$= 2a_1 c^1 p^1 + 2a_2 c^2 p^2 + 2a_3 c^3 p^3 + b^3 c^3 - 2F(p^k) + b^3 p^3 + 2d = 0.$$

Da $F(p^k) = 0$ ist, erhalten wir also

$$(3.14) \qquad -a_1 c^1 p^1 = a_2 c^2 p^2 + \left[a_3 c^3 + \frac{b^3}{2}\right] p^3 + \frac{b^3 c^3}{2} + d.$$

Wir setzen

$$\alpha_2 := a_2 c^2, \quad \alpha_3 := a_3 c^3 + \frac{b^3}{2}, \quad \gamma := d + \frac{b^3 c^3}{2}$$

und erhalten durch Quadrieren von (3.14)

$$(3.15) \quad a_1^2 (c^1)^2 (p^1)^2 = \alpha_2^2 (p^2)^2 + \alpha_3^2 (p^3)^2 + \gamma^2 + 2\alpha_2 \alpha_3 p^2 p^3 + 2\alpha_2 \gamma p^2 + 2\alpha_3 \gamma p^3.$$

Nun schreiben wir

$$\hat{u}^1 := p^2, \quad \hat{u}^2 := p^3.$$

Da P in ein Quadrikpunkt ist, folgt aus (3.9)

$$(3.16) \quad (p^1)^2 = f^2(\hat{u}^1, \hat{u}^2) := -\frac{1}{a_1}\left[a_2(\hat{u}^1)^2 + a_3(\hat{u}^2)^2 + b^3 \hat{u}^2 + d\right],$$

wobei $a_2(\hat{u}^1)^2 + a_3(\hat{u}^2)^2 + b^3 \hat{u}^2 + d \leq 0$ sein muß. Wenn wir (3.16) in (3.15) einsetzen, so erhalten wir

$$(3.17) \quad \left\{ \begin{array}{l} \left[\alpha_2^2 + a_1 a_2 (c^1)^2\right](\hat{u}^1)^2 + 2\alpha_2 \alpha_3 \hat{u}^1 \hat{u}^2 + \left[\alpha_3^2 + a_1 a_3 (c^1)^2\right](\hat{u}^2)^2 + \\[2mm] 2\alpha_2 \gamma \hat{u}^1 + \left[2\alpha_3 \gamma + a_1 b^3 (c^1)^2\right]\hat{u}^2 + a_1 (c^1)^2 d + \gamma^2 = 0 \end{array} \right.$$

Mit

$$\bar{a}_{11} := \alpha_2^2 + a_1 a_2 (c^1)^2, \quad \bar{a}_{12} := \alpha_2 \alpha_3, \quad \bar{a}_{22} := \alpha_3^2 + a_1 a_3 (c^1)^2$$

$$\bar{A} := (\bar{a}_{ik}) \quad \bar{b}^1 := 2\alpha_2 \gamma, \quad \bar{b}^2 := 2\alpha_3 \gamma + a_1 b^3 (c^1)^2, \quad \vec{\bar{b}} := \{\bar{b}_1, \bar{b}_2\}$$

und $\bar{c} := \gamma^2 + a_1 (c^1)^2 d$ wird (3.17) zu

$$(3.18) \qquad (\hat{u}^k)^T \cdot \bar{A} \cdot (\hat{u}^k) + \vec{b} \cdot \vec{u} + \vec{c} = 0.$$

Wir erhalten also eine quadratische Kurve in der $\hat{u}^1 \hat{u}^2$-Ebene.

Zum Zeichnen der Kontur einer Quadrik wenden wir folgende Strategie an: Wir durchlaufen alle Zweige der quadratischen Kurve (3.18), die in einem geeignet gewählten Intervall I2DC der $\hat{u}^1 \hat{u}^2$-Ebene liegen, und bestimmen dabei die zugehörigen Konturpunkte P mittels

$$P = P(\hat{u}^i) = \left[\pm \sqrt{f^2(\hat{u}^1, \hat{u}^2)},\ \hat{u}^1,\ \hat{u}^2 \right]$$

mit f^2 aus (3.16).

Zur Berechnung der Funktionswerte $f^2(\hat{u}^i)$ ergänzen wir zunächst den Typ QST um die Methode SqrF.

Wir schauen uns nun den Typ QSCT für das Zeichnen der Kontur einer Quadrik an, den wir wegen des Vorzeichens bei der Berechnung von $P(\hat{u}^i)$ als Erben von Curve3DWithTwoSgnT deklarieren:

```
QSCT = OBJECT (Curve3DWithTwoSgnT)                        {UQS}
   QS                   : QST;
   QC                   : QCT;
   Alpha2,Alpha3,Gamma  : EXTENDED;
   I2DC                 : Interval2D;
   NoPoint              : BOOLEAN;

   CONSTRUCTOR Init (WPInit: BOOLEAN;
                     IPInit,LLInit,ColInit: INTEGER;
                     CheckInit: Check3D;
                     QSInit: QST);
   PROCEDURE TToP (T: EXTENDED; VAR P: Pt3D); VIRTUAL;
   PROCEDURE Draw;
   PROCEDURE Visibility (P: Pt3D; PrRay: Line3D;
                         Dist: EXTENDED;
                         VAR Vis: BOOLEAN);
   END;
```

Das Datenfeld QS besetzen wir mit der Quadrik, deren Kontur gezeichnet werden soll. Für die quadratische Kurve (3.18), die Größen α_2, α_3, γ aus der Herleitung und das oben erwähnte Intervall I2DC sehen wir die Felder QC, Alpha2, Alpha3, Gamma und

I2DC vor. Die Variable NoPoint brauchen wir für Sichtabfragen.

Im Konstruktor Init berechnen wir nach den notwendigen Initialisierungen zunächst die Größen α_2, α_3, und γ. Anschließend wird das Intervall I2DC gewählt, so daß es einem Intervall in der x^2x^3-Ebene entspricht, welches den ganzen Schnitt der Quadrik mit dieser Ebene enthält. Liegt der Augpunkt auf der x^1-Achse ($c^1=0$), so benutzen wir bei der folgenden Berechnung der Koeffizienten der quadratischen Kurve die Beziehung (3.14), andernfalls (3.17). Zum Schluß initialisieren wir noch die Instanz QC mittels ihres Konstruktors InitWithI2D. Dabei werden bekanntlich die Parameterintervalle aller in I2DC verlaufenden Zweige von QC ermittelt.

In der ersten Schleife der Prozedur Draw wählen wir als Parameterintervall I1D jeweils ein Intervall aus dem Array QC.I1DA1. Hierbei muß in der Parameterdarstellung der quadratischen Kurve das Vorzeichen QC.Sgn=+1 gesetzt werden (vergleiche Abschnitt 2.3). Für jedes dieser Intervalle muß dann die Methode DrawTwoBranches aufgerufen werden, bei der das Vorzeichen Sgn der Konturlinie automatisch einmal auf "+" und einmal auf "-" gesetzt wird. Analog verfahren wir in der zweiten Schleife mit den Intervallen aus QC.I1DA2.

In der Prozedur TToP berechnen wir zunächst zum laufenden T den Punkt P2D der quadratischen Kurve. Für den daraus bestimmten Parameterpunkt QNew gilt

$$QNew = (\hat{u}^1(T), \hat{u}^2(T)).$$

Ist die danach berechnete Größe $F = f^2(\hat{u}^1(T))$ kleiner als Null, so setzen wir NoPoint:=TRUE und verlassen die Prozedur. Andernfalls berechnen wir den Konturpunkt P. Da wir das Intervall I2DC nicht optimal bestimmt haben, untersuchen wir dann, ob der Punkt P in dem Teil der Quadrik liegt, der durch ihr Parameterintervall IU1U2 bestimmt ist. Ist dies nicht der Fall, so setzen wir NoPoint=TRUE und verlassen die Prozedur. Nun müssen wir noch beachten, daß die Beziehung (3.16) nur eine notwendige Bedingung für einen Konturpunkt liefert, da sie durch Quadrieren aus (3.15) hervorgegangen ist. Aus diesem Grund überprüfen wir noch, ob der Flächennormalenvektor in P senkrecht auf dem Sehstrahl steht und setzen NoPoint=TRUE, wenn dies nicht der Fall ist. In der Methode Visibility setzen wir vollkommen analog zum Vorgehen bei der Kontur einer Kugel Vis=FALSE, wenn NoPoint=TRUE gilt, und sonst Vis=TRUE.

Mit den Programmen P3_06 - P3_14, deren Aufbau dem von P1_07 entspricht, zeichnen wir zu jedem Typ jeweils eine Quadrik mit ihrer Kontur.

3.4 Die Darstellung von Regelflächen

Die sogenannten *Regelflächen* bilden eine wichtige Klasse. Sie werden durch Bewegung einer Geraden im Raum erzeugt. Durch jeden Punkt einer Regelfläche geht eine in der Fläche gelegene Gerade. Ist $\vec{y}(u^1)$ die Bahnkurve eines Punktes der bewegten Geraden und beschreibt man die Richtung der Geraden durch ihren Einheitsvektor $\vec{z}(u^1)$, so erhält man eine Parameterdarstellung

$$(3.19) \qquad \vec{x}(u^i) = \vec{y}(u^1) + u^2 \vec{z}(u^1) \quad ((u^1, u^2) \in I_1 \times I_2).$$

Die Kurve $\vec{y}(u^1)$ nennt man *Direktrix* und eine Gerade zu u^1=const eine *Erzeugende* der Regelfläche.

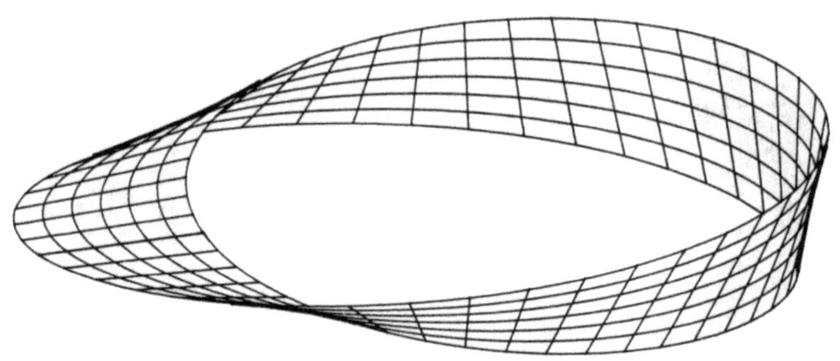

Wir schauen uns zunächst den Typ RulST (RulS=$\underline{Rul}$ed $\underline{S}$urface) an, den wir zum Zeichnen von Regelflächen auf der Geometrieseite deklariert haben:

```
RulST = OBJECT (SurfaceT)                                   {URulS}
    Epsilon                     : EXTENDED;
    NOfSteps,NOfIntv            : INTEGER;
    SkipNewton                  : BOOLEAN;
    LnIS                        : Line3D;
    Y,Z,dY,dZ,d2Y,d2Z,d3Y,d3Z  : MapRToR3;

    CONSTRUCTOR Init (IU1U2Init: IntervalPar;
                      EpsilonInit: EXTENDED;
                      NOfStepsInit,NOfIntvInit: INTEGER;
                      SkipNewtonInit: BOOLEAN;
                      YInit,ZInit,
                      dYInit,dZInit,
                      d2YInit,d2ZInit,
                      d3YInit,d3ZInit: MapRToR3);
```

```
PROCEDURE mY     (U1: EXTENDED; VAR V: Vt3D); VIRTUAL;
PROCEDURE mZ     (U1: EXTENDED; VAR V: Vt3D); VIRTUAL;
..........

PROCEDURE ParToSurf    (Q: PtPar; VAR P: Pt3D); VIRTUAL;
..........

PROCEDURE Visibility (P: Pt3D; PrRay: Line3D; Dist:EXTENDED;
                      VAR Vis: BOOLEAN); VIRTUAL;
PROCEDURE NotHidden (P: Pt3D; PrRay: Line3D; Dist:EXTENDED;
                     VAR NotHidd: BOOLEAN); VIRTUAL;
..........
END;
```

Die ersten fünf Datenfelder brauchen wir bei der Lösung des Sichtbarkeitsproblems. Anschließend reservieren wir für die Vektorfunktionen $\vec{y}(u^1)$ und $\vec{z}(u^1)$ und deren Ableitungen die Felder y, z, dy, dz, usw., die von folgendem Typ sind:

```
TYPE MapRToR3 = PROCEDURE (X: EXTENDED; VAR V: Vt3D);        {UMath}
```

Zur Initialisierung eines Objektes vom Typ RulST stellen wir den Konstruktor Init zur Verfügung, mit dem wir gleichzeitig alle wichtigen Daten einlesen.

Es hat sich als sinnvoll erwiesen, daß wir in allen Methoden dieses Typs, in denen wir die Funktionen $\vec{y}(u^1)$, $\vec{z}(u^1)$ oder deren Ableitungen benötigen, nicht die Prozeduren in den Datenfeldern Y, Z usw. direkt aufrufen, sondern folgenden Weg gehen: Wir definieren die virtuellen Methoden mY, mZ usw., in denen wir auf dieser Hierarchiestufe lediglich die Prozeduren aus den entsprechenden Datenfeldern aufrufen, und die wir dann in den anderen Methoden benutzen. Ihre Bezeichner lassen wir zur Unterscheidung von den Datenfeldern stets mit einem "m" beginnen.

Die Vorteile dieser Vorgehensweise, die einen geringen Geschwindigkeitsverlust bei den Programmen bedeutet, werden wir später erkennen.

Wir wenden uns nun dem Sichtbarkeitsproblem zu.

Zunächst schneiden wir wieder eine beliebige Gerade G mit einer Regelfläche. Nach (3.10) und (3.19) muß gelten

$$(3.20) \qquad \vec{y}(u^1)+u^2\vec{z}(u^1)-\vec{p}-t\vec{v} = \vec{0}.$$

Wir setzen

$$\vec{a}(u^1) := \vec{v} \times \vec{z}(u^1) \quad \text{und} \quad \vec{b}(u^1) := (\vec{y}(u^1) - \vec{p}) \times \vec{z}(u^1).$$

Wenn wir (3.20) mit $\vec{a}(u^1)$ skalar malnehmen, so ergibt sich

$$(3.21) \qquad f(u^1) := (\vec{y}(u^1) - \vec{p}) \cdot \vec{a}(u^1) = 0.$$

Wir suchen also zunächst die Nullstellen $u^1 \in I_1$, von (3.21).

Für jedes dieser u^1 muß gelten, wenn wir (3.20) mit $\vec{z}(u^1)$ vektoriell malnehmen

$$(3.22) \qquad \vec{b}(u^1) - t\vec{a}(u^1) = \vec{0}.$$

Die Lösungen $t = t(u^1)$ von (3.22) berechnen sich wie folgt: Ist $\vec{a}(u^1) = \vec{0}$, so gibt es keine Bedingung für $t(u^1)$, sofern auch $\vec{b}(u^1) = \vec{0}$; andernfalls existiert kein $t(u^1)$.

Ist $\vec{a}(u^1) \neq \vec{0}$, so erhalten wir

$$(3.23) \qquad t(u^1) = \frac{\vec{b}(u^1) \cdot \vec{a}(u^1)}{\|\vec{a}(u^1)\|^2}.$$

Mit den Werten $u^1 \in I_1$ aus (3.21) und den zugehörigen Werten $t(u^1)$ aus (3.22) berechnen wir nun diejenigen $u^2 \in I_2$, für die

$$(3.24) \quad u^2 = u^2(u^1) = \left[\vec{p} - \vec{y}(u^1) + t(u^1)\vec{v}\right] \cdot \vec{z}(u^1).$$

Daraus erhalten wir die Schnittpunkte von G mit der Regelfläche.

Ein Punkt P unserer Fläche RulS ist nun genau dann unsichtbar, wenn es Lösungen $u^1 \in I_1$ von (3.21) gibt mit $\vec{a}(u^1) \neq \vec{0}$, zugehörigem $t(u^1) > 0$ aus (3.23) und zugehörigem $u^2 \in I_2$ aus (3.24), so daß (3.20) mit $\vec{p} = \overrightarrow{OP}$ und $\vec{v} = \overrightarrow{PC}$ erfüllt ist.

(Gibt es eine Lösung $u^1 \in I_1$ von (3.21) mit $\vec{a}(u^1) = \vec{0}$, so erklären wir P als sichtbar. Denn ist zusätzlich $\vec{b}(u^1) = \vec{0}$, so liegt der Sehstrahl auf der zu diesem u^1 gehörenden u^2-Linie; ist

hingegen $\vec{b}(u^1) \neq \vec{0}$, so gibt es keine Lösung $t(u^1)$ von (3.22),
so daß P nicht verdeckt wird.)

Programmiertechnisch gehen wir bei der Lösung des Sichtbar-
keitsproblems wie folgt vor: Für die Gerade G haben wir im Typ
RulST das Datenfeld LnIS reserviert, welches wir in allen
Methoden benutzen werden, in denen G auftritt. Es ist also dort

$$\overrightarrow{OLnIS.O} = \vec{p} \quad \text{und} \quad \overrightarrow{LnIS.U} = \vec{v}.$$

Für die Funktion f aus (3.21) sowie deren erste und zweite Ableitung implementieren wir zunächst die Methoden F, dF und d2F.

Zur Bestimmung der Nullstellen von f führen wir dann folgende
virtuelle Methode ein:

```
PROCEDURE RulST.FindZerosOfF (I1D: Interval1D;
                             VAR Zero: EXTENDED;
                             VAR NoZero: INTEGER);
BEGIN
  SetLocal;
  FindZero (LocalRulSF,dLocalRulSF,d2LocalRulSF,
           Epsilon,I1D[1].X,I1D[2].X,NOfSteps,SkipNewton,
           Zero,NoZero);
END;
```

Wir rufen in ihr einfach die Prozedur FindZero auf, deren genaue Bechreibung in Abschnitt 7.1 zu finden ist.

Da wir diese Prozedur hier zum ersten Mal einsetzen, beschreiben wir kurz die Bedeutung der Übergabeparameter. Mit der Variablen Epsilon setzen wir die Genauigkeit fest, mit der eine
mögliche Nullstelle im Intervall I1D bestimmt wird, dessen
Grenzen ebenfalls eingegeben werden. NOfSteps legt fest, wie
oft der Algorithmus dieser Prozedur höchstens durchlaufen werden soll. Mit dem Schalter SkipNewton wird entschieden, ob das
Newton-Verfahren benutzt werden soll (SkipNewton=FALSE) oder
nicht (SkipNewton =TRUE). Wurde in I1D eine Nullstelle gefunden, so geben wir sie in der Variablen Zero und die Anzahl der
benötigten Suchschritte in NoZero aus. Andernfalls ist NoZero
gleich Null und Zero wird auf den linken Intervallrand von I1D
gesetzt.

Neben diesen Daten müssen wir die Funktion, deren Nullstelle
bestimmt werden soll, sowie für das Newton-Verfahren deren
erste und zweite Ableitung übergeben.

Nun ist es leider generell nicht möglich, Methoden von Objekttypen als prozedurale Übergabeparameter zu wählen. Wir können
also in die Prozedur FindZero nicht einfach die Methoden F, dF
und d2F setzen und müssen daher folgenden Trick anwenden:

Wir deklarieren im Implementationsteil der Unit URulS zunächst
die lokale Variable LocalRulS als Instanz des Typs RulST und
schreiben dann folgende Funktion

```
FUNCTION LocalRulSF (X: EXTENDED): EXTENDED;                    {URulS}
BEGIN
  LocalRulSF := LocalRulS.F(X);
END;
```

in der wir die Methode F der Instanz LocalRulS aufrufen. Analog
implementieren wir die Funktionen dLocalRulSF und d2LocalRulSF
für die Ableitungen.

Diese drei Funktionen setzen wir dann in den Kopf der Prozedur
FindZero ein.

Nun müssen wir noch dafür sorgen, daß die Instanz LocalRulS
beim Aufruf der Funktion LocalRulSF die richtigen Daten enthält. Dazu stellen wir im Typ RulST folgende virtuelle Methode

```
PROCEDURE RulST.SetLocal;
BEGIN
  LocalRulS.Y    := Y;
  ......
  LocalRulS.LnIS := LnIS;
END;
```

zur Verfügung, mit der wir alle benötigten Daten der aufrufenden Instanz an die lokale Instanz LocalRulS übertragen.

Schließlich erwähnen wir noch, daß wir die notwendige Initialisierung des Objektes LocalRulS im Anweisungsteil der Unit URulS
vornehmen.

Nun sind wir in der Lage, die Methode Visibility zu implementieren.

```
PROCEDURE RulST.Visibility (P: Pt3D; PrRay: Line3D; Dist:EXTENDED;
                            VAR Vis: BOOLEAN);
VAR ..........
BEGIN
  Vis  := TRUE;
  LnIS := PrRay;

  FOR N := 1 TO NOfIntv DO BEGIN
    I1D[1].X := I1[1].X+ (N-1)/NOfIntv*(I1[2].X-I1[1].X);
    I1D[2].X := I1[1].X+     N/NOfIntv*(I1[2].X-I1[1].X);
```

```
FindZerosOfF (I1D, Zero,NoZero);

IF (NoZero > 0) THEN BEGIN
  mZ (Zero, ZZero);
  VectorProductNN (PrRay.U,ZZero, A);
  LengthVt3D (A, lA);
  IF Null(lA,Eps6) THEN
    EXIT
  ELSE BEGIN
    mY (Zero, YZero);
    DifferenceVt3D (YZero,PrRay.O, PrRayOYZero);
    VectorProductNN (PrRayOYZero,ZZero, B);
    ScalarProductVt3D (A,B, TIS);
    TIS := TIS/SQR(lA);
    IF (TIS > Eps6*DiamWI3D) THEN BEGIN
      QIS.U1 := Zero;
      LinearCombinationVt3D (-1,TIS,PrRayOYZero,PrRay.U, HV1);
      ScalarProductVt3D (HV1,ZZero, QIS.U2);
      IF InIU1U2(QIS) THEN BEGIN
        Vis := FALSE;
        EXIT;
      END;
    END;
  END;
END;
      END;
    END;
  END;
END;
```

Nachdem wir Vis=TRUE gesetzt haben, besetzen wir die Variable
LnIS mit dem Sehstrahl zum Punkt P.

In der N-Schleife wählen wir das Intervall I1D als das N-te
Teilintervall einer äquidistanten Partition des Intervalles I_1,
welches natürlich dem Intervall des u^1-Flächenparameters entspricht.

Mit der Methode FindZerosOfF untersuchen wir dann, ob in diesem
Teilintervall I1D eine Nullstelle Zero von F liegt. Ist dies
der Fall, so überprüfen wir, ob $\vec{a}$(Zero) = $\vec{0}$ ist, und steigen
gemäß der letzten Bemerkung in der Herleitung aus der Prozedur
aus, wenn dieses zutrifft.

Andernfalls berechnen wir gemäß (3.23) das zugehörige TIS =
t(Zero). Da wir das gesamte Intervall des u^1-Parameters durchsuchen, kann es vorkommen, daß die gefundene Nullstelle Zero
zum untersuchten Punkt P gehört und daß aus Gründen der Rechen-
genauigkeit das zugehörige TIS>0 ist. Wir nehmen daher in dieser Methode einfach an, daß wir den Punkt P selbst gefunden ha-
ben, wenn |TIS| < 10^{-8}·DiamWI3D ist.

Wenn also TIS $> 10^{-8} \cdot$DiamWI3D ist, bestimmen wir nach (3.24) auch noch den Wert $u^2 = u^2$(Zero). Liegt dann der Parameterpunkt QIS = (Zero, u^2(Zero)) im Parameterintervall der Fläche, so wird P verdeckt, und wir verlassen die Prozedur, nachdem wir Vis=FALSE gesetzt haben.

Hinweis: Um mit der Annahme, daß P gefunden wurde, wenn $|$TIS$| < 10^{-8} \cdot$DiamWI3D ist, befriedigende Ergebnisse zu erzielen, muß bereits die Nullstelle Zero mit einer hohen Genauigkeit bestimmt werden.

Die Methode NotHidden implementieren wir analog zur Methode Visibility. Hier nehmen wir jedoch an, daß P durch einen Punkt der Regelfläche nur dann verdeckt wird, wenn der Abstand TIS von P größer als $10^{-3} \cdot$DiamWI3D ist.

Zum Zeichnen von Parameterlinien bzw. allgemeinen Kurven auf Regelflächen führen wir in der Unit URulS - vollkommen analog zum Vorgehen in den Abschnitten 1.14 bzw. 1.21 - die Typen RulSUiT und CFOnRulST ein.

Wir wenden uns nun zunächst noch dem Konturproblem zu.
Für Regelflächen gilt

$$\vec{x}_1(u^i) = \vec{y}\,'(u^1) + u^2 \vec{z}\,'(u^1), \quad \vec{x}_2(u^i) = \vec{z}(u^1).$$

Setzen wir

$$\vec{n}(u^i) := (\vec{y}\,'(u^1) + u^2 \vec{z}\,'(u^1)) \times \vec{z}(u^1),$$

so ist ein Punkt P einer Regelfläche genau dann Konturpunkt, wenn

$$\vec{PC} \cdot \vec{n} = (\vec{y}(u^1) + u^2 \vec{z}(u^1) - \vec{c}) \cdot ((\vec{y}\,'(u^1) + u^2 \vec{z}\,'(u^1)) \times \vec{z}(u^1)) =$$

$$= (\vec{y}(u^1) + u^2 \vec{z}(u^1) - \vec{c}) \cdot (\vec{y}\,'(u^1) \times \vec{z}(u^1) + u^2 \vec{z}\,'(u^1) \times \vec{z}(u^1)) =$$

$$= (\vec{y}(u^1) - \vec{c}) \cdot (\vec{y}\,'(u^1) \times \vec{z}(u^1)) + u^2 (\vec{y}(u^1) - \vec{c}) \cdot (\vec{z}\,'(u^1) \times \vec{z}(u^1)) =$$

$$= 0.$$

Wir bestimmen zunächst die Nullstellen $u^1 \in I_1$ von

$$g(u^1) := (\vec{y}(u^1) - \vec{c}) \cdot (\vec{z}\,'(u^1) \times \vec{z}(u^1)) = 0.$$

Dann sind die u^2-Linien zu diesen Lösungen u^1 genau dann Konturlinien, wenn

$$h(u^1) := (\vec{y}(u^1) - \vec{c}) \cdot (\vec{y}'(u^1) \times \vec{z}(u^1)) = 0.$$

Andernfalls erhalten wir

$$u^2(u^1) = -\frac{h(u^1)}{g(u^1)}.$$

Zum Zeichnen der Kontur führen wir folgenden Objekttyp ein:

```
RulSCT = OBJECT (Curve3DT)                                  {URulS}
  U1_C,EpsilonC              : EXTENDED;
  RulS                       : RulST;
  NOfStepsC,NOfIntvC         : INTEGER;
  SkipNewtonC,SpecialCase,
  U2_LineC,NoPoint           : BOOLEAN;

  CONSTRUCTOR Init (WPInit: BOOLEAN;
                    IPInit,LLInit,ColInit:INTEGER;
                    CheckInit: Check3D;
                    EpsilonCInit: EXTENDED;
                    NOfStepsCInit,NOfIntvCInit: INTEGER;
                    SkipNewtonCInit: BOOLEAN;
                    RulSInit: RulST);

  FUNCTION  G   (U1: EXTENDED): EXTENDED; VIRTUAL;
  FUNCTION  dG  (U1: EXTENDED): EXTENDED; VIRTUAL;
  FUNCTION  d2G (U1: EXTENDED): EXTENDED; VIRTUAL;
  FUNCTION  H   (U1: EXTENDED): EXTENDED; VIRTUAL;
  FUNCTION  dH  (U1: EXTENDED): EXTENDED; VIRTUAL;
  FUNCTION  d2H (U1: EXTENDED): EXTENDED; VIRTUAL;

  PROCEDURE FindZerosOfG (I1DC: Interval1D;
                          VAR Zero: EXTENDED;
                          VAR NoZero: INTEGER); VIRTUAL;
  PROCEDURE FindZerosOfH (I1DC: Interval1D;
                          VAR Zero: EXTENDED;
                          VAR NoZero: INTEGER); VIRTUAL;
  PROCEDURE SetLocal; VIRTUAL;

  PROCEDURE TToP (T: EXTENDED; VAR P: Pt3D); VIRTUAL;
  PROCEDURE Draw;
  PROCEDURE Visibility (P: Pt3D; PrRay: Line3D;
                        Dist: EXTENDED;
                        VAR Vis: BOOLEAN);
END;
```

Das Feld RulS ist wie immer für diejenige Fläche reserviert, deren Kontur gezeichnet werden soll. Die Felder EpsilonC, NOf-Steps, NOfIntvC und SkipNewtonC brauchen wir bei der Bestimmung der Nullstellen der Funktionen g und h. Die Felder U1_C und U2_LineC werden benötigt, wenn eine u^2-Linie Konturlinie ist. Die Variable SpecialCase werden wir auf TRUE setzen, wenn $g(u^1) \equiv 0$ auf I_1 gilt. Für das Intervall I_1 ist wieder das Intervall des Flächenparameters u^1 der Regelfläche RulS zu wählen.

Mit dem Konstruktor Init initialisieren wir eine Instanz vom Typ RulSCT und übergeben die notwendigen Daten. Gleichzeitig bestimmen wir die Variable SpecialCase. Dazu berechnen wir an NOfIntvC verschiedenen Stellen des Intervalles I_1 den Funktionswert $g(u^1)$. Sind alle diese Funktionswerte gleich Null, so setzen wir SpecialCase=TRUE, andernfalls SpecialCase=FALSE.

Für die Funktionen $g(u^1)$ und $h(u^1)$ und deren erste und zweite Ableitungen implementieren wir die Methoden G, dG, d2G, H, dH und d2H. Anschließend schreiben wir im Implementationsteil der Unit URulS die Funktionen LocalRulSCG, dLocalRulSCG usw, in denen wir - anlog zum Vorgehen bei der Lösung des Sichtbarkeitsproblems - die entsprechenden Funktionen G, dG usw. der lokalen Instanz LocalRulSC aufrufen und mit deren Hilfe wir dann die Methoden FindZerosOfG und FindZerosOfH implementieren.

Ist in der Methode TToP die Variable U2_LineC=TRUE, so setzen wir Q.U1 = U1_C und Q.U2 = T und bestimmen daraus mit der Methode RulS.ParToSurf den Konturpunkt P.

Andernfalls wählen wir Q.U1 = T. Ist dann g(T) = 0, so setzen wir NoPoint=TRUE und verlassen die Methode. Andernfalls berechnen wir Q.U2

$$Q.U2 = - \frac{h(T)}{g(T)}.$$

Liegt der so bestimmte Parameterpunkt Q im Parameterintervall der Fläche, so berechnen wir mittels RulS.ParToSurf den Konturpunkt P. Andernfalls setzen wir NoPoint=TRUE.

In der Prozedur Draw betrachten wir zuerst den Fall Special-Case=TRUE, bei dem als Konturlinien nur u^2-Linien vorkommen, deren konstantes u^1 eine Nullstelle von $h(u^1)$ ist. In der N-Schleife wählen wir das Intervall I1DC als N-tes Teilintervall einer äquidistanten Partition des Intervalles I_1. Wenn die Methode FindZerosOfH in I1DC eine Nullstelle von h gefunden hat, gibt sie diese in der Variablen U1_C aus, so daß wir nur noch die Methode DrawCurve3D aufrufen müssen. Als Parameterintervall I1D des Kurvenparameters ist in diesem Fall I1D=I_1 zu wählen.

Hinweis: Da die Prozedur FindZero immer nur eine Nullstelle im eingegebenen Intervall finden kann, muß man die Anzahl NOfIntvC empirisch so groß wählen, daß die Teilintervalle der durch NOfIntvC bestimmten äquidistanten Partition des Intervalles I_1 jeweils höchstens eine Nullstelle von h enthalten.

Ist SpecialCase=FALSE, so zeichnen wir zunächst die durch

$$u^2(u^1) \;=\; -\,\frac{h(u^1)}{g(u^1)}$$

bestimmten Teile der Kontur. Wir setzen dazu U2_LineC=FALSE, wählen das Intervall I_1 der Regelfläche als Parameterintervall und rufen DrawCurve3D auf. Wenn wir beim Zeichnen dieser Kurve auf Parameterwerte treffen, für die $g(u^1)$ = 0 gilt, so stört uns das nicht weiter, da wir einen solchen Fehler in der Methode TToP abfangen.

Anschließend wählen wir in der N-Schleife das Intervall I1DC wie oben. Finden wir mittels der Methode FindZeroOfG eine Nullstelle U1_C von g in I1DC (NoZeroC>0), so überprüfen wir, ob auch

$$h(U1\_C) \;=\; 0$$

gilt. Ist dies der Fall, so ist die zu U1_C gehörende u^2-Linie Konturlinie. Wir zeichnen sie, indem wir U2_LineC auf TRUE setzen, das Intervall I_2 der Regelfläche als Parameterintervall wählen und DrawCurve3D aufrufen.

Mit dem Programm P3_15 zeichnen wir eine Regelfläche und ihre Kontur. Wir weisen darauf hin, daß Programme zum Zeichnen von Regelflächen wegen der notwendigen Benutzung numerischer Methoden wesentlich langsamer als die bisher geschriebenen Programme ablaufen.

```
    Program P3_15;

    USES UG1,URulS;

    CONST Col1=10; Col2=12; Col3=15;

    VAR RulS      : RulST;
        RulSUi    : RulSUiT;
        RulSC     : RulSCT;
        IU1U2RulS : IntervalPar;
```

```
{$I IRulS1.PAS}


{$F+}
PROCEDURE CheckRulS (P:Pt3D; PrRay: Line3D; Dist: EXTENDED;
                     VAR Chk: BOOLEAN);
BEGIN
  RulS.Visibility (P,PrRay,Dist, Chk);
END;

PROCEDURE CheckRulSC (P:Pt3D; PrRay: Line3D; Dist: EXTENDED;
                      VAR Chk: BOOLEAN);
BEGIN
  RulSC.Visibility (P,PrRay,Dist, Chk);
END;
{$F-}

(****    main program    *******************************************)

BEGIN
  PrSph.C.R   := 1000; PrSph.C.PHI   := 30; PrSph.C.THETA   := 20;
  PrSph.O.R   :=-1000; PrSph.O.PHI   := 30; PrSph.O.THETA   := 20;
  PrSph.Z.R   := 1;    PrSph.Z.PHI   := 30; PrSph.Z.THETA   := 20;
  PrSph.YUP.R:= 1;     PrSph.YUP.PHI:= 0;   PrSph.YUP.THETA:= 90;
  InitializeGraphic;

  R := 4;
  H := 1;
  DefineIntervalPar (0,0,6*PI,2, IU1U2RulS);
  RulS  .Init (IU1U2RulS,1E-9,200,57,TRUE,
              Y1,Z1,dY1,dZ1,d2Y1,d2Z1,d3Y1,d3Z1);
  RulSUi.Init (FALSE,3,120,Col1,CheckRulS,4 ,0,0,
              FALSE,3,20 ,Col2,CheckRulS,31,0,0,TRUE,RulS);

  WI3D := RulS.I3D;
  Parameter3D;

  RulSC.Init (FALSE,3,20,Col3,CheckRulSC,1E-7,200,11,TRUE,RulS);

  RulSUi.DrawU1;
  RulSUi.DrawU2;

  RulSC.Draw;

  CloseGraphic (TRUE);
END.
```

Nachdem wir die benötigten Instanzen deklariert haben, lesen
wir den Include-File IRulS1.PAS ein, in dem wir die Prozeduren
für die Funktionen $\vec{y}(u^1)$ und $\vec{z}(u^1)$ implementiert haben. In die-

sem Beispiel ist $\vec{y}(u^1)$ eine Helix und $\vec{z}(u^1)$ der konstante Vektor $\vec{e}_3$. Wie üblich schreiben wir dann die notwendigen Checkprozeduren.

Nachdem wir im Hauptprogramm die Perspektive festgelegt haben, initialisieren wir alle Instanzen. Dabei ist zu beachten, daß die Instanz zum Zeichnen der Kontur erst nach Aufruf der Prozedur Parameter3D initialisert werden darf, da sonst der Augpunkt Pr.C noch nicht bekannt ist.

Schließlich zeichnen wir die Parameterlinien und die Kontur durch Aufruf der entsprechenden Zeichenmethoden.

Da wir bei diesem Programm zum ersten Mal numerische Methoden einsetzen müssen, nehmen wir uns an dieser Stelle etwas Zeit, und sehen uns die Auswirkungen an, die sich durch Änderung eines der neuen Parameter ergeben. Besonders wichtig sind in diesem Zusammenhang die Genauigkeit Epsilon für die Nullstellen und die Anzahl NOfIntv der Teilintervalle, in die das Ausgangsintervall zerlegt wird, mit der also die Feinheit des Suchalgorithmus gesteuert wird.

Weitere Regelflächen zeichnen wir mit den Programmen P3_16 bis P3_20. Dabei demonstrieren wir mit P3_19 und P3_20, daß unsere Methoden auch bei Regelflächen funktionieren, die sich selbst durchdringen.

Wir erwähnen schließlich noch, daß die Kenntnis der Funktionen $\vec{y}(u^1)$, $\vec{y}{\,}'(u^1)$, $\vec{z}(u^1)$ und $\vec{z}{\,}'(u^1)$ ausreicht, wenn man eine Regelfläche mit ihrer Kontur nur zeichnen will und bei den numerischen Methoden das Newtonverfahren ausschaltet (SkipNewton= TRUE). In diesem Fall braucht man die Funktionen für die höheren Ableitungen nicht zu implementieren, sondern man setzt zweckmäßigerweise in den Konstruktor die Funktion DummyRToR3 aus der Unit UMath ein, die eine Fehlermeldung ausgibt, wenn sie durch eine Methode fälschlicherweise doch aufgerufen wird.

Für die Differentialgeometrie sind einige spezielle Klassen von Regelflächen wichtig, die wir hier betrachten:

3.4.1 Beispiel:

(1) Jeder Kurve $\vec{y}$ mit positiver Krümmung kann man drei Regelflächen zuordnen, indem man $\vec{z}$ gleich einem der drei Vektoren des begleitenden Dreibeins setzt. Mit $u^1 := s$, der Bogenlänge von $\vec{y}$, ist

$$\vec{x}(u^i) = \vec{y}(u^1) + u^2 \vec{v}_1(u^1), \quad \textit{Tangentenfläche}$$

$$\vec{x}(u^i) = \vec{y}(u^1) + u^2 \vec{v}_2(u^1), \quad \textbf{\textit{Hauptnormalenfläche}} \quad \text{und}$$

$$\vec{x}(u^i) = \vec{y}(u^1) + u^2 \vec{v}_3(u^1), \quad \textbf{\textit{Binormalenfläche}}.$$

Da die drei Flächenklassen aus Beispiel 3.4.1 eine besondere Rolle spielen, führen wir für sie einen gemeinsamen Typ VKST als Erben von RulST ein. Hier soll der Bezeichner VKST daran erinnern, daß die Regelfläche durch einen der Vektoren $\vec{v}_k$ des begleitenden Dreibeins erzeugt wird.

```
        VKST = OBJECT (RulST)                                    {UVKS}
          TypeNumber : INTEGER;
          d4Y,d5Y    : MapRToR3;

          CONSTRUCTOR Init (IU1U2Init: IntervalPar;
                            EpsilonInit: EXTENDED;
                            NOfStepsInit,NOfIntvInit: INTEGER;
                            SkipNewtonInit: BOOLEAN;
                            YInit,dYInit,d2YInit,d3YInit,
                            d4YInit,d5YInit: MapRToR3;
                            TypeNumberInit: INTEGER);

          PROCEDURE md4Y (U1: EXTENDED; VAR V: Vt3D); VIRTUAL;
          PROCEDURE md5Y (U1: EXTENDED; VAR V: Vt3D); VIRTUAL;
          PROCEDURE mZ   (U1: EXTENDED; VAR V: Vt3D); VIRTUAL;
          PROCEDURE mdZ  (U1: EXTENDED; VAR V: Vt3D); VIRTUAL;
          PROCEDURE md2Z (U1: EXTENDED; VAR V: Vt3D); VIRTUAL;
          PROCEDURE md3Z (U1: EXTENDED; VAR V: Vt3D); VIRTUAL;

          PROCEDURE FindZerosOfF (I1D: Interval1D;
                            VAR Zero: EXTENDED;
                            VAR NoZero: INTEGER); VIRTUAL;
          PROCEDURE SetLocal; VIRTUAL;
        END;
```

Die Auswahl der Flächenklasse steuern wir mit dem neuen Datenfeld TypeNumber, dessen Wert gleichbedeutend mit dem Index des entsprechenden Vektors des Dreibeins ist.

Da in alle zweiten und dritten Ableitungen der Vektoren $\vec{v}_k$ die vierten und fünften Ableitungen der Kurve $\vec{y}(u^1)$ eingehen, reservieren wir für letztere die Felder d4Y und d5Y. Mit dem neuen Konstruktor übergeben wir jetzt auch die neuen Datenfelder. Dafür ist die Eingabe der Funktion $\vec{z}(u^1)$ und deren Ableitungen jetzt überflüssig.

Wir implementieren als nächstes die neuen Methoden md4Y und md5Y, in denen wir einfach nur die Funktionen d4Y und d5Y aufrufen.

Da wir die Funktion $\vec{z}(u^1)$ und deren Ableitungen bei diesem Erben von RulST nicht mehr in den Datenfeldern Z, dZ usw. zur Verfügung haben, müssen wir die Methoden mZ, mdZ usw. neu implementieren. Als Beispiel schauen wir uns die Methode mZ an, mit der der Vektor $\vec{z}(u^1)$ berechnet wird.

```
PROCEDURE VKST.mZ (U1: EXTENDED; VAR V: Vt3D);
VAR dYOFU1,d2YOfU1,HV1 : Vt3D;
BEGIN
  CASE TypeNumber OF
   1: BEGIN
        mdY (U1, dYOfU1);
        ScaleVt3D (dYOfU1,1, V);
      END;
   2: BEGIN
        mdY  (U1, dYOfU1);
        md2Y (U1, d2YOfU1);
        VectorProduct (d2YOfU1,dYOfU1, HV1);
        VectorProduct (dYOfU1,HV1, V);
      END;
   3: BEGIN
        mdY  (U1, dYOfU1);
        md2Y (U1, d2YOfU1);
        VectorProduct (dYOfU1,d2YOfU1, V);
      END;
   END;
  END;
```

Wir berechnen also zunächst mittels der Methoden mdY und md2Y die Werte $\vec{y}'(u^1)$ und $\vec{y}''(u^1)$, und bestimmen daraus in Abhängigkeit des Wertes TypeNumber den Vektor $\vec{v}$, so daß er der gewünschte Vektor $\vec{v}_k(u^1)$ des Dreibeins ist (vergleiche die entsprechenden Formeln in Abschnitt 2.7). Analog werden die Methoden mdZ, md2Z und md3Z implementiert.

Nun macht es sich bezahlt, daß wir Methoden für die Funktionen $\vec{y}(u^1)$ und $\vec{z}(u^1)$ eingeführt haben, denn wir müssen nur noch die Methode SetLocal und die drei Methoden zur Nullstellenbestimmung neu implementieren.

Bei letzteren wenden wir denselben Trick wie im Vorfahr RulST an. Wir deklarieren im Implementationsteil der Unit UVKS die lokale Instanz LocalVKS, die wir im Anweisungsteil initialisieren und mit deren Hilfe wir die lokalen Funktionen LocalVKSF, dLocalVKSF usw. implementieren. Mit diesen lokalen Funktionen rufen wir dann die Prozedur FindZero in den Methoden zur Nullstellenbestimmung auf.

Die Typen VKSUiT und CFOnVKST erzeugen wir einfach aus Kopien der Typen RulSUiT und CFOnRulST, bei denen wir überall die Instanz RulS durch eine Instanz VKS des Typs VKST ersetzen.

Dasselbe gilt mit einer Ausnahme auch für den Typ VKSCT, mit dem wir die Kontur zeichnen. Hier müssen wir beachten, daß bei Tangentenflächen (TypeNumber=1) für die Funktion $h(u^1)\equiv 0$ gilt. Bei unserem Vorgehen würden wir also auch die Direktrix der Tangentenfläche als Konturlinie erhalten, was wir aber in der Methode Draw des Typs VKSCT durch geeignete Abfragen unterdrücken. (Man beachte, daß die Parameterdarstellung einer Tangentenfläche für $u^2=0$ nicht zulässig ist.)

Mit dem Programm P3_21 zeichnen wir mit Hilfe von drei Instanzen des Typs VKST die Tangenten-, Hauptnormalen- und Binormalenfläche einer Helix gleichzeitig.

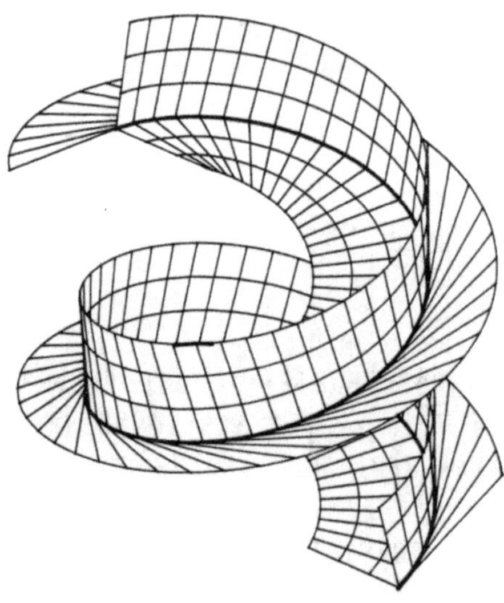

Eine weitere wichtige Rolle spielen diejenigen Regelflächen, bei denen längs jeder Erzeugenden der Flächennormalenvektor konstant ist, die sogenannten *Torsen*. Sie sind durch die sogenannte Torsenbedingung charakterisiert:

3.4.2 Satz:

Ist u^1 die Bogenlänge der Direktrix $\vec{y}(u^1)$ einer Regelfläche mit Parameterdarstellung

$$\vec{x}(u^i) = \vec{y}(u^1) + u^2 \vec{z}(u^1),$$

so ist die Regelfläche genau dann eine Torse, wenn

$$\dot{\vec{y}} \cdot (\vec{z} \times \dot{\vec{z}}) = 0 \quad \text{\textit{(Torsenbedingung)}}.$$

(Hierbei wird mit "$\cdot$" die Ableitung nach u^1 bezeichnet.)

Alle Torsen sind bekannt:

3.4.3 Satz:

Die Gesamtheit der Torsen besteht aus den Tangentenflächen, den allgemeinen Kegeln und den allgemeinen Zylindern.

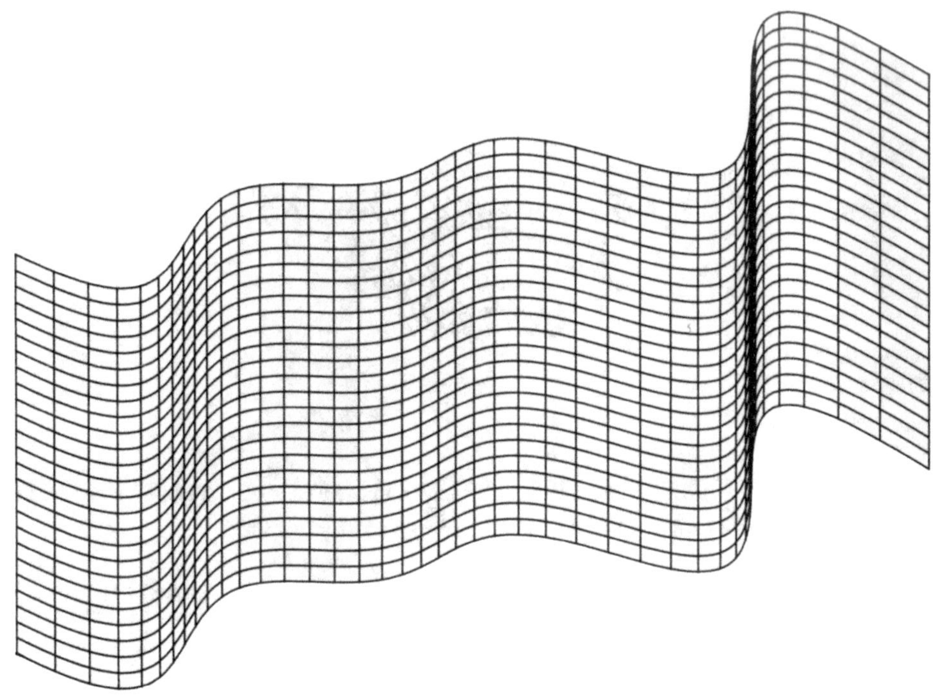

3.5 Die Darstellung von Flächen impliziter Form

Abbildungen f eines Gebietes $G \subset \mathbb{R}^2$ nach $\mathbb{R}$ können wir auf die folgende Art als Punktmenge im $\mathbb{R}^3$ veranschaulichen: Wir tragen zu jedem Punkt $(x^1, x^2) \in G$ den Wert $f(x^1, x^2)$ in x^3-Richtung ab. Bei entsprechenden Differenzierbarkeitsvoraussetzungen erhalten wir auf diese Art eine sogenannte Fläche in *impliziter Form*. Wenn wir $u^i = x^i$ (i=1,2) setzen und uns auf Gebiete $G = I_1 \times I_2$ beschränken, so erhalten wir eine Parameterdarstellung

$$(3.25) \qquad \vec{x}(u^i) := \{u^1, u^2, f(u^1, u^2)\} \qquad ((u^1, u^2) \in G).$$

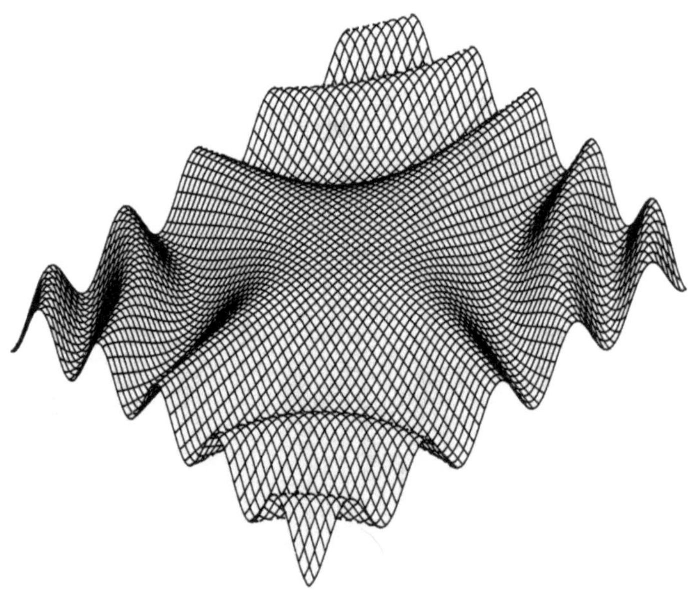

Für diese Art von Flächen führen wir auf der Geometrieseite folgenden Typ ImpST (ImpS=<u>Imp</u>licit <u>S</u>urface) ein:

```
ImpST = OBJECT (SurfaceT)                              {UImpS}
    LnIS                : Line3D;
    Epsilon             : EXTENDED;
    NOfSteps,NOfIntv    : INTEGER;
    SkipNewton          : BOOLEAN;

    F,dFdU1,dFdU2,
    d2FdU1dU1,d2FdU1dU2,d2FdU2dU2,
    d3FdU1dU1dU1,d3FdU1dU1dU2,d3FdU1dU2dU2,d3FdU2dU2dU2: MapR2ToR;
```

```
    CONSTRUCTOR Init (IU1U2Init: IntervalPar;
                      EpsilonInit: EXTENDED;
                      NOfStepsInit,NOfIntvInit: INTEGER;
                      SkipNewtonInit: BOOLEAN;
                      FInit,dFdU1Init,dFdU2Init,
                      d2FdU1dU1Init,d2FdU1dU2Init,
                      d2FdU2dU2Init,
                      d3FdU1dU1dU1Init,d3FdU1dU1dU2Init,
                      d3FdU1dU2dU2Init,d3FdU2dU2dU2Init: MapR2ToR);

    FUNCTION  mF (Q: PtPar): EXTENDED; VIRTUAL;
    .........
    PROCEDURE ParToSurf (Q: PtPar; VAR P: Pt3D); VIRTUAL;
    .........
    PROCEDURE Visibility (P: Pt3D; PrRay: Line3D;
                          Dist:EXTENDED;
                          VAR Vis: BOOLEAN); VIRTUAL;
    PROCEDURE NotHidden (P: Pt3D; PrRay: Line3D;
                         Dist:EXTENDED;
                         VAR NotHidd: BOOLEAN); VIRTUAL;
    .........
    END;
```

Wie schon bei den Regelflächen werden die ersten fünf Datenfelder bei der Lösung des Sichtbarkeitsproblemes eingesetzt. Die darauffolgenden Felder, die von folgendem Typ

```
    TYPE MapR2ToR = FUNCTION (Q: PtPar): EXTENDED;                {UMath}
```

sind, haben wir für die Abbildung $f(u^i)$ sowie deren partielle Ableitungen bis zur dritten Ordnung reserviert.

Mit dem Konstruktor Init werden die Abbildung f und ihre Ableitungen neben dem Parameterintervall und den Daten für die numerischen Methoden übergeben.

Anschließend definieren wir die virtuellen Methoden mF, mdFdU1, mdFdU2 usw., in denen wir auf dieser Hierarchiestufe lediglich die entsprechenden Funktionen aus den Datenfeldern aufrufen. In allen weiteren Methoden, in denen die Funktion f oder deren Ableitungen gebraucht werden, benutzen wir analog zum Vorgehen bei den Regelflächen ausschließlich die neu eingeführten Methoden.

Zur Lösung des Sichtbarkeitsproblems schneiden wir wieder eine beliebige Gerade G mit ImpS, für die wir im Typ ImpST die Variable LnIS reserviert haben.

Nach (3.10) und (3.25) muß gelten:

$$(3.26) \qquad \{u^1, u^2, f(u^1, u^2)\} - (\vec{p} + t\vec{v}) = \vec{0},$$

in Komponenten also

$$(3.27) \quad u^k = p^k + tv^k = 0 \quad (k=1,2) \quad \text{und} \quad f(u^1, u^2) - p^3 - tv^3 = 0.$$

Wir bestimmen daher als erstes die Lösungen t von

$$(3.28) \qquad g(t) := f(p^1 + tv^1, \; p^2 + tv^2) - p^3 - tv^3 = 0$$

Die Schnittpunkte ergeben sich für

$$(u^1(t), u^2(t)) \in I_1 \times I_2 \quad \text{mit } u^k(t) \text{ aus } (3.27) \quad (k=1,2)$$

zu $(u^1(t), \; u^2(t), \; f(u^1(t), u^2(t)))$.

Ein Punkt P einer Fläche ImpS ist genau dann unsichtbar, wenn es mit $\vec{p} := \overrightarrow{OP}$ und $\vec{v} := \overrightarrow{PC}$ eine Nullstelle $t > 0$ von (3.28) mit zugehörigen $(u^1(t), u^2(t)) \in I_1 \times I_2$ aus (3.27) gibt.

Im Gegensatz zu den Regelflächen ist es hier jedoch im allgemeinen nicht nötig, die Nullstellen von (3.28) zu berechnen, sondern es ist ausreichend zu wissen, ob es eine Nullstelle $t > 0$ von (3.28) mit $(u^1(t), u^2(t)) \in I_1 \times I_2$ gibt.

In der Methode Visibility gehen wir daher wie folgt vor: Beginnend beim Punkt P laufen wir mit äquidistanter Schrittweite Step den Sehstrahl entlang und untersuchen dabei jeweils, ob die Funktion g zwischen den benachbarten Punkten mit den Parametern T und T+Step ihr Vorzeichen wechselt. Dieses Verfahren brechen wir dann ab, wenn ein Vorzeichenwechsel stattgefunden hat oder wenn wir mit dem Sehstrahl das Intervall I3D der Fläche verlassen. Wir haben die Methode Visibility wie folgt implementiert:

```
PROCEDURE ImpST.Visibility (P: Pt3D; PrRay: Line3D; Dist:EXTENDED;
                            VAR Vis: BOOLEAN);

VAR .........
BEGIN
  IF NOT I3DDefined THEN BEGIN
    I3D := WI3D;
    CalcDiamI3D;
    I3DDefined := TRUE;
  END;
```

```
        Vis  := TRUE;
        LnIS := PrRay;
        Step := DiamI3D/NOfIntv;
        T := Eps9/Step;
        Q.U1    := LnIS.O.X+T*LnIS.U.X;
        Q.U2    := LnIS.O.Y+T*LnIS.U.Y;
        PrRayZ := LnIS.O.Z+T*LnIS.U.Z;

        IF (InIU1U2(Q))          AND
           (PrRayZ > I3D[1].Z) AND
           (PrRayZ < I3D[2].Z) THEN BEGIN
          Z       := mF(Q);
          Sgn     := (Z-PrRayZ>0);
          ExitLoop:=FALSE;

          REPEAT
            SgnOld := Sgn;
            TOld    := T;
            T       := T+Step;
            Q.U1    := LnIS.O.X+T*LnIS.U.X;
            Q.U2    := LnIS.O.Y+T*LnIS.U.Y;
            PrRayZ := LnIS.O.Z+T*LnIS.U.Z;
            Z       := mF(Q);
            Sgn     := (Z-PrRayZ>0);

            IF (SgnOld = Sgn) THEN BEGIN
              IF (NOT InIU1U2(Q))  OR
                 (PrRayZ < I3D[1].Z) OR
                 (PrRayZ > I3D[2].Z) THEN ExitLoop := TRUE;
            END ELSE BEGIN
              ExitLoop := TRUE;
              IF InIU1U2(Q) THEN
                Vis := FALSE
              ELSE BEGIN
                I1D[1].X := TOld;
                I1D[2].X := T;
                FindZerosOfG (I1D, Zero,NoZero);
                IF (NoZero > 0) THEN BEGIN
                  QZero.U1 := LnIS.O.X+Zero*LnIS.U.X;
                  QZero.U2 := LnIS.O.Y+Zero*LnIS.U.Y;
                  IF InIU1U2(QZero) THEN Vis := FALSE;
                END;
              END;
            END;
          UNTIL ExitLoop;
        END;
      END;
```

Falls das Intervall I3D noch nicht bestimmt worden ist, setzen
wir für es einfach das Weltintervall WI3D ein.

Für die Gerade LnIS wählen wir den Sehstrahl zum Punkt P.

Die Schrittweite Step gewinnen wir dadurch, daß wir den Durchmesser des Intervalles I3D durch NOfIntv dividieren.

Wie bei den Regelflächen legen wir mit dem Parameter NOfIntv die Feinheit des Suchalgorithmus fest. Um Fehler durch Rechenungenauigkeiten zu vermeiden, starten wir unsere Suche nicht bei P (T=0), sondern bei einem etwas zum Augpunkt hin verschobenen Punkt mit T = Eps9/Step. Den Sehstrahlpunkt zu diesem T projizieren wir senkrecht in die Parameterebene, die ja der $x^1 x^2$-Ebene entspricht, und gewinnen so den Parameterpunkt Q. Liegt Q nicht im Parameterintervall der Fläche oder die x^3-Koordinate PrRayZ des Sehstrahlpunktes zu T nicht in [I3D[1].Z, I3D[2].Z], so betrachten wir P als sichtbar. Andernfalls berechnen wir die x^3-Koordinate Z des Flächenpunktes zu Q und wählen die boolesche Variable Sgn, so daß Sgn=TRUE für g(T) > 0 gilt.

In der REPEAT-Schleife merken wir uns zunächst das letzte T und das letzte Vorzeichen in den Variablen TOld bzw. SgnOld. Anschließend laufen wir auf dem Sehstrahl einen Schritt weiter, indem wir T um Step erhöhen. Zu diesem neuen T bestimmen wir wieder die Größen Q, PrRayZ und Z und daraus das Vorzeichen Sgn zu T. Hat kein Vorzeichenwechsel stattgefunden (SgnOld=Sgn), so überprüfen wir ob Q im Parameterintervall der Fläche und PrRayZ in [I3D[1].Z,I3D[2].Z] liegt. In diesem Fall gehen wir zum nächsten Schritt. Andernfalls können wir die Schleife verlassen. Wir setzen dazu ExitLoop=TRUE.

Hat ein Vorzeichenwechsel stattgefunden, so setzen wir zunächst ExitLoop=TRUE, denn nach diesem Schritt können wir die REPEAT-Schleife verlassen. Dann überprüfen wir, ob Q im Parameterintervall der Fläche liegt. In diesem Fall setzen wir Vis=FALSE. Im anderen Fall schneidet der Sehstrahl zwischen T-Step und T zuvor auch die Fläche, aber der Schnittpunkt muß nicht mehr zu dem Teil der Fläche gehören, der durch das Parameterintervall festgelegt ist. Deshalb bestimmen wir hier die in I1D = [T-Step,T] liegende Nullstelle Zero von g, und setzen Vis= FALSE, wenn der zu Zero gehörende Parameterpunkt QZero im Parameterintervall der Fläche liegt.

In der Methode NotHidden gehen wir ähnlich vor. Beginnend beim Punkt P laufen wir hier zunächst in äquidistanten Schritten solange am Sehstrahl entlang, bis wir entweder das Weltintervall WI3D verlassen oder die orthogonale Projektion Q des aktuellen Sehstrahlpunktes in die $x^1 x^2$-Ebene im Parameterintervall der Fläche und dessen x^3-Koordinate PrRayZ in [I3D[1].Z,I3D[2].Z] liegt.

Im ersten Fall verlassen wir die Methode mit der Information NotHidd=TRUE.

Im zweiten Fall untersuchen wir zunächst, ob zwischen dem ersten Sehstrahlpunkt mit $Q \in IU1U2$ und $PrRayZ \in [I3D[1].Z, I3D[2].Z]$ und dessen Vorgänger ein Punkt von Imps liegt, der P verdeckt. Der Rest entspricht dann genau dem Vorgehen in Methode Visibility.

Zum Zeichnen von Parameterlinien bzw. allgemeinen Kurven auf Flächen in impliziter Form führen wir in der Unit UImpS die Objekttypen ImpSUiT und CFOnImpST ein.

Mit dem Programm P3_22 zeichnen wir eine Fläche in impliziter Form. Die Prozeduren für die gewählte Funktion $f(u^i)$ und deren Ableitungen legen wir wieder in einem Include-File ab.

Wir wenden uns nun dem Konturproblem zu. Für Flächen ImpS gilt

$$\vec{x}_1(u^i) = \{1,0,f_1(u^1,u^2)\} \quad \text{und} \quad \vec{x}_2(u^i) = \{0,1,f_2(u^1,u^2)\}$$

Setzen wir

$$\vec{n}(u^i) := \{-f_1(u^1,u^2),-f_2(u^1,u^2),1\},$$

so ist ein Punkt P einer Fläche Imps genau dann ein Konturpunkt, wenn

$$(3.29) \quad \vec{PC} \cdot \vec{n} = (u^1-c^1)f_1(u^1,u^2)+(u^2-c^2)f_2(u^1,u^2)-(f(u^1,u^2)-c^3) =$$
$$= 0.$$

Auf allgemeine Methoden zur Lösung von (3.29) gehen wir hier nicht ein.

Wir betrachten lediglich einen Spezialfall mit

$$(3.30) \quad f(u^1,u^2) := \sum_{k=o}^{2} g_k(u^2)(u^1)^k, \quad \text{wobei } g_i: I_2 \to \mathbb{R} \ (k=0,1,2).$$

Dann wird (3.29) zu

$$0 = \sum_{k=1}^{2} kg_k(u^2)(u^1)^k - c^1 \sum_{k=o}^{1} (k+1)g_{k+1}(u^2)(u^1)^k +$$

$$+ (u^2-c^2) \sum_{k=o}^{2} g_k'(u^2)(u^1)^k - \sum_{k=o}^{2} g_k(u^2)(u^1)^k + c^3,$$

also zur quadratischen Gleichung

$$(3.31) \quad (u^1)^2(g_2(u^2)+(u^2-c^2)g_2'(u^2))+u^1((u^2-c^2)g_1'(u^2)-2c^1g_2(u^2))$$
$$+ (u^2-c^2)g_0'(u^2)-g_0(u^2)-c^1g_1(u^2)+c^3 = 0.$$

Die Konturlinien erhalten wir aus den Lösungen $u^1(u^2)$ dieser quadratischen Gleichung.

Für die Teilklasse der Flächen von impliziter Form, deren Funktion $f(u^i)$ die Gestalt aus (3.30) besitzt, führen wir einen eigenen Typ QImpST als Erben von ImpST ein. Das "Q" am Beginn des Bezeichners soll uns dabei daran erinnern, daß f ein quadratisches Polynom in u^1 ist, dessen Koeffizienten von u^2 abhängen.

```
QImpST = OBJECT (ImpST)                                    {UQImpS}
   G0,G1,G2,dG0,dG1,dG2,
   d2G0,d2G1,d2G2,d3G0,d3G1,d3G2 : MapRToR;

   CONSTRUCTOR Init (IU1U2Init: IntervalPar;
                     EpsilonInit: EXTENDED;
                     NOfStepsInit,NOfIntvInit: INTEGER;
                     SkipNewtonInit: BOOLEAN;
                     G0Init ,G1Init ,G2Init,
                     dG0Init ,dG1Init ,dG2Init,
                     d2G0Init,d2G1Init,d2G2Init,
                     d3G0Init,d3G1Init,d3G2Init: MapRToR);

   FUNCTION  mF     (Q: PtPar): EXTENDED; VIRTUAL;
   FUNCTION  mdFdU1 (Q: PtPar): EXTENDED; VIRTUAL;
   .........
   FUNCTION  mG0  (U2: EXTENDED): EXTENDED; VIRTUAL;
   FUNCTION  mdG0 (U2: EXTENDED): EXTENDED; VIRTUAL;
   ........
   PROCEDURE FindZerosOfG (I1D: Interval1D;
                     VAR Zero: EXTENDED;
                     VAR NoZero: INTEGER); VIRTUAL;
   PROCEDURE SetLocal; VIRTUAL;
END;
```

Für die drei Funktionen $g_k(u^2)$ (k=0,1,2) und deren Ableitungen bis zur dritten Ordnung reservieren wir die zusätzlichen Datenfelder G0, G1, G2 usw., die vom Typ

```
TYPE MapRToR = FUNCTION (X: EXTENDED): EXTENDED;          {UMath}
```

sind und die wir mit dem neuen Konstruktor Init einlesen können. Für diese Funktionen führen wir dann auch wieder Methoden
ein, in denen wir auf dieser Hierarchiestufe lediglich die
Funktionen aus den entsprechenden Datenfeldern aufrufen.

Anschließend werden gemäß (3.30) die Methoden für die Funktion
f und deren Ableitungen neu implementiert. Dabei benutzten wir
natürlich die Methoden für die Funktionen $g_k(u^2)$ und nicht die
Datenfelder direkt.

Danach implementieren wir die Methode FindZerosOfG neu. Damit
die dabei benutzte lokale Instanz LocalQImpS vom Typ QImpST mit
den richtigen Daten besetzt werden kann, müssen wir nur noch
die Methode SetLocal neu schreiben. Weitere Schritte sind nicht
notwendig.

Als nächstes führen wir in der Unit UQImpS die neuen Typen
QImpSUiT bzw. CFOnQImpST ein, mit denen wir Parameterlinien
bzw. allgemeine Kurven auf impliziten Flächen vom Typ QImpST
zeichnen können.

Zum Zeichnen der Kontur einer Fläche vom Typ QImpST deklarieren
wir schließlich folgenden Typ QImpSCT als Erben von Curve3D-
WithTwoSgnT.

```
QImpSCT   = OBJECT (Curve3DWithTwoSgnT)                      {UQImpS}
  NoPoint : BOOLEAN;
  QImpS   : QImpST;

  CONSTRUCTOR Init (WPInit: BOOLEAN;
                    IPInit,LLInit,ColInit: INTEGER;
                    CheckInit: Check3D;
                    QImpSInit: QImpST);

  FUNCTION  CoefA (U2: EXTENDED): EXTENDED;
  FUNCTION  CoefB (U2: EXTENDED): EXTENDED;
  FUNCTION  CoefC (U2: EXTENDED): EXTENDED;

  PROCEDURE TToP (T: EXTENDED; VAR P: Pt3D); VIRTUAL;
  PROCEDURE Draw;
  PROCEDURE Visibility (P: Pt3D: PrRay: Line3D;
                        Dist: EXTENDED;
                        VAR Vis: BOOLEAN);
END;
```

Die Variable QImpS dieses Typs ist für diejenige Fläche reserviert, deren Kontur gezeichnet werden soll. Das Feld NoPoint
benötigen wir bei den Sichtabfragen. Mit dem Konstruktor Init
werden bei der Initialisierung einer Instanz vom Typ QImpSCT
gleichzeitig alle notwendigen Daten mit eingegeben. Als Intervall I1D für den Kurvenparameter der Konturlinien wählen wir im

Konstruktor das Intervall des u^2-Parameters der Fläche QImpS.

Anschließend implementieren wir die Methoden CoefA, CoefB und CoefC, so daß

$$CoefA(u^2) = g_2(u^2) + (u^2-c^2) g_2'(u^2)$$

$$CoefB(u^2) = (u^2-c^2) g_1'(u^2) - 2c^1 g_2(u^2)$$

$$CoefC(u^2) = (u^2-c^2) g_0'(u^2) - g_0(u^2) - c^1 g_1(u^2) + c^3 .$$

Die Methoden entsprechen also den von u^2 abhängigen Koeffizienten in der quadratischen Gleichung (3.31).

In der Methode Draw wird einfach nur DrawTwoBranches und darin wiederum lediglich DrawCurve3D jeweils einmal mit Sgn=1 und einmal mit Sgn=-1 aufgerufen.

Schließlich ist die Methode TToP wie folgt implementiert:

```
PROCEDURE QImpSCT.TToP (T: EXTENDED; VAR P: Pt3D);
VAR ..........
BEGIN
  NoPoint := FALSE;
  Q.U2 := T;
  SquareEquationNS (CoefA(T),CoefB(T),CoefC(T), NOS,T1,T2);
  IF (NOS = 0) THEN BEGIN
    P        := O3D;
    NoPoint := TRUE;
  END ELSE BEGIN
    IF (Sgn = 1) THEN Q.U1 := T1
                 ELSE Q.U1 := T2;
    IF QImpS.InIU1U2(Q) THEN
      QImpS.ParToSurf (Q,P)
    ELSE BEGIN
      P        := O3D;
      NoPoint := TRUE;
    END;
  END;
END;
```

Die u^2-Koordinate des Parameterpunktes Q besetzen wir mit dem aktuellen T. Anschließend lösen wir die quadratische Gleichung (3.31) mit u^2 = T. Hat sie keine Lösung (NOS=0), so setzen wir NoPoint=TRUE. Andernfalls wählen wir in Abhängigkeit der Variablen Sgn eine der Lösungen T1 oder T2 als u^1-Koordinate des

Parameterpunktes Q. Nun müssen wir noch überprüfen, ob Q im Parameterintervall der Fläche liegt. Trifft dies zu, so berechnen wir mittels der Methode ParToSurf der Instanz QImpS den zugehörigen Konturpunkt. Andernfalls setzen wir wieder NoPoint= TRUE.

Den Parameter NoPoint nutzen wir dann in der Methode Visibility auf die bekannte Weise aus.

Mit dem Programm P3_23 zeichnen wir eine Fläche vom Typ QImpST. Die Implementation der einzugebenden Funktionen $g_k(u^2)$ und deren Ableitungen lagern wir wieder in einem Include-File aus.

3.5.1 Beispiel: Der Affensattel

Als Beispiel betrachten wir den Affensattel mit

$$f(u^1, u^2) := (u^2)^3 + \alpha \cdot (u^1)^2 u^2 \quad (\alpha \neq 0 \text{ fest}; (u^1, u^2) \in I_1 \times I_2).$$

Wir gehen aus von der allgemeineren Form (3.30), wobei

$g_2(u^2)$ ein Polynom ersten Grades in u^2,

$g_1(u^2)$ ein Polynom zweiten Grades in u^2 und

$g_0(u^2)$ ein Polynom dritten Grades in u^2

sind.

Hier ist das Sichtbarkeitsproblem für Punkte der Fläche ohne Numerik lösbar.

Gleichung (3.28) wird zu

$$g(t) = \sum_{k=o}^{2} g_k(p^2 + tv^2)(p^1 + tv^1)^k - tv^3 - p^3 = 0.$$

Mit der Taylor'schen und der binomischen Formel ergibt sich daraus wegen $g_k^{(j)}(p^2) = 0$ für $k+j > 3$:

$$g(t) = \sum_{k=0}^{2} (p^1 + tv^1)^k \sum_{j=0}^{3} \frac{1}{j!} \cdot g_k^{(j)}(p^2)(tv^2)^j - tv^3 - p^3 =$$

$$= \sum_{j=0}^{3} t^j \frac{1}{j!}(v^2)^j \sum_{k=0}^{2} g_k^{(j)}(p^2) \sum_{l=0}^{k} \binom{k}{l} t^l (v^1)^l (p^1)^{k-l} - tv^3 - p^3 =$$

$$= \sum_{j=0}^{3} t^j \frac{1}{j!}(v^2)^j \sum_{l=0}^{2} t^l (v^1)^l \sum_{k=l}^{\min\{3-j,2\}} \binom{k}{l} g_k^{(j)}(p^2)(p^1)^{k-l} - tv^3 - p^3 =$$

$$= t^3 \left[\frac{1}{3!}(v^2)^3 g_0^{(3)}(p^2) + \frac{1}{2!}(v^2)^2 v^1 g_1^{(2)}(p^2) + \frac{1}{1!} v^2 (v^1)^2 g_2^{(1)}(p^2) \right] +$$

$$+ t^2 \left[\frac{1}{2!}(v^2)^2 \left[g_0^{(2)}(p^2) + g_1^{(2)}(p^2) p^1 \right] + \right.$$

$$\left. + \frac{1}{1!} v^2 v^1 \left[g_1^{(1)}(p^2) + \binom{2}{1} g_2^{(1)}(p^2) p^1 \right] + \frac{1}{0!}(v^1)^2 g_2^{(0)}(p^2) \right] +$$

$$+ t \left[\frac{1}{1!} v^2 \left[g_0^{(1)}(p^2) + g_1^{(1)}(p^2) p^1 + g_2^{(1)}(p^2)(p^1)^2 \right] + \right.$$

$$\left. + v^1 \left[g_1^{(0)}(p^2) + \binom{2}{1} g_2^{(0)}(p^2) p^1 \right] - v^3 \right] + f(p^1, p^2) - p^3 = 0.$$

Ist P ein Punkt der Fläche, so müssen wir die quadratische Gleichung

$$at^2 + bt + c = 0$$

lösen, wobei

$$a := v^2 \left[(v^1)^2 g_2'(p^2) + \frac{1}{2} v^1 v^2 g_1''(p^2) + \frac{1}{6}(v^2)^2 g_0'''(p^2) \right],$$

$$b := (v^1)^2 g_2(p^2) + v^1 v^2 \left[g_1'(p^2) + 2 g_2'(p^2) p^1 \right] + \frac{(v^2)^2}{2} \left[g_0''(p^2) + g_1''(p^2) p^1 \right],$$

$$c := v^1 \left[g_1(p^2) + 2 g_2(p^2) p^1 \right] + v^2 \left[g_0'(p^2) + g_1'(p^2) p^1 + g_2'(p^2)(p^1)^2 \right] - v^3.$$

Wir stellen die Polynome $g_k(u^2)$ $(k=0,1,2)$ aus Beispiel 3.5.1 in
der Form

$$g_k(u^2) = \sum_{j=0}^{3-k} a_{kj} (u^2)^j$$

dar und deklarieren für die Teilklasse der Flächen vom Typ
QImpST, deren Funktionen $g_k(u^2)$ $(k=0,1,2)$ von dieser Gestalt
sind, den neuen Typ CQImpST als Erben von QImpST:

```
CQImpST = OBJECT (QImpST)                                {UCQImpS}
   A00,A01,A02,A03,A10,A11,A12,A20,A21: EXTENDED;

   CONSTRUCTOR Init (IU1U2Init: IntervalPar;
                     EpsilonInit: EXTENDED;
                     NOfStepsInit,NOfIntvInit: INTEGER;
                     SkipNewtonInit: BOOLEAN;
                     A00Init,A01Init,A02Init, A03Init,
                     A10Init,A11Init,A12Init,
                     A20Init,A21Init: EXTENDED);
   CONSTRUCTOR InitMonkeySaddle
                    (IU1U2Init: IntervalPar;
                     EpsilonInit: EXTENDED;
                     NOfStepsInit,NOfIntvInit: INTEGER;
                     SkipNewtonInit: BOOLEAN;
                     Alpha: EXTENDED);

   FUNCTION  mG0   (U2: EXTENDED): EXTENDED; VIRTUAL;
   FUNCTION  mdG0  (U2: EXTENDED): EXTENDED; VIRTUAL;
   .........
   PROCEDURE Visibility (P: Pt3D; PrRay: Line3D;
                     Dist:EXTENDED;
                     VAR Vis: BOOLEAN); VIRTUAL;
   PROCEDURE FindZerosOfG (I1D: Interval1D;
                     VAR Zero: EXTENDED;
                     VAR NoZero: INTEGER); VIRTUAL;
   PROCEDURE SetLocal; VIRTUAL;
END;
```

Für die neun Koeffizienten a_{kj} der Polynome g_k reservieren wir
die neuen Datenfelder A00, A01 usw., die wir wie üblich mit dem
Konstruktor Init einlesen. Für den Fall, daß wir einen Affensattel definieren wollen, schreiben wir einen weiteren Konstruktor InitMonkeySaddle, mit dem wir neben dem Parameterintervall und den Daten für die numerischen Methoden nur noch die
Größe α aus der Parameterdarstellung übergeben. Beim Aufruf

dieses Konstruktors setzen wir A21 = Alpha, A03 = 1 und alle
übrigen Koeffizienten gleich Null.

Wir müssen dann die Methoden für die Funktionen $g_k(u^2)$ und -
wie üblich - auch die Methoden FindZerosOfG und SetLocal neu
implementieren.

Schließlich schreiben wir auch noch die Methode Visibility neu.
Wir berechnen zunächst die Koeffizienten a,b und c der quadratischen Gleichung, wobei wir natürlich für die Gerade G den
Sehstrahl einsetzen, und lösen diese Gleichung mittels der Prozedur SquareEquation.

Gibt es Lösungen (NOS>0), so untersuchen wir zunächst die
größere, nämlich T2. Dazu berechnen wir die orthogonale Projektion Q des Sehstrahlpunktes zu T2 in die $x^1 x^2$-Ebene. Liegt
diese im Parameterintervall der Fläche, so ist P verdeckt. Andernfalls führen wir die gleich Untersuchung auch noch mit der
Lösung T1 durch.

Zum Zeichnen von Parameterlinien bzw. allgemeinen Kurven auf
Flächen vom Typ CQImpST deklarieren wir in der Unit UCQImpS die
Typen CQImpSUiT und CFOnCQImpST.

Den Typ CQImpSCT zum Zeichnen der Kontur einer Fläche CQImpST
erzeugen wir aus einer Kopie des Typs QImpSCT und seiner Methoden dadurch, daß wir überall die Variable QImpS durch eine Variable CQImpS des Typs CQImpST ersetzen.

Mit dem Programm P3_24 zeichnen wir einen Affensattel.

3.6 Die Darstellung von Rotationsflächen

Eine ähnlich wichtige Rolle wie die Regelflächen spielen die
sogenannten *Rotationsflächen*. Sie entstehen durch Drehung einer
ebenen Kurve um eine Achse, die sogenannte Drehachse, die in
der Ebene der Kurve liegt. Wir können annehmen, daß die Drehachse die x^3-Achse ist, und führen in der Ebene r und x^3 als
kartesische Koordinaten ein. Die Kurve sei durch die Parameterdarstellung

$$r = r(t) \ (r>0), \quad x^3 = h(t) \quad (t \in I_1)$$

gegeben. Setzen wir

$$u^1 := t \quad \text{und} \quad u^2 := \text{Drehwinkel der Ebene um die } x^3\text{-Achse,}$$

so erhalten wir für unsere Rotationsfläche die Parameterdarstellung

$$(3.32) \qquad \vec{x}(u^i) = \{r(u^1)\cos u^2, r(u^1)\sin u^2, h(u^1)\}$$

$$(u^1 \in I_1, \ u^2 \in I_2 \subset (0, 2\pi)).$$

Die u^1-bzw. die u^2-Linien heißen *Meridiane* bzw. *Breitenkreise*.

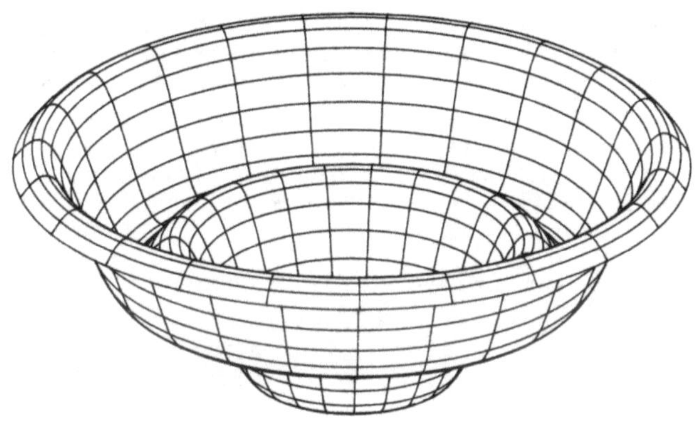

Für Rotationsflächen führen wir auf der Geometrieseite folgenden neuen Objekttyp RotST (RotS=$\widehat{\underline{Rot}}$ation $\underline{S}$urface) ein:

```
RotST = OBJECT (SurfaceT)                              {URotS}
   LnIS                     : Line3D;
   A,B                      : Vt3D;
   SqrA,SqrB,AB             : EXTENDED;
   Epsilon                  : EXTENDED;
   NOfSteps,NOfIntv         : INTEGER;
   SkipNewton,SpecialCase   : BOOLEAN;
   R,H,dR,dH,d2R,d2H,d3R,d3H : MapRToR;

   CONSTRUCTOR Init (IU1U2Init: IntervalPar;
                     EpsilonInit: EXTENDED;
                     NOfStepsInit,NOfIntvInit: INTEGER;
                     SkipNewtonInit: BOOLEAN;
                     RInit  ,HInit,
                     dRInit ,dHInit,
                     d2RInit,d2HInit,
                     d3RInit,d3HInit: MapRToR);
```

```
FUNCTION mR    (U1:EXTENDED): EXTENDED; VIRTUAL;
FUNCTION mdR   (U1:EXTENDED): EXTENDED; VIRTUAL;

.........
PROCEDURE ParToSurf    (Q: PtPar; VAR P: Pt3D); VIRTUAL;

.........
PROCEDURE Visibility (P: Pt3D; PrRay: Line3D;
                      Dist:EXTENDED;
                      VAR Vis: BOOLEAN); VIRTUAL;
PROCEDURE NotHidden (P: Pt3D; PrRay: Line3D;
                     Dist:EXTENDED;
                     VAR NotHidd: BOOLEAN); VIRTUAL;
END;
```

Die ersten elf Variablen benötigen wir bei der Lösung des Sichtbarkeitsproblems; die anschließenden Datenfelder vom Typ MapRToR sind für die Funktionen $r(u^1)$ und $h(u^1)$ aus der Parameterdarstellung sowie deren Ableitungen bis zur dritten Ordnung reserviert. Sie können neben dem Parameterintervall und den notwendigen Numerikdaten mit dem Konstruktor Init eingelesen werden.

Auch hier führen wir im Typ RotST Methoden für die Funktionen $r(u^1)$ und $h(u^1)$ sowie deren Ableitungen ein, bei deren Implementation wir auf dieser Hierarchiestufe nur die entsprechenden Funktionen aus den Datenfeldern aufrufen und deren Bezeichner wir üblicherweise mit "m" beginnen lassen.

Bei der darauffolgenden Implementation der Parameterdarstellung und deren partiellen Ableitungen sowie bei allen anderen Methoden, in denen $r(u^1)$, $h(u^1)$ oder deren Ableitungen gebraucht werden, rufen wir ausschließlich die hierfür eingeführten Methoden auf.

Zur Lösung des Sichtbarkeitsproblems schneiden wir wieder eine Rotationsfläche mit einer beliebigen Geraden G, für die wir im Typ RotST die Variable LnIS reserviert haben. Nach (3.10) und (3.32) muß mit

$$\vec{u} := \vec{u}(u^2) = \{\cos u^2, \sin u^2, 0\}$$

gelten

$$(3.33) \qquad r(u^1)\vec{u} + h(u^1)\vec{e}^3 - (\vec{p} + t\vec{v}) = \vec{0}.$$

Daraus folgt

$$(3.34) \qquad h(u^1) - (p^3 + tv^3) = 0.$$

Wir untersuchen zunächst den Fall

$$v^3 \neq 0,$$

in dem die Gerade G nicht senkrecht zur Drehachse ist.
Aus (3.34) erhalten wir dann

$$(3.35) \qquad t = \frac{h(u^1) - p^3}{v^3}.$$

Wir setzen

$$\vec{a} := \vec{p} - \frac{p^3}{v^3} \cdot \vec{v}, \quad \vec{b} := \frac{\vec{v}}{v^3}$$

und erhalten, wenn wir (3.33) quadrieren und (3.35) beachten:

$$r^2(u^1) + h^2(u^1) = \left[\vec{p} - \frac{p^3}{v^3} \cdot \vec{v} + h(u^1)\frac{\vec{v}}{v^3}\right]^2 = (\vec{a} + h(u^1)\vec{b})^2.$$

Wir müssen also die Nullstellen $u^1 \in I_1$ von

$$(3.36) \qquad f(u^1) := r^2(u^1) + h^2(u^1) - (\vec{a} + h(u^1)\vec{b})^2 = 0$$

bestimmen.

Mit diesen u^1 berechnen wir dann die Lösungen $t = t(u^1)$ von (3.35) und schließlich die Werte $u^2(u^1) \in I_2$ aus

$$(3.37) \quad \cos u^2 = \frac{1}{r(u^1)}(p^1 + t v^1), \quad \sin u^2 = \frac{1}{r(u^1)}(p^2 + t v^2).$$

Daraus können wir die Schnittpunkte berechnen.

Ein Punkt P der Rotationsfläche ist nun genau dann unsichtbar, wenn es mit $\vec{p} := \overrightarrow{OP}$ und $\vec{v} := \overrightarrow{PC}$ eine Lösung $u^1 \in I_1$ von (3.36) mit zugehörigen $t > 0$ aus (3.35) und $u^2 \in I_2$ aus (3.37) gibt.

Wir untersuchen nun den Fall

$$v^3 = 0,$$

in dem die Gerade G senkrecht zur Drehachse ist.

Aus (3.34) folgt

$$(3.38) \qquad\qquad f(u^1) := h(u^1) - p^3 = 0.$$

Wir bestimmen die Lösungen $u^1 \in I_1$ von (3.38). Zu jedem solchen u^1 gibt es höchstens zwei Schnittpunkte mit dem zugehörigen Breitenkreis. Die zu diesen Schnittpunkten gehörenden $t = t(u^1)$ berechnen sich aus

$$(3.39) \qquad\qquad t^2\vec{v}^2 + 2t\vec{p}\cdot\vec{v} + \vec{p}^2 - (r^2(u^1) + h^2(u^1)) = 0$$

Wenn wir jetzt noch mit den Lösungen t aus (3.39) die zugehörigen Werte $u^2(u^1) \in I_2$ aus (3.37) bestimmen, so können wir unsere Schnittpunkte berechnen.

Ein Punkt P der Rotationsfläche ist nun genau dann unsichtbar, wenn es mit $\vec{p} := \overrightarrow{OP}$ und $\vec{v} := \overrightarrow{PC}$ eine Lösung $u^1 \in I_1$ von (3.38) mit zugehörigem $t>0$ aus (3.39) und $u^2 \in I_2$ aus (3.37) gibt.

Zur Unterscheidung der beiden Fälle $v^3=0$ bzw. $v^3\neq0$ haben wir die boolesche Variable SpecialCase vorgesehen. Diese wird später jeweils zu Beginn der Methoden Visibility bzw. NotHidden besetzt und zwar mit SpecialCase=TRUE falls $v^3=0$ und sonst SpecialCase=FALSE.

Für die Funktion $f(u^1)$ und deren Ableitungen führen wir im Typ RotST die Methoden F, dF und d2F ein, bei deren Implementation wir in Abhängigkeit der Variablen Specialcase entweder die Darstellung (3.36) oder (3.38) verwenden.

Im Fall SpecialCase=TRUE benutzen wir zur Beschleunigung die Variablen A und B für die Vektoren $\vec{a}$ und $\vec{b}$ sowie SqrA, AB und SqrB für die Zahlen $\vec{a}^2$, $\vec{a}\cdot\vec{b}$ und $\vec{b}^2$, die ebenfalls jeweils zu Beginn der Methoden Visibility und NotHidden berechnet werden.

Bei der Implementation der Methode FindZerosOfF, mit der wir untersuchen, ob $f(u^1)$ eine Nullstelle im Intervall I1D hat, müssen wir denselben Trick wie bei den Regelflächen anwenden. Wir deklarieren zunächst in der Unit URotS lokal die Instanz LocalRotS und schreiben dann die Funktionen LocalRotSF, dLocalRotSF und d2LocalRotSF, in denen wir die Methoden F, dF und d2F dieser lokalen Instanz aufrufen.

In der Methode FindZerosOfF übergeben wir dann diese lokalen Funktionen an die Prozedur FindZero.

Damit die lokale Instanz LocalRotS die richtigen Daten enthält, müssen wir vorher die Methode SetLocal aufrufen, die wie immer die notwendigen Daten der aufrufenden Instanz an die lokale Instanz LocalRotS überträgt.

Hiermit können wir dann die Methode Visibility wie folgt definieren:

```
PROCEDURE RotST.Visibility (P: Pt3D; PrRay: Line3D; Dist:EXTENDED;
                            VAR Vis: BOOLEAN);
VAR ..........
BEGIN
  Vis  := TRUE;
  LnIS := PrRay;
  SpecialCase := Null(LnIS.U.Z,Eps5);

  IF NOT SpecialCase THEN BEGIN
    LinearCombinationVt3D (1,-LnIS.O.Z/LnIS.U.Z,LnIS.O,LnIS.U, A);
    ScalarVt3D (1/LnIS.U.Z,LnIS.U, B);
    ScalarProductVt3D (A,A, SqrA);
    ScalarProductVt3D (A,B, AB);
    ScalarProductVt3D (B,B, SqrB);
  END ELSE BEGIN
    A    := O3D;
    B    := O3D;
    SqrA := 0;
    SqrB := 0;
    AB   := 0;
  END;

  FOR N := 1 TO NOfIntv DO BEGIN
    I1D[1].X := I1[1].X+ (N-1)/NOfIntv*(I1[2].X-I1[1].X);
    I1D[2].X := I1[1].X+     N/NOfIntv*(I1[2].X-I1[1].X);

    FindZerosOfF (I1D, Zero,NoZero);

    IF (NoZero > 0) THEN BEGIN
      IF NOT SpecialCase THEN
        TIS := (mH(Zero)-LnIS.O.Z)/LnIS.U.Z
      ELSE BEGIN
        ScalarProductVt3D (LnIS.U,LnIS.U, CoefA);
        ScalarProductVt3D (LnIS.U,LnIS.O, CoefB);
        CoefB := CoefB*2;
        TIS   :=-CoefA/CoefB
      END;
      IF (TIS > Eps8/DiamWI3D) THEN BEGIN
        Q.U1  := Zero;
        COSu2 := (LnIS.O.X+TIS*LnIS.U.X)/mR(Zero);
        SINu2 := (LnIS.O.Y+TIS*LnIS.U.Y)/mR(Zero);
        COSSINToAngle (COSu2,SINu2, Q.U2);
        IF (Q.U2 < 0) THEN Q.U2 := Q.U2+2*PI;
        IF InIntervalPar (IU1U2,Q) THEN BEGIN
          Vis := FALSE;
          EXIT;
        END;
      END;
```

```
        END;
      END;
    END;
```

Zu Beginn der Methode setzen wir zunächst für die Gerade LnIS
den Sehstrahl ein, bestimmen dann den Wert SpecialCase und berechnen in seiner Abhängigkeit die Größen A, B, SqrA, AB und
SqrB.

In der N-Schleife wählen wir das Intervall I1D jeweils als das
N-te Teilintervall einer äquidistanten Partition des Intervalles I_1, welches natürlich dem Intervall des u^1-Flächenparame-
ters entspricht.

Findet FindZerosOfF eine Nullstelle Zero von F in I1D, so berechnen wir den zugehörigen Parameterwert TIS=t(Zero) in Abhängigkeit des Wertes SpecialCase entweder aus (3.35) oder
(3.39). Im zweiten Fall beachten wir, daß P auf der Fläche
liegt und somit

$$\vec{p}^2 - (r^2(u^1) + h^2(u^1)) = 0$$

gilt, wir also nur die Gleichung

$$t = \frac{-2\vec{p}\cdot\vec{v}}{\vec{v}^2}$$

lösen müssen.

Wegen der möglichen Rechenungenauigkeiten gehen wir wieder davon aus, daß wir P selbst als Schnittpunkt gefunden haben, wenn
$|TIS| < 10^{-8}\cdot$DiamWI3D.

Ist TIS $> 10^{-8}\cdot$DiamWI3D, so wählen wir zunächst als u^1-Koordi-
nate des Parameterpunktes Q unsere Nullstelle Zero. Anschliessend berechnen wir gemäß (3.37) die zu TIS = t(Zero) gehörenden
Werte COSu2 und SINu2, aus denen wir mit Hilfe der Prozedur
COSSINToAngle die u^2-Koordinate von Q ermitteln. Liegt Q im Parameterintervall der Fläche, so wird P verdeckt und wir verlassen die Methode mit der Information Vis=FALSE.

In der Methode NotHidden gehen wir ähnlich vor. Da P jetzt im
allgemeinen nicht mehr auf der Fläche liegt, müssen wir nun jedoch im Fall SpecialCase=TRUE die beiden möglichen Lösungen
TIS1 und TIS2 von (3.39) bestimmen und diskutieren.

Zum Zeichnen von Parameterlinien bzw. allgemeinen Kurven auf
Rotationsflächen führen wir in der Unit URotS die Typen RotSUiT
bzw. CFOnRotST ein.

Bevor wir zu Programmen übergehen, lösen wir zunächst auch noch das Konturproblem. Für Rotationsflächen folgt

$$\vec{x}_1(u^i) = r'(u^1)\vec{u}(u^2)+h'(u^1)\vec{e}^3, \quad \vec{x}_2(u^i) = r(u^1)\vec{u}'(u^2).$$

Setzen wir

$$\vec{n}(u^i) := r(u^1)(r'(u^1)\vec{e}^3-h'(u^1)\vec{u}(u^2)),$$

so ist ein Punkt P mit $\overrightarrow{OP} = \vec{x}(u^i)$ einer Rotationsfläche genau dann ein Konturpunkt, wenn $\overrightarrow{PC}\cdot\vec{n} = 0$; wegen $r(u^1) \neq 0$ also, wenn

$$(3.40) \quad -r(u^1)h'(u^1)+h(u^1)r'(u^1)-r'(u^1)\vec{c}\cdot\vec{e}^3+h'(u^1)\vec{c}\cdot\vec{u}(u^2) = 0.$$

Wegen der Rotationssymmetrie können wir noch

$$\vec{c} = \|\vec{c}\|\{\cos\theta,0,\sin\theta\} \quad \text{mit} \quad \|\vec{c}\| > 0 \quad \text{und} \quad \theta\in[0,2\pi)$$

annehmen.

Zunächst untersuchen wir den Fall

$$\vec{c}\cdot\vec{u}(u^2) \equiv 0,$$

in dem das Projektionszentrum auf der Rotationsachse liegt.

Aus (3.40) erhalten wir die Bedingung

$$(3.41) \quad g_1(u^1) := r(u^1)h'(u^1)-r'(u^1)(h(u^1)-\vec{c}\cdot\vec{e}^3) = 0.$$

Als Konturlinien erhalten wir die Teile $u^2\in I_2$ der Breitenkreise zu den Lösungen $u^1\in I_1$ von (3.41).

Wir untersuchen den Fall

$$\vec{c}\cdot\vec{u}(u^2) \neq 0,$$

in dem das Projektionszentrum nicht auf der Rotationsachse liegt.

Dazu bestimmen wir zunächst die Nullstellen $u^1\in I_1$ von

$$(3.42) \quad g_2(u^1) := h'(u^1) = 0.$$

Für jedes solche u^1 muß wegen $(h'(u^1))^2+(r'(u^1))^2 > 0$, also wegen $r'(u^1) \neq 0$ dann gelten

$$(3.43) \qquad\qquad h(u^1) = \vec{c}\cdot\vec{e}^3.$$

Für jede Lösung u^1 von (3.42), welche auch noch (3.43) erfüllt, ist also der Teil $u^2 \in I_2$ des zugehörigen Breitenkreises eine Konturlinie; die anderen Lösungen von (3.42) liefern keine Konturpunkte.

Nun betrachten wir das Intervall I_1 ohne die Nullstellen u^1 von (3.42). Dort ist (3.40) wegen der Wahl von $\vec{c}$ äquivalent zu

$$h'(u^1)\|\vec{c}\|\cos\theta\cos u^2 = r(u^1)h'(u^1)+r'(u^1)(\|\vec{c}\|\sin\theta-h(u^1)),$$

und da wegen $\vec{c}\cdot\vec{u}(u^2) \neq 0$ auch $\cos\theta \neq 0$ ist, gleichbedeutend mit

$$(3.44) \qquad \cos u^2 = \frac{r'(u^1)(\|\vec{c}\|\sin\theta-h(u^1))+r(u^1)h'(u^1)}{h'(u^1)\|\vec{c}\|\cos\theta} =: a(u^1).$$

Wir können aus (3.44) $u^2(u^1)$ für solche $u^1 \in I_1$ bestimmen, für die

$$|a(u^1)| \leq 1$$

gilt.

Zum Zeichnen der Kontur einer Rotationsfläche führen wir folgenden Typ RotSCT als Erben von Curve3DWithTwoSgnT ein:

```
RotSCT = OBJECT (Curve3DWithTwoSgnT)                     {URotS}
  RotS                                     : RotST;
  CX,PrCPhi,U1_C,EpsilonC                  : EXTENDED;
  NOfStepsC,NOfIntvC                       : INTEGER;
  PrCOnZAxis,U2_LineC,SkipNewtonC,NoPoint  : BOOLEAN;

  CONSTRUCTOR Init (WPInit: BOOLEAN;
                    IPInit,LLInit,ColInit:INTEGER;
                    CheckInit: Check3D;
                    EpsilonCInit: EXTENDED;
                    NOfStepsCInit,NOfIntvCInit: INTEGER;
                    SkipNewtonCInit: BOOLEAN;
                    RotSInit: RotST);

  FUNCTION  G1   (U1: EXTENDED): EXTENDED; VIRTUAL;
  FUNCTION  dG1  (U1: EXTENDED): EXTENDED; VIRTUAL;
  FUNCTION  d2G1 (U1: EXTENDED): EXTENDED; VIRTUAL;
```

```
        FUNCTION  G2   (U1: EXTENDED): EXTENDED; VIRTUAL;
        FUNCTION  dG2  (U1: EXTENDED): EXTENDED; VIRTUAL;
        FUNCTION  d2G2 (U1: EXTENDED): EXTENDED; VIRTUAL;

        PROCEDURE FindZerosOfG1 (I1DC: Interval1D;
                                 VAR Zero: EXTENDED;
                                 VAR NoZero: INTEGER); VIRTUAL;
        PROCEDURE FindZerosOfG2 (I1DC: Interval1D;
                                 VAR Zero: EXTENDED;
                                 VAR NoZero: INTEGER); VIRTUAL;
        PROCEDURE SetLocal; VIRTUAL;

        PROCEDURE TToP (T: EXTENDED; VAR P: Pt3D); VIRTUAL;
        PROCEDURE Draw;
        PROCEDURE Visibility (P: Pt3D; PrRay: Line3D;
                              Dist: EXTENDED;
                              VAR Vis: BOOLEAN);
    END;
```

In der Variablen RotS speichern wir die Rotationsfläche, deren
Kontur gezeichnet werden soll. Die Bedeutung der übrigen Datenfelder werden wir bei der Besprechung der einzelnen Methoden
erklären.

Schauen wir uns zunächst den Konstruktor Init an:

```
        CONSTRUCTOR RotSCT.Init (WPInit: BOOLEAN;
                                 IPInit,LLInit,ColInit: INTEGER;
                                 CheckInit: Check3D;
                                 EpsilonCInit: EXTENDED;
                                 NOfStepsCInit,NOfIntvCInit: INTEGER;
                                 SkipNewtonCInit: BOOLEAN;
                                 RotSInit: RotST);
        VAR .........
        BEGIN
            .........

          LengthVt3D (Pr.C, lPrC);
          IF Null(1-ABS(Pr.C.Z)/lPrC,Eps5) THEN BEGIN
            CX        := 0;
            PrCPhi    := 0;
            PrCOnZAxis := TRUE;
          END ELSE BEGIN
            PrCOnZAXis := FALSE;
            CX        := SQRT(SQR(Pr.C.X)+SQR(Pr.C.Y));
            COSSINToAngle (Pr.C.X/CX,Pr.C.Y/CX, PrCPhi);
            IF (PrCPhi < 0) THEN PrCPhi := PrCPhi+2*PI;
          END;
        END;
```

Nach der Zuweisung der eingegebenen Daten und der Besetzung weiterer Datenfelder untersuchen wir, ob der Augpunkt Pr.C auf der x^3-Achse (=Rotationsachse) liegt. Ist dies der Fall, so setzen wir die boolesche Variable PrCOnZAxis auf TRUE und wählen Null für die Variablen CX und PrCPhi.

Im anderen Fall setzen wir PrCOnZAxis=FALSE, wählen CX als den Abstand des Augpunktes von der x^3-Achse und bestimmen die Variable PrCPhi, so daß sie dem Polarwinkel φ des Augpunktes in der Kugelkoordinatendarstellung entspricht.

Die Methoden G1, dG1 und d2G1 bzw. G2, dG2 und d2G2 implementieren wir entsprechend den Funktionen $g_1(u^1)$ bzw. $g_2(u^1)$ aus (3.41) bzw. (3.42) und deren Ableitungen.

Mit den Methoden FindZerosOfG1 bzw. FindZersosOfG2 bestimmen wir die Nullstellen von $g_1(u^1)$ bzw. $g_2(u^2)$ im Intervall I1DC. Bei ihrer Implementation wenden wir denselben Trick wie bei der Methode FindZerosOfF des Typs RotST an. Dadurch wird die Methode SetLocal notwendig, die wie üblich die Daten der aufrufenden Instanz an die lokale Instanz LocalRotSC überträgt.

Als nächstes besprechen wir die Methode Draw, deren Implementation wir wegen der Länge jedoch nicht angeben.

Wir behandeln zunächst den Fall, daß der Augpunkt auf der Rotationsachse liegt. In der N-Schleife wählen wir das Intervall I1DC als N-tes Teilintervall einer äquidistanten Partition des Intervalles I_1 von RotS. Finden wir mit Hilfe der Methode FindZerosOfG1 eine Nullstelle U1_C von $g_1(u^1)$ in I1DC, so wissen wir, daß der Teil des zu U1_C gehörenden Breitenkreises mit $u^2 \epsilon I_2$ Konturlinie ist.

Man überlegt sich leicht, daß dieser Teil des Breitenkreises bezüglich der Rotationsfläche entweder vollständig sichtbar oder vollständig verdeckt ist. Wir überprüfen daher einen Punkt dieses Breitenkreisteils auf Sichtbarkeit. Ist dieser Testpunkt sichtbar, so ist VisTest=TRUE. Wir setzen U2_LineC auf TRUE, wählen das Intervall des u^2-Flächenparameters als Intervall I1D für den Kurvenparameter der Konturlinie und rufen DrawCurve3D auf.

Der zweite Teil der Methode behandelt den Fall PrCOnZAxis=FALSE. Hier setzen wir zunächst U2_Line=FALSE, wählen das Intervall I_1 der Rotationsfläche als Intervall für den Kurvenparameter und zeichnen mit dem Aufruf der Methode DrawTwoBranches die durch (3.44) festgelegten Teile der Kontur. Sollten wir beim Durchlaufen der Kurve auf Parameterwerte treffen, bei denen der Nenner von (3.44) Null wird, so fangen wir diesen Fehler durch eine entsprechende Abfrage in TToP ab.In der sich anschließenden N-Schleife bestimmen wir das Intervall I1DC wie oben. Finden wir mit der Methode FindZerosOfG2 eine Nullstelle U1_C von g_2 in I1DC (NoZeroC>0) und erfüllt diese auch noch (3.43), so ist die zu U1_C gehörende u^2-Linie Konturlinie. Wir zeichnen sie, indem wir U2_LineC=FALSE setzen, das Intervall I_2 der Rotationsfläche als Parameterintervall wählen und DrawCurve3D aufrufen.

Die Methode TToP implementieren wir dann folgendermaßen: Falls U2_LineC=TRUE ist, wählen wir U1_C als u^1-Koordinate und T als u^2-Koordinate des Parameterpunktes Q.

Andernfalls setzen wir T als u^1-Koordinate von Q und überprüfen als nächstes, ob für dieses u^1 der Nenner in (3.44) Null wird. Dabei gehen wir von einem gedachten Augpunkt

$$\vec{c} := \{CX, O, Pr.C.Z\}$$

aus, den wir erhalten, wenn wir den tatsächlichen Augpunkt in mathematisch negativem Sinn um den Winkel PrCPhi um die x^3-Achse drehen (vergleiche Abschnitt 1.15). Ist der Nenner gleich Null, so verlassen wir die Methode mit der Information NoPoint=TRUE.

Andernfalls berechnen wir $a(u^1)$ gemäß (3.44).

Ist $|a(u^1)| > 1$, so setzen wir NoPoint=TRUE und verlassen die Methode. Andernfalls wählen wir für die u^2-Koordinate von Q zunächst

$$Q.U2 = \begin{cases} \arccos(a(u^1)) & (Sgn=1) \\ 2\pi - \arccos(a(u^1)) & (Sgn=-1) \end{cases} .$$

Um die u^2-Koordinate von Q bezüglich des tatsächlichen Augpunktes zu erhalten, müssen wir zu diesem Wert noch PrCPhi addieren, und - wenn dabei Q.U2>2π wird - noch 2π subtrahieren. Ist Q dann im Parameterintervall von RotS, so berechnen wir mittels der Methode ParToSurf den Konturpunkt P. Andernfalls setzen wir NoPoint auf TRUE.

Schließlich schreiben wir noch folgende Methode Visibility:

```
PROCEDURE RotSCT.Visibility (P: Pt3D; PrRay: Line3D;
                    Dist:EXTENDED;
```

```
                            VAR Vis: BOOLEAN);
        BEGIN
          IF U2_LineC AND PrCOnZAxis THEN
            Vis := TRUE
          ELSE
            IF NoPoint THEN Vis := FALSE
                      ELSE RotS.Visibility (P,PrRay,Dist, Vis);
        END;
```

Falls der Augpunkt auf der x^3-Achse liegt, können wir einfach
Vis=TRUE wählen, da wir in diesem Fall durch unseren Test in
der Methode Draw nur Konturlinien zeichnen, die bezüglich RotS
nicht verdeckt sind.

Andernfalls setzen wir in Abhängigkeit des Wertes NoPoint entweder Vis=FALSE, oder wir rufen die Visibility-Methode von RotS
auf.

Mit den Programmen P3_25 bis P3_29 zeichnen wir jeweils eine
Rotationsfläche mit ihrer Kontur. Die Prozeduren für die Funk-
tionen $r(u^1)$, $h(u^1)$ und deren Ableitungen sind jeweils in einem
Include-File implementiert. Hinweisen möchten wir speziell auf
den Include-File IRotS3.PAS, in dem die Funktionen für einen
Torus definiert werden. Die Bedeutung der dabei verwendeten
Größen kann man folgender Skizze entnehmen, die einen Schnitt
des Torus in der x^1x^3-Halbebene ($x^1 \geq 0$) darstellt.

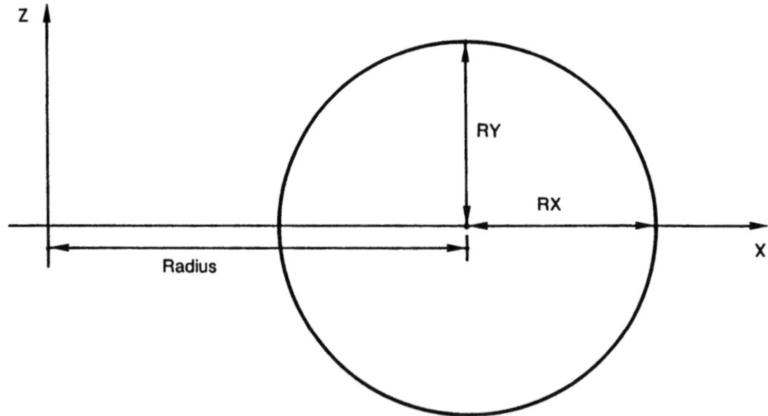

Ebenfalls erwähnen wollen wir noch die Flächen in IRotS4.PAS
und IRotS5.PAS. Bei ihnen ist $h(u^1) = u^1$, also $h'(u^1) = 1 \neq 0$

auf I_1, so daß wir beim Zeichnen der Kontur NOfIntvC=1 wählen können.

3.7 Die Darstellung von Schraubenflächen

Als letzte Klasse behandeln wir in diesem Abschnitt die sogenannten *Schraubenflächen*. Sie sind gegeben durch eine Parameterdarstellung

$$(3.45) \qquad \vec{x}(u^i) := \{u^1\cos u^2, u^1\sin u^2, au^2+h(u^1)) =$$
$$= u^1\vec{u}(u^2)+(au^2+h(u^1))\vec{e}^3. \quad (u^1\in I_1\subset(0,\infty),\ u^2\in I_2\subset\mathbb{R})$$

mit $a\neq 0$.

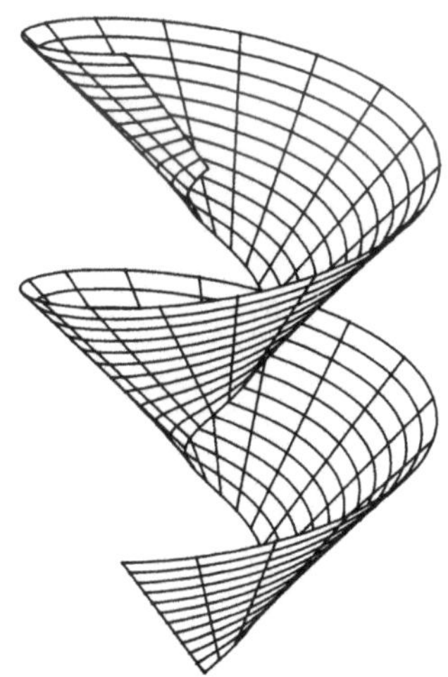

Für die Schraubenflächen führen wir auf der Geometrieseite folgenden Typ ScrewST ein:

```
ScrewST = OBJECT (SurfaceT)                        {UScrewS}
    LnIS                  : Line3D;
    Epsilon               : EXTENDED;
    NOfSteps,NOfIntv      : INTEGER;
    SkipNewton,SpecialCase : BOOLEAN;
    A                     : EXTENDED;
    H,dH,d2H,d3H          : MapRToR;
```

```
CONSTRUCTOR Init (IU1U2Init: IntervalPar;
                  EpsilonInit: EXTENDED;
                  NOfStepsInit,NOfIntvInit: INTEGER;
                  SkipNewtonInit: BOOLEAN;
                  AInit: EXTENDED;
                  HInit,dHInit,d2HInit,d3HInit: MapRToR);

FUNCTION mH   (U1: EXTENDED): EXTENDED; VIRTUAL;
FUNCTION mdH  (U1: EXTENDED): EXTENDED; VIRTUAL;
FUNCTION md2H (U1: EXTENDED): EXTENDED; VIRTUAL;
FUNCTION md3H (U1: EXTENDED): EXTENDED; VIRTUAL;

PROCEDURE ParToSurf    (Q: PtPar; VAR P: Pt3D); VIRTUAL;
.........
PROCEDURE Visibility (P: Pt3D; PrRay: Line3D;
                  Dist:EXTENDED;
                  VAR Vis: BOOLEAN); VIRTUAL;
PROCEDURE NotHidden (P: Pt3D; PrRay: Line3D;
                  Dist:EXTENDED;
                  VAR NotHidd: BOOLEAN); VIRTUAL;

END;
```

Die ersten fünf Datenfelder benötigen wir wieder bei der Lösung
der Sichtabfragen. Anschließend reservieren wir für die Funktion h und deren Ableitungen sowie für die Größe a aus der
x^3-Komponente der Parameterdarstellung die Felder A, H, dH, d2H
und d3H, die wir wie üblich mit dem Konstruktor Init einlesen
können. Wir brechen ein Programm mit einer Fehlermeldung ab,
wenn für das eingegebene AInit gilt:

$$|\text{AInit}| < 10^{-8}.$$

Auch in diesem Typ deklarieren wir für h und die Ableitungen
wieder Objektmethoden, bei deren Implementation auf dieser Stufe der Hierarchie einfach nur die entsprechenden Funktionen aus
den Datenfeldern aufgerufen werden. Natürlich gilt auch hier,
daß wir an allen Stellen, an denen wir h oder die Ableitungen
benötigen, ausschließlich die hierfür deklarierten Methoden benutzen.

Zur Lösung des Sichtbarkeitsproblems schneiden wir wieder eine
Schraubenfläche mit einer beliebigen Gerade G, für die wir im
Typ ScrewST die Variable LnIS reserviert haben. Nach (3.10) und
(3.45) muß gelten

$$(3.46) \qquad u^1 \vec{u}(u^2) + (au^2 + h(u^1))\vec{e}^3 - (\vec{p} + t\vec{v}) = \vec{0}.$$

Aus (3.46) folgt

$$(u^1(t))^2 = (p^1+tv^1)^2+(p^2+tv^2)^2,$$

wegen $u^1 > 0$ demnach

$$(3.47) \qquad u^1(t) = \sqrt{(p^1+tv^1)^2+(p^2+tv^2)^2},$$

und damit

$$(3.48) \qquad u^2(t) = \frac{1}{a}(p^3+tv^3-h(u^1(t))).$$

Wir bestimmen also die Lösungen t von

$$(3.49) \qquad f(t) := u^1(t)\cos u^2(t)-(p^1+tv^1) = 0$$

mit den Ausdrücken $u^1(t)$ und $u^2(t)$ aus (3.47) und (3.48). Erfüllen diese Werte t auch die Bedingung

$$(3.50) \qquad u^1(t)\sin u^2(t)-(p^2+tv^2) = 0$$

so berechnen wir $u^1(t)$ aus (3.47) und $u^2(t)$ aus (3.48) und erhalten dann die Schnittpunkte.

Ein Punkt P der Schraubenfläche ist nun genau dann unsichtbar,
wenn es mit $\vec{p} := \overrightarrow{OP}$ und $\vec{v} := \overrightarrow{PC}$ eine Lösung $t>0$ von (3.49) und
(3.50) mit zugehörigen $u^1(t)\in I_1$ aus (3.47) und $u^2(t)\in I_2$ aus
(3.48) gibt.

Wir ergänzen zunächst den Typ ScrewST um die Methoden für die
Funktionen $u^1(t)$ aus (3.47), $u^2(t)$ aus (3.48), f(t) aus (3.49)
und deren erste und zweite Ableitungen. Zur Vermeidung von Ver-
wechslungen lassen wir die Bezeichner der Methoden für die
Funktionen aus (3.47) und (3.48) jeweils mit "f" beginnen, also
fU1, dfU1 usw.

Um Nullstellen der Funktion f in einem Intervall I1D zu bestim-
men, implementieren wir die Methode FindZerosOfF, in der wir
die Prozedur FindZero benutzen. Da wir an diese Prozedur keine
Objektmethoden übergeben können, müssen wir wieder unseren
Standardtrick für diese Fälle anwenden. Wir deklarieren im Im-
plementationsteil der Unit UScrewS zunächst die lokale Instanz
LocalScrewS vom Typ ScrewST und schreiben dann die Prozeduren
LocalScrewSF, dLocalScrewSF und d2LocalScrewSF, in denen wir
jeweils die entsprechende Methode F, dF oder d2F der Instanz
LocalScrewS aufrufen.

Damit LocalScrewS die richtigen Informationen enthält, schreiben wir noch die Methode SetLocal, die wie immer alle notwendigen Daten der aufrufenden Instanz an die lokale Instanz überträgt und die jeweils vor der Benutzung der Prozeduren LocalScrewSF, dLocalScrewSF und d2LocalScrewSF aufgerufen werden muß.

In der Methode Visibility gehen wir ähnlich vor, wie bei den Flächen in impliziter Form. Beginnend beim Punkt P laufen wir in äquidistanten Schritten den Sehstrahl entlang und untersuchen dabei, ob im Parameterintervall, das durch zwei benachbarte Punkte festglegt ist, eine Lösung von (3.49) existiert. Die Implementation dieser Methode lautet wie folgt:

```
PROCEDURE ScrewST.Visibility (P: Pt3D; PrRay: Line3D; Dist:EXTENDED;
                              VAR Vis: BOOLEAN);
VAR ..........
BEGIN
  IF NOT I3DDefined THEN BEGIN
    I3D := WI3D;
    CalcDiamI3D;
    I3DDefined := TRUE;
  END;

  Vis  := TRUE;
  LnIS := PrRay;
  Step := DiamI3D/NOfIntv;
  T    := Eps5*Step;

  TToLine3D (PrRay,T, PrRayP);
  IF (InInterval3D (I3D,PrRayP)) THEN BEGIN
    ExitLoop := FALSE;

    REPEAT
      I1D[1].X := T;
      I1D[2].X := T+Step;
      FindZerosOfF (I1D, Zero,NoZero);
      IF (NoZero > 0) THEN BEGIN
        IF Null(fU1(Zero)*SIN(fU2(Zero))-LnIS.O.Y-Zero*LnIS.U.Y,
                1000*Epsilon) THEN BEGIN
          Q.U1 := fU1 (Zero);
          IF InI1(Q.U1) THEN BEGIN
            Q.U2 := fU2(Zero);
            IF InI2(Q.U2) THEN BEGIN
              Vis      := FALSE;
              ExitLoop := TRUE;
            END;
          END;
        END;
      END;
      T := T+Step;
      TToLine3D (PrRay,T, PrRayP);
      IF NOT InInterval3D(I3D,PrRayP) THEN ExitLoop := TRUE;
```

```
        UNTIL ExitLoop;
      END;
    END;
```

Da wir die Schrittweite wieder mit Hilfe des Durchmessers von
I3D bestimmen wollen, setzen wir I3D=WI3D, falls I3D noch nicht
definiert ist.

Für die Gerade LnIS setzen wir den Sehstrahl PrRay zum Punkt P
ein.

Die Schrittweite Step wählen wir als

$$Step = DiamI3D/NOfIntv,$$

also wird auch hier die Feinheit des Suchalgorithmus mit der
Variablen NOfIntv festgelegt.

Wegen der Gestalt der Funktion f aus (3.49) müssen wir jedoch
im Vergleich zu den Flächen in impliziter Form wesentlich
größere Werte für NOfIntv wählen, um befriedigende Bilder zu
erhalten.

Unsere Suche beginnen wir nicht beim Punkt P (T=0) selbst, sondern bei einem Punkt PrRayP etwas näher am Augpunkt
$(T = 10^{-5} \cdot Step)$.

In der Repeat-Schleife untersuchen wir mit der Methode Find-
ZerosOfF, ob zwischen den Punkten zu den Parameterwerten T und
T+Step eine Nullstelle Zero von f aus (3.49) liegt. Ist dies
der Fall (NoZero>0), so überprüfen wir zunächst ob Zero auch
(3.50) erfüllt. Um Rechenungenauigkeiten zu kompensieren, wählen wir hierbei jedoch eine etwas geringere Genauigkeit, wie
bei der Bestimmung von Zero. Anschließend testen wir ob
$u^1(Zero) \in I_1$ und $u^2(Zero) \in I_2$. Wenn alle Bedingungen erfüllt
sind, setzen wir Vis=FALSE und ExitLoop=TRUE, damit wir die
Repeat-Schleife verlassen können. Dann müssen wir T noch um
Step erhöhen und überprüfen, ob der zum neuen T gehörende Sehstrahlpunkt PrRayp in I3D liegt. Ist dies nicht der Fall, so
setzen wir ExitLoop=TRUE und verlassen dadurch die Schleife.

In der Methode NotHidden gehen wir wie in der Methode Visibility vor. Jedoch laufen wir hier - beginnend beim Punkt P - zunächst solange in äquidistanten Schritten den Sehstrahl entlang, bis wir bei einem Punkt PrRayP∈I3D angelangt sind.
Zum Zeichnen von Parameterlinien bzw. allgemeinen Kurven auf
Schraubenflächen führen wir die Typen ScrewSUiT und CFOnScrewST
ein.

Mit den Programmen P3_30 und P3_31 zeichnen wir jeweils eine
Schraubenfläche. Dabei lagern wir die Implementationen der

Funktion h und deren Ableitungen in einem Include-File aus.

Bei der Lösung des Konturproblems betrachten wir nur den Fall,
in dem

$$(3.51) \qquad\qquad h(u^1) = bu^1 + c.$$

Damit gilt:

$$\vec{x}_1(u^i) = \{\cos u^2, \sin u^2, b\}, \quad \vec{x}_2(u^i) = \{-u^1 \sin u^2, u^1 \cos u^2, a\}.$$

Setzen wir

$$\vec{n}(u^i) = \vec{x}_1 \times \vec{x}_2 = \{a\sin u^2 - bu^1 \cos u^2, -a\cos u^2 - bu^1 \sin u^2, u^1\},$$

so ist ein Punkt P mit $\overrightarrow{OP} := \vec{x}(u^i)$ einer solchen Schraubenfläche genau dann ein Konturpunkt, wenn

$$-\overrightarrow{PC} \cdot \vec{n} =$$

$$= au^1 \sin u^2 \cos u^2 - b(u^1)^2 \cos^2 u^2 - au^1 \sin u^2 \cos u^2 - b(u^1)^2 \sin^2 u^1 +$$

$$+ au^1 u^2 + + b(u^1)^2 + cu^1 - ac^1 \sin u^2 + bc^1 u^1 \cos u^2 +$$

$$+ ac^2 \cos u^2 + bc^2 u^1 \sin u^2 - c^3 u^1 = 0,$$

d.h. wenn

$$u^1(au^2 + c + bc^1 \cos u^2 + bc^2 \sin u^2 - c^3) = ac^1 \sin u^2 - ac^2 \cos u^2.$$

Wir setzen

$$(3.52) \qquad g_1(u^2) := au^2 + c + bc^1 \cos u^2 + bc^2 \sin u^2 - c^3$$

und

$$(3.53) \qquad g_2(u^2) := ac^1 \sin u^2 - ac^2 \cos u^2.$$

Wir bestimmen die Nullstellen $u^2 \in I_2$ von g_1. Ist ein solches u^2
auch Nullstelle von g_2, so ist die zugehörige u^1-Linie eine
Konturlinie. Betrachten wir das Intervall I_2 ohne die Nullstellen u^2 von g_1, so erhalten wir die Konturlinien aus

$$u^1(u^2) = \frac{g_2(u^2)}{g_1(u^2)}.$$

Für die Schraubenflächen, deren Funktion h die Gestalt aus (3.51) besitzt, führen wir in einer neuen Unit ULScrewS einen eigenen Typ LinScrewST als Erben von ScrewST ein. Das "Lin" am Beginn des Bezeichners soll uns daran erinnern, daß h eine lineare Funktion in u^1 ist.

Für die Größen b und c aus (3.51) reservieren die zusätzlichen Datenfelder B und C, die wir jetzt anstelle der Funktion h und deren Ableitungen mit dem Konstruktor Init übergeben.

In diesem Typ müssen dann zunächst nur noch die Methoden für die Funktion h und ihre Ableitungen, sowie die Methoden Find-ZerosOfF und SetLocal neu implementiert werden.

Ebenso sind die Objekttypen LinScrewSUiT und CFOnLinScrewST zum Zeichnen von Parameterlinien und allgemeinen Kurven auf Flächen vom Typ LinScrewST neu einzuführen.

Zum Zeichnen der Kontur einer Fläche vom Typ LinScrewST deklarieren wir folgenden Objekttyp:

```
LinScrewSCT = OBJECT (Curve3DWithTwoSgnT)              {ULScrewS}
  LinScrewS                  : LinScrewST;
  U2_C,EpsilonC              : EXTENDED;
  NOfStepsC,NOfIntvC         : INTEGER;
  U1_LineC,SkipNewtonC,NoPoint : BOOLEAN;

  CONSTRUCTOR Init (WPInit: BOOLEAN;
                    IPInit,LLInit,ColInit:INTEGER;
                    CheckInit: Check3D;
                    EpsilonCInit: EXTENDED;
                    NOfStepsCInit,NOfIntvCInit: INTEGER;
                    SkipNewtonCInit: BOOLEAN;
                    LinScrewSInit: LinScrewST);

  FUNCTION  G1   (U2: EXTENDED): EXTENDED; VIRTUAL;
  FUNCTION  dG1  (U2: EXTENDED): EXTENDED; VIRTUAL;
  FUNCTION  d2G1 (U2: EXTENDED): EXTENDED; VIRTUAL;
  FUNCTION  G2   (U2: EXTENDED): EXTENDED; VIRTUAL;

  PROCEDURE FindZerosOfG1 (I1DC: Interval1D;
                           VAR Zero: EXTENDED;
                           VAR NoZero: INTEGER); VIRTUAL;
  PROCEDURE SetLocal; VIRTUAL;

  PROCEDURE TToP (T: EXTENDED; VAR P: Pt3D); VIRTUAL;
  PROCEDURE Draw;
```

```
      PROCEDURE Visibility (P: Pt3D; PrRay: Line3D;
                            Dist: EXTENDED;
                            VAR Vis: BOOLEAN);
  END;
```

Für die Fläche, deren Kontur gezeichnet werden soll, reservieren wir das Datenfeld LinScrewS. Die übrigen Datenfelder entsprechen in ihrer Bedeutung vom Prinzip her denen im Typ RulST
aus Abschnitt 3.4.

Die Methoden G1, dG1, d2G1 und G2 implementieren wir gemäß der
Funktion g_1 aus (3.52), deren erster und zweiter Ableitung und
der Funktion g_2 aus (3.53).

Bei der Implementation der Methode FindZerosOfG1, mit der wir
untersuchen, ob g_1 eine Nullstelle in I2DC hat, wenden wir
unseren Standardtrick an. Die dadurch notwendig gewordene
Methode SetLocal überträgt wie immer alle notwendigen Daten der
aufrufenden Instanz an die lokale Instanz LocalLinScrewSC.

Wir schauen uns als nächstes die Methode Draw an:

```
      PROCEDURE LinScrewSCT.Draw;
      VAR .........
      BEGIN
        U1_LineC := FALSE;
        I1D := LinScrewS.I2;
        DrawCurve3D;

        FOR N := 1 TO NOfIntvC DO BEGIN
          I1DC[1].X := LinScrewS.I2[1].X + (N-1)/NOfIntvC *
                          (LinScrewS.I2[2].X-LinScrewS.I2[1].X);
          I1DC[2].X := LinScrewS.I2[1].X +     N/NOfIntvC *
                          (LinScrewS.I2[2].X-LinScrewS.I2[1].X);
          FindZerosOfG1 (I1DC,U2_C,NoZeroC);

          IF (NoZeroC > 0) THEN BEGIN
            IF Null(G2(U2_C), 100*EpsilonC) THEN BEGIN
              U1_LineC := TRUE;
              I1D      := LinScrewS.I1;
              DrawCurve3D;
            END;
          END;
        END;
      END;
```

Wir zeichnen den Teil der Kontur, der durch

$$u^1(u^2) = \frac{g_2(u^2)}{g_1(u^2)}$$

festgelegt ist, indem wir U1_LineC=FALSE setzen, das Intervall I_2 der Schraubenfläche als Parameterintervall wählen und dann DrawCurve3D aufrufen. Wenn wir beim Durchlaufen der Kurve auf einen Parameterwert treffen, für den $g_1(u^2) = 0$ gilt, so fangen wir den daraus resultierenden Fehler durch eine geeignete Abfrage in der Methode TToP ab.

In der anschließenden N-Schleife wählen wir das Intervall I2DC als das N-te Teilintervall einer äquidistanten Partition des Intervalles I_2 der Schraubenfläche. Wenn wir mit der Methode FindZerosOfG1 eine Nullstelle U2_C von g_1 in I1DC finden, so ist die zu U2_C gehörige u^1-Linie eine Konturlinie. Wir zeichnen sie, indem wir u^1_LineC=TRUE setzen, als Parameterintervall das Intervall I_1 der Schraubenfläche wählen und DrawCurve3D aufrufen.

Damit keine Nullstellen von g_1 übersprungen werden, ist auch hier die Variable NOfIntvC genügend groß zu wählen.

Die Methode TToP haben wir folgendermaßen implementiert:

```
PROCEDURE LinScrewSCT.TToP (T: EXTENDED; VAR P: Pt3D);
VAR Q     : PtPar;
    G1OfT : EXTENDED;
BEGIN
  NoPoint := FALSE;
  IF U1_LineC THEN BEGIN
    Q.U1 := T;
    Q.U2 := U2_C;
  END ELSE BEGIN
    Q.U2  := T;
    G1OfT := G1(T);
    IF Null(G1OfT,EpsilonC) THEN BEGIN
      P        := O3D;
      NoPoint := TRUE;
      EXIT;
    END ELSE
      Q.U1 := G2(T)/G1OfT;
  END;
  IF LinScrewS.InIU1U2(Q) THEN
    LinScrewS.ParToSurf (Q, P)
  ELSE BEGIN
```

```
      NoPoint := TRUE;
      P       := O3D;
    END;
  END;
```

Falls U1_LineC=TRUE gesetzt ist, so wählen wir den Parameterpunkt

$$Q = (T,U2\_C).$$

Andernfalls setzen wir zunächst

$$Q.U2 = T.$$

Ist dann $g_1(T) = 0$, so verlassen wir die Prozedur mit der Information NoPoint=TRUE. Im Fall $g_1(T) \neq 0$ wählen wir

$$Q.U1 = \frac{g_2(T)}{g_1(T)}.$$

Liegt Q im Parameterintervall der Fläche, so berechnen wir den Konturpunkt P mit der Methode ParToSurf des Objektes LinScrewS. Im anderen Fall setzen wir NoPoint auf TRUE.

In der Methode Visibility nutzen wir den Parameter NoPoint dann auf die gewohnte Weise aus.

Mit dem Programm P3_32 zeichnen wir eine Schraubenfläche mit linearer Funktion h samt ihrer Kontur.

3.8 Schnitte von Ebenen mit Flächen

In diesem Abschnitt bestimmen wir Schnitte von Ebenen mit Flächen. Dabei betrachten wir zwei Möglichkeiten:

Ist die Fläche in Gleichungsform gegeben

$$F(x^1,x^2,x^3) = 0,$$

so wählen wir für die Ebene zweckmäßigerweise eine Parameterdarstellung

$$(3.54) \qquad \vec{x}(u^j) := \vec{p}+u^1\vec{w}_1+u^2\vec{w}_2$$

wobei $\vec{p}$ der Ortsvektor eines Punktes P der Ebene und $\vec{w}_1$ und $\vec{w}_2$ orthonormale Vektoren in der Ebene sind. Nun erhalten wir den Schnitt aus

$$(3.55) \qquad F(x^1(u^j), x^2(u^j), x^3(u^j)) = 0.$$

Ist andererseits die Fläche in Parameterdarstellung $\vec{x}(u^i)$ gegeben, so wählen wir für die Ebene eine Gleichungsdarstellung

$$(\overrightarrow{OX} - \overrightarrow{OP}) \cdot \vec{N} = 0,$$

wobei P ein Punkt der Ebene und $\vec{N}$ ein Vektor senkrecht zur Ebene sind. Nun erhalten wir den Schnitt aus

$$(3.56) \qquad (\vec{x}(u^i) - \vec{p}) \cdot \vec{N} = 0 \quad \text{mit} \quad \vec{p} := \overrightarrow{OP}$$

In den Typen, die wir später zum Zeichnen des Schnittes einer Ebene mit einer Fläche einführen, werden wir stets eine Variable Pl vom Typ PlaneT aus Abschnitt 1.17 reservieren.

Wir erinnern uns, daß wir die Ebene im Typ PlaneT als lokales 3D-Koordinatensystem CS3D aufgefaßt haben, dessen z-Richtung der Richtung ihres Normalenvektors entspricht und dessen Ursprung und die x- und y-Richtung ihr kartesisches Koordinatensystem beschreiben.

Bezüglich der Ebenengrößen aus der Herleitung wird also in allen späteren Typen gelten:

$$\vec{p} = \overrightarrow{OP1.CS3D.O}$$

$$\vec{w}_1 = \overrightarrow{P1.CS3D.UX}$$

$$\vec{w}_2 = \overrightarrow{P1.CS3D.UY}$$

$$\vec{N} = \overrightarrow{P1.CS3D.UZ}$$

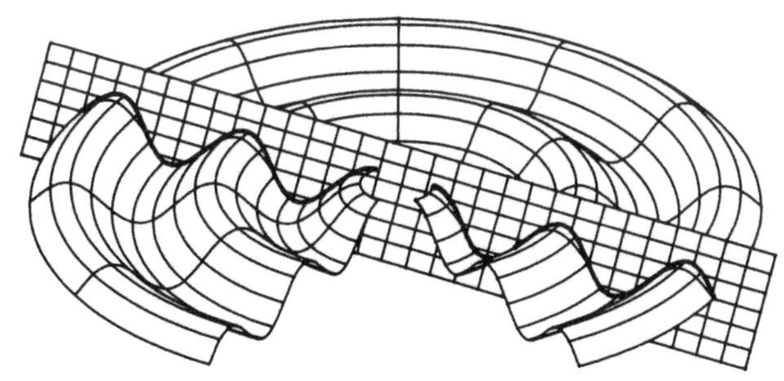

(I) <u>Schnitte von Ebenen mit Quadriken</u>

Wir gehen aus von der Darstellung (3.9) der Quadriken und müssen nach (3.55) die folgende Gleichung für die Ebenenparameter u^i lösen

$$((x(u^j))^k)^T \cdot A \cdot ((x(u^j))^k) + \vec{b} \cdot \vec{x}(u^j) + d =$$

$$= (u^1)^2 (w_1^k)^T \cdot A \cdot (w_1^k) + 2u^1 u^2 (w_1^k)^T \cdot A \cdot (w_2^k) + (u^2)^2 (w_2^k)^T \cdot A \cdot (w_2^k) +$$

$$+ 2u^1 (w_1^k)^T \cdot A \cdot (p^k) + 2u^2 (w_2^k)^T \cdot A \cdot (p^k) + (p^k)^T \cdot A \cdot (p^k) +$$

$$+ \vec{b} \cdot \vec{p} + u^1 \vec{b} \cdot \vec{w}_1 + u^2 \vec{b} \cdot \vec{w}_2 + d = 0.$$

Wir definieren die Matrix $\overline{A}$, den Vektor $\vec{\overline{b}}$ und die Zahl $\overline{d}$ durch

$$\overline{a}_{nm} := (w_n^k)^T \cdot A \cdot (w_m^k) \quad (n,m=1,2),$$

$$\overline{b}_n := 2(w_n^k)^T \cdot A \cdot (p^k) + \vec{b} \cdot \vec{w}_n \quad (n=1,2) \quad \text{und}$$

$$\overline{d} := (p^k)^T \cdot A \cdot (p^k) + \vec{b} \cdot \vec{p} + d$$

und untersuchen die quadratische Form

$$(3.57) \qquad (u^k)^T \cdot \overline{A} \cdot (u^k) + \vec{\overline{b}} \cdot \{u^1, u^2\} + \overline{d} = 0$$

mit den Methoden aus Abschnitt 2.3.

Zum Zeichnen des Schnittes einer Ebene mit einer Quadrik führen wir folgenden Objekttyp ein:

```
ISP1QST = OBJECT (Curve3DT)                              {UQS}
  Pl      : PlaneT;
  QS      : QST;
  QC      : QCT;
  NoPoint : BOOLEAN;

  CONSTRUCTOR Init (WPInit: BOOLEAN;
                    IPInit,LLInit,ColInit: INTEGER;
                    CheckInit: Check3D;
                    PlInit: PlaneT;
                    QSInit: QST);

  PROCEDURE TToP (T: EXTENDED; VAR P: Pt3D); VIRTUAL;
  PROCEDURE Visibility (P: Pt3D; PrRay: Line3D;
                        Dist: EXTENDED;
                        VAR Vis: BOOLEAN);
```

```
    PROCEDURE Draw;
END;
```

Für die Ebene und die Quadrik reservieren wir die Datenfelder
Pl und QS, die zusammen mit den anderen notwendigen Daten durch
den Konstruktor Init eingelesen werden können.

Für die quadratische Form aus (3.57) sehen wir die Instanz QC
vor, die wir im Konstruktor mit den entsprechenden Daten initialisieren. Als dabei einzugebendes 2D-Intervall I2DIS wählen
wir das Parameterintervall der Ebene Pl. Wir erinnern daran,
daß wir nach dieser Initialisierung in den Feldern QC.I1DA1 und
QC.I1DA2 die Parameterintervalle sämtlicher in I2DIS liegender
Teilbereiche von QC zur Verfügung haben.

Die Methode TToP implementieren wir dann wie folgt:

```
    PROCEDURE ISP1QST.TToP (T: EXTENDED; VAR P: Pt3D);
    VAR P2D     : Pt2D;
        QP1,QQS : PtPar;
    BEGIN
      QC.TToP (T,P2D);
      QP1.U1 := P2D.X;
      QP1.U2 := P2D.Y;
      P1.ParToSurf (QP1, P);
      QS.SurfToPar (P, QQS);
      NoPoint := NOT QS.InIU1U2(QQS);
    END;
```

Wir berechnen zunächst mittels der Methode TToP des Objektes QC
zum laufenden T den 2D-Punkt P2D der quadratischen Kurve. Da
wir das 2D-Intervall für QC entsprechend dem Parameterintervall
der Ebene Pl gewählt haben, entspricht die x- bzw. y-Koordinate
von P2D der u^1- bzw. u^2-Koordinate des zugehörigen Parameterpunktes QPl der Ebene. Aus QPl berechnen wir dann mit Hilfe der
Methode ParToSurf der Instanz Pl die Weltkoordinaten des Punktes P der Schnittlinie.

Anschließend ermitteln wir zu P auch noch den Parameterpunkt
QQS bezüglich der Darstellung von QS. Liegt QQS nicht im Para-
meterintervall von QS, so setzen wir NoPoint=TRUE, sonst
NoPoint=FALSE.

In der Methode Visibility setzen wir Vis=FALSE, wenn NoPoint=
TRUE ist; andernfalls rufen wir QS.Visibility auf.

Die Methode Draw zum Zeichnen der Schnittlinie ist schließlich
wie folgt implementiert:

```
PROCEDURE ISP1QST.Draw;
VAR N,SgnOld : INTEGER;
BEGIN
  SgnOld := QC.Sgn;
  FOR N := 1 TO QC.NOfTIntV1 DO BEGIN
    I1D     := QC.I1DA1[N];
    QC.Sgn := 1;
    DrawCurve3D;
  END;
  FOR N := 1 TO QC.NOfTIntV2 DO BEGIN
    I1D     := QC.I1DA2[N];
    QC.Sgn :=-1;
    DrawCurve3D;
  END;
  QC.Sgn  := SgnOld;
END;
```

Wir rufen also in zwei Schleifen zu jedem der Parameterintervalle aus den Arrays QC.I1DA1 und QC.I1DA2 jeweils einmal die Methode DrawCurve3D auf.

Mit dem Programm P3_33 zeichnen wir eine Quadrik und eine Ebene samt ihrer Schnittlinie.

(II) <u>Schnitte von Ebenen mit Regelflächen</u>

Wir gehen aus von der Darstellung (3.19) für die Regelflächen und müssen gemäß (3.56) die folgende Gleichung für die Flächenparameter u^1 und u^2 lösen:

$$(3.58) \qquad (\vec{y}(u^1)+u^2\vec{z}(u^1)-\vec{p}) \cdot \vec{N} = 0.$$

Es ergeben sich zwei Fälle:

$$(1) \qquad g_1(u^1) := \vec{z}(u^1) \cdot \vec{N} = 0.$$

Dann liegt der Vektor $\vec{z}(u^1)$ der erzeugenden Geraden in der Ebene. Es existiert für solche u^1 mit (1) nur dann ein Schnitt, wenn gleichzeitig

$$g_2(u^1) := (\vec{y}(u^1)-\vec{p}) \cdot \vec{N} = 0$$

ist, d.h. wenn $\vec{y}(u^1)$ in der Ebene liegt. Dann ist die zu u^1 gehörende u^2-Linie eine Schnittlinie.

Im zweiten Fall für

$$(2) \qquad\qquad g_1(u^1) \neq 0$$

können wir (3.58) auflösen und erhalten

$$(3.59) \qquad\qquad u^2 = u^2(u^1) - \frac{g_2(u^1)}{g_1(u^1)}$$

für alle $u^1 \in I_1$, für die (2) und $u^2(u^1) \in I_2$ gilt.

Zum Zeichnen des Schnittes zwischen einer Ebene und einer Regelfläche führen wir folgenden Typ ein:

```
ISP1RulST = OBJECT (Curve3DT)                          {URulS}
  Pl                         : PlaneT;
  RulS                       : RulST;
  NOfStepsIS,NOfIntvIS       : INTEGER;
  U2_LineIS,NoPoint,
  SpecialCase,SkipNewtonIS   : BOOLEAN;
  U1_IS,EpsilonIS            : EXTENDED;

  CONSTRUCTOR Init (WPInit: BOOLEAN;
                    IPInit,LLInit,ColInit: INTEGER;
                    CheckInit: Check3D;
                    EpsilonISInit: EXTENDED;
                    NOfStepsISInit,NOfIntvISInit: INTEGER;
                    SkipNewtonISInit: BOOLEAN;
                    PlInit: PlaneT;
                    RulSInit: RulST);

  FUNCTION  G1   (U1: EXTENDED): EXTENDED; VIRTUAL;
  FUNCTION  dG1  (U1: EXTENDED): EXTENDED; VIRTUAL;
  FUNCTION  d2G1 (U1: EXTENDED): EXTENDED; VIRTUAL;
  FUNCTION  G2   (U1: EXTENDED): EXTENDED; VIRTUAL;
  FUNCTION  dG2  (U1: EXTENDED): EXTENDED; VIRTUAL;
  FUNCTION  d2G2 (U1: EXTENDED): EXTENDED; VIRTUAL;

  PROCEDURE FindZerosOfG1 (I1DIS: Interval1D;
                    VAR Zero: EXTENDED;
                    VAR NoZero: INTEGER); VIRTUAL;
  PROCEDURE FindZerosOfG2 (I1DIS: Interval1D;
                    VAR Zero: EXTENDED;
                    VAR NoZero: INTEGER); VIRTUAL;
  PROCEDURE SetLocal; VIRTUAL;

  PROCEDURE TToP (T: EXTENDED; VAR P: Pt3D); VIRTUAL;
  PROCEDURE Draw;
  PROCEDURE Visibility (P: Pt3D; PrRay: Line3D;
                    Dist: EXTENDED;
```

```
                              VAR Vis: BOOLEAN);
      END;
```

Für die Ebene und die Regelfläche reservieren wir die Felder Pl und RulS. Von allen anderen Datenfeldern erklären wir an dieser Stelle nur noch die Bedeutung von SpecialCase. In diesem Feld werden wir uns merken, ob für die Funktion g_1 aus der Herleitung gilt:

$$g_1(u^1) \equiv 0 \text{ auf } I_1.$$

Mit dem Konstruktor initialisieren wir eine Instanz vom Typ ISPlRulST und geben dabei wie üblich alle notwendigen Daten ein. Gleichzeitig besetzen wir beim Aufruf von Init auch das Feld SpecialCase. Dazu berechnen wir an NOfIntvIS verschiedenen Stellen $u^1 \in I_1$ die Funktionswerte $g_1(u^1)$ und setzen Special-Case=TRUE, wenn an allen diesen Stellen $g_1(u^1) = 0$ gilt, sonst SpecialCase=FALSE.

Die Methoden G1, dG1 und d2G1 sowie G2, dG2 und d2G2 sind entsprechend der Funktionen g_1 und g_2 sowie deren Ableitungen implementiert.

Um eine Nullstelle von g_1 bzw. g_2 in einem Intervall I1DIS zu bestimmen, führen wir die Methoden FindZerosOfG1 bzw. FindZerosOfG2 ein. Da wir bei deren Implementation wieder auf die Prozedur FindZero zurückgreifen wollen, müssen wir unseren Standardtrick anwenden. Wir führen im Implementationsteil der Unit URulS die lokale Instanz LocalISPlRulS ein und schreiben dann die Funktionen LocalISPlRulSG1, dLocalISPlRulSG1 usw., in denen wir jeweils die entsprechende Methode der lokalen Instanz LocalISPlRulS aufrufen. Diese lokalen Funktionen werden dann in den Methoden FindZerosOfG1 bzw. FindZerosOfG2 an die Prozedur FindZero übergeben.

Damit die lokale Instanz LocalISPlRulS auch die richtigen Werte enthält, muß vorher jeweils die Methode SetLocal aufgerufen werden, die wie immer die notwendigen Daten des aufrufenden Objektes an die lokale Instanz LocalISPlRulS überträgt.

Als nächstes besprechen wir die Methode Draw, deren Listing wir hier wegen seiner Länge nicht angeben.

Ist SpecialCase=TRUE ($g_1 \equiv 0$), so wählen wir in der N-Schleife das Intervall I1DIS als das N-te Teilintervall einer äquidistanten Partition des Intervalles I_1 der Regelfläche RulS. Finden wir mittels der Methode FindZerosOfG2 eine Nullstelle U1_IS von g_2 (NoZeroIS $>$ 0), so ist die zu u^1 = U1_IS gehörende u^2-Linie eine Schnittlinie. Wir setzen dann U2_LineIS=TRUE, wählen als Parameterintervall das Intervall I_2 von RulS und rufen DrawCurve3D auf. Die Größen U1_IS und U2_LineIS werden in der Methode TToP benötigt.

Ist SpecialCase=FALSE, so zeichnen wir zunächst die durch (3.59) bestimmten Teile des Schnittes, indem wir U2_LineIS= FALSE setzen, das Intervall I_1 der Regelfläche als Parameterintervall wählen und DrawCurve3D aufrufen. Wenn wir beim Durchlaufen der Kurve auf einen Parameterwert treffen, für den $g_1(u^1)$ = 0 wird, so fangen wir den Fehler wieder in der Methode TToP ab.

In der anschließenden N-Schleife wählen wir das Intervall I1DIS als N-tes Teilintervall einer äquidistanten Partition des Intervalles I_1 der Regelfläche. Finden wir in diesem Intervall eine Nullstelle U1_IS von g_1 (NoZeroIS $>$ 0), die gleichzeitig auch noch g_2(U1_IS) = 0 erfüllt, so ist die zu U1_IS gehörende u^2-Linie eine Schnittlinie, die wir zeichnen, indem wir U2_LineIS=TRUE setzen, das Intervall I_2 der Regelfläche als Parameterintervall wählen und DrawCurve3D aufrufen.

Um zu vermeiden, daß im Intervall I1DIS mehrere Nullstellen liegen, ist der Parameter NOfIntvIS, der die Feinheit des Suchalgorithmus festlegt, hinreichend groß zu wählen.

Als letztes schauen wir uns die Methode TToP an:

```
PROCEDURE ISP1RulST.TToP (T: EXTENDED; VAR P: Pt3D);
VAR QRulS,QP1 : PtPar;
    G1OfT      : EXTENDED;
BEGIN
  NoPoint := FALSE;
  IF U2_LineIS THEN BEGIN
    QRulS.U1 := U1_IS;
    QRulS.U2 := T;
  END ELSE BEGIN
    QRulS.U1 := T;
    G1OfT    := G1(T);
    IF Null(G1OfT,EpsilonIS) THEN BEGIN
      NoPoint := TRUE;
      P       := O3D;
      EXIT;
    END ELSE
      QRulS.U2 := -G2(T)/G1OfT;
    IF NOT RulS.InIU1U2(QRulS) THEN BEGIN
      NoPoint := TRUE;
```

```
      P        := O3D;
     EXIT
    END;
  END;
  RulS.ParToSurf (QRulS,P);
  P1.SurfToPar (P, QP1);
  IF NOT P1.InIU1U2(QP1) THEN BEGIN
    NoPoint := TRUE;
    P        := O3D;
  END;
END;
```

Ist U2_LineIS=TRUE, so ist die u^2-Linie zu demjenigen u^1-Wert U1_IS zu zeichnen, der in der Methode Draw ermittelt worden ist. Wir setzen also den Parameterpunkt

$$QRulS = (U1\_IS,T).$$

Andernfalls wählen wir

$$QRulS.U1 = T$$

und berechnen die u^2-Koordinate gemäß (3.59). Ist dabei $g_1(T)=0$ oder liegt der berechnete Parameterpunkt QRulS nicht im Parameterintervall der Regelfläche, so setzen wir NoPoint=TRUE und verlassen die Prozedur.

Aus QRulS berechnen wir dann den 3D-Punkt P der Schnittlinie und daraus auch noch den zugehörigen Parameterpunkt QP1 bezüglich der Parameterdarstellung der Ebene. Liegt QP1 nicht im Parameterintervall der Ebene, setzen wir ebenfalls NoPoint=TRUE.

In der Methode Visibility wählen wir Vis=TRUE, wenn NoPoint= FALSE ist. Andernfalls rufen wir RulS.Visibility auf.

Mit dem Programm P3_34 zeichnen wir eine Ebene und eine Regelfläche samt ihrer Schnittlinie. Da wir die Regelfläche aus dem Include-File IRulS1.PAS gewählt haben, können wir auch überprüfen, ob der Spezialfall bei den Schnittlinien richtig funktioniert. Hierzu müssen wir den Normalenvektor der Ebene senkrecht zur z-Achse wählen, denn es ist $\vec{z}(u^1) = \{0,0,1\}$ $(u^1 \in I_1)$.

Natürlich wollen wir auch dann den Schnitt einer Ebene mit einer Regelfläche zeichnen, wenn letztere von dem speziellen Typ VKST ist. Dazu führen wir in der Unit UVKS den Typ ISPlVKST ein. Hierzu ist jedoch kein größerer Programmieraufwand nötig, denn wir können den Typ ISPlVKST und seine Methoden aus einer Kopie des Typs ISPlRulST und seiner Methoden dadurch erzeugen, daß wir überall die Instanz RulS vom Typ RulST durch die Instanz VKS vom Typ VKST ersetzen.

Mit dem Programm P3_35 zeichnen wir eine Ebene und eine Haupt-
normalenfläche samt ihrer Schnittlinie.

<u>(III) Schnitte von Ebenen mit speziellen Flächen in impliziter
       Form</u>

Wir gehen aus von der Darstellung (3.30) für spezielle Flächen
in impliziter Form und müssen gemäß (3.56) die folgende Gleichung für u^1, u^2 lösen:

$$\left[\left\{u^1, u^2, \sum_{k=o}^{2} g_k(u^2)(u^1)^k\right\} - \vec{p}\right]\vec{N} = 0.$$

Wenn wir $a_o := \vec{p}\cdot\vec{N}$ und $\vec{N} = \{n^1, n^2, n^3\}$ schreiben, so bedeutet
dies

$$(3.60) \qquad u^1 n^1 + u^2 n^2 + n^3 \cdot \sum_{k=o}^{2} g_k(u^2)(u^1)^k - a_o = 0.$$

Die Schnittlinien erhalten wir aus den Lösungen $u^1 = u^1(u^2)$ der
quadratischen Gleichung

$$(3.61) \quad (u^1)^2 n^3 g_2(u^2) + u^1(n^1 + n^3 g_1(u^2)) + n^2 u^2 + n^3 g_o(u^2) - a_o = 0.$$

Den Typ ISP1QImpST zum Zeichnen des Schnittes einer Ebene mit
einer Fläche vom Typ QImpST führen wir als Erben von Curve3D-
WithTwoSgnT wie folgt ein:

```
ISP1QImpST = OBJECT (Curve3DWithTwoSgnT)                  {UQImpS}
   P1                    : PlaneT;
   QImpS                 : QImpST;
   NoPoint,SpecialCase   : BOOLEAN;
   A0,U2_IS              : EXTENDED;

   CONSTRUCTOR Init (WPInit: BOOLEAN;
                     IPInit,LLInit,ColInit: INTEGER;
                     CheckInit: Check3D;
                     P1Init: PlaneT;
                     QImpSInit: QImpST);
   FUNCTION  CoefA (U2: EXTENDED): EXTENDED;
   FUNCTION  CoefB (U2: EXTENDED): EXTENDED;
   FUNCTION  CoefC (U2: EXTENDED): EXTENDED;

   PROCEDURE TToP (T: EXTENDED; VAR P: Pt3D); VIRTUAL;
   PROCEDURE Draw;
   PROCEDURE Visibility (P: Pt3D; PrRay: Line3D;
                         Dist: EXTENDED;
```

```
                        VAR Vis: BOOLEAN);
        END;
```

Für die Ebene und die Fläche vom Typ QImpST sehen wir die Felder Pl und QImpS vor. Im Feld SpecialCase merken wir uns, ob
für den Normalenvektor $\vec{n}$ der Ebene gilt

$$\vec{n} = (0, n^2, 0),$$

denn in diesem Spezialfall erhält man aus (3.60) keine Bedingung für u^1. Als Schnittlinie ergibt sich dann die u^1-Linie mit
dem u^2-Wert

$$u^2 = \frac{a_o}{n^2} = p^2.$$

Mit dem Konstruktor Init initialisieren wir ein Objekt vom Typ
ISPlQImpST und übergeben dabei alle notwendigen Daten. Gleichzeitig untersuchen wir bei seinem Aufruf auch, ob der Spezialfall vorliegt. Wir wählen in diesem Fall das IntervallI_1 der
Fläche QImpS als Kurvenparameterintervall und setzen die Variable U2_IS = p^2. Andernfalls wählen wir I_2 als Parameterintervall und setzen U2_IS = 0.

Die Methoden CoefA, CoefB und CoefC sind gemäß der Koeffizienten in der quadratischen Gleichung (3.61) implementiert, d.h.
es gilt

$$CoefA(u^2) = n^3 g_2(u^2),$$

$$CoefB(u^2) = n^1 + n^3 g_1(u^2) \qquad und$$

$$CoefC(u^2) = n^2 u^2 + n^3 g_0(u^2) - a_o.$$

Die Methode TToP ist wie folgt implementiert:

```
PROCEDURE ISPlQImpST.TToP (T: EXTENDED; VAR P: Pt3D);
VAR .........
BEGIN
  NoPoint := FALSE;
  IF SpecialCase THEN BEGIN
    QQImpS.U1 := T;
    QQImpS.U2 := U2_IS;
```

```
END ELSE BEGIN
  QQImpS.U2:=T;
  SquareEquationNS (CoefA(T),CoefB(T),CoefC(T), NOS,T1,T2);
  IF (NOS = 0) THEN BEGIN
    NoPoint := TRUE;
    P        := O3D;
    EXIT;
  END;
  IF (Sgn = 1) THEN QQImpS.U1 := T1
              ELSE QQImpS.U1 := T2;
  IF NOT QImps.InIU1U2(QQImpS) THEN BEGIN
    NoPoint := TRUE;
    P        := O3D;
    EXIT;
  END;
END;
QImpS.ParToSurf (QQImpS,P);
Pl.SurfToPar (P, QP1);
IF NOT Pl.InIU1U2(QP1) THEN BEGIN
  NoPoint := TRUE;
  P        := O3D;
END;
END;
```

Liegt der Spezialfall vor, so wählen wir für den Parameterpunkt

$$QQImpS = (T,U2\_IS).$$

Andernfalls setzen wir zunächst

$$QQImpS.U2 = T$$

und lösen dann die quadratische Gleichung (3.61) mit den Koeffizienten CoefA(T), CoefB(T) und CoefC(T). Gibt es keine Lösung (NOS=0), so setzen wir NoPoint=TRUE und verlassen die Prozedur. Andernfalls wählen wir - in Abhängigkeit des Wertes von Sgn -

$$QImpS.U1 = T1 \quad oder \quad QImpS.U1 = T2.$$

Liegt QQImpS nicht im Parameterintervall von QImpS, so verlassen wir die Prozedur mit der Information NoPoint=TRUE.
Mit Hilfe der Methode QImpS.ParToSurf berechnen wir darauf den 3D-Punkt P der Schnittlinie, aus dem wir anschließend den zugehörigen Punkt QP1 in Ebenenkoordinaten ermitteln. Liegt dieser nicht im Parameterintervall der Ebene, so setzen wir NoPoint= TRUE.

Der Parameter NoPoint wird wie immer in der Methode Visibility verarbeitet.

Die Implementation der Methode Draw gestaltet sich bei diesem Typ sehr einfach:

```
PROCEDURE ISP1QImpST.Draw;
BEGIN
  IF NOT SpecialCase THEN
    DrawTwoBranches
  ELSE
    IF QImps.InI2(U2_IS) THEN DrawCurve3D;
END;
```

Liegt der Spezialfall vor, so rufen wir DrawCurve3D nur dann
auf, wenn der Wert der Variablen U2_IS im Intervall I_2 der Fläche QImpS liegt. Andernfalls müssen wir nur die Methode Draw-
TwoBranches aufrufen, bei der die Kurve einmal mit Sgn=1und
einmal mit Sgn=-1 durchlaufen wird.

Mit dem Programm P3_36 zeichnen wir eine Ebene und eine Fläche
vom Typ QImpST samt ihrer Schnittlinie.

Im Abschnitt 3.5 haben wir für eine spezielle Teilklasse der
Flächen vom Typ QImpST den neuen Typ CQImpST eingeführt.

Da wir auch die Flächen dieser Teilklasse mit Ebenen schneiden
wollen, führen wir in der Unit UCQImpS den Typ ISP1CQImpST ein.
Wie schon bei den speziellen Regelflächen brauchen wir auch
hier keinen großen Aufwand zu treiben, denn wir können den Typ
ISP1CQImpST und seine Methoden aus einer Kopie vom Typ ISP1-
QImpST und dessen Methoden dadurch erzeugen, daß wir überall
die Instanz QImpS vom Typ QImpST durch die Instanz CQImpS vom
Typ CQImpST ersetzen.

Im Programm P3_37 zeichnen wir dann eine Ebene und einen Affensattel samt ihrer Schnittlinie.

<u>(IV) Schnitte von Ebenen mit Rotationsflächen</u>

Wir gehen aus von der Darstellung (3.32) von Rotationsflächen
und müssen gemäß (3.56) die folgende Gleichung lösen:

$$((r(u^1)\cos u^2, r(u^1)\sin u^2, h(u^1)) - \vec{p}) \cdot \vec{N} = 0$$

Wegen der Rotationssymmetrie können wir für die Rechnung $n^2=0$
annehmen.

Es ergibt sich mit $a_o := \vec{p} \cdot \vec{N}$

$$(3.62) \qquad n^1 r(u^1)\cos u^2 + n^3 h(u^1) - a_o = 0.$$

Ist im ersten Fall:

$$g_2(u^1) := n^1 r(u^1) = 0,$$

so ist $\vec{N}$ wegen $r(u^1) \neq 0$ parallel zur Drehachse. Es sind nur die Teile $u^2 \in I_2$ der Breitenkreise zu denjenigen $u^1 \in I_1$ Schnittlinien, für die

$$g_1(u^1) := n^3 h(u^1) - a_o = 0.$$

Ist im zweiten Fall

$$g_2(u^1) \neq 0,$$

so können wir (3.62) auflösen:

$$(3.63) \qquad \cos u^2 = - \frac{g_1(u^1)}{g_2(u^1)}$$

und wir erhalten $u^2(u^1)$ für solche $u^1 \in I_1$, für die

$$\left| \frac{g_1(u^1)}{g_2(u^1)} \right| \leq 1 \quad \text{und} \quad u^2(u^1) \in I_2.$$

Für den Schnitt einer Ebene mit einer Rotationsfläche führen wir den folgenden Typ als Erben von Curve3DWithTwoSgnT ein:

```
ISP1RotST = OBJECT (Curve3DWithTwoSgnT)              {URotS}
  P1                               : PlaneT;
  RotS                             : RotST;
  SpecialCase,NoPoint,SkipNewtonIS : BOOLEAN;
  NOfStepsIS,NOfIntvIS             : INTEGER;
  EpsilonIS,A0,P1NX,P1NPhi,U1_IS   : EXTENDED;

  CONSTRUCTOR Init (WPInit: BOOLEAN;
                    IPInit,LLInit,ColInit: INTEGER;
                    CheckInit: Check3D;
                    EpsilonISInit: EXTENDED;
                    NOfStepsISInit,NOfIntvISInit: INTEGER;
                    SkipNewtonISInit: BOOLEAN;
                    P1Init: PlaneT;
                    RotSInit: RotST);

  FUNCTION G1    (U1: EXTENDED): EXTENDED; VIRTUAL;
```

```
    PROCEDURE FindZerosOfG1 (I1DIS: Interval1D;
                             VAR Zero: EXTENDED;
                             Var NoZero: INTEGER);

    PROCEDURE TToP (T: EXTENDED; VAR P: Pt3D); VIRTUAL;
    PROCEDURE Draw;
    PROCEDURE Visibility (P: Pt3D; PrRay: Line3D;
                          Dist: EXTENDED;
                          VAR Vis: BOOLEAN);
    PROCEDURE SetLocal;
  END;
```

Wie üblich haben wir für die Ebene und die Rotationsfläche die
Datenfelder Pl und RotS reserviert. Die Bedeutung der anderen
Felder erklären wir bei der Besprechung der einzelnen Methoden.

Der Konstruktor Init, mit dem wir eine Instanz vom Typ ISPl-
RotST initialisieren und dabei gleichzeitig die notwendigen Daten übergeben, ist wie folgt implementiert:

```
    CONSTRUCTOR ISPlRotST.Init (WPInit: BOOLEAN;
                                IPInit,LLInit,ColInit: INTEGER;
                                CheckInit: Check3D;
                                EpsilonISInit: EXTENDED;
                                NOfStepsISInit,NOfIntvISInit: INTEGER;
                                SkipNewtonISInit: BOOLEAN;
                                PlInit:PlaneT;
                                RotSInit: RotST);
    VAR .........
    BEGIN
      Pl.InitEmpty;
      RotS.InitEmpty;
      Pl            := PlInit;
      RotS          := RotSInit;
      EpsilonIS     := EpsilonISInit;
      NOfStepsIS    := NOfStepsISInit;
      NOfIntvIS     := NOfIntvISInit;
      SkipNewtonIS := SkipNewtonISInit;
      Curve3DT.Init (WPInit,IPInit,LLInit,ColInit,I1DInit,CheckInit);
      CurveType        := 'IS PLANE - ROTATION SURFACE';
      ScanningPossible := FALSE;

      ScalarProductVt3D (Pl.CS3D.O,Pl.CS3D.UZ, A0);
      LengthVt3D (Pl.CS3D.UZ, 1PlN);
      PlNX := SQRT(SQR (Pl.CS3D.UZ.X)+SQR(Pl.CS3D.UZ.Y));
      CartSph(Pl.CS3D.UZ, PlNSpherical);
      PlNPhi := PlNSpherical.PHI;
      IF Null(PlNX/1PlN,Eps6) THEN SpecialCase := TRUE
                              ELSE SpecialCase := FALSE;
    END;
```

Nach der Initialisierung der Felder Pl und RotS und der Übergabe der Daten berechnen wir als nächstes die Länge lPlN des Normalenvektors $\vec{n}$ von Pl, und die Länge PlNX seiner orthogonalen Projektion in die x^1x^2-Ebene. Anschließend bestimmen wir den Winkel PlNPhi, so daß er dem Polarwinkel φ des Normalenvektors in Kugelkoordinatendarstellung entspricht. Bei den weiteren Überlegungen gehen wir dann von einem Normalenvektor

$$\vec{n} = \{PlNX, 0, Pl.CS3D.UZ.Z\}$$

der Ebene aus, den wir uns dadurch entstanden denken, daß wir den tatsächlichen Normalenvektor in mathematisch negativem Sinn um den Winkel PlNPhi um die x^3-Achse drehen. (Vergleiche unser Vorgehen bei der Kontur von Rotationsflächen in Abschnitt 3.6). Wir setzen also die Variable SpecialCase auf TRUE, wenn PlNX=0 ist, sonst auf FALSE

Die Methoden G1, dG1 und d2G1 implementieren wir gemäß der Funktion $g_1(u^1)$ sowie deren Ableitungen.

Mit der Methode FindZerosOfG1 untersuchen wir, ob g_1 eine Nullstelle im Intervall I1DIS besitzt. Wie schon bei den Regelflächen wenden wir auch hier den Trick mit einer lokalen Instanz LocalISPlRotS an, der die Implementation der Methode SetLocal notwendig macht.

Als nächstes schauen wir uns die Implementation der Methode Draw an.

```
PROCEDURE ISPlRotST.Draw;
VAR N,NoZeroIS : INTEGER;
    I1DIS      : Interval1D;
BEGIN
  IF SpecialCase THEN BEGIN
    FOR N := 1 TO NOfIntvIS DO BEGIN
      I1DIS[1].X := RotS.I1[1].X+ (N-1)/NOfIntvIS*
                    (RotS.I1[2].X-RotS.I1[1].X);
      I1DIS[2].X := RotS.I1[1].X+    N /NOfIntvIS*
                    (RotS.I1[2].X-RotS.I1[1].X);

      FindZerosOfG1 (I1DIS,U1_IS,NoZeroIS);

      IF (NoZeroIS > 0) THEN BEGIN
        I1D := RotS.I2;
        DrawCurve3D;
      END;
    END;
  END ELSE BEGIN  (*** END OF SpecialCase ***)
    I1D := RotS.I1;
```

```
      DrawTwoBranches;
   END;
 END;
```

Liegt der Spezialfall vor, so wählen wir in der N-Schleife das Intervall I1DIS als das N-te Teilintervall einer äquidistanten Partition des Intervalles I_1 von RotS. Finden wir mittels der Methode FindZerosOfG1 eine Nullstelle U1_IS von g_1 in I1DIS (NoZeroIS > 0), so ist der zu I_2 gehörende Teil des Breitenkreises zu U1_IS eine Schnittlinie. Wir wählen das Intervall I_2 von RotS als Parameterintervall und rufen DrawCurve3D auf.

Damit in I1DIS nicht noch weitere Nullstellen liegen, muß der Parameter NofIntvIS, mit dem wir die Feinheit des Suchalgorithmus steuern, genügend groß gewählt werden.

Ist SpecialCase=FALSE, so wählen wir das Intervall I_1 von RotS als Parameterintervall und rufen die Methode DrawTwoBranches auf, und darin die Methode DrawCurve3D jeweils einmal mit Sgn=1 und Sgn=-1.

Als letztes besprechen wir die Methode TToP, deren Listing wir wegen seiner Länge hier nicht angeben.

Im Spezialfall wählen wir den Wert U1_IS als u^1-Koordinate des Parameterpunktes QRotS und das laufende T als u^2-Koordinate.

Im anderen Fall wählen wir zunächst das laufende T als u^1-Koordinate von QRotS. Anschließend berechnen wir die Größe HC1, so daß sie der rechten Seite von (3.63) mit u^1=T entspricht. Ist HC1>1, so setzen wir NoPoint auf TRUE und verlassen die Prozedur. Andernfalls berechnen wir die u^2-Koordinate von QRotS, indem wir ähnlich wie in der Methode TToP des Objekttyps RotSCT zunächst arccos(HC1) ausrechnen, diesen Wert dann gegebenenfalls von 2π subtrahieren (Sgn=-1), PlNPhi dazu addieren und – wenn dieser Wert 2π übersteigt – 2π subtrahieren.

Liegt der so bestimmte Parameterpunkt QRots nicht im Parameterintervall von RotS, so verlassen wir die Methode mit der Information NoPoint=TRUE.

Wir berechnen dann aus QRotS den 3D-Punkt P der Schnittlinie und daraus noch den zugehörigen Punkt QPl in Ebenenkoordinaten. Liegt QPl nicht im Parameterintervall der Ebene, so setzen wir NoPoint=TRUE.

Auch bei diesem Typ wird der Parameter NoPoint in der Methode Visibility ausgenutzt.

Mit dem Programm P3_38 zeichnen wir eine Ebene und eine Rotationsfläche inklusive ihrer Schnittlinie.

(V) Schnitte von Ebenen mit speziellen Schraubenflächen

Wir gehen aus von der Darstellung (3.45) für spezielle Schraubenflächen mit

$$h(u^1) := bu^1 + c$$

und müssen gemäß (3.56) die folgende Gleichung lösen:

$$(\{u^1 \cos u^2, u^1 \sin u^2, au^2 + bu^1 + c\} - \vec{p}) \cdot \vec{N} = 0.$$

Mit $a_o := \vec{p} \cdot \vec{N}$ erhalten wir daraus

$$u^1 (n^1 \cos u^2 + n^2 \sin u^2 + bn^3) + cn^3 + an^3 u^2 - a_o = 0.$$

Wir setzen

$$(3.64) \qquad g_1(u^2) := n^1 \cos u^2 + n^2 \sin u^2 + bn^3$$

und

$$(3.65) \qquad g_2(u^2) := an^3 u^2 + cn^3 - a_o.$$

Gilt

$$g_1(u^2) \equiv 0 \qquad (u^2 \in I_2)$$

sind also

$$n^1 = n^2 = b = 0 \quad \text{und} \quad n^3 \neq 0,$$

so ist für $a \neq 0$ die u^1_Linie zum u^2-Wert

$$(3.66) \qquad u^2 = \frac{a_o - cn^3}{an^3}$$

eine Schnittlinie.

Gilt

$$g_1(u^2) \not\equiv 0,$$

so erhalten wir die Schnittlinie aus

$$(3.67) \qquad u^1(u^2) = - \frac{g_2(u^2)}{g_1(u^2)}$$

für alle $u^2 \in I_2$, für die $g_1(u^2) \neq 0$ und $u^1(u^2) \in I_1$.

Zum Zeichnen des Schnittes einer Ebene mit einer speziellen
Schraubenfläche führen wir folgenden Typ ein:

```
ISPlLinScrewST = OBJECT (Curve3DT)                      {ULScrewS}
   Pl                              : PlaneT;
   LinScrewS                       : LinScrewST;
   SpecialCase,U1_LineIS,
   NoPoint,SkipNewtonIS            : BOOLEAN;
   NOfStepsIS,NOfIntvIS            : INTEGER;
   EpsilonIS,A0,U2_IS              : EXTENDED;

   CONSTRUCTOR Init (WPInit: BOOLEAN;
                     IPInit,LLInit,ColInit: INTEGER;
                     CheckInit: Check3D;
                     EpsilonISInit: EXTENDED;
                     NOfStepsISInit,NOfIntvISInit: INTEGER;
                     SkipNewtonISInit: BOOLEAN;
                     PlInit: PlaneT;
                     LinScrewSInit: LinScrewST);

   FUNCTION  G1   (U2: EXTENDED): EXTENDED;
   .............

   PROCEDURE SetLocal;
   PROCEDURE FindZerosOfG1 (I1DIS: Interval1D;
                     VAR Zero: EXTENDED; VAR NoZero: INTEGER);

   PROCEDURE TToP (T: EXTENDED; VAR P: Pt3D); VIRTUAL;
   PROCEDURE Draw;
   PROCEDURE Visibility (P: Pt3D; PrRay: Line3D; Dist: EXTENDED;
                     VAR Vis: BOOLEAN);
   END;
```

Für die Ebene und die spezielle Schraubenfläche resevieren wir
die Felder Pl und LinScrewS. Die Bedeutung der weiteren Variablen erläutern wir bei der Besprechung der einzelen Methoden.

Der Konstruktor Init dient wie üblich zur Initialisierung einer
Instanz vom Typ ISPlLinScrewST bei gleichzeitiger Eingabe der
notwendigen Größen. Bei seinem Aufruf berechnen wir auch die
Größe a_o und besetzen die Variable SpecialCase mit TRUE, falls

$g_1(u^2) \equiv 0$ auf I_2 ist, sonst mit FALSE.

Gilt SpecialCase=TRUE und LinScrewS.A$\neq$0, so bestimmen wir die
Variable U2_IS gemäß (3.66). Andernfalls wählen wir für U2_IS
einen Wert, der außerhalb des Intervalles I_2 von LinScrewS
liegt.

Die Methoden G1, dG1 und d2G1 sind für die Funktion g_1 aus (3.64) und deren Ableitungen reserviert, die Methode G2 für die Funktion g_2 aus (3.65).

Mit FindZerosOfG1 können wir untersuchen, ob g_1 eine Nullstelle im Intervall I1DIS hat. Auch hier müssen wir wieder den Standardtrick anwenden, wodurch die Deklaration einer Methode Set-Local notwendig wird.

Als nächstes schauen wir uns die Methode Draw an:

```
PROCEDURE ISP1LinScrewST.Draw;
VAR .........
BEGIN
  IF SpecialCase THEN BEGIN
    IF LinScrewS.InI2(U2_IS) THEN BEGIN
      U1_LineIS := TRUE;
      I1D        := LinScrewS.I1;
      DrawCurve3D;
    END;
  END ELSE BEGIN
    U1_LineIS := FALSE;
    I1D        := LinScrewS.I2;
    DrawCurve3D;
    FOR N := 1 TO NOfIntvIS DO BEGIN
      I1DIS[1].X := LinScrewS.I2[1].X+ (N-1)/NOfIntvIS*
                      (LinScrewS.I2[2].X-LinScrewS.I2[1].X);
      I1DIS[2].X := LinScrewS.I2[1].X+   N /NOfIntvIS*
                      (LinScrewS.I2[2].X-LinScrewS.I2[1].X);
      FindZerosOfG1 (I1DIS, U2_IS,NoZeroIS);
      IF (NoZeroIS > 0) THEN BEGIN
        IF Null(G2(U2_IS),1000*EpsilonIS) THEN BEGIN
          U1_lineIS := TRUE;
          I1D := LinScrewS.I1;
          DrawCurve3D;
        END;
      END;
    END;
  END;
END;
```

Im Spezialfall überprüfen wir zunächst, ob U2_IS im Intervall I_2 der Schraubenfläche liegt. Ist dies der Fall, so setzen wir für die Methode TToP die Variable U1_LineIS auf TRUE, wählen das Intervall I_1 der Schraubenfläche als Parameterintervall und rufen DrawCurve3D auf.

Im Falle SpecialCase=FALSE zeichnen wir zunächst auf die bekannte Art den durch (3.67) festgelegten Teil des Schnittes.

Mögliche Fehler, die dadurch entstehen, daß wir beim Durchlaufen der Kurve auf Parameterwerte mit $g_1(u^2) = 0$ stoßen, fangen wir in der Methode TToP ab.

In der anschließenden N-Schleife wählen wir das Intervall I1DIS als N-tes Teilintervall einer äquidistanten Partition von I_2, dem u^2-Intervall der Schraubenfläche. Finden wir in diesem Intervall eine Nullstelle U2_IS von g_1 (NoZeroIS $>$ 0), die auch noch g_2(U2_IS) = 0 erfüllt, so zeichnen wir die zu U2_IS gehörende u^1-Linie, die ja dann auch eine Schnittlinie ist.

Als letztes schauen wir uns noch die Methode TToP an:

```
PROCEDURE ISP1LinScrewST.TToP (T: EXTENDED; VAR P: Pt3D);
VAR ..........
BEGIN
  NoPoint := FALSE;
  IF U1_LineIS THEN BEGIN
    QLinScrewS.U1 := T;
    QLinScrewS.U2 := U2_IS;
  END ELSE BEGIN
    QLinScrewS.U2 :=T;
    G1OfT          := G1(T);
    IF Null(G1OfT, EpsilonIS) THEN BEGIN
      NoPoint := TRUE;
      P        := O3D;
      EXIT;
    END ELSE BEGIN
      QLinScrewS.U1 := -G2(T)/G1OfT;
      IF NOT LinScrewS.InIU1U2(QLinScrewS) THEN BEGIN
        NoPoint := TRUE;
        P        := O3D;
        EXIT;
      END;
    END;
  END;
  LinScrewS.ParToSurf (QLinScrewS,P);
  P1.SurfToPar (P,QP1);
  IF NOT P1.InIU1U2(QP1) THEN BEGIN
    NoPoint := TRUE;
    P        := O3D;
  END;
END;
```

Ist U1_LineIS=TRUE, so müssen wir die u^1-Linie zum u^2-Wert U2_IS zeichnen. Wir wählen also für den Parameterpunkt

$$QLinScrewS = (T, U2\_IS).$$

Andernfalls setzen wir zunächst

$$QLinScrewS.U2 = T.$$

Ist dann $g_1(T) = 0$, so verlassen wir die Methode mit der Information NoPoint=TRUE. Im Fall $g_1(T) \neq 0$ berechnen wir die u^1-Koordinate von QLinScrewS nach (3.67). Liegt der so bestimmte Parameterpunkt QLinScrewS nicht im Parameterintervall der Schraubenfläche, so setzen wir NoPoint auf TRUE und verlassen die Methode.

Aus QLinScrewS berechnen wir dann den 3D-Punkt P der Schnittlinie und bestimmen auch noch den zugehörigen Punkt QP1 in Ebenenkoordinaten. Liegt QP1 nicht im Parameterintervall der Ebene, so wählen wir wieder NoPoint=TRUE.

Wie immer wird die Variable NoPoint dann in der Methode Visibility ausgenutzt.

Mit dem Programm P3_39 zeichnen wir eine Ebene und eine spezielle Schraubenfläche sowie deren Schnitt.

3.9 Metrische Fundamentalgrößen

Längen-, Winkel- und Inhaltsmessungen auf Flächen werden im wesentlichen durch die Kenntnis der sogenannten metrischen Fundamentalgrößen möglich. Zum Beispiel ist die Bogenlänge s einer Flächenkurve mit Parameterdarstellung $\vec{x}(t) = \vec{x}(u^j(t))$ nach Abschnitt 2.2 gegeben durch

$$(3.68) \qquad s(t) = \int_{t_0}^{t} \|\vec{x}'(\tau)\| d\tau .$$

Wegen

$$\vec{x}'(t) \cdot \vec{x}'(t) = \vec{x}_i(u^j) u^{i'} \cdot \vec{x}_k(u^j) u^{k'} = \vec{x}_i(u^j) \cdot \vec{x}_k(u^j) u^{i'} u^{k'}$$

können wir also die Bogenlänge berechnen, wenn wir die Größen

$$g_{ik}(u^j) := \vec{x}_i(u^j) \cdot \vec{x}_k(u^j) \quad (i,k=1,2)$$

kennen. Diese von Gauß eingeführten Funktionen g_{ik} heißen *metrische* oder *erste Fundamentalgrößen* der Fläche $\vec{x}(u^j)$; die

Form

$$(3.69) \qquad (ds)^2 = g_{ik}(u^j)\,du^i\,du^k$$

heißt *metrische* oder *erste Fundamentalform* der Fläche $\vec{x}(u^j)$.

3.9.1 Bemerkung:

(1) Offensichtlich gilt

$$g_{ik} = g_{ki} \qquad (i,k=1,2).$$

(2)   In der Literatur findet man häufig die Bezeichnungen

$$E := g_{11}, \quad F := g_{12} \quad \text{und} \quad G := g_{22}$$

für die metrischen Fundamentalgrößen.

(3)   Es gilt

$$g_{ii} = \vec{x}_i \cdot \vec{x}_i > 0 \qquad (i=1,2) \quad \text{und}$$

$$g := \det(g_{ik}) = g_{11}g_{22} - g_{12}^2 = \vec{x}_1^2\vec{x}_2^2 - (\vec{x}_1 \cdot \vec{x}_2)^2 = (\vec{x}_1 \times \vec{x}_2)^2 > 0;$$

die Form (3.69) ist also positiv definit.

(4)   Die Bezeichnung "metrische Fundamentalgrößen" rührt auch
      daher, daß die g_{ik} nicht nur die Längenmessung sondern
      auch die Messung von Winkeln und Flächeninhalten einer
      Fläche ermöglichen.

   Sind zwei Flächenkurven gegeben durch $u^j(t)$ und $u^{*j}(t^*)$
   $(j=1,2)$, also durch

$$\vec{x}(t) = \vec{x}(u^j(t)) \quad \text{und} \quad \vec{x}^*(t^*) = \vec{x}(u^{*j}(t^*)),$$

   und für t_o bzw. t_o^* gelte $u_o^j := u^j(t_o) = u^{*j}(t_o^*)$ $(j=1,2)$,

   d.h. die beiden Kurven schneiden sich im Punkt $\vec{x}(u_o^j)$, so

   gilt für den Winkel γ zwischen den Tangenten

$$(3.70) \quad \begin{cases} \cos\gamma = \dfrac{\vec{x}\,'(t_0)\cdot\vec{x}^{*}{}'(t_0^{*})}{\|\vec{x}\,'(t_0)\|\cdot\|\vec{x}^{*}{}'(t_0^{*})\|} = \\[3ex] = \dfrac{g_{ik}(u_{o}^{j})\dfrac{du^{i}}{dt}(t_0)\dfrac{du^{*k}}{dt^{*}}(t_0^{*})}{\sqrt{g_{ik}(u_{o}^{j})\dfrac{du^{i}}{dt}(t_0)\dfrac{du^{k}}{dt}(t_0)\,g_{lm}(u_{o}^{j})\dfrac{du^{*l}}{dt^{*}}(t_0^{*})\dfrac{du^{*m}}{dt^{*}}(t_0^{*})}} \end{cases} \cdot$$

Der Flächeninhalt I(F) eines Flächenstücks F mit Parameterdarstellung $\vec{x}(u^{i})$ $((u^1,u^2)\in G)$ ist

$$I(F) = \iint_{G}\vec{N}\cdot(\vec{x}_1\times\vec{x}_2)\,du^1 du^2 = \iint_{G}\sqrt{g}\;du^1 du^2.$$

(5) Bei Parametertransformationen werden die metrischen Fundamentalgrößen gemäß (3.7) wie folgt umgerechnet:

$$\bar{g}_{ik} = \bar{\vec{x}}_i\cdot\bar{\vec{x}}_k = \vec{x}_l\cdot\vec{x}_m\,\frac{\partial u^l}{\partial \bar{u}^i}\frac{\partial u^m}{\partial \bar{u}^k} = g_{lm}\,\frac{\partial u^l}{\partial \bar{u}^i}\frac{\partial u^m}{\partial \bar{u}^k} \quad (i,k=1,2).$$

Wegen

$$\left[\bar{\vec{x}}\,'\right]^2 = \bar{g}_{ik}\bar{u}^{i}{}'\bar{u}^{k}{}' = g_{lm}\,\frac{\partial u^l}{\partial \bar{u}^i}\frac{\partial u^m}{\partial \bar{u}^k}\frac{\partial \bar{u}^i}{\partial u^j}\frac{\partial \bar{u}^k}{\partial u^n}\,u^{j}{}'u^{n}{}' =$$

$$= g_{lm}\,\frac{\partial u^l}{\partial \bar{u}^i}\frac{\partial \bar{u}^i}{\partial u^j}\frac{\partial u^m}{\partial \bar{u}^k}\frac{\partial \bar{u}^k}{\partial u^n}\,u^{j}{}'u^{n}{}' = g_{lm}\delta^{l}_{j}\delta^{m}_{n}u^{j}{}'u^{n}{}' =$$

$$= g_{jn}u^{j}{}'u^{n}{}' = (\vec{x}\,')^2$$

ist die Bogenlänge invariant gegenüber Parametertransformationen. Ebenso überlegt man sich die Invarianz von Winkel und Flächeninhalt gegenüber Parametertransformationen.

Zur Berechnung der metrischen Fundamentalgrößen g_{ik} und ihrer Determinante g fügen wir im Objekttyp SurfaceT - also in der Wurzel des Geometriebaumes unserer Objekthierarchie - die Methoden G11, G12, G22 und detG hinzu.

Als Beispiel schauen wir uns die Implementation der Methode G12 an:

```
FUNCTION SurfaceT.G12 (Q: PtPar): EXTENDED;
VAR C     : EXTENDED;
    X1,X2 : Vt3D;
BEGIN
  dXdU1 (Q, X1);
  dXdU2 (Q, X2);
  ScalarProductVt3D (X1,X2, C);
  G12 := C;
END;
```

Zum eingegebenen Parameterpunkt Q berechnen wir zunächst die Vektoren

$$\overrightarrow{X1} := \vec{x}_1(Q) \quad \text{und} \quad \overrightarrow{X2} := \vec{x}_2(Q)$$

und setzen dann G12 als ihr Skalarprodukt.

Wir haben die Methoden G11, G12 usw. als virtuell deklariert, damit wir sie - wenn es notwendig werden sollte - bei den Erben unter gleichem Namen neu implementieren können.

Den Objekttyp CFOnSurfT - also den Vater aller Objekttypen zum Zeichnen von allgemeinen Flächenkurven - ergänzen wir ebenfalls um die Methoden G11, G12, G22 und detG zur Berechnung der Fundamentalgrößen. Hier wird jedoch der Parameterwert T der Flächenkurve eingegeben. In den Methoden wird dann jeweils zunächst mittels der Methoden TToU1 und TToU2 der zu T gehörende Flächenparameterpunkt Q berechnet. Der Rest ist analog zur Implementation der Methoden im Typ SurfaceT.

Wenn wir in Zukunft den Typ SurfaceT erweitern, werden wir auch stets den Typ CFOnSurfT um die entsprechenden Methoden ergänzen, ohne daß wir es speziell erwähnen.

3.9.2 Beispiel:

Wir betrachten die logarithmische Spirale mit der Darstellung

$$\rho = ae^{c\varphi} \quad (c,a>0)$$

in Polarkoordinaten der x^1x^2-Ebene.

Nach Beispiel 3.1.2 hat die x^1x^2-Ebene in Polarkoordinaten mit $u^1 := \rho$ und $u^2 := \varphi$ die Parameterdarstellung

$$\vec{x}(u^j) = \{u^1\cos u^2, u^1\sin u^2, 0\}.$$

Die metrischen Fundamentalgrößen berechnen sich aus

$$\vec{x}_1 = \{\cos u^2, \sin u^2, 0\} \quad \text{und} \quad \vec{x}_2 = \{-u^1 \sin u^2, u^1 \cos u^2, 0\}$$

zu

$$g_{11} = 1, \quad g_{12} = 0, \quad g_{22} = (u^1)^2 .$$

Für die logarithmische Spirale ergibt sich aus

$$u^1(t) = ae^{ct}, \quad u^2(t) = t \quad (t \in \mathbb{R})$$

die Parameterdarstellung

$$\vec{x}(t) = \{ae^{ct}\cos t, ae^{ct}\sin t, 0\} \quad (t \in \mathbb{R}) .$$

(1)   Wegen

$$\frac{du^1}{dt} = ace^{ct} \quad \text{und} \quad \frac{du^2}{dt} = 1$$

ist die Bogenlänge

$$s(t) = \int_{-\infty}^{t} \sqrt{g_{ik} \frac{du^i}{d\tau} \frac{du^k}{d\tau}} \, d\tau = \int_{-\infty}^{t} \sqrt{a^2 c^2 e^{2c\tau} + a^2 e^{2c\tau}} \, d\tau =$$

$$= |a|\sqrt{1+c^2} \int_{-\infty}^{t} e^{c\tau} \, d\tau = \frac{|a|\sqrt{1+c^2}}{c} e^{ct} .$$

(Vergleiche Beispiel 2.6.8).

(2)   Wir bestimmen den Winkel zwischen der logarithmischen
Spirale und einem Kreis vom Radius r mit Mittelpunkt im
Ursprung: Für den Kreis ergibt sich aus

$$u^{*1}(t^*) = r \quad \text{und} \quad u^{*2}(t^*) = t^*$$

die Parameterdarstellung

$$\vec{x}^*(t^*) = \{r \cdot \cos t^*, r \cdot \sin t^*, 0\} \quad (t \in [0, 2\pi)) .$$

Wir berechnen zunächst den Schnittpunkt von logarithmi-
scher Spirale und Kreis:

Aus $r \cdot \cos t_o^* = ae^{ct_o} \cos t_o$ und $r \cdot \sin t_o^* = ae^{ct_o} \sin t_o$ folgt

$$r^2 = a^2 e^{2ct_o} \quad \text{und} \quad t_o = t_o^* + 2k\pi \quad (k \in \mathbb{Z}), \text{ also}$$

$$t_o = \frac{1}{2c} \log \frac{r^2}{a^2} = \frac{1}{c} \log \frac{r}{|a|} \quad \text{und} \quad t_o^* = t_o - 2k\pi,$$

wobei $k \in \mathbb{Z}$ so gewählt sein muß, daß $t_o^* \in [0, 2\pi]$.

Wegen

$$\frac{du^{*1}}{dt^*} = 0 \quad \text{und} \quad \frac{du^{*2}}{dt^*} = 1$$

gilt

$$g_{ik}(u_o^j) \frac{du^i}{dt}(t_o) \frac{du^{*k}}{dt^*}(t_o^*) = g_{22}(u_o^j) \frac{du^2}{dt}(t_o) \frac{du^{*2}}{dt^*}(t_o^*) =$$

$$= a^2 e^{2ct_o} = r^2, \quad g_{ik}(u_o^j) \frac{du^i}{dt}(t_o) \frac{du^k}{dt}(t_o) = r^2(1+c^2)$$

und $\quad g_{ik}(u_o^j) \frac{du^{*k}}{dt^*}(t_o^*) = r^2,$

so daß nach (3.70)

$$\cos \gamma = \frac{r^2}{r^2 \sqrt{1+c^2}} = \frac{1}{\sqrt{1+c^2}}.$$

Die logarithmische Spirale schneidet also konzentrische Kreise unter einem konstanten Winkel. (Vergleiche Beispiel 2.6.4.)

(3)   Für den Flächeninhalt eines Kreises mit Radius r erhalten wir aus $\sqrt{g} = u^1$:

$$I(K) = \int_0^{2\pi} \int_0^r u^1 du^1 du^2 = \pi r^2.$$

Im folgenden berechnen wir die metrischen Fundamentalgrößen für unsere verschiedenen Flächentypen:

3.9.3 Beispiel:

(a) <u>Die metrischen Fundamentalgrößen für Quadriken</u>

(1) Beim Ellipsoid gehen wir aus von der Parameterdarstellung

$$\vec{x}(u^i) = \left\{ \sqrt{\frac{1}{a_1}}\cdot\cos u^1 \cos u^2, \sqrt{\frac{1}{a_2}}\cdot\cos u^1 \sin u^2, \sqrt{\frac{1}{a_3}}\cdot\sin u^1 \right\}$$

$$\left((u^1,u^2) \in (-\tfrac{\pi}{2},\tfrac{\pi}{2}) \times (0,2\pi) \right).$$

Aus

$$\vec{x}_1(u^i) = \left\{ -\sqrt{\frac{1}{a_1}}\cdot\sin u^1 \cos u^2, -\sqrt{\frac{1}{a_2}}\cdot\sin u^1 \sin u^2, \sqrt{\frac{1}{a_3}}\cdot\cos u^1 \right\}$$

und

$$\vec{x}_2(u^i) = \left\{ -\sqrt{\frac{1}{a_1}}\cdot\cos u^1 \sin u^2, \sqrt{\frac{1}{a_2}}\cdot\cos u^1 \cos u^2, 0 \right\}$$

folgt

$$g_{11}(u^i) = \left[\frac{1}{a_1}\cdot\cos^2 u^2 + \frac{1}{a_2}\cdot\sin^2 u^2 \right] \sin^2 u^1 + \frac{1}{a_3}\cdot\cos^2 u^1,$$

$$g_{12}(u^i) = \left[\frac{1}{a_1} - \frac{1}{a_2} \right] \sin u^1 \cos u^1 \sin u^2 \cos u^2,$$

$$g_{22}(u^i) = \left[\frac{1}{a_1}\cdot\sin^2 u^2 + \frac{1}{a_2}\cdot\cos^2 u^2 \right] \cos^2 u^1 \quad \text{und}$$

$$g(u^i) =$$

$$= \cos^2 u^1 \left[\frac{1}{a_1 a_2}\cdot\sin^2 u^1 + \frac{1}{a_3}\cdot\cos^2 u^1 \left[\frac{1}{a_1}\cdot\sin^2 u^2 + \frac{1}{a_2}\cdot\cos^2 u^2 \right] \right].$$

(2) Beim einschaligen Hyperboloid gehen wir aus von der Parameterdarstellung

$$\vec{x}(u^i) = \left\{ \sqrt{\frac{1}{a_1}}\cdot\cosh u^1 \cos u^2, \sqrt{\frac{1}{a_2}}\cdot\cosh u^1 \sin u^2, \sqrt{\frac{-1}{a_3}}\cdot\sinh u^1 \right\}$$

$$\left((u^1,u^2) \in \mathbb{R} \times (0,2\pi) \right).$$

Wie in (1) erhalten wir

$$g_{11}(u^i) = \left[\frac{1}{a_1}\cdot\cos^2 u^2 + \frac{1}{a_2}\cdot\sin^2 u^2\right]\sinh^2 u^1 - \frac{1}{a_3}\cdot\cosh^2 u^1,$$

$$g_{12}(u^i) = \left[\frac{1}{a_2}-\frac{1}{a_1}\right]\sinh u^1\cosh u^1\sin u^2\cos u^2,$$

$$g_{22}(u^i) = \left[\frac{1}{a_1}\cdot\sin^2 u^2 + \frac{1}{a_2}\cdot\cos^2 u^2\right]\cosh^2 u^1 \quad\text{und}$$

$$g(u^i) =$$

$$= \cosh^2 u^1\left[\frac{1}{a_1}\cdot\frac{1}{a_2}\cdot\sinh^2 u^1 - \frac{1}{a_3}\cdot\cosh^2 u^1\left[\frac{1}{a_1}\cdot\sin^2 u^2 + \frac{1}{a_2}\cdot\cos^2 u^2\right]\right].$$

(3) Beim zweischaligen Hyperboloid gehen wir aus von der Parameterdarstellung

$$\vec{x}(u^i) = \left\{\sqrt{\frac{1}{a_1}}\cdot\sinh u^1\cos u^2, \sqrt{\frac{1}{a_2}}\cdot\sinh u^1\sin u^2, \pm\sqrt{\frac{-1}{a_3}}\cdot\cosh u^1\right\}$$

$$((u^1,u^2)\in\mathbb{R}^+\times(0,2\pi)).$$

Wie in (1) erhalten wir

$$g_{11}(u^i) = \left[\frac{1}{a_1}\cdot\cos^2 u^2 + \frac{1}{a_2}\cdot\sin^2 u^2\right]\cosh^2 u^1 - \frac{1}{a_3}\cdot\sinh^2 u^1,$$

$$g_{12}(u^i) = \left[\frac{1}{a_2}-\frac{1}{a_1}\right]\sinh u^1\cosh u^1\sin u^2\cos u^2,$$

$$g_{22}(u^i) = \left[\frac{1}{a_1}\cdot\sin^2 u^2 + \frac{1}{a_2}\cdot\cos^2 u^2\right]\sinh^2 u^1 \quad\text{und}$$

$$g(u^i) =$$

$$= \sinh^2 u^1\left[\frac{1}{a_1 a_2}\cdot\cosh^2 u^1 - \frac{1}{a_3}\cdot\sinh^2 u^1\left[\frac{1}{a_1}\cdot\sin^2 u^2 + \frac{1}{a_2}\cdot\cos^2 u^2\right]\right].$$

(4) Beim elliptischen Paraboloid gehen wir aus von der Parameterdarstellung

$$\vec{x}(u^i) = \left\{\sqrt{\frac{1}{a_1}}\cdot u^1\cos u^2, \sqrt{\frac{1}{a_2}}\cdot u^1\sin u^2, (u^1)^2\right\}$$

$$((u^1,u^2)\in\mathbb{R}^+\times(0,2\pi)).$$

Wie in (1) erhalten wir

$$g_{11}(u^i) = \frac{1}{a_1}\cdot\cos^2 u^2+\frac{1}{a_2}\cdot\sin^2 u^2+4(u^1)^2,$$

$$g_{12}(u^i) = \left[\frac{1}{a_2}-\frac{1}{a_1}\right]u^1\sin u^2\cos u^2,$$

$$g_{22}(u^i) = (u^1)^2\left[\frac{1}{a_1}\cdot\sin^2 u^2+\frac{1}{a_2}\cdot\cos^2 u^2\right] \quad \text{und}$$

$$g(u^i) = (u^1)^2\left[\frac{1}{a_1}\frac{1}{a_2} + 4(u^1)^2\left[\frac{1}{a_1}\cdot\sin^2 u^2+\frac{1}{a_2}\cdot\cos^2 u^2\right]\right].$$

(5) Beim hyperbolischen Paraboloid gehen wir aus von der Parameterdarstellung

$$\vec{x}(u^i)=\left\{\sqrt{\frac{1}{a_1}}\cdot u^1, \sqrt{\frac{-1}{a_2}}\, u^2, (u^1)^2-(u^2)^2\right\} \qquad ((u^1,u^2)\in\mathbb{R}^2).$$

Wie in (1) erhalten wir

$$g_{11}(u^i) = \frac{1}{a_1}+4(u^1)^2, \quad g_{12}(u^i) = -4u^1 u^2,$$

$$g_{22}(u^i) = \frac{-1}{a_2}+4(u^2)^2 \quad \text{und}$$

$$g(u^i) = \frac{-1}{a_1 a_2} + 4\left[\frac{1}{a_1}(u^2)^2-\frac{1}{a_2}(u^1)^2\right].$$

(6) Beim elliptischen Zylinder gehen wir aus von der Parameterdarstellung

$$\vec{x}(u^i) = \left\{\sqrt{\frac{1}{a_1}}\cdot\cos u^2, \sqrt{\frac{1}{a_2}}\cdot\sin u^2, u^1\right\} \qquad ((u^1,u^2)\in\mathbb{R}\times(0,2\pi)).$$

Wie in (1) erhalten wir

$$g_{11}(u^i) = 1, \quad g_{12}(u^i) = 0, \quad g_{22}(u^i) = \frac{1}{a_1} \cdot \sin^2 u^2 + \frac{1}{a_2} \cdot \cos^2 u^2$$

und $\quad g(u^i) = \frac{1}{a_1} \cdot \sin^2 u^2 + \frac{1}{a_2} \cdot \cos^2 u^2.$

(7) Beim hyperbolischen Zylinder gehen wir aus von der Parameterdarstellung

$$\vec{x}(u^i) = \left\{ \pm\sqrt{\frac{1}{a_1}} \cdot \cosh u^2, \sqrt{\frac{-1}{a_2}} \cdot \sinh u^2, u^1 \right\} \qquad ((u^1, u^2) \in \mathbb{R}^2).$$

Wie in (1) erhalten wir

$$g_{11}(u^i) = 1, \quad g_{12}(u^i) = 0, \quad g_{22}(u^i) = \frac{1}{a_1} \cdot \sinh^2 u^2 - \frac{1}{a_2} \cdot \cosh^2 u^2$$

und $\quad g(u^i) = \frac{1}{a_1} \cdot \sinh^2 u^2 - \frac{1}{a_2} \cdot \cosh^2 u^2.$

(8) Beim parabolischen Zylinder gehen wir aus von der Parameterdarstellung

$$\vec{x}(u^i) = \left\{ \sqrt{\frac{1}{a}} \cdot u^1, u^2, (u^1)^2 \right\} \qquad ((u^1, u^2) \in \mathbb{R}^2).$$

Wie in (1) erhalten wir

$$g_{11}(u^i) = \frac{1}{a_1} + 4(u^1)^2, \quad g_{12}(u^i) = 0, \quad g_{22}(u^i) = 1 \quad \text{und}$$

$$g(u^i) = \frac{1}{a_1} + 4(u^1)^2.$$

(9) Beim Kegel gehen wir aus von der Parameterdarstellung

$$\vec{x}(u^i) = \{ \sqrt{\frac{1}{a_1}} \cdot u^1 \cos u^2, \sqrt{\frac{1}{a_2}} \cdot u^1 \sin u^2, u^1 \}$$

$$((u^1, u^2) \in (\mathbb{R} \setminus \{0\}) \times (0, 2\pi)).$$

Wie in (1) erhalten wir

$$g_{11}(u^i) = \frac{1}{a_1} \cdot \cos^2 u^2 + \frac{1}{a_2} \cdot \sin^2 u^2 + 1,$$

$$g_{12}(u^i) = \left[\frac{1}{a_2} - \frac{1}{a_1}\right]u^1 \sin u^2 \cos u^2,$$

$$g_{22}(u^i) = (u^1)^2\left[\frac{1}{a_1}\cdot\sin^2 u^2 + \frac{1}{a_2}\cdot\cos^2 u^2\right] \quad \text{und}$$

$$g(u^i) = (u^1)^2\left[\frac{1}{a_1 a_2} + \frac{1}{a_1}\cdot\sin^2 u^2 + \frac{1}{a_2}\cdot\cos^2 u^2\right].$$

(b) <u>Die metrischen Fundamentalgrößen für Regelflächen</u>

Bei Regelflächen gehen wir aus von der Parameterdarstelllung

$$\vec{x}(u^i) = \vec{y}(u^1) + u^2\vec{z}(u^1) \quad ((u^1,u^2)\in I_1\times I_2) \quad \text{mit} \quad \|\vec{z}(u^1)\| = 1 \quad \text{für alle}$$

$u^1\in I_1$. Aus

$$\vec{x}_1(u^i) = \vec{y}'(u^1) + u^2\vec{z}'(u^1) \quad \text{und} \quad \vec{x}_2(u^i) = \vec{z}(u^1)$$

folgt wegen $\vec{z}'(u^1)\cdot\vec{z}(u^1) = 0$:

$$g_{11}(u^i) = (\vec{y}'(u^1))^2 + 2u^2\vec{y}'(u^1)\cdot\vec{z}'(u^1) + (u^2)^2\cdot(\vec{z}'(u^1))^2,$$

$$g_{12}(u^i) = \vec{y}'(u^1)\cdot\vec{z}(u^1), \quad g_{22} = 1 \quad \text{und}$$

$$g(u^i) = (\vec{y}'(u^1))^2 + 2u^2\vec{y}'(u^1)\cdot\vec{z}'(u^1) +$$

$$+ (u^2)^2(\vec{z}'(u^1))^2 - (\vec{y}'(u^1)\cdot\vec{z}(u^1))^2.$$

(c) <u>Die metrischen Fundamentalgrößen für Flächen impliziter Form</u>

Bei Flächen impliziter Form gehen wir aus von der Parameterdarstellung

$$\vec{x}(u^i) = \{u^1, u^2, f(u^i)\} \quad ((u^1,u^2)\in I_1\times I_2).$$

Aus

$$\vec{x}_1(u^i) = \{1, 0, f_1(u^i)\} \quad \text{und} \quad \vec{x}_2(u^i) = \{0, 1, f_2(u^i)\}$$

folgt

$$g_{11}(u^i) = 1+(f_1(u^i))^2, \quad g_{12}(u^i) = f_1(u^i)f_2(u^i),$$

$$g_{22}(u^i) = 1+(f_2(u^i))^2 \quad \text{und} \quad g(u^i) = 1+(f_1(u^i))^2+(f_2(u^i))^2.$$

(d) <u>Die metrischen Fundamentalgrößen für Rotationsflächen</u>

Bei Rotationsflächen gehen wir aus von der Parameterdarstellung

$$\vec{x}(u^i) = \{r(u^1)\cos u^2, r(u^1)\sin u^2, h(u^1)\} \qquad ((u^1,u^2)\in I_1\times(0,2\pi)).$$

Aus

$$\vec{x}_1(u^i) = \{r'(u^1)\cos u^2, r'(u^1)\sin u^2, h'(u^1)\} \quad \text{und}$$

$$\vec{x}_2(u^i) = \{-r(u^1)\sin u^2, r(u^1)\cos u^2, 0\}$$

folgt

$$g_{11}(u^i) = (r'(u^1))^2+(h'(u^1))^2,$$

$$g_{12}(u^i) = 0, \quad g_{22}(u^i) = (r(u^1))^2 \quad \text{und}$$

$$g(u^i) = (r(u^1))^2((r'(u^1))^2+(h'(u^1))^2).$$

(e) <u>Die metrischen Fundamentalgrößen für Schraubenflächen</u>

Bei Schraubenflächen gehen wir aus von der Parameterdarstellung

$$\vec{x}(u^i) = \{u^1\cos u^2, u^1\sin u^2, au^2+h(u^1)\} \qquad ((u^1,u^2)\in\mathbb{R}^+\times(0,2\pi)).$$

Aus

$$\vec{x}_1(u^i) = \{\cos u^2, \sin u^2, h'(u^1)\} \quad \text{und}$$

$$\vec{x}_2(u^i) = \{-u^1\sin u^2, u^1\cos u^2, a\}$$

folgt

$$g_{11}(u^i) = 1+(h'(u^1))^2, \quad g_{12}(u^i) = ah'(u^1), \quad g_{22} = (u^1)^2+a^2 \quad \text{und}$$

$$g(u^i) = (u^1)^2(1+(h'(u^1))^2)+a^2.$$

3.9.4 Beispiel: "Loxodrome" auf Rotationsflächen

Auf Rotationsflächen mit Parameterdarstellung

$$\vec{x}(u^i) = \{r(u^1)\cos u^2, r(u^1)\sin u^2, h(u^1)\} \quad ((u^1,u^2)\in I_1\times(0,2\pi))$$

bestimmen wir alle Flächenkurven, die die Breitenkreise unter einem konstanten Winkel $\beta\in(-\frac{\pi}{2},\frac{\pi}{2}]$ schneiden. Solche Kurven nennen wir *Loxodrome*.

Dazu sei $\vec{x}^{*}(u^i(s))$ die Parameterdarstellung einer Flächenkurve bezogen auf ihre Bogenlänge s. Es muß gelten

$$\cos\beta = \frac{\dot{\vec{x}}^{*}\cdot\vec{x}_2}{\|\vec{x}_2\|} = \frac{\vec{x}_2\cdot\vec{x}_2}{\|\vec{x}_2\|}\,\dot{u}^2 = \sqrt{g_{22}(u^1)}\,\dot{u}^2$$

und ebenso

$$|\sin\beta| = \sqrt{g_{11}(u^1)}\,\dot{u}^1.$$

Für $\beta\neq0$ folgt daraus

$$\frac{du^2}{du^1} = |\cot\beta|\sqrt{\frac{g_{11}(u^1)}{g_{22}(u^1)}}, \quad \text{d.h.}$$

$$(3.71) \qquad u^2(u^1) = |\cot\beta|\int\sqrt{\frac{g_{11}(u^1)}{g_{22}(u^1)}}\,du^1,$$

und für $\beta=0$ ergibt sich $u^1=c$ mit $c\in I_1$, d.h. der Breitenkreis zu $u^1=c$.

Löst man dieses Integral für die Kugel aus Beispiel 3.1.4 so erhält man mit $u^1 := t$, $c := |\cot\beta|$ und $k\in\mathbb{R}$:

$$u^2(t) = c\cdot\log(\tan(\frac{t}{2} + \frac{\pi}{4}))+k.$$

(Vergleiche P2_31, P2_34, P3_03.)

Zum Zeichnen von Loxodromen auf beliebigen Rotationsflächen führen wir folgenden Typ LoxOnRotST als Erben von CFOnRotST ein:

```
LoxOnRotST = OBJECT (CFOnRotST)                        {UCrvOnRS}
  SpecialCase,NoPoint : BOOLEAN;
  TOld,U2Old,C,Beta,
  U20,Epsilon         : EXTENDED;

  CONSTRUCTOR Init (WPInit: BOOLEAN;
                    IPInit,LLInit,ColInit: INTEGER;
                    CheckInit: Check3D;
                    RotSInit: RotST;
                    BetaInit,U20Init,EpsilonInit: EXTENDED);

  FUNCTION TToU1 (T: EXTENDED): EXTENDED; VIRTUAL;
  FUNCTION TToU2 (T: EXTENDED): EXTENDED; VIRTUAL;

  PROCEDURE IntegrateF (LowerBound,UpperBound: EXTENDED;
                    VAR IntF: EXTENDED; VAR NoInt: INTEGER);
  PROCEDURE SetLocal; VIRTUAL;
  PROCEDURE Visibility (P: Pt3D; PrRay: Line3D;
                    Dist:EXTENDED;
                    VAR Vis: BOOLEAN); VIRTUAL;
END;
```

Mit dem Konstruktor Init initialisieren wir ein Objekt vom Typ
LoxOnRotST und übergeben dabei alle notwendigen Daten. Gleichzeitig setzen wir die Variable SpecialCase auf TRUE, wenn der
eingegebene Winkel $\beta{=}0$ ist, sonst auf FALSE. Ist SpecialCase=
TRUE, so wählen wir weiter für die Konstante C

$$C := (RotS.I1[1].X+RotS.I1[2].X)/2$$

und für das Parameterintervall

$$I1D := RotS.I2$$

Andernfalls setzen wir

$$C := |\cot\beta|$$

und

$$I1D := RotS.I1.$$

Schließlich definieren wir die Variablen TOld und U2Old, die
wir in der Methode TToU2 benötigen werden, als den linken Rand
des Parameterintervalles und die eingegebene Größe U20, die den
u^2-Wert des Anfangspunktes einer Loxodrome festlegt.

In der Methode TToU1 setzen wir

$$u^1(T) := \begin{cases} C & (SpecialCase{=}TRUE) \\ T & (SpecialCase{=}FALSE) \end{cases}.$$

Die Implementation der Methode TToU2 schauen wir uns an:

```
FUNCTION LoxOnRotST.TToU2 (T: EXTENDED): EXTENDED;
VAR HC1   : EXTENDED;
    NoInt : INTEGER;
BEGIN
  IF SpecialCase THEN
    TToU2 := T
  ELSE BEGIN
    IntegrateF(TOld,T,HC1,NoInt);
    HC1      := C*HC1+U2Old;
    HC1      := HC1 - GaussKlammerExt(HC1/2/PI)*2*PI;
    NoPoint := NOT RotS.InI2(HC1);
    TToU2    := HC1;

    U2Old    := HC1;
    TOld     := T;
  END;
END;
```

Ist SpecialCase=TRUE, so setzen wir

$$u^2(T) := T.$$

Andernfalls berechnen wir mit Hilfe der Methode IntegrateF den Wert HC1 des Integrals aus (3.71) in den Grenzen TOld und T. Dabei ist TOld der Vorgänger des aktuellen Parameters T. Wir multiplizieren HC1 mit C, addieren den letzten aktuellen Wert U2Old des u^2-Parameters hinzu und verschieben den so erhaltenen Wert in das Intervall $[0, 2\pi]$, indem wir ein geeignetes Vielfaches von 2π davon subtrahieren. Danach enthält HC1 den zu $u^1 = T$ gehörenden Wert $u^2(u^1) = u^2(T)$. Wir setzen also TToU2= HC1 und wählen NoPoint=TRUE, wenn $u^2(T)$ nicht in RotS.I2 liegt. Schließlich besetzen wir noch für den nächsten Schritt die Variablen TOld und U2Old mit den aktuellen Werten T und $u^2(T)$.

In der Methode IntegrateF, mit der wir die Integrale aus (3.71) ausrechnen, benutzen wir die in der Unit UNum deklarierte Prozedur Integrate, an die unter anderem auch die zu integrierende Funktion übergeben werden muß. Wir stehen nun wieder vor dem bekannten Problem, daß Objektmethoden generell nicht als Übergabeparameter in Frage kommen; auch hier wenden wir unseren Standardtrick an: Wir deklarieren im Implementationsteil der Unit UCrvOnRS die lokale Instanz LocalRotSForLox vom Typ RotST, mit der wir dann die folgende Funktion LocalLoxOnRotSF implementieren, die ihrerseits in der Methode IntegrateF an die Prozedur Integrate übergeben wird:

```
FUNCTION LocalLoxOnRotSF (U1: EXTENDED): EXTENDED;              {UCrvOnRS}
VAR Q : PtPar;
BEGIN
  Q.U1 := U1;
  Q.U2 := 0;
  LocalLoxOnRotSF := SQRT(LocalRotSForLox.G11(Q)/
                    LocalRotSForLox.G22(Q));
END;
```

Wir setzen zunächst Q.U1:=U1 und Q.U2:=0 und berechnen den
Funktionswert entsprechend dem Integranden aus (3.71), wobei
wir die Methoden G11 und G22 der lokalen Instanz LocalRotSFor-
Lox benutzen.

Damit LocalRotSForLox die richtigen Daten enthält, rufen wir in
der Methode IntegrateF zunächst die Methode Setlocal auf, die
wie immer die notwendigen Daten ihrer Instanz an LocalRotSFor-
Lox überträgt.

Schließlich implementieren wir noch eine eigene Visibility-
Methode für die Instanzen vom Typ LoxOnRotST, die Vis=FALSE
ausgibt, wenn NoPoint=TRUE ist, und sonst die Visibility-Methode der Instanz RotS aufruft.

Mit dem Programm P3_40 zeichnen wir auf einem Torus Loxodrome
zu verschiedenen Winkeln β.

3.9.5 Beispiel: Böschungslinien auf Rotationsflächen

Auf Rotationsflächen mit Parameterdarstellung

$$\vec{x}(u^i) = \{r(u^1)\cos u^2, r(u^1)\sin u^2, h(u^1)\} \quad ((u^1,u^2)\in I_1\times(0,2\pi))$$

bestimmen wir alle Flächenkurven, die mit der Rotationsachse,
d.h. mit $\vec{e}^3$, einen konstanten Winkel $\beta\in[0,\pi)$ bilden.

Dazu sei $\vec{x}^*(u^i(s))$ die Parameterdarstellung einer Flächenkurve
bezogen auf ihre Bogenlänge s. Es muß gelten

$$(3.72) \qquad\qquad \dot{\vec{x}}^*\cdot\vec{e}^3 = h'(u^1)\dot{u}^1 = \cos\beta.$$

1. Fall: $\beta\neq\frac{\pi}{2}$

Dann existieren Lösungen von (3.72) nur in solchen Teilintervallen $I\subset I_1$, in denen $h'(u^1)\neq 0$ ist.

Aus $\|\vec{x}^{*}\| = 1$ folgt dann wegen $\dfrac{1}{(\dot{u}^1)^2} = \dfrac{(h'(u^1))^2}{\cos^2\beta}$

$$\left[\frac{du^2}{du^1}\right]^2 = \frac{(h'(u^1))^2/\cos^2\beta - g_{11}(u^1)}{g_{22}(u^1)}$$

also

$$\frac{du^2}{du^1} = \frac{1}{|\cos\beta|}\sqrt{\frac{(h'(u^1))^2 - g_{11}(u^1)\cos^2\beta}{g_{22}(u^1)}} \quad \text{und}$$

$$u^2(u^1) = \frac{1}{|\cos\beta|}\int\sqrt{\frac{(h'(u^1))^2 - g_{11}(u^1)\cos^2\beta}{g_{22}(u^1)}}\, du^1 =$$

(3.73)

$$= \int\frac{1}{r(u^1)}\cdot\sqrt{(h'(u^1))^2\tan^2\beta - (r'(u^1))^2}\, du^1$$

in solchen Teilintervallen I von I_1, in denen

$$(r'(u^1))^2 < \tan^2\beta\cdot(h'(u^1))^2.$$

2. Fall: $\beta = \dfrac{\pi}{2}$

In Intervallen, in denen $h'(u^1) = 0$ ist, können wir $u^1(s)$ beliebig, etwa $u^1 = k$ konstant wählen. Wegen

$$\|\vec{x}^{*}\|^2 = g_{22}(\dot{u}^2)^2 = 1$$

folgt

$$\frac{du^2}{ds} = \pm\sqrt{\frac{1}{g_{22}(k)}} \quad \text{und} \quad u^2 = \sqrt{\frac{1}{g_{22}(k)}}\cdot s + c \quad \text{mit } c\in\mathbb{R} \text{ konstant.}$$

In Intervallen, in denen $h'(u^1) \neq 0$ ist, erhalten wir aus (3.72) $\dot{u}^1 = 0$, d.h. Breitenkreise.

Zum Zeichnen von Böschungslinien auf allgemeinen Rotationsflächen führen wir in der Unit UCrvOnRS den Typ SLOnRotST ein. Dabei stehen die Buchstaben "SL" für $\underline{s}$lope $\underline{l}$ine. Da dieser Typ ähnlich wie der Typ LoxOnRotST aufgebaut ist, erklären wir hier nur die Unterschiede.

Im Konstruktor Init wählen wir SpecialCase=TRUE, wenn $\beta=\pi/2$ ist, sonst SpecialCase=FALSE. Zusätzlich setzen wir die Variable

$$SqrTanBeta := \tan^2\beta.$$

Das Datenfeld C hat im Falle SpecialCase=FALSE keine Bedeutung mehr.

Wir implementieren weiter die Methoden F, dF und d2F sowie G für den Radikanden aus (3.73) und seine ersten beiden Ableitungen sowie den Integranden aus (3.73).

Mit der Methode FindZerosOfF untersuchen wir, ob F eine Nullstelle im Intervall I1DSL hat, und mit der Methode IntegrateG berechnen wir das Integral aus (3.73) zwischen Lowerbound und Upperbound.

Für beide Methoden wird wieder unser Trick nötig, für den wir die lokale Instanz LocalSLOnRotS und die lokalen Funktionen LocalSLOnRotSF, LocalSLOnRotSdF usw. deklarieren. Da wir beim Integrieren und bei der Nullstellenbestimmung verschiedene Genauigkeiten benutzen wollen, haben wir die zwei Datenfelder EpsilonInt und EpsilonZero zur Verfügung gestellt, deren Werte mit dem Konstruktor eingelesen werden.

Schließlich haben wir noch die Zeichenmethode Draw wie folgt implementiert:

```
PROCEDURE SLOnRotST.Draw;
VAR .........
BEGIN
  IF SpecialCase THEN
    DrawFamily
  ELSE BEGIN
    lI1DSL   := (RotS.I1[2].X-RotS.I1[1].X)/NOfIntV;
    I1D[1].X := RotS.I1[1].X;
    FOR N := 1 TO NOfIntv DO BEGIN
      I1DSL[1].X := RotS.I1[1].X + (N-1)*lI1DSL;
      I1DSL[2].X := RotS.I1[1].X +     N*lI1DSL;
      FindZerosOfF (I1DSL, Zero,NoZero);
      IF (NoZero > 0) THEN BEGIN
        I1D[2].X := Zero - lI1DSL*1E-4;
        IF (I1D[2].X > I1D[1].X) THEN BEGIN
          TestU1 := (I1D[1].X+I1D[2].X)/2;
          TOld   :=  I1D[1].X;
          IF (F(TestU1) > EpsilonZero) THEN DrawFamily;
        END;
        I1D[1].X := Zero + lI1DSL*1E-4;
      END;
```

```
        IF (N = NOfIntv) THEN BEGIN
          I1D[2].X := RotS.I1[2].X;
          IF (I1D[2].X > I1D[1].X) THEN BEGIN
            TestU1 := (I1D[1].X+I1D[2].X)/2;
            TOld   := I1D[1].X;
            IF (F(TestU1) > EpsilonZero) THEN DrawFamily;
          END;
        END;
      END;
    END;
  END;
```

Ist SpecialCase=TRUE, so rufen wir nur DrawFamily auf. Andernfalls setzen wir zunächst den linken Rand des Parameterintervalles I1D auf den linken Rand des Intervalles I_1 von RotS. In
der N-Schleife wählen wir dann das Intervall I1DSL als das N-te
Teilintervall einer äquidistanten Partition des Intervalles I_1
von RotS. Finden wir eine Nullstelle Zero von F in I1DSL
(NoZero>0), so setzen wir den rechten Rand des Parameterintervalles wie folgt:

$$I1D[2].X := Zero - 1I1DSL \cdot 10^{-4}.$$

Nachdem wir die Variable TOld als den linken Rand von I1D definiert haben, zeichnen wir den durch I1D beschriebenen Teil der
Böschungslinie, wenn F in der Mitte dieses Intervalles einen
positiven Wert annimmt.
Anschließend setzen wir den linken Rand des Parameterintervalles wie folgt:

$$I1D[1].X := Zero + 1I1DSL \cdot 10^{-4}$$

und wiederholen den Prozeß.

Beim letzten Durchlaufen der Schleife (N=NOfIntv) müssen wir
zusätzlich das Intervall zwischen dem aktuellen Wert von
I1D[1].X und dem rechten Rand von RotS.I1 betrachten. Damit ist
dann auch der Fall abgedeckt, daß wir beim Durchlaufen der
N-Schleife keine Nullstelle von F finden, wenn also I1D[1].X
noch mit dem linken Rand von RotS.I1 besetzt ist.

Damit wir beim Absuchen des Intervalles RotS.I1 keine Nullstellen von F überspringen, muß der Parameter NOfIntv für die Feinheit des Suchalgorithmus hinreichend groß gewählt werden.

Mit dem Programm P3_41 zeichnen wir auf einer Rotationsfläche
verschiedene Böschungslinien, die alle denselben Böschungwinkel
β, dafür aber unterschiedliche Startwerte U20 haben.

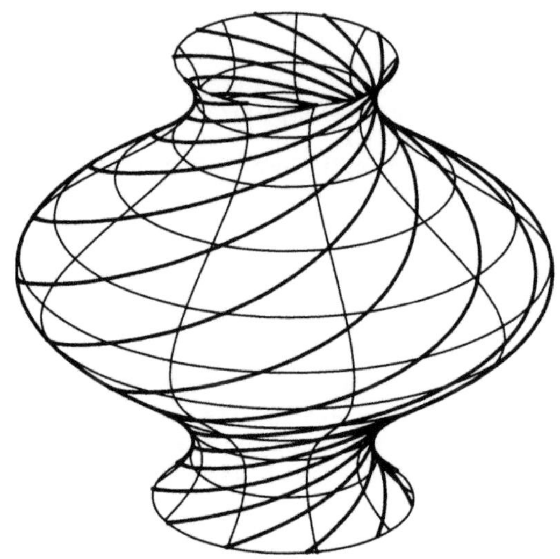

3.9.6 Beispiel:

Ist C eine Böschungslinie auf einem Rotationsparaboloid, welche mit der Rotationsachse den festen Winkel φ bildet, so ist die orthogonale Projektion C^* von C in eine Ebene senkrecht zur Rotationsachse die Evolvente eines Kreises.

Beweis:

Es seien

$$(3.74) \qquad (x^1)^2 + (x^2)^2 - 2ax^3 = 0 \quad (a \neq 0)$$

die Gleichung des Rotationsparaboloids, dessen Rotationsachse die x^3-Achse ist, und $\vec{v}_k$ die Vektoren des begleitenden Dreibens von C. Dann gilt

$$\vec{v}_1 \cdot \vec{e}^3 = \cos\varphi,$$

und wegen

$$\frac{d}{ds}(\vec{v}_1 \cdot \vec{e}^3) = \dot{\vec{v}}_1 \cdot \vec{e}^3 = \kappa \vec{v}_2 \cdot \vec{e}^3 = 0 \quad \text{und} \quad \kappa \neq 0$$

folgt

$$\vec{v}_2 \cdot \vec{e}^3 = 0 \quad \text{und dann} \quad \vec{v}_3 \cdot \vec{e}^3 = \sin\varphi.$$

Die Gleichung der Schmiegebene von C in einem beliebigen Punkt
P∈C ist

$$(\overrightarrow{OX}-\overrightarrow{OP})\cdot\vec{v}_3 = 0,$$

wenn wir $c(P) := \dfrac{1}{\sin\varphi}\cdot\overrightarrow{OP}\cdot\vec{v}_3$ $(\varphi\neq 0,\pi)$ setzen, also

$$(3.75)\qquad x^3 = -\frac{1}{\sin\varphi}(x^1\vec{e}^1\cdot\vec{v}_3+x^2\vec{e}^2\cdot\vec{v}_3)+c(P).$$

Die Schnittkurve $\tilde{C}$ der Schmiegebene von C im Punkt P mit dem
Paraboloid approximiert C mindestens von zweiter Ordnung, und
offensichtlich approximiert die orthogonale Projektion $\tilde{C}^*$ von $\tilde{C}$
auf die x^1x^2-Ebene dann C^* ebenfalls von mindestens zweiter
Ordnung. Als Gleichung für $\tilde{C}^*$ ergibt sich aus (3.74) und (3.75)
durch Elimination von x^3:

$$(x^1)^2+(x^2)^2+\frac{2a}{\sin\varphi}(x^1\vec{e}^1\cdot\vec{v}_3+x^2\vec{e}^2\cdot\vec{v}_3) = 2a\cdot c(P),$$

eine Kreisgleichung. Für den Abstand d des Kreismittelpunkts
vom Ursprung gilt mit $l^2 := (\vec{e}^1\cdot\vec{v}_3)^2+(\vec{e}^2\cdot\vec{v}_3)^2$:

$$d^2 = \frac{a^2}{\sin^2\varphi}\cdot l^2,$$

wobei $|l|$ die Länge der Projektion von $\vec{v}_3$ in die x^1x^2-Ebene
ist. Wegen $\vec{e}^3\cdot\vec{v}_3 = \sin\varphi$ ist $l^2 = \cos^2\varphi$ und damit

$$d^2 = a^2\cot^2\varphi.$$

Daher liegen die Krümmungsmittelpunkte von C^* auf einem Kreis;
dieser ist also die Evolute von C^* (Vergleiche Abschnitt 2.15).
Das beweist die Behauptung.

Zum Zeichnen seien $a>0$ und $\varphi\in(0,\frac{\pi}{2})$ vorgegeben. Für die Evolvente $\vec{x}^*(s)$ des Kreises

$$\vec{x}(s) = \{r\cos\tfrac{s}{r}, r\sin\tfrac{s}{r}, 0\}\quad\text{mit}\quad r := a\cot\varphi$$

gilt

$$\vec{x}^*(s) = \vec{x}(s) + (s_o - s)\dot{\vec{x}}(s) = \{r\cos\frac{s}{r} - (s_o - s)\sin\frac{s}{r}, r\sin\frac{s}{r} + (s_o - s)\cos\frac{s}{r}, 0\}$$

für $s > s_o$, und für die zugehörige Böschungslinie auf dem Rotations-Paraboloid folgt sofort

$$\vec{y}(s) = \vec{x}^*(s) + \frac{r^2 + (s_o - s)^2}{2a}\,\vec{e}^3 \quad (s > s_o).$$

Wir können hier leicht nachrechnen, daß $\vec{y}(s)$ tatsächlich eine Böschunglinie ist, denn es ist

$$\frac{d\vec{y}}{ds} = \frac{d\vec{x}^*(s)}{ds} + \frac{s - s_o}{a}\,\vec{e}^3 = -(s - s_o)\ddot{\vec{x}}(s) + \frac{(s - s_o)}{a}\,\vec{e}^3,$$

$$\left\|\frac{d\vec{y}}{ds}\right\|^2 = (s - s_o)^2\left[\frac{1}{r^2} + \frac{1}{a^2}\right] = \frac{(s - s_o)^2}{a^2\cos^2\varphi}$$

und

$$\frac{\frac{d\vec{y}}{ds}}{\left\|\frac{d\vec{y}}{ds}\right\|}\cdot\vec{e}_3 = \frac{a\cos\varphi}{s - s_o}\cdot\frac{s - s_o}{a} = \cos\varphi \quad \text{für } s > 0.$$

Zu Beispiel 3.9.6 schreiben wir das Programm P3_42, mit dem wir ein Rotationsparaboloid, einen Teil der $x^1 x^2$-Ebene, eine Böschungslinie $\vec{y}(s)$, den Kreis $\vec{x}(s)$ und seine Evolvente $\vec{x}^*(s)$ zeichnen. Der Aufbau von Programm P3_42 ist ähnlich wie der von Programm P2_29.

Für das Rotationsparaboloid, welches wir als Quadrik auffassen, und die $x^1 x^2$-Ebene reservieren wir die Instanzen QS und Pl. Zum Zeichnen des Kreises benutzen wir eine Instanz des Typs CircleOnPlT aus der Unit UCrvOnPl. Für die Evolvente führen wir den Typ EVOnPlT als Erben von CFOnPlT ein, bei dem die Methoden TToU1 und TToU2 neu implementiert werden müssen. Nachdem wir dann die notwendigen Checkprozeduren zur Verfügung gestellt haben, schreiben wir folgende Prozedur Draw:

```
PROCEDURE Draw;
VAR .........
BEGIN
  Phi   := 50*PI/180;
  AInit := 1;
  RInit := AInit*COS(Phi)/SIN(Phi);
```

```
DefineIntervalPar (-1,-1,1,1, IU1U2P1);
P1.InitWV (IU1U2P1,O3D,ZAxisU3D,YAxisU3D);

DefineInterval1D (0,2*PI, I1DCirc);
CircleOnP1.InitWithMP00 (FALSE,3,60,Col3,I1DCirc,CheckP1,P1,RInit);
CircleOnP1.ScanFamilyForI3D (I3DCirc);

DefineInterval1D (0,4, I1DEV);
EVOnP1.Radius := RInit;
EVOnP1.S0     := 0;
EVOnP1.Init (FALSE,3,160,Col4,I1DEV,CheckP1,1,P1);
EVOnP1.ScanFamilyForI3D (I3DEV);

ConvexHullI3D (I3DCirc,I3DEV, WI3D);

HC1 := (SQR(EVOnP1.Radius)+SQR(EVOnP1.S0-EVOnP1.I1D[2].X))/2/AInit;

DefineIntervalPar (0,0,SQRT(HC1),2*PI, IU1U2QS);
QS.Init   (IU1U2QS,4,SQRT(2*AInit),SQRT(2*AInit),0);
QSUi.Init (FALSE,3,50,Col1,CheckQS,17,1,0,
           FALSE,3,50,Col1,CheckQS,15,1,0,TRUE,QS);

ConvexHullI3D (WI3D,QS.I3D, WI3D);

DefineIntervalPar (WI3D[1].X,WI3D[1].Y,WI3D[2].X,WI3D[2].Y,
                   P1.IU1U2);
P1Ui.Init (FALSE,15,5,Col2,CheckP1,11,0,0,
           FALSE,15,5,Col2,CheckP1,11,0,0,FALSE,P1);

Parameter3D;

QSC. Init (FALSE,3,50,Col1,CheckQSC,QS);

QSUi.DrawU1; QSUi.DrawU2; QSC.Draw;
P1Ui.DrawU1; P1Ui.DrawU2;
EVOnP1.DrawFamily;
CircleOnP1.DrawFamily;

LL   := EVOnP1.LL;
Step := (EVOnP1.I1D[2].X-EVOnP1.I1D[1].X)/LL;
T    := EVOnP1.I1D[1].X;

FOR L := 0 TO LL DO BEGIN
  EVOnP1.TToP (T, P1Init);
  P2Init     := P1Init;
  HC2        := (SQR(EVOnP1.Radius)+SQR(EVOnP1.S0-T))/2/AInit;
  P2Init.Z := HC2;
  Ln3D.InitWithTwoPoints (FALSE,3,4,Col6,CheckP1,P1Init,P2Init);
  Ln3D.DrawBetweenTwoPoints;
  Delay(100);
  Ln3D.Col := 0;
  Ln3D.DrawBetweenTwoPoints;
  IF (L > 0) THEN BEGIN
    LnB1.InitWithTwoPoints (FALSE,0,1,Col5,CheckQS,P2Old,P2Init);
    LnB1.DrawBetweenTwoPoints;
  END;
```

```
    P201d := P2Init;
    T     := T+Step;
  END;


    .........
  END;
```

Nach der Deklaration der notwendigen lokalen Variablen wählen
wir im Hauptteil der Prozedur zunächst die Variablen Phi und
AInit, welche für den Boschungswinkel ψ und die Größe a in
(3.74) reserviert sind. Aus diesen Daten berechnen wir dann die
Variable RInit, die für den Radius r des Kreises vorgesehen
ist. Anschließend initialisieren wir die Instanz Pl, so daß sie
die x^1x^2-Ebene darstellt, und die Instanzen CircleOnPl und
EVOnPl für den Kreis und seine Evolventen. Die Konstante s_o in
der Parameterdarstellung der Evolvente wählen wir dabei gleich
Null. Durch die Aufrufe der Methoden ScanFamilyForI3D bestimmen
wir die Intervalle I3DCirc und I3DEV, so daß sie den Kreis und
die Evolvente ganz enthalten, und wählen das Weltintervall WI3D
zunächst so, daß es I3DCirc und I3DEV enthält. Durchläuft man
die Evolvente, so wächst die x^3-Koordinate der zugehörigen Böschungslinienpunkte wegen $s\rangle s_o$ streng monoton. Den größten
Wert, der am Ende des Parameterintervalles von EVOnPl angenom-
men wir, speichern wir in der Variablen HC1, mit deren Hilfe
wir dann das Parameterintervall IU1U2QS für das Rotationsparaboloid festlegen. Als nächstes initialisieren wir die Quadrik
QS und die Instanz QSUi zum Zeichnen ihrer Parameterlinien.

Anschließend bestimmen wir das endgültige Weltintervall, wählen
das Parameterintervall für die Ebene Pl, so daß der Kreis und
die Evolvente ganz in ihr liegen, und initialisieren die Instanz PlUi für die Parameterlinien von Pl.

Nachdem wir die Prozedur Parameter3D aufgerufen haben, initialisieren wir auch noch die Instanz für die Kontur des Rotationsparaboloids und zeichnen dann das Paraboloid, die Ebene,
den Kreis, die Evolvente und in der darauffolgenden L-Schleife
- ähnlich wie im Programm P2_29 - die Böschungslinie.

Wir berechnen zunächst zum aktuellen Parameterwert T den Evol-
ventenpunkt PlInit und den zu ihm gehörenden Böschungslinien-
punkt P2Init. Mir Hilfe der Instanz Ln3D verbinden wir beide
Punkte durch ein Geradenstück, welches wir nach einer kurzen
Pause dadurch löschen, daß wir es in der Hintergrundfarbe er-
neut zeichnen. Die Böschungslinie erhalten wir, indem wir mit
Hilfe der Instanz LnBl den aktuellen Böschungslinienpunkt
P2Init mit seinem Vorgänger P2Old verbinden.

Da bei der Bewegung der Geraden Ln3D Teile der Zeichnung gelöscht werden, zeichnen wir nach der Schleife das Paraboloid,
die Ebene, den Kreis, die Evolvente und die Böschungslinie er-

neut. Im Hauptprogramm müssen wir nach der Festlegung der Perspektive nur die Prozedur Draw aufrufen.

3.10 Parametertransformationen

Oft ist es nützlich, auf einer Fläche mit Parameterdarstellung $\vec{x}(u^i)$ neue Parameter $\bar{u}^k$ einzuführen, so daß die neuen Parameterlinien von den Kurven zweier vorgegebener Scharen in der u^1u^2-Ebene erzeugt werden. Hierzu gehen wir wie folgt vor:

Gegeben seien zwei Kurvenscharen in der u^i-Ebene. Wir wählen neue Parameter $\bar{u}^i$, so daß die eine Kurvenschar die $\bar{u}^1$-Linien der neuen Parameter und die andere Kurvenschar die $\bar{u}^2$-Linien der neuen Parameter werden. Ausgehend von den beiden Kurvenscharen

$$(3.76) \quad C_1(\bar{u}^2): \begin{cases} u^1 := u_1^1(t,\bar{u}^2) \\ u^2 := u_1^2(t,\bar{u}^2) \end{cases} \quad \text{und} \quad C_2(\bar{u}^1): \begin{cases} u^1 := u_2^1(t,\bar{u}^1) \\ u^2 := u_2^2(t,\bar{u}^1) \end{cases}$$

suchen wir eine eineindeutige Zuordnung zwischen (u^1,u^2) und $(\bar{u}^1,\bar{u}^2)$.

3.10.1 Beispiel: Geraden in der u^i-Ebene

Gegeben seien die beiden Geradenscharen in der u^i-Ebene

$$C_1(\bar{u}^2): \begin{cases} u^1 := t \\ u^2 := c_1 t+\bar{u}^2 \end{cases} \quad \text{und} \quad C_2(\bar{u}^1): \begin{cases} u^1 := t \\ u^2 := c_2 t+\bar{u}^1 \end{cases}.$$

Daraus erhalten wir

$$\begin{cases} u^2 = c_1 u^1+\bar{u}^2 \\ u^2 = c_2 u^1+\bar{u}^1 \end{cases} \quad \text{also} \quad \begin{cases} \bar{u}^1 = u^2-c_2 u^1 \\ \bar{u}^2 = u^2-c_1 u^1 \end{cases}.$$

Für $c_1 \neq c_2$ ergibt sich daraus

$$u^1 = u^1(\overline{u}^i) = \frac{\overline{u}^1 - \overline{u}^2}{c_1 - c_2} \quad \text{und} \quad u^2 = u^2(\overline{u}^i) = \frac{c_1\overline{u}^1 - c_2\overline{u}^2}{c_1 - c_2}.$$

Die Jacobi-Matrix der Transformation ist

$$\left[\frac{\partial u^i}{\partial \overline{u}^k}\right] = \begin{bmatrix} \dfrac{\partial u^1}{\partial \overline{u}^1} & \dfrac{\partial u^2}{\partial \overline{u}^1} \\[2mm] \dfrac{\partial u^1}{\partial \overline{u}^2} & \dfrac{\partial u^2}{\partial \overline{u}^2} \end{bmatrix} = \frac{1}{c_1 - c_2}\begin{bmatrix} 1 & c_1 \\ -1 & -c_2 \end{bmatrix}.$$

Die Parameterdarstellung eines Katenoids

$$\vec{x}(u^i) = \{a\cosh u^1 \cos u^2, a\cosh u^1 \sin u^2, u^1\} \quad ((u^1,u^2)\in\mathbb{R}\times(0,2\pi))$$

bezogen auf Parameter $\overline{u}^i$ $(i=1,2)$, in denen die $\overline{u}^1$-Linien die Geraden der Schar C_1 und die u^2-Linien die Geraden der Schar C_2 sind, lautet

$$\vec{x}(u^i) = \left\{a\cosh\frac{\overline{u}^1 - \overline{u}^2}{c_1 - c_2}\cdot\cos\frac{c_1\overline{u}^1 - c_2\overline{u}^2}{c_1 - c_2}, a\cosh\frac{\overline{u}^1 - \overline{u}^2}{c_1 - c_2}\cdot\sin\frac{c_1\overline{u}^1 - c_2\overline{u}^2}{c_1 - c_2}, \frac{\overline{u}^1 - \overline{u}^2}{c_1 - c_2}\right\}$$

$$((\overline{u}^1,\overline{u}^2)\in\mathbb{R}^2).$$

Wir wenden uns nun der tatsächlichen Berechnung von Parametertransformationen zu.

Dazu gehen wir von den beiden Kurvenscharen mit Parameterdarstellungen (3.76) aus.

(1) Zur Bestimmung von $\overline{u}^1(u^1,u^2)$ und $\overline{u}^2(u^1,u^2)$ sei der Punkt (u^1,u^2) gegeben.

Wir suchen zunächst $\overline{u}^2$ und t_1, so daß

$$\left\{\begin{aligned} u^1 &= u^1_1(t_1,\overline{u}^2) \\ u^2 &= u^2_1(t_1,\overline{u}^2) \end{aligned}\right\}.$$

Daraus eliminieren wir t_1 und berechnen

$$\overline{u}^2 = \overline{u}^2(u^1,u^2).$$

Nun suchen wir $\overline{u}^1$ und t_2, so daß

$$\left\{\begin{array}{l} u^1 = u_2^1(t_2,\overline{u}^1) \\[2ex] u^2 = u_2^2(t_2,\overline{u}^1) \end{array}\right\}.$$

Daraus eliminieren wir t_2 und berechnen

$$\overline{u}^1 = \overline{u}^1(u^1,u^2).$$

(2) Zur Bestimmung von $u^1(\overline{u}^1,\overline{u}^2)$ und $u^2(\overline{u}^1,\overline{u}^2)$ sei der Punkt $(\overline{u}^1,\overline{u}^2)$ gegeben. Aus

$$\left\{\begin{array}{l} u_1^1(t_1,\overline{u}^2) = u_2^1(t_2,\overline{u}^1) \\[2ex] u_1^2(t_1,\overline{u}^2) = u_2^2(t_2,\overline{u}^1) \end{array}\right\}$$

eliminieren wir t_1 und t_2:

$$t_1 = t_1(\overline{u}^1,\overline{u}^2), \quad t_2 = t_2(\overline{u}^1,\overline{u}^2).$$

Es gibt zwei Arten der Berechnung von (u^1,u^2):

a)
$$\left\{\begin{array}{l} u^1 = u_1^1(t_1(\overline{u}^1,\overline{u}^2),\overline{u}^2) = u^1(\overline{u}^1,\overline{u}^2) \\[2ex] u^2 = u_1^2(t_1(\overline{u}^1,\overline{u}^2),\overline{u}^2) = u^2(\overline{u}^1,\overline{u}^2) \end{array}\right\}$$

oder

b)
$$\left\{\begin{array}{l} u^1 = u_2^1(t_2(\overline{u}^1,\overline{u}^2),\overline{u}^1) = u^1(\overline{u}^1,\overline{u}^2) \\[2ex] u^2 = u_2^2(t_2(\overline{u}^1,\overline{u}^2),\overline{u}^1) = u^2(\overline{u}^1,\overline{u}^2) \end{array}\right\}.$$

3.10.2 Beispiel:

Wir geben eine Parameterdarstellung $\vec{x}(\overline{u}^i)$ der Kugel mit Radius r, bezüglich der die $\overline{u}^1$-Linien die Loxodrome zum Winkel β_1 und die $\overline{u}^2$-Linien die Loxodrome zum Winkel β_2 sind (siehe Beispiel 3.9.4).

Wenn wir $c_k := |\cot\beta_k|$ $(k=1,2)$ setzen, so wird (3.76) zu

$$C_1(\overline{u}^2): \begin{cases} u^1(t) = t \\[2ex] u^2(t) = c_1 \log\left(\tan\left(\tfrac{t}{2} + \tfrac{\pi}{4}\right)\right) + \overline{u}^2 \end{cases} \quad \text{und}$$

$$C_2(\overline{u}^1): \begin{cases} u^1(t) = t \\[2ex] u^2(t) = c_2 \log\left(\tan\left(\tfrac{t}{2} + \tfrac{\pi}{4}\right)\right) + \overline{u}^1 \end{cases}$$

mit $(\overline{u}^1, \overline{u}^2) \in \mathbb{R}^2$. Daraus folgt

$$\overline{u}^1 - \overline{u}^2 = (c_1 - c_2) \log\left(\tan\left(\tfrac{t}{2} + \tfrac{\pi}{4}\right)\right),$$

so daß

$$u^2(\overline{u}^1, \overline{u}^2) = c_1 \frac{\overline{u}^1 - \overline{u}^2}{c_1 - c_2} + \overline{u}^2 = \frac{c_1 \overline{u}^1 - c_2 \overline{u}^2}{c_1 - c_2}.$$

Weiter ist

$$t = 2\arctan\left[\exp\left[\frac{\overline{u}^1 - \overline{u}^2}{c_1 - c_2}\right]\right] - \frac{\pi}{2},$$

so daß insgesamt

$$u^1(\overline{u}^1, \overline{u}^2) = 2\arctan\left[\exp\left[\frac{\overline{u}^1 - \overline{u}^2}{c_1 - c_2}\right]\right] - \frac{\pi}{2} \quad \text{und} \quad u^2(\overline{u}^1, \overline{u}^2) = \frac{c_1 \overline{u}^1 - c_2 \overline{u}^2}{c_1 - c_2}.$$

Wegen

$$\sin 2x = 2\sin x \cos x = \frac{2\tan x}{1 + \tan^2 x} \quad \text{und} \quad \cos 2x = \cos^2 x - \sin^2 x = \frac{1 - \tan^2 x}{1 + \tan^2 x}$$

ist

$$\sin u^1 = -\cos\left[2\arctan\left[\frac{\overline{u}^1 - \overline{u}^2}{c_1 - c_2}\right]\right] = -\frac{1 - \exp\left[2\frac{\overline{u}^1 - \overline{u}^2}{c_1 - c_2}\right]}{1 + \exp\left[2\frac{\overline{u}^1 - \overline{u}^2}{c_1 - c_2}\right]} = +\tanh\frac{\overline{u}^1 - \overline{u}^2}{c_1 - c_2}$$

und

$$\cos u^1 = \sin\left[2\arctan\left[\frac{\overline{u}^1-\overline{u}^2}{c_1-c_2}\right]\right] = \frac{2\exp\left[\frac{\overline{u}^1-\overline{u}^2}{c_1-c_2}\right]}{1+\exp\left[2\frac{\overline{u}^1-\overline{u}^2}{c_1-c_2}\right]} = \frac{1}{\cosh\frac{\overline{u}^1-\overline{u}^2}{c_1-c_2}}.$$

Wir erhalten also

$$\vec{x}(\overline{u}^i) = \frac{r}{\cosh\frac{\overline{u}^1-\overline{u}^2}{c_1-c_2}}\left\{\cos\frac{c_1\overline{u}^1-c_2\overline{u}^2}{c_1-c_2},\sin\frac{c_1\overline{u}^1-c_2\overline{u}^2}{c_1-c_2},\sinh\frac{\overline{u}^1-\overline{u}^2}{c_1-c_2}\right\}$$

$$((\overline{u}^1,\overline{u}^2)\in\mathbb{R}^2).$$

(Vergleiche mit Beispiel 3.1.5 und Programm P3_03.)

3.11 Einführung orthogonaler Parameter

In vielen Anwendungen ist es zweckmäßig, eine Parameterdarstellung zu finden, bei der sich die Parameterlinien senkrecht schneiden. Die Parameter heißen dann *orthogonal*.

Offensichtlich sind die Parameter einer Fläche genau dann orthogonal, wenn für die metrischen Fundamentalgrößen gilt

$$g_{12}(u^i) = 0.$$

Ist $g_{12}(u^i) \neq 0$, so führen wir orthogonale Parameter wie folgt ein: Wir setzen

$$\overline{u}^1(u^i) := u^1$$

und wählen

$$\overline{u}^2 = \overline{u}^2(u^i),$$

so daß für die metrischen Fundamentalgrößen $\overline{g}_{ik}$ bezüglich der Parameter $\overline{u}^i$ gilt

$$\overline{g}_{12} = \overline{g}_{12}(\overline{u}^i) = 0.$$

Nach Bemerkung 3.9.1 (5) ist

$$\bar{g}_{12} = g_{ik}\frac{\partial u^i}{\partial \bar{u}^1}\frac{\partial u^k}{\partial \bar{u}^2} =$$

$$+\, g_{11}\frac{\partial u^1}{\partial \bar{u}^1}\frac{\partial u^1}{\partial \bar{u}^2} + g_{12}\frac{\partial u^1}{\partial \bar{u}^1}\frac{\partial u^2}{\partial \bar{u}^2} + g_{21}\frac{\partial u^2}{\partial \bar{u}^1}\frac{\partial u^1}{\partial \bar{u}^2} + g_{22}\frac{\partial u^2}{\partial \bar{u}^1}\frac{\partial u^2}{\partial \bar{u}^2}.$$

Wegen $\bar{u}^1 := u^1$ folgt $\dfrac{\partial u^1}{\partial \bar{u}^1} = 1,\ \dfrac{\partial u^1}{\partial \bar{u}^2} = 0$ und damit

$$(3.77)\qquad \bar{g}_{12} = g_{12}\frac{\partial u^2}{\partial \bar{u}^2} + g_{22}\frac{\partial u^2}{\partial \bar{u}^1}\frac{\partial u^2}{\partial \bar{u}^2} = \left[g_{12} + g_{22}\frac{\partial u^2}{\partial \bar{u}^1}\right]\frac{\partial u^2}{\partial \bar{u}^2}.$$

Für zulässige Parametertransformationen ist

$$\left[\frac{\partial(u^i)}{\partial(\bar{u}^k)}\right] = \begin{vmatrix} 1 & \dfrac{\partial u^2}{\partial \bar{u}^1} \\[2ex] 0 & \dfrac{\partial u^2}{\partial \bar{u}^2} \end{vmatrix} \neq 0,\ \text{ also }\ \frac{\partial u^2}{\partial \bar{u}^2} \neq 0.$$

Somit erhalten wir aus (3.77) die Differentialgleichung

$$(3.78)\qquad g_{12}(\bar{u}^1, u^2(\bar{u}^1, \bar{u}^2)) + \frac{\partial u^2}{\partial \bar{u}^1}\cdot g_{22}(\bar{u}^1, u^2(\bar{u}^1, \bar{u}^2)) = 0,$$

oder mit $x := \bar{u}^1$, $y := \bar{u}^2$ und $z := u^2 = u^2(x,y)$:

$$g_{12}(x, z(x,y)) + g_{22}(x, z(x,y))\frac{\partial z}{\partial x} = 0.$$

3.11.1 Beispiel:

Wir betrachten die Schraubenfläche mit

$\vec{x}(u^i) = \{u^1\cos u^2, u^1\sin u^2, au^2 + h(u^1)\}$ $((u^1, u^2)\in\mathbb{R}\times\mathbb{R})$ und $a\in\mathbb{R}\setminus\{0\}$.

Nach Beispiel 3.9.3 (e) gilt

$$g_{12} = ah'(u^1)\quad (\neq 0 \text{ für } a\neq 0 \text{ und } h\not\equiv \text{const}),\text{ und}$$

$$g_{22} = (u^1)^2 + a^2.$$

Die zu lösende Differentialgleichung (3.78) lautet also

$$ah'(u^1) + \left[(u^1)^2 + a^2\right]\frac{\partial u^2}{\partial \bar{u}^1} = 0$$

oder

$$\frac{\partial u^2}{\partial \overline{u}^1} = -\frac{ah'(\overline{u}^1)}{(\overline{u}^1)^2+a^2}.$$

Daraus ergibt sich etwa

$$u^2(\overline{u}^i) = -a\int\frac{h'(\overline{u}^1)}{(\overline{u}^1)^2+a^2}\,d\overline{u}^1+\overline{u}^2.$$

Mit

$$(3.79)\qquad H(\overline{u}^1) := a\int\frac{h'(\overline{u}^1)}{(\overline{u}^1)^2+a^2}\,d\overline{u}^1$$

ist

$$u^2 = -H(\overline{u}^1)+\overline{u}^2$$

oder wegen $\overline{u}^1 = u^1$:

$$\overline{u}^2 = H(u^1)+u^2.$$

Damit ist

$$\begin{cases}\overline{u}^1(u^i) = u^1 \\ \overline{u}^2(u^i) = H(u^1)+u^2\end{cases}\quad\text{oder}\quad\begin{cases}u^1(\overline{u}^i) = \overline{u}^1 \\ u^2(\overline{u}^i) = \overline{u}^2-H(\overline{u}^1)\end{cases},$$

und wir erhalten für die Parameterdarstellung der Fläche, bezogen auf die neuen Parameter $\overline{u}^i$:

$$\vec{x}(\overline{u}^i) = \{\overline{u}^1\cos(\overline{u}^2-H(\overline{u}^1)),\overline{u}^1\sin(\overline{u}^2-H(\overline{u}^1)),a\cdot(\overline{u}^2-H(\overline{u}^1))+h(\overline{u}^1)\}.$$

Ist speziell $h(u^1) := bu^1+c$ mit $b,c\in\mathbb{R}$ fest, so ergibt sich aus (3.79) etwa

$$H(\overline{u}^1) = a\int\frac{b}{(\overline{u}^1)^2+a^2}\,d\overline{u}^1 = b\cdot\arctan\frac{\overline{u}^1}{a}.$$

Mit dem Programm P3_43 zeichnen wir auf einer vorgegebenen speziellen Schraubenfläche ein Netz orthogonaler Parameterlinien.
Diese $\overline{u}^k$-Linien betrachten wir dabei als Kurven auf einer Fläche vom Typ LinScrewST und deklarieren für sie die Typen NewU1-OnLinScrewST und NewU2OnLinScrewST daher als Erben von CFOnLin-ScrewST.

Im Typ NewU1OnLinScrewST, mit dem wir die $\overline{u}^1$-Linien zeichnen, übernimmt die Variable FamPar, die aus einer äquidistanten Unterteilung des Intervalles I_2 der Fläche LinScrewS bestimmt wird, die Rolle des konstanten $\overline{u}^2$. Wegen $\overline{u}^1 = u^1$ wählen wir das Intervall I_1 von LinScrewS als Parameterintervall für die $\overline{u}^1$-Linien und müssen nur die Methode TToU2 neu implementieren. Wir setzen

$$TToU2(T) := \overline{u}^2 - H(T) + k,$$

wobei wir die Konstante k empirisch bestimmen.

Nun kommt es vor, daß $u^2(T) \notin I_2$ für bestimmte $T \in I_1$ gilt, wir also beim Durchlaufen einer $\overline{u}^1$-Linie denjenigen Teil von LinScrewS verlassen, der durch das Parameterintervall festgelegt ist. Diesen Fehler kompensieren wir mittels geeigneter Sichtabfragen. Dazu nutzen wir in der Checkprozedur für die $\overline{u}^1$-Linien den Parameter NoPoint aus, den wir in der Methode TToU2 auf TRUE setzen, wenn $u^2(T) \notin I_2$.

Mit Hilfe des Typs NewU2OnLinScrewST zeichnen wir die $\overline{u}^2$-Linien. Hier übernimmt die Variable FamPar, die aus einer äquidistanten Unterteilung des Intervalles I_1 von LinScrewS gewonnen wird, die Rolle des konstanten $\overline{u}^1$. Als Parameterintervall für die $\overline{u}^2$-Linien wählen wir das I_2-Intervall von LinScrewS. In der neu zu implementierenden Methode TToU1 setzen wir einfach

$$TToU1(T) = FamPar.$$

Die Methode TToU2 wird nicht neu implementiert, d.h. wir betrachten

$$TToU2(T) = u^2(T) = T$$

und nicht wie berechnet

$$TToU2(T) = u^2(T) = T - H(FamPar).$$

Das Weglassen der Konstanten H(Fampar) bedeutet lediglich eine Verschiebung der $\overline{u}^2$-Linien und ändert nichts am Ergebnis.

Wir gewinnen dadurch den Vorteil, daß alle zu zeichnenden $\overline{u}^2$-Linien vollständig auf der definierten Fläche LinScrewS verlaufen.

Nach der Definition der notwendigen Checkprozeduren schreiben wir die Prozedur Draw, in der wir alle benötigten Instanzen initialisieren, das Weltintervall festlegen, die Prozedur Parameter3D aufrufen und dann die Anordnung zeichnen.

Im Hauptprogramm muß nach Wahl der Perspektive nur die Prozedur Draw aufgerufen werden.

3.11.2 Beispiel:

Wir führen auf der Kugel mit Parameterdarstellung

$$\vec{x}(u^i) = r\{\cos u^1 \cos u^2, \cos u^1 \sin u^2, \sin u^1\} \quad ((u^1,u^2) \in (-\tfrac{\pi}{2},\tfrac{\pi}{2}) \times (0,2\pi))$$

neue Parameter $\bar{u}^j$ ein, so daß die $\bar{u}^1$-Linien die Loxodrome durch $(u^1,u^2) = (0,0)$ mit Winkel $\beta \in (0,\pi)$ zu den Breitenkreisen sind und die $\bar{u}^2$-Linien die orthogonalen Trajektorien dazu sind.

Dazu führen wir zunächst neue Parameter u^{*j} ein, so daß die u^{*1}-Linien die Loxodrome und die u^{*2}-Linien die Meridiane sind. Wir setzen $\bar{u}^2 := \cot\beta \in \mathbb{R}$ und betrachen die Kurvenfamilien

$$C_1(u^{*2}) := \left\{ \begin{array}{l} u^1 \ :=u^1_1(t,u^{*2}) \ = \ t \\[2ex] u^2 \ :=u^2_1(t,u^{*2}) \ = \ u^{*2}\log(\tan(\tfrac{t}{2} + \tfrac{\pi}{4})) \end{array} \right\} \ \text{und}$$

$$C_2(u^{*1}) := \left\{ \begin{array}{l} u^1 \ := \ u^1_2(t,u^{*1}) \ = \ t \\[2ex] u^2 \ := \ u^2_2(t,u^{*1}) \ = \ u^{*1} \end{array} \right\}.$$

Daraus erhalten wir

$$u^2(u^{*j}) = u^{*1} \quad \text{und} \quad u^1(u^{*j}) = 2\arctan\left[\exp\frac{u^{*1}}{u^{*2}}\right] - \frac{\pi}{2}.$$

Wie in Beispiel 3.10.2 ist

$$x^*(u^{*j}) = \frac{r}{\cosh\dfrac{u^{*1}}{u^{*2}}}\left\{\cos u^{*1}, \sin u^{*1}, \sinh\frac{u^{*1}}{u^{*2}}\right\}$$

$$((u^{*1},u^{*2}) \in (0,2\pi) \times (\mathbb{R}\setminus\{0\})).$$

Nun setzen wir $\bar{u}^1 := u^{*1}$ und wählen

$$\bar{u}^2 = \bar{u}^2(u^{*1}, u^{*2}),$$

so daß $\bar{g}_{12} = 0$; dazu müssen wir die Differentialgleichung (3.78) mit den metrischen Fundamentalgrößen $\overset{*}{g}_{ik}$ bezogen auf die Parameter u^{*j} anstelle von g_{ik} lösen.

Nach Bemerkung 3.9.1 (5) ist

$$\overset{*}{g}_{12} = g_{ik}\frac{\partial u^i}{\partial u^{*1}}\frac{\partial u^k}{\partial u^{*2}}, \quad \overset{*}{g}_{22} = g_{ik}\frac{\partial u^i}{\partial u^{*2}}\frac{\partial u^k}{\partial u^{*2}};$$

wegen $g_{11} = r^2$, $g_{12} = 0$, $g_{22} = r^2\cos^2 u^1$,

$$\frac{\partial u^1}{\partial u^{*1}} = \frac{2e^{u^{*1}/u^{*2}}}{1+e^{2u^{*1}/u^{*2}}}\cdot\frac{1}{u^{*2}} = \frac{1}{u^{*2}}\frac{1}{\cosh(u^{*1}/u^{*2})},$$

$$\frac{\partial u^1}{\partial u^{*2}} = -\frac{u^{*1}}{(u^{*2})^2}\frac{1}{\cosh(u^{*1}/u^{*2})}, \quad \frac{\partial u^2}{\partial u^{*1}} = 1, \quad \frac{\partial u^2}{\partial u^{*2}} = 0$$

folgt

$$\overset{*}{g}_{12} = -r^2\frac{1}{\cosh^2(u^{*1}/u^{*2})}\left[\frac{u^{*1}}{(u^{*2})^3}\right]$$

und

$$\overset{*}{g}_{22} = r^2\frac{(u^{*1})^2}{(u^{*2})^4}\frac{1}{\cosh^2(u^{*1}/u^{*2})},$$

und (3.78) wird zu

$$-1 + \frac{\bar{u}^1}{u^{*2}}\frac{\partial u^{*2}}{\partial \bar{u}^1} = 0, \quad\text{also}\quad \frac{\partial u^{*2}}{\partial \bar{u}^1} = \frac{u^{*2}}{\bar{u}^1}.$$

Daraus erhalten wir etwa

$$u^{*2}(\bar{u}^1, \bar{u}^2) = \bar{u}^1\bar{u}^2$$

und daher

$$\vec{\ddot{x}}(\bar{u}^i) \;=\; \frac{r}{\cos\left(\frac{1}{\bar{u}^2}\right)} \{\cos\bar{u}^1, \sin\bar{u}^1, \sinh\left(\frac{1}{\bar{u}^2}\right)\}.$$

3.12 Geodätische Krümmung, Normalkrümmung und zweite Fundamentalgrößen

Zur Untersuchung der Krümmung von Flächenkurven führen wir die Begriffe der geodätischen und der Normalkrümmung ein. Wir werden sehen, daß die geodätische Krümmung im wesentlichen von den metrischen Fundamentalgrößen, die Normalkrümmung jedoch von den sogenannten zweiten Fundamentalgrößen abhängt.

Den Krümmungsvektor $\vec{\ddot{x}}(s)$ einer auf ihre Bogenlänge bezogenen Flächenkurve $\vec{x}(s) = \vec{x}(u^i(s))$ zerlegen wir wie folgt in seine Komponenten bezüglich des Flächennormalenvektors $\vec{N}$ und des Einheitsvektors

$$(3.80) \qquad\qquad \vec{t} \;:=\; \vec{N} \times \vec{\dot{x}}$$

in der Tangentialebene:

$$\vec{\ddot{x}}(s) \;=\; \kappa_n(s)\,\vec{N} + \kappa_g(s)\,\vec{t}.$$

Die Größen κ_n und κ_g heißen **Normal-** und *geodätische Krümmung* der Flächenkurve $\vec{x}(s)$. Offensichtlich ist

$$(3.81) \qquad\qquad \kappa_n \;=\; \vec{\ddot{x}} \cdot \vec{N} \quad \text{und} \quad \kappa_g \;=\; \vec{\ddot{x}} \cdot \vec{t}.$$

Aus

$$\vec{\dot{x}} \;=\; \vec{x}_i\,\dot{u}^i$$

folgt

$$(3.82) \quad \vec{\ddot{x}} \;=\; \vec{x}_i\,\ddot{u}^i + \vec{x}_{ik}\,\dot{u}^i\dot{u}^k \quad \text{mit} \quad \vec{x}_{ik} \;:=\; \frac{\partial^2 \vec{x}}{\partial u^i \partial u^k} \quad (i,k=1,2).$$

Zur weiteren Untersuchung der Größen κ_n und κ_g machen wir daher den Ansatz

$$(3.83) \qquad\qquad \vec{x}_{ik} \;=\; \Gamma^r_{ik}\,\vec{x}_r + L_{ik}\,\vec{N} \quad (i,k=1,2)$$

mit noch zu bestimmenden Größen r^r_{ik} und L_{ik}.

3.12.1 Bemerkung:

Die Größen L_{ik} und r^r_{ik} werden durch (3.83) nur formal eingeführt. Wir werden später auf ihre geometrische Bedeutung eingehen. Die Größen κ_g und κ_n beherrschen im selben Maß die Flächentheorie, wie dies κ und τ bei den Kurven getan haben. Die beiden nächsten Kapitel sind der eingehenden Untersuchung von κ_g und κ_n gewidmet.

Aus (3.83) folgt

$$\vec{x}_{ik} \cdot \vec{N} = L_{ik} \quad (i,k=1,2).$$

Durch Differentiation nach u^k ergibt sich aus $\vec{N} \cdot \vec{x}_i = 0$:

$$\vec{N} \cdot \vec{x}_{ik} + \vec{N}_k \cdot \vec{x}_i = 0 \quad \text{mit} \quad \vec{N}_k := \frac{\partial \vec{N}}{\partial u^k}, \quad \text{also}$$

$$L_{ik} = \vec{N} \cdot \vec{x}_{ik} = -\vec{N}_k \cdot \vec{x}_i \quad \text{und} \quad L_{ik} = L_{ki} \quad (i,k=1,2).$$

Die Funktionen L_{ik} mit

$$L_{ik}(u^j) := \vec{N}(u^j) \cdot \vec{x}_{ik}(u^j) = -\vec{N}_k(u^j) \cdot \vec{x}_i(u^j) \quad (i,k=1,2)$$

heißen *zweite Fundamentalgrößen* der Fläche $\vec{x}(u^j)$; die Form

$$L_{ik}(u^j)\,du^i du^k$$

heißt *zweite Fundamentalform* der Fläche $\vec{x}(u^j)$.

3.12.2 Bemerkung:
(1) In der Literatur findet man häufig die Bezeichnungen

$$L := L_{11}, \quad M := L_{12} \quad \text{und} \quad N := L_{22}$$

   für die zweiten Fundamentalgrößen.

(2) Wir berechnen die Transformationsformeln für die Größen L_{ik} bei Parametertransformationen. Nach (3.8) ist mit

$$D = \frac{\partial(u^k)}{\partial(\bar{u}^r)}$$

$$\vec{N} = \frac{\vec{x}_1 \times \vec{x}_2}{\|\vec{\bar{x}}_1 \times \vec{\bar{x}}_2\|} = \frac{\vec{\bar{x}}_1 \times \vec{\bar{x}}_2}{\|\vec{\bar{x}}_1 \times \vec{\bar{x}}_2\|} \, \mathrm{sgn}D = \vec{\bar{N}} \cdot \mathrm{sgn}D,$$

also wegen $\vec{\bar{x}}_i = \vec{x}_1 \dfrac{\partial u^l}{\partial \bar{u}^i}$ und $\vec{\bar{x}}_{ik} = \vec{x}_{1m} \dfrac{\partial u^l}{\partial \bar{u}^i} \dfrac{\partial u^m}{\partial \bar{u}^k} + \vec{x}_1 \dfrac{\partial^2 u^l}{\partial \bar{u}^i \partial \bar{u}^k}$:

$$\bar{L}_{ik} = \vec{\bar{N}} \cdot \vec{\bar{x}}_{ik} = \vec{N} \cdot \left[\vec{x}_{1m} \frac{\partial u^l}{\partial \bar{u}^i} \frac{\partial u^m}{\partial \bar{u}^k} + \vec{x}_1 \frac{\partial^2 u^l}{\partial \bar{u}^i \partial \bar{u}^n}\right] \mathrm{sgn}D =$$

$$= L_{1m} \frac{\partial u^l}{\partial \bar{u}^i} \frac{\partial u^m}{\partial \bar{u}^k} \, \mathrm{sgn}D \quad \text{für } i,k=1,2.$$

(3)   Aus (3.81) und (3.83) erhalten wir

$$\vec{\ddot{x}} = \vec{x}_i \cdot \ddot{u}^i + \vec{x}_{ik} \dot{u}^i \dot{u}^k = \vec{x}_i \ddot{u}^i + (\Gamma^r_{ik} \vec{x}_r + L_{ik} \vec{N}) \dot{u}^i \dot{u}^k =$$

$$= (\ddot{u}^r + \Gamma^r_{ik} \dot{u}^i \dot{u}^k) \vec{x}_r + L_{ik} \dot{u}^i \dot{u}^k \vec{N},$$

so daß

$$\kappa_n = L_{ik} \dot{u}^i \dot{u}^k \quad \text{und} \quad \kappa_g = (\ddot{u}^r + \Gamma^r_{ik} \dot{u}^i \dot{u}^k) \vec{x}_r \cdot \vec{t}.$$

Zur Berechnung der zweiten Fundamentalgrößen ergänzen wir den Typ SurfaceT um die Methoden L11, L12 und L22, von denen wir uns exemplarisch die Implementation der Methode L12 anschauen.

```
FUNCTION SurfaceT.L12 (Q: PtPar): EXTENDED;
VAR C     : EXTENDED;
    X12,N : Vt3D;
BEGIN
  SurfNormal (Q, N);
  d2XdU1dU2  (Q, X12);
  ScalarProductVt3D (X12,N, C);
  L12 := C;
END;
```

Wir berechnen zum eingegebenen Parameterpunkt Q zunächst den Flächennormalenvektor

$$\vec{N} := \vec{N}(Q)$$

und den Vektor

$$\overrightarrow{X12} := \vec{x}_{12}(Q)$$

und setzen dann L12 als deren Skalarprodukt.

3.12.3 Beispiel:

a) <u>Die zweiten Fundamentalgrößen für Quadriken</u>

(1)   Beim Ellipsoid gehen wir wieder aus von der Parameterdarstellung in 3.9.3 (a) (1) und erhalten

$$\vec{x}_{11}(u^i) = \left\{ -\sqrt{\frac{1}{a_1}} \cdot \cos u^1 \cos u^2, -\sqrt{\frac{1}{a_2}} \cdot \cos u^1 \sin u^2, -\sqrt{\frac{1}{a_3}} \cdot \sin u^1 \right\},$$

$$\vec{x}_{12}(u^i) = \left\{ \sqrt{\frac{1}{a_1}} \cdot \sin u^1 \sin u^2, -\sqrt{\frac{1}{a_2}} \cdot \sin u^1 \cos u^2, 0 \right\},$$

$$\vec{x}_{22}(u^i) = \left\{ -\sqrt{\frac{1}{a_1}} \cdot \cos u^1 \cos u^2, -\sqrt{\frac{1}{a_2}} \cdot \cos u^1 \sin u^2, 0 \right\},$$

$$L_{11}(u^i) =$$

$$= \det \begin{bmatrix} -\cos u^1 \cos u^2 & -\sin u^1 \cos u^2 & -\sin u^2 \\ -\cos u^1 \sin u^2 & -\sin u^1 \sin u^2 & \cos u^2 \\ -\sin u^1 & \cos u^1 & 0 \end{bmatrix} \sqrt{\frac{1}{a_1}\frac{1}{a_2}\frac{1}{a_3}} \cdot \frac{\cos u^1}{\sqrt{g(u^i)}} =$$

$$= \sqrt{\frac{1}{a_1}\frac{1}{a_2}\frac{1}{a_3}} \frac{\cos u^1}{\sqrt{g(u^i)}},$$

und analog

$$L_{12}(u^i) = 0, \quad L_{22}(u^i) = \sqrt{\frac{1}{a_1}\frac{1}{a_2}\frac{1}{a_3}} \cdot \frac{\cos^3 u^1}{\sqrt{g(u^i)}}.$$

(2)   Beim einschaligen Hyperboloid gehen wir wieder aus von der Parameterdarstellung in 3.9.3 (a) (2) und erhalten wie in (1)

$$L_{11}(u^i) = -\cosh u^1 \cdot \frac{\sqrt{\dfrac{1}{a_1}\,\dfrac{1}{a_3}\,\dfrac{-1}{a_3}}}{\sqrt{g(u^i)}}, \quad L_{12}(u^i) = 0 \text{ und}$$

$$L_{22}(u^i) = \frac{\sqrt{\dfrac{1}{a_1}\,\dfrac{1}{a_2}\,\dfrac{-1}{a_3}}}{\sqrt{g(u^i)}} \cdot \cosh^3 u^1.$$

(3) Beim zweischaligen Hyperboloid gehen wir wieder aus von der Parameterdarstellung in 3.9.3 (a) (3) und erhalten wie in (1)

$$L_{11}(u^i) = \frac{\pm\sqrt{\dfrac{1}{a_1}\,\dfrac{1}{a_2}\,\dfrac{-1}{a_3}}}{\sqrt{g(u^i)}} \cdot \sinh u^1, \quad L_{12}(u^i) = 0 \text{ und}$$

$$L_{22}(u^i) = \frac{\pm\sqrt{\dfrac{1}{a_1}\,\dfrac{1}{a_2}\,\dfrac{-1}{a_3}}}{\sqrt{g(u^i)}} \cdot \sinh^3 u^1.$$

(4) Beim elliptischen Paraboloid gehen wir wieder aus von der Parameterdarstellung in 3.9.3 (a) (4) und erhalten wie in (1)

$$L_{11}(u^i) = 2\,\frac{u^1\sqrt{\dfrac{1}{a_1}\,\dfrac{1}{a_2}}}{\sqrt{g(u^i)}}, \quad L_{12}(u^i) = 0$$

$$\text{und}\quad L_{22}(u^i) = \frac{2(u^1)^3\sqrt{\dfrac{1}{a_1}\,\dfrac{1}{a_2}}}{\sqrt{g(u^i)}}.$$

(5) Beim hyperbolischen Paraboloid gehen wir wieder aus von der Parameterdarstellung in 3.9.3 (a) (5) und erhalten wie in (1)

$$L_{11}(u^i) = 2\,\frac{\sqrt{\dfrac{1}{a_1}\,\dfrac{-1}{a_2}}}{\sqrt{g(u^i)}}, \quad L_{12}(u^i) = 0 \quad \text{und} \quad L_{22}(u^i) = -2\,\frac{\sqrt{\dfrac{1}{a_1}\,\dfrac{-1}{a_2}}}{\sqrt{g(u^i)}}.$$

(6) Beim elliptischen Zylinder gehen wir wieder aus von der
     Parameterdarstellung in 3.9.3 (a) (6) und erhalten wie in

$$L_{11}(u^i) = L_{12}(u^i) = 0 \quad \text{und} \quad L_{22}(u^i) = \frac{\sqrt{\dfrac{1}{a_1}\dfrac{1}{a_2}}}{\sqrt{g(u^i)}}.$$

(7) Beim hyperbolischen Zylinder gehen wir wieder aus von der
     Parameterdarstellung in 3.9.3 (a) (7) und erhalten wie in
     (1)

$$L_{11}(u^i) = L_{12}(u^i) = 0 \quad \text{und} \quad L_{22}(u^i) = \mp \frac{\sqrt{\dfrac{1}{a_1}\dfrac{-1}{a_2}}}{\sqrt{g(u^i)}}.$$

(8) Beim parabolischen Zylinder gehen wir wieder aus von der
     Parameterdarstellung in 3.9.3 (a) (8) und erhalten wie in

$$L_{11}(u^i) = \frac{2u^1}{\sqrt{a_1 g(u^i)}} \quad \text{und} \quad L_{12}(u^i) = L_{22}(u^i) = 0.$$

(9) Beim Kegel gehen wir wieder aus von der Parameterdarstel-
     lung in 3.9.3 (a) (9) und erhalten wie in

$$L_{11}(u^i) = L_{12} = 0 \quad \text{und} \quad L_{22}(u^i) = \frac{(u^1)^2\sqrt{\dfrac{1}{a_1}\dfrac{1}{a_2}}}{\sqrt{g(u^i)}}.$$

(b) Die zweiten Fundamentalgrößen für Regelflächen

Bei Regelflächen gehen wir wieder aus von der Parameterdarstellung in 3.9.3 (b) und erhalten

$$\vec{x}_{11} = \vec{y}'' + u^2\vec{z}'', \quad \vec{x}_{12} = \vec{z}', \quad \vec{x}_{22} = \vec{0},$$

$$L_{11}(u^i) = \vec{x}_{11}\cdot\frac{(\vec{x}_1\times\vec{x}_2)}{\sqrt{g(u^i)}}, \quad L_{12} = \vec{z}'\cdot\frac{(\vec{x}_1\times\vec{x}_2)}{\sqrt{g(u^i)}} \quad \text{und} \quad L_{22} = 0.$$

(c)   Die zweiten Fundamentalgrößen für Flächen impliziter Form

Bei Flächen impliziter Form gehen wir wieder aus von der Parameterdarstellung 3.9.3 (c) und erhalten

$$\vec{x}_{11} = \{0,0,f_{11}\}, \quad \vec{x}_{12} = \{0,0,f_{12}\}, \quad \vec{x}_{22} = \{0,0,f_{22}\},$$

$$L_{ik}(u^i) = \det \begin{bmatrix} 0 & 1 & 0 \\ 0 & 0 & 1 \\ f_{ik}(u^i) & f_1(u^i) & f_2(u^i) \end{bmatrix} \frac{1}{\sqrt{g(u^i)}}$$

$$= \frac{f_{ik}(u^i)}{\sqrt{1+(f_1(u^i))^2+(f_2(u^i))^2}} \qquad (i,k=1,2).$$

(d)   Die zweiten Fundamentalgrößen für Rotationsflächen

Bei Rotationsflächen gehen wir wieder aus von der Parameterdarstellung in 3.9.3 (d) und erhalten

$$\vec{x}_{11} = \{r''(u^1)\cos u^2, r''(u^1)\sin u^2, h''(u^1)\},$$

$$\vec{x}_{12} = \{-r'(u^1)\sin u^2, r'(u^1)\cos u^2, 0\},$$

$$\vec{x}_{22} = \{-r(u^1)\cos u^2, -r(u^1)\sin u^2, 0\},$$

$$L_{11}(u^i) =$$

$$= \det \begin{bmatrix} r''(u^1)\cos u^2 & r'(u^1)\cos u^2 & -\sin u^2 \\ r''(u^1)\sin u^2 & r'(u^1)\sin u^2 & \cos u^2 \\ h''(u^1) & h'(u^1) & 0 \end{bmatrix} \frac{1}{\sqrt{(r'(u^1))^2+(h'(u^1))^2}} =$$

$$= \frac{h''(u^1)r'(u^1)-h'(u^1)r''(u^1)}{\sqrt{(r'(u^1))^2+(h'(u^1))^2}} \quad \text{und analog } L_{12} = 0,$$

$$L_{22}(u^i) = \frac{h'(u^1)r(u^1)}{\sqrt{(r'(u^1))^2+(h'(u^1))^2}}.$$

(e)   Die zweiten Fundamentalgrößen für Schraubenflächen

Bei Schraubenflächen gehen wir wieder aus von der Parameterdarstellung in 3.9.3 (e) und erhalten

$$\vec{x}_{11}(u^i) = \{0,0,h''(u^1)\}, \quad \vec{x}_{12} = \{-\sin u^2, \cos u^2, 0\},$$

$$\vec{x}_{22} = \{-u^1 \cos u^2, -u^1 \sin u^2, 0\},$$

$$L_{11}(u^i) = \det \begin{bmatrix} 0 & \cos u^2 & -u^1 \sin u^2 \\ 0 & \sin u^2 & u^1 \cos u^2 \\ h''(u^1) & h'(u^1) & a \end{bmatrix} \frac{1}{\sqrt{g(u^i)}} = \frac{u^1 h''(u^1)}{\sqrt{g(u^i)}}$$

und analog

$$L_{12}(u^i) = \frac{-a}{\sqrt{g(u^i)}} , \quad L_{22}(u^i) = \frac{(u^1)^2 h'(u^1)}{\sqrt{g(u^i)}}.$$

3.12.4 Beispiel:

Es sei F eine Fläche, für deren Fundamentalgrößen gilt

$$g_{ii}(u^j) = g_{ii}(u^1) \quad (i=1,2) \qquad g_{ik}(u^j) = 0 \quad (i \neq k),$$

$$L_{ii}(u^j) = L_{ii}(u^1) \quad (i=1,2) \qquad L_{ik}(u^j) = 0 \quad (i \neq k),$$

wie etwa bei Rotationsflächen. Wir berechnen Normalkrümmung und geodätische Krümmung für Flächenkurven mit

$$u^1(t) := t, \quad u^2(t) := \varphi(t).$$

(1) Für die Normalkrümmung gilt

$$\kappa_n(t) = L_{ik}\dot{u}^i\dot{u}^k = \frac{L_{ik}u^{i'}u^{k'}}{g_{ik}u^{i'}u^{k'}} = \frac{L_{11}(t)+L_{22}(t)(\varphi'(t))^2}{g_{11}(t)+g_{22}(t)(\varphi'(t))^2}.$$

(2) Wegen

$$\dot{\vec{x}}(s) = \vec{x}_i \frac{du^i}{dt}\frac{dt}{ds}, \quad \ddot{\vec{x}}(s) = \vec{x}_{ik}\frac{du^i}{dt}\frac{du^k}{dt}\left[\frac{dt}{ds}\right]^2 + \vec{x}_i\left\{\frac{d^2u^i}{dt^2}\left[\frac{dt}{ds}\right]^2 + \frac{du^i}{dt}\frac{d^2t}{ds^2}\right\},$$

$$\vec{t} := \vec{N}\times\dot{\vec{x}} = \vec{N}\times\vec{x}_i \frac{du^i}{dt}\frac{dt}{ds} = -\vec{x}_i\times(\vec{x}_1\times\vec{x}_2)\frac{du^i}{dt}\frac{dt}{ds}\frac{1}{\sqrt{g}} =$$

$$= \frac{1}{\sqrt{g}}(\vec{x}_2 g_{11} - \vec{x}_1 g_{22}\varphi')\frac{dt}{ds},$$

$$A := (\vec{x}_{ik} \cdot \vec{t}) \frac{du^i}{dt} \frac{du^k}{dt} \left[\frac{dt}{ds}\right]^2 =$$

$$= (\vec{x}_{11} + 2\vec{x}_{12}\wp' + \vec{x}_{22}(\wp')^2) \cdot (\vec{x}_2 g_{11} - \vec{x}_1 g_{22}\wp') \left[\frac{dt}{ds}\right]^3 \frac{1}{\sqrt{g}}$$

und

$$B := \left[\vec{x}_2 \left[\frac{dt}{ds}\right]^2 \wp'' + (\vec{x}_1 + \vec{x}_2 \wp') \frac{d^2 t}{ds^2}\right] \cdot \vec{t} =$$

$$= \frac{1}{\sqrt{g}} \left[\wp'' g_{11} g_{22} \left[\frac{dt}{ds}\right]^2 + (-g_{11}g_{22} + g_{22}g_{11})\wp' \frac{d^2 t}{ds^2}\right] \frac{dt}{ds} = \sqrt{g}\,\wp'' \left[\frac{dt}{ds}\right]^3$$

gilt für die geodätische Krümmung

$$\kappa_g(t) = A+B = \frac{1}{\sqrt{g(t)} \cdot (g_{11}(t) + g_{22}(t)(\wp'(t))^2)^{3/2}} \cdot$$

$$\cdot \left[\left[\vec{x}_{11}(t) + 2x_{12}(t)\wp'(t) + \vec{x}_{22}(\wp'(t))^2\right]\right.$$

$$\cdot \left.\left[\vec{x}_2(t)g_{11}(t) - \vec{x}_1(t) - \vec{x}_1(t)g_{22}(t)\wp'(t)\right] + g(t)\wp''(t)\right].$$

Bei Flächenkurven, die auf einen beliebigen Parameter bezogen
sind, können wir die geodätische Krümmung wie folgt berechnen:

$$(3.84) \qquad \kappa_g(t) = \kappa(t) \cdot \vec{N}(u^i(t)) \cdot \vec{v}_3(t).$$

Wir erhalten (3.84) aus (3.81) und den Frenetschen Formeln.
Damit können wir den Typ CFOnSurfT um die Methode Geodesic-
Curvature ergänzen, mit der wir zum eingehenden Parameterwert T
die geodätische Krümmung $\kappa_g(T)$ berechnen und die wie folgt implementiert ist:

```
FUNCTION CFOnSurfT.GeodesicCurvature (T: EXTENDED): EXTENDED;
VAR V3,N : Vt3D;
    HC1  : EXTENDED;
BEGIN
  SurfNormal (T, N);
  BiNormalVt (T, V3);
  ScalarProductVt3D (N,V3, HC1);
  GeodesicCurvature := Curvature(T)*HC1;
END;
```

Wir ermitteln zunächst den Flächennormalenvektor und den Binormalenvektor zum Parameterwert T und dann die geodätische Krümmung $\kappa_g(t)$ gemäß (3.84).

3.13 Einige Bemerkungen zur Kontur von Flächen

Es ist gar nicht so einfach, den aus der Anschauung entnommenen Begriff der Kontur einer Fläche exakt zu definieren.

Die häufig zu findende Erklärung, daß die Kontur sichtbare von unsichtbaren Teilen einer Fläche trennt, bedeutet nur eine Verschiebung des Problems, da auch der Sichtbarkeitsbegriff der Anschauung entstammt.

Wir geben folgende Definition:

Ist C der Augpunkt, so ist ein Punkt P einer Fläche F genau dann *Konturpunkt*, wenn er die folgenden Bedingungen erfüllt:

(1): Der Sehstrahl zum Punkt P steht senkrecht auf dem Flächennormalenvektor $\vec{N}$ im Punkt P. Es gilt also

$$\overrightarrow{CP} \cdot \vec{N} = 0.$$

(2): Schneidet man F mit der Ebene E, die durch P geht und von $\overrightarrow{CP}$ und $\vec{N}$ aufgespannt wird, so verläuft die Schnittkurve in einer Umgebung von P nur auf einer Seite des Sehstrahls und hat dort außer P keine weiteren gemeinsamen Punkte mit ihm.

Das Skalarprodukt zwischen dem Richtungsvektor des jeweiligen Sehstrahls und dem jeweiligen Flächennormalenvektor hat also beim Durchlaufen der Schnittkurve einen Vorzeichenwechsel in P.

Unter der *Kontur* einer Fläche verstehen wir die Menge aller ihrer Konturpunkte.

Durch das Zeichnen der Kontur wirkt das Bild einer Fläche vollständiger. Der räumliche Eindruck wird verstärkt. Deshalb haben wir zu fast jeder Flächenklasse, die wir behandeln, einen Objekttyp zum Zeichnen der Kontur eingeführt.

Um eine Parameterdarstellung für die einzelnen Konturlinien zu gewinnen, haben wir stets nur die Bedingung (1) herangezogen, und beim Zeichnen der Linien haben wir darauf verzichtet, auch die Gültigkeit von (2) zu überprüfen, da dies sehr zeitaufwendig ist. Dadurch ist es möglich, daß neben den tatsächlichen Konturlinien auch eine Art "Sattellinien" gezeichnet werden, was jedoch äußerst selten ist und bei unseren Flächen nicht auftritt.

Wir betonen an dieser Stelle noch einmal, daß die Kontur einer Fläche von der Lage des Augpunktes abhängt. Objekte zum Zeichnen von Konturlinien dürfen in einem Progamm also erst dann initialisiert werden, wenn der Augpunkt wirklich festgelegt ist.

Abschließend erwähnen wir noch, daß sich unsere Definition von Kontur auf die Zentralprojektion bezieht. Sie läßt sich jedoch leicht auf die Parallelprojektion übertragen, indem man den Richtungsvektor $\overrightarrow{CP}$ des Sehstrahls durch den der Parallelprojektion zugrunde liegenden Projektionsrichtungsvektor ersetzt.

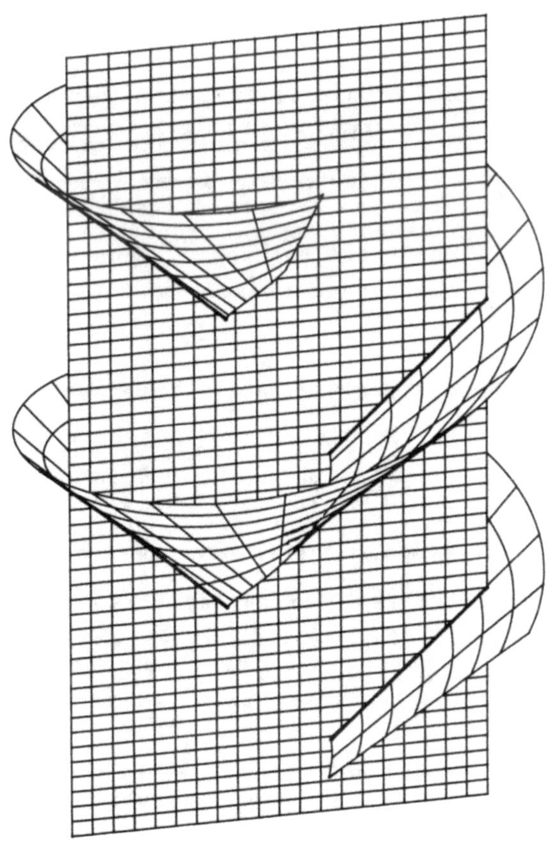

4. GEODÄTISCHE KRÜMMUNG UND GEODÄTISCHE LINIEN

Wir beschäftigen uns in diesem Kapitel - wie bereits angekündigt - mit einer genaueren Untersuchung der geodätischen Krümmung.

Von besonderem Interesse sind Flächenkurven mit identisch verschwindender geodätischer Krümmung, die sogenannten geodätischen Linien. Sie sind bei geeigneter Wahl der Parameter einer Fläche genau die Kurven kürzester Länge zwischen zwei Flächenpunkten. In diesem Sinne stellen sie die Verallgemeinerung von Geraden in der Ebene dar. Geodätische Linien spielen eine wichtige Rolle bei vielen technischen Problemen und in der Relativitätstheorie. Von großer Bedeutung in diesem Zusammenhang ist auch eine Übertragung des Parallelitätsbegriffs für Geraden auf beliebige Flächenkurven.

4.1 Die Christoffel-Symbole und die geodätische Krümmung als innergeometrische Größe

Wie wir in 3.12.2 gesehen haben, können wir die geodätische Krümmung einer Flächenkurve berechnen, wenn wir die formal eingeführten Größen r^i_{jk} kennen. Daher werden wir diese zunächst bestimmen.

Es sei $\vec{x}(u^i)$ eine Fläche mit metrischen Fundamentalgrößen g_{ik}. Mit (g^{lr}) bezeichnen wir die zu (g_{lr}) inverse Matrix. Die Grössen

$$[ikl] := \vec{x}_{ik} \cdot \vec{x}_l \quad \text{bzw.} \quad \left\{ {r \atop ik} \right\} := g^{lr}[ikl] \quad (i,k,r=1,2)$$

heißen *Christoffel-Symbole erster* bzw. *zweiter Art.*

Wir ergänzen zunächst den Typ SurfaceT aus der Unit USurface zur Berechnung der Größen $g^{ik}(u^j)$ um die Methoden G11Inverse, G12Inverse und G22Inverse. Bei ihrer Implementation haben wir ausgenutzt, daß

$$g^{ii}(u^j) = \frac{g_{kk}(u^j)}{g(u^j)} \quad \text{und} \quad g^{ik}(u^j) = -\frac{g_{ik}(u^j)}{g(u^j)} \quad (i,k=1,2;\ i \neq k).$$

Anschließend haben wir dem Typ auch noch die Methoden FirstChristoffelSymbol und SecondChristoffelSymbol zur Berechnung der Christoffel-Symbole erster und zweiter Art hinzugefügt. Mit den einghenden Parametern $Q = (u^1, u^2)$, I, K und L setzen wir

$$\mathrm{FirstChristoffelSymbol}\ (Q,I,K,L) := [ikl](u^1, u^2)$$

und

$$\mathrm{SecondChristoffelSymbol}\ (Q,I,K,L) := \left\{{i \atop kl}\right\}(u^1, u^2)\,.$$

Es gelten die folgenden Rechenregeln:

$$(4.1) \qquad [ikl] = [kil], \quad \left\{{r \atop ik}\right\} = \left\{{r \atop ki}\right\};$$

$$(4.2) \qquad [ikl] = \frac{1}{2}\left[\frac{\partial g_{il}}{\partial u^k} - \frac{\partial g_{ik}}{\partial u^l} + \frac{\partial g_{kl}}{\partial u^i}\right], \quad \frac{\partial g_{ik}}{\partial u^l} = [ilk]+[kli],$$

und für Parametertransformationen gilt

$$(4.3) \qquad \overline{g}^{kl} = g^{jm}\,\frac{\partial \overline{u}^k}{\partial u^j}\,\frac{\partial \overline{u}^l}{\partial u^m}\,,$$

$$\overline{[ikl]} = \left[[\alpha\beta\gamma]\,\frac{\partial u^\alpha}{\partial \overline{u}^i}\,\frac{\partial u^\beta}{\partial \overline{u}^k} + g_{\alpha\gamma}\,\frac{\partial^2 u^\alpha}{\partial \overline{u}^i\,\partial \overline{u}^k}\right]\frac{\partial u^\gamma}{\partial \overline{u}^l} \qquad \text{und}$$

$$\overline{\left\{{r \atop ik}\right\}} = \left[\left\{{\gamma \atop \alpha\beta}\right\}\frac{\partial u^\alpha}{\partial \overline{u}^i}\,\frac{\partial u^\beta}{\partial \overline{u}^k} + \frac{\partial^2 u^\gamma}{\partial \overline{u}^i\,\partial \overline{u}^k}\right]\frac{\partial \overline{u}^r}{\partial u^\gamma}.$$

Aus (4.2) folgt insbesondere für $i \neq k$

$$[iii] = \frac{1}{2}\,\frac{\partial g_{ii}}{\partial u^i},\quad [iik] = \frac{1}{2}\left[\frac{\partial g_{ik}}{\partial u^i} - \frac{\partial g_{ii}}{\partial u^k} + \frac{\partial g_{ik}}{\partial u^i}\right] = \frac{\partial g_{12}}{\partial u^i} - \frac{1}{2}\,\frac{\partial g_{ii}}{\partial u^k},$$

$$[iki] = [kii] = \frac{1}{2}\,\frac{\partial g_{ii}}{\partial u^k}$$

und weiter für $i \neq k$ (nicht summieren!)

$$\left\{{i \atop ii}\right\} = g^{1i}[ii1] = g^{ii}[iii]+g^{ik}[iik] =$$

$$= \frac{1}{g}\left[g_{kk}\,\frac{1}{2}\,\frac{\partial g_{ii}}{\partial u^i} - g_{12}\left[\frac{\partial g_{12}}{\partial u^i} - \frac{1}{2}\,\frac{\partial g_{ii}}{\partial u^k}\right]\right] =$$

$$= \frac{1}{2g}\left[g_{kk}\frac{\partial g_{ii}}{\partial u^i} + g_{12}\left[\frac{\partial g_{ii}}{\partial u^k} - 2\frac{\partial g_{12}}{\partial u^i}\right]\right],$$

$$\left\{{k \atop ii}\right\} = g^{lk}[iil] = g^{kk}[iik]+g^{ik}[iii] =$$

$$= \frac{1}{g}\left[g_{ii}\left[\frac{\partial g_{12}}{\partial u^i} - \frac{1}{2}\frac{\partial g_{ii}}{\partial u^k}\right]-g_{12}\frac{1}{2}\frac{\partial g_{ii}}{\partial u^i}\right] =$$

$$= \frac{1}{2g}\left[g_{ii}\left[2\frac{\partial g_{12}}{\partial u^i} - \frac{\partial g_{ii}}{\partial u^k}\right]-g_{12}\frac{\partial g_{ii}}{\partial u^i}\right] \text{ und}$$

$$\left\{{k \atop ik}\right\} = \left\{{k \atop ki}\right\} = g^{lk}[ikl] = g^{kk}[ikk]+g^{ik}[iki] =$$

$$= \frac{1}{g}\left[g_{ii}\frac{1}{2}\frac{\partial g_{kk}}{\partial u^i} - g_{12}\frac{1}{2}\frac{\partial g_{ii}}{\partial u^k}\right] = \frac{1}{2g}\left[g_{ii}\frac{\partial g_{kk}}{\partial u^i} - g_{12}\frac{\partial g_{ii}}{\partial u^k}\right].$$

Für orthogonale Koordinaten erhalten wir wegen $g_{12} = 0$ und $g = g_{11}g_{22}$ für $i \neq k$:

$$[iii] = \frac{1}{2}\frac{\partial g_{ii}}{\partial u^i}, \quad [iik] = -\frac{1}{2}\frac{\partial g_{ii}}{\partial u^k}, \quad [iki] = [kii] = \frac{1}{2}\frac{\partial g_{ii}}{\partial u^k},$$

$$\left\{{i \atop ii}\right\} = \frac{1}{2g_{ii}}\frac{\partial g_{ii}}{\partial u^i} = \frac{\partial}{\partial u^i}(\log\sqrt{g_{ii}}), \quad \left\{{k \atop ii}\right\} = -\frac{1}{2g_{kk}}\frac{\partial g_{ii}}{\partial u^k},$$

$$\left\{{k \atop ik}\right\} = \left\{{k \atop ki}\right\} = \frac{1}{2g_{kk}}\frac{\partial g_{kk}}{\partial u^i} = \frac{\partial}{\partial u^i}(\log\sqrt{g_{kk}}).$$

4.1.1 Beispiel: (a) Christoffel-Symbole für Flächen in impliziter Form

Zur Berechnung der Christoffel-Symbole für Flächen impliziter Form gehen wir wieder aus von der Parameterdarstellung in 3.9.3 (c) und erhalten mit 3.12.3 (c)

$$[ijk] = \vec{x}_{ij}\cdot\vec{x}_k = f_{ij}(u^m)f_k(u^m) \quad (i,j,k=1,2).$$

Wegen

$$g^{11} = \frac{g_{22}}{g} = \frac{1+f_2^2}{1+f_1^2+f_2^2}, \quad g^{12} = -\frac{g_{12}}{g} = \frac{-f_1 f_2}{1+f_1^2+f_2^2} \quad \text{und}$$

$$g^{22} = \frac{g_{11}}{g} = \frac{1+f_1^2}{1+f_1^2+f_2^2} \quad \text{ist}$$

$$\begin{Bmatrix} 1 \\ jk \end{Bmatrix} = g^{r1}[jkr] = \frac{1}{1+f_1^2+f_2^2}\left((1+f_2^2)f_{jk}f_1 - f_1 f_2 f_{jk} f_2\right) = \frac{f_1 f_{jk}}{1+f_1^2+f_2^2}$$

$$(j,k=1,2)$$

und analog

$$\begin{Bmatrix} 2 \\ jk \end{Bmatrix} = \frac{f_2 f_{jk}}{1+f_1^2+f_2^2} \quad (j,k=1,2),$$

also

$$\begin{Bmatrix} i \\ jk \end{Bmatrix} = \frac{f_i f_{jk}}{1+f_1^2+f_2^2} \quad (i,j,k=1,2).$$

(b) Christoffel-Symbole für Rotationsflächen

Zur Berechnung für Rotationsflächen gehen wir wieder aus von
der Parameterdarstellung in 3.9.3 (d) und beachten $g_{12} = 0$,

$$g_{ii} = g_{ii}(u^1), \text{ also } \frac{\partial g_{ii}}{\partial u^2} = 0. \text{ Es ergibt sich}$$

$$[111] = \frac{1}{2}\frac{\partial g_{11}}{\partial u^1} = r'(u^1)r''(u^1) + h'(u^1)h''(u^1),$$

$$[112] = -\frac{1}{2}\frac{\partial g_{11}}{\partial u^2} = 0, \quad [121] = [211] = \frac{1}{2}\frac{\partial g_{11}}{\partial u^2} = 0,$$

$$[222] = \frac{1}{2}\frac{\partial g_{22}}{\partial u^2} = 0, \quad [221] = -\frac{1}{2}\frac{\partial g_{22}}{\partial u^1} = -r(u^1)r'(u^1).$$

Wir haben gesehen, daß die Christoffel-Symbole nur von den ersten Fundamentalgrößen und deren Ableitungen abhängen. Grössen, die durch die g_{ik} allein - also durch Messungen in der Fläche - bestimmt sind, heißen *innergeometrische Größen*.

Zur Berechnung der geodätischen Krümmung multiplizieren wir die Zerlegung (3.83) der Vektoren $\vec{x}_{jk}$ skalar mit $\vec{x}_m$ und erhalten mit der Definition der Christoffel-Symbole erster und zweiter Art:

$$\Gamma^i_{jk} = \begin{Bmatrix} i \\ jk \end{Bmatrix} \quad (i,j,k=1,2).$$

Damit folgt:

4.1.2 Satz:

Ist $\vec{x}(u^i(s))$ eine auf ihre Bogenlänge bezogene Flächenkurve und

$$\epsilon_{mi} := \vec{N} \cdot (\vec{x}_m \times \vec{x}_i) \quad (m,i=1,2), \quad \text{d.h.}$$

$$\epsilon_{11} = \epsilon_{22} = 0 \quad \text{und} \quad \epsilon_{12} = -\epsilon_{21} = \|\vec{x}_1 \times \vec{x}_2\| = \sqrt{g},$$

so gilt für die geodätische Krümmung

$$(4.4) \qquad \kappa_g = \epsilon_{mi} \cdot \dot{u}^m \left\{ \ddot{u}^i + \begin{Bmatrix} i \\ jk \end{Bmatrix} \dot{u}^j \dot{u}^k \right\}.$$

Damit ist die geodätische Krümmung eine innergeometrische Grösse.

4.1.3 Beispiel: Geodätische Krümmung von Parameterlinien

(1) Es sei s_1 die Bogenlänge der u^1-Linie. Dann gilt nach (4.4) für die geodätische Krümmung κ_{g_1} der u^1-Linie wegen $u^2 = \text{const}$:

$$\kappa_{g_1} = \epsilon_{12} \dot{u}^1 \begin{Bmatrix} 2 \\ 11 \end{Bmatrix} (\dot{u}^1)^2 = \sqrt{g} \begin{Bmatrix} 2 \\ 11 \end{Bmatrix} (\dot{u}^1)^3$$

und wegen $\dot{u}^1 = \dfrac{1}{\sqrt{g_{11}}}$ also

$$\kappa_{g_1} = \frac{\sqrt{g}}{(g_{11})^{3/2}} \begin{Bmatrix} 2 \\ 11 \end{Bmatrix}.$$

(2) Es sei s_2 die Bogenlänge der u^2-Linie. Dann gilt nach (4.4) für die geodätische Krümmung κ_{g_2} der u^2-Linie wegen $u^1 = \text{const}$:

$$\kappa_{g_2} = \epsilon_{21}\dot{u}^2 \begin{Bmatrix} 1 \\ 22 \end{Bmatrix} (\dot{u}^2)^2 = -\sqrt{g}\begin{Bmatrix} 1 \\ 22 \end{Bmatrix}(\dot{u}^2)^3$$

und wegen $\dot{u}^2 = \dfrac{1}{\sqrt{g_{22}}}$ also

$$\kappa_{g_2} = -\frac{\sqrt{g}}{(g_{22})^{3/2}}\begin{Bmatrix} 1 \\ 22 \end{Bmatrix}.$$

(3) Sind die Parameter orthogonal, so erhalten wir wegen

$$g = g_{11}g_{22}, \quad \begin{Bmatrix} k \\ i i \end{Bmatrix} = -\frac{1}{2g_{kk}}\frac{\partial g_{ii}}{\partial u^k} \quad (i \neq k)$$

$$\kappa_{g_1} = \frac{\sqrt{g}}{(g_{11})^{3/2}}\begin{Bmatrix} 2 \\ 11 \end{Bmatrix} = \frac{\sqrt{g_{22}}}{g_{11}}\left[-\frac{1}{2g_{22}}\frac{\partial g_{11}}{\partial u^2}\right] = -\frac{1}{\sqrt{g_{22}}}\frac{1}{2g_{11}}\frac{\partial g_{11}}{\partial u^2}$$

und

$$\kappa_{g_2} = -\frac{\sqrt{g}}{(g_{22})^{3/2}}\begin{Bmatrix} 1 \\ 22 \end{Bmatrix} = \frac{\sqrt{g_{11}}}{g_{22}}\frac{1}{2g_{11}}\frac{\partial g_{22}}{\partial u^1} = \frac{1}{2\sqrt{g_{11}}}\frac{1}{g_{22}}\frac{\partial g_{22}}{\partial u^1}.$$

Wegen

$$\frac{d}{ds_2}\log\sqrt{g_{11}} = \frac{1}{2g_{11}}\frac{\partial g_{11}}{\partial u^2}\frac{du^2}{ds_2} = \frac{1}{2g_{11}}\frac{\partial g_{11}}{\partial u^2}\frac{1}{\sqrt{g_{22}}} \quad \text{und}$$

$$\frac{d}{ds_1}\log\sqrt{g_{22}} = \frac{1}{2g_{22}}\frac{\partial g_{22}}{\partial u^1}\frac{du^1}{ds_1} = \frac{1}{2g_{22}}\frac{\partial g_{22}}{\partial u^1}\frac{1}{\sqrt{g_{11}}}$$

folgt

$$\kappa_{g_1} = -\frac{d}{ds_2}\log\sqrt{g_{11}} \quad \text{und} \quad \kappa_{g_2} = \frac{d}{ds_1}\log\sqrt{g_{22}}.$$

(4)   Speziell für Rotationsflächen ist wegen $\begin{Bmatrix} 2 \\ 11 \end{Bmatrix} = 0$

$$\kappa_{g_1} = 0,$$

so daß die geodätische Krümmung der Meridiane verschwindet.

Für die geodätische Krümmung der Breitenkreise gilt

$$\kappa_{g_2} = \frac{1}{2\sqrt{g_{11}}} \frac{1}{g_{22}} \frac{\partial g_{22}}{\partial u^1}$$

und $\kappa_{g_2} \equiv 0$ genau dann, wenn $\dfrac{\partial g_{22}}{\partial u^1} = 0$, d.h. $r'(u^1) = 0$.

(5)   Satz von Liouville: Ist $\theta(s)$ der Winkel zwischen einer auf ihre Bogenlänge bezogenen Flächenkurve $\vec{x}(u^i(s))$ und der u^1-Linie einer Fläche mit orthogonalen Parametern, so gilt

$$\kappa_g = \frac{d\theta}{ds} + \kappa_{g_1}\cos\theta + \kappa_{g_2}\sin\theta.$$

Nach (3.80) gilt für die geodätische Krümmung einer auf ihre Bogenlänge bezogene Flächenkurve $\vec{x}(s) = \vec{x}(u^i(s))$:

$$\kappa_g = \ddot{\vec{x}} \cdot (\vec{N} \times \dot{\vec{x}}) = \vec{N} \cdot (\dot{\vec{x}} \times \ddot{\vec{x}}),$$

also mit den Vektoren $\vec{v}_k$ des begleitenden Dreibeins der Kurve

$$(4.5) \qquad \kappa_g = \kappa\vec{N} \cdot (\vec{v}_1 \times \vec{v}_2) = \kappa\vec{N} \cdot \vec{v}_3.$$

Das bedeutet:

4.1.4 Satz:

Die geodätische Krümmung κ_g einer Flächenkurve ist gleich ihrer Krümmung κ multipliziert mit dem Cosinus des Winkels zwischen der Schmiegebene der Kurve und der Tangentialebene der Fläche.

4.1.5 Beispiel:

(1)   Die geodätische Krümmung eines Breitenkreises auf der Kugel.

Für die Kugel mit Parameterdarstellung

$$\vec{x}(u^i) = \{r\cos u^1\cos u^2,\ r\cos u^1\sin u^2,\ r\sin u^1\}$$

$$((u^1,u^2) \in (-\tfrac{\pi}{2},\tfrac{\pi}{2}) \times (0,2\pi))$$

gilt offensichtlich

$$\vec{N} = -\ \vec{x}(u^i)\cdot\tfrac{1}{r}.$$

Die Krümmung des Breitenkreises zu $u^1=\alpha$ ist

$$\kappa = \frac{1}{r\cos\alpha},$$

und für den Binormalenvektor des Breitenkreises gilt:

$$\vec{v}_3 = \vec{e}_3.$$

Somit ist

$$\kappa_g = -\ \frac{1}{r\cos\alpha}\cdot\sin\alpha = -\ \tfrac{1}{r}\cdot\tan\alpha.$$

(2)   Eine Kurve konstanter geodätischer Krümmung auf der Kugel ist ein Kreis.

Wegen

$$\kappa_n = \vec{N}\cdot\ddot{\vec{x}} = -\tfrac{1}{r}\cdot\vec{x}\cdot\vec{x} = \tfrac{1}{r}$$

folgt aus κ_g = konstant auch κ = konstant. Weiter ist

$$\dot{\vec{N}} = -\tfrac{1}{r}\dot{\vec{x}} = -\frac{\vec{v}_1}{r},$$

so daß

$$0 = \dot{\kappa}_g = \kappa\cdot\vec{N}\cdot\vec{v}_3 = -\kappa\vec{N}\cdot\tau\vec{v}_2 = -\tfrac{\tau}{r},\ \text{d.h.}\ \tau = 0.$$

Damit ist die Kurve eben, also ein Kreis.

4.2 Geodätische Linien als Linien verschwindender geodätischer Krümmung

In der Ebene spielen die Kurven verschwindender Krümmung, die Geraden, eine ausgezeichnete Rolle. Bei Flächen nehmen Kurven verschwindender geodätischer Krümmung eine ähnlich wichtige Stellung ein:

Eine Flächenkurve $\vec{x}(u^i(t))$ mit $\kappa_g \equiv 0$ heißt *geodätische Linie*.

Es gilt

4.2.1 Satz:

Die geodätischen Linien einer Flächenkurve $\vec{x}(u^i(s))$ sind gekennzeichnet durch jede der beiden Relationen:

$$(4.6) \qquad \ddot{u}^i + \begin{Bmatrix} i \\ j\,k \end{Bmatrix} \dot{u}^j \dot{u}^k = 0 \qquad (i=1,2)$$

und

$$(4.7) \qquad \ddot{\vec{x}} \cdot (\vec{N} \times \dot{\vec{x}}) = 0.$$

4.2.2 Bemerkung:

(1) An Gleichung (4.6) erkennt man, daß die Eigenschaft, geodätische Linie zu sein, innergeometrischer Natur ist.

(2) Für $\ddot{\vec{x}} \neq \vec{0}$ besagt Gleichung (4.7): Die geodätischen Linien sind dadurch gekennzeichnet, daß ihre Schmiegebene die Flächennormale enthält.

Ein Programm zu Bemerkung 4.2.2 (2) schreiben wir im Anschluß an Beispiel 4.4.2.

Schließlich gilt noch

4.2.3 Satz:

Von jedem Punkt $\vec{x}(u^i_o)$ einer Fläche geht in jeder Flächenrichtung genau eine geodätische Linie aus.

4.2.4 Beispiel:

(1) Die geodätischen Linien einer Ebene sind genau die Geraden. Denn ist $\vec{x}(s)$ eine Kurve in der Ebene, so ist $\dot{\vec{x}} \perp \vec{N}$, also $\vec{a} := \dot{\vec{x}} \times \vec{N} \neq \vec{0}$. Da weiter $\vec{a} \perp \vec{N}$, $\vec{a} \perp \dot{\vec{x}}$ und $\ddot{\vec{x}} \perp \dot{\vec{x}}, \vec{N}$, folgt aus

(4.7): $\ddot{\vec{x}} \equiv 0$, d.h. $\vec{x}$ ist eine Gerade. Umgekehrt gilt für jede Gerade $\ddot{\vec{x}} = \vec{0}$ und damit (4.7).

(2) Die geodätischen Linien einer Kugelfläche sind genau die Großkreise, d.h. die Schnitte der Kugelfläche mit Ebenen durch den Mittelpunkt der Kugel. Denn ist $\vec{x}(s)$ eine geodätische Linie auf der Kugel vom Radius r, so ist $\vec{x}(s)$ nach Beispiel 4.1.5 (2) ein Kreis. Wegen $\kappa_g \equiv 0$ ist weiter $\kappa_n^2 = \kappa^2$. Da auf der Kugel gilt

$\vec{x} \cdot \vec{x} = r$, folgt $\vec{x} \cdot \dot{\vec{x}} = 0$ und $\ddot{\vec{x}} \cdot \vec{x} + \dot{\vec{x}} \cdot \dot{\vec{x}} = 0$, also $\ddot{\vec{x}} \cdot x = -1$.

Damit ist

$$\kappa_n = \vec{N} \cdot \ddot{\vec{x}} = -\frac{1}{r} \cdot \vec{x} \cdot \ddot{\vec{x}} = \frac{1}{r},$$

so daß der Kreis ein Großkreis ist.

Ist umgekehrt $\vec{x}(s)$ ein Großkreis, so folgt für die Krümmung $\kappa = \frac{1}{r}$ und damit $\kappa_g^2 = \kappa^2 - \kappa_n^2 = \frac{1}{r^2} - \frac{1}{r^2} = 0$, d.h. $\vec{x}(s)$ ist eine geodätische Linie.

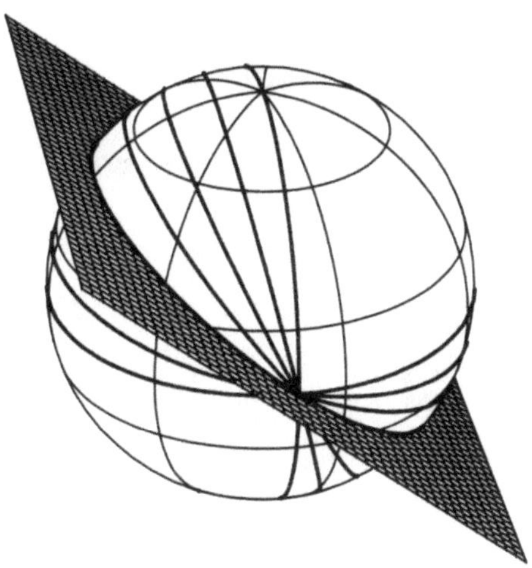

Mit dem Programm P4_01 zu Beispiel 4.2.4 (2) zeichnen wir eine Kugel, mehrere Großkreise und eine Großkreisebene.

Für die Großkreise verwenden wir den Objekttyp CircleOnPlT, den
wir bereits aus den Programmen P3_02 und P3_42 kennen.

Nach der Bereitstellung einiger Variablen und der Implementation der notwendigen Checkprozeduren schreiben wir folgende Prozedur Draw:

```
PROCEDURE Draw;
VAR ..........
BEGIN
  SphereRadius := 4;
  DefineIntervalPar(-PI/2,0,PI/2,2*PI, IU1U2Sph);
  Sph  .Init (IU1U2Sph,SphereRadius);
  SphUi.Init (FALSE,3,60,Col1,CheckSph,7,1,0,
              FALSE,3,60,Col1,CheckSph,5,1,1,TRUE,Sph);

  P12Fac := 1.3*SphereRadius;
  N2       := 4;
  NN       := 7;

  DefineIntervalPar (-P12Fac,-P12Fac,P12Fac,P12Fac, IU1U2P12);
  DirectionVt3D (TRUE,1,180,N2/NN*90,P1N);
  P10 := O3D;
  P12  .InitWV (IU1U2P12,P10,P1N,ZAxisU3D);
  P12Ui.Init    (FALSE,2,20,Col2,CheckP12,33,0,0,
                 FALSE,2,20,Col2,CheckP12,35,0,0,TRUE,P12);

  ConvexHullI3D (Sph.I3D,P12.I3D, WI3D);
  Parameter3D;

  SphC.Init (FALSE,3,60,Col1,CheckSphC,Sph);

  DefineInterval1D (0,2*PI, I1DCirc);
  CircleOnPl.InitWithMP00 (FALSE,4,80,Col3,I1DCirc,CheckCircOnP12,
                           P12,Sph.Radius);

  SphUi.DrawU1; SphUi.DrawU2; SphC.Draw;
  P12Ui.DrawU1; P12Ui.DrawU2;
  CircleOnPl.DrawFamily;

  FOR N := 0 TO NN DO BEGIN
    DirectionVt3D (TRUE,1,180,N/NN*90,P1N);
    P10 := O3D;
    IF (N < NN) THEN P11.InitWV (IU1U2P12,P10,P1N,ZAxisU3D)
                ELSE P11.InitWV (IU1U2P12,P10,P1N,YAxisU3D);

    CircleOnPl.InitWithMP00 (FALSE,4,80,Col4,I1DCirc,CheckSph,
                             P11,Sph.Radius);
    IF (N <> N2) THEN CircleOnPl.DrawFamily;
  END;
END;
```

Wir initialisieren zunächst die Instanzen Sph für die Kugel und
SphUi zum Zeichnen der Parameterlinien auf Sph.

Anschließend definieren wir die Ebene Pl2, so daß ihr Ursprung
im Mittelpunkt der Kugel liegt, sie also eine Großkreisebene
ist. Danach initialisieren wir das Objekt Pl2Ui, mit dem wir
Parameterlinien auf Pl2 zeichnen.

Nachdem wir das Weltintervall WI3D mittels der Prozedur Convex-
HullI3D festgelegt und Parameter3D aufgerufen haben, initiali-
sieren wir noch die Objekte SphC für die Kontur von Sph und
CircleOnPl für den in Pl2 liegenden Großkreis und zeichnen dann
durch den Aufruf der jeweiligen Zeichenmethoden die Kugel, die
Großkreisebene und den Großkreis.

In der anschließenden N-Schleife definieren wir die Ebene Pl1
jeweils als Großkreisebene. Die θ-Komponente ihres Normalenvektors PlN in Kugelkoordinaten gewinnen wir dabei aus einer äquidistanten Unterteilung des Intervalles $[0,\frac{\pi}{2}]$. Mit der Instanz
CircleOnPl zeichnen wir dann den Großkreis in Pl1.

Im Hauptprogramm müssen wir nach der Festlegung der Perspektive
und der Grafikinitialisierung nur die Prozedur Draw aufrufen.

4.2.5 Beispiel:
Geodätische Linien auf dem Kreiskegel

$$\vec{x}(u^i) = \left\{\sqrt{\tfrac{1}{a}}\cdot u^1\cos u^2, \sqrt{\tfrac{1}{a}}\cdot u^1\sin u^2, u^1\right\} \quad ((u^1,u^2)\in(0,\infty)\times(0,2\pi)).$$

Mit

$$g_{11}(u^i) = \frac{a+1}{a}, \quad g_{12}(u^i) = 0 \quad \text{und} \quad g_{22}(u^i) = \frac{(u^1)^2}{a}$$

ergibt sich

$$\begin{Bmatrix}1\\11\end{Bmatrix} = \begin{Bmatrix}1\\12\end{Bmatrix} = \begin{Bmatrix}1\\21\end{Bmatrix}=0, \quad \begin{Bmatrix}1\\22\end{Bmatrix} = \frac{-u^1}{a+1}, \quad \begin{Bmatrix}2\\11\end{Bmatrix}=\begin{Bmatrix}2\\22\end{Bmatrix} = 0 \quad \text{und}$$

$$\begin{Bmatrix}2\\12\end{Bmatrix} = \begin{Bmatrix}2\\21\end{Bmatrix} = \frac{1}{u^1},$$

so daß die Gleichungen (4.6) zu

$$(4.8) \qquad \ddot{u}^1-\frac{u^1}{a+1}(\dot{u}^2)^2 = 0 \quad \text{und}$$

$$(4.9) \qquad \ddot{u}^2 + \frac{2}{u^1} \cdot \dot{u}^1 \dot{u}^2 = 0$$

werden.

Aus (4.9) erhalten wir

$$\ddot{u}^2 (u^1)^2 + 2\dot{u}^2 \dot{u}^1 u^1 = \frac{d}{ds}(\dot{u}^2 (u^1)^2) = 0,$$

also

$$(4.10) \qquad \dot{u}^2 (s) = \frac{k}{(u^1(s))^2} \qquad \text{mit } k \in \mathbb{R} \text{ konstant.}$$

Ist $k=0$, so folgt - da s die Bogenlänge ist -

$$(\dot{u}^1)^2 = \frac{1}{g_{11}} = \frac{a}{a+1}$$

und mit $\alpha := \sqrt{\frac{a}{a+1}}$:

$$u^1 = \alpha s + \tilde{d} \qquad \text{für alle } s > \frac{\tilde{d}}{\alpha},$$

wobei $\tilde{d} \in \mathbb{R}$ eine Konstante ist. Wir erhalten also die Meridiane, welche nach Beispiel 4.1.3 (4) geodätische Linien sind.

Ist $k \neq 0$, so folgt aus (4.8) nach Multiplikation mit $\dot{u}^1$ und Einsetzen von (4.10)

$$\ddot{u}^1 \dot{u}^1 - \frac{1}{a+1} \frac{k^2}{(u^1)^3} \dot{u}^1 = \frac{1}{2}\frac{d}{ds}\left[(\dot{u}^1)^2 + \frac{k^2}{a+1} \frac{1}{(u^1)^2}\right] = 0,$$

also

$$(\dot{u}^1)^2 = \tilde{d} - \frac{k^2}{a+1} \frac{1}{(u^1)^2} \quad (\geq 0) \qquad \text{für konstantes } \tilde{k} > 0.$$

Daher ist

$$\frac{\dot{u}^1 u^1}{\sqrt{\tilde{d}(u^1)^2 - \frac{k^2}{a+1}}} = \pm 1$$

und nach Integration und Auflösen nach u^1:

$$u^1 = \sqrt{\tilde{d}(s+s_o)^2 + \frac{k^2}{\tilde{d}^2(a+1)}} \quad \text{für alle } s,$$

wobei $s_o \in \mathbb{R}$ eine Konstante ist.

Da s die Bogenlänge ist, folgt

$$1 = g_{11}(\dot{u}^1)^2 + g_{22}(\dot{u}^2)^2 = \frac{a+1}{a}\left[\tilde{d} - \frac{k^2}{a+1}\,\frac{1}{(u^1)^2}\right] + \frac{k^2}{a}\,\frac{1}{(u^1)^2}$$

und daher

$$\tilde{d} = \frac{a}{a+1} = \alpha^2.$$

Mit $\beta^2 := \dfrac{k^2}{a}$ erhalten wir also

$$(4.11) \qquad \left\{ \begin{aligned} u^1(s) &= \sqrt{\alpha^2(s+s_o)^2 + \beta^2} \\[2mm] u^2(s) &= \frac{k}{\alpha\beta}\cdot\arctan\!\left(\frac{\alpha}{\beta}(s+s_o)\right)+d \end{aligned} \right\} \quad \text{und}$$

für alle $s \in \mathbb{R}$, wobei $d \in \mathbb{R}$ eine Konstante ist.

Wir geben uns nun die folgenden Anfangsbedingungen vor:

$$u^1(0) := u^1_o > 0, \quad u^2(0) := u^2_o \quad \text{und } \theta_o, \text{ den Winkel zwischen}$$

geodätischer Linie und dem Breitenkreis zu u^1_o.

Aus $\dot{u}^2(0) = \dfrac{\cos\theta_o}{\sqrt{g_{22}(u^1_o)}}$ folgt

$$k = \sqrt{a}\cdot u^1_o\cos\theta_o \quad \text{und} \quad \beta^2 = (u^1_o)^2\cos^2\theta_o;$$

aus $\dot{u}^1_{\circ}(0) = \dfrac{\sin\theta_{\circ}}{\sqrt{g_{11}(u^1_{\circ})}}$ folgt $s_{\circ} := \dfrac{u^1_{\circ}\sin\theta_{\circ}}{\alpha}$

Da $\arctan x = -\arctan(-x)$ ist, können wir $\beta := u^1_{\circ}\cos\theta_{\circ}$ wählen und erhalten aus

$$u^2_{\circ} = \frac{k}{\alpha\beta}\cdot\arctan\frac{\alpha}{\beta}s_{\circ}+d$$

schließlich

$$d = u^2_{\circ}-\sqrt{a+1}\cdot\arctan(\tan\theta_{\circ}),$$

mit

$$\tilde{\theta}_{\circ} := \begin{cases} \theta_{\circ} & (\theta_{\circ}\in(-\frac{\pi}{2},\frac{\pi}{2})) \\[2ex] \theta_{\circ}-\pi & (\theta_{\circ}\in(\frac{\pi}{2},\frac{3}{2}\pi)) \end{cases}$$

Im Programm P4_02 zu Beispiel 4.2.5 führen wir zum Zeichnen geodätischer Linien auf einem Kreiskegel zunächst folgenden Typ GeodOnConeALT als ersten Erben von CFOnQST ein:

```
TYPE GeodOnConeALT = OBJECT (CFOnQST)
      U10,U20,Theta0,
      A,SqrtA,SqrtAplus1,
      Alpha,Beta,SqrBeta,
      K,S0,D                : EXTENDED;

      CONSTRUCTOR Init (WPInit: BOOLEAN;
                        IPInit,LLInit,ColInit: INTEGER;
                        I1DInit : Interval1D;
                        CheckInit: Check3D;
                        QSInit: QST;
                        U10Init,U20Init,Theta0Init: EXTENDED);
      FUNCTION TToU1 (T: EXTENDED): EXTENDED; VIRTUAL;
      FUNCTION TToU2 (T: EXTENDED): EXTENDED; VIRTUAL;
      END;
```

Hier sollen die Buchstaben "AL" (arc length) im Bezeichner daran erinnern, daß der Kurvenparameter die Bogenlänge ist.

Mit dem Konstruktor Init übergeben wir neben den üblichen Kurvendaten auch die Startwerte u^1_o, u^2_o und θ_o der geodätischen Linie. Gleichzeitig berechnen wir bei seinem Aufruf sämtliche in
(4.10) und (4.11) auftretenden Konstanten.

Neben der Einführung des neuen Konstruktors müssen wir dann nur
noch die Methoden TToU1 und TToU2 gemäß (4.10) und (4.11) neu
definieren.

Nach der Implementation der notwendigen Checkprozeduren schreiben wir folgende Prozedur Draw:

```
PROCEDURE Draw;
VAR .........
BEGIN
  DefineIntervalPar (0,0,5,2*PI, IU1U2QS);
  QS.Init    (IU1U2QS,9,0.75,0.75,0);
  QSUi.Init (FALSE,3,30,Col1,CheckQS,7,1,0,
             FALSE,3,60,Col1,CheckQS,5,1,0,TRUE,QS);

  WI3D      := QS.I3D;
  WI3D[2].Z := WI3D[2].Z+1;
  Parameter3D;

  QSC.Init (FALSE,3,50,Col1,CheckQSC,QS);

  QSUi.DrawU1; QSUi.DrawU2; QSC.Draw;

  DefineInterval1D (0,5, I1DGeod);
  U1OInit   := 1;
  Theta0Init := 20*PI/180;

  LL := 7;
  FOR L := 1 TO LL DO BEGIN
    U2OInit := L/LL*2*PI;
    Geod.Init (TRUE,5,40,Col2,I1DGeod,CheckQS,QS,
               U1OInit,U2OInit,Theta0Init);
    Geod.DrawFamily;
  END;
END;
```

Wir initialsieren die Instanz QS, so daß es einen Kreiskegel
darstellt (TypeNumber=9), und anschließend das Objekt QSUi zum
Zeichnen von Parameterlinien auf QS. Nachdem wir das Weltintervall WI3D festgelegt und Parameter3D aufgerufen haben, initialisieren wir noch das Objekt QSC für die Kontur von QS und
zeichnen dann den ganzen Kegel.

Anschließend legen wir das Parameterintervall I1DGeod und die Startwerte u^1_o und θ_o für die geodätischen Linien fest. In der L-Schleife ermitteln wir den Startwert u^2_o der jeweiligen geodätischen Linie durch eine äquidistante Unterteilung des Intervalles $[0,2\pi]$.

Danach initialisieren wir die Instanz Geod und zeichnen die geodätische Linie durch den Aufruf seiner Methode DrawFamily.

Im Hauptprogramm muß dann nach der Festlegung der Perspektive wie üblich nur noch die Prozedur Draw aufgerufen werden.

4.3 Geodätische Linien auf Flächen mit orthogonalen Parameterlinien

Im allgemeinen ist die Bestimmung geodätischer Linien als Lösung der Differentialgleichungen (4.6) explizit nicht möglich. Jedoch können sie bei Flächen mit orthogonalen Parameterlinien, deren metrische Fundamentalgrößen nur von einem Parameter abhängen, vollständig integriert werden.

Es sei also nun stets

$$g_{11}(u^i) = g_{11}(u^1), \quad g_{12}(u^i) = 0 \quad \text{und} \quad g_{22}(u^i) = g_{22}(u^1).$$

Für die Christoffel-Symbole 2. Art gilt dann

$$\left\{{1 \atop 11}\right\} = \frac{1}{2g_{11}}\frac{dg_{11}}{du^1}, \quad \left\{{1 \atop 12}\right\} = \left\{{1 \atop 21}\right\} = 0, \quad \left\{{1 \atop 22}\right\} = -\frac{1}{2g_{11}}\frac{dg_{22}}{du^1},$$

$$\left\{{2 \atop 11}\right\} = 0, \quad \left\{{2 \atop 12}\right\} = \left\{{2 \atop 21}\right\} = \frac{1}{2g_{22}}\frac{dg_{22}}{du^1} \quad \text{und} \quad \left\{{2 \atop 22}\right\} = 0.$$

Damit werden die Differentialgleichungen (4.6) zu

$$(4.12) \qquad \ddot{u}^1 + \frac{1}{2g_{11}}\frac{dg_{11}}{du^1}(\dot{u}^1)^2 - \frac{1}{2g_{11}}\frac{dg_{22}}{du^1}(\dot{u}^2)^2 = 0 \quad \text{und}$$

$$(4.13) \qquad \ddot{u}^2 + \frac{1}{g_{22}}\frac{dg_{22}}{du^1}\dot{u}^1\dot{u}^2 = 0.$$

Aus (4.13) folgt

$$g_{22}\ddot{u}^2 + \frac{dg_{22}}{du^1}\,\dot{u}^1\dot{u}^2 = \frac{d}{ds}(g_{22}\dot{u}^2) = 0, \quad \text{also}$$

$$g_{22}\dot{u}^2 = c \quad \text{mit einer Konstanten } c \in \mathbb{R}.$$

Andererseits gilt für den Winkel θ zwischen einer Flächenkurve $\vec{x}(u^1(s))$ und der u^2-Parameterlinie:

$$\cos\theta = \dot{u}^2\sqrt{g_{22}},$$

so daß

$$(4.14) \qquad \sqrt{g_{22}}\,\cos\theta = c = \text{const}.$$

(Dieses Ergebnis geht auf Clairaut zurück.)

Wir wollen hier ausnahmsweise den folgenden Satz auch beweisen:

4.3.1 Satz:

Erfüllen die metrischen Fundamentalgrößen g_{ik} einer Fläche $\vec{x}(u^i)$ die obigen Bedingungen, so gilt:

(1) Die u^1-Parameterlinien sind geodätische Linien (siehe Beispiel 4.1.3)

(2) Die u^2-Parameterlinien sind genau dann geodätische Linien, wenn

$$(4.15) \qquad \frac{dg_{22}}{du^1} = 0 \quad \text{(siehe Beispiel 4.1.3)}.$$

(3) Sind $c \in \mathbb{R}$ und $u^1_{\circ}$ so gewählt, daß $g_{22}(u^1_{\circ}) > c^2$, so ist eine Kurve $\vec{x}_c(u^1) = \vec{x}_c(u^1, u^2(u^1))$ in einer Umgebung von $u^1_{\circ}$ genau dann eine geodätische Linie, wenn

$$(4.16) \qquad u^2(u^1) - u^2_{\circ} = \pm c \int_{u^1_{\circ}}^{u^1} \frac{\sqrt{g_{11}(u)}}{\sqrt{g_{22}(u)}\,\sqrt{g_{22}(u) - c^2}}\, du.$$

Beweis: Wir müssen nur Teil (3) beweisen.

(i) Es sei $\vec{x}(u^1(s))$ eine geodätische Linie. Dann sind (4.12) und (4.13) erfüllt. Aus (4.13) folgt zunächst $g_{22}\dot{u}^2 = c$, und da s die Bogenlänge ist

$$1 = \|\dot{\vec{x}}\|^2 = g_{11}(\dot{u}^1)^2 + g_{22}(\dot{u}^2)^2 = g_{11}(\dot{u}^1) + \frac{c^2}{g_{22}}$$

also

$$(4.17) \qquad \dot{u}^1 = \pm\sqrt{\frac{g_{22}-c^2}{g_{11}g_{22}}}.$$

(Da $g_{22}(u^1_{\circ}) > c^2$ ist, gilt $g_{22}(u^1) > c^2$ in einer Umgebung von $u^1_{\circ}$.) Daraus erhalten wir mit $g_{22}\dot{u}^2 = c$:

$$\frac{du^2}{du^1} = \pm\frac{c}{g_{22}}\sqrt{\frac{g_{11}g_{22}}{g_{22}-c^2}} = \pm\frac{c}{\sqrt{g_{22}}}\frac{\sqrt{g_{11}}}{\sqrt{g_{22}-c^2}};$$

also folgt (4.16).

(ii) Es sei umgekehrt $\vec{x}_c(u^1, u^2(u^1))$ eine Kurve mit $u^2(u^1)$ aus (4.16). Dann gilt

$$\left\|\frac{d\vec{x}}{du^1}\right\|^2 = g_{11} + g_{22}\left[\frac{du^2}{du^1}\right]^2 = g_{11} + g_{22}\frac{c^2 g_{11}}{g_{22}(g_{22}-c^2)} = \frac{g_{11}g_{22}}{g_{22}-c^2},$$

so daß wir für die Bogenlänge s von $\vec{x}_c$

$$(4.18) \qquad s(u^1) = \int_{u^1_{\circ}}^{u^1}\frac{\sqrt{g_{11}g_{22}}}{\sqrt{g_{22}-c^2}}\,du$$

erhalten. Daraus folgt

$$(4.19) \quad \begin{cases} \left[\dfrac{du^1}{ds}\right]^2 = \dfrac{g_{22}-c^2}{g_{11}g_{22}} \quad \text{und} \\[4mm] \left[\dfrac{du^2}{ds}\right]^2 = \left[\dfrac{du^2}{du^1}\dfrac{du^1}{ds}\right]^2 = \dfrac{c^2 g_{11}}{g_{22}(g_{22}-c^2)}\,\dfrac{g_{22}-c^2}{g_{11}g_{22}} = \dfrac{c^2}{g_{22}^2}, \end{cases}$$

so daß

$$g_{22}\ddot{u}^2 + \frac{dg_{22}}{du^1}\,\dot{u}^1\dot{u}^2 = \frac{d}{ds}(g_{22}\dot{u}^2) = \frac{d}{ds}\left[\pm c\,\frac{g_{22}}{g_{22}}\right] = 0$$

und damit (4.13) erfüllt ist. Weiter ergibt sich mit (4.19)

$$2\ddot{u}^1\dot{u}^1 = \frac{d}{ds}(\dot{u}^1)^2 = \frac{g_{22}-c^2}{g_{22}}\,\frac{d}{ds}\left[\frac{1}{g_{11}}\right] + \frac{1}{g_{11}}\,\frac{d}{ds}\left[\frac{g_{22}-c^2}{g_{22}}\right] =$$

$$= -g_{11}(\dot{u}^1)^2\,\frac{1}{(g_{11})^2}\,\frac{dg_{11}}{du^1}\,\dot{u}^1 - \frac{c^2}{g_{11}}\,\frac{d}{ds}\left[\frac{1}{g_{22}}\right] =$$

$$= -\frac{1}{g_{11}}\,\frac{dg_{11}}{du^1}(\dot{u}^1)^2 + (\dot{u}^2)^2\cdot\frac{1}{g_{11}}\,\frac{dg_{22}}{du^1}\,\dot{u}^1,$$

so daß auch (4.12) erfüllt ist.

4.3.2 Bemerkung:

Sind die Anfangsbedingungen $u^1_{\circ}, u^2_{\circ}$ und $\theta_{\circ}$, der Winkel zwischen der geodätischen Linie und der u^2-Linie, gegeben, so können wir mit (4.14) zunächst c berechnen:

$$c = \sqrt{g_{22}(u^1_{\circ})}\,\cos\theta_{\circ}.$$

Wegen

$$\dot{u}^1 = \frac{\sin\theta_{\circ}}{\sqrt{g_{11}(u^1_{\circ})}}$$

muß das Vorzeichen in (4.17) mit dem von $\sin\theta_{\circ}$ übereinstimmen. Dies legt auch das Vorzeichen in (4.16) fest.

**4.3.3 Beispiel: Geodätische Linien auf einem allgemeinen
Zylinder**

Es seien $\vec{y}(u^1)$ $(u^1 \in I_1)$ eine Kurve in der $x^1 x^2$-Ebene und

$$\vec{x}(u^i) = \vec{y}(u^1) + u^2 \vec{e}^3 \quad ((u^1, u^2) \in I_1 \times I_2)$$

die Parameterdarstellung eines allgemeinen Zylinders. Wegen

$$\vec{x}_1(u^i) = \vec{y}\,'(u^1), \quad \vec{x}_2(u^i) = \vec{e}^3, \quad g_{11}(u^i) = (\vec{y}\,'(u^1))^2,$$

$$g_{12}(u^i) = 0 \text{ und } g_{22}(u^1) = 1$$

gilt nach Satz 4.3.1: Die u^1-Linien und die u^2-Linien sind geo-
dätische Linien. Ist $\theta_o \neq 0, \frac{\pi}{2}, \pi, \frac{3}{2}\pi$, so ergibt sich die geodätische Linie durch (u^1_o, u^2_o) zu

$$(4.20) \qquad u^2(u^1) = u^2_o + \frac{\cos\theta_o}{|\sin\theta_o|} \int_{u^1_o}^{u^1} \|\vec{y}\,'(u)\| \, du.$$

Bezeichnen wir mit $s(u^1)$ die Bogenlänge der Kurve $\vec{y}$ von u^1_o bis
u^1, so gilt also

$$u^2(u^1) = u^2_o + \frac{\cos\theta_o}{|\sin\theta_o|} \cdot s(u^1) \quad \text{für alle } u^1 \in I_1.$$

Wir führen nun zunächst für allgemeine Zylinder folgenden Typ
GenCylT als Erben von RulST ein:

```
TYPE  GenCylT = OBJECT (RulST)                       {UGenCyl}
         F1,F2,dF1,dF2,d2F1,d2F2,d3F1,d3F2: MapRToR;

         CONSTRUCTOR Init (IU1U2Init: IntervalPar;
                           EpsilonInit: EXTENDED;
                           NOfStepsInit,NOfIntvInit: INTEGER;
                           SkipNewtonInit: BOOLEAN;
                            F1Init,  F2Init,
                            dF1Init, dF2Init,
                            d2F1Init,d2F2Init,
                            d3F1Init,d3F2Init: MapRToR);
```

```
        FUNCTION   mF1    (U1:EXTENDED): EXTENDED;  VIRTUAL;
        FUNCTION   mdF1   (U1:EXTENDED): EXTENDED;  VIRTUAL;

        ..........

        PROCEDURE  mY     (U1: EXTENDED; VAR V: Vt3D); VIRTUAL;
        PROCEDURE  mZ     (U1: EXTENDED; VAR V: Vt3D); VIRTUAL;
        PROCEDURE  mdY    (U1: EXTENDED; VAR V: Vt3D); VIRTUAL;
        PROCEDURE  mdZ    (U1: EXTENDED; VAR V: Vt3D); VIRTUAL;

        ..........

        PROCEDURE  FindZerosOfF (I1D: Interval1D;
                                 VAR Zero: EXTENDED;
                                 VAR NoZero: INTEGER); VIRTUAL;
        PROCEDURE  SetLocal; VIRTUAL;
      END;
```

Wir gehen dabei ähnlich vor wie bei der Einführung des Typs
VKST in Abschnitt 3.4 und erklären daher nur die wesentlichen
Unterschiede.

Wir stellen die Direktrix eines allgemeinen Zylinders dar durch

$$\vec{y}(u^1) = \{f_1(u^1), f_2(u^1), 0\}$$

mit $f_1, f_2 \in C^3(I_1)$ und wählen für die Richtung der Erzeugenden

$$\vec{z}(u^1) = \vec{e}^3 \quad (u^1 \in I_1).$$

Für die Funktionen f_1 und f_2 und deren Ableitungen reservieren
wir die Datenfelder F1, F2, dF1, dF2 usw., die wir neben einigen anderen Daten mit dem Konstruktor Init einlesen können. Anschließend deklarieren wir für f_1, f_1' usw. die Methoden mF1,
mdF1 usw. Bei ihrer Implementation wird auf dieser Hierarchiestufe jeweils die Funktion aus dem entsprechenden Datenfeld
aufgerufen. Daneben müssen in diesem Typ nur noch die Methoden
mY, mZ, mdY, ..., FindZerosOfF und SetLocal neu geschrieben
werden.

Weiter führen wir in der Unit UGenCyl die Typen GenCylCT, Gen-
CylUiT, CFOnGenCylT und ISPlGenCylT für die Kontur, Parameter-
linien, allgemeine Kurven und den Schnitt mir einer Ebene ein.
Diese Typen und ihre Methoden erzeugen wir aus Kopien von
RulSCT, RulSUiT, CFOnRulST und ISPlRulST sowie deren Methoden,
wobei wir überall das Datenfeld RulS vom Typ RulST durch das
Datenfeld GenCyl vom Typ GenCylT ersetzen.

Zum Zeichnen von geodätischen Linien auf allgemeinen Zylindern
deklarieren wir den Typ

```
TYPE  GeodOnGenCylT = OBJECT (CFOnGenCylT)                  {UGenCyl}
         U10,U20,Theta0,CotTheta0,
         Epsilon,TOld,U2Old       : EXTENDED;
         NoPoint                  : BOOLEAN;

         CONSTRUCTOR Init (WPInit : BOOLEAN;
                           IPInit,LLInit,ColInit: INTEGER;
                           CheckInit: Check3D;
                           GenCylInit: GenCylT;
                           U10Init,U20Init,Theta0Init,
                           EpsilonInit: EXTENDED);

         FUNCTION TToU2(T:EXTENDED): EXTENDED; VIRTUAL;

         PROCEDURE IntegrateF (LowerBound,UpperBound : EXTENDED;
                           VAR IntF : EXTENDED;
                           VAR NoInt : INTEGER);  VIRTUAL;
         PROCEDURE SetLocal; VIRTUAL;

         PROCEDURE Visibility (P: Pt3D; PrRay: Line3D;
                           Dist:EXTENDED;
                           VAR Vis: BOOLEAN); VIRTUAL;
      END;
```

Die Datenfelder U10, U20, Theta0 und Epsilon sind für die
Startwerte u_o^1, u_o^2, θ_o und die Genauigkeit beim Integrieren vorgesehen. Sie werden zusätzlich zu den notwendigen Kurvendaten
mit dem Konstruktor Init eingelesen.

Da wir keine Spezialfälle und Vorzeichen diskutieren, muß
$\theta_o \in (0,\frac{\pi}{2})$ eingegeben werden. Beim Aufruf von Init wählen wir
ferner das Intervall I_1 der Fläche als Intervall für den Kurvenparameter und setzen die Hilfsvariablen TOld auf dessen
linken Rand, U2Old auf den Startwert U20 und CotTheta0=cotθ_o.

Zur Berechnung der Integrale aus (4.20) wenden wir unseren
Trick an. Wir deklarieren im Implementationsteil der Unit UGen-
Cyl die lokale Insanz LocalGenCylForGeod, mit deren Hilfe wir
die lokale Funktion LocalGeodOnGenCylF schreiben, so daß sie
dem Integranden in (4.20) entspricht.

Bei der Implementation der Methode IntegrateF übergeben wir
dann diese lokale Funktion an die Prozedur Integrate. Damit die
lokale Funktion auch mit den richtigen Daten arbeitet, muß zuvor jedoch die Methode SetLocal aufgerufen werden, die hier der

lokalen Instanz LocalGenCylForGeod einfach das Datenfeld GenCyl zuweist.

Wir können damit die Methode TToU2 implementieren:

```
FUNCTION GeodOnGenCylT.TToU2 (T: EXTENDED): EXTENDED;
VAR HC1   : EXTENDED;
    NoInt : INTEGER;
BEGIN
  IntegrateF (TOld,T, HC1,NoInt);
  HC1      := CotTheta0*HC1 + U2Old;
  TToU2    := HC1;
  NoPoint  := NOT GenCyl.InI2(HC1);
  TOld     := T;
  U2Old    := HC1;
END;
```

Wir berechnen zunächst den Wert HC1 des Integrals aus (4.20) in den Grenzen TOld bis T. Dabei ist TOld der Vorgänger des aktuellen Parameterwertes T. Wir multiplizieren dann HC1 mit $\cot\theta_0$, addieren den u^2-Wert U2Old des vorangegangenen Punktes und erhalten so den u^2-Wert zum aktuellen T.

Liegt dieser nicht im I_2-Intervall des allgemeinen Zylinders, so setzen wir NoPoint=TRUE, andernfalls NoPoint=FALSE.

Schließlich müssen wir noch für den nächsten Schritt die Größen TOld und U2Old neu besetzen.

Den Parameter NoPoint nutzen wir auf die übliche Art in der Visibility-Methode aus.

Mit dem Programm P4_03 zeichnen wir eine geodätische Linie auf einem allgemeinen Zylinder. Dazu initialisieren wir im Hauptprogramm nach der Festlegung der Perspektive zunächst die Instanz GenCyl vom Typ GenCylT. Die Implementation der darin eingehenden Funktionen F1Init, F2Init usw., die den allgemeinen Zylinder beschreiben, haben wir in einem Include-File vorgenommen. Für die Parameterlinien, die Kontur und die geodätische Linie initialisieren wir die Objekte GenCylUi, GenCylC und GeodOnGenCyl, von denen wir dann nur noch die Zeichenmethoden aufrufen müssen.

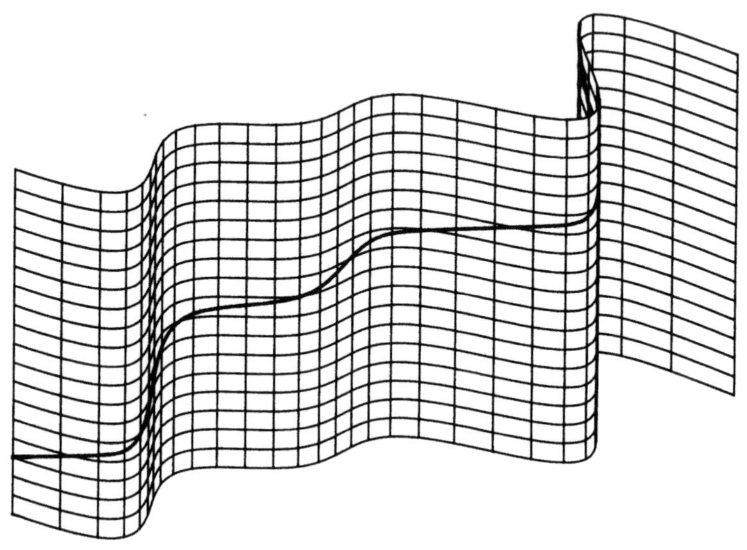

4.4 Asymptotisches Verhalten geodätischer Linien auf Rotationsflächen

Die Ergebnisse des vorangegangenen Abschnitts können zur qualitativen Diskussion des Verlaufs geodätischer Linien auf Rotationsflächen mit Parameterdarstellung

$$\vec{x}(u^i) = \{r(u^1)\cos u^2, r(u^1)\sin u^2, h(u^1)\} \quad ((u^1,u^2)\in I\times(0,2\pi))$$

herangezogen werden, denn wir wissen bereits aus Beispiel 3.9.3 (d):

$$g_{11}(u^i) = (r'(u^1))^2 + (h'(u^1))^2, \quad g_{12}(u^i) = 0 \text{ und}$$

$$g_{22}(u^i) = (r(u^1))^2.$$

Wir nehmen an, die geodätische Linie $\vec{x}_c$ starte in einem Punkt (u^1_o,u^2_o) und bilde dort mit der u^2-Parameterlinie – also dem Breitenkreis zu u^1_o – den Winkel θ_o, wobei wir uns bei den theoretischen Betrachtungen auf Winkel $\theta_o\in[0,\frac{\pi}{2}]$ beschränken. Nach Satz 4.3.1 gilt:

Für $\theta_0=\frac{\pi}{2}$ erhalten wir einen Meridian als geodätische Linie.

Für $\theta_0=0$ ist der Breitenkreis zu u_0^1 genau dann eine geodätische Linie, wenn

$$\frac{dg_{22}}{du^1}(u_0^1) = 2r(u_0^1)r'(u_0^1) = 0,$$

also wegen $r(u_0^1) \neq 0$ genau dann, wenn $r'(u_0^1) = 0$.

Für $\theta_0\in(0,\frac{\pi}{2})$ ist

$$0 < c = \sqrt{g_{22}(u_0^1)}\cdot\cos\theta_0 = r(u_0^1)\cos\theta_0 < r(u_0^1),$$

so daß $\vec{x}_c$ mindestens in einer Umgebung von u_0^1 existiert, und es gilt dort:

$$(4.21) \qquad u^2(u^1)-u_0^2 = c \int_{u_0^1}^{u^1} \frac{\sqrt{(r'(u))^2+(h'(u))^2}}{r(u)\sqrt{(r(u))^2-c^2}}\, du.$$

Es treten drei qualitativ verschiedene Verlaufsformen geodätischer Linien auf, wie die Diskussion des Integrals in (4.21) zeigen wird.

<u>1. Verlaufsform</u>

Ist $r(u^1) > c$ für alle $u^1 > u_0^1$, so existiert das Integral rechts in (4.21) für alle $u^1 > u_0^1$.

4.4.1 Beispiel:

Wir betrachen den Kreiszylinder mit Radius $r>0$ (siehe auch Beispiel 4.3.3). Hier ist $r(u^1) = r$ und $h(u^1) = u^1$.

Es sei $(u_0^1,u_0^2)\in I_1\times(0,2\pi)$ beliebig.

Für $\theta_0 := \frac{\pi}{2}$ erhalten wir den Meridian zu u^2_o als geodätische Linie.

Für $\theta_0 := 0$ erhalten wir wegen $r'(u^1_o) = 0$ den Breitenkreis zu u^1_o als geodätische Linie.

Für $\theta_0 \in (0, \frac{\pi}{2})$ ist $c = r(u^1_o) \cos\theta_0 < r(u^1_o) = r = r(u^1)$ für alle $u^1 > u^1_o$, so daß

$$c < r(u^1) \quad \text{für alle } u^1 > u_o$$

Es liegt also die erste Verlaufsform vor. Mit $c = r\cos\theta_0$ erhalten wir

$$(4.22) \qquad u^2(u^1) = u^2_o + c \int_{u^1_o}^{u^1} \frac{du}{r\sqrt{r^2 - c^2}} = u^2_o + \cot\theta_0 (u^1 - u^1_o)$$

$$(u^1 > u_o).$$

Im Programm P4_04, mit dem wir eine Schar geodätischer Linien auf einem Zylinder zeichnen, führen wir zunächst folgenden Typ GeodOnCylT als Erben von CFOnCylT ein:

```
TYPE GeodOnCylT = OBJECT (CFOnCylT)
      U10,U20,Theta0,C,SqrC,Fac : EXTENDED;

      CONSTRUCTOR Init (WPInit: BOOLEAN;
                        IPInit,LLInit,ColInit: INTEGER;
                        CheckInit: Check3D;
                        CylInit: CylinderT;
                        U10Init,U20Init,Theta0Init: EXTENDED);
      FUNCTION TToU2 (T: EXTENDED): EXTENDED; VIRTUAL;
      END;
```

Mit seinem Konstruktor Init lesen wir neben den üblichen Kurvendaten auch die Startwerte u^1_o, u^2_o und θ_0 ein, berechnen die in (4.22) auftretenden Konstanten und wählen das I_1-Intervall des Zylinders als Intervall des Kurvenparameters.

Daneben müssen wir die Methode TToU2 gemäß (4.22) neu implementieren.

Im Hauptprogramm zeichnen wir nach der Festlegung der Perspektive und der Initialisierung der notwendigen Objekte zunächst den Zylinder. In der N-Schleife initialisieren wir das Objekt GeodOnCyl jeweils mit einem anderen Startwinkel, den wir aus einer äquidistanten Unterteilung des Intervalles $[0,\frac{\pi}{2}]$ ermitteln, und zeichnen die geodätische Linie durch einen Aufruf von DrawFamily.

Gemeinsame Eigenschaften der zweiten und der dritten Verlaufsform

Ist nun $r(u^1) = c$ für ein $u^1 > u^1_o$, so setzen wir

$$(4.23) \qquad \hat{u}^1 := \inf\{u^1 > u^1_o : r(u^1) = c\};$$

also ist

$$r(\hat{u}^1) = c.$$

Wir untersuchen $\vec{x}_c(u^1)$ für $u^1 \to \hat{u}^1$, d.h. das uneigentliche Integral

$$(4.24) \qquad I(\hat{u}^1; c) := c \int_{u^1_o}^{\hat{u}^1} \frac{\sqrt{(r'(u))^2 + h'(u))^2}}{r(u)\sqrt{(r(u))^2 - c^2}} \, du.$$

Dazu nehmen wir an, daß

$$r \in C^{k+1} \quad \text{mit} \quad k := \min\{m \in \mathbb{N} : r^{(m)}(\hat{u}^1) \neq 0\}.$$

Nach der Taylor'schen Formel gilt dann

$$r(u^1) = c + \frac{r^{(k)}(\hat{u}^1)}{k!}(u^1 - \hat{u}^1)^k + o((u^1 - \hat{u}^1)^k) \quad (u^1 \to \hat{u}^1),$$

also

$$(4.25) \quad (r(u^1))^2 - c^2 = 2c \cdot \frac{r^{(k)}(\hat{u}^1)}{k!}(u^1 - \hat{u}^1)^k + o((u^1 - \hat{u}^1)^k) \quad (u^1 \to \hat{u}^1).$$

Wegen (4.25) existiert das uneigentliche Integral (4.24) genau dann, wenn $k := 1$.

Für den Tangentenvektor der geodätischen Linie gilt offensichtlich

$$\dot{\vec{x}}_c = \sin\theta \cdot \frac{\vec{x}_1}{\|\vec{x}_1\|} + \cos\theta \cdot \frac{\vec{x}_2}{\|\vec{x}_2\|} = \sqrt{1 - \frac{c^2}{(r(u^1))^2}} \, \frac{\vec{x}_1}{\|\vec{x}_1\|} + \frac{c}{r(u^1)} \, \frac{\vec{x}_2}{\|\vec{x}_2\|}$$

(wobei θ der Winkel zwischen dem jeweiligen Breitenkreis zu u^1 und $\dot{\vec{x}}_c$ ist). Daher folgt

$$(4.26) \qquad \dot{\vec{x}}_c \rightarrow \frac{\vec{x}_2}{\|\vec{x}_2\|} \quad (u^1 \rightarrow \hat{u}^1).$$

2. Verlaufsform

Es sei $k := 1$, also

$$r'(\hat{u}^1) \neq 0$$

Für $u^1 \rightarrow \hat{u}^1$ strebt u^2 einem festen Wert zu. Nach (4.26) tangiert $\dot{\vec{x}}_c$ den Breitenkreis zu $\hat{u}^1$, der selbst wegen $r'(\hat{u}^1) \neq 0$ keine geodätische Linie ist. Der weitere Verlauf von $\dot{\vec{x}}_c$ entspricht aus Symmetriegründen dem Verlauf vor dem Tangieren.

4.4.2 Beispiel: Geodätische Linien auf dem Kreiskegel (siehe Beispiel 4.2.5)

$$\vec{x}(u^i) = \left\{ \sqrt{\frac{1}{a}} \cdot u^1 \cos u^2, \; \sqrt{\frac{1}{a}} \cdot u^1 \sin u^2, \; u^1 \right\} \quad (u^1 < 0, \; u^2 \in (0, 2\pi)).$$

Es sei $(\overset{\circ}{u}{}^1, \overset{\circ}{u}{}^2) \in (-\infty, 0) \times (0, 2\pi)$ beliebig.

Für $\theta_0 := \frac{\pi}{2}$ erhalten wir den Meridian zu $\overset{\circ}{u}{}^2$ als geodätische Linie.

Für $\theta_0 := 0$ ist $r'(\overset{\circ}{u}{}^1) = \sqrt{\frac{1}{a}} \neq 0$, und der Breitenkreis zu $\overset{\circ}{u}{}^1$ ist keine geodätische Linie.

Für $\theta_0 \in (0, \frac{\pi}{2})$ ist

$$c = \cos\theta_0 \sqrt{g_{22}(u^1_o)} = \cos\theta_0 \cdot \frac{|u^1_o|}{\sqrt{a}} < \frac{|u^1_o|}{\sqrt{a}}$$

und für

$$\hat{u}^1 = -\cos\theta_0 |u^1_o| = \cos\theta_0\, u^1_o$$

ist $r'(\hat{u}^1) \neq 0$, so daß die zweite Verlaufsform vorliegt. Wir erhalten mit $\alpha := \sqrt{\frac{a+1}{a}}$:

$$u^2(u^1) = u^2_o + ac\alpha \int_{u^1_o}^{u^1} \frac{du}{|u|\sqrt{(u)^2 - ac^2}} = = u^2_o - ac\alpha \int_{u^1_o}^{u^1} \frac{du}{u\sqrt{(u)^2 - ac^2}} =$$

$$= u^2_o + \sqrt{a+1}\left[\arccos\frac{\sqrt{a}\,c}{u^1} - \arccos\frac{\sqrt{a}\,c}{u^1_o}\right] .$$

Wegen $\arccos(-x) = \pi - \arccos x$ ergibt sich damit unter Beachtung der Symmetrie

$$(4.27) \quad u^2_{1,2}(u^1) = u^2_o + \sqrt{a+1}\left[\theta_0 \pm \arccos\left[\cos\theta_0 \cdot \frac{u^1_o}{u^1}\right]\right] \quad (u^1 \in [u^1_o, \hat{u}^1]) .$$

Mit dem Programm P4_05 zeichnen wir eine Schar geodätischer Linien auf einem Kreiskegel. Da wir den Kegel wieder als Quadrik auffassen werden, deklarieren wir folgenden Typ GeodOnConeT für die geodätischen Linien als Erben von CFOnQST:

```
TYPE GeodOnConeT = OBJECT (CFOnQST)
     U10,U20,Theta0,SqrtAplus1,Fac,Branch : EXTENDED;

     CONSTRUCTOR Init (WPInit: BOOLEAN;
                       IPInit,LLInit,ColInit: INTEGER;
                       CheckInit: Check3D;
                       QSInit: QST;
                       U10Init,U20Init,Theta0Init: EXTENDED);
     FUNCTION TToU2 (T: EXTENDED): EXTENDED; VIRTUAL;
     PROCEDURE Draw;
     END;
```

Mit dem neuen Konstruktor Init lesen wir neben den üblichen Kurvendaten auch die Startwerte u^1_o, u^2_o und θ_o der geodätischen Linie ein. Ferner berechnen wir bei seinem Aufruf alle Konstanten aus (4.27) und legen das Intervall I1D für den Kurvenparameter wie folgt fest:

$$I1D := [u^1_o, \; u^1_o \cos\theta_o - \Delta].$$

Dabei haben wir $\Delta > 0$ empirisch so bestimmt, daß wir der Singularität des uneigentlichen Integrals ohne einen Programmabbruch genügend nahe kommen.

Die Methode TToU1 wird nicht neu geschrieben, d.h. es gilt

$$u^1(T) = T.$$

Bei der Neuimplementation der Methode TToU2 gemäß (4.27) drücken wir das doppelte Vorzeichen mit der Variablen Branch aus. Dabei steht Branch=1 für "+" und Branch=-1 für "-". In der Methode Draw rufen wir dann die Zeichenmethode DrawFamily jeweils einmal mit Branch=1 und Branch=-1 auf. Der weitere Aufbau von P4_05 entspricht genau dem von P4_04.

Wir stellen nun zunächst noch das bereits angekündigte Programm P4_06 zu Bemerkung 4.2.2 (2) vor, mit dem wir eine geodätische Linie auf einem Kegel und einem Punkt von ihr die Schmiegebene und den Flächennormalenvektor zeichnen.

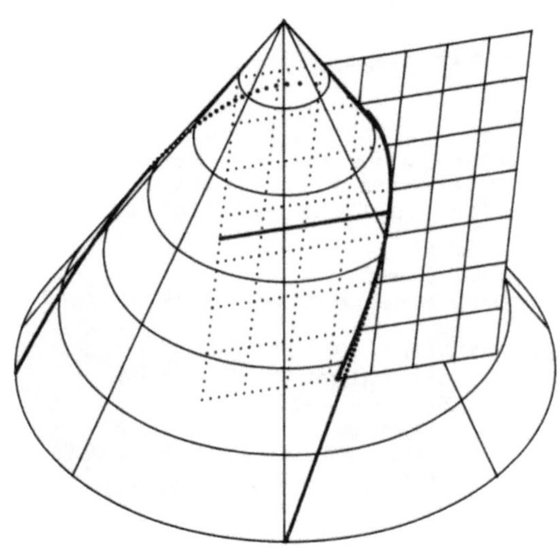

Zu Beginn des Programmes deklarieren wir wieder den Typ GeodOn-
ConeT, bei dem wir im Vergleich zu P4_05 einige weitere Hilfsgrößen eingeführt und zusätzlich die Methoden dU2dT und d2U2dT2
für die Ableitungen $u^{2'}(t)$ und $u^{2''}(t)$ neu implementiert haben.

Nach der Bereitstellung aller benötigten Checkprozeduren
schreiben wir folgende Prozedur Draw:

```
PROCEDURE Draw;
VAR ..........
BEGIN
  Theta0Init := 70*PI/180;
  FacT0      := 0.85;

  DefineIntervalPar (-2,0,0,2*PI, IU1U2QS);
  QS .Init (IU1U2QS,9,0.6,0.6,0);
  QSUi.Init (FALSE,3, 30,Col1,CheckQS,7,1,0,
             FALSE,3, 60,Col1,CheckQS,6,0,1,TRUE,QS);

  GeodOnCone.Init (TRUE,3,75,Col4,CheckQS,QS,
              QS.I1[1].X,QS.I2[1].X,Theta0Init);

  GeodOnCone.Branch := 1;
  T0 := GeodOnCone.I1D[1].X
        + FacT0*(GeodOnCone.I1D[2].X-GeodOnCone.I1D[1].X);
  GeodOnCone.TToP            (T0, P10);
  GeodOnCone.BinormalVt      (T0, P1N);
  GeodOnCone.PrincipalNormalVt (T0, P1Y);
  DefineIntervalPar (-0.75,-0.75,0.75,1, IU1U2P1);

  OsculatingPlane.InitWV (IU1U2P1,P10,P1N,P1Y);
  P1Ui.Init (TRUE,3,35,Col2,CheckP1,7,0,0,
             TRUE,3,35,Col2,CheckP1,7,0,0,TRUE,OsculatingPlane);

  ISP1QS.Init (FALSE,4,100,Col3,CheckIS,OsculatingPlane,QS);

  Q0.U1 := GeodOnCone.TToU1 (T0);
  Q0.U2 := GeodOnCone.TToU2 (T0);
  QS.ParToSurf  (Q0, P1);
  QS.SurfNormal (Q0, QSN);
  LinearCombinationVt3D (1,1,P1,QSN, P2);
  LnVt.InitWithTwoPoints (FALSE,0,1,Col5,Check3DTRUE,P1,P2);

  ConvexHullI3D (QS.I3D,OsculatingPlane.I3D, WI3D);
  Parameter3D;

  QSC.Init (FALSE,13,200,Col1,CheckQSC,QS);

  QSUi.DrawU1;  QSUi.DrawU2;  QSC.Draw;
  P1Ui.DrawU1;  P1Ui.DrawU2;
  ISP1QS.Draw;
  GeodOnCone.Draw;
  LnVt.DrawBetweenTwoPoints;
END;
```

Wir wählen zunächst den Startwinkel θ_o der geodätischen Linie und die Hilfsgröße FacT0. Anschließend initialisieren wir die Instanzen QS, QSUi und GeodOnCone für den Kegel und die Geodätische und legen den Kurvenparameterwert T0 fest, zu dem wir die Schmiegebene zeichnen wollen. Wir initialisieren dann die Instanz OsculatingPlane, so daß sie die Schmiegebene in T0 darstellt. Ihr Ursprung liegt dabei in dem zu T0 gehörenden Kurvenpunkt und ihre y-Achse zeigt in Richtung des Hauptnormalenvektors zu T0.

Danach definieren wir die Instanz LnVt vom Typ Line3DT, so daß wir mit ihr den im Kurvenpunkt zu T0 abgetragenen Flächennormalenvektor zeichnen können.

Nachdem wir das Weltintervall berechnet und Parameter3D aufgerufen haben, initialisieren wir noch die Objekte QSC für die Kontur des Kegels und ISP1QS für den Schnitt zwischen Schmiegebene und Kegel, und zeichnen dann die gesamte Anordnung durch den Aufruf der entsprechenden Zeichenmethoden.

Im Hauptprogramm müssen wir nach der Festlegung der Perspektive nur die Prozedur Draw aufrufen.

3. Verlaufsform

Es sei nun $k \geqslant 2$, also insbesondere

$$(4.28) \qquad\qquad r'(\hat{u}^1) = 0.$$

Für $u^1 \rightarrow \hat{u}^1$ strebt u^2 gegen Unendlich. Wegen (4.26) nähert sich $\vec{x}_c$ dem Breitenkreis zu $\hat{u}^1$, der jetzt wegen (4.28) selbst eine geodätische Linie ist. Wegen der Eindeutigkeit geodätischer Linien (siehe Satz 4.2.4) darf $\vec{x}_c$ den Breitenkreis zu $\hat{u}^1$ jedoch nicht berühren; letzterer ist eine "Asymptote" von $\vec{x}_c$.

4.4.3 Beispiel: Geodätische Linien auf dem Rotationsparaboloid

$$\vec{x}(u^i) := \{\frac{1}{\sqrt{a}}\cdot u^1\cos u^2, \frac{1}{\sqrt{a}}\cdot u^1\sin u^2, (u^1)^2\} \quad (u^1\in(-\infty,0),\ u^2\in(0,2\pi)).$$

Es sei $(u^1_o, u^2_o)\in(-\infty,0)\times(0,2\pi)$ beliebig.

Für $\theta_o:=\frac{\pi}{2}$ erhalten wir den Meridian zu u^2_o als geodätische Linie.

Für $\theta_0:=0$ ist $r'(u^1_o) = \sqrt{\frac{1}{a}} \neq 0$, und der Breitenkreis zu u^1_o ist keine geodätische Linie.

Für $\theta_0 \in (0,\frac{\pi}{2})$ ist

$$c = \cos\theta_0 \sqrt{g_{22}(u^1_o)} = \cos\theta_0 \frac{|u^1_o|}{\sqrt{a}} < \frac{|u^1_o|}{\sqrt{a}}$$

und für

$$\hat{u}^1 = -\cos\theta_0 \left| u^1_o \right| = \cos\theta_0 \, u^1_o$$

ist $r'(u^1) \neq 0$, so daß die zweite Verlaufsform vorliegt. Wir erhalten

$$u^2(u^1) = u^2_o + c \int\limits_{u^1_o}^{u^1} \frac{\sqrt{\frac{1}{a} + 4(u)^2}}{\frac{|u|}{\sqrt{a}} \sqrt{\frac{(u)^2}{a} - c^2}} \, du = u^2_o + c\sqrt{a} \int\limits_{u^1_o}^{u^1} \frac{\sqrt{1+4a(u)^2}}{|u| \sqrt{(u)^2 - ac^2}} \, du \ .$$

Mit $b^2 := ac^2 > 0$ und der Substitution $(u)^2 := x$ erhalten wir

$$I := \int\limits_{u^1_o}^{u^1} \frac{\sqrt{1+4a(u)^2}}{u \sqrt{(u)^2 - b^2}} \, du = \frac{1}{2} \int\limits_{(u^1_o)^2}^{(u^1)^2} \frac{\sqrt{1+4ax}}{x \sqrt{x - b^2}} \, dx \ .$$

Weiter ergibt sich mit der Substitution $y := \sqrt{\frac{1+4ax}{x-b^2}}$:

$$y^2(x-b^2) = 1+4ax, \quad x(y^2-4a) = 1+b^2 y^2,$$

$$x = \frac{1+b^2 y^2}{y^2-4a} \quad \text{und} \quad \frac{dx}{dy} = \frac{2b^2 y(y^2-4a) - 2y(1+b^2 y^2)}{(y^2-4a)^2} = -2y \frac{1+4ab^2}{(y^2-4a)^2}$$

also mit $y_0 := y((u^1_o)^2)$

$$I = \frac{1}{2} \int_{y_o}^{y_1} \frac{y(-2y)(1+4ab^2)}{(y^2-4a)^2} \cdot \frac{(y^2-4a)}{1+b^2y^2} \, dy =$$

$$= -(1+4ab^2) \int_{y_o}^{y_1} \frac{y^2}{(y^2-4a)(1+b^2y^2)} \, dy = -\left[4a \int_{y_o}^{y_1} \frac{dy}{y^2-4a} + \int_{y_o}^{y_1} \frac{dy}{1+b^2y^2} \right] =$$

$$= -\left[\sqrt{a}\left(\int_{y_o}^{y_1} \frac{dy}{y-2\sqrt{a}} - \int_{y_o}^{y_1} \frac{dy}{y+2\sqrt{a}} \right) + \frac{1}{b} \arctan by \Big|_{y_o}^{y_1} \right] =$$

$$= -\left[\sqrt{a}\cdot\log \frac{y-2\sqrt{a}}{y+2\sqrt{a}} \Big|_{y_o}^{y_1} + \frac{1}{\sqrt{ac}}\cdot \arctan(\sqrt{ac}\,y) \Big|_{y_o}^{y_1} \right].$$

Mit

$$k(u) := \sqrt{a}\cdot\log \frac{\sqrt{1+4a(u)^2}-2\sqrt{a}\sqrt{(u)^2-ac^2}}{\sqrt{1+4a(u)^2}+2\sqrt{a}\sqrt{(u)^2-ac^2}} + \frac{1}{\sqrt{ac}}\cdot \arctan \sqrt{ac}\sqrt{\frac{1+4a(u)^2}{(u)^2-ac^2}}$$

erhalten wir

$$u^2(u^1) = u^2_o + c\sqrt{a}(k(u^1)-k(u^1_o)) \quad \text{für } u^1 < u^1_o \cos\theta_o.$$

4.4.4 Beispiel: Geodätische Linie auf einschaligem Rotations hyperboloid

$$\vec{x}(u^i) = \left\{ \frac{1}{\sqrt{a}}\cdot\cosh u^1 \cos u^2, \frac{1}{\sqrt{a}}\cdot\cosh u^1 \sin u^2, \sqrt{-\frac{1}{a_3}}\cdot\sinh u^1 \right\}$$

$$(a_3 < 0; \; (u^1,u^2) \in \mathbb{R}\times(0,2\pi)).$$

Es sei $(u^1_o,u^2_o) \in (-\infty,0)\times(0,2\pi)$ beliebig.

Für

$$(4.29) \qquad \theta_0 := \arccos\left[\frac{1}{\cosh u_o^1}\right]$$

erhalten wir wegen $r(u^1) = \frac{1}{\sqrt{a}}\cdot\cosh u^1$

$$c = r(u_o^1)\cos\theta_0 = \frac{1}{\sqrt{a}}\cdot\cosh u_o^1\frac{1}{\cosh u_o^1} = \frac{1}{\sqrt{a}} \quad\text{und}\quad r(u^1) > c \text{ für alle}$$

$u^1 < 0$.

Weiter gilt für $\hat{u}^1 := 0$

$$r(\hat{u}^1) = c \quad\text{und}\quad r'(\hat{u}^1) = \frac{1}{\sqrt{a}}\cdot\sinh\hat{u}^1 = 0,$$

so daß die dritte Verlaufsform vorliegt. Wir erhalten mit

$\alpha := 1-\frac{a}{a_3} > 1$ (wegen $a_3 < 0$)

$$u^2(u^1) = u_o^2 + c\sqrt{a}\int_{u_o^1}^{u^1} \frac{\sqrt{\alpha\cosh^2 u-1}}{\cosh u\sqrt{\cosh^2 u-c^2 a}}\,du =$$

$$= u_o^2 - c\sqrt{a}\int_{u_o^1}^{u^1} \frac{\sqrt{\alpha\cosh^2 u-1}}{\cosh u\cdot\sinh u}\,du.$$

Mit der Substitution $x := \sqrt{\alpha\cosh^2 u-1}$ ist

$$\frac{dx}{du} = \frac{\alpha\sinh u\cdot\cosh u}{\sqrt{\alpha\cosh^2 u-1}}, \quad \cosh u = \sqrt{\frac{x^2+1}{\alpha}}, \quad \sinh u = -\sqrt{\frac{x^2+1-\alpha}{\alpha}} \quad\text{und}$$

$$I := \int \frac{\sqrt{\alpha\cosh^2 u - 1}}{\sinh u \cdot \cosh u}\, du = \alpha \int \frac{x^2\, dx}{(x^2+1)(x^2+1-\alpha)} = \int \frac{x^2}{x^2+1-\alpha}\, dx - \int \frac{x^2}{x^2+1}\, dx =$$

$$= (\alpha-1) \int \frac{dx}{x^2-(\alpha-1)} + \int \frac{dx}{x^2+1} = \sqrt{\alpha-1}\,\frac{1}{2}\left[\int \frac{dx}{x-\sqrt{\alpha-1}} - \int \frac{dx}{x+\sqrt{\alpha-1}}\right] + \arctan x =$$

$$= \frac{\sqrt{\alpha-1}}{2}\log\frac{x-\sqrt{\alpha-1}}{x+\sqrt{\alpha-1}} + \arctan x$$

etwa. Mit

$$k(u^1_o) := \frac{\sqrt{\alpha-1}}{2}\log\frac{\sqrt{\alpha\cosh^2 u^1_o - 1} - \sqrt{\alpha-1}}{\sqrt{\alpha\cosh^2 u^1_o - 1} + \sqrt{\alpha-1}} + \arctan\sqrt{\alpha\cosh^2 u^1_o - 1}$$

erhalten wir also

$$(4.30)\qquad u^2(u^1) = u^2_o - c\sqrt{a}\left[\frac{\sqrt{\alpha-1}}{2}\log\frac{\sqrt{\alpha\cosh^2 u^1 - 1} - \sqrt{\alpha-1}}{\sqrt{\alpha\cosh^2 u^1 - 1} + \sqrt{\alpha-1}} + \right.$$

$$\left. + \arctan\sqrt{\alpha\cosh^2 u^1 - 1} - k(u^1_o)\right] \quad \text{für } u^1 \langle 0.$$

Das Programm P4_07, mit dem wir eine geodätische Linie der dritten Verlaufsform auf einem Rotationshyperboloid zeichnen, entspricht in seinem Aufbau im wesentlichen den Programmen

P4_04 und P4_05. Der Startwinkel θ_o der geodätischen Linie wird hier jedoch nicht mehr mit dem Konstruktor Init des neuen Objekttyps GeodOnRotHypT eingelesen, sondern bei dessen Aufruf gemäß (4.29) aus u^1_o ermittelt.

Die Methode TToU2 wird entsprechend der Formel (4.30) implementiert, wobei alle dort auftretenden Konstanten im Konstruktor berechnet werden.

In der Methode Draw rufen wir zu zwei verschiedenen empirisch bestimmten Parameterintervallen die Methode DrawFamily auf.

Im Hauptprogramm zeichnen wir dann das Rotationshyperboloid und die geodätische Linie mit Hilfe der notwendigen Instanzen. Zusätzlich zeichnen wir den Breitenkreis, dem sich die geodätische Linie asymptotisch nähert. Dazu rufen wir vom Objekt QSEUi, welches wir geeignet initialisiert haben, nur die Zeichenmethode DrawU2 auf.

Wir beschreiben nun noch den in der Unit UCrvOnRS eingeführten Typ GeodOnRotST, mit dem wir in der Lage sind, geodätische Linien mit beliebigen Startpunkten $(u^1_o, u^2_o) \in I_1 \times I_2$ und beliebigen Startwinkeln $\theta_o \in (0, 2\pi)$ auf allgemeinen Rotationsflächen zu zeichnen.

Wir weichen bei der Erkärung der einzelnen Daten und Methoden von der bisher gewohnten Reihenfolge ab.

Bei der Implementation der Methode F haben wir gesetzt:

$$F(u^1) := (r(u^1))^2 - c^2,$$

sie entspricht also dem Radikanden im Nenner von (4.21).

Die Methoden dF, d2F und d3F enthalten die Ableitungen dieser Funktion bis zur dritten Ordnung.

Wir haben die Methoden G bzw. G1 gemäß den Integranden aus (4.21) bzw. (4.18) (Abschnitt 4.3) implementiert. Dabei haben wir bei der Implementation von G1 ausgenutzt, daß im Spezialfall eines Meridians c=0 gilt.

Mit den Methoden FindZerosOfF und FindZerosOfdF untersuchen wir, ob die Funktionen F und dF eine Nullstelle im Intervall I1DGeod haben.

Mit IntegrateG und IntegrateG1 integrieren wir die Funktionen G und G1 in den Grenzen LowerBound bis UpperBound.

Auch bei diesem Typ kommen wir um die Anwendung unseres Standardtricks nicht herum. Wir deklarieren dazu im Implementationsteil von UCrvOnRS die lokale Instanz LocalGeodOnRotS, mit deren Hilfe wir die lokalen Funktionen LocalGeodOnRotSF, LocalGeodOnRotSdF usw. schreiben. Sie werden dann in den oben aufgeführten Methoden an die Prozeduren FindZero bzw. Integrate übergeben. Zuvor ist jedoch stets die Methode SetLocal aufzurufen, die alle notwendigen Daten der sie aufrufenden Instanz an LocalGeodOnRotS überträgt.

Mit dem Konstruktor Init geben wir neben den notwendigen Kurvendaten auch die Startwerte u^1_o, u^2_o und θ_o ein. Dabei bedeuten die beiden Größen EpsilonIntInit und EpsilonZeroInit die Genauigkeit beim Integrieren und bei der Nullstellenbestimmung. Daneben werden bei seinem Aufruf fast alle in diesem Objekttyp deklarierten Datenfelder berechnet.

Im einzelnen setzen wir zunächst

$$ROfU10 \quad := \quad r(u_o^1),$$

$$IncreaseU1 \quad := \quad \begin{cases} TRUE & (0 \leq \theta_o \leq \pi) \\ FALSE & (\pi < \theta_o < 2\pi) \end{cases},$$

$$IncreaseU2 \quad := \quad \begin{cases} TRUE & (0 \leq \theta_o \leq \frac{\pi}{2} \quad oder \quad \frac{3}{2} \leq \theta_o < 2\pi) \\ FALSE & (\frac{\pi}{2} < \theta_o < \frac{3}{2}\pi) \end{cases},$$

$$SpecialCase \quad := \quad \begin{cases} TRUE & (\theta_o = 0, \frac{\pi}{2}, \pi, \frac{3}{2}\pi) \\ FALSE & (sonst) \end{cases},$$

$$U2\_LineGeod \quad := \quad \begin{cases} TRUE & (\theta_o = 0, \pi) \\ FALSE & (sonst) \end{cases},$$

$$C \quad := \quad \begin{cases} 0 & (SpecialCase = TRUE) \\ r(u_o^1)\cos\theta_o & (SpecialCase = FALSE) \end{cases},$$

$$SqrC := C^2.$$

Ist SpecialCase=TRUE, so setzen wir weiter NOfAsymptoticForm=1. Andernfalls müssen wir die Verlaufsform der geodätischen Linie aus den zur Verfügung stehenden Daten ermitteln. Wir bestimmen dazu im Fall IncreaseU1=TRUE die kleinste Nullstelle $\hat{u}^1 \in I :=$ $[u_o^1, RotS.I1[2].X]$ von F (vergleiche (4.23)) und im Falle IncreaseU1=FALSE die größte Nullstelle $\hat{u}^1 \in I := [RotS.I1[1].X, u_o^1]$ von F. Gibt es keine solche Nullstelle, so liegt die erste Verlaufsform vor; wir setzen NOfAsymptoticForm=1.

Im Fall IncreaseU1=TRUE gehen wir wie folgt vor: Wir setzen zunächst das Intervall I1DZero als das erste Teilintervall einer äquidistanten Partition von I. Die darauffolgende WHILE-Schleife wird solange durchlaufen, bis der Zähler Count$\geq$NOfIntv ist (dann haben wir das ganze Intervall I abgearbeitet) oder bis wir in einem Teilintervall mittels der Methode FindZerosOfF eine Nullstelle Zero von F gefunden haben.

Gilt F'(Zero) = 0, so setzen wir NOfAsymptoticForm=3, sonst NOfAsymptoticForm=2.

Damit wir beim Durchsuchen des Intervalles I keine Nullstellen von F überspringen, muß - wie immer - der Parameter NOfIntv hinreichend groß gewählt werden.

Nun kann es aber - insbesondere, wenn die dritte Verlaufsform vorliegt - durchaus vorkommen, daß F in I Nullstellen von geradzahliger Ordnung besitzt, die wir mit unserer Prozedur Find-Zero nicht finden können.

Aus diesem Grund durchsuchen wir, wenn wir in der ersten WHILE-Schleife keine Nullstelle von F finden, in einer zweiten WHILE-Schleife das Intervall I nach der kleinsten Nullstelle von F'. Finden wir eine solche Nullstelle Zero, für die auch F(Zero) = 0 gilt, so setzen wir NOfAsymptoticForm=3.

Ist NOfAsymptoticForm=1, so setzen wir für das Intervall I1DU1, welches wir später noch brauchen:

$$I1DU1 = I.$$

Andernfalls wählen wir

$$I1DU1 = \begin{cases} [U10, \text{ Zero}-\Delta] & (\text{IncreaseU1=TRUE}) \\ [\text{Zero}+\Delta, \text{ U10}] & (\text{IncreaseU1=FALSE}) \end{cases}$$

mit einem geeignet klein gewählten $\Delta > 0$. Das Intervall I1DU1 enthält die Grenzen, in denen sich der u^1-Parameter der Fläche beim Durchlaufen der geodätischen Linie maximal bewegen darf.

Im Fall IncreaseU1=FALSE gehen wir analog vor.

Da wir bei der zweiten Verlaufsform auch den Teil der Kurve nach der Berührung mit dem Breitenkreis zeichnen wollen, berechnen wir als nächstes die Länge DeltaU2 des Bildintervalles von I1DU1 unter der Abbildung u^2, d.h. wir setzen

$$\text{DeltaU2} := c \int_{\text{I1DU1}} G(u)\,du.$$

Weil wir die geodätische Linie auf ihre Bogenlänge beziehen wollen, berechnen wir dann - falls keine u^2-Linie vorliegt - die Länge TotalLength der ganzen Kurve, wenn u^1 das Intervall I1DU1 durchläuft, d.h. wir setzen

$$\text{TotalLength} := \int_{\text{I1DU1}} G1(u)\,du.$$

Liegt eine u^2-Linie vor (U2_LineGeod=TRUE), so haben wir

$$\text{TotalLength} := 2\pi r(u_o^1)$$

gewählt.

Anschließend definieren wir das Intervall I1D für den Kurvenparameter (Bogenlänge!) durch

$$\text{I1D} = [0, \text{TotalLength}],$$

berechnen die Schrittlänge DeltaS aus

$$\text{DeltaS} = \text{TotalLength/LL}$$

und setzen noch einige Hilfsgrößen.

Mit dem zweiten Konstruktor InitWithI1D geben wir zusätzlich ein Intervall ein, welches jetzt das Parameterintervall sein soll. Wir rufen in ihm zunächst den ersten Konstruktor Init auf, beschränken das eingehende Intervall I1DInit gegebenenfalls, so daß

$$\text{I1DInit} \subset [0, \text{TotalLength}],$$

und wählen dann I1D=I1DInit. Die Schrittlänge DeltaS ist hier gegeben durch

$$\text{DeltaS} = (\text{I1D}[2].\text{X}-\text{I1D}[1].\text{X})/\text{LL}.$$

In der Methode TToU1 setzen wir

$$\text{TToU1(T)} = \text{U10},$$

wenn eine u^2-Linie vorliegt. Andernfalls bestimmen wir u^1 aus der Bedingung

$$\left| T - \int_{u_o^1}^{u^1} G1(u)\,du \right| < \text{DeltaS} \cdot 10^{-3} \qquad \text{(IncreaseU1=TRUE)}$$

bzw.

$$\left| T - \int_{u^1}^{u_o^1} G1(u)\,du \right| < \text{DeltaS} \cdot 10^{-3} \qquad \text{(IncreaseU1=FALSE)}.$$

Dazu variieren wir in einer WHILE-Schleife die entsprechende Grenze des Integrals durch fortlaufene Halbierung des Intervalles I1DU1 solange, bis die Bedingung zum ersten Mal erfüllt ist, und geben das zugehörige u^1 aus. In der Methode TToU1 setzen wir auch die Hilfsgröße U1OfT, so daß stets gilt:

$$U1OfT = TToU1(T).$$

Als nächstes beschreiben wir die Methode TToU2. Ist Special-Case=TRUE, so wählen wir im Falle einer u^2-Linie (U2_LineGeod= TRUE) für die Hilfsgröße HC1 in Abhängigkeit des Parameters IncreaseU2:

$$HC1 = T/ROfU10 \quad bzw. \quad HC1 = (I1D[2].X-T)/ROfU10.$$

Liegt eine u^1-Linie vor, so setzen wir einfach

$$HC1 = U20.$$

Ist SpecialCase=FALSE, so ist der u^2-Parameter aus (4.21) zu ermitteln. Dabei greifen wir auf die Hilfsgröße U1OfT zurück, die in der Methode TToU1 bestimmt worden ist.

Wir müssen also TToU1 stets vor TToU2 aufrufen, sparen dadurch aber einen erneuten Aufruf von TToU1 in TToU2.

Wir berechnen zunächst das Integral aus (4.21) in den Grenzen U1Old und U1OfT und weisen seinen Wert der Variablen HC1 zu. Dabei ist U1Old der u^1-Wert des Vorgängerpunktes. Wir multiplizieren HC1 mit C und dem Vorzeichen aus (4.16) und addieren den so erhaltenen Wert zum u^2-Wert U2Old des Vorgängers. Anschliessend setzen wir die Größen U1Old und U2Old für den nächsten Schritt auf die aktuellen Werte. Durch Subtrahieren eines geeigneten Vielfachen von 2π verschieben wir den Wert HC1 in das Intervall $[0,2\pi]$ und haben dadurch den aktuellen u^2-Wert ermittelt.

Für die Sichtabfragen setzen wir die Variable NoPoint auf TRUE, wenn der aktuelle u^2-Wert nicht im Intervall I_2 der Rotationsfläche liegt, andernfalls auf FALSE.

In der Methode Draw rufen wir zum Zeichnen der geodätischen Linie im Falle NoGeod=FALSE zunächst die Methode DrawFamily auf. Da NoGeod nur dann auf TRUE gesetzt ist, wenn ein ungeeignetes Parameterintervall vorliegt, zeichnen wir also auch u^2-Linien ($\theta_o=0,\pi$), die keine geodätischen Linien sind ($r'(u^1) \neq 0$).

Liegt die zweite Verlaufsform vor, so zeichnen wir dann den
Teil der geodätischen Linie nach ihrer Berührung mit dem Breitenkreis zu $\hat{u}^1$. Dazu müssen wir vor dem erneuten Aufruf von
DrawFamily die Hilfsgrößen Branch, mit der wir das Zeichnen
dieses Zweigs steuern, auf zwei setzen und für den ersten Kurvenpunkt die Variable U2Old neu festlegen. Wir haben

$$U2Old = U20+2 \cdot DeltaS$$

zu wählen. (Beachte: DeltaS ist negativ, wenn IncreaseU2=FALSE
ist, d.h. wenn $\theta_O \in (\frac{\pi}{2}, \frac{3}{2}\pi)$.)

Die Methode Draw2 unterscheidet sich von der Methode Draw
alleine dadurch, daß wir bei Vorliegen der zweiten Verlaufsform
nur den Teil der Kurve vor der Berührung mit dem Breitenkreis
zeichnen.

In der Methode Visibility setzen wir Vis=FALSE, wenn NoPoint=
TRUE ist, und rufen sonst die Visibility-Methode von RotS auf.

Zum Testen des Typs GeodOnRotST haben wir die Programme P4_08
bis P4_10 geschrieben, die in ihrem Aufbau mit den Programmen
P4_04 bis P4_07 übereinstimmen.

Mit den Programmen P4_08 und P4_09 zeichnen wir jeweils eine
Schar geodätischer Linien auf den Rotationsflächen aus den
Include-Files IRotS2 und IRotS4. Dabei haben die Kurven der
beiden Scharen jeweils einen gemeinsamen Startpunkt (u^1_o, u^2_o)
aber unterschiedliche Startwinkel $\theta_O \in [0,2\pi)$. Wir lassen alle
Kurven soweit laufen, wie es auf der jeweiligen Fläche möglich
ist (I1D = [0,TotalLength]) und benutzen die Draw-Methode, um
bei der zweiten Verlaufsform auch den Kurventeil nach der Berührung des Breitenkreises zu zeichnen. Durch die Wahl von
WP=TRUE werden die unsichtbaren Teile der Kurven gepunktet.

Hier können wir dann sehr gut erkennen, daß der Kurvenparameter
die Bogenlänge ist, da alle Punkte einer Kurve auf der Fläche
denselben Abstand haben.

Im Programm P4_10 haben wir die Startwerte für zwei geodätische
Linien so gewählt, daß sich die dritte Verlaufsform ergibt.

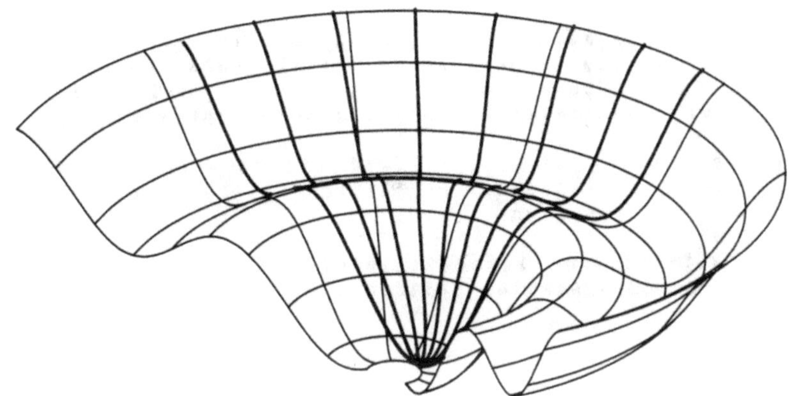

4.5 Die Extremaleigenschaft der geodätischen Linien

In der Ebene ist eine Gerade dadurch gekennzeichnet, daß sie
die kürzeste mögliche Verbindungslinie zwischen zweier ihrer
Punkte ist. Eine entsprechende Eigenschaft kennzeichnet die
geodätischen Linien auf Flächen.

4.5.1 Satz:

Die kürzeste Flächenkurve zwischen zwei Punkten einer Fläche
ist notwendig Stück einer geodätischen Linie.

Umgekehrt ist im allgemeinen eine geodätische Linie durch zwei
Flächenpunkte nicht unbedingt auch kürzeste Flächenkurve zwischen den beiden Punkten.

So ist, wie wir aus Beispiel 4.2.4 (2) wissen, ein Großkreis
auf einer Kugel eine geodätische Linie, aber Bögen, die größer
als ein Halbkreis sind, sind in diesem Fall sicher nicht die
kürzeste Verbindung ihrer Endpunkte.

Mit gewissen Einschränkungen gilt jedoch auch die Umkehrung von
Satz 4.5.1.

Eine Schar geodätischer Linien auf einer Fläche F heißt *geodätisches Feld* für einen Teil F' von F, wenn durch jeden Punkt
von F' genau eine dieser Linien einmal hindurchläuft.

4.5.2 Beispiel:

(1)   Jede Schar paralleler Geraden bildet ein geodätisches Feld
      für die gesamte Ebene; ebenso bildet jedes Büschel von Ge-
      raden einer Ebene durch einen Punkt P ein geodätisches
      Feld für jeden Teil der Ebene, der P nicht enthält.

(2)   Es gibt kein geodätisches Feld für die gesamte Kugelflä-
      che, weil sich je zwei geodätische Linien - also Großkrei-
      se - stets schneiden.

(3)   Die Mantellinien eines Zylinders bilden ein geodätisches
      Netz für den gesamten Zylinder.

4.5.3 Satz:

Ist ein geodätisches Kurvenstück Teil eines geodätischen Feldes, so ist es die kürzeste Verbindung seiner Endpunkte, die
innerhalb des Feldgebietes möglich ist.

4.6 Geodätische Parameter

Mit Hilfe eines geodätischen Feldes kann man Parameter $\bar{u}^i$ für
eine Fläche einführen, bezüglich der etwa die $\bar{u}^1$-Linien geodätische Linien sind und die $\bar{u}^2$-Linien diese senkrecht schneiden.
Solche Parameter heißen *geodätische Parameter*; sie sind der betreffenden Fläche besonders gut angepaßt.

Wir geben zunächst zwei Kriterien dafür, daß Parameterlinien
einer Fläche geodätische Linien sind:

4.6.1 Satz:
Die Parameterlinien $u^i = c$ einer Fläche sind genau dann geodätische Linien, wenn

$$\left\{ \begin{matrix} i \\ kk \end{matrix} \right\} = 0 \quad (k \neq i).$$

4.6.2 Satz:
Auf einer Fläche mit orthogonalen Parametern, d.h. mit $g_{12} = 0$,

sind die Parameterlinien $u^i = c$ genau dann geodätische Linien,

wenn g_{kk} nur von u^k abhängt ($k \neq i$).

Die metrischen Fundamentalgrößen einer auf geodätische Parameter bezogenen Fläche haben eine besonders einfache Gestalt:

4.6.3 Satz:

Ist eine Fläche auf geodätische Parameter bezogen, so können wir ohne Beschränkung der Allgemeinheit annehmen, daß

$$g_{11} = 1 \quad \text{und} \quad g_{12} = 0.$$

Schließlich gilt noch:

4.6.4 Satz:

Bei geodätischen Parametern u^i sind die u^2-Linien *geodätisch parallel*, d.h. die auf den u^1-Linien gemessenen Abstände zweier solcher u^2-Linien sind konstant.

4.6.5 Beispiel:

Für Rotationsflächen mit der Parameterdarstellung

$$\vec{x}(u^i) = \{r(u^1)\cos u^2, r(u^1)\sin u^2, h(u^1)\} \quad ((u^1,u^2)\in I\times(0,2\pi))$$

gilt

$$g_{11}(u^i) = (r'(u^1))^2+(h'(u^1))^2, \quad g_{12}(u^i) = 0 \quad \text{und}$$

$$g_{12}(u^i) = (r(u^1))^2.$$

Wegen $g_{12} = 0$ und $g_{11}(u^i) = g_{11}(u^1)$ sind die u^1-Linien - also die Meridiane - geodätische Linien. Die Parameter u^i sind daher geodätische Parameter.

4.6.6 Beispiel:

Auf einer Fläche mit metrischen Fundamentalgrößen

$$g_{11} = g_{11}(u^1), \quad g_{12} = 0 \quad \text{und} \quad g_{22} = g_{22}(u^1)$$

führen wir geodätische Koordinaten $\bar{u}^i$ wie folgt ein: Die $\bar{u}^1$-Linien sind die geodätischen Linien, die auf dem Breitenkreis zu u^1 mit dem Winkel $\theta_o\in(0,\frac{\pi}{2})$ starten, und die $\bar{u}^2$-Linien sind die orthogonalen Trajektorien dieser geodätischen Linien.

Nach Satz 4.3.1 gilt mit $c := \sqrt{g_{22}(u_o^1)} \cdot \cos\theta_o$ für die geodätischen Linien in einem geeigneten Intervall

$$\left\{\begin{aligned} u_1^1(t) &= t \\[2ex] u_1^2(t) &= c\int_{u_o^1}^{t} \frac{\sqrt{g_{11}(\tau)}}{\sqrt{g_{22}(\tau)}\,\sqrt{g_{22}(\tau)-c^2}}\,d\tau + u_o^2 \end{aligned}\right\}$$

Die orthogonalen Trajektorien $u_2^1(t) = t$, $u_2^2(t)$ berechnen wir
aus

$$g_{11} + g_{22}\,\frac{du_1^2}{dt}\,\frac{du_2^2}{dt} = 0,$$

das heißt, aus

$$\frac{du_2^2}{dt} = -\frac{1}{c}\sqrt{\frac{g_{11}(t)}{g_{22}(t)}}\,\sqrt{g_{22}(t)-c^2}.$$

Es ist also

$$u_2^2(t) = -\frac{1}{c}\int_{u_o^1}^{t} \frac{\sqrt{g_{11}(\tau)}}{\sqrt{g_{22}(\tau)}}\,\sqrt{g_{22}(\tau)-c^2}\,d\tau + u_o^2.$$

Zur Einführung unserer Parameter $\bar{u}^i$ gehen wir also von folgenden Kurvenscharen aus:

$$C_1:\ \left\{\begin{aligned} u^1(t) &= t \\[2ex] u^2(t) &= c\int_{u_o^1}^{t} \frac{\sqrt{g_{11}(\tau)}}{\sqrt{g_{22}(\tau)}\,\sqrt{g_{22}(\tau)-c^2}}\,d\tau + \bar{u}^2 \end{aligned}\right\} \quad \text{und}$$

$$C_2: \left\{ \begin{array}{l} u^1(t) = t \\[3ex] u^2(t) = -\frac{1}{c} \int\limits_{u^1_o}^{t} \sqrt{\frac{g_{11}(\tau)}{g_{22}(\tau)}} \; \sqrt{g_{22}(\tau) - c^2} \; d\tau + \bar{u}^1 \end{array} \right\}.$$

Daraus folgt

$$\bar{u}^1 - \bar{u}^2 = \wp(u^1) \; := \; \frac{1}{c} \int\limits_{u^1_o}^{u^1} \frac{\sqrt{g_{11}(u)\,g_{22}(u)}}{\sqrt{g_{22}(u) - c^2}} \; du.$$

Wegen $\wp'(u^1) \neq 0$ können wir - im Prinzip - die letzte Gleichung nach u^1 auflösen und erhalten eine Transformationsformel

$$u^1 = u^1(\bar{u}^1, \bar{u}^2)$$

und weiter etwa aus

$$u^2(u^1) = c \int\limits_{u^1_o}^{u^1} \frac{\sqrt{g_{11}(u)}}{\sqrt{g_{22}(u)} \; \sqrt{g_{22}(u) - c^2}} \; du + \bar{u}^2$$

die Transformationsformel

$$u^2 = u^2(\bar{u}^1, \bar{u}^2).$$

(a) Speziell für den Zylinder mit

$$\vec{x}(u^i) = \{r\cos u^2, r\sin u^2, u^1\} \quad (u^1 \in \mathbb{R}, \; u^2 \in (0, 2\pi))$$

erhalten wir wegen $g_{11} = 1$, $\quad g_{12} = 0\quad$ und $g_{22} = r^2$:

$$\bar{u}^1 - \bar{u}^2 = \wp(u^1) \; := \; \frac{1}{c} \int\limits_{u^1_o}^{u^1} \frac{r}{\sqrt{r^2 - c^2}} \; du = \frac{r}{c} \frac{u^1 - u^1_o}{\sqrt{r^2 - c^2}}$$

für alle $u^1 \in I := [u^1_o, \infty)$.

Damit ist

(4.31)
$$0 \leq \bar{u}^1 - \bar{u}^2 < \infty.$$

Die erste Transformationsformel lautet also

$$u^1(\bar{u}^i) = \frac{c\sqrt{r^2-c^2}}{r}(\bar{u}^1-\bar{u}^2)+u^1_o.$$

Weiter ist

$$u^2 = c\int_{u^1_o}^{u^1} \frac{du}{r\sqrt{r^2-c^2}} + \bar{u}^2 = \frac{c(u^1-u^1_o)}{r\sqrt{r^2-c^2}} + \bar{u}^2 \quad \text{für alle } u^1 \in I.$$

Wegen $0 \leq u^2 < \infty$ und $\bar{u}^2 = u^2 - \dfrac{c(u^1-u^1_o)}{r\sqrt{r^2-c^2}} \geq 0$ folgt mit (4.31):

(4.32)
$$0 \leq \bar{u}^2 \leq \bar{u}^1 < \infty.$$

Die beiden Transformationsformeln lauten also

(4.33) $\quad u^1(\bar{u}^i) = \dfrac{c\sqrt{r^2-c^2}}{r}(\bar{u}^1-\bar{u}^2)+u^1_o \quad$ und

(4.34) $\quad u^2(\bar{u}^i) = \dfrac{c^2}{r^2}(\bar{u}^1-\bar{u}^2)+\bar{u}^2 = \dfrac{1}{r^2}(c^2\bar{u}^1+(r^2-c^2)\bar{u}^2)$

für alle $\bar{u}^1, \bar{u}^2$ mit $0 \leq \bar{u}^2 \leq \bar{u}^1 \leq \infty$.

(b)   Speziell für den Kegel mit

$$\vec{x}(u^i) = \left\{\frac{u^1}{\sqrt{a}}\cdot\cos u^2, \frac{u^1}{\sqrt{a}}\cdot\sin u^2, u^1\right\} \quad (u^1 \in (-\infty,0), \ u^2 \in (0,2\pi))$$

erhalten wir wegen $g_{11} = \dfrac{a+1}{a}$, $\quad g_{12} = 0 \quad$ und $\quad g_{22} = \dfrac{(u^1)^2}{a}$:

$$\bar{u}^1 - \bar{u}^2 = \varphi(u^1) := \frac{1}{c} \frac{\sqrt{a+1}}{\sqrt{a}} \int_{u^1_o}^{u^1} \frac{|u|}{\sqrt{(u)^2 - ac^2}} \, du =$$

$$= - \frac{\sqrt{a+1}}{c\sqrt{a}} \left[\sqrt{(u^1)^2 - ac^2} - \sqrt{(u^1_o)^2 - ac^2} \right]$$

für $u^1 \in [u^1_o, u^1_o \cos\theta_o)$. (Es ist $u^1_o < 0$.)

Damit ist

$$(4.35) \qquad 0 \leq \bar{u}^1 - \bar{u}^2 < \frac{\sqrt{a+1}}{c\sqrt{a}} \sqrt{(u^1_o)^2 - ac^2} = \sqrt{a+1} \cdot \tan\theta_o .$$

Die erste Transformationsformel lautet

$$u^1(\bar{u}^i) = -c\sqrt{a} \sqrt{\left[\frac{\bar{u}^1 - \bar{u}^2}{\sqrt{a+1}} - \tan\theta_o \right]^2 + 1} .$$

Weiter ist

$$u^2 = c \int_{u^1_o}^{u^1} \frac{\sqrt{a+1}}{|u| \sqrt{\frac{(u)^2}{a} - c^2}} \, du + \bar{u}^2 =$$

$$= \sqrt{a+1} \left[\arccos\frac{\sqrt{a} \cdot c}{u^1} - \arccos(-\cos\theta_o) \right] + \bar{u}^2 =$$

$$= \sqrt{a+1} \left[\arccos\frac{\sqrt{a} \cdot c}{u^1} + \theta_o - \pi \right] + \bar{u}^2 .$$

Wegen $0 \leq u^2 < \sqrt{a+1} \cdot \theta_o + 2\pi$ und

$$\bar{u}^2 = u^2 - \sqrt{a+1} \left[\arccos\frac{\sqrt{a} \cdot c}{u^1} + \theta_o - \pi \right] \text{ ist}$$

$$(4.36) \qquad\qquad 0 \leq \bar{u}^2 < \sqrt{a+1} \cdot \theta_o + 2\pi .$$

Die beiden Transformationsformeln lauten also

$$u^1(\overline{u}^i) = -c\sqrt{a}\sqrt{\left[\frac{\overline{u}^1-\overline{u}^2}{\sqrt{a+1}} -\tan\theta_o\right]^2 +1} \quad \text{und}$$

$$u^2(\overline{u}^i) = \sqrt{a+1}\left[\arccos\left[-\left[\left[\frac{\overline{u}^1-\overline{u}^2}{\sqrt{a+1}} -\tan\theta_o\right]^2 +1\right]^{-1/2}\right]+\theta_o-\pi\right]+\overline{u}^2$$

für alle $\overline{u}^1, \overline{u}^2$, die die Bedingungen (4.35) und (4.36) erfüllen.

(c)   Speziell für das Rotationsparaboloid

$$\vec{x}(u^i) = \left\{\frac{u^1}{\sqrt{a}}\cdot\cos u^2, \frac{u^1}{\sqrt{a}}\cdot\sin u^2, (u^1)^2\right\} \quad (u^1\in(-\infty,0), \ u^2\in(0,2\pi))$$

erhalten wir wegen

$$g_{11} = \frac{1}{a} + 4(u^1)^2, \quad g_{12} = 0 \quad \text{und} \quad g_{22} = \frac{(u^1)^2}{a}:$$

$$\overline{u}^1-\overline{u}^2 = \varphi(u^1) := \frac{1}{c\sqrt{a}} \int_{u^1_o}^{u^1} \frac{\sqrt{1+4a(u)^2}\cdot|u|}{\sqrt{(u)^2-ac^2}} \, du.$$

Mit $b^2 := ac^2 > 0$ und der Substitution $(u)^2 := x$ erhalten
wir

$$I := \int_{u^1_o}^{u^1} \frac{\sqrt{1+4a(u)^2}\cdot u}{\sqrt{(u)^2-b^2}} \, du = \frac{1}{2} \int_{(u^1_o)^2}^{(u^1)^2} \frac{\sqrt{1+4ax}}{\sqrt{x-b^2}} \, dx.$$

Weiter ergibt sich mit der Substitution $y := \sqrt{\frac{1+4ax}{x-b^2}}:$

$$x = \frac{1+b^2 y^2}{y^2-4a} \quad \text{und} \quad \frac{dx}{dy} = -2y\frac{1+4ab^2}{(y^2-4a)^2},$$

also

$$I = - \int\limits_{y((u^1_o)^2)}^{y((u^1)^2)} \frac{y^2(1+4ab^2)}{(y^2-4a)^2} \, dy =$$

$$= (1+4ab^2)\left[\frac{y}{2(y^2-4a)} + \frac{1}{8\sqrt{a}} \log\frac{y+2\sqrt{a}}{y-2\sqrt{a}}\right]\Bigg|_{y((u^1_o)^2)}^{(y(u^1)^2)} .$$

Mit

$$\tilde{k}(u) = (1+4ab^2)\left[\frac{1}{2} \frac{\sqrt{1+4a(u)^2}\sqrt{(u)^2-b^2}}{1+4ab^2} + \right.$$

$$\left. + \frac{1}{8\sqrt{a}} \log \frac{\sqrt{1+4a(u)^2}+2\sqrt{a}\sqrt{(u)^2-b^2}}{\sqrt{1+4a(u)^2}-2\sqrt{a}\sqrt{(u)^2-b^2}}\right]$$

ist daher

$$\overline{u}^1-\overline{u}^2 = - \frac{1}{c\sqrt{a}}(\tilde{k}(u^1)-\tilde{k}(u^1_o)).$$

Dies kann nicht explizit nach u^1 aufgelöst werden!

Die geodätischen Linien sind nach Beispiel 4.4.3 gegeben durch

$$(4.37) \qquad \left\{\begin{array}{l} u^1(t) = t \\ u^2(t) = c\sqrt{a}(k(t)-k(u^1_o))+u^2_o \qquad u^1_o \leq t < u^1_o\cos\theta_o \end{array}\right\}.$$

Für die orthogonalen Trajektorien gilt wegen

$$-\frac{1}{c}\int_{u^1_o}^{t}\frac{\sqrt{g_{11}(\tau)}}{\sqrt{g_{22}(\tau)}}\cdot\sqrt{g_{22}(\tau)-c^2}\ d\tau = c\int_{u^1_o}^{t}\frac{\sqrt{g_{11}}}{\sqrt{g_{22}}\ \sqrt{g_{22}-c^2}}\ d\tau -$$

$$-\frac{1}{c}\int_{u^1_o}^{t}\frac{\sqrt{g_{11}g_{22}}}{\sqrt{g_{22}-c^2}} = c\sqrt{a}\,(k(t)-k(u^1_o))+\frac{1}{c\sqrt{a}}(\tilde{k}(u^1_o)-\tilde{k}(u^1_o)),$$

also

$$(4.38)\qquad \left\{ \begin{array}{l} u^1(t) = t \\[2ex] u^2(t) = c\sqrt{a}\,(k(t)-k(u^1_o)) + \dfrac{1}{c\sqrt{a}}(\tilde{k}(u^1_o)-\tilde{k}(u^1_o)) + u^2_o \\[2ex] \qquad\qquad\qquad u^1_o \leq t \leq u^1_o\cos\theta_o \end{array} \right\}$$

Mit dem Programm P4_11 zu Beispiel 4.6.6 (a) zeichnen wir Parameterlinien bezüglich geodätischer Parameter auf einem Zylinder.

Wir fassen die neuen Parameterlinien als spezielle Flächenkurven auf und deklarieren daher folgenden Typ GeodParOnCylT als
Erben von CFOnCylT:

```
TYPE GeodParOnCylT = OBJECT (CFOnCylT)
        U10,Theta0,C,SqrC,
        Fac1,Fac2,NewU1,NewU2    : EXTENDED;
        NNNewU1,NNNewU2          : INTEGER;
        NewU1Line                : BOOLEAN;

        CONSTRUCTOR Init (WPInit: BOOLEAN;
                          IPInit,LLInit,ColInit: INTEGER;
                          CheckInit: Check3D;
                          CylInit: CylinderT;
                          U10Init,Theta0Init: EXTENDED;
                          NNNewU1Init,NNNewU2Init:INTEGER);

        FUNCTION TToU1 (T: EXTENDED): EXTENDED; VIRTUAL;
        FUNCTION TToU2 (T: EXTENDED): EXTENDED; VIRTUAL;

        PROCEDURE DrawNewU1;
        PROCEDURE DrawNewU2;
    END;
```

Die Felder U10, Theta0, C und SqrC sind für die notwendigen Daten der geodätischen Linien reserviert. NewU1 bzw. NewU2 sehen wir für das längs einer $\overline{u}^2$-Linie konstante $\overline{u}^1$ bzw. für das längs einer $\overline{u}^1$-Linie konstante $\overline{u}^2$ vor. In NNNewU1 und NNNewU2 speichern wir die Anzahlen der zu zeichnenden Linien und in NewU1Line merken wir uns, ob wir gerade eine $\overline{u}^1$-Linie zeichnen (NewU1Line=TRUE) oder eine $\overline{u}^2$-Linie (NewU1Line=FALSE). Fac1 und und Fac2 sind weitere Hilfsgrößen.

Die Methoden TToU1 und TToU2 werden entsprechend (4.33) und (4.34) implementiert. Dabei ist zu beachten, daß im Falle New-U1Line=TRUE die Größe $\overline{u}^1$ dem laufenden T entspricht und im Falle NewU1Line=FALSE die Größe $\overline{u}^2$.

In der Methode DrawNewU1, mit der wir die $\overline{u}^1$-Linien zeichnen, setzen wir zunächst NewU1Line=TRUE, bestimmen dann in der N-Schleife das konstante NewU2 aus einer äquidistanten Partition eines geeignet gewählten Intervalles, wählen das Parameterintervall für die $\overline{u}^1$-Linie, so daß (4.32) erfüllt ist und rufen dann DrawFamily auf.

Analog ist die Methode DrawNewU2 für die $\overline{u}^2$-Linien implementiert.

Im Hauptprogramm zeichnen wir nach Festlegung der Perspektive mittels geeignet deklarierter und initialisierter Objekte einen Zylinder. Anschließend initialisieren wir das Objekt GeodParOn-Cyl vom Typ GeodParOnCylT und zeichnen durch den Aufruf seiner Methoden DrawNewU1 und DrawNewU2 geodätische Parameter.

Mit dem Programm P4_12 zeichnen wir Parameterlinien bezüglich geodätischer Parameter auf einem Rotationsparaboloid.

Wir fassen das Rotationsparaboloid als Quadrik (TypeNumber=4, a=b) auf und deklarieren daher den Typ GeodParOnRotParT als Erben von CFOnQST. Der Aufbau dieses Typs entspricht dem des Typs GeodParOnCylT aus Programm P4_11.

Zusätzlich enthält dieser neue Typ die Methoden K1 und K2, die den Funktionen $k(u^1)$ und $\tilde{k}(u^1)$ aus der Herleitung entsprechen.

Die Methode TToU1 muß nicht neu geschrieben werden. Bei der Neuimplementation der Methode TToU2 ist $u^2(t)$ aus (4.37) zu wählen, wenn NewU1Line=TRUE ist, sonst $u^2(t)$ aus (4.38). Der Rest des Programmes entspricht dem von P4_11.

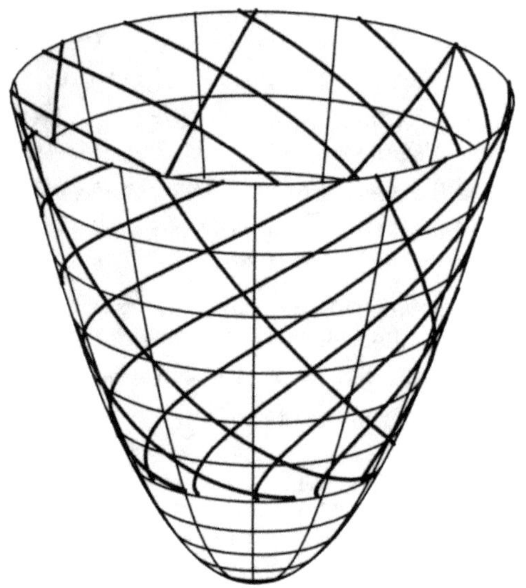

4.6.7 Bemerkung:

Ist die Parameterdarstellung $\vec{x}(u^i)$ auf geodätische Parameter bezogen, so gilt bezüglich der geodätischen Parameter u^{*i} mit

$$(4.39) \qquad u^{*1} := \int \sqrt{g_{11}(u^1)}\ du^1, \quad u^{*2} := u^2$$

$$g^*_{11} = 1, \quad g^*_{12} = 0 \quad \text{und} \quad g^*_{22} = g_{22}.$$

Beweis: Für die metrischen Fundamentalgrößen g_{ik} - bezogen auf die Parameter u^i - gilt wegen der Orthogonalität

$$(4.40) \qquad\qquad g_{12} = 0,$$

und da die u^1-Linien geodätische Linien sind, nach Satz 4.6.2

$$(4.41) \qquad\qquad g_{11} = g_{11}(u^1).$$

Wegen

$$\left[\frac{\partial(u^{*i})}{\partial(u^j)}\right] = \begin{vmatrix} \sqrt{g_{11}(u^1)} & 0 \\ 0 & 1 \end{vmatrix} = \sqrt{g_{11}(u^1)} \neq 0$$

ist die Parametertransformation (4.39) zulässig.

Mit (4.40) und (4.41) folgt weiter

$$g_{11}^* = g_{ik} \frac{\partial u^i}{\partial u^{*1}} \frac{\partial u^k}{\partial u^{*1}} = g_{11} \left[\frac{\partial u^1}{\partial u^{*1}}\right]^2 = g_{11} \frac{1}{(\sqrt{g_{11}})^2} = 1,$$

$$g_{12}^* = g_{ik} \frac{\partial u^i}{\partial u^{*1}} \frac{\partial u^k}{\partial u^{*2}} = g_{11} \frac{\partial u^1}{\partial u^{*1}} \frac{\partial u^1}{\partial u^{*2}} + g_{22} \frac{\partial u^2}{\partial u^{*1}} = 0 \qquad \text{und}$$

$$g_{22}^* = g_{ik} \frac{\partial u^i}{\partial u^{*2}} \frac{\partial u^k}{\partial u^{*2}} = g_{11} \left[\frac{\partial u^1}{\partial u^{*2}}\right]^2 + g_{22} \left[\frac{\partial u^2}{\partial u^{*2}}\right]^2 = g_{22}.$$

4.6.8 Beispiel:
Für die in Beispiel 4.6.6 eingeführten geodätischen Parameter $\bar{u}^j$ gelten die Transformationsformeln

$$u^1 = \varphi^{-1}(\bar{u}^1 - \bar{u}^2), \quad \text{wobei} \quad \varphi(u^1) := \frac{1}{c} \int_{u_0^1}^{u^1} \frac{\sqrt{g_{11}(u) g_{22}(u)}}{\sqrt{g_{22}(u) - c^2}} \, du$$

und

$$u^2 = u^2(u^1(\bar{u}^j)), \quad \text{wobei} \quad u^2(u^1) := c \int_{u_0^1}^{u^1} \frac{\sqrt{g_{11}(u)}}{\sqrt{g_{22}(u)} \sqrt{g_{22} - c^2}} \, du + \bar{u}^2.$$

Damit folgt

$$\frac{\partial u^1}{\partial \bar{u}^1} = \frac{1}{\dfrac{d\varphi}{du^1}(u^1(\bar{u}^j))} = \frac{c\sqrt{g_{22}(u^1(\bar{u}^j)) - c^2}}{\sqrt{g_{11}(u^1(\bar{u}^j)) g_{22}(u^1(\bar{u}^j))}}, \quad \frac{\partial u^1}{\partial \bar{u}^2} = -\frac{\partial u^1}{\partial \bar{u}^1},$$

$$\frac{\partial u^2}{\partial \bar{u}^1} = \frac{du^2}{du^1} \frac{\partial u^1}{\partial \bar{u}^1} = \frac{c^2}{g_{22}(u^1(\bar{u}^j))}, \quad \frac{\partial u^2}{\partial \bar{u}^2} = 1 - \frac{c^2}{g_{22}(u^1(\bar{u}^j))},$$

$$\bar{g}_{11} = g_{11}\left[\frac{\partial u^1}{\partial \bar{u}^1}\right]^2 + g_{22}\left[\frac{\partial u^2}{\partial \bar{u}^1}\right]^2 = \left[g_{11} + g_{22}\left[\frac{du^2}{du^1}\right]^2\right]\left[\frac{\partial u^1}{\partial \bar{u}^1}\right]^2 =$$

$$= \left[g_{11} + g_{22}\,\frac{c^2 g_{11}}{g_{22}(g_{22}-c^2)}\right]\frac{c^2(g_{22}-c^2)}{g_{11}g_{22}} = c^2,$$

$$\bar{g}_{12} = g_{11}\,\frac{\partial u^1}{\partial \bar{u}^1}\,\frac{\partial u^1}{\partial \bar{u}^2} + g_{22}\,\frac{\partial u^2}{\partial \bar{u}^1}\,\frac{\partial u^2}{\partial \bar{u}^2} = -\,\frac{c^2(g_{22}-c^2)}{g_{22}} + c^2\left[1-\frac{c^2}{g_{22}}\right] = 0$$

(das ist klar) und

$$\bar{g}_{22} = g_{11}\left[\frac{\partial u^1}{\partial \bar{u}^2}\right]^2 + g_{22}\left[\frac{\partial u^2}{\partial \bar{u}^2}\right]^2 = \frac{c^2(g_{22}-c^2)}{g_{22}} + \frac{(g_{22}-c^2)^2}{g_{22}} =$$

$$= g_{22}(u^1(\bar{u}^j)) - c^2.$$

Für die geodätischen Parameater u^{*i} aus Bemerkung 4.6.7 sind
dann die Transformationsformeln besonders einfach: Es ist

$$u^{*1} := \int\sqrt{\bar{g}_{11}(\bar{u}^1)}\;d\bar{u}^1 = c\cdot\bar{u}^1 \quad\text{und}\quad u^{*2} := u^2.$$

Für die Bogenlänge auf einer u^{*1}-Linie zwischen den beiden
u^{*2}-Linien zu $u^{*1} = c_1$ und $u^{*1} = c_2$ gilt wegen $\dfrac{du^{*2}}{dt} = 0$,

$\dfrac{du^{*1}}{dt} = 1$ und $g^*_{11} = 1$

$$\int_{c_1}^{c_2}\sqrt{g^*_{ik}\,\frac{du^{*i}}{dt}\,\frac{du^{*k}}{dt}}\;dt = \int_{c_1}^{c_2} dt = c_2 - c_1.$$

Damit haben wir ganz nebenbei Satz 4.6.4 bewiesen.

4.6.9 Beispiel:

(a) Für den Kreiszylinder ergibt sich wegen $g_{11} = 1$, $g_{12} = 0$ und $g_{22} = r^2$ nach Beispiel 4.6.8

$$\overline{g}_{11} = c^2, \quad \overline{g}_{12} = 0 \quad \text{und} \quad \overline{g}_{22} = r^2 - c^2,$$

bezogen auf die in Beispiel 4.6.6 eingeführten Paramerter.

Wegen (4.33) und (4.34) erhalten wir mit den Transformationsformeln aus Beispiel 4.6.8 für die geodätischen Parameter u^{*i} aus Bemerkung 4.6.7 folgende Parameterdarstellung für den Kreiszylinder

$$\vec{x}(\overline{u}^i) = \left\{ r\cos\left(\frac{1}{r^2}\left(cu^{*1} + (r^2 - c^2)u^{*2}\right)\right), \right.$$

$$\left. r\sin\left(\frac{1}{r^2}\left(cu^{*1} + (r^2 - c^2)u^{*2}\right)\right), \frac{c\sqrt{r^2 - c^2}}{r}\left[\frac{u^{*1}}{c} - u^{*2}\right] + u_o^1 \right\}$$

(b) Analog ergibt sich für den Kreiskegel wegen $g_{11} = \dfrac{a+1}{a}$, $g_{12} = 0$ und $g_{22} = \dfrac{(u^1)^2}{a}$:

$$\overline{g}_{11} = c^2, \quad \overline{g}_{12} = 0 \quad \text{und} \quad \overline{g}_{22} = \frac{(\overline{u}^1)^2}{a}$$

$$\overline{g}_{22} = \left[\frac{u^1(\overline{u}^j)}{a}\right] - c^2 = c^2\left[\frac{\overline{u}^1 - \overline{u}^2}{\sqrt{a+1}} - \tan\theta_o\right]^2.$$

Hier geben wir keine Parameterdarstellung bezogen auf die geodätischen Parameter an.

4.7 Geodätische Parallelkoordinaten und geodätische Polarkoordinaten

Geodätische Parallelkoordinaten sind eine Verallgemeinerung der kartesischen Koordinaten der Ebene. Wir konstruieren sie wie folgt:

Es seien $\vec{x}(u^i)$ die Parameterdarstellung einer Fläche und $\vec{x}(s) = \vec{x}(u^i(s))$ eine auf ihre Bogenlänge $s \in I$ bezogene Flächenkurve C. Zu jedem s längs C sei $\vec{y}_s(t)$ die geodätische Linie durch s senkrecht zu C. Wir nehmen an, daß $\vec{y}_s(t)$ gegeben ist durch $v_s^i(t)$ mit $v_s^i(0) = u^i(s)$ (i=1,2), wobei t die Bogenlänge von $\vec{y}_s$ ist. Für festes t wird eine sogenannte *Parallelkurve* C_t^* von C durch die Punkte $\vec{y}_s(t)$ ($s \in I$) erzeugt; die Punkte von C_t^* haben konstanten Abstand von C gemessen längs der geodätischen Linie $y_s(t)$.

Wählen wir nun neue Parameter $\bar{u}^j$, so daß $\bar{u}^1$-Linien die Parallelkurven und die $\bar{u}^2$-Linien die geodätischen Linien sind, so erhalten wir auf diese Weise ein geodätisches Parallelkoordinatensystem.

Die Transformationsformeln lauten:

$$u^i = v_{\bar{u}^1}^i(\bar{u}^2) \quad (i=1,2).$$

4.7.1 Beispiel: Parallelkurven zu "Loxodromen" auf dem Kegel

Nach Beispiel 3.9.4 ergibt sich auf dem Kegel

$$\vec{x}(u^i) = \{\frac{1}{\sqrt{a}} \cdot u^1 \cos u^2, \frac{1}{\sqrt{a}} \cdot u^1 \sin u^2, u^1\} \quad (u^1 > 0, \ u^2 \in (0, 2\pi))$$

für die Loxodrome durch den Punkt $(u^1, u^2) := (0, 1)$, welche mit jedem Breitenkreis den festen Winkel $\beta \in (-\frac{\pi}{2}, \frac{\pi}{2})$ bildet:

$$u^2(u^1) = |\cot\beta| \sqrt{a+1} \cdot \log u^1 \quad \text{für } u^1 \in I_1 := [b_1, b_2] \subset (0, \infty).$$

Die Bogenlänge der Loxodrome berechnen wir aus

$$s(\tilde{u}^1) := \int_1^{u^1} \left[g_{11}(u) + g_{22}(u) \cot^2\beta \frac{g_{11}(u)}{g_{22}(u)} \right]^{1/2} du =$$

$$= (1+\cot^2\beta) \int_1^{u^1} \sqrt{g_{11}(u)}\ du = (1+\cot^2\beta) \sqrt{\frac{1+a}{a}}\ (u^1-1),$$

so daß

$$u^1(s) = \sqrt{\frac{a}{1+a}} \cdot \frac{1}{1+\cot^2\beta} \cdot s+1.$$

Wenn wir

$$c_1 := \sqrt{\frac{a}{1+a}}\ \frac{1}{1+\cot^2\beta} \quad\text{und}\quad c_2 = |\cot\beta|\sqrt{a+1}$$

setzen, so ist

$$u^1(s) = c_1 s+1 \quad\text{und}\quad u^2(s) = c_2 \log(c_1 s+1) \quad (s\in I_s = [\frac{b_1-1}{c_1},\frac{b_2-1}{c_1}])$$

die Parameterdarstellung der Loxodrome bezogen auf ihre Bogenlänge s. Für den Winkel $\theta(s)$ zwischen der geodätischen Linie
$(v_s^i(t))$ und dem Breitenkreis zu $u^i(s)$ gilt

$$\theta(s) = \beta-\frac{\pi}{2} \in (-\pi,0),$$

und wir erhalten nach Beispiel 4.2.5

$$v_s^1(t) = \sqrt{(\alpha(t+t_0(s)))^2+\gamma^2}, \quad v_s^2(t) = \frac{k}{\alpha\gamma}\cdot\arctan(\frac{\alpha}{\gamma}(t+t_0(s)))+d$$

mit

$$\alpha := \sqrt{\frac{a}{a+1}},\quad t_0(s) := -\frac{u^1(s)\sin\beta}{\alpha},\quad \gamma := u^1(s)\cos\beta,$$

$$k := \sqrt{a}\cdot u^1(s)\cos\beta \quad\text{und}\quad d := u^2(s)+\sqrt{a+1}\cdot\beta,\ \text{also}$$

$$v_s^1(t) = \sqrt{\alpha^2 t^2-2t\alpha\sin\beta\cdot u^1(s)+(u^1(s))^2},$$

$$v_s^2(t) = \frac{\sqrt{a}}{\alpha} \cdot \arctan\left[\frac{\alpha t}{u^1(s)\cos\beta} - \tan\beta\right] + u^2(s) + \sqrt{a+1} \cdot \beta.$$

Es ist $v_s^1(t) \geq u^1(s)\cos^2\beta$. Wir wählen $t > \dfrac{u^1(s)\sin\beta}{\alpha}$, wegen $\sin\beta < 0$ etwa

$$t > -\frac{b_1}{\alpha}\sin\beta,$$

ein Intervall $I_t \subset (-\dfrac{b_1}{\alpha}\sin\beta, \infty)$, und erhalten für jedes feste $t \in I_t$ die Parallelkurven zur Loxodrome aus

$$u_t^1(s) := \sqrt{(c_1 s+1)^2 - 2t\alpha\sin\beta \cdot (c_1 s+1) + \alpha^2 t^2}$$

$$u_t^2(s) := \frac{\sqrt{a}}{\alpha}\arctan\left[\frac{\alpha t}{(c_1 s+1)\cos\beta} - \tan\beta\right] + c_2 \cdot \log(c_1 s+1) + \sqrt{a+1} \cdot \beta$$

$$(s \in I_s).$$

Wenn wir neue Flächenparameter $\bar{u}^i$ einführen, so daß die $\bar{u}^1$-Linien die Parallelkurven zur Loxodrome und die $\bar{u}^2$-Linien die geodätischen Linien sind, so lauten die Transformationsformeln:

$$(4.42) \quad \left\{ \begin{aligned} u^1 &= u^1(\bar{u}^i) = \sqrt{(c_1\bar{u}^1+1)^2 - 2\bar{u}^2\alpha\sin\beta \cdot (c_1\bar{u}^1+1) + \alpha^2(\bar{u}^2)^2} \\[2ex] u^2 &= u^2(\bar{u}^i) = \frac{\sqrt{a}}{\alpha}\arctan\left[\frac{\alpha\bar{u}^2}{(c_1\bar{u}^1+1)\cos\beta} - \tan\beta\right] \\[1ex] &\qquad\qquad + c_2 \cdot \log(c_1\bar{u}^1+1) + \sqrt{a+1} \cdot \beta \quad ((\bar{u}^1, \bar{u}^2 \in I_s \times I_t) \end{aligned} \right.$$

Mit dem Programm P4_13 zeichnen wir Parallelkurven zu einer Loxodrome auf einem Kegel, den wir wieder als Quadrik auffassen. Wir deklarieren dazu den Typ ParCurvesForLoxOnConeTals Erben von CFOnQST. Sein Aufbau entspricht in etwa dem des Typs GeodParOnCylT aus Programm P4_11. Bei den Datenfeldern hinzugekommen sind einige Hilfsgrößen sowie die Intervalle IS und IT, welche wir für die Parameterintervalle der neuen $\bar{u}^1$- und $\bar{u}^2$-Linien reservieren.

Mit dem Konstruktur Init übergeben wir neben den notwendigen Kurvendaten auch den Winkel β für die Loxodrome und die Anzahlen für die zu zeichnenden neuen Parameterlinien. Bei seinem Aufruf werden alle benötigten Hilfsgrößen berechnet und die Intervalle IS und IT mit empirisch ermittelten Werten besetzt.

Die Methoden TToU1 und TToU2 werden dann gemäß (4.42) implementiert, wobei wieder im Falle von $\bar{u}^k$-Linien (k=1,2) die Größe $\bar{u}^k$ dem laufenden T entspricht.

Der Rest des Programmes ist äquivalent zu P4_11.

4.7.2 Beispiel:

(a) Geodätische Parallelkoordinaten auf dem Kreiszylinder

Auf dem Kreiszylinder mit Parameterdarstellung

$$\vec{x}(u^i) = \{r\cos u^2, r\sin u^2, u^1\} \quad (r>0 \text{ fest}) \quad ((u^1,u^2)\in I\times(0,2\pi))$$

ist die geodätische Linie durch den Punkt $(u_o^1,u_o^2) = (0,0)$, die dort den Winkel θ_o mit dem Breitenkreis zu $u_o^1 = 0$ bildet, gegeben durch

$$u^1(s) = \sin\theta_o s \quad \text{und} \quad u^2(s) = \frac{\cos\theta_o}{r}s \quad (s\in I_s\subset\mathbb{R}).$$

Wegen $g_{22}(u^i) = r^2$ gilt nach dem Ergebnis von Clairaut, daß der Winkel zwischen der geodätischen Linie und den Breitenkreisen konstant ist. Somit bildet die geodätische Linie $(v_s^i(t))$ im Punkt s mit dem Breitenkreis zu $u^1(s)$ den Winkel $\theta = \theta_o+\frac{\pi}{2}$, und die geodätische Linie $(v_s^i(t))$ ist daher gegeben durch

$$v_s^1(t) = \cos\theta_o t+u^1(s), \quad v_s^2(t) = -\frac{\sin\theta_o}{r}\cdot t+u^2(s) \quad (t\in I_t\subset\mathbb{R}).$$

Wenn wir wieder neue Flächenparameter $\bar{u}^i$ einführen, so daß die $\bar{u}^1$-Linien die Parallelkurven zur geodätischen Linie $(u^i(s))$ und die $\bar{u}^2$-Linien die geodätischen Linien $(v_s^i(t))$ sind, so lauten die Transformationsformeln

$$(4.43) \quad u^1 = \sin\theta_o\bar{u}^1+\cos\theta_o\bar{u}^2, \quad u^2 = \frac{1}{r}(\cos\theta_o\bar{u}^1-\sin\theta_o\bar{u}^2).$$

(b) Geodätische Parallelkoordinaten auf dem Kreiskegel

Auf dem Kegel mit Parameterdarstellung

$$\vec{x}(u^i) = \left\{\frac{1}{\sqrt{a}}\cdot u^1\cos u^2, \frac{1}{\sqrt{a}}\cdot u^1\sin u^2, u^1\right\} \qquad (u^1 > 0,\ u^2 \in (0,2\pi))$$

ist die geodätische Linie zu den Anfangsbedingungen $u^1_{\!o} > 0$, $u^2_{\!o} := 0$, $\theta_o \in (0,\frac{\pi}{2})$ gegeben durch

$$u^1(s) = \sqrt{\alpha^2 s^2 + 2u^1_{\!o}\,\alpha s\cdot\sin\theta_o + (u^1_{\!o})^2}\,,$$

$$u^2(s) = \sqrt{a+1}\left[\arctan\left[\frac{\alpha s}{u^1_{\!o}\cos\theta_o} + \tan\theta_o\right] - \theta_o\right],$$

wobei $\alpha := \sqrt{\dfrac{a}{a+1}}$. In einer hinreichend kleinen Umgebung von $(u^1_{\!o}, u^2_{\!o})$ gilt für den Winkel $\theta(s)$ zwischen der geodätischen Linie und dem Breitenkreis zu $u^1(s)$:

$$\theta(s) \in (0,\tfrac{\pi}{2})\,.$$

Für den Winkel $\theta_v(s)$ der geodätischen Linie $(v^i_s(t))$ im Punkt $(u^i(s))$ gilt dann $\theta_v(s) = \theta(s) + \frac{\pi}{2}$. Wir erhalten die geodätische Linie $(v^i_s(t))$ aus

$$v^1_s(t) = \sqrt{(\alpha(t+t_o(s)))^2 + \beta^2}\,, \qquad v^2_s(t) = \frac{k}{\alpha\beta}\cdot\arctan\left(\frac{\alpha}{\beta}(t+t_o(s))\right) + d$$

mit

$$t_o(s) = \frac{u^1(s)\sin\theta_v(s)}{\alpha}\,, \qquad \beta = u^1(s)\cos\theta_v(s),$$

$$d = u^2(s) - \sqrt{a+1}\,\tilde{\theta}_v(s) = u^2(s) - \sqrt{a+1}(\theta_v(s)-\pi) \qquad \text{und}$$

$$k = \sqrt{a}\cdot u^1(s)\cos\theta_v(s)\,.$$

Wegen $\theta_v(s) = \theta(s)+\frac{\pi}{2}$, $\quad \cos\theta(s)\cdot\sqrt{g_{22}(u^1(s))} = \cos\theta_0\cdot\sqrt{g_{22}(u^1_0)}$

(Clairaut) und $g_{22}(u^1) = \dfrac{(u^1)^2}{a}$ folgt

$$t_0(s) = \frac{u^1(s)\cdot\cos\theta(s)}{\alpha} = \frac{u^1_0\cos\theta_0}{\alpha},$$

$$\beta = -u^1(s)\cdot\sin\theta(s) = -u^1(s)\sqrt{1-\cos^2\theta(s)} =$$

$$= -\sqrt{(u^1(s))^2-\cos^2\theta_0(u^1_0)^2} = -\sqrt{\alpha^2 s^2+2u^1_0\alpha s\cdot\sin\theta_0+(u^1_0)^2\sin^2\theta_0},$$

$$d = u^2(s)-\sqrt{a+1}\left[\arccos\left[\frac{u^1_0}{u^1(s)}\cos\theta_0\right]-\frac{\pi}{2}\right] \quad \text{und}$$

$$k = -\sqrt{a}\,u^1(s)\sin\theta(s) = -\sqrt{a}\,\sqrt{(u^1(s))^2-\cos^2\theta_0(u^1_0)^2} =$$

$$= -\sqrt{a}\,\sqrt{\alpha^2 s^2+2u^1_0\alpha s\cdot\sin\theta_0+(u^1_0)^2\sin^2\theta_0}.$$

Zu Beispiel 4.7.2 (a) schreiben wir das Programm P4_14, mit dem wir geodätische Parallelkoordinaten auf einem Zylinder darstellen. Dazu deklarieren wir zu Beginn des Programmes als Erben von CFOnCylT den neuen Objekttyp GeodParCoordOnCylT, mit dem wir Parameterlinien bezüglich der neuen geodätischen Parallelkoordinaten zeichnen:

```
TYPE GeodParCoordOnCylT = OBJECT (CFOnCylT)
        Theta0,R,
        SinTheta0,CosTheta0,
        CGeod,CPar              : EXTENDED;
        NNGeod,NNPar,
        ColS,ColPar,ColGeod   : INTEGER;
        Geodesics             : BOOLEAN;
        IGeod,IPar            : Intervall1D;

        CONSTRUCTOR Init (WPInit: BOOLEAN;
                          IPInit,LLInit: INTEGER;
                          CheckInit: Check3D;
                          CylInit: CylinderT;
                          Theta0Init: EXTENDED;
                          NNParInit,NNGeodInit,
```

```
                    ColSInit,ColParInit,ColGeodInit: INTEGER;
                    IParInit,IGeodInit: Interval1D);

        FUNCTION TToU1 (T: EXTENDED): EXTENDED; VIRTUAL;
        FUNCTION TToU2 (T: EXTENDED): EXTENDED; VIRTUAL;

        PROCEDURE DrawStartUpCurve;
        PROCEDURE DrawParallelCurves;
        PROCEDURE DrawGeodesics;
      END;
```

Für den Startwinkel θ_0 der geodätischen Linie ist das Feld Theta0 vorgesehen (beachte $(u_0^1, u_0^2) = (0,0)$). Die Datenfelder CGeod bzw. CPar haben wir für die Größen $\bar{u}^2$ bzw. $\bar{u}^1$ reserviert, die längs der Parallelkurven bzw. der orthogonalen Geodätischen konstant sind. Die Variablen NNGeod und NNPar stehen für die Anzahlen der Geodätischen und der Parallelkurven. Im Datenfeld Geodesics merken wir uns, ob wir eine Geodätische (Geodesics= TRUE) oder eine Parallelkurve (Geodesics=FALSE) zeichnen.

Mit dem Konstruktor Init übergeben wir neben den üblichen Kurvendaten den Startwinkel θ_0 der Parallelkurven (die ja hier auch geodätische Linien sind), die Anzahlen der zu zeichnenden Kurven, die Farben für die einzelnen Kurventypen und die Parameterintervalle für die Parallelkurven und die Geodätischen. Gleichzeitig berechnen wir bei seinem Aufruf die benötigten Hilfsgrößen.

Die Methoden TToU1 und TToU2 sind gemäß (4.43) implementiert.

In der Methode DrawGeodesics, mit der wir die orthogonalen Geodätischen zeichnen, setzen wir zunächst Geodesics=TRUE und wählen für das Parameterintervall I1D das Intervall IGeod und für die Zeichenfarbe Col die Farbe ColGeod.

In der N-Schleife bestimmen wir die längs der jeweiligen Geodätischen konstante Größe CPar aus einer äquidistanten Unterteilung des Intervalles IPar für die Parallelkurven und rufen DrawFamily auf.

Analog haben wir die Methode DrawParallelCurves zum Zeichnen der Parallelkurven implementiert.

Für die Ausgangskurve haben wir eine eigene Zeichenmethode DrawStartUpCurve geschrieben, in der wir Geodesics=FALSE setzen, IPar als Parameterintervall und ColS als Zeichfarbe wählen und dann mit CGeod=0 die Zeichenmethode DrawFamily aufrufen. Im Hauptprogramm zeichnen wir einen Zylinder und auf ihm mit der Instanz GeodParCoordOnCyl geodätische Parallelkoordinaten. Die Parameterintervalle IPar und IGeod haben wir dabei empirisch bestimmt.

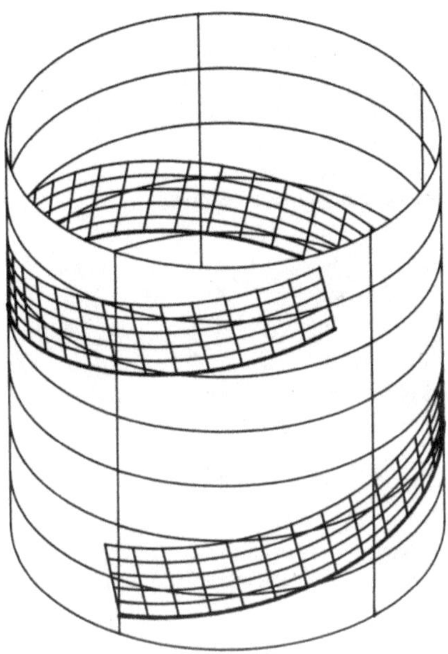

Mit Programm P4_15 zu Beispiel 4.7.2 (b) stellen wir geodätische Parallelkoordinaten auf einem Kegel dar, den wir als
Quadrik auffassen.

Wir deklarieren daher den Typ GeodParCoordOnConeT als Erben von
CFOnQST. Sein Aufbau ist ähnlich wie beim Typ GeodParCoordOn-
CylT aus Programm P4_14. In den Datenfeldern kommen einige
Hilfsgrößen hinzu.

Für die Größen β, d und k der Herleitung, die vom Parameter s
abhängen, führen wir eigene Methoden ein. Daneben implementieren wir die Methoden U1OfS, U2OfS, V1SOfT und V2SOfT für die
Funktionen $u^1(s)$, $u^2(s)$, $v_s^1(t)$ und $v_s^2(t)$, wobei an die letzten
beiden Methoden zwei Parameter - s und t - übergeben werden.

Bei der Implementation der Methoden TToU1 und TToU2 benötigen
wir dann nur noch die Methoden V1SOfT und V2SOfT.
Falls Parallelkurven gezeichnet werden (Geodesics=FALSE), ist
jeweils die Konstante CGeod als erster und das laufende T als
zweiter Parameter zu übergeben.

Bei den Geodätischen (Geodesics=TRUE) ist das laufende T als
erster und die Konstante CPar als zweiter Parameter zu wählen.
Der Rest von P4_15 ist analog zu P4_14.

Mit Hilfe des in Abschnitt 4.4 beschriebenen Typs GeodOnRotST,
mit dem wir geodätische Linien mit beliebigen Startwerten auf
allgemeinen Rotationsflächen zeichnen können, sind wir nun in
der Lage, geodätische Parallelkoordinaten auf beliebigen Rotationsflächen darzustellen. Wir führen dazu folgenden Typ ein:

```
TYPE  GeodParCoordOnRotST = OBJECT (CFOnRotST)            {UCrvOnRS}
           NoPoint,
           SkipNewton,
           Geodesics              : BOOLEAN;

           U10,U20,Theta0,
           CPar,CGeod,
           EpsilonInt,EpsilonZero  : EXTENDED;
           NOfSteps,NOfIntv        : INTEGER;

           IPar,IGeod              : Interval1D;

           NNPar,NNGeod,
           ColS,ColPar,ColGeod     : INTEGER;
           Geod,StartUpCurve       : GeodOnRotST;

           CONSTRUCTOR Init (WPInit: BOOLEAN;
                             IPInit,LLInit: INTEGER;
                             CheckInit: Check3D;
                             RotSInit: RotST;
                             U10Init,U20Init,Theta0Init: EXTENDED;
                             NNParInit,NNGeodInit,
                             ColSInit,ColParInit,ColGeodInit : INTEGER;
                             IParInit,IGeodInit: Interval1D;
                             EpsilonIntInit,EpsilonZeroInit: EXTENDED;
                             NOfStepsInit,NOfIntvInit: INTEGER;
                             SkipNewtonInit: BOOLEAN);

           FUNCTION TToU1 (T: EXTENDED): EXTENDED; VIRTUAL;
           FUNCTION TToU2 (T: EXTENDED): EXTENDED; VIRTUAL;

           PROCEDURE DrawStartUpCurve;
           PROCEDURE DrawGeodesics;
           PROCEDURE DrawParallelCurves;

           PROCEDURE Visibility (P: Pt3D; PrRay: Line3D;
                                 Dist:EXTENDED;
                                 VAR Vis: BOOLEAN); VIRTUAL;
       END;
```

Die Datenfelder U10, U20 und Theta0 sind für die Startwerte der
Ausgangskurve vorgesehen. Die beiden Felder Geod und StartUp-
Curve vom Typ GeodOnRotST benötigen wir beim Zeichnen der Parallelkoordinaten. Die Bedeutung der restlichen Datenfelder ist
dieselbe wie in den vorangehenden Programmen.

Mit dem Konstruktur Init übergeben wir die üblichen Kurvendaten, die Startwerte für die Ausgangskurve sowie die Anzahlen,
Farben und Parameterintervalle für die Parallelkurven und Geodätischen.

Bei seinem Aufruf initialisieren wir auch gleich das Objekt
StartUpCurve, so daß es der Ausgangskurve entspricht. Wir benutzen dazu dessen Konstruktor InitWithI1D, wobei wir als Parameterintervall das Intervall IPar der Parallelkurven übergeben
haben.

Als nächstes schauen wir uns die Methode TToU1 an, die nur beim
Zeichnen von Parallelkurven benötigt wird:

```
FUNCTION GeodParCoordOnRotST.TToU1 (T: EXTENDED) : EXTENDED;
VAR .........
BEGIN
  IF NOT Geodesics THEN BEGIN
    U100fT := StartUpCurve.TToU1(T);
    U200fT := StartUpCurve.TToU2(T);
    Q.U1   := U100fT;
    Q.U2   := U200fT;
    IF StartUpCurve.IncreaseU1 THEN
      Theta00fT := ARCCOS(StartUpCurve.C/SQRT(RotS.G22(Q)))
                   + PI/2
    ELSE
      Theta00fT := ARCCOS(StartUpCurve.C/SQRT(RotS.G22(Q)))
                   + 1.5*PI;

    Theta00fT := Theta00fT - GaussKlammerExt(Theta00fT/2/PI)*2*PI;

    DefineInterval1D (0,CGeod, I1DInit);
    Geod.InitWithI1D (WP,IP,LL,Col,I1DInit,Check,RotS,
                      U100fT,U200fT,Theta00fT,
                      EpsilonInt,EpsilonZero,
                      NOfSteps,NOfIntv,
                      SkipNewton);
    IF (CGeod > Geod.TotalLength) OR (Geod.NoGeod) THEN BEGIN
      NoPoint := TRUE;
      TToU1   := RotS.I1[1].X;
    END ELSE BEGIN
      HC1 := Geod.TToU1(CGeod);
      IF RotS.InI1(HC1) THEN BEGIN
        NoPoint := FALSE;
        TToU1   := HC1;
      END ELSE BEGIN
        NoPoint := TRUE;
        TToU1   := RotS.I1[1].X;
      END;
    END;
  END;
END;
```

Wenn Geodesics=FALSE ist, ermitteln wir zunächst zum laufenden T den Parameterpunkt $Q = (u^1(T),u^2(T))$ auf der Ausgangskurve. Anschließend berechnen wir den Winkel Theta0OfT, der von diesem Punkt ausgehenden orthogonalen Geodätischen. Dazu addieren wir zum Winkel, den die Ausgangskurve in Q mit dem Breitenkreis durch Q bildet, $\frac{\pi}{2}$ oder $\frac{3}{2}\pi$ hinzu und verschieben den so erhaltenen Wert gegebenenfalls in das Intervall $[0,2\pi]$. Mit den Startwerten U1OfT, U2OfT und Theta0OfT initialisieren wir dann das Objekt Geod. Den u^1-Wert der zu zeichnenden Parallelkurve gewinnen wir dadurch, daß wir den konstanten Abstand CGeod in die Methode TToU1 von Geod einsetzen. Ist dabei CGeod>Geod.TotalLength oder Geod.NoGeod=TRUE oder liegt der gefundene u^1-Wert nicht im Intervall I_1 der Rotationsfläche, so setzen wir NoPoint=TRUE.

Bei der Implementation der Methode TToU2 setzen wir voraus, daß vorher die Methode TToU1 zum selben T aufgerufen worden ist. Wir implementieren TToU2 wie folgt:

```
FUNCTION GeodParCoordOnRotST.TToU2 (T: EXTENDED) : EXTENDED;
VAR HC1 : EXTENDED;
BEGIN
  IF NOT Geodesics AND NOT NoPoint THEN BEGIN
    HC1 := Geod.TToU2(CGeod);
    HC1 := HC1 - GaussKlammerExt(HC1/2/PI)*2*PI;
    IF RotS.InI2(HC1) THEN
      TToU2 := HC1
    ELSE BEGIN
      NoPoint := TRUE;
      TToU2    := RotS.I2[1].X;
    END;
  END ELSE
    TToU2 := RotS.I2[1].X;
END;
```

Durch einen Aufruf der Methode TToU2 des Objektes Geod ermitteln wir den aktuellen u^2-Wert für die Parallelkurve, den wir unter Umständen noch in das Intervall $[0,2\pi]$ verschieben müssen. Dabei spielt der Übergabewert, mit dem TToU2 aufgerufen wird, keine Rolle, denn wir erinnern uns, daß die TToU2-Methode im Objekttyp GeodOnRotST auf die - vorher in seiner TToU1-Methode bestimmte - Hilfsgröße U1OfT zurückgreift (Siehe Abschnitt 4.4). Liegt der gefundene u^2-Wert nicht im Intervall I_2 der Rotationsfläche, so setzen wir NoPoint=TRUE.

In der Methode DrawStartUpCurve brauchen wir nur die Methode Draw2 des Objektes StartUpCurve aufzurufen.

Die Methode DrawParallelCurves implementieren wir wie in den Programmen P4_14 und P4_15.

Schließlich gehen wir zum Zeichnen der Geodätischen in der Methode DrawGeodesics wie folgt vor: Wir setzen zunächst Geodesics=TRUE und wählen ColGeod als Farbe und IGeod als Parameterintervall. In der N-Schleife bestimmen wir die Konstante CPar aus einer äquidistanten Unterteilung des Intervalles IPar. Wie in der Methode TToU1 bestimmen wir zu diesem Wert den Punkt $Q = (u^1(CPar), u^2(CPar))$ auf der Ausgangskurve und den Startwinkel Theta0OfCPar der orthogonalen Geodätischen durch diesen Punkt. Wir initialisieren das Objekt Geod mit diesen Startwerten und dem Intervall IGeod als Parameterintervall und rufen nur noch seine Zeichenmethode Draw2 auf.

Im Programm P4_16 zeichnen wir mit Hilfe einer Instanz vom Typ GeodParCoordOnRotST geodätische Parallelkoordinaten auf einer allgemeinen Rotationsfläche.

Geodätische Polarkoordinaten sind eine Verallgemeinerung der Polarkoordinaten der Ebene. Wir konstruieren sie wie folgt: Es seien $\vec{x}(u^i)$ die Parameterdarstellung einer Fläche und P ein fester Flächenpunkt mit Ortsvektor $\vec{x}(u^i_o)$. Zu jedem Winkel θ gemessen von der u^2-Linie durch P sei $\vec{y}_\theta(s)$ die geodätische Linie durch P in diese Richtung. Wir nehmen an, daß $\vec{y}_\theta(s)$ gegeben ist durch $v^i_\theta(s)$ mit $v^i_\theta(0) = u^i_o$ (i=1,2), wobei s die Bogenlänge von $\vec{y}_\theta$ ist. Für festes s wird ein sogenannter *Entfernungskreis* C^*_s durch die Punkte $\vec{y}_\theta(s)$ ($\theta\in[0,2\pi]$) erzeugt; die Punkte von C^*_s haben konstanten Abstand von P, gemessen längs der geodätischen Linie $y_\theta(s)$.

Wählen wir nun neue Parameter $\overline{u}^j$, so daß $\overline{u}^1$-Linien die geodätischen Linien und die $\overline{u}^2$-Linien die Entfernungskreise sind, so erhalten wir auf diese Weise ein geodätisches Polarkoordinatensystem.

Die Transformationsformeln lauten:

$$u^i = v^i_{\overline{u}^2}(\overline{u}^1) \quad (i=1,2).$$

4.7.3 Beispiel:

(a) Geodätische Polarkoordinaten auf dem Kreiszylinder
Auf dem Kreiszylinder mit Parameterdarstellung

$$\vec{x}(u^i) = \{r\cos u^2, r\sin u^2, u^1\} \quad (r > 0 \text{ fest}) \quad ((u^1, u^1) \in I \times (0, 2\pi))$$

sind die geodätischen Linien durch den Punkt P mit $(u^1_\circ, u^2_\circ) :=$ (0,0), die dort den Winkel θ mit dem Breitenkreis zu $u^1_\circ = 0$ bilden, gegeben durch

$$v^1_\theta(s) = \sin\theta \cdot s \quad \text{und} \quad v^2_\theta(s) = \frac{\cos\theta}{r} \cdot s \quad (s \in I_s \subset \mathbb{R}).$$

Für die geodätischen Polarkoordinaten $\overline{u}^i$ gelten daher die Transformationsformeln

$$(4.44) \qquad u^1(\overline{u}^i) = v^1_{\overline{u}^2}(\overline{u}^1) = \overline{u}^1 \sin\overline{u}^2,$$

$$u^2(\overline{u}^i) = v^2_{\overline{u}^2}(\overline{u}^1) = \frac{\overline{u}^1}{r} \cdot \cos\overline{u}^2,$$

so daß die Parameterdarstellung des Kreiszylinders bezogen auf die neuen Parameter $\overline{u}^i$ in einer Umgebung von P gegeben ist durch

$$\vec{\overline{x}}(\overline{u}^i) = \{r\cos(\frac{\overline{u}^1}{r} \cdot \cos\overline{u}^2), r\sin(\frac{\overline{u}^1}{r} \cdot \cos\overline{u}^2), \overline{u}^1 \sin\overline{u}^2\}.$$

(b) Geodätische Polarkoordinaten auf dem Kreiskegel
Auf dem Kegel mit Parameterdarstellung

$$\vec{x}(\overline{u}^i) = \left\{\frac{1}{\sqrt{a}} \cdot u^1 \cos^2, \frac{1}{\sqrt{a}} \cdot u^1 \sin u^2, u^1\right\} \quad (u^1 > 0, \ u^2 \in (0, 2\pi))$$

sind die geodätischen Linien durch den Punkt P mit $u^1_\circ > 0$ und $u^2_\circ = 0$, die dort den Winkel θ mit dem Breitenkreis zu $u^1_\circ$ bilden, gegeben durch

$$v^1_\theta(s) = \sqrt{\alpha^2 s^2 + 2u^1_\circ \alpha s \cdot \sin\theta + (u^1_\circ)^2},$$

$$v_\theta^2(s) = \sqrt{a+1}\left[\arctan\left[\frac{\alpha s}{\underset{o}{u^1}\cos\theta} + \tan\theta\right] - \arctan(\tan\theta)\right],$$

wobei $\alpha := \sqrt{\dfrac{a}{a+1}}$.

Für die geodätischen Polarkoordinaten $\overline{u}^i$ gelten daher die Transformationsformeln

$$u^1(\overline{u}^i) = v^1_{\overline{u}^2}(\overline{u}^1) = \sqrt{\alpha(\overline{u}^1)^2 + 2\underset{o}{u^1}\alpha\overline{u}^1\cdot\sin\overline{u}^2 + (\underset{o}{u^1})^2} \quad \text{und}$$

$$u^2(\overline{u}^i) = v^2_{\overline{u}^2}(\overline{u}^1) = \sqrt{a+1}\left\{\arctan\left[\frac{\alpha\overline{u}^1}{\underset{o}{u^1}\cos\overline{u}^2} + \tan\overline{u}^2\right] - \arctan(\tan\overline{u}^2)\right\}.$$

Mit dem Programm P4_17 zu Beispiel 4.7.3 (a) stellen wir geodätische Polarkoordinaten auf einem Zylinder dar. Dazu deklarieren wir zunächst den Typ GeodPolCoordOnCylT als Erben von CFOnCylT:

```
TYPE GeodPolCoordOnCylT = OBJECT (CFOnCylT)
        Theta0,R,
        SinTheta0,CosTheta0,
        CGeod,CDist          : EXTENDED;
        NNGeod,NNDist,
        ColGeod,ColDist      : INTEGER;
        Geodesics            : BOOLEAN;
        IGeod,IDist          : Interval1D;

        CONSTRUCTOR Init (WPInit: BOOLEAN;
                        IPInit,LLInit: INTEGER;
                        CheckInit: Check3D;
                        CylInit: CylinderT;
                        NNGeodInit,NNDistInit,
                        ColGeodInit,ColDistInit: INTEGER;
                        IGeodInit,IDistInit: Interval1D);

        FUNCTION TToU1 (T: EXTENDED): EXTENDED; VIRTUAL;
        FUNCTION TToU2 (T: EXTENDED): EXTENDED; VIRTUAL;

        PROCEDURE DrawGeodesics;
        PROCEDURE DrawDistanceCurves;
     END;
```

Die Felder CGeod bzw. CDist reservieren wir für die Größen $\overline{u}^1$ bzw. $\overline{u}^2$, die längs eines Entfernungskreises bzw. längs einer Geodätischen konstant sind. In CGeod steht stets der Abstand eines Entfernungskreises vom Mittelpunkt P des geodätischen Feldes.

Die Felder NNGeod, NNDist, ColGeod, ColDist, IGeod und IDist sind für die Anzahlen, Farben und Parameterintervalle der Geodätischen und der Kurven gleichen Abstandes vorgesehen.

In der Variablen Geodesics merken wir uns, ob wir eine Geodätische (Geodesics=TRUE) oder einen Entfernungskreis (Geodesics=FALSE) zeichnen. Die restlichen Datenfelder sind Hilfsgrößen.

Mit dem neuen Konstruktor Init übergeben wir neben den notwendigen Kurvendaten auch die Anzahlen, Farben und Parameterintervalle für die neuen Parameterlinien.

Die Methoden TToU1 und TToU2 sind in Abhängigkeit des Schalters Geodesics gemäß der Formeln (4.44) zu schreiben.

Die Implementation der Methoden DrawGeodesics und DrawDistanceCurves zum Zeichnen der Geodätischen und der Entfernungskreise erfolgt analog jener der Zeichenmethoden des Typs GeodParCoordOnCylT aus Programm P4_14.

Im Hauptprogramm zeichnen wir einen Zylinder und auf ihm mittels einer Instanz vom Typ GeodPolCoordOnCylT geodätische Polarkoordinaten. Die Parameterintervalle für die Polarkoordinaten sind empirisch gewählt worden. Da sich in unserem Beispiel die geodätischen Linien im Parameterpunkt (0,0) schneiden, muß er natürlich im Parameterintervall des Zylinders liegen.

Zu Beispiel 4.7.3 (b) schreiben wir zum Zeichnen von Polarkoordinaten auf einem Kegel das Programm P4_18, welches analog zum Programm P4_17 aufgebaut ist.

Im Typ GeodPolCoordOnConeT, den wir hier einführen, ist dabei zusätzlich das Datenfeld U10 für die u^1-Koordinate des Schnittpunktes P der geodätischen Linien vorgesehen, welches mit dem Konstruktor Init ebenfalls übergeben wird.

Zum Abschluß dieses Abschnittes stellen wir noch den Objekttyp GeodPolCoordOnRotST vor, mit dem wir geodätische Polarkoordinaten in einer Umgebung eines beliebigen Punktes (u^1_o, u^2_o) einer allgemeinen Rotationsfläche darstellen können. Der neue Typ ist wie folgt deklariert:

```
TYPE  GeodPolCoordOnRotST = OBJECT (CFOnRotST)           {UCrvOnRS}
          NoPoint,
          SkipNewton,
          Geodesics               : BOOLEAN;

          U10,U20,Theta0,
          CGeod,CDist,
          EpsilonInt,EpsilonZero  : EXTENDED;
          NOfSteps,NOfIntv        : INTEGER;

          IGeod,IDist             : Interval1D;
          ColGeod,ColDist,
          NNGeod,NNDist           : INTEGER;
          Geod                    : GeodOnRotST;

          CONSTRUCTOR Init (WPInit: BOOLEAN;
                            IPInit,LLInit: INTEGER;
                            CheckInit: Check3D;
                            RotSInit: RotST;
                            U10Init,U20Init: EXTENDED;
                            NNGeodInit,NNDistInit,
                            ColGeodInit,ColDistInit : INTEGER;
                            IGeodInit,IDistInit: Interval1D;
                            EpsilonIntInit,EpsilonZeroInit: EXTENDED;
                            NOfStepsInit,NOfIntvInit: INTEGER;
                            SkipNewtonInit: BOOLEAN);

          FUNCTION TToU1 (T: EXTENDED): EXTENDED; VIRTUAL;
          FUNCTION TToU2 (T: EXTENDED): EXTENDED; VIRTUAL;

          PROCEDURE DrawGeodesics;
          PROCEDURE DrawDistanceCurves;

          PROCEDURE Visibility (P: Pt3D; PrRay: Line3D;
                            Dist:EXTENDED;
                            VAR Vis: BOOLEAN); VIRTUAL;
      END;
```

Neben einigen Variablen, die aus den Objekttypen der vorangegangenen Programme bekannt sind, werden hier die Datenfelder U10, U20 und Theta0 für die Startwerte der geodätischen Linien und das zum Zeichnen benötigte Feld Geod vom Typ GeodOnRotST reserviert.

Mit dem Konstruktor Init lesen wir alle notwendigen Daten ein. Bei seinem Aufruf initialisieren wir auch bereits das Objekt Geod und beschränken ein eventuell zu groß eingegebenes Parameterintervall IDist für die Entfernungskreise, so daß gilt:

$$\text{IDist} \subset [0, 2\pi].$$

Die Methoden TToU1 und TToU2 brauchen wir bei diesem Typ nur zum Zeichnen der Entfernungskreise. Wir schauen uns zunächst die Implementation von TToU1 an:

```
FUNCTION GeodPolCoordOnRotST.TToU1 (T: EXTENDED) : EXTENDED;
VAR HC1 : EXTENDED;
BEGIN
  IF NOT Geodesics THEN BEGIN
    Geod.Init (WP,IP,LL,Col,Check,RotS,
               U10,U20,T,
               EpsilonInt,EpsilonZero,
               NOfSteps,NOfIntv,
               SkipNewton);
    NoPoint := FALSE;
    IF (CGeod > Geod.TotalLength) OR
       (Geod.NoGeod AND NOT Geod.U2_LineGeod) THEN BEGIN
      NoPoint := TRUE;
      HC1      := RotS.I1[1].X;
    END ELSE BEGIN
      HC1 := Geod.TToU1(CGeod);
      IF NOT RotS.InI1(HC1) THEN BEGIN
        NoPoint := TRUE;
        HC1       := RotS.I1[1].X;
      END;
    END;
    TToU1 := HC1;
  END;
END;
```

Zuerst initialisieren wir das Objekt Geod, wobei wir als Start-winkel θ_o das laufende T wählen. Den jeweils zugehörigen u^1-Wert des Punktes auf dem Entfernungskreis erhalten wir nun einfach dadurch, daß wir die Methode TToU1 der Instanz Geod mit dem Abstand CGeod des Entfernungskreises aufrufen. Ist dabei CGeod>Geod.TotalLength oder Geod.NoGeod=TRUE oder liegt der ge-fundene u^1-Wert nicht im Intervall I_1 der Rotationsfläche, so setzen wir NoPoint=TRUE.

Bei der Implementation der Methode TToU2 setzen wir wieder voraus, daß vor TToU2 die Methode TToU1 mit demselben Wert T aufgerufen worden ist. Wir bestimmen dann den u^2-Wert des zu T gehörenden Punktes auf dem Entfernungskreis durch einen Aufruf der Methode TToU2 des Objektes Geod. Liegt dieser Wert nach einer eventuell notwendigen Verschiebung in das Intervall $[0,2\pi]$ nicht im Intervall I_2 der Rotationsfläche, so setzen wir NoPoint=TRUE.

Die Methode DrawDistanceCurves können wir dann wie in den Pro-grammen P4_17 und P4_18 implementieren.

Bei der Implementation der Methode DrawGeodesics gehen wir wie
folgt vor:

```
PROCEDURE GeodPolCoordOnRotST.DrawGeodesics;
VAR N : INTEGER;
BEGIN
  Geodesics := TRUE;

  FOR N := 1 TO NNGeod DO BEGIN
    CDist := IDist[1].X+N/NNGeod*(IDist[2].X-IDist[1].X);
    Geod.InitWithI1D (WP,IP,LL,ColGeod,IGeod,Check,RotS,
                      U10,U20,CDist,
                      EpsilonInt,EpsilonZero,
                      NOfSteps,NOfIntv,
                      SkipNewton);
      Geod.Draw2;
    END;
  END;
```

In der N-Schleife bestimmen wir die Konstante CDist aus einer
äquidistanten Unterteilung des Parameterintervalles IDist der
Entfernungskreise. Anschließend initialisieren wir das Objekt
Geod, wobei wir als Startwinkel die Konstante CDist wählen, und
rufen nur noch seine Zeichenmethode Draw2 auf.

Im Programm P4_19 zeichnen wir mittels einer Instanz vom Typ
GeodPolCoordOnRotST geodätische Polarkoordinaten auf einer allgemeinen Rotationsfläche.

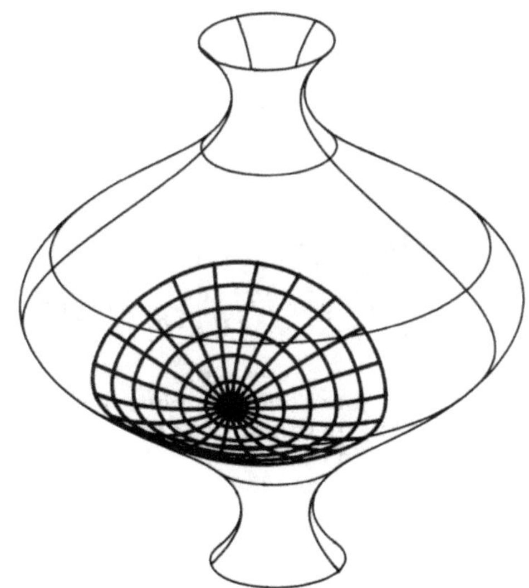

4.8 Die Parallelverschiebung nach Levi-Civita

Wir beschäftigen uns hier mit dem Problem einer sinnvollen
Definition der Parallelverschiebung von speziellen Vektoren,
den sogenannten Flächenvektoren, die wie folgt eingeführt werden:

Sind F eine Fläche mit Parameterdarstellung $\vec{x}(u^i)$, P$\in$F ein
Punkt und E(P) die Tangentialebene an F in P, so heißt ein vom
Punkt P abgetragener Vektor $\vec{z}$ in der Tangentialebene *Flächen-
vektor von F in P*. Wir schreiben stets

$$\vec{z} = (\xi^1, \xi^2),$$

wobei die ξ^i die Komponenten bezüglich der Vektoren $\vec{x}_i$ sind.

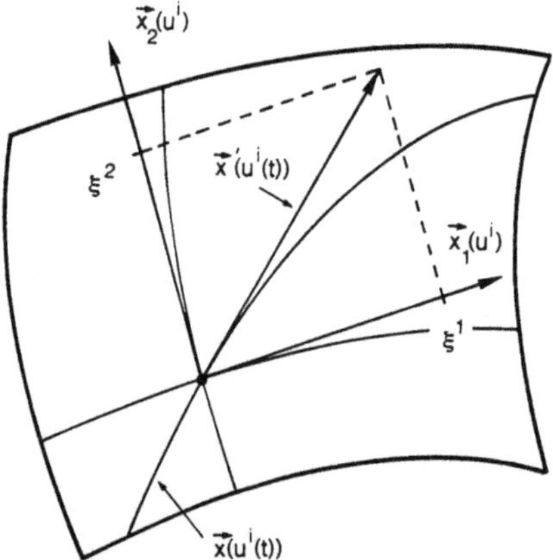

Verschiebt man Flächenvektoren einer Ebene parallel längs einer
Geraden - also längs einer geodätischen Linie - so bleibt der
Winkel zwischen dem Vektor und der Geraden - also der Winkel
zwischen dem Vektor und der Tangente an die geodätische Linie -
konstant.

Analog fordern wir bei Parallelverschiebung von Flächenvektoren
beliebiger Flächen längs geodätischer Linien, daß der Winkel
zwischen Flächenvektor und Tangente konstant bleibt. Diese Forderung führt auf folgende Differentialgleichungen für die Komponenten ξ^i des Flächenvektors bei der Parallelverschiebung
längs einer geodätischen Linie C mit Parameterdarstellung
$(u^1(s), u^2(s))$:

(4.45) $\qquad \dfrac{\delta\xi^i}{\delta s} := \dfrac{d\xi^i}{ds} + \xi^k \left\{ {i \atop kj} \right\} \dot{u}^j = 0 \quad (i=1,2).$

Allgemein definieren wir die Parallelverschiebung eines Flächenvektors $\{\xi^1,\xi^2\}$ längs einer beliebigen Flächenkurve C mit Parameterdarstellung $(u^1(s),u^2(s))$ durch (4.45); sie heißt *Parallelverschiebung nach Levi-Civita.*

Für einen beliebigen Kurvenparameter wird (4.45) zu

(4.46) $\qquad \xi^{i\,'} + \xi^k \left\{ {i \atop kj} \right\} u^{j\,'} = 0 \quad (i=1,2).$

Ist die Ebene auf kartesische Koordinaten als Parameter bezogen, so verschwinden alle Christoffel-Symbole zweiter Art, und (4.46) lautet

$$\xi^{i\,'} = 0 \quad (i=1,2);$$

die Komponenten des Flächenvektors bleiben konstant.

Wegen (4.45) ist die Parallelverschiebung nach Levi-Civita eine innere Eigenschaft der Fläche; sie ist auch unabhängig von der Wahl der Flächenparameter. Schließlich sind die Tangenten einer geodätischen Linie C bei Verschiebung längs C untereinander parallel, denn für $\xi^i := \dot{u}^i$ $(i=1,2)$ gilt

$$\frac{\delta\xi^i}{\delta s} = \ddot{u}^i + \left\{ {i \atop kj} \right\} \dot{u}^k \dot{u}^j = 0 \quad (i=1,2).$$

Es gilt

4.8.1 Satz:
Erzeugt man zwei Vektorfelder $\vec{v}(t) := \{v^1(t),v^2(t)\}$ und $\vec{w}(t) := \{w^2(t),w^1(t)\}$, indem man jeden der beiden Flächenvektoren $\vec{v}(t_0)$ und $\vec{w}(t_0)$ längs derselben beliebigen Flächenkurve C nach Levi-Civita parallel verschiebt, so hat $g_{ik}v^i(t)w^k(t)$ in jedem Punkt von C denselben Wert. Damit ändert sich der Winkel, den zwei Flächenvektoren in einem Punkt einschließen, bei einer Parallelverschiebung nach Levi-Civita nicht.

Insbesondere folgt für $\vec{w}(t) = \vec{v}(t)$: Die Länge eines Flächenvektors bleibt bei der Parallelverschiebung nach Levi-Civita unverändert.

4.8.2 Beispiel:

Wir betrachten Parallelverschiebungen längs einer beliebigen Kurve C auf Rotationsflächen. Dazu nehmen wir an, daß der Flächenvektor $\vec{v}(t)$ zum Zeitpunkt $t=0$ im Punkt $(u^1,u^2) = (u^1(0),u^2(0))$ den Winkel $\theta_0 \in [0,\frac{\pi}{2}]$ mit dem Breitenkreis zu u^1_o bildet.

Nach Beispiel 4.1.1 (b) gilt

$$\begin{Bmatrix} 1 \\ 11 \end{Bmatrix} = \frac{1}{2g_{11}} \frac{dg_{11}}{du^1}, \quad \begin{Bmatrix} 1 \\ 22 \end{Bmatrix} = -\frac{1}{2g_{11}} \frac{dg_{22}}{du^1},$$

$$\begin{Bmatrix} 2 \\ 12 \end{Bmatrix} = \begin{Bmatrix} 2 \\ 21 \end{Bmatrix} = \frac{1}{2g_{22}} \frac{dg_{22}}{du^1} \quad \text{und} \quad \begin{Bmatrix} i \\ jk \end{Bmatrix} = 0$$

für alle anderen Werte, so daß die Differentialgleichungen (4.46) also lauten:

$$(4.47) \qquad \frac{d\xi^1}{dt} + \frac{1}{2g_{11}} \frac{dg_{11}}{du^1} \xi^1 \frac{du^1}{dt} - \frac{1}{2g_{11}} \frac{dg_{22}}{du^1} \xi^2 \frac{du^2}{dt} = 0 \qquad \text{und}$$

$$(4.48) \qquad \frac{d\xi^2}{dt} + \frac{1}{2g_{22}} \frac{dg_{22}}{du^1} \xi^1 \frac{du^2}{dt} + \frac{1}{2g_{22}} \frac{dg_{22}}{du^1} \xi^2 \frac{du^1}{dt} = 0.$$

Nach Satz 4.8.1 können wir annehmen, daß der Flächenvektor bei der Verschiebung konstante Länge 1 hat, daß also

$$g_{11}(\xi^1)^2 + g_{22}(\xi^2)^2 = 1$$

gilt. Daraus folgt

$$\xi^2 = \pm \frac{1}{\sqrt{g_{22}}} \sqrt{1 - g_{11}(\xi^1)^2}.$$

Da für den Flächenvektor gilt:

$$\vec{v}(0) = \vec{x}_1(u^i(0)) \cdot \xi^1(0) + \vec{x}_2(u^i(0)) \cdot \xi^2(0) =$$

$$= \frac{\vec{x}_1}{\sqrt{g_{11}}} \cdot \sin\theta_0 + \frac{\vec{x}_2}{\sqrt{g_{22}}} \cdot \cos\theta_0,$$

also

$$\xi^1(0) = \frac{\sin\theta_o}{\sqrt{g_{11}}} \quad \text{und} \quad \xi^2(0) = \frac{\cos\theta_o}{\sqrt{g_{22}}}$$

wählen wir das obere Vorzeichen, d.h.

$$(4.49) \qquad \xi^2 = \frac{1}{\sqrt{g_{22}}} \sqrt{1-g_{11}(\xi^1)^2}.$$

Wenn wir (4.49) in (4.47) einsetzen, so ergibt sich eine Differentialgleichung erster Ordnung für ξ^1, deren Lösung zusammen mit ξ^2 aus (4.49) die Parallelverschiebung des Flächenvektors beschreibt.

Wir betrachten speziell Parallelverschiebungen längs einer Loxodrome C auf einer Rotationsfläche:

$$u^1(t) := t \quad \text{und} \quad u^2(t) := |\cot\beta| \sqrt{\frac{g_{11}}{g_{22}}}\, dt,$$

wobei $\beta\in(-\frac{\pi}{2},\frac{\pi}{2})$ der konstante Winkel zwischen C und den Breitenkreisen ist. Dann müssen wir die Differentialgleichung

$$(4.50) \qquad \frac{d\xi^1}{dt} = -\frac{1}{2g_{11}}\frac{dg_{11}}{du^1}\xi^1 + \frac{1}{2\sqrt{g}}\frac{dg_{22}}{du^1}\xi^2|\cot\beta|$$

mit $g := g_{11}g_{22}$ und $\xi^2 = \frac{1}{\sqrt{g_{22}}}\sqrt{1-g_{11}(\xi^1)^2}$ lösen.

Für eine Kugel vom Radius r etwa ist

$$g_{11} = r^2 \quad \text{und} \quad g_{22} = r^2\cos^2 u^1,$$

so daß wir

$$\frac{d\xi^1}{dt} = \frac{-|\cot\beta|\cdot\sin t}{r\cos t}\sqrt{1-r^2(\xi^1)^2}$$

erhalten. Daraus folgt

$$\int\frac{r\,d\xi^1}{\sqrt{1-r^2(\xi^1)^2}} = \arcsin(r\xi^1) = -|\cot\beta|\int\frac{\sin t}{\cos t}\,dt = |\cot\beta|\cdot\log|\cos t|+c,$$

also

$$\xi^1(t) = \frac{1}{r}\cdot\sin(|\cot\beta|\cdot\log|\cos t|+c).$$

Wegen

$$\xi^1(0) = \frac{\sin\theta_o}{\sqrt{g_{11}}} = \frac{\sin\theta_o}{r}$$

ist

$$(4.51)\qquad \xi^1(t) = \frac{1}{r}\cdot\sin(|\cot\beta|\cdot\log|\cos t|+\theta_o)$$

$$\left(\text{für } t < \arccos\left[\exp\left[\frac{-\theta_o-\frac{\pi}{2}}{|\cot\beta|}\right]\right]\right)$$

und weiter

$$(4.52)\qquad \xi^2(t) = \frac{1}{r\cos t}\cdot\cos(|\cot\beta|\cdot\log|\cos t|+\theta_o).$$

Mit dem Programm P4_20 zu Beispiel 4.8.2 demonstrieren wir die
Parallelverschiebung nach Levi-Civita längs einer Loxodromen
auf einer Kugel, indem wir an einigen Stellen dieser Kurve die
verschobenen Vektoren zeichnen. Für die Loxodrome führen wir
zunächst den bereits bekannten Objekttyp LoxOnSphT (siehe zum
Beispiel P2_31, P2_34, P3_03) ein.

Nach der Bereitstellung der benötigten Checkprozeduren schreiben wir folgende Prozedur Draw:

```
PROCEDURE Draw;
VAR ..........
BEGIN
  DefineIntervalPar (-PI/2,0,PI/2,2*PI, IU1U2Sph);
  Sphere.Init (IU1U2Sph,2.5);
  SphereUi.Init (FALSE,3,50,Col1,CheckSph,5,1,0,
                 FALSE,3,50,Col1,CheckSph,5,1,1,TRUE,Sphere);

  WI3D      := Sphere.I3D;
  WI3D[2].Z := WI3D[2].Z+1;
  Parameter3D;

  SphereC.Init( FALSE,3,50,Col1,CheckSphC,Sphere);

  Beta   := 8*PI/180;
  C      := COS(Beta)/SIN(Beta);
  Theta0 := 40*PI/180;
```

```
        DefineInterval1D (0,0.55*PI/2,I1DLox);
        Lox.Init (TRUE,5,100,Col2,I1DLox,CheckSph,2,Sphere);

        SphereUi.DrawU1; SphereUi.DrawU2;  SphereC.Draw;
        Lox.DrawFamily;

        LL := 30;
        FOR L := 0 TO LL DO BEGIN
          T := Lox.I1D[1].X + L/LL*(Lox.I1D[2].X-Lox.I1D[1].X);
          Lox.TToP (T, P1);
          Q.U1 := Lox.TToU1(T);
          Q.U2 := Lox.TToU2(T);
          Lox.dXdU1 (Q, X1);
          Lox.dXdU2 (Q, X2);
          Fac  := C*LN(COS(T))+Theta0;
          Ksi1 := SIN(Fac)/Lox.Sph.Radius;
          Ksi2 := COS(Fac)/Lox.Sph.Radius/COS(T);
          LinearCombinationVt3D (Ksi1,Ksi2,X1,X2, HV1);
          SumVt3D (P1,HV1, P2);
          LnVt.InitWithTwoPoints (TRUE,3,15,Col3,CheckLn,P1,P2);
          LnVt.DrawBetweenTwoPoints;
        END;
      END;
```

Wir zeichnen zunächst die Kugel und die Loxodrome mit Hilfe der geeignet initialisierten Objekte Sph, SphUi, SphC und Lox. In der L-Schleife gewinnen wir den Parameter T aus einer äquidistanten Unterteilung des Parameterintervalles I1D der Loxodrome und berechnen zunächst mit der Methode TToP der Instanz Lox den zu T gehörenden 3D-Punkt P1 auf der Loxodromen. Anschließend bestimmen wir zu T auch den Parameterpunkt

$$Q = (u^1(T), u^2(T)),$$

mit dessen Hilfe wir die Vektoren

$$\overrightarrow{X1} = \vec{x}_1(u^i(T)) \quad \text{und} \quad \overrightarrow{X2} = \vec{x}_2(u^i(T))$$

ermitteln. Danach berechnen wir gemäß (4.51) und (4.52) die Größen

$$Ksi1 = \xi^1(T) \quad \text{und} \quad Ksi2 = \xi^2(T),$$

setzen

$$\overrightarrow{HV1} = \xi^1(T) \cdot \vec{x}_1(u^i(T)) + \xi^2(T) \cdot \vec{x}_2(u^i(T))$$

und bestimmen den Endpunkt P2 des in P1 abgetragenen Vektors $\overrightarrow{HV1}$. Schließlich zeichnen wir die Verbindungsgerade zwischen P1 und P2 mit Hilfe der Instanz LnVt.

Im Hauptprogramm müssen wir nach der Festlegung der Perspektive nur noch die Prozedur Draw aufrufen. Wir können hier schön beobachten, wie der längs der Loxodrome verschobene Vektor seine Lage relativ zur Tangente der Kurve ändert.

4.8.3 Beispiel:

Wir betrachten Parallelverschiebungen auf Rotationsflächen längs geodätischer Linien C, die auf ihre Bogenlänge bezogen sind. Auch hier nehmen wir wieder an, daß der Flächenvektor $\vec{v}(t)$ zum Zeitpunkt $t:=0$ im Punkt $(u^1,u^2) = (u^1_o(0),u^2_o(0))$ den Winkel $\theta_o \in [0,\frac{\pi}{2}]$ mit dem Breitenkreis zu u^1_o bildet. Nach Satz 4.8.1 ist der Winkel γ zwischen C und dem Flächenvektor $\vec{v}(t)$ der konstanten Länge 1 bei der Verschiebung längs C konstant. Wenn wir $\delta:=\cos\gamma$ setzen, so müssen wir also die Gleichungen

$$(4.53) \quad g_{ik}\xi^i \frac{du^k}{ds} = g_{11}\xi^1\dot{u}^1 + g_{22}\xi^2\dot{u}^2 = \delta \quad (|\delta| \leq 1) \quad \text{und}$$

$$(4.54) \quad g_{ik}\xi^i\xi^k = g_{11}(\xi^1)^2 + g_{22}(\xi^2)^2 = 1$$

lösen.

Nach dem Ergebnis von Clairaut (4.14) ist

$$g_{22}\,\dot{u}^2 = c$$

so daß mit (4.53) und (4.54) folgt:

$$(\xi^2 c - \delta)^2 = g_{11}^2 (\xi^1)^2 (\dot{u}^1)^2 = g_{11}(1 - g_{22}(\xi^2)^2)(\dot{u}^1)^2.$$

Daraus erhalten wir

$$(\xi^2)^2 (c^2 + g_{11} g_{22}(\dot{u}^1)^2) - 2\xi^2 c\delta + \delta^2 - g_{11}(\dot{u}^1)^2 = 0,$$

wegen

$$c^2 + g_{11} g_{22}(\dot{u}^1)^2 = g_{22}(g_{22}(\dot{u}^2)^2 + g_{11}(\dot{u}^1)^2) = g_{22}$$

also

$$(\xi^2)^2 g_{22} - 2\xi^2 c\delta + \delta^2 - g_{11}(\dot{u}^1)^2 = 0.$$

Die Lösungen dieser quadratischen Gleichung sind

$$\xi^2_{1,2} = \frac{1}{g_{22}}\left[c\delta \pm \sqrt{c^2\delta^2 - g_{22}(\delta^2 - g_{11}(\dot{u}^1)^2)}\right] =$$

$$= \frac{1}{g_{22}}\left[c\delta \pm \sqrt{c^2\delta^2 - g_{22}\delta^2 + g_{22} - c^2}\right] =$$

$$= \frac{1}{g_{22}}\left[c\delta \pm \sqrt{(g_{22} - c^2)(1 - \delta^2)}\right] =$$

$$= \frac{1}{g_{22}}\left[c \cdot \cos\gamma \pm |\sin\gamma|\sqrt{g_{22} - c^2}\right].$$

Ist $\gamma \in [0, \pi]$, so ergibt sich wegen $c = \sqrt{g_{22}(u^1_o)} \cdot \cos\theta_o$

$$\xi^2_{1,2}(0) = \frac{1}{\sqrt{g_{22}(u^1_o)}}(\cos\theta_o \cdot \cos\gamma \pm \sin\gamma \cdot \sin\theta_o) = \frac{1}{\sqrt{g_{22}(u^1_o)}} \cos(\theta_o \mp \gamma).$$

Da andererseits $\xi^2(0) = \dfrac{1}{\sqrt{g_{22}(u^1_o)}} \cos(\theta_o + \gamma)$ ist, erhalten wir

also

$$(4.55) \qquad \xi^2(s) = \frac{1}{g_{22}}\left[c\cdot\cos\gamma - \sin\gamma\cdot\sqrt{g_{22}-c^2}\right]$$

und daraus mit (4.53) wegen $\sqrt{g_{22}-c^2} = \sqrt{g_{11}g_{22}}\ |\dot u^1|$

$$\dot\xi^1 = \frac{\delta-c\xi^2}{g_{11}\dot u^1} = \frac{\delta g_{22}-c^2\cos\gamma+c\cdot\sin\gamma\cdot\sqrt{g_{11}g_{22}}\ \dot u^1}{g_{11}g_{22}\ \dot u^1} \quad,\ \text{d.h.}$$

$$\xi^1 = \operatorname{sgn}(\dot u)\cdot\frac{c\cdot\sin\gamma}{\sqrt{g_{11}g_{22}}} + \cos\gamma\cdot\dot u^1.$$

Wegen $\xi^1(0) = \dfrac{1}{\sqrt{g_{11}(u_o^1)}}\ \sin(\theta_o+\gamma)$ folgt

$$(4.56) \qquad \xi^1 = \frac{c\cdot\sin\gamma}{\sqrt{g_{11}g_{22}}} + \cos\gamma\dot u^1.$$

Wir betrachten nun speziell den Kreiskegel mit

$$\vec x(u^i) = \left\{\frac{u^1}{\sqrt a}\cdot\cos u^2, \frac{u^1}{\sqrt a}\cdot\sin u^2, u^1\right\}\ (u^1\in(0,\infty),\ u^2\in(0,2\pi)),$$

$g_{11} = \dfrac{a+1}{a}$ und $g_{22} = \dfrac{(u^1)^2}{a}$. Nach Beispiel 4.2.5 gilt für die geodätische Linie C zu den Anfangsbedingungen $u_o^1 > 0$, $u_o^2 := 0$

und $\theta_o\in(0,\frac{\pi}{2})$ mit $\alpha := \sqrt{\dfrac{a}{a+1}}$:

$$u^1(s) = \sqrt{(\alpha s+u_o^1\sin\theta_o)^2+(u_o^1\cos\theta_o)^2}\quad\text{und}$$

$$\dot u^1(s) = \frac{\alpha\left[\alpha s+u_o^1\sin\theta_o\right]}{u^1(s)}.$$

Wegen

$$\sqrt{g_{22}-c^2} = \sqrt{g_{11}g_{22}}\ |\dot u^1| = \frac{1}{\sqrt a}(\alpha s+u_o^1\sin\theta_o)$$

erhalten wir aus (4.55)

$$\xi^2 = \frac{\sqrt{a}}{(u^1_{\circ})^2}\left[u^1_{\circ}\cos\theta_{\circ}\cdot\cos\gamma - u^1_{\circ}\sin\gamma\cdot\sin\theta_{\circ} - \alpha s\cdot\sin\gamma\right] =$$

$$= \frac{\sqrt{a}\left[-\alpha s\cdot\sin\gamma + u^1_{\circ}\cdot\cos(\theta_{\circ}+\gamma)\right]}{(\alpha s + u^1_{\circ}\sin\theta_{\circ})^2 + (u^1_{\circ}\cos\theta_{\circ})^2} \quad \text{für } s\geq 0$$

und weiter aus (4.56)

$$\xi^1 = \frac{\sqrt{a}\cdot u^1_{\circ}\sin\gamma\cdot\cos\theta_{\circ}}{\sqrt{a+1}\ u^1(s)} + \cos\gamma\frac{\alpha\left[\alpha s + u^1_{\circ}\sin\theta_{\circ}\right]}{u^1(s)} =$$

$$= \alpha\frac{\alpha s + u^1_{\circ}\sin(\theta_{\circ}+\gamma)}{\sqrt{\left[\alpha s + u^1_{\circ}\sin\theta_{\circ}\right]^2 + \left[u^1_{\circ}\cos\theta_{\circ}\right]^2}} \quad \text{für } s\geq 0.$$

Mit dem Programm P4_21 zu Beispiel 4.8.3 zeigen wir die Parallelverschiebung nach Levi-Civita längs einer geodätischen Linie auf einem Kegel, für die wir den aus P4_02 bekannten Typ GeodOnConeALT deklarieren. Der Rest des Programmes ist genau wie P4_20 aufgebaut. Wir können hier erkennen, daß sich die Lage des verschobenen Vektors zur Tangente an die Geodätische nicht ändert.

4.8.4 Beispiel:

Wir betrachten Parallelverschiebungen auf Rotationsflächen längs geodätischer Linien C mit Parameterdarstellung

$$u^1(t) := t \quad \text{und} \quad u^2(t) := u^2_{\circ} \pm c\int_{\circ}^{t}\frac{\sqrt{g_{11}(\tau)}}{\sqrt{g_{22}(\tau)}\sqrt{g_{22}(\tau)-c^2}}\,d\tau$$

(siehe Satz 4.3.1).

Anstelle der Gleichungen (4.53) und (4.54) erhalten wir hier mit

$$\hat{\delta} := \cos\gamma \cdot \sqrt{g_{11} + g_{22}\left[\frac{du^2}{dt}\right]^2}$$

die Gleichungen

$$g_{11}\xi^1 + g_{22}\xi^2 \cdot \frac{du^2}{dt} = \hat{\delta} \quad \text{und}$$

$$g_{11}(\xi^1)^2 + g_{22}(\xi^2)^2 = 1.$$

Daraus folgt mit

$$\xi^2 = \frac{1}{g_{22}\dfrac{du^2}{dt}}(\hat{\delta} - g_{11}\xi^1)$$

wie in Beispiel 4.8.2.

$$(\xi^1)^2 g_{11}\left[g_{11} + g_{22}\left[\frac{du^2}{dt}\right]^2\right] - 2\hat{\delta}g_{11}\xi^1 + \hat{\delta}^2 - g_{22}\left[\frac{du^2}{dt}\right]^2 = 0,$$

also

$$(\xi^1)^2 \cdot g_{11}\frac{\hat{\delta}^2}{\cos^2\gamma} - 2\hat{\delta}g_{11}\xi^1 + \hat{\delta}^2 - g_{22}\left[\frac{du^2}{dt}\right]^2 = 0$$

und daher

$$\xi^1_{1,2} = \frac{\cos^2\gamma}{g_{11}\hat{\delta}^2}\left[\hat{\delta}g_{11} \pm \sqrt{\hat{\delta}^2 g_{11}^2 - \left[\hat{\delta}^2 - g_{22}\left[\frac{du^2}{dt}\right]^2\right]\frac{g_{11}\hat{\delta}^2}{\cos^2\gamma}}\right].$$

Wegen

$$\frac{\hat{\delta}^2}{\cos^2\gamma} = g_{11} + g_{22}\left[\frac{du^2}{dt}\right] = \frac{g_{11}g_{22}}{g_{22} - c^2} \quad \text{und}$$

$$g_{22}\left[\frac{du^2}{dt}\right]^2 = \frac{\hat{\delta}^2}{\cos^2\gamma} - g_{11} = \frac{c^2 g_{11}}{g_{22} - c^2}$$

ergibt sich

$$\hat{\delta}^2 g_{11}^2 - \left[\hat{\delta}^2 - g_{22}\left[\frac{du^2}{dt}\right]^2\right] g_{11} \; \frac{\hat{\delta}^2}{\cos^2\gamma} = \hat{\delta}^2 g_{11}\left[g_{11} - \left[\hat{\delta}^2 - g_{22}\left[\frac{du^2}{dt}\right]^2\right]\right] \frac{1}{\cos^2\gamma} =$$

$$= \hat{\delta}^2 g_{11}\left[g_{11} - \left[\hat{\delta}^2 - \left[\frac{\hat{\delta}^2}{\cos^2\gamma} - g_{11}\right]\right]\frac{1}{\cos^2\gamma}\right] =$$

$$= \hat{\delta}^2 g_{11}\left[\left[g_{11} - \frac{\hat{\delta}^2}{\cos^2\gamma}\right]\left[1 - \frac{1}{\cos^2\gamma}\right]\right] =$$

$$= \sin^2\gamma \; g_{11} \; \frac{\hat{\delta}^2}{\cos^2\gamma}\left[\frac{\hat{\delta}^2}{\cos^2\gamma} - g_{11}\right] = \sin^2\gamma \; g_{11}^3 g_{22} c^2 \; \frac{1}{(g_{22}-c^2)^2}$$

und weiter

$$\xi^1_{1,2} = \frac{\cos\gamma\sqrt{g_{22}-c^2}}{\sqrt{g_{11}g_{22}}} \pm \frac{g_{22}-c^2}{g_{11}g_{22}} \; \frac{\sqrt{g_{11}g_{22}}\; c\cdot\sin\gamma}{g_{22}-c^2} =$$

$$= \frac{1}{\sqrt{g_{11}g_{22}}}\left[\cos\gamma\sqrt{g_{22}-c^2} \pm c\cdot\sin\gamma\right].$$

Für $t:=0$ ist $\xi^1(0) := \xi^1_0 = \dfrac{\sin(\theta_0+\gamma)}{\sqrt{g_{11}}}$, wobei θ_0 der Startwinkel

der geodätischen Linie zum Breitenkreis zu u^1_0 ist. Daher gilt

wegen $c = \sqrt{g_{22}}\cdot\cos\theta_0$, wenn wir $\theta_0 \in (0,\frac{\pi}{2})$ wählen:

$$\frac{\sin(\theta_0+\gamma)}{\sqrt{g_{11}}} = \xi^1_0 = \frac{\cos\gamma\cdot\sin\theta_0}{\sqrt{g_{11}}} \pm \frac{\sin\gamma\cdot\cos\theta_0}{\sqrt{g_{11}}},$$

d.h. wir müssen das obere Vorzeichen wählen. Damit erhalten wir

$$(4.57) \quad \xi^1(t) = \frac{1}{\sqrt{g_{11}g_{22}}}\left[\cos\gamma\cdot\sqrt{g_{22}-c^2}+c\cdot\sin\gamma\right] \quad \text{und weiter}$$

$$(4.58) \quad \xi^2(t) = \frac{1}{g_{22}\frac{du^2}{dt}}\left[\hat{\delta}-g_{11}\xi^1\right] = \frac{1}{g_{22}}\left[c\cdot\cos\gamma-\sin\gamma\cdot\sqrt{g_{22}-c^2}\right].$$

Mit dem Programm P4_22 zu Beispiel 4.8.4 demonstrieren wir die Parallelverschiebung nach Levi-Civita längs einer beliebigen geodätischen Linie auf einer allgemeinen Rotationsfläche. Wir beachten zunächst, daß bei der Herleitung der Formeln (4.57) und (4.58) für die u^1-Koordinaten der geodätischen Linie $u^1 = u^1(t) = t$ ist. Allerdings können wir (4.57) und (4.58) auch dann benutzen, wenn die geodätischen Linien allgemeiner in der Form $(u^1, u^2) = (\psi(t), \psi(t))$ gegeben sind. Wir berechnen dann einfach

$$\xi^1 = \xi^1(\psi(t)) \quad \text{und} \quad \xi^2 = \xi^2(\psi(t)).$$

In unserem Programm wählen wir für die geodätische Linie eine Instanz vom Typ GeodOnRotST, bei dem ja der Kurvenparameter die Bogenlänge ist. In der L-Schleife ermitteln wir zum aktuellen Parameterwert T der Geodätischen den Parameterpunkt Q = $(u^1(T), u^2(T))$, den wir dann bei der Berechnung der Größen ξ^1 und ξ^2 an die Methoden G11 und G22 der Rotationsfläche übergeben. Der Rest dieses Programmes ist analog zu den Programmen P4_20 und P4_21.

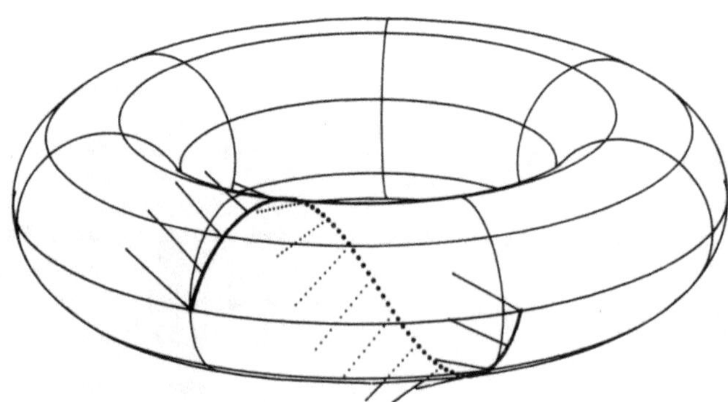

Im allgemeinen ist die Parallelverschiebung nach Levi-Civita von der Kurve abhängig. Es gilt jedoch

4.8.5 Satz:

Die Parallelverschiebung nach Levi-Civita ist genau dann unabhängig von der Kurve, wenn die Fläche eine Torse ist.

4.8.6 Beispiel:

(a) Für den Zylinder mit

$$\vec{x}(u^i) = \{r\cos u^2, r\sin u^2, u^1\}$$

verschwinden alle Christoffel-Symbole, so daß die Parallelverschiebung nach Levi-Civita gegeben ist durch

$$\frac{d\xi^i}{dt} = 0 \quad (i=1,2),$$

also

$$\xi^i(t) = \xi^i(0) \quad (i=1,2) \text{ für alle } t \geq 0$$

unabhängig von der Kurve in Übereinstimmung mit Satz 4.8.5.

(b) Für den Kegel mit

$$\vec{x}(u^i) = \left\{ \frac{1}{\sqrt{a}} \cdot u^1 \cos u^2, \frac{1}{\sqrt{a}} \cdot u^1 \sin u^2, u^1 \right\}$$

gilt mit $\alpha := \sqrt{\dfrac{a}{a+1}}$:

$$g_{11} = \frac{a+1}{a} = \frac{1}{\alpha^2} \quad \text{und} \quad g_{22} = \frac{(u^1)^2}{a},$$

und es ist

$$\frac{d\xi^1}{dt} = \frac{1}{2g_{11}} \frac{dg_{22}}{du^1} \xi^2 \cdot \frac{du^2}{dt} = \frac{\alpha^2 u^1}{a} \xi^2 \frac{du^2}{dt} \quad \text{mit}$$

$$\xi^2 = \frac{1}{\sqrt{g_{22}}} \sqrt{1 - g_{11}(\xi^1)^2} = \frac{\sqrt{a}}{\alpha u^1} \sqrt{\alpha^2 - (\xi^1)^2} \quad \text{etwa:}$$

$$\frac{d\xi^1}{dt} = \frac{1}{\sqrt{a+1}} \sqrt{\alpha^2 - (\xi^1)^2} \frac{du^2}{dt}.$$

Daraus folgt

$$\int \frac{d\xi^1}{\sqrt{\alpha^2 - (\xi^1)^2}} = \arcsin \frac{\xi^1}{\alpha} = \frac{u^2(t)}{\sqrt{a+1}} + c.$$

Mit den üblichen Anfangsbedingungen

$$u^2(0) := 0, \quad \xi^1(0) = \frac{\sin\theta_o}{\sqrt{g_{11}(u^1_o)}} \quad \text{und} \quad \xi^2(0) = \frac{\cos\theta_o}{\sqrt{g_{22}(u^1_o)}}$$

erhalten wir

$$\xi^1(t) = \alpha \cdot \sin\left[\frac{u^2(t)}{\sqrt{a+1}} + \theta_o\right] \quad \text{und}$$

$$\xi^2(t) = \frac{\sqrt{a}}{u^1(t)}\sqrt{1-\sin^2\left[\frac{u^2(t)}{\sqrt{a+1}} + \theta_o\right]} = \frac{\sqrt{a}}{u^1(t)}\left|\cos\left[\frac{u^2(t)}{\sqrt{a+1}} + \theta_o\right]\right|.$$

Wenn wir also längs zweier Kurven mit $(u^1(t),u^2(t))$ und $(\hat{u}^1(t),\hat{u}^2(t))$ sowie $u^k(t_o) = \hat{u}^k(t_o)$ und $u^k(t_1) = \hat{u}^k(t_1)$ $(k=1,2)$ von t_o nach t_1 verschieben, so sehen wir, daß

$$\xi^1(t_1) = \hat{\xi}^1(t_1) \quad \text{und} \quad \xi^2(t_1) = \hat{\xi}^2(t_1);$$

die Verschiebung ist also unabhängig von der Kurve.

Mit dem Programm P4_23 zu Beispiel 4.8.6 (b) illustrieren wir die Unabhängigkeit der Parallelverschiebung bei Kurven auf einem Kegel. Wir verschieben dazu einen Vektor längs zweier verschiedener Kurven, die in einem gemeinsamen Punkt (u^1_o,u^2_o) starten und in einem gemeinsament Punkt auf dem oberen Rand des Kegels enden. Für die erste Kurve wählen wir die Instanz CrvA vom Typ CFOnQST, d.h. für ihre Parameterfunktionen gilt

$$u^1_A(t) = t, \quad u^2_A(t) = t.$$

Als Parameterintervall wählen wir dann

$$I1DCrvA = [u^1_o, RotS.I1[2].X],$$

woraus sich automatisch der gemeinsame Startpunkt und Endpunkt ergeben.

Für die zweite Kurve deklarieren wir den Typ CurveBOnConeT als Erben von CFOnQST, für dessen Parameterfunktionen wir

$$u^1(t) := t^2 + u^1_o \quad \text{und} \quad u^2(t) := t \cdot \sqrt{QS.I1[2].X - u^1_o} + u^1_o$$

setzen. Als Parameterintervall der zweiten Kurve müssen wir
dann

$$I1DCrvB = \left[0, \ \sqrt{QS.I1[2].X - u^1_o} \right]$$

eingeben.

In der ersten L-Schleife zeichnen wir in den gewählten Zwischenpunkten der Kurven die parallel verschobenen Vektoren und
löschen sie nach einer kurzen Pause wieder. Dadurch entsteht
der Eindruck, daß sich die Vektoren an der Kurve entlang bewegen. Da hierdurch Teile der Zeichnung gelöscht werden, vervoll-
ständigen wir anschließend die Grafik und zeichnen - jetzt in
weniger Zwischenpunkten - die Vektoren. Wir können erkennen,
daß die beiden Vektoren im Endpunkt der beiden Kurven zusammenfallen.

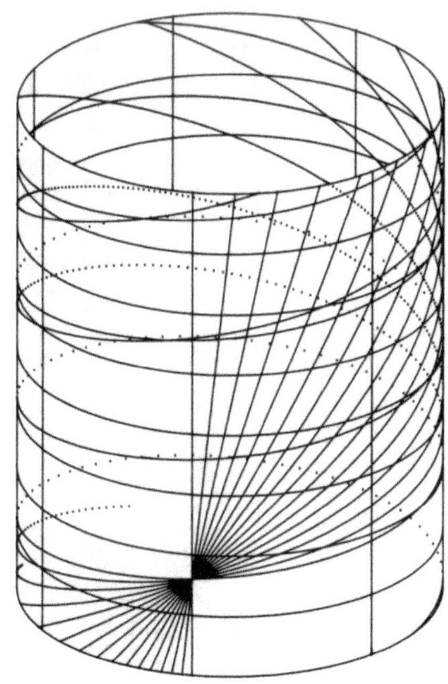

5. GAUSS'SCHE UND MITTLERE KRÜMMUNG

In diesem Kapitel untersuchen wir die geometrische Gestalt einer Fläche in einer Umgebung eines beliebigen ihrer Punkte. Dabei müssen wir die Normalkrümmung näher studieren. Die außerdem benötigten Begriffe der Gauß'schen und der mittleren Krümmung einer Fläche können wir erst nach längerer Vorarbeit einführen.

5.1 Die Normalkrümmung und die zweite Fundamentalform

In Abschnitt 3.12 hatten wir den Krümmungsvektor $\ddot{\vec{x}}(s)$ einer Flächenkurve $\vec{x}(s) = \vec{x}(u^i(s))$ wie folgt in einen Normalteil und einen geodätischen Anteil zerlegt:

$$(5.1) \qquad \ddot{\vec{x}} = \kappa_n \vec{N} + \kappa_g \vec{t} \quad \text{mit} \quad \vec{t} := \vec{N} \times \dot{\vec{x}}.$$

Die Fragestellungen in Zusammenhang mit der geodätischen Krümmung sind in Kapitel 4 eingehend behandelt worden. Wir wenden uns nun der Untersuchung der Normalkrümmung zu.

Mit den in Abschnitt 3.12 definierten zweiten Fundamentalgrößen $L_{ik} := \vec{N}_i \cdot \vec{x}_k$ (i,k=1,2) einer Fläche mit Parameterdarstellung $\vec{x}(u^i)$ folgt aus (5.1)

$$(5.2) \qquad \kappa_n = \ddot{\vec{x}} \cdot \vec{N} = L_{ik} \dot{u}^i \dot{u}^k.$$

Ist t ein beliebiger Kurvenparameter, so wird (5.2) wegen

$$\dot{u}^i = \frac{du^i}{dt} \frac{dt}{ds} = u^{i'} \frac{dt}{ds} = \frac{u^{i'}}{\sqrt{g_{ik} u^{i'} u^{k'}}}$$

zu

$$(5.3) \qquad \kappa_n = \frac{L_{ik} u^{i'} u^{k'}}{g_{ik} u^{i'} u^{k'}}.$$

Wir ergänzen zuerst den Typ CFOnSurfT aus der Unit USurface um die folgende Methode NormalCurvature, mit der wir zum eingehenden Parameterwert T die Normalkrümmung berechnen

```
FUNCTION CFOnSurfT.NormalCurvature (T: EXTENDED): EXTENDED;
VAR .........
BEGIN
  dU10fT := dU1dT (T);
  dU20fT := dU2dT (T);
  SqrdU1 := SQR (dU10fT);
  SqrdU2 := SQR (dU20fT);

  G110fT := G11 (T);
  G120fT := G12 (T);
  G220fT := G22 (T);
  L110fT := L11 (T);
  L120fT := L12 (T);
  L220fT := L22 (T);
  Num    := L110fT*SqrdU1 + 2*L120fT*dU10fT*dU20fT + L220fT*SqrdU2;
  Den    := G110fT*SqrdU1 + 2*G120fT*dU10fT*dU20fT + G220fT;

  NormalCurvature := Num/Den;
END;
```

Zuerst ermitteln wir die Größen $g_{ik}(T)$, $L_{ik}(T)$ und $u^{i'}(T)$ (i,k=1,2) und daraus gemäß (5.3) die Normalkrümmung $\kappa_n(T)$.

Mit dem Programm P5_01 demonstrieren wir die Zerlegung des Krümmungsvektors aus (5.1). Dazu zeichnen wir auf einer Rotationsfläche eine Kurve $\vec{x}(t) = \vec{x}(u^i(t))$, in einem Punkt P mit $\overrightarrow{OP} = \vec{x}(TO)$ die Vektoren $\vec{x}''(TO)$, $\kappa_n(TO) \cdot \vec{N}(TO)$ und $\kappa_g(TO) \cdot \vec{t}(TO)$ sowie die von $\vec{N}$ und $\vec{t}$ aufgespannte Ebene durch P.

Nachdem wir die notwendigen Checkprozeduren zur Verfügung gestellt haben, initialisieren wir in der Prozedur Draw als erstes die Instanzen RotS und RotSUi für die Rotationsfläche und ihre Parameterlinien. Wir benutzen dabei die im Include-File IRotS3 abgelegten Prozeduren für die Funktionen $r(u^1)$ und $h(u^1)$ und erhalten einen Teil eines Torus. Als nächstes definieren wir für die Kurve die Instanz Crv, die hier vom Typ CFOnRotST ist. Für ihre Parameterfunktionen gilt dabei

$$u^1(t) = t \quad \text{und} \quad u^2(t) = t.$$

Als nächstes legen wir den Parameterwert TO fest und berechnen den Punkt P1O und die Vektoren $\overrightarrow{P1N}$ und $\overrightarrow{P1Y}$, so daß gilt

$$P1O = P, \quad \overrightarrow{P1N} = \vec{v}_1(TO) \quad \text{und} \quad \overrightarrow{P1Y} = \vec{N}(TO).$$

Mit ihrer Hilfe initialisieren wir dann die Instanz Pl1, so daß
sie die durch $\vec{N}$(TO) und $\vec{t}$(TO) aufgespannte Ebene darstellt.

Für deren Schnitt mit RotS definieren wir dann das Objekt ISP1-
RotS. Nachdem wir zum Zeichnen der Vektoren $\vec{x}''$(TO),
κ_n(TO)$\cdot\vec{N}$(TO) und κ_g(TO)$\cdot\vec{t}$(TO) die Instanzen LnKappa, LnKappaN
und LnKappaG vom Typ Line3DT geeignet initialisiert haben, be-
rechnen wir das Weltintervall, rufen Parameter3D auf und initialisieren das letzte Objekt RotSC für die Kontur von RotS. Anschließend müssen wir von den entsprechenden Instanzen nur noch
die Zeichenmethoden aufrufen.

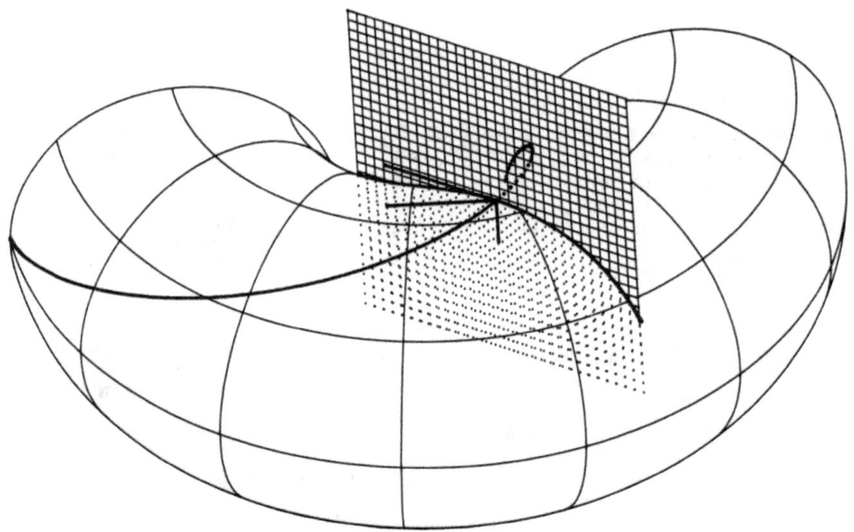

Aus (5.3) folgt:

5.1.1 Satz:

Alle Flächenkurven, die in einem bestimmten Punkt die gleiche
Tangente haben, besitzen dort die gleiche Normalkrümmung.

Für das nächste Ergebnis benötigen wir den Begriff des Normalschnitts:

Es seien F eine Fläche, C eine Kurve auf F, P ein Punkt von C
und E die Ebene durch P, die vom Tangentenvektor an C in P so-

wie dem Flächennormalenvektor in P aufgespannt wird. Dann heißt
der Schnitt von F und E der *Normalschnitt der Fläche F im Punkt
P.*

Die Bedeutung des Normalschnitts ergibt sich aus:

5.1.2 Satz:

Der Betrag der Normalkrümmung einer Flächenkurve in einem Punkt
P ist gleich der Krümmung des Normalschnittes der Fläche im
Punkt P.

Eine weitere geometrische Veranschaulichung der Normalkrümmung
liefert:

5.1.3 Satz: (Meusnier)

Die Normalkrümmung einer Flächenkurve ist gleich ihrer Krümmung
multipliziert mit dem Cosinus des Winkels der Kurvenhauptnor-
malen und der Flächennormalen.

Häufig findet man den Satz von Meusnier auch in der folgenden
Form:

Die Krümmungsmittelpunkte aller sich in einem Punkt P berühren-
den Flächenkurven liegen auf einem Kreis in ihrer gemeinsamen
Normalebene, der die Fläche berührt und den Durchmesser $\dfrac{1}{|\kappa_n|}$

hat.

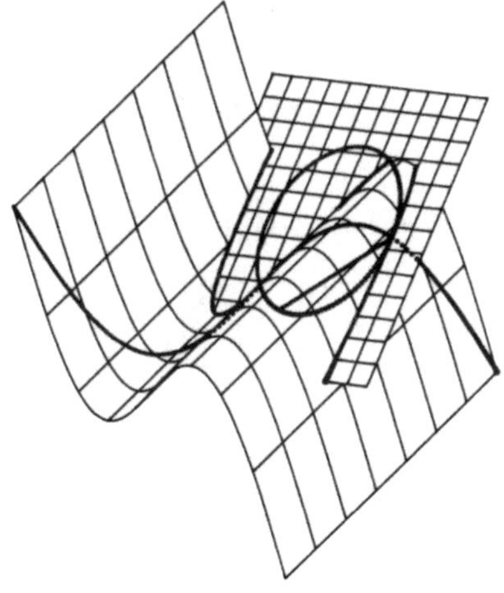

Ein Programm zur Illustration des Satzes von Meusnier schreiben
wir im Anschluß an Beispiel 5.1.7.

5.1.4 Beispiel:

Auf einer Rotationsfläche mit Parameterdarstellung

$$\vec{x}(u^1) = \{r(u^1)\cos u^2, r(u^1)\sin u^2, h(u^1)\} \quad ((u^1,u^2)\in I_1\times(0,2\pi))$$

mit $0\in I_1$ betrachten wir die Kurven

$$u^1_{(1)}(t) := 0, \qquad u^2_{(1)}(t) := t;$$

$$u^1_{(2)}(t) := t^2, \qquad u^2_{(2)}(t) := t;$$

$$u^1_{(3)}(t) := \cos mt - 1, \qquad u^2_{(3)}(t) := t \quad (m\in\mathbb{N}\ \text{fest});$$

$$u^1_{(4)}(t) := \log(\cosh t), \quad u^2_{(4)}(t) := t.$$

Dann gilt

$$u^1_{(k)}(0) = 0, \quad u^2_{(k)}(0) = 0$$

$$\frac{du^1_{(k)}(0)}{dt} = 0 \quad \text{und} \quad \frac{du^2_{(k)}(0)}{dt} = 1 \quad (k=1,2,3,4),$$

so daß alle Kurven nach Satz 5.1.1 im Punkt $u^1(0) := \overset{\circ}{u}^1 = 0$,
$u^2(0) := \overset{\circ}{u}^2 = 0$ die gleiche Normalkrümmung

$$\kappa_n(\overset{\circ}{u}^j) = \frac{L_{ik}(\overset{\circ}{u}^j)u^{i'}_{(1)}(0)u^{k'}_{(1)}(0)}{g_{ik}(\overset{\circ}{u}^j)u^{i'}_{(1)}(0)u^{k'}_{(1)}(0)} = \frac{L_{22}(\overset{\circ}{u}^j)}{g_{22}(\overset{\circ}{u}^j)} =$$

$$= \frac{h'(0)}{r(0)\sqrt{(r'(0))^2+(h'(0))^2}}$$

haben. Wegen

$$\vec{N}(u^i) = - \frac{\{h'(u^1)\cos u^2, h'(u^1)\sin u^2, -r'(u^1)\}}{\sqrt{(r'(u^1))^2 + (h'(u^1))^2}}$$

gilt für alle vier Kurven

$$\kappa_n(u^j_o)\vec{N}(u^j_o) = \frac{-h'(0)}{r(0)\cdot((r'(0))^2 + (h'(0))^2)} \{h'(0), 0, -r'(0)\}.$$

Mit dem Programm P5_02 zu Beispiel 5.1.4 zeichnen wir auf einem Zylinder $\vec{x}(u^1)$ die Kurven $(u^i_{(k)}(t))$ $(k=1,2,3,4)$ und zum Parameterwert $t=0$ die gemeinsamen Vektoren $\vec{x}'(u^i_{(k)}(0))$ und $\kappa_n^{(k)}(0)\cdot\vec{N}(u^i_{(k)}(0))$ $(k=1,2,3,4)$.

Für die vier verschiedenen Kurven deklarieren wir am Anfang des Programmes zunächst die neuen Typen Crv1OnCylT bis Crv4OnCylT als Erben von CFOnCylT, bei denen jeweils die Methoden TToU1 und dU1dT für die Funktionen $u^1(t)$ und $u^{1\prime}(t)$ neu implementiert werden müssen.

Nach der Bereitstellung der notwendigen Checkprozeduren initialisieren wir in der Prozedur Draw zuerst die Instanzen Cyl und CylUi für den Zylinder und seine Parameterlinien und dann - nach der Festlegung des Weltintervalles und dem Aufruf von Parameter3D - die Instanz CylC für die Kontur von Cyl sowie jeweils eine Instanz der zu Beginn neu deklarierten Typen.

Durch den Aufruf der entsprechenden Methoden zeichnen wir den Zylinder und die vier Kurven.

Für die im gemeinsamen Punkt P1 mit $\overrightarrow{OP1} = \vec{x}(u^i_o)$ abgetragenen Vektoren $\vec{x}'(u^i_{(k)}(0))$ bzw. $\kappa_n^{(k)}(0)\cdot\vec{N}'(u^i_{(k)}(0))$ initialisieren wir danach die Instanzen LnT1 bis LnT4 bzw. LnN1 bis LnN4 vom Typ Line3DT, wobei wir die jeweiligen Endpunkte Tk bzw. Nk $(k=1,2,3,4)$ aus den Bedingungen

$$\overrightarrow{OTk} = \overrightarrow{OP1} + \vec{x}'(u^i_{(k)}(0)) \quad \text{bzw.} \quad \overrightarrow{ONk} = \overrightarrow{OP1} + \kappa_n^{(k)}(0)\cdot\vec{N}(u^i_o)$$

- also für jede Kurve neu - ermitteln.

In der folgenden Endlos-Schleife zeichnen wir nacheinander zu jeder Kurve die beiden Vektoren in der jeweiligen Kurvenfarbe. Wir können erkennnen, daß die entsprechenden Vektoren untereinander gleich lang sind und in dieselbe Richtung zeigen.
Das Programm kann mit einem Tastendruck abgebrochen werden.

5.1.5 Beispiel:

Mit den Methoden aus Kapitel 3 können wir für unsere Flächentypen sofort den Normalschnitt einer Fläche in einem Punkt P zeichnen: Ist $\vec{x}(u^i(t))$ eine Flächenkurve, so gilt für den Tangentenvektor im Punkt t_o:

$$\vec{v}_1(u^j(t_o)) := \frac{x'(u^j(t_o))}{\|\vec{x}'(u^j(t_o))\|} = \frac{\vec{x}_i \frac{du^i}{dt}(t_o)}{\sqrt{g_{ik}(u^j(t_o)) \frac{du^i}{dt}(t_o) \frac{du^k}{dt}(t_o)}} .$$

Wir setzen

$$\vec{v}(t_o) := \vec{N}(u^j(t_o)) \times \vec{v}_1(u^j(t_o))$$

und schneiden die Ebene senkrecht zu $\vec{v}(t_o)$ durch den Punkt mit dem Ortsvektor $\vec{x}(t_o)$ mit der Fläche.

Wir betrachten nun "Loxodrome" auf Rotationsflächen. Für sie ist nach Beispiel 3.9.4:

$$u^1(t) = t, \quad u^2(t) = |\cot\beta| \cdot \int \sqrt{\frac{g_{11}(t)}{g_{22}(t)}} \, dt$$

und für ihre Normalkrümmung gilt wegen $g_{12}(u^j) = L_{12}(u^j) = 0$

$$\kappa_n(t) = \frac{L_{11}(u^j(t))g_{22}(u^j(t)) + L_{22}(u^j(t))g_{11}(u^j(t))\cot^2\beta}{g_{11}(u^j(t))g_{22}(u^j(t))(1+\cot^2\beta)} =$$

$$= \frac{L_{11}(u^j(t))g_{22}(u^j(t)) \cdot \sin^2\beta + L_{22}(u^j(t))g_{11}(u^j(t)) \cdot \cos^2\beta}{g_{11}(u^j(t))g_{22}(u^j(t))} .$$

Mit dem Programm P5_03 zeichnen wir auf einer Rotationsfläche eine Loxodrome und in einem ihrer Punkte den Normalschnitt. Dazu müssen wir zunächst den Typ LoxOnRotST aus der Unit UCrvOnRS um die Methode dU2dT für die Ableitung

$$u^{2\,\prime}(t) = \sqrt{\frac{g_{11}(t)}{g_{22}(t)}}$$

ergänzen.

Nach der obligatorischen Definition einiger Checkprozeduren
initialisieren wir in der Prozedur Draw zunächst die Instanzen
RotS, RotSUi und Lox für die Rotationsfläche und die Loxodrome.
Anschließend berechnen wir zum Parameterwert T0 den Tangenten -
und den Flächennormalenvektor und initialisieren mit deren Hilfe die Instanz Pl1, so daß sie die Normalschnittebene darstellt.

Zum Zeichnen des Schnittes zwischen RotS und Pl1 definieren wir
dann das Objekt ISPlRotS geeignet. Nach der Berechnung des
Weltintervalles und dem Aufruf von Parameter3D initialisieren
wir die Instanz RotSC für die Kontur von RotS und zeichnen die
Fläche, die Loxodrome, die Normalschnittebene, den Normalschnitt und zum Abschluß auch noch den im Kurvenpunkt zu T0 abgetragenen Tangenten- bzw. Flächennormalenvektor mittels der
Instanzen LnT bzw. LnN vom Typ Line3DT .

5.1.6 Beispiel:

Für eine beliebige Kurve $(u^1(t), u^2(t))$ auf einer Kugel vom Radius r gilt

$$|\kappa_n| = \frac{1}{r},$$

denn ist P ein beliebiger Punkt der Kurve, so gilt

$$(\vec{N}(P) \times \vec{x}'(P)) \cdot \overrightarrow{OP} = \left[-\frac{\overrightarrow{OP}}{\|\overrightarrow{OP}\|} \times \vec{x}'(P) \right] \cdot \overrightarrow{OP} = 0.$$

Daher ist der Normalschnitt ein Großkreis mit Krümmung $\frac{1}{r}$, und
mit Satz 5.1.2 folgt die Behauptung.

Hier können wir jedoch auch leicht die Normalkrümmung direkt
ausrechnen:

$$\kappa_n = \frac{L_{ik} u^{i'}(t) u^{k'}(t)}{g_{ik} u^{i'}(t) u^{k'}(t)} = \frac{\frac{1}{r}(r^2 (u^{1'}(t))^2 + r^2 \cos u^1(t) (u^{2'}(t))^2)}{r^2 (u^{1'}(t))^2 + r^2 \cos u^1(t) (u^{2'}(t))^2} = \frac{1}{r}.$$

5.1.7 Beispiel:

Es seien F eine Fläche mit Parameterdarstellung $\vec{x}(u^i)$, $P \in F$ ein
beliebiger Punkt mit Ortsvektor $\vec{x}(P)$, $\vec{N}(P)$ der Flächennormalenvektor in P und

$$\vec{M}(P) := \vec{x}(P) - \frac{1}{2\kappa_n} \vec{N}(P).$$

Ist $\mathcal{C}$ eine Familie von Kurven C auf F, die alle durch P verlaufen und dort denselben Tangentenvektor $\vec{v}_1(P)$ haben, so ist

$$\vec{y}(t) = \vec{M}(P) + \frac{1}{2\kappa_n}(\vec{N}(P)\cos t + (\vec{N}(P)\times\vec{v}_1(P))\sin t) \quad (t\in[0,2\pi])$$

offensichtlich die Parameterdarstellung eines Kreises K, der in der gemeinsamen Normalebene aller Kurven aus $\mathcal{C}$ liegt, den Durchmesser $\frac{1}{|\kappa_n|}$ hat und die Fläche F in P berührt.

Für jedes $C\in\mathcal{C}$ mit Parameterdarstellung $\vec{x}(t) = \vec{x}(u^i(t))$ und $\vec{x}(t_o) = \vec{x}(P)$ liegt der Krümmungsmittelpunkt

$$\vec{x}_m(t_o) = \vec{x}(t_o) + \frac{\vec{x}'(t_o)\times(\vec{x}''(t_o)\times\vec{x}'(t_o))}{\kappa^2(t_o)\|\vec{x}'(t_o)\|^4}$$

nach der in Anschluß an Satz 5.1.3 gegebenen Version des Satzes von Meusnier auf dem Kreis K.

Wir illustrieren diesen Sachverhalt durch das Programm P5_04, mit dem wir eine Kurve auf einer Regelfläche und in einem Punkt dieser Kurve die Normalebene und den darin liegenden Kreis K der Krümmungsmittelpunkte zeichnen.

Nachdem wir die benötigten Checkprozeduren zur Verfügung gestellt und den Include-File IRulS4 mit den Funktionen für die Regelfläche eingelesen haben, schreiben wir eine Prozedur Draw, mit der wir die Anordnung zeichnen.

In ihr initialisieren wir zunächst die Objekte RulS, RulSUi und Crv für die Regelfläche, ihre Parameterlinien und die Kurve. Die Instanz Crv ist hierbei vom Typ CFOnRulST, das heißt, für die Parameterfunktionen der Kurve gilt

$$u^i(t) = t \quad (i=1,2).$$

Als nächstes legen wir den Parameterwert T0 für den Kurvenpunkt P = P(T0) fest, in dem wir die Normalebene zeichnen wollen. Zu diesem Parameterwert berechnen wir den Tangenten- und den Flächennormalenvektor, mit deren Hilfe wir die Instanz Pll initialisieren, so daß sie die Normalebene in P darstellt.

Für den Kreis der Krümmungsmittelpunkte definieren wir dann die Instanz CircleOnNormalPlane vom Typ CircleOnPlT geeignet. Da die y-Achse des Koordinatensystems von Pll in die Richung von $\vec{N}$ zeigt, müssen wir für den Kreismittelpunkt

$$\text{MPInit} = \left[0, -\frac{1}{2\kappa_n(TO)}\right]$$

wählen.

Zum Zeichnen des in P abgetragenen Krümmungsvektors initialisieren wir die Instanz LnKappa vom Typ Line3DT.
Hiermit haben wir eine kleine Kontrolle, denn dieser Vektor muß
auf dem Kreis K enden.

Nachdem wir dann das Weltintervall WI3D bestimmt, Parameter3D
aufgerufen und das Objekt RulSC für die Kontur von RulS initialisiert haben, müssen wir nur noch die Zeichenmethoden der einzelnen Objekte aufrufen.

5.2 Hauptkrümmungen

In diesem Abschnitt beschäftigen wir uns mit den Extremwerten
der Normalkrümmung. Wie wir in Satz 5.1.1 gesehen haben, hängt
die Normalkrümmung einer Kurve in einem Punkt nur von ihrer
Tangentenrichtung ab. Es interessieren natürlich in einem Flächenpunkt diejenigen Richtungen, in denen κ_n Extremwerte annimmt; diese Extremwerte heißen *Hauptkrümmungen* und die zugehörigen Richtungen *Hauptkrümmungsrichtungen*.

Es gilt:

5.2.1 Satz:
Es seien P ein Punkt einer Fläche sowie g_{ik} und L_{ik} die Fundamentalgrößen der Fläche in P.

Die Hauptkrümmungen κ_1 und κ_2 sind die (stets reellen) Lösungen
der quadratischen Gleichung

(5.4) $$\lambda^2 g - \lambda(g_{11}L_{22} - 2g_{12}L_{12} + g_{22}L_{11}) + L = 0,$$

wobei $g = \det(g_{ik})$ und $L = \det(L_{ik})$.

Für die Hauptkrümmungsrichtungen $\xi_\mu^i \vec{x}_i$ ($\mu=1,2$) gilt

(5.5) $$(L_{ik} - \kappa_\mu g_{ik})\xi_\mu^k = 0 \quad (i=1,2) \quad \text{und} \quad g_{ik}\xi_\mu^i\xi_\mu^k = 1 \quad (\mu=1,2).$$

Im Fall $\kappa_1 \neq \kappa_2$ sind die beiden Hauptkrümmungsrichtungen zueinander orthogonal.

Ist $\kappa_1 = \kappa_2$, so ist dies gleichbedeutend mit $L_{ik} = \kappa_1 g_{ik}$ (i,k=1,2). Alle Normalkrümmungen sind dann gleich ; Punkte mit dieser Eigenschaft heißen **Nabelpunkte**. In ihnen kann jede Richtung als Hauptkrümmungsrichtung bezeichnet werden. Insbesondere kann man auch hier zwei zueinander senkrechte Hauptkrümmungsrichtungen auswählen.

Wir ergänzen den Typ SurfaceT aus der Unit USurface um die folgende Methode PrincipalCurvature, mit der wir untersuchen, ob ein Flächenpunkt P = P(Q) Nabelpunkt ist (UmbilicalPoint=TRUE) oder nicht (UmbilicalPoint=FALSE), und mit der wir die beiden Hauptkrümmungen Kappa1 und Kappa2 in P berechnen

```
PROCEDURE SurfaceT.PrincipalCurvature (Q: PtPar;
                               VAR UmbilicalPoint: BOOLEAN;
                               VAR Kappa1,Kappa2: EXTENDED);
VAR CoefA,CoefB,CoefC : EXTENDED;
    NOS              : INTEGER;
BEGIN
  CoefA := detG(Q);
  CoefB := G11(Q)*L22(Q)-2*G12(Q)*L12(Q)+G22(Q)*L11(Q);
  CoefC := detL(Q);
  SquareEquation (CoefA,CoefB,CoefC, NOS,Kappa1,Kappa2);
  IF (NOS = 1) THEN UmbilicalPoint := TRUE
              ELSE UmBilicalPoint := FALSE;
END;
```

Wir ermitteln zuerst die Koeffizienten aus (5.4) und rufen dann die Prozedur SquareEquation zur Lösung von (5.4) auf. Gilt für die Anzahl NOS der Lösungen von (5.4)

$$NOS = 1,$$

so ist Kappa1=Kappa2, und es liegt ein Nabelpunkt vor.

Für die Hauptkrümmungen κ_1 und κ_2 gilt nach dem Wurzelsatz von Vieta und (5.4)

$$H := \frac{\kappa_1 + \kappa_2}{2} = \frac{1}{2g} \cdot (g_{22}L_{11} - 2g_{12} \cdot L_{12} + g_{11}L_{22}) = \frac{1}{2} \cdot g^{ik} L_{ik} \quad \text{und}$$

$$K := \kappa_1 \kappa_2 = \frac{L}{g}.$$

Diese zunächst nur formal eingeführten Größen H und K heißen *mittlere* und *Gauß'sche Krümmung* der Fläche im Punkt P. Auf die geometrische Bedeutung dieser Begriffe gehen wir später ein.

Zur Berechnung der Gauß'schen und der mittleren Krümmung in einem Flächenpunkt P=P(Q) führen wir im Typ SurfaceT die zusätzlichen Methoden GaussianCurvature und MeanCurvature ein. Bei ihrem Aufruf berechnen wir zunächst mit der Methode PrincipalCurvature die Hauptkrümmungen und daraus dann die Gauß'sche oder die mittlere Krümmung.

5.2.2 Beispiel:

Wir betrachten die Kugel mit Parameterdarstellung

$$\vec{x}(u^i) = \{r\cos u^1 \cos u^2, r\cos u^1 \sin u^2, r\sin u^1\}$$

$$((u^1, u^2) \in (-\tfrac{\pi}{2}, \tfrac{\pi}{2}) \times (0, 2\pi)).$$

Wegen

$$g_{11} = r^2, \quad g_{12} = 0, \quad g_{22} = r^2\cos^2 u^1; \quad L_{11} = r, \quad L_{12} = 0 \quad \text{und}$$

$$L_{22} = r\cos^2 u^1 \quad \text{ist}$$

$$L_{ik} = \frac{1}{r}g_{ik} \quad (i,k=1,2).$$

Damit besteht die Kugel aus lauter Nabelpunkten. Weiter gilt

$$\kappa_1 = \kappa_2 = \frac{1}{r}.$$

Wir können die Hauptkrümmungsrichtungen beliebig wählen, etwa mit

$$\xi_1^1 = \frac{1}{\|\vec{x}_1\|} = \frac{1}{\sqrt{g_{11}}} = \frac{1}{r} \quad \text{und} \quad \xi_1^2 = 0,$$

so daß

$$\vec{w}_1 := \xi_1^i \vec{x}_i = \frac{1}{r}\vec{x}_1 = \{-\sin u^1 \cos u^2, \sin u^1 \sin u^2, \cos u^1\},$$

und

$$\xi_2^1 := 0 \quad \text{und} \quad \xi_2^2 := \frac{1}{\|\vec{x}_2\|} = \frac{1}{\sqrt{g_{22}}} = \frac{1}{r\cos u^1},$$

so daß

$$\vec{w}_2 := \mathfrak{k}_2^i \vec{x}_i = \frac{1}{r\cos u^1}\,\vec{x}_2 = \{-\sin u^2, \cos u^2, 0\}.$$

Für mittlere und die Gauß'sche Krümmung gilt

$$H = \frac{1}{r} \quad \text{und} \quad K = \frac{1}{r^2}.$$

5.2.3 Beispiel:

Wir betrachten die Fläche mit Parameterdarstellung

$$\vec{x}(u^i) = \{u^1, u^2, u^1 u^2\}, \quad \vec{N} = \frac{1}{A}\{-u^2, -u^1, 1\} \quad \text{mit } A := \sqrt{1+(u^1)^2+(u^2)^2}$$

$$g_{11} = 1+(u^2)^2, \quad g_{12} = u^1 u^2, \quad g_{22} = 1+(u^1)^2, \quad g = A^2,$$

$$\vec{x}_{11} = \vec{x}_{22} = \vec{0}, \quad \vec{x}_{12} = \{0,0,1\}, \quad L_{11} = L_{22} = 0 \quad \text{und} \quad L_{12} = \frac{1}{A}.$$

Da $L_{11} = 0$ und $g_{11} \neq 0$ für alle $(u^1, u^2) \in \mathbb{R}^2$, hat die Fläche keine Nabelpunkte:

Die Hauptkrümmungen berechnen wir aus (5.4):

$$\kappa_{1,2} = \frac{L_{12}}{g}\left[-g_{12} \pm \sqrt{g_{11} g_{22}}\right] = \frac{1}{A^3}\left[-u^1 u^2 \pm \sqrt{(1+(u^1)^2)(1+(u^2)^2)}\right],$$

und die Hauptkrümmungsrichtungen $\mathfrak{k}_\mu^i \vec{x}_i$ ($\mu=1,2$) erhalten wir aus (5.5). Da für die Determinante der Koeffizienten von $\mathfrak{k}_\mu^k$ in (5.5) nach (5.4) gilt:

$$\det\begin{bmatrix} L_{11}-\kappa_\mu g_{11} & L_{12}-\kappa_\mu g_{12} \\ L_{12}-\kappa_\mu g_{12} & L_{22}-\kappa_\mu g_{22} \end{bmatrix} =$$

$$= L_{11}L_{22}-\kappa_\mu(L_{11}g_{22}+L_{22}g_{11})+\kappa_\mu^2 g_{11}g_{22}-\left[L_{12}^2-2\kappa_\mu L_{12}g_{12}+\kappa_\mu^2 g_{12}^2\right] =$$

$$= \kappa_\mu^2 g-\kappa_\mu(L_{11}g_{22}-2L_{12}g_{12}+L_{22}g_{11})+L = 0,$$

ist der Rang des ersten Gleichungssystems in (5.5) kleiner als zwei. Wir lösen daher hier

$$-\kappa_\mu g_{11}\xi_\mu^1 + (L_{12}-\kappa_\mu g_{12})\,\xi_\mu^2 = 0$$

und

$$g_{11}\left[\xi_\mu^1\right]^2 + 2g_{12}\xi_\mu^1\xi_\mu^2 + g_{22}\left[\xi_\mu^2\right]^2 = 1 \quad (\mu=1,2).$$

Da $\kappa_\mu\neq 0$ ist, folgt mit $\xi_\mu^1 = \dfrac{L_{12}-\kappa_\mu g_{12}}{\kappa_\mu g_{11}}\cdot\xi_\mu^2$ also

$$\left\{g_{11}\left[\frac{L_{12}-\kappa_\mu g_{12}}{\kappa_\mu g_{11}}\right]^2 + 2g_{12}\frac{L_{12}-\kappa_\mu g_{12}}{\kappa_\mu g_{11}} + g_{22}\right\}\left[\xi_\mu^2\right]^2 = 1, \quad \text{d.h.}$$

$$\left\{L_{12}^2 - 2\kappa_\mu L_{12}g_{12} + \kappa_\mu^2 g_{12}^2 + 2\kappa_\mu g_{12}L_{12} - 2\kappa_\mu^2 g_{12}^2 + \kappa_\mu^2 g_{11}g_{22}\right\}\left[\xi_\mu^2\right]^2 = \kappa_\mu^2 g_{11}$$

und

$$\left[\xi_\mu^2\right]^2 = \frac{\kappa_\mu^2 g_{11}}{\kappa_\mu^2 g + L_{12}^2},$$

da trivialerweise $\kappa_\mu^2 g + L_{12}^2 > 0$.

Wir wählen

$$(5.6)\qquad \xi_\mu^2 = \frac{\kappa_\mu g_{11}}{\sqrt{\kappa_\mu^2 g + L_{12}^2}} \quad\text{und}\quad \xi_\mu^1 = \frac{L_{12}-\kappa_\mu g_{12}}{\sqrt{\kappa_\mu^2 g + L_{12}^2}}\,\frac{1}{\sqrt{g_{11}}} \quad (\mu=1,2)$$

und erhalten als Hauptkrümmungsrichtungen

$$(5.7)\qquad\qquad \vec{w}_\mu = \xi_\mu^i\vec{x}_i.$$

Schließlich gilt für die mittlere und die Gauß'sche Krümmung

$$H = \frac{\kappa_1+\kappa_2}{2} = -\frac{L_{12}g_{12}}{g} = -\frac{u^1u^2}{(1+(u^1)^2+(u^2)^2)^{3/2}}$$

und

$$K = \frac{L}{g} = -\frac{L_{12}^2}{g} = -\frac{1}{(1+(u^1)^2+(u^2)^2)^2}.$$

Mit dem Programm P5_05 zu Beispiel 5.2.3 zeichnen wir eine Fläche mit der Parameterdarstellung

$$\vec{x}(u^i) = \{u^1, u^2, u^1 u^2\},$$

und auf ihr eine Kurve sowie die in einem Kurvenpunkt P = P(T0)
abgetragenen Vektoren $\vec{w}_\mu$ (μ=1,2) aus (5.7).

Wir bemerken zunächst, daß die Fläche von unserem Typ CQImpST
ist, wobei außer a_{11} alle Koeffizienten gleich Null sind (siehe
Abschnitt 3.5). Wir deklarieren daher für sie die Instanz
CQImpS vom Typ CQImpST.

Nach der Implementation zweier Checkprozeduren initialisieren
wir in der Prozedur Draw zunächst die Instanzen CQImpS und
CQImpSUi und nach der Bestimmung des Weltintervalles und dem
Aufruf von Parameter3D auch die Instanz CQImpSC für die Kontur
von CQImpS.

Für die Kurve auf CQImpS wählen wir die Instanz Crv des Typs
CFOnCQImpST, bei dem für die Parameterfunktionen

$$u^i(t) = t \quad (i=1,2)$$

gilt.

Nachdem wir den Parameterwert T0 festgelegt haben, berechnen
wir den zugehörigen Kurvenpunkt P1 = P1(T0), den zugehörigen
Flächenparameterpunkt Q0 = $(u^1(T0), u^2(T0))$, die Vektoren

$$\overrightarrow{X1} = \vec{x}_1(Q0), \quad \overrightarrow{X2} = \vec{x}_2(Q0)$$

sowie die Hauptkrümmungen Kappa1 = κ_1(T0) und Kappa2 = κ_2(T0).
Anschließend ermitteln wir gemäß (5.6) die Koeffizienten Ksi11
und Ksi12 des Vektors $\vec{w}_1$, den Vektor $\vec{w}_1$ und den Endpunkt P21
des in P1 abgetragenen Vektors $\vec{w}_1$ und initialisieren dann die
Instanz LnKappa1 zum Zeichnen der Strecke $\overline{P1P21}$. Analog initialisieren wir die Instanz LnKappa2 zum Zeichnen des in P1 abgetragenen Vektors $\vec{w}_2$ und rufen nur noch die Zeichenmethoden auf.

Analog zum Satz von Liouville (siehe Bemerkung 4.1.3 (5)) läßt
sich auch die Normalkrümmung zu einer Richtung in einfacher
Weise durch die Hauptkrümmungen ausdrücken:

5.2.4 Satz: (Euler)

Für die Normalkrümmung κ_n einer Flächenkurve und deren Winkel φ gegen die erste Hauptkrümmungsrichtung gilt

$$\kappa_n = \kappa_1 \cos^2\varphi + \kappa_2 \sin^2\varphi.$$

Eine Kurve auf einer Fläche, deren Tangente in jedem Punkt in eine Hauptkrümmungsrichtung zeigt, heißt *Krümmungslinie*.

Nach Satz 5.2.1 gehen durch jeden Flächenpunkt, der kein Nabelpunkt ist, genau zwei Krümmungslinien. Man erhält sie aus den Differentialgleichungen

$$\det \begin{bmatrix} L_{1k}du^k & g_{1k}du^k \\ L_{2k}du^k & g_{2k}du^k \end{bmatrix} = 0.$$

5.2.5 Beispiel: Krümmungslinien auf Torsen $\vec{x}(u^i) = \vec{y}(u^1) + u^2 \vec{z}(u^1)$

Nach den Beispielen 3.9.3(b) und 3.12.3(b) lautet die Differentialgleichung für Krümmungslinien auf Torsen:

$$L_{11}du^1(g_{12}du^1 + g_{22}du^2) = L_{11}du^1(\vec{y}' \cdot \vec{z}\,du^1 + du^2) = 0.$$

Weil nach Beispiel 3.12.3(b) - außer im trivialen Fall der Ebene - $L_{11}\neq 0$ ist, sind die u^2-Linien Krümmungslinien. Weitere Krümmungslinien ergeben sich aus

$$u^2(u^1) = -\int \vec{y}'(u^1) \cdot \vec{z}(u^1)\,du^1.$$

(1) Im Fall des Zylinders ist $\vec{z}(u^1) = \vec{c}$ ein konstanter Vektor, so daß

(5.8) $$u^2(u^1) = -\vec{c} \cdot \vec{y}(u^1) + c$$

mit einer Integrationskonstanten c.

(2) Im Fall des Kegels ist $\vec{z}(u^1) = \dfrac{\vec{c} - \vec{y}(u^1)}{\|\vec{c} - \vec{y}(u^1)\|}$, wobei $\vec{c} \neq \vec{y}(u^1)$

ein konstanter Vektor ist. (Dabei ist $\vec{c}$ der Ortsvektor des Punktes, in dem sich alle Erzeugenden schneiden.) Durch lineare Transformation des Koordinatensystems können wir $\vec{c}=\vec{0}$ erreichen. Dann ist

$$(5.9) \qquad u^2(u^1) = \int \frac{\vec{y}' \cdot \vec{y}}{\|\vec{y}\|}\, du^1 = \|\vec{y}\| + c$$

mit einer Integrationskonstanten c.

(3)   Im Fall der Tangentenfläche ist $\vec{z} = \dfrac{\vec{y}'}{\|\vec{y}'\|}$, und wir erhalten

$$(5.10) \qquad u^2(u^1) = -\int \frac{\vec{y}' \cdot \vec{y}'}{\|\vec{y}'\|}\, du^1 = -\int \|\vec{y}'\|\, du^1,$$

das heißt, u^2 ist die Bogenlänge auf $\vec{y}$.

Mit dem Programm P5_06 zu Beispiel 5.2.5(1) zeichnen wir Krümmungslinien auf einem allgemeinen Zylinder.

Für die Krümmungslinien führen wir zu Beginn den Typ LineOfCurvatureOnGenCylT als Erben von CFOnRulST ein. Bei ihm müssen wir die Methode TToU2 gemäß (5.8) neu implementieren.

Für die Integrationskonstante c in (5.8) benutzen wir dabei die Variable FamPar, die in diesem Typ zur Verfügung steht. Sie wird in der ebenfalls neu implementierten Methode CalculateFamPar aus einer äquidistanten Unterteilung des Intervalles I_2 der Regelfläche gewonnen.

Bei der Berechnung des u^2-Wertes in TToU2 untersuchen wir auch gleich, ob der ermittelte Wert im Intervall I_2 liegt und setzen den Parameter NoPoint entsprechend, den wir dann wie üblich in der Visibility-Methode dieses Typs ausnutzen.

Nach der Bereitstellung der benötigten Checkprozeduren implementieren wir als nächstes die Prozeduren YInit, dYInit, ZInit und dZInit für die Funktionen $\vec{y}(u^1)$ und $\vec{z}(u^1)$ und deren Ableitungen, so daß die dadurch beschriebene Regelfläche ein allgemeiner Zylinder ist.

In der Prozedur Draw, mit der wir die gesamte Anordnung zeichnen, müssen wir dann nur die notwendigen Instanzen initialisieren und nach der Berechnung des Weltintervalles und dem Aufruf von Parameter3D ihre Zeichenmethoden benutzen.

Mit dem Programm P5_07 zu Beispiel 5.2.5 (2) zeichnen wir Krümmungslinien auf einem allgemeinen Kegel. Dieses Programm unterscheidet sich von dem vorangehenden nur dadurch, daß die Methode TToU2 des neu eingeführten Typs LineOfCurvatureOnGenConeT gemäß (5.9) implementiert ist und die Prozeduren YInit, dYInit,

ZInit und dZInit jetzt einen allgemeinen Kegel beschreiben.

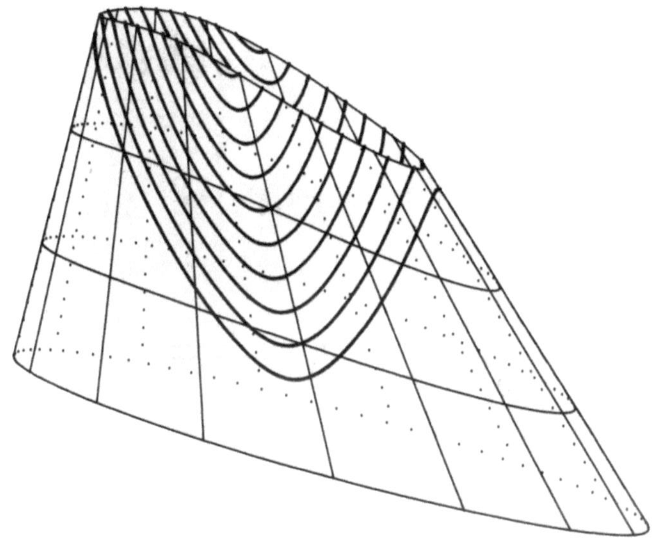

Um Krümmungslinien auf einer Tangentenfläche zu zeichnen, schreiben wir schließlich noch das Programm P5_08, das in seinem Aufbau ähnlich zu den Programmen P5_06 und P5_07 ist.

Der für die Krümmungslinien neu eingeführte Typ LineOfCurvatureOnTST ist jetzt ein Erbe von CFOnVKST (siehe Abschnitt 3.4).

Bei der Neuimplementation seiner Methode TToU2 gemäß (5.10) setzen wir voraus, daß die Ausgangskurve, zu der wir die Tangentenfläche zeichnen, auf ihre Bogenlänge bezogen ist.

Wir setzen also

$$u^2(T) = -T+FamPar.$$

Nach der Definition der Checkprozeduren implementieren wir hier die Methoden YInit, dYInit und d2YInit für die Parameterdarstellung der Ausgangskurve und ihre ersten beiden Ableitungen. Wir haben dabei eine auf die Bogenlänge bezogene Schraubenlinie gewählt. In der Prozedur Draw wird die Instanz VKS mit dem Parameterwert TypeNumber=1 für die Tangentenfläche initialisiert. Der Rest dieses Programmes entspricht P5_06 und P5_07.

5.2.6 Beispiel:

Wir betrachten wieder die Fläche aus Beispiel 5.2.3. Hier lauten die Differentialgleichungen für die Krümmungslinien

$$L_{12}du^2(g_{12}du^1+g_{22}du^2)-L_{12}du^1(g_{11}du^1+g_{12}du^2) = 0,$$

d.h. wegen $L_{12} \neq 0$:

$$-(du^1)^2 g_{11}+du^1 du^2(g_{12}-g_{12})+(du^2)^2 g_{22} = 0.$$

Damit ist

$$\int \frac{du^1}{\sqrt{1+(u^1)^2}} = \pm \int \frac{du^2}{\sqrt{1+(u^2)^2}}$$

und daher

$$(5.11) \qquad u^2(u^1) = \sinh(\pm \operatorname{arsinh} u^1+C) \quad \text{mit} \quad C \in \mathbb{R},$$

also

$$u^2(u^1) = \pm u^1 \cosh C + \sinh C \sqrt{(u^1)^2+1}.$$

Zum Zeichnen der Krümmungslinien aus Beispiel 5.2.6 schreiben wir das Programm P5_09.

Für die Fläche benutzen wir wie im Programm P5_05 eine geeignet initialisierte Instanz CQImpS vom Typ CQImpST. Der Typ LineOf-CurvatureOnCQImpST für die Krümmungslinien ist entsprechend als Erbe von CFOnCQImpST deklariert. Seine neuen Datenfelder Sgn und C sind für das Vorzeichen und die Konstante C aus (5.11) vorgesehen. Daneben gibt es weitere Hilfsgrößen.

Die Methode TToU2 ist gemäß (5.11) implementiert. Bei ihrem Aufruf untersuchen wir, ob der ermittelte u^2-Wert im Intervall I_2 von CQImpS liegt, und setzen die Variable NoPoint für die Visibility-Methode entsprechend.

In der Methode Draw legen wir zunächst die Grenzen für die Konstante C fest, berechnen in der anschließenden N-Schleife C dann innerhalb dieser Grenzen und rufen DrawCurve3D je einmal zu Sgn=1 und zu Sgn=-1 auf. Der Rest dieses Programms entspricht P5_06.

5.2.7 Beispiel:

Wir betrachten den elliptischen Kegel mit Parameterdarstellung

$$\vec{x}(u^i) = \left\{ \sqrt{\frac{1}{a_1}}\cdot u^1 \cos u^2,\ \sqrt{\frac{1}{a_2}}\cdot u^1 \sin u^2,\ u^1 \right\} \quad ((u^1,u^2)\in(0,\infty)\times(0,2\pi)).$$

Wenn wir

$$\vec{y}^*(u^{*1}) := \left\{ \frac{1}{\sqrt{a_1}}\cdot\cos u^{*1},\ \frac{1}{\sqrt{a_2}}\cdot\sin u^{*1},\ 1 \right\} \quad (u^{*1}\in(0,2\pi))$$

setzen, so können wir den Kegel auch in der Form

$$\vec{x}^*(u^{*i}) = \left[1 - \frac{u^{*2}}{\|\vec{y}^*(u^{*1})\|} \right] y^*(u^{*1})$$

als Torse darstellen. Für die Parameter gelten die Transformationsformeln

$$u^1(u^{*1}) = 1 - \frac{u^{*2}}{\|y^*(u^{*1})\|} \quad\text{und}\quad u^2(u^{*i}) = u^{*1}.$$

Nach Beispiel 5.2.5 (2) sind neben den u^{*2}-Linien, d.h. den u^1-Linien, gemäß (5.9) auch die Kurven

$$u^{*2}(u^{*1}) = \|\vec{y}^*(u^{*1})\|+c \quad\text{mit Konstanten } c$$

Krümmungslinien. mittels unserer Transformationsformeln und $k=-c$ (>0, wegen $u^1>0$) ergibt sich daraus

$$(5.12)\quad u^1(u^2) = 1 - \left[1 + \frac{c}{\|\vec{y}^*(u^2)\|} \right] = \frac{k}{\sqrt{\frac{1}{a_1}\cdot\cos^2 u^2 + \frac{1}{a_2}\cdot\sin^2 u^2 + 1}}.$$

Mit dem Programm P5_10 zeichnen wir Krümmungslinien auf einem elliptischen Kegel, den wir als Quadrik mit der TypeNumber=9 auffassen.

Den Typ LineOfCurvatureOnQST zum Zeichnen der Krümmungslinien deklarieren wir daher als Erben von CFOnQST.

Bei ihm müssen wir die Methode TToU1 gemäß (5.12) neu implementieren. Für die Konstante k benutzen wir wieder die in diesem Typ bekannte Variable FamPar, die in der ebenfalls neu implementierten Methode CalculateFamPar aus einer äquidistanten Unterteilung eines geeignet gewählten Intervalles bestimmt wird.

Beim Aufruf der Methode TToU1 überprüfen wir, ob der berechnete u^1-Wert im Intervall I_1 des Kegels liegt, und setzen dementsprechend für die Visibility-Methode den Parameter NoPoint.

Der Rest des Programmes entspricht wieder P5_06.

Wir weisen noch darauf hin, daß man bei der Initialisierung der Instanz QS für den Kegel zwei unterschiedliche Werte für die Größen a_1 und a_2 eingeben sollte, denn ist $a_1 = a_2$, so wird (5.12) zu

$$u^1 = \text{const},$$

und man erhält die u^2-Linien als zweite Schar der Krümmungslinien.

Für bestimmte Flächentypen findet man die Krümmungslinien leicht:

5.2.8: Satz:
Die Krümmungslinien einer Fläche fallen genau dann mit den Parameterlinien zusammen, wenn gilt

$$g_{12} \equiv 0 \quad \text{und} \quad L_{12} \equiv 0.$$

5.2.9 Beispiel:
Für die Rotationsflächen mit Parameterdarstellung

$$\vec{x}(u^i) = \{r(u^i)\cos u^2, r(u^i)\sin u^2, h(u^i)\}$$

gilt nach Beispiel 3.9.3 (d) und Beispiel 3.12.3 (d)

$$g_{12} \equiv 0 \quad \text{und} \quad L_{12} \equiv 0,$$

so daß die Parameterlinien dort stets auch die Krümmungslinien sind.

Oft sind die sogenannten dreifach orthogonalen Flächensysteme hilfreich, um Krümmungslinien zu finden:

Es sei $\vec{y}(u^1, u^2, u^3)$ zweimal stetig differenzierbar, die Vektoren

$$\vec{y}_i := \frac{\partial \vec{y}}{\partial u_i} \quad (i=1,2,3)$$

seien liniear unabhängig, und es gelte:

$$\vec{y}_i \cdot \vec{y}_k = 0 \quad (i \neq k).$$

Dann bilden die Flächen u^j=const drei zueinander senkrechte Flächenscharen, ein sogenanntes *dreifaches Orthogonalsystem*.

5.2.10: Beispiel:

(1) Wir betrachten

$$\vec{y}(u^1,u^2,u^3) := \{u^1\cos u^2, u^1\sin u^2, u^3\}$$

$$((u^1,u^2,u^3)\in\mathbb{R}\times[0,2\pi]\times\mathbb{R}).$$

Für u^1 = const erhalten wir Kreiszylinder vom Radius u^1, für u^2 = const erhalten wir Ebenen durch die x^3-Achse, und für u^3 = const erhalten wir Ebenen parallel zur x^1x^2-Ebene. Da $\vec{y}$ zweimal stetig differenzierbar ist,

$$\vec{y}_1 = \{\cos u^2, \sin u^2, 0\}, \qquad \vec{y}_2 = \{-u^1\sin u^2, u^1\cos u^2, 0\},$$

$$\vec{y}_3 = \{0,0,1\} \quad \text{und} \quad \vec{y}_i \cdot \vec{y}_k = 0 \quad (i\neq k)$$

gilt, bilden die Flächen in der Tat ein dreifaches Orthogonalsystem.

(2) Wir betrachten

$$\vec{y}(u^1,u^2,u^3) := \{u^1\cos u^2\cos u^3, u^1\cos u^2\sin u^3, u^1\sin u^2\}$$

$$((u^1,u^2,u^3)\in(0,\infty)\times(-\tfrac{\pi}{2},\tfrac{\pi}{2})\times(0,2\pi)).$$

Für u^1 = const erhalten wir Kugeln vom Radius u^1 um den Nullpunkt, für u^2 = const erhalten wir Kreiskegel mit Spitze im Nullpunkt, und für u^3 = const erhalten wir Ebenen senkrecht zur x^1x^2-Ebene. Da $\vec{y}$ zweimal stetig differenzierbar ist,

$$\vec{y}_1 = \{\cos u^2\cos u^3, \cos u^2\sin u^3, \sin u^2\},$$

$$\vec{y}_2 = \{-u^1\sin u^2\cos u^3, -u^1\sin u^2\sin u^3, u^1\cos u^2\},$$

$$\vec{y}_3 = \{-u^1\cos u^2\sin u^3, u^1\cos u^2\cos u^3, 0\} \quad \text{und} \quad \vec{y}_i \cdot \vec{y}_k = 0 \ (i \neq k)$$

gilt, bilden die Flächen in der Tat ein dreifaches Orthogonalsystem.

Es gilt:

5.2.11 Satz: (Dupin 1813)
Die Flächen eines dreifachen Orthogonalsystems schneiden sich paarweise in Krümmungslinien.

Mit dem Programm P5_11 zeichnen wir zwei Kugeln um den Ursprung, zwei Kreiskegel mit Spitze im Ursprung, zwei Ebenen senkrecht zur x^1x^2-Ebene und alle Schnittlinien. Nach dem Satz von Dupin sind diese Schnittlinien Krümmungslinien.

Nach der Implementation aller notwendigen Checkprozeduren initialisieren wir in der Prozedur Draw zunächst die Instanzen für die sechs verschiedenen Flächen.

Nachdem wir das Weltintervall berechnet und Parameter3D aufgerufen haben, initialisieren wir als nächstes die Instanzen für die Konturen der Kugeln und Kegel und im Anschluß daran die Instanzen für die Schnitte zwischen den Ebenen und den Kugeln und Kegeln. Zum Zeichnen der Schnitte zwischen den Kugeln und den Kegeln wenden wir einen kleinen Trick an. Wir nutzen aus, daß sich bei diesem Beispiel eine Kugel und ein Kegel in einem Breitenkreis schneiden, dessen Radius und Höhe über der x^1x^2-Ebene leicht aus dem Kugelradius und dem Öffnungswinkel des Kegels berechnet werden können.

Zum Zeichnen dieser Kreise verwenden wir daher Instanzen vom Typ CircleOnP1T, bei deren Initialisierung eine geeignet definierte Ebene P1C benutzt wird.

Am Ende der Prozedur müssen dann nur die Zeichenmethoden aufgerufen werden. Wir weisen noch darauf hin, daß wir für alle Schnittlinien dieselbe Zeichenfarbe verwendet haben.

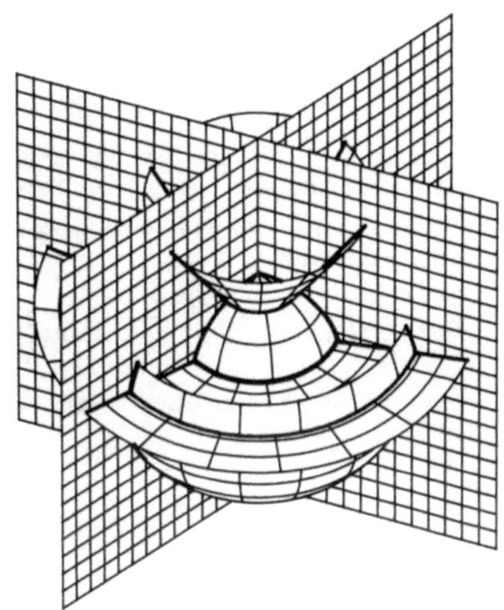

Die genaue Umkehrung des Satzes von Dupin gilt nicht, wie das
folgende Beispiel zeigt:

5.2.12 Beispiel:

Wir betrachten konzentrische Kugeln um den Nullpunkt, ellip-
tische (nicht kreisförmige) Kegel mit Spitze im Nullpunkt und
Ebenen durch die x^3-Achse. Offensichtlich sind die Schnittli-
nien von Kugeln und Ebenen Krümmungslinien. Die Schnitte der
Ebenen mit den Kegeln ergeben Mantellinien auf den Kegeln, d.h.
Krümmungslinien nach Beispiel 5.2.7.

Die Schnittlinie eines Kegels mit Parameterdarstellung

$$\vec{x}(u^i) = \left\{\frac{1}{\sqrt{a_1}}\cdot u^1 \cos u^2, \frac{1}{\sqrt{a_2}}\cdot u^1 \sin u^2, u^1\right\}$$

und den Kugeln mit Radius r ergibt sich aus

$$\frac{1}{a_1}(u^1)^2\cdot\cos u^2 + \frac{1}{a_2}(u^1)^2\cdot\sin^2 u^2 + (u^1)^2 = r^2$$

für $u^1 > 0$ zu

$$u^1 = \frac{r}{\sqrt{\dfrac{1}{a_1}\cdot\cos^2 u^2 + \dfrac{1}{a_2}\cdot\sin^2 u^2 + 1}};$$

das sind nach Beispiel 5.2.2 ebenfalls Krümmungslinien. Jedoch schneiden sich Kegel und Ebenen nicht orthogonal: Der Normalenvektor des Kegels längs der Mantellinie zum Winkel u^2 = const hat die Richtung des Vektors

$$\vec{N}_* := \left\{ -\sqrt{a_1}\cdot\cos u^2, -\sqrt{a_2}\cdot\sin u^2, 1 \right\},$$

und der Normalenvektor der zugehörigen Schnittebene hat die Richtung des Vektors

$$\vec{\tilde{N}}_* = \{ -\sqrt{a_1}\cdot\sin u^2, \sqrt{a_2}\cdot\cos u^2, 0 \},$$

so daß

$$\vec{N}_*\cdot\vec{\tilde{N}}_* = \sin u^2 \cos u^2 (a_1 - a_2) \neq 0 \quad \text{für } u^2 \neq 0, \tfrac{\pi}{2}, \pi, \tfrac{3}{2}\pi.$$

Es gilt jedoch:

5.2.13 Satz:
Sind auf einer Fläche $\vec{x} = \vec{x}(u^i)$ die Parameterlinien die Krümmungslinien, so ist

$$\vec{y}(u^1, u^2, u^3) = \vec{x}(u^1, u^2) + u^3 \vec{N}$$

für hinreichend kleine u^3 ein dreifaches Orthogonalsystem.

Zum Schluß dieses Kapitels behandeln wir das vielleicht wichtigste Beispiel im Zusammenhang mit dreifach orthogonalen Systemen.

5.2.14 Beispiel:
Für fest vorgegebene $a,b,c \in \mathbb{R}$ mit

$$0 < a^2 < b^2 < c^2$$

und für jedes $\lambda \neq a^2, b^2, c^2$ wird durch die Gleichung

$$(5.13) \qquad g(\lambda) := \frac{(x^1)^2}{a^2-\lambda} + \frac{(x^2)^2}{b^2-\lambda} + \frac{(x^3)^2}{c^2-\lambda} - 1 = 0$$

eine Fläche beschrieben.

Für $\lambda < a^2$ erhalten wir ein Ellipsoid, für $a^2 < \lambda < b^2$ ein einschaliges Hyperboloid und für $b^2 < \lambda < c^2$ ein zweischaliges Hyperboloid.

Durch (5.13) wird ein dreifaches Orthogonalsystem beschrieben. Für jeden Punkt $(x^1, x^2, x^3) \in \mathbb{R}^3 \setminus \{0\}$ ist die Funktion g stetig auf $\mathbb{R} \setminus \{a^2, b^2, c^2\}$. Es gilt:

$$\lim_{\lambda \to a^2-} \left[g(\lambda) \right] = \lim_{\lambda \to b^2-} \left[g(\lambda) \right] = \lim_{\lambda \to c^2-} \left[g(\lambda) \right] = +\infty,$$

$$\lim_{\lambda \to a^2+} \left[g(\lambda) \right] = \lim_{\lambda \to b^2+} \left[g(\lambda) \right] = \lim_{\lambda \to c^2+} \left[g(\lambda) \right] = -\infty \quad \text{und}$$

$$\lim_{\lambda \to -\infty} \left[g(\lambda) \right] = \lim_{\lambda \to +\infty} \left[g(\lambda) \right] = -1.$$

Daher gibt es mindestens je ein λ_1, ein λ_2 und ein λ_3 mit

$$\lambda_1 < a^2 < \lambda_2 < b^2 < \lambda_3 < c^2 \quad \text{und} \quad g(\lambda_k) = 0 \quad (k=1,2,3).$$

Andererseits gibt es höchstens drei Nullstellen von g, da $g(\lambda)=0$ äquivalent zu einer kubischen Gleichung in λ ist.

Also geht durch jeden Punkt $(x^1, x^2, x^3) \in \mathbb{R}^3 \setminus \{0\}$ genau eine Fläche jeder Familie. Weiter hat in einem Punkt $(x^1, x^2, x^3) \in \mathbb{R}^3 \setminus \{0\}$ der Normalenvektor auf der Fläche mit der Gleichung $g(\lambda_k)=0$ die Richtung

$$\left\{ \frac{\partial g}{\partial x^1}(\lambda_k), \frac{\partial g}{\partial x^2}(\lambda_k), \frac{\partial g}{\partial x^3}(\lambda_k) \right\} = \left\{ \frac{x^1}{a^2-\lambda_k}, \frac{x^2}{b^2-\lambda_k}, \frac{x^3}{c^2-\lambda_k} \right\}.$$

Schließlich gilt für $i \neq k$:

$$\left\{\frac{x^1}{a^2-\lambda_i}, \frac{x^2}{b^2-\lambda_i}, \frac{x^3}{c^2-\lambda_i}\right\} \cdot \left\{\frac{x^1}{a^2-\lambda_k}, \frac{x^2}{b^2-\lambda_k}, \frac{x^3}{c^2-\lambda_k}\right\} =$$

$$= \frac{(x^1)^2}{(a^2-\lambda_i)(a^2-\lambda_k)} + \frac{(x^2)^2}{(b^2-\lambda_i)(b^2-\lambda_k)} + \frac{(x^3)^2}{(c^2-\lambda_i)(c^2-\lambda_k)} =$$

$$= \frac{1}{\lambda_i-\lambda_k}\left[\frac{(x^1)^2}{a^2-\lambda_i} - \frac{(x^1)^2}{a^2-\lambda_k} + \frac{(x^2)^2}{b^2-\lambda_i} - \frac{(x^2)^2}{b^2-\lambda_k} + \frac{(x^3)^2}{c^2-\lambda_i} - \frac{(x^3)^2}{c^2-\lambda_k}\right] =$$

$$= \frac{g(\lambda_i)-g(\lambda_k)}{\lambda_i-\lambda_k} = 0.$$

Somit wird durch (5.13) in der Tat ein dreifaches Orthogonal-system beschrieben.

Wir bestimmen nun mit Satz 5.2.11 die Krümmungslinien auf unseren Flächen:

Für vorgegebene Punkte $(x^1, x^2, x^3) \in \mathbb{R}^3 \setminus \{0\}$ sei

$$P(\lambda) := (a^2-\lambda)(b^2-\lambda)(c^2-\lambda)g(\lambda)$$

mit g aus (5.13), d.h.

$$(5.14) \qquad P(\lambda) = (x^1)^2(b^2-\lambda)(c^2-\lambda) + (x^2)^2(a^2-\lambda)(c^2-\lambda) +$$

$$+ (x^3)^2(a^2-\lambda)(b^2-\lambda) - (a^2-\lambda)(b^2-\lambda)(c^2-\lambda).$$

Somit ist $P(\lambda) = 0$ eine kubische Gleichung mit den Nullstellen λ_k, wobei

$$\lambda_1 < a^2 < \lambda_2 < b^2 < \lambda_3 < c^2.$$

Wir können daher schreiben

$$(5.15) \qquad P(\lambda) = (\lambda-\lambda_1)(\lambda-\lambda_2)(\lambda-\lambda_3).$$

Wenn wir $\lambda := a^2$ wählen, so erhalten wir aus (5.14) und (5.15)

$$P(a^2) = (x^1)^2(b^2-a^2)(c^2-a^2) = (a^2-\lambda_1)(a^2-\lambda_2)(a^2-\lambda_3),$$

also

$$(5.16) \qquad (x^1)^2 = \frac{(a^2-\lambda_1)(a^2-\lambda_2)(a^2-\lambda_3)}{(a^2-b^2)(a^2-c^2)}.$$

Analog erhalten wir für die Wahl $\lambda := b^2$ bzw. $\lambda := c^2$

$$(5.17) \qquad \begin{cases} (x^2)^2 = \dfrac{(b^2-\lambda_1)(b^2-\lambda_2)(b^2-\lambda_3)}{(b^2-a^2)(b^2-c^2)} & \text{bzw.} \\[3ex] (x^3)^2 = \dfrac{(c^2-\lambda_1)(c^2-\lambda_2)(c^2-\lambda_3)}{(c^2-a^2)(c^2-b^2)}. \end{cases}$$

Wenn wir ein λ_i = const wählen, so liefern die Gleichungen
(5.16) und (5.17) eine Parametrisierung von $g(\lambda) = 0$ mit Hilfe
der beiden anderen Größen λ_j und λ_k. Dazu setzen wir

$$\alpha := a^2-\lambda_i, \quad \beta := b^2-\lambda_i, \quad \gamma := c^2-\lambda_i,$$

$$u^1 := \lambda_j-\lambda_i \quad \text{und} \quad u^2 := \lambda_k-\lambda_1$$

und erhalten für die Fläche mit

$$(5.18) \qquad \frac{(x^1)^2}{\alpha} + \frac{(x^2)^2}{\beta} + \frac{(x^3)^2}{\gamma} = 1$$

die Parameterdarstellung mit

$$(5.19) \qquad \begin{cases} x^1 = \pm\sqrt{\dfrac{\alpha(\alpha-u^1)(\alpha-u^2)}{(\alpha-\beta)(\alpha-\gamma)}}, \quad x^2 = \pm\sqrt{\dfrac{\beta(\beta-u^1)(\beta-u^2)}{(\beta-\alpha)(\beta-\gamma)}}, \quad \text{und} \\[3ex] x^3 = \pm\sqrt{\dfrac{\gamma(\gamma-u^1)(\gamma-u^2)}{(\gamma-\alpha)(\gamma-\beta)}}. \end{cases}$$

Bezüglich dieser Parameterdarstellung sind die Parameterlinien
Krümmungslinien.

Wir zeigen nun, wie wir auf einem vorgegebenen Ellipsoid, einschaligen Hyperboloid oder zweischaligen Hyperboloid mit Hilfe
der Formeln aus (5.19) Krümmungslinien zeichnen können. Zunächst erinnern wir uns, daß wir bei den aufgezählten Quadriken
stets die jeweiligen Normalformen

$$\frac{(x^1)^2}{a^2} + \frac{(x^2)^2}{b^2} \pm \frac{(x^3)^2}{c^2} = \pm 1$$

zugrunde gelegt haben.

Bei der Initialisierung einer Quadrik werden die Koeffizienten
a,b und c mit der Typnummer der gewünschten Quadrik eingegeben.

In den folgenden drei Programmen werden wir die Quadrik durch
geeignete Wahl der Größen a,b und c vorgeben und die zum Zeich-
nen der Krümmungslinien benötigten Werte α, β und γ daraus bestimmen.

Wir erklären unsere Strategie am Beispiel des Programmes P5_12,
mit dem wir Krümmungslinien auf einem Ellipsoid zeichnen. Für
diese führen wir zu Beginn des Programmes den Typ LineOfCurvatureOnQST als Erben von CFOnQST ein.

```
TYPE LineOfCurvatureOnQST = OBJECT (CFOnQST)
        Alpha,Beta,Gamma,
        LowerBoundForU2,
        UpperBoundForU2,U2 : EXTENDED;
        SgnX1,SgnX2,SgnX3,
        Col1,Col2          : INTEGER;

        CONSTRUCTOR Init (WPInit: BOOLEAN;
                          IPInit,LLInit: INTEGER;
                          CheckInit: Check3D;
                          NNFInit: INTEGER;
                          QSInit: QST;
                          Col1Init,Col2Init: INTEGER);

        PROCEDURE TToP (T: EXTENDED; VAR P: Pt3D); VIRTUAL;
        PROCEDURE Draw;
        PROCEDURE Visibility (P: Pt3D; PrRay: Line3D; Dist: EXTENDED;
                              VAR Vis: BOOLEAN);
        END;
```

Die Datenfelder Alpha, Beta und Gamma sind für die Größen α, β
und γ in (5.18) vorgesehen. Für die Vorzeichen der einzelnen
Koordinaten in (5.19) reservieren wir die Felder SgnX1, SgnX2
und SgnX3.

Da wir zwei Scharen von Krümmungslinien erhalten, stellen wir
die Variablen Col1 und Col2 zur Verfügung, die mit dem neuen
Konstruktor eingegeben werden.

Mit der Methode TToP berechnen wir zum Parameter T direkt den
Krümmungslinienpunkt P aus den Formeln (5.19). Dazu wählen wir

$$u^1 = T \quad \text{und} \quad u^2 = \text{const} = U2$$

und setzen dann

$$P = (P.X, P.Y, P.Z) := (x^1(T,U2), x^2(T,U2), x^3(T,U2)).$$

Die Zeichenmethode Draw verlassen wir sofort, wenn die Typnummer der übergebenen Quadrik QS nicht eins ist, also kein Ellipsoid vorliegt. Andernfalls bestimmen wir aus den Daten von QS zunächst die Größen α, β und γ. Da wir

$$0 < \alpha < \beta < \gamma$$

benötigen, muß wegen $\alpha = a^2$, $\beta = b^2$ und $\gamma = c^2$ bei der Initialisierung von QS darauf geachtet werden, daß für die eingegebenen Koeffizienten

$$(5.20) \qquad\qquad a < b < c$$

gilt.

In der äußeren I-Schleife, die zweimal durchlaufen wird, legen wir zunächst die Grenzen LowerBoundForU2 und UpperBoundForU2 für die Konstante U2, das Parameterintervall I1D und die Zeichenfarbe Col fest. Falls I=1 ist, setzen wir

$$\text{LowerBoundForU2} = \beta, \qquad \text{UpperBoundForU2} = \gamma$$

$$\text{I1D} = [\alpha,\beta] \quad \text{und} \quad \text{Col=Col1}.$$

Falls I=2 ist, vertauschen wir die Rollen von T und U2, wir setzen also

$$\text{LowerBoundForU2} = \alpha, \qquad \text{UpperBoundForU2} = \beta$$

$$\text{I1D} = [\beta,\gamma] \quad \text{und} \quad \text{Col=Col2}$$

und erhalten so die zweite Schar von Linien.

In der inneren N-Schleife ermitteln wir die Konstante U2 aus einer äquidistanten Partition des durch LowerBoundForU2 und UpperBoundForU2 beschriebenen Intervalles und rufen dann zu jeder der acht möglichen Vorzeichenkombinationen einmal DrawCurve3D auf.

In der Prozedur Draw des Programmes initialisieren wir die Instanz QS unter Beachtung von (5.20) als Ellipsoid und - nach der Berechnung von WI3D und dem Aufruf von Parameter3D - die Instanz QSC für die Kontur von QS sowie die Instanz Crv für die Krümmungslinien. Mit Hilfe der Zeichenmethoden zeichnen wir die Kontur und die Krümmungslinien, jedoch keine Parameterlinien.

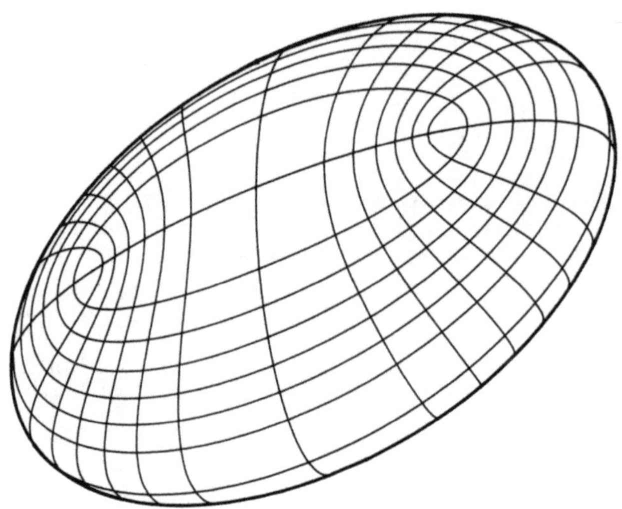

Mit dem Programm P5_13 zeichnen wir Krümmungslinien auf einem
einschaligen Hyperboloid. Wir gehen nur auf die wesentlichen
Unterschiede zu P5_12 ein. Zunächst beachten wir, daß wir in
Abschnitt 3.3 die Normalform

$$\frac{(x^1)^2}{a^2} + \frac{(x^2)^2}{b^2} - \frac{(x^3)^2}{c^2} = 1$$

für ein einschaliges Hyperboloid zugrundegelegt haben. Da hier

$$\alpha < 0 < \beta < \gamma$$

gilt, setzen wir in der Methode Draw

$$\alpha = c^2, \quad \beta = b^2 \quad \text{und} \quad \gamma = a^2.$$

Wir müssen daher bei der Initialisierung von QS beachten, daß
für die eingegebenen Koeffizienten b<a ist.

In der Methode TToP müssen ebenfalls die Rollen der ersten und
der dritten Komponente vertauscht werden, so daß

$$P = (P.X, P.Y, P.Z) = (x^3(T,U2), x^2(T,U2), x^1(T,U2)).$$

Beim ersten Durchlauf der I-Schleife in der Methode Draw wählen
wir

LowerBoundForU2 = $\alpha+(\alpha-\gamma)\sinh^2(\max\{|QS.I1[1].X|,|QS.I1[2].X|\})$,

UpperBoundForU2 = α,   I1D = $[\beta,\gamma]$

und vertauschen beim zweiten Durchlauf wieder die Rollen von T und U2.

Durch den Aufruf der Methode QSUi.DrawU2 in der Prozedur Draw erhalten wir in der Grafik auch den untersten und den obersten Breitenkreis von QS.

Mit dem Programm P5_14 zeichnen wir Krümmungslinien auf einem zweischaligen Hyperboloid. Auch hier gehen wir nur auf die wesentlichen Unterschiede zu P5_12 ein. Da wir die Normalform

$$\frac{(x^1)^2}{a^2} + \frac{(x^2)^2}{b^2} - \frac{(x^3)^2}{c^2} = -1$$

zugrundegelegt haben, müssen wir wegen

$$\alpha < \beta < 0 < \gamma$$

in der Methode Draw

$$\alpha = -a^2, \quad \beta = -b^2 \quad \text{und} \quad \gamma = c^2$$

setzen und bei der Initialisierung von QS darauf achten, daß wir a>b eingeben.

Beim ersten Durchlauf der I-Schleife in der Methode Draw setzen wir

LowerBoundForU2 = $\gamma-(\gamma-\alpha)\cosh^2(QS.I1[2].X)$,

UpperBoundForU2 = α,   I1D = $[\alpha,\beta]$

und beim zweiten Durchlauf vertauschen wir wieder die Rollen von T und U2.

5.3 Asymptotenlinien

Außer den zu den Extremwerten der Normalkrümmung gehörenden Hauptkrümmungsrichtungen sind natürlich auch solche Tangentenrichtungen interessant, in denen die Normalkrümmung verschwindet. Diese Richtungen heißen *Asymptotenrichtungen*. Eine Kurve, deren Tangente in jedem Punkt in Asymptotenrichtung zeigt, heißt *Asymptotenlinie*.

Wegen

$$\kappa_n = \frac{L_{ik}u^{i'}u^{k'}}{g_{ik}u^{i'}u^{k'}}$$

ist eine Richtung $\{\xi^1,\xi^2\}$ genau dann Asymptotenrichtung, wenn

$$L_{ik}\xi^i\xi^k = 0.$$

Die Differentialgleichung für Asymptotenlinien auf einer Fläche
lautet also

$$(5.21) \qquad\qquad 0 = L_{ik}u^{i'}u^{k'}.$$

Ob auf einem Flächenstück reelle Asymptotenlinien existieren,
hängt von der Gestalt des betreffenden Flächenstücks ab, wie
wir später sehen werden. Dann wird auch die Bezeichnung Asymptotenlinie einsichtig.

Asymptotenlinien besitzen folgende Eigenschaften:

5.3.1 Satz:

(1) Bei jeder Asymptotenlinie fällt in jedem Kurvenpunkt, in
    dem die Krümmung nicht verschwindet, die Binormale mit der
    Flächennormale - also die Schmiegebene dieser Kurve mit
    der jeweiligen zugehörigen Tangentialebene der Fläche -
    zusammen.

(2) Gilt

$$L_{11} \equiv 0, \quad L_{22} \equiv 0 \quad \text{und} \quad L_{12} \neq 0$$

so sind die Parameterlinien Asymptotenlinien und umgekehrt.

5.3.2 Beispiel:

(1) Auf der Fläche aus Beispiel 5.2.3 gilt

$$L_{11} \equiv 0, \quad L_{22} \equiv 0 \quad \text{und} \quad L_{12} \neq 0$$

so daß nach Satz 5.3.1 (2) die Parameterlinien genau die
Asymptotenlinien sind.

(2)   Wir betrachten die Fläche mit Parameterdarstellung

$$\vec{x}(u^i) = \{0,0,u^1\}+u^2\{\cos u^1,\sin u^1,0\} \quad (u^1\in I_1, u^2\in I_2).$$

Wegen

$$\vec{x}_1 = \{0,0,1\}+u^2\{-\sin u^1,\cos u^1,0\}, \quad \vec{x}_2 = \{\cos u^1,\sin u^1,0\},$$

$$\vec{N} = \frac{1}{\sqrt{g}}\{-\sin u^1,\cos u^1,-u^2\}, \quad \vec{x}_{11} = -u^2\{\cos u^1,\sin u^1,0\},$$

$$\vec{x}_{12} = \{-\sin u^1,\cos u^1,0\} \text{ und } \vec{x}_{22} = \vec{0}$$

ist

$$L_{11} = 0, \quad L_{12} = \frac{1}{\sqrt{g}} \neq 0 \text{ und } L_{22} = 0,$$

so daß nach Satz 5.3.1 (2) die Parameterlinien genau die Asymptotenlinien sind.

Mit dem Programm P5_15 zeichnen wir die Fläche aus Beispiel 5.3.2 (2), bei der es sich um eine Regelfläche mit

$$\vec{y}(u^1) = \{0,0,u^1\} \text{ und } \vec{z}(u^1) = \{\cos u^1,\sin u^1,0\}$$

handelt. Nach der Implementation der zwei notwendigen Checkprozeduren schreiben wir die Prozeduren YInit, dYInit, ZInit und dZInit für die Funktionen $\vec{y}(u^1)$, $\vec{z}(u^1)$ und deren Ableitungen. In der Prozedur Draw initialisieren wir nur die für die Regelfläche notwendigen Instanzen und rufen ihre Zeichenmethoden auf.

5.3.3 Beispiel: Asymptotenlinien auf einem Affensattel

Wir betrachten den Affensattel

$$\vec{x}(u^i) = \{u^1,u^2,(u^2)^3+\alpha(u^1)^2 u^2\} \quad ((u^1,u^2)\in\mathbb{R}^2, \alpha\in\mathbb{R}\setminus\{0\})$$

aus Beispiel 3.5.1, wobei wir uns hier auf $\alpha < 0$ beschränken. Mit

$$f(u^i) := (u^2)^3+\alpha(u^1)^2 u^2$$

ist

$$f_1(u^i) = 2\alpha u^1 u^2, \quad f_2(u^i) = 3(u^2)^2+\alpha(u^1)^2,$$

$$f_{11}(u^i) = 2\alpha u^2, \quad f_{12} = 2\alpha u^1, \quad f_{22} = 6u^2$$

und daher nach Beispiel 3.12.3 (c)

$$L_{11} = \frac{2\alpha u^2}{\sqrt{1+f_1^2(u^i)+f_2^2(u^i)}}, \quad L_{12} = \frac{2\alpha u^1}{\sqrt{1+f_1^2(u^i)+f_2^2(u^i)}} \quad \text{und}$$

$$L_{22} = \frac{6u^2}{\sqrt{1+f_1^2(u^i)+f_2^2(u^i)}}.$$

Die Differentialgleichung für die Asymptotenlinien lautet also

$$(5.22) \qquad \alpha u^2 (u^{1\prime})^2 + 2\alpha u^1 u^{1\prime} u^{2\prime} + 3u^2 (u^{2\prime})^2 = 0.$$

(I)   Eine Lösung der Differentialgleichung (5.22) ist

$$u^2 \equiv 0.$$

Also ist die Gerade

$$(5.23) \qquad \vec{x}(t) = \{t,0,0\} \quad (t \in \mathbb{R})$$

eine Asymptotenlinie

(II) Es sei $u^2 \neq 0$.

Dann wird (5.22) zu

$$\left[\frac{du^1}{du^2}\right]^2 + 2\frac{u^1}{u^2}\frac{du^1}{du^2} + \frac{3}{\alpha} = 0.$$

Wir setzen

$$y := u^1, \quad x := u^2, \quad v := \frac{u^1}{u^2} = \frac{y}{x}$$

und müssen

$$v' = -\frac{2v \mp \sqrt{v^2-\frac{3}{\alpha}}}{x}$$

lösen.

(i) Zu $v' \equiv 0$ gehören die Lösungen

$$(5.24) \qquad v = \pm \frac{1}{\sqrt{-\alpha}}, \quad \text{also} \quad u^1 = \pm \frac{1}{\sqrt{-\alpha}}\, u^2.$$

Als Asymptotenlinien erhalten wir die Geraden
$$\vec{x}(t) = \{t, \pm\sqrt{-\alpha}\cdot t, 0\}.$$

(ii) Die anderen Lösungen ergeben sich mit $\beta^2 := -\dfrac{3}{\alpha}$ aus dem Integral

$$I := \int \frac{dv}{2v \bar{+} \sqrt{v^2 + \beta^2}}.$$

Wir substituieren $v := \beta\sinh t$ und erhalten

$$I = \int \frac{\cosh t}{2\sinh t \bar{+} \cosh t}\, dt.$$

Im Fall des oberen Vorzeichens ergibt sich weiter mit der Substitution $s := e^t$

$$I = \int \frac{s^2+1}{s(s^2-3)}\, ds = \frac{1}{3}\left[-\int \frac{ds}{s} + 2\int \frac{ds}{s-\sqrt{3}} + 2\int \frac{ds}{s+\sqrt{3}} \right] = \frac{1}{3}\log \frac{(s^2-3)^2}{s}$$

etwa, und es folgt

$$\frac{\beta^3}{4\left[v+\sqrt{v^2+\beta^2}\right]\left[2v-\sqrt{v^2+\beta^2}\right]^2} = c^3 x^3 \quad \text{mit} \quad c \in \mathbb{R}\backslash\{0\}.$$

Setzen wir

$$t := v$$

und

$$\mathbf{r}_-(t) := \frac{\beta}{c}\left[4\left[t+\sqrt{t^2+\beta^2}\right]\left[2t-\sqrt{t^2+\beta^2}\right]^2\right]^{-1/3},$$

so haben die zum oberen Vorzeichen gehörenden Asymptotenlinien die Gestalt

(5.25) $u^1(t) = t \cdot \varphi_-(t)$ und $u^2(t) = \varphi_-(t)$.

Analog erhalten wir für das untere Vorzeichen

$$\frac{\beta}{4} \, \frac{v+\sqrt{v^2+\beta^2}}{\left[2v+\sqrt{v^2+\beta^2}\right]^2} = c^3 x^3 \quad \text{mit} \quad c \in \mathbb{R} \setminus \{0\}.$$

Setzen wir

$$t := v$$

und

$$\varphi_+(t) := \frac{1}{c} \left[\frac{\beta\left[t+\sqrt{t^2+\beta^2}\right]}{4\left[2t+\sqrt{t^2+\beta^2}\right]^2} \right]^{1/3},$$

so haben die zum unteren Vorzeichen gehörenden Asymptotenlinien die Gestalt

(5.26) $u^1(t) = t \cdot \varphi_+(t)$ und $u^2(t) = \varphi_+(t)$.

Mit dem Programm P5_16 zeichnen wir Asymptotenlinien auf einem
Affensattel. Dazu deklarieren wir zunächst den Typ Asymptotic-
LineOnCQImpST als Erben von CFOnCQImpST.

Mit dem Datenfeld TypeNumber steuern wir, welche Asymptotenlinien wir zeichnen. Dabei stehen die Werte 1, 2, 3 und 4 für die
Linien aus (5.23), (5.24), (5.25) und (5.26).

Für jeden Typ haben wir eine eigene Farbe vorgesehen, die wir
uns in den Feldern Col1 bis Col4 merken und die wir mit dem
neuen Konstruktor Init einlesen. Das Datenfeld C ist für die
Konstante c aus (5.25) bzw. (5.26) reserviert.

In den Variablen LowerBoundForC und UpperBoundForC speichern
wir die Grenzen, in denen c variiert werden kann. Daneben gibt
es noch einige Hilfsgrößen.

In den Methoden TToU1 und TToU2 ermitteln wir den u^1- bzw.
u^2-Wert zum eingegebenen T in Abhängigkeit des Wertes von Type-
Number jeweils aus einer der Formeln (5.23), (5.24), (5.25)
oder (5.26).

Wir zeichnen in der Methode Draw zuerst die Asymptotenlinie aus
(5.23). Dazu wählen wir Col1 als Zeichenfarbe, das Intervall I_1
von CQImpS als Parameterintervall. Dann rufen wir DrawCurve3D

auf. Als nächstes zeichnen wir die beiden Kurven aus (5.24).
Hierzu rufen wir - nachdem wir Col2 als Zeichenfarbe und das
Intervall I_2 von CQImpS als Parameterintervall gewählt haben -
zu Sgn2=1 und zu Sgn2=-1 jeweils einmal DrawCurve3D auf.

Zum Zeichnen der Asymptotenlinien aus (5.25) wählen wir zunächst Col3 als Zeichenfarbe und legen die Grenzen für die Konstante c fest:

$$LowerBoundForC = -\beta^2$$

$$UpperBoundForC = \beta^2 .$$

Für den Kurvenparameter müssen wir hier wegen der speziellen
Form der Parameterfunktionen ein sehr großes Intervall wählen.
Dadurch bedingt muß später bei der Initialisierung ein großer
Wert für LL eingegeben werden. In der N-Schleife bestimmen wir
die Konstante C durch eine äquidistante Unterteilung des Bereichs, der durch LowerBoundForC und UpperBoundForC festgelegt
ist, und rufen - falls C≠0 ist - DrawCurve3D auf.

Das Zeichnen der Asymptotenlinien aus (5.26) erfolgt dann
analog.

In der Methode Visibility berechnen wir den Parameterpunkt Q
zum betrachteten Punkt P. Liegt dieser nicht im Parameterintervall von CQImpS, so setzen wir Vis=FALSE. Anderenfalls rufen
wir die Visibility-Methode von CQImpS auf.

In der Prozedur Draw dieses Programmes initialisieren wir nur
die benötigten Instanzen und rufen ihre Zeichenmethoden auf.

5.3.4 Beispiel:

(1) Wir betrachten das Katenoid mit der Parameterdarstellung

$$\vec{x}(u^i) = \{a\cosh u^1 \cos u^2, a\cosh u^1 \sin u^2, u^1\}$$

$$(a > 0 \text{ fest}; (u^1, u^2) \in \mathbb{R} \times (0, 2\pi)).$$

Wegen

$$r(u^1) = a\cosh u^1, \quad h(u^1) = u^1, \quad r'(u^1) = a\sinh u^1,$$

$$r''(u^1) = a\cosh u^1, \quad h'(u^1) = 1 \quad \text{und} \quad h''(u^1) = 0$$

folgt nach Beispiel 3.12.3 (d)

$$L_{11} = -\frac{a\cosh u^1}{\sqrt{a^2\sinh^2 u^1+1}}, \quad L_{12} = 0 \quad \text{und} \quad L_{22} = \frac{a\cosh u^1}{\sqrt{a^2\sinh^2 u^1+1}}.$$

Da $\cosh u^1 \neq 0$ für alle $u^1 \in \mathbb{R}$, lautet die Differentialgleichung für die Asymptotenlinien

$$(u^{1\,'})^2 = (u^{2\,'})^2.$$

Die Lösungen sind

$$(5.27) \qquad u^2 = \pm u^1 + c \quad \text{mit } c \in \mathbb{R} \text{ konstant,}$$

und wir erhalten die Scharen von Asymptotenlinien

$$\vec{x}_{(1,2)}(c;t) = \{a\cosh t \cdot \cos(\pm t + c), a\cosh t \cdot \sin(\pm t + c), t\}$$
$$(t \in \mathbb{R}).$$

(2) Wir betrachten nun die Asymptotenlinie

$$\vec{x}(t) = \{a\cosh t \cdot \cos t, a\cosh t \cdot \sin t, t\} \quad (t \in \mathbb{R}).$$

Ist s die Bogenlänge der Asymptotenlinie, so gilt mit

$$u^i(t(s)) = t(s) \quad (i=1,2)$$

wegen $\vec{x}^*(s) = \vec{x}(u^i(t(s)))$

$$\dot{\vec{x}}^* = (\vec{x}_1 + \vec{x}_2)\frac{dt}{ds},$$

$$\ddot{\vec{x}}^* = (\vec{x}_{11} + 2\vec{x}_{12} + \vec{x}_{22})\left[\frac{dt}{ds}\right]^2 + (\vec{x}_1 + \vec{x}_2)\frac{d^2t}{ds^2} =$$

$$= 2\vec{x}_{12}\left[\frac{dt}{ds}\right]^2 + (\vec{x}_1 + \vec{x}_2)\frac{d^2t}{ds^2}.$$

Da $\vec{x}_{12}$ und $\vec{x}_2$ in der $x^1 x^2$-Ebene liegen und die dritte Komponente von $\vec{x}_1$ gleich 1 ist, folgt aus $\ddot{\vec{x}}^* \equiv \vec{0}$,

$$\frac{d^2t}{ds^2} = \frac{d}{dt}\left[\frac{1}{\sqrt{g_{11}(t) + g_{22}(t)}}\right] = -\frac{1}{2}\frac{g_{11}'(t) + g_{22}'(t)}{(g_{11}(t) + g_{22}(t))^{3/2}} = 0,$$

d.h. wenn

$$g'_{11}(t)+g'_{22}(t) = 2\left[r'(t)r''(t)+h'(t)h''(t)+r(t)r'(t)\right] =$$
$$= 4a^2 \sinh t \cdot \cosh t = 0,$$

also t=0.

Da umgekehrt für t=0 folgt, daß $\overset{\Rightarrow}{x}{}^* = \vec{0}$, gilt nach Satz 5.3.1 (1) für den Binormalenvektor der Asymptotenlinie:

$$\vec{v}_3(t) = \vec{N}(t) = \frac{1}{\sqrt{1+a^2\sinh^2 t}}\{-\cos t,-\sin t,a\sinh t\} \quad (t \neq 0).$$

Mit dem Programm P5_17 zeichnen wir Asymptotenlinien auf einem Katenoid, welches wir als Rotationsfläche auffassen.

Die Prozeduren für seine erzeugenden Funktionen $r(u^1)$ und $h(u^1)$ sowie deren Ableitungen sind im Include-File IRotS5 abgelegt.

Für die Asymptotenlinien führen wir den Typ AsymptoticLineOn-CatenoidT als Erben von CFOnRotST ein.

Bei den Datenfeldern nehmen wir die Variablen C für die Konstante c aus (5.27) und die Variablen Col1, Col2, und SgnT für die Farben und das Vorzeichen der beiden Kurvenscharen hinzu.

Die beiden Farben werden mit dem neuen Konstruktor Init eingelesen. Bei seinem Aufruf wählen wir auch gleich das Intervall I_1 von RotS als Parameterintervall.

Die Methode TToU2 ist gemäß (5.27) implementiert, wobei wir gegebenenfalls den berechneten u^2-Wert in das Intervall $[0,2\pi]$ verschieben. Wir setzen die Variable NoPoint auf FALSE, wenn der gefundene u^2-Wert im Intervall I_2 von RotS liegt, andernfalls auf TRUE.

In der äußeren I-Schleife der Methode Draw wählen wir für das Vorzeichen SgnT +1 oder -1 und die Zeichenfarbe, und in der inneren N-Schleife bestimmen wir die Konstante c aus einer äquidistanten Unterteilung des Intervalles I_2 des Katenoids und rufen DrawCurve3D auf.

Schließlich initialisieren wir in der Prozedur Draw, mit der wir die ganze Anordnung zeichnen, die Instanzen RotS, RotSUi, RotSC und Crv für das Katenoid und die Asymptotenlinien und rufen die Zeichenmethoden auf.

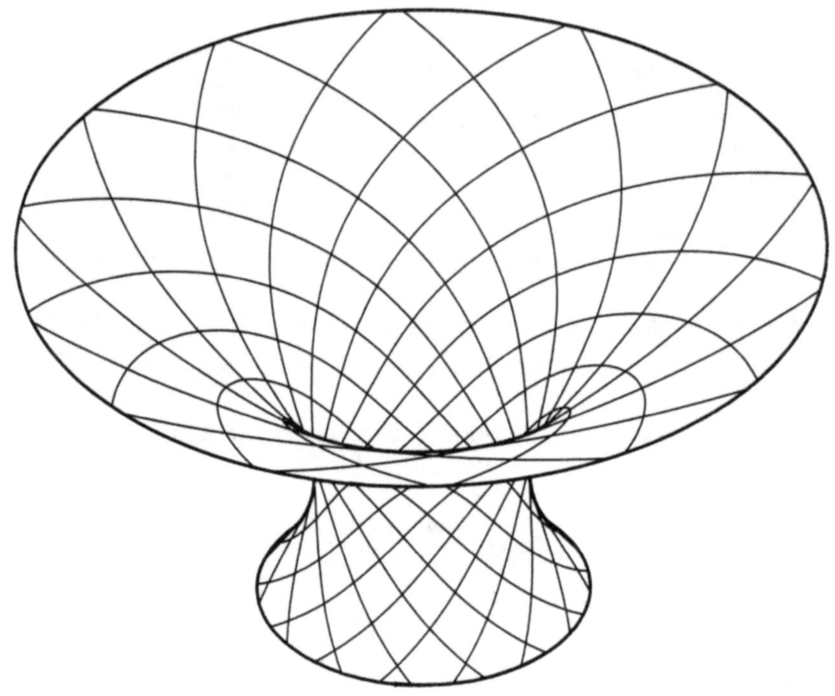

5.4 Elliptische, parabolische und hyperbolische Flächenkrümmungen

In diesem Abschnitt werden wir sehen, daß es drei verschiedene Arten der lokalen Flächenkrümmung gibt.

Wir wissen bereits aus Satz 5.1.2, daß $|\kappa_n|$ gleich der Krümmung der Normalschnittkurve zur entsprechenden Tangentenrichtung ist. Die Untersuchung, wie sich κ_n mit der Tangentenrichtung des Normalschnitts ändert, führt auf drei charakteristische Arten für die Flächenkrümmung in der Umgebung eines Punktes, in dem die zweite Grundform nicht identisch verschwindet.

Da die erste Grundform nach Bemerkung 3.9.1 (2) positiv definit ist, hängt das Vorzeichen von κ_n ausschließlich von der zweiten Grundform

$$L_{ik}\,du^i\,du^k$$

ab. Sie ist positiv oder negativ definit, wenn im betrachteten Punkt P der Fläche L>0 gilt. Dann hat κ_n in P für alle Schnittrichtungen dasselbe Vorzeichen, d.h. die Krümmungsmittelpunkte aller Normalschnittkurven liegen auf derselben Seite der Fläche.

Ist L>0 in einem Flächenpunkt P, so heißt die Fläche in P *elliptisch gekrümmt* und P *elliptischer Flächenpunkt*. In einem elliptischen Flächenpunkt existieren keine reellen Asymptotenlinien.

5.4.1 Beispiel:

Jeder Punkt des Ellipsoids mit Parameterdarstellung

$$\vec{x}(u^i) = \left\{ \frac{1}{\sqrt{a_1}} \cdot \cos u^1 \cos u^2, \frac{1}{\sqrt{a_2}} \cdot \cos u^1 \sin u^2, \frac{1}{\sqrt{a_3}} \cdot \sin u^1 \right\}$$

$$\left((u^1, u^2) \in \left((-\tfrac{\pi}{2}, \tfrac{\pi}{2}) \times (0, 2\pi) \right) \right)$$

ist ein elliptischer Punkt, denn nach Beispiel 3.12.3 (a) (1) gilt

$$L_{11} = \sqrt{\frac{1}{a_1 a_2 a_3}} \cdot \frac{\cos u^1}{\sqrt{g}}, \quad L_{12} = 0, \quad L_{22} = \sqrt{\frac{1}{a_1 a_2 a_3}} \cdot \frac{\cos^3 u^1}{\sqrt{g}} \quad \text{und}$$

$$L = L_{11} L_{22} - L_{12}^2 = \frac{1}{a_1 a_2 a_3} \frac{\cos^4 u^1}{g} > 0.$$

Ist L=0 und $L_{ik} \neq 0$ in einem Flächenpunkt P, so bedeutet dies zwar, daß κ_n keinen Vorzeichenwechsel hat, daß aber genau eine Richtung existiert, für die $\kappa_n=0$ ist, also eine Asymptotenrichtung vorliegt. Die Fläche heißt dann in P *parabolisch gekrümmt* und P *parabolischer Flächenpunkt*.

5.4.2 Beispiel:

Jeder Punkt auf den Zylindern und den Kegeln unter den Quadriken ist ein parabolischer Punkt, denn nach Beispiel 3.12.3 (a), (6), (7), (8) und (9) gilt stets L≡0.

Ist L<0 in einem Flächenpunkt P, dann liegen die Krümmungsmittelpunkte der Normalschnitte zum einen Teil auf der einen Seite der Fläche und zum anderen Teil auf der anderen.

Es existieren zwei reelle Asymptotenrichtungen, und die Normalkrümmung hat für alle Tangentenrichtungen in einem und demselben von den Asymptotenrichtungen begrenzten Winkelraum dasselbe Vorzeichen; sie wechselt ihr Vorzeichen, wenn man bei der Änderung der Tangentenrichtung eine Asymptotenrichtung überschreitet.

Ist $L<0$ in einem Flächenpunkt P, so heißt die Fläche in P *hyperbolisch gekrümmt* und P *hyperbolischer Punkt*.
Auf einem Flächenstück, das nur aus hyperbolischen Punkten besteht, existiert ein Netz reeller Asymptotenlinien.

5.4.3 Beispiel:

Jeder Punkt des hyperbolischen Paraboloids

$$\vec{x}(u^i) = \left\{ \sqrt{\frac{1}{a_1}} \cdot u^1, \sqrt{\frac{-1}{a_2}} \cdot u^2, (u^1)^2 - (u^2)^2 \right\} \quad ((u^1, u^2) \in \mathbb{R}^2)$$

ist ein hyperbolischer Punkt, denn nach Beispiel 3.12.3 (a), (5) ist

$$L_{11} = 2\frac{\sqrt{\dfrac{1}{a_1}\dfrac{-1}{a_2}}}{\sqrt{g}}, \quad L_{22} = {}^-L_{11} \quad \text{und} \quad L_{12} = 0$$

so daß $L<0$.

Jeder Punkt des einschaligen Hyperboloids

$$\vec{x}(u^i) = \left\{ \sqrt{\frac{1}{a_1}} \cdot \cosh u^1 \cos u^2, \sqrt{\frac{1}{a_2}} \cdot \cosh u^1 \sin u^2, \sqrt{\frac{-1}{a_3}} \cdot \sinh u^1 \right\} \quad (a_3 < 0)$$

ist ein hyperbolischer Punkt, denn nach Beispiel 3.12.3 (a), (2) ist

$$L_{11} = -\frac{\sqrt{\dfrac{1}{a_1}\dfrac{1}{a_2}\left[-\dfrac{1}{a_3}\right]}\cosh u^1}{\sqrt{g}}, \quad L_{22} = \frac{\sqrt{\dfrac{1}{a_1}\dfrac{1}{a_2}\left[-\dfrac{1}{a_3}\right]}\cosh^3 u^1}{\sqrt{g}}, \quad \text{und}$$

$$L_{12} = 0, \quad \text{so daß } L < 0.$$

5.4.4 Bemerkung:

(1) Offenbar ist die Eigenschaft eines Punktes, elliptisch, parabolisch oder hyperbolisch zu sein, invariant gegenüber zulässigen Parametertransformationen.

(2) Zusammenfassend haben wir:

	Bezeichnung	Anzahl der Asymptotenrichtungen
$L>0$	elliptische Krümmung	0
$L=0$	parabolische Krümmung	1
$L<0$	hyperbolische Krümmung	2

5.4.5 Beispiel:

Wir betrachten den Torus mit der Parameterdarstellung

$$\vec{x}(u^i) = \{(R+r\cos u^1)\cos u^2, (R+r\cos u^1)\sin u^2, r\sin u^1\}$$

$$((u^1,u^2)\in(-\pi,\pi)\times(0,2\pi))$$

mit $R>r>0$ fest. Wegen

$$r(u^1) = R+r\cos u^1, \quad r'(u^1) = -r\sin u^1, \quad r''(u^1) = -r\cos u^1$$

$$h(u^1) = r\sin u^1, \quad h'(u^1) = r\cos u^1, \quad h''(u^1) = -r\sin u^1$$

gilt nach Beispiel 3.12.3 (d)

$$L_{11} = \frac{r^2}{r} = r, \quad L_{22} = \frac{r\cos u^1(R+r\cos u^1)}{r} = \cos u^1(R+r\cos u^1),$$

$$L_{12} = 0 \quad \text{und} \quad L = r\cos u^1(R+r\cos u^1).$$

Daher folgt aus $R+r\cos u^1 > 0$ für alle $u^1\in(-\pi,\pi)$:

$$L>0, \text{ genau dann, wenn } u^1\in(-\tfrac{\pi}{2},\tfrac{\pi}{2})$$

$$L=0, \text{ genau dann, wenn } u^1=\pm\tfrac{\pi}{2}$$

$$L<0, \text{ genau dann, wenn } u^1\in(-\pi,-\tfrac{\pi}{2}) \text{ oder } u^1\in(\tfrac{\pi}{2},\pi).$$

In Abschnitt 4.4 hatten wir gesehen, daß sich die geodätischen Linien auf Rotationsflächen im Prinzip explizit berechnen lassen. Ähnliches gilt im Fall der Asymptotenlinien auf Regelflächen:

5.4.6 Beispiel:

Wir betrachten eine Regelfläche, die keine Ebene ist, mit Parameterdarstellung

$$\vec{x}(u^1) = \vec{y}(u^1) + u^2\vec{z}(u^1) \quad \text{mit} \quad \|\vec{z}\| = 1.$$

Wegen $L_{22} = 0$ ist $L = -L_{12}^2 \leq 0$, so daß durch jeden Punkt einer Regelfläche mindestens eine reelle Asymptotenlinie geht. Die Differentialgleichung für Asymptotenlinien lautet

$$L_{11}((u^1)')^2 + 2L_{12}(u^1)' \cdot (u^2)' = 0,$$

wobei

$$L_{11} = \vec{x}_{11} \cdot \frac{\vec{x}_1 \times \vec{x}_2}{\sqrt{g}} = \frac{1}{\sqrt{g}}(\vec{y}'' + u^2\vec{z}'') \cdot ((\vec{y}' + u^2\vec{z}') \times \vec{z}) \quad \text{und}$$

$$L_{12} = \vec{x}_{12} \cdot \frac{\vec{x}_1 \times \vec{x}_2}{\sqrt{g}} = \frac{1}{\sqrt{g}}\vec{z}' \cdot (\vec{y}' \times \vec{z}).$$

Eine Schar von Lösungen sind die u^2-Linien. Weitere Lösungen ergeben sich aus

$$(5.28) \qquad 2(\vec{z}' \cdot (\vec{y}' \times \vec{z}))\frac{du^2}{du^1} + (\vec{y}'' + u^2\vec{z}'') \cdot ((\vec{y}' + u^2\vec{z}') \times \vec{z}) = 0.$$

Ist $\vec{z}' \cdot (\vec{y}' \times \vec{z}) = 0$, so ist die Regelfläche eine Torse, und es gibt keine weiteren Lösungen, denn man kann für nicht ebene Torsen zeigen, daß $L_{11} \neq 0$.

Es sei also $\vec{z}' \cdot (\vec{y}' \times \vec{z}) \neq 0$. Wir setzen

$$a(u^1) := 2\vec{z}' \cdot (\vec{y}' \times \vec{z}), \quad f(u^1) := -\frac{\vec{y}'' \cdot (\vec{y}' \times \vec{z})}{a},$$

$$g(u^1) := -\frac{\vec{y}'' \cdot (\vec{z}' \times \vec{z}) + \vec{z}'' \cdot (\vec{y}' \times \vec{z})}{a} \quad \text{und} \quad h(u^1) := -\frac{\vec{z}'' \cdot (\vec{z}' \times \vec{z})}{a}.$$

Dann wird (5.28) zu

$$(5.29) \qquad \frac{du^2}{du^1} = f(u^1) + u^2g(u^1) + (u^2)^2 h(u^1).$$

Weitere Asymptotenlinien ergeben sich als Lösungen der Riccati'schen Differentialgleichung (5.29).

5.4.7 Beispiel:

Wir betrachten die Fläche mit der Parameterdarstellung

$$(5.30) \qquad \vec{x}(u^i) = \{rcosu^1, rsinu^1, 0\} + u^2\{cosu^1, 0, sinu^1\}$$

$$(r > 0, \quad u^1 \in (0, 2\pi), \quad u^2 > -r).$$

Mit

$$\vec{y} := r\{cosu^1, sinu^1, 0\} \quad \text{und} \quad \vec{z} = \{cosu^1, 0, sinu^1\} \quad \text{ist}$$

$$\vec{y}' = r\{-sinu^1, cosu^1, 0\}, \quad \vec{y}'' = -\vec{y}, \quad \vec{z}' = \{-sinu^1, 0, cosu^1\}$$

$$\text{und} \quad \vec{z}'' = -\vec{z}.$$

Wir erhalten

$$a(u^1) = 2r(-sin^2u^1cosu^1 - cos^3u^1) = -2rcosu^1 \neq 0 \quad (u^1 \neq \tfrac{\pi}{2}, \tfrac{3}{2}\pi);$$

$$\vec{y}'' \cdot (\vec{z}' \times \vec{z}) = -rsinu^1, \quad \vec{z}'' \cdot (\vec{y}' \times \vec{z}) = \vec{z}'' \cdot (\vec{z}' \times \vec{z}) = 0,$$

$$f(u^1) = -\tfrac{r}{2}tanu^1, \quad g(u^1) = -\tfrac{1}{2}tanu^1, \quad h(u^1) = 0 \quad (u^1 \neq \tfrac{\pi}{2}, \tfrac{3}{2}\pi),$$

und (5.29) wird zu

$$\frac{du^2}{du^1} = -\tfrac{1}{2}tanu^1(r+u^2).$$

Das ist eine Differentialgleichung mit getrennten Veränderlichen, für deren Lösung wir

$$(5.31) \qquad u^2 = c\sqrt{|cosu^1|} - r \quad (c > 0)$$

erhalten.

Mit dem Programm P5_18 zeichnen wir eine Schar Asymptotenlinien auf einer durch (5.30) beschriebenen Regelfläche. Für die Asymptotenlinien deklarieren wir zunächst den Typ AsymptoticLineOnRulST als Erben von CFOnRulST.

Bei den Datenfeldern nehmen wir die Variablen LowerBoundForC, UpperBoundForC und R für die Grenzen der Konstanten c aus

(5.31) und die Größe r aus (5.30) hinzu. Für die Konstante c
selbst benutzen wir die diesem Typ bekannte Variable FamPar,
die in der neu implementierten Methode CalculateFamPar aus
einer äquidistanten Unterteilung des Bereiches zwischen Lower-
BoundForC und UpperBoundForC gewonnen wird.

Beim Aufruf des neuen Konstruktors Init wählen wir unter anderem das Intervall I_1 von RulS als Parameterintervall und legen die Grenzen für c fest:

    LowerBoundForC = 0

    UpperBoundForC = RulS.I2[2].X+R.

Die Methode TToU2 implementieren wir gemäß (5.31) neu, wobei
wir überprüfen, ob der berechnete u^2-Wert im Intervall I_2 der
Regelfläche liegt, und dementsprechend die Variable NoPoint besetzen.

Nach der Bereitstellung der notwendigen Checkprozeduren lesen
wir den Include-File IRulS7 ein, in dem wir die Implementation
der Funktionen für die Regelfläche aus (5.30) vorgenommen haben.

Der restliche Aufbau des Programmes entspricht dem von P5_17.

5.5 Die Dupin'sche Indikatrix

In diesem Abschnitt werden wir die geometrische Bedeutung der
Hauptkrümmungs- und der Asymptotenrichtungen erklären. Dies
führt uns auf den Begriff der Dupin'schen Indikatrix.

Die Sätze von Euler (Satz 5.2.4) und Meusnier (Satz 5.1.3) geben Auskunft über die Krümmung eine Flächenkurve, die durch
einen Punkt P einer Fläche verläuft. Wenn P kein Nabelpunkt
ist, veranschaulichen wir uns die Aussage des Satzes von Euler
wie folgt:

Wir führen in der Tangentialebene von P ein kartesisches Koordinatensystem ein mit Ursprung in P und x^1- und x^2-Achsen in
Richtung der Hauptkrümmungen κ_1 und κ_2. Bezeichnet γ den Winkel
zwischen der Hauptkrümmungsrichtung zu κ_1 und der Richtung zu
κ_n, so tragen wir in unserem Koordinatensystem vom Nullpunkt

aus die Größen $\sqrt{\dfrac{1}{|\kappa_1|}}$ bzw. $\sqrt{\dfrac{1}{|\kappa_2|}}$ in der x^1- bzw. x^2-Richtung und allgemein $\sqrt{\frac{1}{|\kappa_n|}}$ unter dem Winkel φ gegen die x^1-Richtung ab. Wir setzen also

$$(5.32) \qquad x^1 := \sqrt{\frac{1}{|\kappa_n|}}\,\cos\varphi \quad \text{und} \quad x^2 := \sqrt{\frac{1}{|\kappa_n|}}\,\sin\varphi.$$

Die so entstandene Kurve in der Tangentialebene heißt *Dupin'sche Indikatrix*.

Multiplizieren wir nun die Formel aus dem Satz von Euler:

$$\kappa_n = \kappa_1\cos^2\varphi + \kappa_2\sin^2\varphi$$

mit $\frac{1}{|\kappa_n|}$, so folgt wegen (5.32)

$$(5.33) \qquad \pm 1 = \frac{\kappa_1}{|\kappa_n|}\cdot\cos^2\varphi + \frac{\kappa_2}{|\kappa_n|}\cdot\sin^2\varphi = \kappa_1(x^1)^2 + \kappa_2(x^2)^2.$$

Ist P ein elliptischer Punkt, so haben κ_1 und κ_2 das gleiche Vorzeichen; die Indikatrix ist eine Ellipse mit den Halbachsen der Länge $\sqrt{\frac{1}{|\kappa_1|}}$ und $\sqrt{\frac{1}{|\kappa_2|}}$. Ist P ein hyperbolischer Punkt, so haben κ_1 und κ_2 verschiedene Vorzeichen; die Indikatrix besteht dann aus zwei Hyperbeln mit gemeinsamem Asymptotenpaar.

Dies ist der Grund für die Bezeichungen "elliptischer" und "hyperbolischer" Punkt. Auch die Bezeichnung "Asymptotenrichtung" für eine Richtung verschwindender Normalkrümmung kommt von der Indikatrix: Die Asymptotenrichtungen sind identisch mit der Richtung der beiden Hyperbelasymptoten. Es gilt:

5.5.1 Satz:

Die Hauptkrümmungsrichtungen halbieren den Winkel zwischen den Asymptotenrichtungen, und die Richtungen gleicher Normalkrümmung liegen symmetrisch zu den Hauptkrümmungsrichtungen.

Ist $\kappa_1=0$, so handelt es sich um einen parabolischen Punkt, und (5.33) wird zu

$$(5.34) \qquad (x^2)^2 = \pm\,\frac{1}{\kappa_2}.$$

Durch (5.34) wird ein zur x^1-Achse paralleles Geradenpaar be-
schrieben, welches die x^2-Achse in den Punkten $\pm\sqrt{\dfrac{1}{|\kappa_2|}}$ schnei-
det.

Bevor wir zur Darstellung einer Dupin'schen Indikatrix kommen,
führen wir in der Unit UCrvOnPlT zunächst als Erben von CFOnPlT
folgenden Typ QCOnPlt ein, mit dem wir eine beliebige quadratische Kurve in einer beliebigen Ebene zeichnen können:

```
QCOnPlT = OBJECT (CFOnPlaneT)                        {UCrvOnPl}
   QC : QCT;

   CONSTRUCTOR Init (WPInit: BOOLEAN;
                     IPInit,LLInit,ColInit: INTEGER;
                     CheckInit: Check3D;
                     PlInit: PlaneT;
                     A11,A12,A22,B1,B2,C: EXTENDED);

   PROCEDURE TToP    (T: EXTENDED; VAR P: Pt3D); VIRTUAL;
   PROCEDURE Draw;
END;
```


Für die quadratische Kurve reservieren wir das Datenfeld QC.
Mit dem neuen Konstruktor Init geben wir neben den üblichen
Kurvendaten die Ebene und die Koeffizienten für die quadrati-
sche Kurve ein. Seine Implementation lautet:

```
CONSTRUCTOR QCOnPlT.Init (WPInit: BOOLEAN;
                     IPInit,LLInit,ColInit: INTEGER;
                     CheckInit: Check3D;
                     PlInit: PlaneT;
                     A11,A12,A22,B1,B2,C: EXTENDED);
VAR I1DInit : Interval1D;
    I2D      : Interval2D;
BEGIN
  CFOnPlaneT.Init (WPInit,IPInit,LLInit,ColInit,I1DInit,CheckInit,
               1,PlInit);
  CurveType := 'QC on '+SurfaceType;

  IU1U2ToI2D (Pl.IU1U2, I2D);
  QC.InitWithI2D (WPInit,IPInit,LLInit,ColInit,Check2DTRUE,
               A11,A12,A22,B1,B2,C,I2D);
END;
```


Mit dem Aufruf des Konstruktors des Vorfahren übertragen wir
zunächst die eingegebenen Kurvendaten. Die quadratische Kurve

wird mit dem Konstruktor InitWithI2D initialisiert. Als 2D-Intervall wählen wir dabei das Parameterintervall der Ebene, welches wir zuvor in ein Intervall I2D vom Typ Interval2D umwandeln müssen. Wir erinnern uns, daß nach dem Aufruf von InitWithI2D in den Arrays I1DA1 und I1DA2 von QC die Parameterintervalle aller Teile der quadratischen Kurve zur Verfügung stehen, die in I2D liegen.

In der Methode TToP berechnen wir zunächst zum eingegebenen T den 2D-Punkt P2D der quadratischen Kurve, den wir anschließend in den Parameterpunkt Q umwandeln. Mit ihm rufen wir die Methode ParToSurf der Ebene auf und ermitteln so den 3D-Punkt P der quadratischen Kurve.

In der Methode Draw rufen wir zu jedem der Intervalle aus den Arrays I1DA1 und I1DA2 einmal die Methode DrawCurve3D auf.

Wir schreiben nun das Programm P5_19, mit dem wir eine Kurve auf einem elliptischen Paraboloid und in einem Punkt P = P(TO) der Kurve die Tangentialebene und die Dupin'sche Indikatrix zeichnen.

Nach der Implementation der notwendigen Checkprozeduren schreiben wir zum Zeichnen der gesamten Anordnung wieder eine Prozedur Draw. In ihr initialisieren wir zunächst die Instanzen QS, QSUi und Crv für das elliptische Paraboloid - das entspricht einer Quadrik mit Typnummer=4 - und die Kurve darauf. Dabei haben wir Crv vom Typ CFOnQST gewählt.
Nachdem wir den Parameterwert TO für den Kurvenpunkt festgelegt haben, berechnen wir zu diesem Punkt die Hauptkrümmungen Kappa1 = κ_1(TO) und Kappa2 = κ_2(TO), bestimmen mit ihnen in der folgenden IF-Anweisung, ob P ein elliptischer, parabolischer oder hyperbolischer Punkt ist, und setzen entsprechend die Variable TypeOfPoint auf 0, 1 oder 2.

Bei der nun folgenden Initialisierung des Objektes Pll für die Tangentialebene müssen wir darauf achten, daß die x^1-Achse des Koordinatensystems von Pll in die zu κ_1 gehörende Hauptkrümmungsrichtung und die x^2-Achse in die zu κ_2 gehörende Hauptkrümmungsrichtung zeigt.

Aus Satz 5.2.8 und Beispiel 3.12.3 (4) folgt, daß die Hauptkrümmungsrichtungen den Tangentenrichtungen der Parameterlinien durch P entsprechen. Wir müssen also nur noch untersuchen, zu welcher Tangentenrichtung welche Hauptkrümmung gehört. Dazu benutzen wir die Normalkrümmung KappaNOfU1Line der u^1-Linie durch P und vergleichen sie mit den Hauptkrümmungen Kappa1 und Kappa2. Gilt

KappaNOfU1Line = Kappa1,

so müssen wir für die Richtung der x^2-Achse von P11 die Tangentenrichtung der u^2-Linie wählen, andernfalls die Tangentenrichtung der u^1-Linie.

Nachdem wir dann P11 definiert haben, intitialisieren wir auch eine Instanz ISP11QS, mit der wir einen möglichen Schnitt der Tangentialebene mit der Fläche zeichnen, und die Instanz LnTV, mit der wir den in P abgetragenen Tangentenvektor der Kurve zeichnen.

Nachdem wir das Weltintervall bestimmt und Parameter3D aufgerufen haben, nehmen wir noch die Initialisierung des Objektes QSC für die Kontur von QS vor, und zeichnen dann zunächst das Paraboloid, die Tangentialebene, die Kurve und den Tangentenvektor.

Wenn P kein Nabelpunkt ist, initialisieren wir für die Dupin'sche Indikatrix die Instanz DupinIndicatrix vom Typ QCOn-P1T, wobei wir für die eingehenden Koeffizienten zu setzen haben:

    A11 = Kappa1,   A22 = Kappa2,   C = $\pm$1

    A12 = B1 = B2 = 0.

Das Vorzeichen von C hängt von der Art des Punktes P und den Vorzeichen der Hauptkrümmungen ab und ist bei der Ermittlung der Art des Punktes P gleich mitbestimmt worden.

Wir zeichnen die Dupin'sche Indikatrix durch den Aufruf der Zeichenmethode Draw.

Ist P ein hyperbolischer Punkt, so zeichnen wir die zweite Hyperbel, indem wir DupinIndicatrix erneut initialisieren, wobei wir jetzt für den Koeffizienten C das umgekehrte Vorzeichen wählen. Danach rufen wir noch einmal die Zeichenmethode auf.

Im Hauptprogramm müssen wir nur die Prozedur Draw aufrufen. Da der Punkt P im gewählten Beispiel elliptisch ist, erhalten wir eine Ellipse als Dupin'sche Indikatrix.

Die beiden folgenden Programme P5_20 und P5_21 sind vollkommen analog zu P5_19 aufgebaut.

In P5_20 wählen wir einen elliptischen Zylinder. Hier ist der betrachtete Punkt parabolisch, so daß die Dupin'sche Indikatrix aus einem Paar paralleler Geraden besteht.

In P5_21 wählen wir ein einschaliges Hyperboloid. Der betrachtete Punkt P ist hyperbolisch und die Dupin'sche Indikatrix besteht aus zwei Hyperbeln. Die Schnittgeraden der Tangentialebene mit dem Hyperboloid zeigen in die Asymptotenrichtungen von P, sind also die Asymptoten der Hyperbeln.

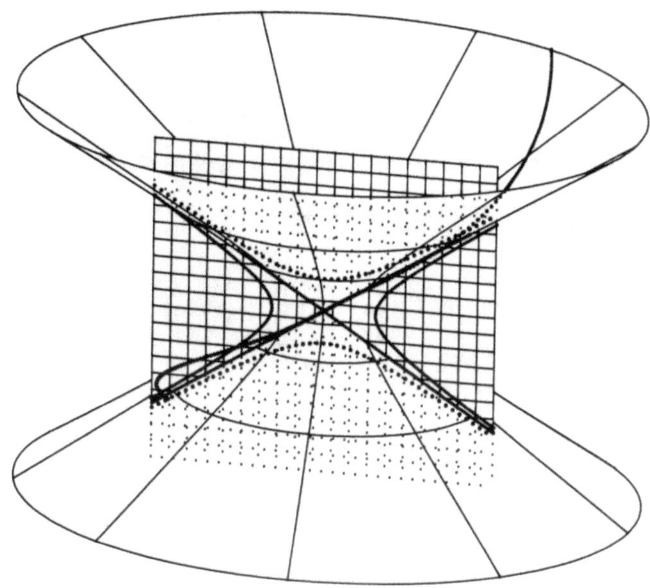

Eine weitere geometrische Bedeutung der Dupin'schen Indikatrix
liefert das folgende Ergebnis:

5.5.2 Satz:

Verschwindet die zweite Grundform einer Fläche mit Parameterdarstellung $\vec{x}(u^i)$ in einem Punkt P mit Ortsvektor $\vec{x}_o(u^i)$ nicht
identisch, so ist sie - abgesehen von Gliedern höherer als
zweiter Ordnung in $((du^1)^2+(du^2)^2)^{1/2}$ - gleich dem doppelten
mit Vorzeichen versehenen Abstand eines Flächenpunk-tes Q mit
$\vec{x}_o(u^i+du^i)$ von der Tangentialebene im Punkt P.

Damit ergibt sich:

5.5.3 Satz:

Der Schnitt einer Fläche mit einer Ebene, die parallel zur Tangentialebene E(P) eines Flächenpunktes P, der kein Flachpunkt
ist, und in hinreichend kleinem Abstand von E(P) liegt, ist in
erster Näherung ein Kegelschnitt mit folgender Eigenschaft:
Mittelpunkt und Hauptachsenrichtung sind mit denen der Dupin'schen Indikatrix identisch, und die Längen der Hauptachsen

des Kegelschnitts sind zu den Längen der Hauptachsen der Dupin'schen Indikatrix proportional.

Mit dem Programm P5_22 stellen wir den Inhalt von Satz 5.5.3
graphisch dar. Wir erzeugen P5_22 aus einer Kopie von P5_21,
bei der wir die Instanzen P12 und ISP12QS für eine weitere Ebene und deren Schnitt mit dem Hyperboloid hinzufügen.

Wegen dieser Ebene müssen zunächst die notwendigen Checkprozeduren geändert und ergänzt werden.

In der Prozedur Draw wird die Ebene P12 dann initialisiert, so
daß sie parallel zu P11 ist. Wir wählen den Ursprung ihres
Koordinatensystems ein Stück in Richtung des Flächennormalenvektors in P verschoben und benutzen sonst dieselben Daten wie
bei der Initialisierung von P11.

Beim Zeichnen schalten wir das Punkten bei der Dupin'schen Indikatrix aus und lassen die Kurve weg.
Wir können an der Grafik erkennen, daß der Schnitt zwischen P12
und dem Hyperboloid ähnlich zur Dupin'schen Indikatrix ist.

5.6 Die Ableitungsgleichungen von Gauß und Weingarten

In der Kurventheorie waren die zentralen Gleichungen die Frenet'schen Formeln, die einen Zusammenhang zwischen den Vektoren
$\vec{v}_k$ des begleitenden Dreibeins und ihren Ableitungen herstell-
ten. Wir leiten in diesem Abschnitt ähnliche Formeln für die
partiellen Ableitungen der Vektoren $\vec{x}_1$, $\vec{x}_2$ und $\vec{N}$ her, die sogenannten Ableitungsgleichungen von Gauß und Weingarten.

In den Abschnitten 3.12 und 4.1 haben wir bereits gesehen, daß

$$(5.35) \qquad \vec{x}_{jk} = \begin{Bmatrix} i \\ jk \end{Bmatrix} \vec{x}_i + L_{jk} \vec{N} \quad (j,k=1,2),$$

wobei die Größen $\begin{Bmatrix} i \\ jk \end{Bmatrix}$ und L_{jk} die Christoffel-Symbole zweiter
Art und die zweiten Fundamentalgrößen sind. Die Formeln (5.35)
heißen *Ableitungsgleichungen von Gauß*.

Um die Ableitungen von $\vec{N}$ auszudrücken, bemerken wir zunächst,
daß aus $\vec{N}^2=1$ durch Differentiation folgt

$$\vec{N} \cdot \vec{N}_k = 0 \quad (k=1,2),$$

so daß $\vec{N}_k$ in der Tangentialebene der Fläche liegt; wir können daher den Ansatz

$$\vec{N}_k = B_k^i \vec{x}_i \quad (k=1,2)$$

machen. Mit der Definition der zweiten Fundamentalgrößen folgt daraus

$$L_{jk} = -\vec{N}_k \cdot \vec{x}_j = -B_k^i \vec{x}_i \cdot \vec{x}_j = -B_k^i g_{ij} \quad (j,k=1,2)$$

und weiter

$$-B_k^i g_{ij} g^{jr} = -B_k^r = g^{jr} L_{jk} = g^{rj} L_{jk} \quad (r,k=1,2).$$

Daher gilt

$$(5.36) \quad \vec{N}_k = -L_k^i \vec{x}_i \quad (k=1,2) \quad \text{mit} \quad L_k^i := g^{ij} L_{jk} \quad (i,k=1,2);$$

diese Formeln heißen *Ableitungsgleichungen von Weingarten*.

Die Ableitungsgleichungen von Gauß und Weingarten spielen in der Flächentheorie eine analoge Rolle wie die Frenet'schen Formeln in der Kurventheorie.

Für spezielle Parameterwahl reduzieren sich die Ableitungsgleichungen (5.36):

5.6.1 Satz:

Die Ableitungsgleichungen von Weingarten reduzieren sich genau dann auf die Form

$$(5.37) \qquad \vec{N}_i = -\kappa_i \vec{x}_i \quad (i=1,2),$$

die sogenannten *Formeln von Rodrigues*, wenn die Parameter der Fläche so gewählt sind, daß die Parameterlinien mit den Krümmungslinien zusammenfallen.

Mit Satz 5.6.1 ergibt sich leicht das folgende interessante Ergebnis:

5.6.2 Satz:

Eine Flächenkurve C ist genau dann Krümmungslinie, wenn die Flächennormalen längs C mit C eine Torse bilden.

5.6.3 Beispiel: (a) Ein Kreiskegel

Für eine Rotationsfläche mit Parameterdarstellung

$$\vec{x}(u^i) = \{r(u^1)\cos u^2, r(u^1)\sin u^2, h(u^1)\}$$

sind die Parameterlinien nach Beispiel 5.2.9 Krümmungslinien. Der Normalenvektor längs einer u^2-Linie zu $u^1 = u^1_{\!\!\circ}$ ist

$$\vec{N} := \vec{N}(u^1_{\!\!\circ}, u^2) =$$

$$= \frac{1}{\sqrt{(r'(u^1_{\!\!\circ}))^2 + (h'(u^1_{\!\!\circ}))^2}}\{-h'(u^1_{\!\!\circ})\cos u^2, -h'(u^1_{\!\!\circ})\sin u^2, r'(u^1_{\!\!\circ})\}.$$

Ist $h'(u^1_{\!\!\circ}) \neq 0$, so erzeugt $\vec{N}$ einen Kegel

$$\vec{x}^*(u^i) = \vec{x}(u^1_{\!\!\circ}, u^2) + u^1 \vec{N}(u^1_{\!\!\circ}, u^2) \quad (u^1 \in \mathbb{R}, u^2 \in (0, 2\pi))$$

mit Spitze im Punkt

$$S = \left[0, 0, \frac{r'(u^1_{\!\!\circ})\,r(u^1_{\!\!\circ})}{h'(u^1_{\!\!\circ})} + h(u^1_{\!\!\circ})\right].$$

(b)   Ein Kreiszylinder

Ist $h'(u^1_{\!\!\circ}) = 0$, so erzeugt $\vec{N}$ einen Zylinder mit Mantellinien parallel zur x^3-Achse.

Speziell für den Torus ist

$$r(u^1) = R + r\cos u^1, \quad h(u^1) = r\sin u^1 \quad R > r > 0 \text{ und } u^1 \in (0, 2\pi)$$

$$r'(u^1) = -r\sin u^1, \quad h'(u^1) = r\cos u^1.$$

Für $u^1_{\!\!\circ} \neq \frac{\pi}{2}, \frac{3}{2}\pi$ erhalten wir also den Kegel

$$\overset{\star}{\vec{x}}(u^1) = \{(R+r\cos\overset{\circ}{u}^1)\cos u^2, (R+r\cos\overset{\circ}{u}^1)\sin u^2, r\sin\overset{\circ}{u}^1\} +$$

$$+ \frac{u^1}{r}\{-r\cos\overset{\circ}{u}^1\cos u^2, -r\cos\overset{\circ}{u}^1\sin u^2, -r\sin\overset{\circ}{u}^1\}$$

$$(u^1\in\mathbb{R},\ u^2\in(0,2\pi))$$

mit Spitze im Punkt

$$S = \left[0,0, \frac{-r\sin\overset{\circ}{u}^1(R+r\cos\overset{\circ}{u}^1)}{r\cos\overset{\circ}{u}^1} + r\sin\overset{\circ}{u}^1\right] = \{0,0,-R\tan\overset{\circ}{u}^1\}.$$

Für $\overset{\circ}{u}^1 = \frac{\pi}{2}$ etwa ist $h'(\overset{\circ}{u}^1) = 0$ und wir erhalten den Zylinder

$$\overset{\star}{\vec{x}}(u^i) = \{R\cos u^2, R\sin u^2, r\} - u^1\vec{e}_3 \quad (u^1\in\mathbb{R},\ u^2\in(0,2\pi))$$

(c) Eine Tangentenfläche

Wir wissen bereits, daß auf dem elliptischen Kegel

$$\vec{x}(u^i) = \left\{\frac{1}{\sqrt{a_1}}\cdot u^1\cos u^2, \frac{1}{\sqrt{a_2}}\cdot u^1\sin u^2, u^1\right\} \quad \text{mit} \quad a_1\neq a_2$$

die Kurven

$$u^1(u^2) = \frac{k}{\sqrt{\frac{1}{a_1}\cdot\cos^2 u^2 + \frac{1}{a_2}\cdot\sin^2 u^2 + 1}} \quad (k>0 \text{ fest}).$$

Krümmungslinien sind (siehe Beispiel 5.2.7). Für den Flächennormalenvektor längs dieser Krümmungslinien gilt

$$\vec{N} = \vec{N}(u^2) = \left\{-\sqrt{a_1}\cos u^2, -\sqrt{a_2}\sin u^2, 1\right\}\frac{1}{\sqrt{a_1\cos^2 u^2 + a_2\sin^2 u^2 + 1}}.$$

Wir setzen

$$\vec{y}(\overline{u}^1) := \frac{k}{\sqrt{\frac{1}{a_1}\cdot\cos^2\overline{u}^1 + \frac{1}{a_2}\cdot\sin^2\overline{u}^1 + 1}} \cdot \left\{\frac{1}{\sqrt{a_1}}\cdot\cos\overline{u}^1, \frac{1}{\sqrt{a_2}}\cdot\sin\overline{u}^1, 1\right\}$$

und

$$\vec{z}(\overline{u}^1) \; := \; \vec{N}(\overline{u}^1) \quad \text{für} \quad \overline{u}^1 \in (0, 2\pi).$$

Dann ist die Regelfläche

$$\vec{x}(\overline{u}^1, \overline{u}^2) \; := \; \vec{y}(\overline{u}^1) + \overline{u}^2 \vec{z}(\overline{u}^1)$$

nach Satz 5.6.2 eine Torse.

Wegen

$$\vec{z}(\overline{u}^1) \cdot \vec{e}^3 \; = \; \frac{1}{\sqrt{a_1 \cos^2 \overline{u}^1 + a_2 \sin^2 \overline{u}^1 + 1}}$$

hat $\vec{z}$ keine konstante Richtung, so daß die Regelfläche kein Zylinder ist.

Wäre die Regelfläche ein Kegel, so müßten die Geraden mit den Parameterdarstellungen

$$\vec{x}(t) \; := \; \vec{y}(0) + t\vec{z}(0) \quad \text{und} \quad \vec{\tilde{x}}(\tilde{t}) \; := \; \vec{y}(\tfrac{\pi}{2}) + \tilde{t}\vec{z}(\tfrac{\pi}{2}) \quad (t, \tilde{t} \in \mathbb{R})$$

einen Schnittpunkt S haben. Vergleich der ersten beiden Komponenten von $\vec{x}(t)$ und $\vec{\tilde{x}}(\tilde{t})$ liefert

$$\frac{k}{\sqrt{1+a_1}} - t\frac{\sqrt{a_1}}{\sqrt{1+a_1}} = 0 \quad \text{und} \quad \frac{k}{\sqrt{1+a_2}} - \tilde{t}\frac{\sqrt{a_2}}{\sqrt{a_2+1}} = 0,$$

also $t = \dfrac{k}{\sqrt{a_1}}$ und $\tilde{t} = \dfrac{k}{\sqrt{a_2}}$. Damit ergibt sich einerseits

$$\vec{OS} \; = \; \vec{x}\left[\frac{k}{\sqrt{a_1}}\right] \; = \; \left\{0, 0, \frac{k\sqrt{1+a_1}}{\sqrt{a_1}}\right\}$$

und andererseits

$$\vec{OS} \; = \; \vec{\tilde{x}}\left[\frac{k}{\sqrt{a_2}}\right] \; = \; \left\{0, 0, \frac{k\sqrt{1+a_2}}{\sqrt{a_2}}\right\},$$

wegen $a_1 \neq a_2$ also $\vec{x}\left[\dfrac{k}{\sqrt{a_1}}\right] \neq \vec{\tilde{x}}\left[\dfrac{k}{\sqrt{a_2}}\right]$. Damit ist die Regelfläche kein Kegel.

Nach Satz 3.4.3 muß die Fläche also eine Tangentenfläche sein.

Mit dem Programm P5_23 illustrieren wir Beispiel 5.6.3 (a), indem wir mit Hilfe des Flächennormalenvektors längs der u^2-Linie zum Wert u^1_o einer allgemeinen Rotationsfläche einen Kegel konstruieren.

Für die Rotationsfläche benutzen wir die Instanz RotS. Den Kegel fassen wir als Regelfläche auf, für die wir die Instanz RulS deklarieren. Nach der Implementation der notwendigen Checkprozeduren schreiben wir die Prozeduren YInit, dYInit, ZInit und dZInit für die Vektorfunktionen $\vec{y}(u^1)$ und $\vec{z}(u^1)$ der Regelfläche. Dabei ist die Methode YInit, die die Direktrix von RulS beschreibt, wie folgt implementiert:

```
PROCEDURE YInit (U1:EXTENDED; VAR V:Vt3D);
VAR Q : PtPar;
BEGIN
  Q.U1 := U10;
  Q.U2 := U1;
  RotS.ParToSurf (Q, V);
END;
```

Wir setzen die u^1-Koordinate des Parameterpunktes Q auf den konstanten Wert u^1_o und seine u^2-Koordinate auf das eingehende U1. Mit diesem Q rufen wir die Methode ParToSurf von RotS auf und erhalten so einen Punkt P auf der zu u^1_o gehörenden u^2-Linie der Rotationsfläche.

Die Methode ZInit, welche die Richtung einer Erzeugenden von RulS liefert, ist wie folgt geschrieben:

```
PROCEDURE ZInit (U1:EXTENDED; VAR V:Vt3D);
VAR Q : PtPar;
BEGIN
  Q.U1 := U10;
  Q.U2 := U1;
  RotS.SurfNormal (Q, V);
END;
```

Der Punkt Q wird wie in YInit gewählt. Mit der Methode Surf-
Normal der Instanz RotS berechnen wir den Flächennormalenvektor
zum Punkt Q, der ja die Richtung der Erzeugenden des Kegels
festlegt.

In der Prozedur Draw dieses Programmes initialisieren wir die
Instanzen für die Rotations- und die Regelfläche und rufen die
Zeichenmethoden auf. Die obere Grenze des Intervalles für den
u^2-Parameter von RulS haben wir bestimmt, so daß die Erzeugen-
den in der Spitze des Kegels enden.

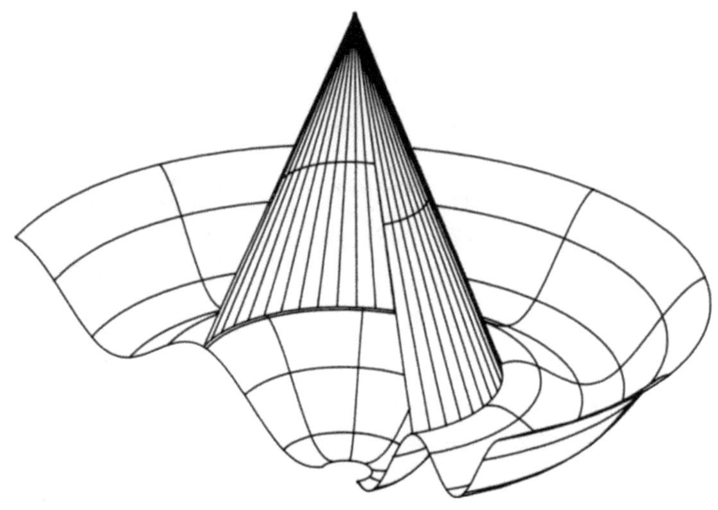

Im Programm P5_24, mit dem wir Beispiel 5.6.3 (b) illustrieren,
gehen wir etwas anders vor. Wir fassen den Zylinder nicht als
Regelfläche auf, sondern wählen für ihn eine Instanz von Typ
CylinderT, deren Größen bei der Initialisierung aus den Daten
des Torus gewonnen werden.

Durch die wesentlich einfacheren Sichtabfragen im Typ CylinderT
ist P5_24 viel schneller als P5_23. Wir erwähnen noch, daß wir
für das Intervall I_1 des Torus nur ein Teilintervall von $[0,2\pi]$
eingegeben haben, damit wir in den Torus hineinsehen können.

Mit dem Programm P5_25 illustrieren wir schließlich Beispiel
5.6.3 (c), indem wir mit Hilfe des Flächennormalenvektors längs
einer Krümmungslinie auf einem elliptischen Kegel eine Tangentenfläche konstruieren.

Zu Beginn des Programmes implementieren wir für die Krümmungslinie den Typ LineOfCurvatureOnQST, den wir bereits aus P5_10
kennen und den wir hier um die Methode dU1dT für die Ableitung
der Parameterfunktion $u^1(t)$ ergänzen.

Nach der Bereitstellung der Checkprozeduren schreiben wir die
Prozeduren für die Funktionen $\vec{y}(u^1)$ und $\vec{z}(u^1)$, welche die Tangentenfläche beschreiben. Dabei ist YInit so zu implementieren,
daß sich als Direktrix die Krümmungslinie ergibt, und ZInit muß
für die Richtung der Erzeugenden den Flächennormalenvektor
längs der Direktrix ausgeben.

Der Aufbau der Prozedur Draw dieses Programmes ist analog wie
in P5_23.

Da sich die so erzeugte Tangentenfläche selbst durchdringt,
darf bei der Initialisierung der Regelfläche die obere Grenze
für ihren u^2-Parameter nicht zu groß gewählt werden.

Zum Zeichnen der Krümmungslinie wird die Methode DrawCurve3D
benutzt, wobei vorher die Variable FamPar geeignet besetzt worden ist.

Zwischen der Torsion einer nicht geradlinigen Asymptotenlinie
und der Gauß'schen Krümmung der Fläche besteht ein einfacher
Zusammenhang:

5.6.4: Satz: Beltrami-Enneper

Für die Torsion τ einer nichtgeradlinigen Asymptotenlinie gilt

$$|\tau| = \sqrt{-K},$$

wobei K die Gauß'sche Krümmung der Fläche im jeweiligen Punkt
ist.

5.6.5 Beispiel:

Nach Beispiel 5.3.4 sind auf dem Katenoid

$$\vec{x}(u^i) = \{a\cosh u^1 \cos u^2, a\cosh u^1 \sin u^2, u^1\}$$

$$(a>0 \text{ fest}; (u^1,u^2)\in\mathbb{R}\times(0,2\pi))$$

die Asymptotenlinien

$$\vec{x}(t) := \{a\cosh t \cdot \cos(t+c), a\cosh t \cdot \sin(t+c), t\} \quad (t\in\mathbb{R}, c\in\mathbb{R} \text{ fest})$$

nicht geradlinig. Wegen

$$L_{11}(t) = -\frac{a\cosh t}{\sqrt{a^2\sinh^2 t+1}}, \quad L_{12} = 0 \quad \text{und} \quad L_{22}(t) = \frac{a\cosh t}{\sqrt{a^2\sinh^2 t+1}}$$

(siehe Beispiel 5.3.4) ist

$$L(t) = -\frac{a^2\cosh^2 t}{a^2\sinh^2 t+1}.$$

Weiter ist

$$g_{11}(t) = a^2\sinh^2 t+1, \quad g_{22}(t) = a^2\cosh^2 t \quad \text{und}$$

$$g(t) = (a^2\sinh^2 t+1)a^2\cosh^2 t.$$

Daraus folgt

$$-K(t) = -\frac{L(t)}{g(t)} = \frac{1}{(a^2\sinh^2 t+1)^2},$$

und mit Satz 5.6.4

$$|\tau(t)| = \frac{1}{a^2\sinh^2 t+1}.$$

5.7 Die geometrische Deutung der Gauß'schen Krümmung

In diesem Abschnitt beschäftigen wir uns mit der geometrischen Deutung des Krümmungsmaßes einer Fläche, die auf Gauß zurückgeht. Jedem Punkt einer Fläche ordnen wir den Flächennormalenvektor in diesem Punkt zu:

$$\vec{x}(u^i) \;\rightarrow\; \vec{N}(u^i).$$

Die so entstehende Abbildung der Fläche auf einen Teil der Einheitskugel heißt *sphärische Abbildung nach Gauß*.

Einer Flächenumgebung eines Punktes P der Fläche, deren Parameter ein Gebiet G durchlaufen, wird damit ein auf die gleichen Parameter bezogenes Stück der Einheitskugel zugeordnet. Für das Verhältnis des mit Vorzeichen versehenen Flächeninhalts I_s des sphärischen Bildes zum Flächeninhalt I der Umgebung von P gilt

$$(5.38) \qquad \frac{I_s}{I} = \frac{\displaystyle\iint_G \vec{N} \cdot (\vec{N}_1 \times N_2)\, du^1 du^2}{\displaystyle\iint_G \vec{N} \cdot (\vec{x}_1 \times \vec{x}_2)\, du^1 du^2}.$$

Der Quotient in (5.38) hat einen umso größeren Wert, je stärker sich die Fläche krümmt, weil dann die Normalen einen größeren Teil der Einheitskugeln überstreichen. Zieht man die Flächenumgebung auf den Punkt P zusammen, so folgt aus (5.38)

$$(5.39) \qquad \lim \frac{I_s}{I} = \frac{\vec{N} \cdot (\vec{N}_1 \times \vec{N}_2)}{\vec{N} \cdot (\vec{x}_1 \times \vec{x}_2)}.$$

Diese Größe, die nur noch von P abhängt, hat Gauß als Krümmungsmaß eingeführt. Mit den Ableitungsgleichungen (5.36) von Weingarten folgt aus (5.39)

$$\lim \frac{I_s}{I} = \frac{\vec{N} \cdot (-L_1^i \vec{x}_i \times (-L_2^j \vec{x}_j))}{\vec{N} \cdot (\vec{x}_1 \times \vec{x}_2)} =$$

$$= \frac{\vec{N} \cdot (\vec{x}_1 \times \vec{x}_2)}{\vec{N} \cdot (\vec{x}_1 \times \vec{x}_2)} (L_1^1 L_2^2 - L_2^1 L_1^2) = \det(L_k^i).$$

Wegen $\det(L_k^i) = \det(g^{ik})\det(L_{ik}) = \frac{L}{g} = K$ folgt also:
Für die Gauß'sche Krümmung K gilt

$$K = \lim \frac{I_s}{I}.$$

Das Vorzeichen von K, das über den elliptischen oder hyperbolischen Charakter eines Punktes entscheidet, erhält eine geometrische Bedeutung:
Es ist positiv oder negativ, je nachdem ob die sphärische Abbildung die Orientierung erhält oder umgekehrt.

Mit dem Programm P5_26 zeichnen wir das sphärische Bild nach Gauß eines Rotationsparaboloids, indem wir die sphärischen Bilder einiger Parameterlinien und einer Flächenkurve zeichnen.

Für das Paraboloid, dessen Bild gezeichnet werden soll, benutzen wir die Instanz QS1 vom Typ QST. Daneben gibt es eine weitere Instanz QS2 dieses Typs, die später initialisiert wird, so daß sie mit QS1 überall außer im Intervall I_1 des u^1-Parameters übereinstimmt. Das Intervall I_1 von QS2 werden wir wählen, so daß die durch QS1 und QS2 beschriebenen Flächenstücke zusammenhängen.

Für die sphärischen Bilder der Parameterlinien und der Kurve auf QS1 führen wir den Typ SphericalImageOfQST als Erben von CFOnSphT ein.

In seinem Datenfeld TypeNumber merken wir uns, zu welchen Kurven wir gerade das sphärische Bild zeichnen. Dabei stehen die Werte 1, 2 und 3 für die Bilder der u^1-Linien, der u^2-Linien und der Flächenkurve.

In der Methode TToP bestimmen wir in Abhängigkeit des Wertes TypeNumber zum eingehenden Wert T den Parameterpunkt Q der jeweiligen Kurve und daraus mittels der Methode SurfNormal von QS1 den Flächennormalenvektor.

Im ersten Abschnitt der Methode Draw zeichnen wir die sphärischen Bilder der u^1-Linien von QS1. Dazu wählen wir die Farbe der u^1-Linien QS1Ui.ColU1 als Zeichenfarbe und das I_1-Intervall von QS1 als Parameterintervall. In der Schleife gewinnen wir das konstante U2 ebenfalls aus den entsprechenden Daten von QS1 und QS1Ui und rufen DrawCurve3D auf.

Im nächsten Abschnitt werden analog die sphärischen Bilder der u^2-Linien gezeichnet.

Schließlich erhalten wir im dritten Abschnitt das Bild der Flächenkurve Crv1, indem wir ihre Farbe und ihr Intervall I1D als Zeichenfarbe und Parameterintervall wählen und dann DrawCurve3D aufrufen.

In der Prozedur Draw dieses Programmes initialisieren wir zuerst die Instanzen für die beiden zusammenhängenden Teile des Rotationsparaboloids. Ihre gemeinsamen Koeffizienten legen wir dabei in der Variablen A fest.

Durch den Aufruf von SetIScrScal wählen wir die linke Bildschirmhälfte als Zeichenbereich. Nachdem wir das Weltintervall WI3D ermittelt und Parameter3D aufgerufen haben, initialisieren wir noch die Instanzen für die Kontur und zeichnen dann das Paraboloid und die Flächenkurve.

Im zweiten Teil von Draw initialisieren wir zuerst die Instanzen Sph, SphUi und SphIm für die Einheitskugel und das sphärische Bild von QS1. Nachdem wir durch SetIScrScal die rechte Bildschirmhälfte ausgewählt haben, rufen wir nach der Bestimmung von WI3D erneut Parameter3D auf. Anschließend zeichnen wir zunächst die Einheitskugel und dann durch den Aufruf der Zeichenmethode von SphIm das sphärische Bild von QS1.

Das Programm P5_27 ist eine Kopie von P5_26, in der wir lediglich einen anderen Wert für die Variable A - das heißt einen anderen Koeffizienten für das Rotationsparaboloid - gewählt haben. Dadurch ist das Paraboloid in dem Teil, dessen sphärisches Bild wir zeichnen, deutlich stärker gekrümmt. Das sphärische Bild nimmt daher auf der Einheitskugel einen größeren Bereich ein.

5.7.1 Beispiel:

In Abschnitt 2.13 hatten wir gesehen, daß zwischen der Bogenlänge s einer Kurve und der Bogenlänge s_1 ihres sphärischen Tangentenbildes folgender Zusammenhang besteht

$$\frac{ds_1}{ds} = \kappa,$$ wobei κ die Krümmung der Kurve ist.

Eine formal analoge Rolle spielt die Gauß'sche Krümmung bei Flächen:

$$\frac{dI_s}{dI} = K.$$

5.7.2 Beispiel: Rotationsflächen mit konstanter Gauß'scher Krümmung

Es sei
$$\vec{x}(u^i) = \{r(u^1)\cos u^2, r(u^1)\sin u^2, h(u^1)\}$$

die Parameterdarstellung einer Rotationsfläche, wobei u^1 gewählt ist, so daß

$$(r'(u^1))^2 + (h'(u^1))^2 = 1,$$

also u^1 die Bogenlänge der erzeugenden Kurve ist. Nach Beispiel 3.9.3 (d) und 3.12.3 (d) gilt dann

$$g_{11} = 1, \quad g_{12} = 0, \quad g_{22} = r^2, \quad L_{11} = r'h'' - r''h', \quad L_{12} = 0$$

und $L_{22} = rh'$.

Aus $(r')^2 + (h')^2 = 1$ folgt $r'r'' + h'h'' = 0$, also

$$K = -\frac{r''}{r}((r')^2 + (h')^2) = -\frac{r''}{r}.$$

Damit gilt

$$(5.40) \qquad r''(u^1) + K(u^1) r(u^1) = 0$$

(1) Es sei $K \equiv 0$.

Dann ist $r = c^1 u^1 + c^2$ mit $c^1, c^2 \in \mathbb{R}$.

Für $c^1 := 0$ folgt wegen $h' = \pm 1$ also $h = \pm u^1 + d$ mit $d \in \mathbb{R}$; wir erhalten einen Zylinder.

Ist $c^1 \neq 0$, so folgt wegen $(r')^2 + (h')^2 = 1$:

$$|c^1| \leq 1.$$

Für $|c^1| = 1$ ist $h' \equiv 0$, d.h. $h \equiv$ const; wir erhalten eine Ebene.

Für $0 < |c^1| < 1$ erhalten wir bei geeigneter Wahl des Koordinatensystems $r = c^1 u^1$ und $h = d^1 u^1$; das ist ein Kegel.

Es sei nun $K \neq 0$. Wir können annehmen, daß $K = \pm 1$.

(2) Wir betrachten $K = 1$.

Dann ist die allgemeine Lösung von (5.40)

$$r(u^i) = C \cdot \cos(u^1 + u^1_{\circ}),$$

wobei wir uns auf $C > 0$ beschränken und $u^1_{\circ} = 0$ erreichen können, wenn wir die Bogenlänge geeignet wählen. Wegen $(r')^2 + (h')^2 = 1$ ergibt sich weiter

$$(5.41) \qquad h(u^1) = \int \sqrt{1 - C^2 \sin^2 u^1} \, du^1.$$

Für $C := 1$ erhalten wir die Einheitskugel, für $C \neq 1$ ist (5.41) ein elliptisches Integral, welches im Fall $C > 1$ nicht reell ist, sofern $|\sin u^1| > \frac{1}{C}$; es existiert dann nur für

$$u^1 \in (-\arcsin\tfrac{1}{C}, \ \arcsin\tfrac{1}{C}).$$

(3) Es sei schließlich $K := -1$.

Dann ist die allgemeine Lösung von (5.41):

$$r(u^1) = C_1 \cosh u^1 + C_2 \sinh u^1.$$

Die interessanteste dieser Drehflächen ist die sogenannte *Pseudosphäre* mit

$$(5.42) \quad r(u^1) = e^{-u^1} \quad \text{und} \quad h(u^1) = \int \sqrt{1 - e^{-2u^1}}\, du^1 \quad (u^1 > 0).$$

Mit dem Programm P5_28 zeichnen wir eine Pseudosphäre. Dazu schreiben wir zunächst die Funktion F, so daß sie dem Integranden der Funktion h in (5.42) entspricht.

Anschließend implementieren wir für die Funktionen aus (5.42) und ihre Ableitungen die Prozeduren RInit, dRInit, HInit und dHInit, mit denen wir im Hauptteil des Programmes die Rotationsfläche RotS initialisieren.

Bei der Implementation der Funktion HInit haben wir die untere Grenze im Integral einfach auf Null gesetzt.

Im Hauptteil des Programmes müssen wir nach der Bestimmung des Weltintervalles und dem obligatorischen Aufruf von Parameter3D noch die Instanz für die Kontur von RotS initialisieren und die Zeichenmethoden aufrufen.

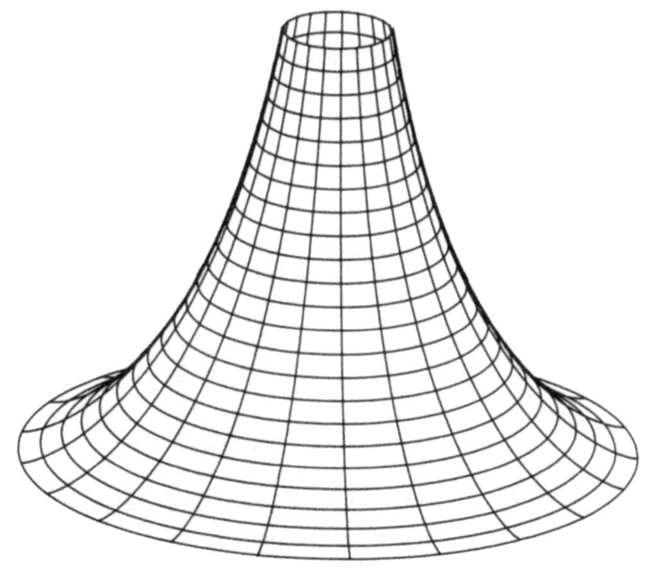

5.8 Theorema Egregium

Eines der wichtigsten Ergebnisse der Flächentheorie besagt, daß die Gauß'sche Krümmung K eine innergeometrische Größe der Fläche ist. Um das zu sehen, müssen wir K in Abhängigkeit der ersten Fundamentalgrößen und ihrer Ableitungen allein ausdrükken, wegen $K = \dfrac{L}{g}$ also einen Zusammenhang zwischen den ersten und den zweiten Fundamentalgrößen herstellen:

Mit

$$\vec{x}_{ikj} = \vec{x}_{ijk}$$

folgt aus (5.35), wenn wir die partielle Differentiation nach u^j mit $...;j$ bezeichnen

$$\vec{x}_{ikj} = \left\{{r \atop ik}\right\}_{;j}\vec{x}_r + \left\{{r \atop ik}\right\}\vec{x}_{rj} + L_{ik;j}\vec{N} + L_{ik}\vec{N}_j,$$

also mit (5.35) und (5.36)

$$(5.43) \quad \left[\begin{aligned}
\vec{x}_{ikj} &= \left\{{r \atop ik}\right\}_{;j}\vec{x}_r + \left\{{r \atop ik}\right\}\left[\left\{{m \atop rj}\right\}\vec{x}_m + L_{rj}\vec{N}\right] + L_{ik}\left[-L^r_j\vec{x}_r\right] + L_{ik;j}\vec{N} = \\[2mm]
&= \vec{x}_m\left[\left\{{m \atop ik}\right\}_{;j} + \left\{{r \atop ik}\right\}\left\{{m \atop rj}\right\} - L_{ik}L^m_j\right] + \vec{N}\left[L_{ik;j} + \left\{{r \atop ik}\right\}L_{rj}\right]
\end{aligned}\right.$$

Wenn wir k und j vertauschen, so erhalten wir

$$\vec{x}_{ijk} = \vec{x}_m\left[\left\{{m \atop ij}\right\}_{;k} + \left\{{r \atop ij}\right\}\left\{{m \atop rk}\right\} - L_{ij}L^m_k\right] + \vec{N}\left[L_{ij;k} + \left\{{r \atop ij}\right\}L_{rk}\right].$$

Daraus folgt

$$(5.44) \qquad \vec{x}_{ikj} - \vec{x}_{ijk} = G^m_{ikj}\vec{x}_m + C_{ikj}\vec{N} = \vec{0} \qquad (i,k,j=1,2)$$

mit

$$(5.45) \quad \left[\begin{aligned}
G^m_{ikj} &:= R^m_{ikj} - (L_{ik}L^m_j - L_{ij}L^m_k), \\[2mm]
R^m_{ikj} &:= \left\{{m \atop ik}\right\}_{;j} - \left\{{m \atop ij}\right\}_{;k} + \left\{{r \atop ik}\right\}\left\{{m \atop rj}\right\} - \left\{{r \atop ij}\right\}\left\{{m \atop rk}\right\} \\[2mm]
C_{ikj} &:= L_{ik;j} - L_{ij;k} + \left\{{r \atop ik}\right\}L_{rj} - \left\{{r \atop ij}\right\}L_{rk} \qquad (i,k,j=1,2).
\end{aligned}\right.$$

Da die Vektoren $\vec{N}, \vec{x}_1$ und $\vec{x}_2$ linear unabhängig sind, müssen die Koeffizienten in (5.44) alle gleich Null sein. Daher erhalten wir die Gleichungen

$$(5.46) \qquad G^m_{ikj} = 0 \quad (m,i,k,j=1,2) \quad (\text{Gauß}) \quad \text{und}$$

$$(5.47) \qquad C_{ikj} = 0 \quad (i,k,j=1,2) \quad (\text{Mainardi und Codazzi}).$$

Die Fundamentalgrößen g_{ik} und L_{ik} einer Fläche sind durch die Gleichungen (5.46) und (5.47) miteinander verbunden.
Wegen (5.46) und der ersten Gleichung (5.45) ist

$$R^r_{ikj} = L_{ik}L^r_j - L_{ij}L^r_k = L_{ik}g^{rm}L_{mj} - L_{ij}g^{rm}L_{mk} = g^{rm}\left[L_{ik}L_{jm} - L_{ij}L_{km}\right].$$

Für $i := k := 1$ und $j := m := 2$ folgt daraus

$$(5.48) \qquad g_{2r}R^r_{112} = L_{11}L_{22} - L^2_{12} = L.$$

Nach der zweiten Gleichung (5.45) stehen links nur Größen, die durch die ersten Fundamentalgrößen g_{ik} und ihre Ableitungen bis zur zweiten Ordnung ausgedrückt sind, also der inneren Geometrie angehören. Aus (5.48) folgt für die Gauß'sche Krümmung

$$(5.49) \qquad K = \frac{g_{2r}R^r_{112}}{g}.$$

Die Größen R^m_{ijk} bilden den sogenannten *Riemann'schen Krümmungstensor*; wenn wir

$$R_{ijkl} := g_{ir}R^r_{jkl} \quad (i,j,k,l=1,2)$$

setzen, so wird (5.49) zu

$$K = \frac{R_{1212}}{g}.$$

Es gilt also:

5.8.1 Satz: Theorema Egregium

Die Gauß'sche Krümmung K ist eine innergeometrische Größe der Fläche; sie läßt sich allein durch die Fundamentalgrößen und ihre Ableitungen bis zur zweiten Ordnung ausdrücken. Es gilt:

$$K = \frac{R_{1212}}{g}.$$

6. NUMERISCHE VERFAHREN

In diesem Kapitel beschreiben wir die numerischen Verfahren,
die wir in unserer Software zur Lösung einiger Probleme herangezogen haben. Hinsichtlich der mathematischen Grundlagen beschränken wir uns dabei auf das zum Verständnis des Aufbaus und
der Arbeitsweise der gewählten Algorithmen Notwendige.

6.1 Bestimmung von Nullstellen

Zur Lösung des Sichtbarkeits- und Konturproblems für einige
unserer Flächenklassen müssen wir in der Lage sein, Nullstellen
einer Funktion f in einem Intervall I zu finden. Die Entwicklung der hierfür implementierten Prozedur beschreiben wir in
diesem Abschnitt.

Wir nehmen an, daß die Funktion f mindestens stetig auf dem ab-
geschlossenen Intervall $I := [a,b]$ ist. Statt das Problem

$$(6.1) \qquad\qquad f(x) = 0 \quad (x \in I)$$

zu lösen, betrachten wir jedoch das Ersatzproblem

$$(6.2) \qquad\qquad x = \varphi(x) \quad (x \in I)$$

mit einer geeignet gewählten Funktion $\varphi \in C(I)$. Daß wir uns dabei
nicht wesentlich einschränken, zeigt:

6.1.1 Satz

Es seien $f, g \in C(I)$ und $g(x) \neq 0$ auf I. Gilt ferner

$$(6.3) \qquad\qquad \varphi(x) := x - f(x)g(x),$$

so besitzen die Gleichungen (6.1) und (6.2) auf I dieselben
Lösungen.

6.1.2 Bemerkung

In der Praxis wählt man für die Funktion g aus (6.3) häufig
Ausdrücke, in denen im wesentlichen nur die Funktion f oder
deren Ableitungen vorkommen.

Fordern wir für die Funktion φ aus (6.2) zusätzlich

$$(6.4) \qquad\qquad \varphi(I) \subset I,$$

so können wir ausgehend von einem *Startwert* $x_0 \in I$ durch die
Iterationsvorschrift

$$(6.5) \qquad\qquad x_{k+1} := \varphi(x_k) \quad (k = 0, 1, 2, \ldots)$$

eine *Iterationsfolge* $\{x_k\}_{k=0}^{\infty}$ konstruieren.

Konvergiert diese, gilt also etwa

$$x_k \to \xi \quad (k \to \infty),$$

so ist ξ eine Lösung von (6.2).

Ein numerisches Verfahren, bei dem man durch Konstruktion einer Iterationsfolge versucht, sich schrittweise der gesuchten Lösung zu nähern, nennt man ein *Iterationsverfahren.*

Ob eine Iterationsfolge $\{x_k\}$ konvergiert, hängt natürlich zum einen von den Eigenschaften der Funktion φ - damit also hauptsächlich von denen der Funktion f selbst - und zum anderen vom gewählten Startwert x_o ab.

Diese Frage wird in der zur numerischen Mathematik reichlich vorhandenen Literatur hinreichend oft erörtert. Da wir aber in der Praxis die Gültigkeit der dort angegebenen Konvergenzkriterien kaum überprüfen können, gehen wir auf dieses Problem nicht näher ein.

Ein weiterer wichtiger Begriff im Zusammenhang mit Iterationsverfahren ist die Konvergenzordnung:

Wir nennen eine Iterationsfolge $\{x_k\}$ von mindestens *p-ter Ordnung konvergent gegen die Lösung* ξ, wenn eine Konstante $0 \le M < \infty$ existiert, so daß für $p \ge 1$ gilt

$$(6.6) \qquad \lim_{k \to \infty} \frac{|x_{k+1} - \xi|}{|x_k - \xi|^p} = M.$$

Ist p=1 oder p=2, so nennen wir die Konvergenz *linear* oder *quadratisch.*

Da der Ausdruck $|x_k - \xi|$ den *absoluten Fehler* nach dem k-ten Iterationsschritt beschreibt, kann man die Konvergenzordnung als Maß für den Rechenaufwand heranziehen, der zum Erreichen einer vorgegebenen Genauigkeit notwendig ist.

Es gilt:

6.1.3 Satz

Es seien $\varphi \in C^2[a,b]$ und $\xi \in (a,b)$ eine Lösung von (6.2) mit $\varphi'(\xi) = 0$. Dann existiert ein $r > 0$, so daß die durch

$$x_{k+1} = \varphi(x_k) \quad (k=0,1,2,\ldots)$$

gegebene Iterationsfolge für jeden Startwert $x_o \in U_r(\xi) \subset I$ von mindestens zweiter Ordnung gegen ξ konvergiert.

Wir beschreiben nun die speziellen Iterationsverfahren, die wir in unserer Software eingesetzt haben.

Das Newton-Verfahren

Es seien $f \in C^2[a,b]$ und $\xi \in (a,b)$ eine einfache Nullstelle von f, d.h. es gilt

$$(6.7) \qquad\qquad f(\xi) = 0 \quad \text{und} \quad f'(\xi) \neq 0.$$

Setzt man für die Funktion g aus (6.3)

$$g(x) := \frac{1}{f'(x)},$$

so erhält man für die Funktion φ die Darstellung

$$\varphi(x) = x - \frac{f(x)}{f'(x)}.$$

Die sich daraus gemäß (6.5) ergebende Iterationsvorschrift

$$(6.8) \qquad\qquad x_{k+1} := x_k - \frac{f(x_k)}{f'(x_k)}$$

definiert das **Newton-Verfahren**.

Geometrisch erhalten wir den Punkt x_{k+1} als Schnittpunkt der Tangente an den Graphen der Funktion f im Punkt $(x_k, f(x_k))$ mit der x-Achse.

Aus Satz 6.1.3 folgt, daß das Newton-Verfahren bei einfachen Nullstellen ξ stets quadratisch konvergiert, wenn der Startwert in einer hinreichend klein gewählten Umgebung $U_r(\xi)$ $(r > 0)$ liegt.

Grundsätzlich kann die Iterationsvorschrift (6.8) immer angewendet werden, wenn $f'(x_k) \neq 0$, also zum Beispiel auch dann, wenn f eine j-fache Nullstelle ξ $(j \geq 2)$ besitzt und $f'(x) \neq 0$ auf $U_r(\xi) \setminus \{\xi\}$ gilt. Hier geht jedoch im allgemeinen die quadratische Konvergenz des Newton-Verfahrens verloren.

<u>Das Sekantenverfahren</u>

Ersetzen wir in (6.8) die Ableitung $f'(x_k)$ durch den Differenzenquotienten

$$\frac{f(x_k)-f(x_{k-1})}{x_k-x_{k-1}},$$

so erhalten wir eine neue Iterationsvorschrift

$$(6.9) \qquad x_{k+1} = x_k - f(x_k)\frac{x_k-x_{k-1}}{f(x_k)-f(x_{k-1})}$$

$$(k=1,2,\ldots) \quad \left[f(x_k) \neq f(x_{k-1})\right],$$

die das *Sekantenverfahren* definiert.

Geometrisch erhalten wir den Punkt x_{k+1} als Schnittpunkt der Sekante durch die Punkte $(x_{k-1},f(x_{k-1}))$ und $(x_k,f(x_k))$ mit der x-Achse.

Für das Sekantenverfahren sind zwei Startwerte x_o, x_1 erfoderlich. Bezüglich der Konvergenz gilt:

6.1.4 Satz
Es seien $f \in C^2[a,b]$ mit

$$|f'(x)| \geq m > 0 \quad \text{und} \quad |f''(x)| \leq M \quad (M>0;\ x \in [a,b]).$$

und $\xi \in (a,b)$ eine Nullstelle von f. Dann existiert ein $r>0$, so daß die durch (6.9) definierte Iterationsfolge für jedes Paar von Startwerten $x_o,x_1 \in U_r(\xi)$ mit $x_o \neq x_1$ mindestens von der Ordnung

$$p = \frac{1}{2}(1+\sqrt{5})$$

gegen ξ konvergiert

Beim direkten Vergleich der beiden Verfahren erkennt man, daß das Newton-Verfahren zwar die bessere Konvergenzordnung besitzt, der Rechenaufwand in jedem Schritt wegen der zusätzlichen Berechnung der Ableitung $f'(x)$ jedoch höher ist. Welches der Verfahren man schließlich wählt, hängt stark von der Arbeit ab, die zur Berechnung von $f'(x)$ notwendig ist. Hier kann man sich an folgender Regel orientieren:

Ist der Aufwand bei der Berecnung von $f'(x)$ mehr als 0.44 mal so hoch wie der Aufwand zur Berechnung von $f(x)$, so ist das Sekantenverfahren vorzuziehen.

Beide Verfahren haben den Nachteil, daß die Konvergenz nur dann gewährleistet ist, wenn der oder die Startwerte genügend nahe an der Nullstelle liegen. Da wir im allgemeinen jedoch nicht in der Lage sind, geeignete Startwerte zu ermitteln, geben wir noch ein Verfahren an, welches unter den Bedingungen

$$f \in C[a,b], \quad f(a) \cdot f(b) < 0$$

stets gegen eine in (a,b) liegende Nullstelle konvergiert.

Das Bisektionsverfahren

Ausgehend von den Startwerten a_0, b_0 mit

$$a_0 < b_0 \quad \text{und} \quad f(a_0) \cdot f(b_0) < 0$$

konstruieren wir eine Folge von Intervallen $I_k = [a_k, b_k]$ mit

$$[a_{k+1}, b_{k+1}] \subset [a_k, b_k] \quad (k=0,1,2,\ldots)$$

wie folgt:

Es sei

$$m_k := \frac{1}{2}(a_k + b_k) \quad (k=0,1,2,\ldots)$$

der Mittelpunkt des k-ten Intervalles. Ist $f(m_k) = 0$, so haben wir eine Nullstelle gefunden und wir können das Verfahren abbrechen. Andernfalls setzen wir

$$(6.10) \quad [a_{k+1}, b_{k+1}] := \begin{cases} [a_k, m_k], & \text{falls } f(m_k) \cdot f(a_k) < 0 \\[2mm] [m_k, b_k], & \text{falls } f(m_k) \cdot f(b_k) < 0 \end{cases}$$

Die Iterationsvorschrift

$$(6.11) \qquad x_k := m_k \quad (k=0,1,2,\ldots)$$

definiert das *Bisektionsverfahren*.

Seine Konvergenz ist sehr langsam. Durchschnittlich gewinnt man unabhängig von der Struktur der Funktion f in 3.3 Schritten eine Dezimale in der Genauigkeit der Nullstelle. Da f stetig ist, liegt jedoch nach Konstruktion in jedem der Intervalle

$[a_k, b_k]$ eine Nullstelle von f, so daß das Bisektionsverfahren stets gegen eine Nullstelle von f konvergiert.

Der Algorithmus

Mit den bisher beschriebenen Verfahren konstruieren wir den folgenden Algorithmus zur Nullstellenbestimmung, mit dem wir unser Ausgangsproblem lösen:

Es sei I = [a,b] das Intervall, in dem wir Nullstellen der Funktion f suchen müssen. Ist f(a) = 0 oder f(b) = 0, so haben wir eine Lösung gefunden. Ist $f(a) \cdot f(b) < 0$, so überprüfen wir, ob der Schalter SkipNewton auf FALSE steht. In diesem Fall starten wir das Newton-Verfahren mit dem Startwert $x_o = \frac{a+b}{2}$. Liefert dieses keine Nullstelle oder ist SkipNewton=TRUE, so beginnen wir als nächstes das Sekantenverfahren mit den Startwerten x_o=a und x_1=b. Erhalten wir auch damit keine Nullstelle, dann wenden wir schließlich das Bisektionsverfahren an, welches in jedem Fall gegen eine Lösung konvergiert.

Nun kann es natürlich vorkommen, daß f Nullstellen in [a,b] besitzt und $f(a) \cdot f(b) > 0$ gilt. Hierbei sind im Prinzip zwei Fälle zu betrachten:

(1): In (a,b) liegen endlich viele Nullstellen, in denen die Funktion f ihr Vorzeichen wechselt. In diesem Fall unterteilt man das Ausgangsintervall [a,b] in gleichlange Teilintervalle $[a_k, b_k]$, auf die man nacheinander den Algorithmus anwendet.

Ist die Anzahl der Teilintervalle hinreichend groß gewählt, so befinden sich darunter solche, für die

$$f(a_k) \cdot f(b_k) < 0$$

gilt. In ihnen findet der Algorithmus eine Nullstelle.

(2): Die Funktion f besitzt in (a,b) eine Nullstelle ξ mit geradzahliger Ordnung. Ist ξ die einzige Nullstelle in (a,b), so gilt $f'(a) \cdot f'(b) < 0$. Hat f' keine weiteren Nullstellen in (a,b), so erhält man ξ, wenn man den Algorithmus auf f' anwendet. Andernfalls verfahre man mit f' wie in (1) und überprüfe, ob die gefundenen Lösungen ξ_k auch $f(\xi_k) = 0$ erfüllen.

Die bei uns vorkommenden Funktionen f haben in einem Intervall [a,b] stets nur endlich viele Nullstellen, die wir mit unserem Algorithmus wegen (1) und (2) alle bestimmen können. Wir weisen jedoch darauf hin, daß wir kein Kriterium zur Verfügung haben,

mit dem wir feststellen können, ob wir tatsächlich alle Nullstellen gefunden haben. Dies ist aber in der Regel auch nicht
notwendig.

Den geschilderten Algorithmus haben wir in der Prozedur

```
PROCEDURE FindZero (F,dF,d2F    : MapRToR;
                    Epsilon,
                    LowerBound,
                    UpperBound  : EXTENDED;
                    NOfSteps    : INTEGER;
                    SkipNewton  : BOOLEAN;
                    VAR Zero    : EXTENDED;
                    VAR NoZero  : INTEGER);
```

implementiert, die wir jetzt noch erklären.

Die Übergabeparameter haben folgende Bedeutung:

F, dF, d2F   stehen für die Funktion f und deren erste beiden
              Ableitungen. Wenn das Newton-Verfahren abgeschaltet
              ist, können für dF und d2F Dummy-Funktionen einge-
              geben werden.

Epsilon   legt die Genauigkeit für die Berechnung einer Null-
              stelle fest. Ein Verfahren wird abgebrochen, wenn

$$\left| f(x_k) \right| < \text{Epsilon}.$$

LowerBound,

UpperBound   sind die Grenzen des Intervalles I=[a,b].

NOfSteps   legt die Anzahl der Iterationsschritte fest, die
              wir maximal zulassen.

SkipNewton   gibt an, ob das Newton-Verfahren zugeschaltet
              (SkipNewton=FALSE) oder abgeschaltet (SkipNewton=
              TRUE) ist.

Zero   enthält die gefundene Nullstelle. Wurde keine Null-
              stelle bestimmt, setzen wir Zero:=LowerBound.

NoZero   ist Null, wenn keine Nullstelle gefunden wurde.
              Andernfalls gilt:
              NoZero = Anzahl der benötigten Iterationsschritte.

Im Hauptteil der Prozedur überprüfen wir zunächst, ob
$\left| f(a) \right| < \epsilon$ oder $\left| f(b) \right| < \epsilon$, und setzen gegebenenfalls Zero = a
oder Zero = b und NoZero = 1.

Ist NoZero = 0 und $f(a) \cdot f(b) < 0$, so starten wir den Algorithmus.

Wenn das Newton-Verfahren zugeschaltet ist (SkipNewton=FALSE), ermitteln wir zunächst die Werte

$$XNew = \frac{a+b}{2}, \quad XOld = XNew \quad und \quad FNew = f(XNew).$$

Die REPEAT-Schleife, in der wir die Iteration durchführen, brechen wir ab, wenn der Schrittzähler CounterForSteps größer als NOfSteps ist oder wenn die Variable StopNewton, die in der Schleife geeignet gesetzt wird, den Wert TRUE besitzt.

Als erstes überprüfen wir, ob für den Wert XOld aus dem vorherigen Iterationsschritt gilt:

$$\left| f'(XOld) \right| < 10^{-9}.$$

In diesem Fall setzen wir StopNewton=TRUE. Andernfalls berechnen wir gemäß (6.8) den neuen Wert XNew. Liegt dieser nicht in [a,b], so brechen wir das Verfahren ab, da dann die anschliessende Berechnung von FNew = f(XNew) nicht gewährleistet ist. Gilt $|FNew| < \epsilon$, so haben wir eine Lösung gefunden. In diesem Fall setzen wir StopNewton=TRUE und NoZero=CounterForSteps.

Aus der Theorie zum Newton-Verfahren ergibt sich ein weiteres Abbruchkriterium, welches wir anschließend überprüfen. Gilt in einem Newton-Schritt

$$\left| \frac{f(x_k) \cdot f''(x_k)}{(f'(x_k))^2} \right| \geq 1,$$

so divergiert das Newton-Verfahren.

Wegen des zusätzlichen Aufwandes bei der Berechnung von $f''(x_k)$ ist es jedoch nicht sinnvoll, diese Abfrage in jedem Schritt durchzuführen. Wir überprüfen das Kriterium nur jeweils nach einer gewissen Anzahl von Schritten. Sie wird durch die Konstante TestNumber gesteuert, die wir zu Beginn der Prozedur auf 10 gesetzt haben. Unsere Erfahrungen haben gezeigt, daß im Falle der Divergenz des Newton-Verfahrens die x-Werte beträglich sehr schnell wachsen, so daß in den meisten Fällen das Kriterium $x_k \notin [a,b]$ zum Abbruch führt.

Haben wir mit Hilfe des Newton-Verfahrens keine Lösung gefunden, so steht NoZero nach wie vor auf Null. In diesem Fall starten wir das Sekantenverfahren. Nachdem wir alle Anfangswerte bestimmt haben, steigen wir wieder in eine REPEAT-Schleife ein, die ähnlich aufgebaut ist wie im Newton-Verfahren. Hier benutzen wir die Variable StopSecant zur Steuerung des Schleifenabbruchs. Wir überprüfen zunächst, ob

$$|DifferenceF| := |f(x_k)-f(x_{k-1})| < 10^{-9}.$$

In diesem Fall setzen wir StopSecant=TRUE. Andernfalls berechnen wir den Wert XNew := x_{k+1} gemäß (6.9).

Liegt dieser nicht in [a,b], so brechen wir das Verfahren ab, da dann die anschließende Berechnung des Funktionswertes FNew := f(XNew) nicht gewährleistet ist.

Gilt

$$|FNew| < \epsilon,$$

so setzen wir StopSecant:=TRUE und NoZero=CounterForSteps.

Andernfalls testen wir noch, ob

$$|x_{k+1}-x_k| < 10^{-9}.$$

Auch in diesem Fall verlassen wir das Verfahren, während wir sonst die notwendigen Transformationen für den nächsten Schritt durchführen.

Konnte auch mit dem Sekantenverfahren keine Nullstelle bestimmt werden, so gilt immer noch NoZero=0, und wir starten das Bisektionsverfahren. Hier haben wir festgestellt, daß bei großen Genauigkeiten für den Funktionswert - etwa bei $\epsilon < 10^{-9}$ - häufig durch Rechenungenauigkeiten bedingte Auslöschung eintritt, d.h. ab einer gewissen Stelle der Iterationsfolge wird wegen Rechenfehlern der erzielte Funktionswert nicht mehr verbessert. Aus diesem Grund beschränken wir im Bisektionsverfahren die Genauigkeit nach unten durch 10^{-9}, was für unsere Probleme stets ausreichend ist. Wir rechnen also mit der Größe

$$EpsilonBisection := max\{Epsilon, 10^{-9}\}.$$

In der REPEAT-Schleife für dieses Verfahren, die mit Hilfe der Variablen StopBisection abgebrochen wird, überprüfen wir als erstes, ob die Länge des Intervalles [XLower, XUpper] aus dem vorherigen Bisektionsschritt kleiner als 10^{-19} ist. In diesem Fall setzen wir StopBisection auf TRUE. Andernfalls berechnen wir den Funktionswert FNew am Mittelpunkt XNew dieses Intervalles. Gilt

$$|fNew| < EpsilonBisection,$$

so brechen wir das Verfahren ab, nachdem wir

$$NoZero := CounterForSteps$$

gesetzt haben. Andernfalls definieren wir die Intervallgrenzen XLower und XUpper für den nächsten Schritt gemäß (6.10).

Am Ende der gesamten Prozedur müssen wir nur noch

$$Zero := XNew$$

setzen.

Sollte es einmal vorkommen, daß das Bisektionsverfahren nach NOfSteps Schritten abgebrochen wurde, ohne daß die geforderte Genauigkeit EpsilonBisection erreicht wurde, so setzen wir NoZero:=NOfSteps und geben einen kurzen Warnton aus.

Um die Prozedur FindZero zu testen, haben wir in der Unit UNum einige globale Variablen deklariert, die als Zähler für ver- schiedene Ereignisse während eines Programmes dienen:

TotalZeroCalls   Gesamtanzahl   der   Aufrufe   der   Prozedur
                           FindZero.

TotalAlgorithmCalls   Anzahl der Durchläufe des Nullstellenalgo-
                           rithmus.

NewtonCalls   Anzahl der Aufrufe des Newton-Verfahrens.

SecantCalls   Anzahl der Aufrufe des Sekantenverfahrens.

BisectionCalls   Anzahl der Aufrufe des Bisektionsverfah-
                           rens.

StoppedNewtonCalls   Anzahl der Abbrüche des Newtonverfahrens,
                           ohne daß eine Nullstelle bestimmt wurde.

StoppedSecantCalls   Anzahl der Abbrüche des Sekantenverfah-
                           rens, ohne daß eine Nullstelle bestimmt
                           wurde.

Diese Variablen werden im Anweisungsteil von UNum mit Null vor- besetzt und an den entsprechenden Stellen der Prozedur hochge- zählt. Wenn man in der Prozedur CloseGraphic den eingeklammer- ten Teil reaktiviert, werden die Werte am Ende eines Programmes angezeigt.

Während unserer Tests konnten wir feststellen, daß das Newton- Verfahren beim weitaus größten Teil seiner Aufrufe erfolgreich ist. Bei einem ebenfalls großen Teil der restlichen Fälle kon- vergiert das Sekantenverfahren, so daß das langsame Bisektions- verfahren nur sehr wenig benutzt werden muß.

Der direkte Vergleich zwischen abgeschalteten und zugeschalte- ten Newton-Verfahren geht unentschieden aus. Einige der Pro- gramme laufen mit, andere ohne Newton-Verfahren schneller, wo- bei die Zeitunterschiede im allgemeinen nicht sehr groß sind.

6.2 Berechnung von Integralen

Zur Darstellung einiger spezieller Kurven und Flächen müssen wir Integrale der Form

$$I \; := \; \int_a^b f(x)\,dx$$

berechnen, wobei wir in der Regel von der Funktion f nur wissen, daß sie stetig ist, das Integral also existiert. Da wir das Problem im allgemeinen nicht analytisch behandeln können, müssen wir zu seiner Lösung numerische Verfahren - sogenannte *Quadraturverfahren* - heranziehen.

Auch hier führen wir zunächst die benötigten Begriffe ein: Eine Formel zur numerischen Berechnung des existierenden Integrals

$$(6.12) \qquad\qquad I(f;[a,b]) \; := \; \int_a^b f(x)\,dx$$

heißt *Quadraturformel*. Ist diese von der Gestalt

$$(6.13) \quad Q_n(f;[a,b]) \; := \; \sum_{k=1}^n A_k f(x_k) \qquad \text{mit } x_k \in [a,b] \;\; (k=1,2,\ldots,n),$$

so sprechen wir von einer *n-Punkte Quadraturformel* oder von einer *Quadraturformel der Ordnung n*. Die Werte x_k heißen *Knoten* oder *Stützstellen* und die Zahlen A_k *Gewichte*.

Den Fehler, der durch die Anwendung einer Quadraturformel Q_n entsteht, nennen wir *Restglied* oder *Abbruchfehler*; wir setzen also

$$R_{Q_n}(f;[a,b]) \; := \; I(f;[a,b]) \; - \; Q_n(f;[a,b]) \; .$$

Es sei $\mathcal{P}_n$ die Menge aller Polynome vom Grad kleiner oder gleich n.

Gilt für eine (n+1)-Punkte Quadraturformel Q_{n+1}

$$R_{Q_{n+1}}(p) \; = \; 0 \quad \text{für alle } p \in \mathcal{P}_n,$$

werden also alle Polynome vom Grad $\leq$ n durch Q_{n+1} exakt integriert, so heißt Q_{n+1} eine *Interpolationsquadraturformel*.

Da Quadraturformeln mit einer hohen Ordnung für praktische Anwendungen sehr unhandlich sind und zudem das Restglied von der
Intervallänge b-a abhängt, ist es meistens günstiger, das folgende Verfahren zu benutzen: Man unterteilt [a,b] in N Teilintervalle der Länge $h = \dfrac{b-a}{N}$, wendet auf jedes dieser Teilintervalle eine Quadraturformel mit niedriger Ordnung an und benutzt
die Summe der N einzelnen Näherungen als Approximation für das
Integral. Eine Formel, die aus diesem Verfahren entsteht, heißt
summierte Quadraturformel. Die Länge h bezeichnet man häufig
auch als *Schrittweite*.

Als Beispiel einer solchen summierten Quadraturformel geben wir
die sogenannte summierte *Sehnentrapezformel* an:

$$(6.14) \qquad Q^{ST}(f;[a,b];N) := \frac{h}{2}\left[f(a)+f(b)+ 2\cdot\sum_{m=1}^{N-1} f(a+mh) \right]$$

$$\text{mit } h := \frac{b-a}{N}.$$

Geometrisch entspricht Q^{ST} der Fläche aller Sehnentrapeze, die
dem Graphen von f wie folgt einbeschrieben sind:

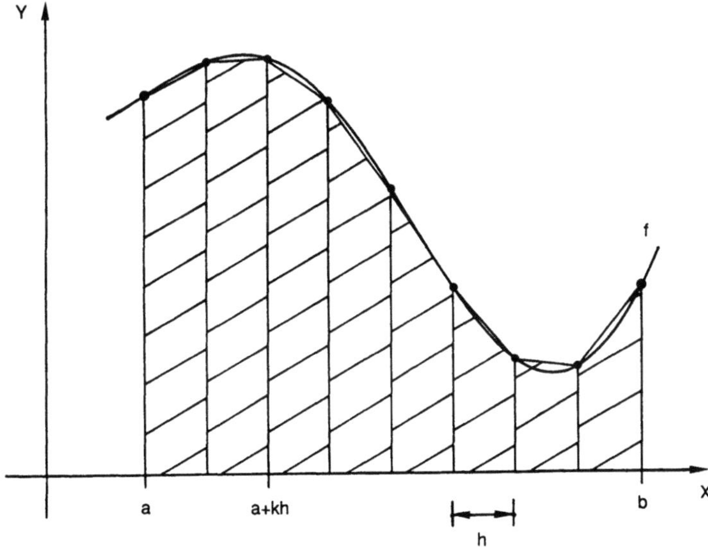

Q^{ST} entsteht durch Summation der jeweils auf die N Teilintervalle $[a+kh,a+(k+1)h]$ $(k=0,1,\ldots,N-1)$ angewendeten Sehnentrapezformel, welche eine Interpolationsquadraturformel der Ordnung 2 ist.

Bei den meisten in der numerischen Mathematik angewendeten Quadraturformeln oder summierten Quadraturformeln ist man in der
Lage, die Ordnung bzw. die Schrittweite zu berechnen, die zum
Erreichen einer vorgegebenen Genauigkeit notwendig ist. Dazu
sind jedoch Kenntnisse über die Funktion f und deren Ableitungen notwendig, die wir in der Regel nicht besitzen.

Wir konstruieren stattdessen eine Folge von Quadraturformeln,
die stets gegen das gesuchte Integral konvergiert. Wie schon
bei den Verfahren zur Nullstellenbestimmung brechen wir diese
Folge ab, wenn ein noch anzugebendes Abbruchkriterium erfüllt
ist.

Bei der Konstruktion dieser Folge ziehen wir das Prinzip der
wiederholten Richardson-Extrapolation heran, das wir nun kurz
skizzieren.

Wir starten mit einer Näherungslösung T(h) der Schrittweite h
mit asymptotischer Fehlerentwicklung für eine zu berechnende
Größe I. Es sei also

$$(6.15) \qquad I = T(h) + \alpha_1 h^{\gamma_1} + \alpha_2 h^{\gamma_2} + \alpha_3 h^{\gamma_3} + \ldots$$

wobei gilt

$$\gamma_k \in \mathbb{N}, \quad 0 < \gamma_1 < \gamma_2 < \ldots; \quad \alpha_1 \neq 0 \text{ und } \alpha_k \text{ unabhängig von h.}$$

Dann ist

$$I = T(h) + O(h^{\gamma_1});$$

die Näherungslösung T(h) besitzt also die *globale Fehlerordnung*
$O(h^{\gamma_1})$. Ist $0 < \theta < 1$ konstant, so gilt auch für die verklei-
nerte Schrittweite θh:

$$I = T(\theta h) + O(h^{\gamma_1}).$$

Die Grundidee der Richardson-Extrapolation besteht nun darin,
eine Linearkombination T^* aus den Termen T(h) und $T(\theta h)$ zu finden, so daß

$$I = T^* + O(h^{\gamma_2}),$$

die Näherungslösung T^* also von der besseren Fehlerordnung $O(h^{\gamma_2})$ ist.

In der Praxis geht man dann bei der wiederholten Richardson-Extrapolation wie folgt vor:

Man gibt sich eine monoton fallende, gegen Null konvergierende Schrittweitenfolge $\{h_k\}$ vor und ermittelt für I die Näherungslösungen

$$T_{k,0} := T(h_k) \quad (k=0,1,2,\ldots)$$

mit der globalen Fehlerordnung $O(h^{\gamma_1})$. Anschließend bestimmt man die Koeffizienten $a_{k,0}$ und $b_{k,0}$, so daß die Näherungen

$$T_{k,1} := a_{k,0}T_{k-1,0} + b_{k,0}T_{k,0} \quad (k=1,2,3,\ldots)$$

von der Fehlerordnung $O(h^{\gamma_2})$ sind.

Mit den Werten $T_{k,1}$ führt man erneut die Richardson-Extrapolation durch. So fortfahrend erhält man für I die Näherungen $T_{k,j}$ ($j=0,1,2,\ldots$; $k=j,j+1,\ldots$). Das Prinzip der wiederholten Richardson-Extrapolation läßt sich gut mit folgendem Schema für die $T_{k,j}$ darstellen:

	h_k	$O(h^{\gamma_1})$	$O(h^{\gamma_2})$	$O(h^{\gamma_3})$		
	h_0	$T_{0,0}$				
	h_1	$T_{1,0}$	$T_{1,1}$			
(6.16)	h_2	$T_{2,0}$	$T_{2,1}$	$T_{2,2}$		
	h_3	$T_{3,0}$	$T_{3,1}$	$T_{3,2}$	$\ldots$	
	$\ldots$	$\ldots$	$\ldots$	$\ldots$	$\ldots$	$\ldots$
	$\ldots$	$\ldots$	$\ldots$	$\ldots$	$\ldots$	$\ldots$

Das Romberg-Verfahren

Das in unserer Software zur Berechnung des Integrals

$$I = \int_a^b f(x)\,dx$$

eingesetze *Romberg-Verfahren* erhält man durch Anwendung der wiederholten Richardson-Extrapolation auf die Folge der summierten Sehnentrapezformeln $Q^{ST}(f;[a,b];N_k)$ mit

$$N_k := 2^k \quad (k=0,1,2,\ldots).$$

Ihm liegt also die geometrische Schrittweitenfolge $\{h_k\}$ mit

$$h_k = \frac{b-a}{2^k}$$

zugrunde.

Wegen (6.14) gilt für die Terme in der ersten Spalte von (6.16):

$$(6.17) \qquad T_{k,0} = \frac{b-a}{2^{k+1}}\left[f(a)+f(b)+ 2\cdot\sum_{m=1}^{2^k-1} f(a+m\frac{b-a}{2^k})\right].$$

Unter geeigneten Forderungen an die Funktion f besitzen die summierten Sehnentrapezformeln die folgende asymptotische Fehlerentwicklung:

$$I = Q^{ST} + \alpha_1 h^2 + \alpha_2 h^4 + \alpha_3 h^6 + \ldots \quad .$$

Damit erhält man nach Anwendung der Richardson-Extrapolation für die weiteren Terme $T_{k,j}$ in Schema (6.16):

$$(6.18) \qquad T_{k,j} = \frac{1}{4^j-1}\left[4^j\cdot T_{k,j-1} - T_{k-1,j-1}\right]$$

$$(j=1,2,3,\ldots;\quad k=j,j+1,\ldots).$$

Da die $T_{k,j}$ von der globalen Fehlerordnung $O(h_k^{2j+2})$ sind, liefern die Terme auf der Diagonalen des Schemas (6.16) die beste Näherung für das Integral.

Man bricht das Verfahren daher ab, wenn zu vorgegebenem $\epsilon > 0$ gilt:

$$(6.19) \qquad |T_{k,k} - T_{k,k-1}| < \epsilon,$$

und wählt $T_{k,k}$ als Näherungslösung für I.

Wir weisen darauf hin, daß wir nach dem Abbruch des Verfahrens aufgrund von (6.19) keinerlei Information über die Größenordnnungen des Abbruchfehlers

$$|I - T_{k,k}|$$

und des relativen Fehlers

$$\left| \frac{I - T_{k,k}}{I} \right|$$

besitzen. Bei den Tests, die am Ende des Abschnitts beschrieben werden, haben wir jedoch gesehen, daß das Kriterium (6.19) für unsere Zwecke stets ausreicht.

6.2.1 Bemerkung

(a) Aus (6.17) folgt, daß zur Bestimmung der Größe $T_{k,0}$ $2^k + 1$ Funktionswerte berechnet werden müssen. Diese können jedoch wegen der speziellen Wahl der Schrittweitenfolge beim Übergang von $T_{k,0}$ nach $T_{k+1,0}$ wieder verwendet werden, denn es gilt:

$$(6.20) \qquad T_{k+1,0} = \frac{1}{2} \cdot T_{k,0} + \frac{b-a}{2^{k+1}} \sum_{m=1}^{2^k} f\left[a + (2m-1)\frac{b-a}{2^{k+1}} \right],$$

so daß effektiv für jedes $T_{k,0}$ nur 2^{k-1} Funktionswertberechnungen nötig sind.

(b) Bei der Bestimmung der restlichen Größen $T_{k,j}$ $(j=1,2,3,\ldots;\ k=j,j+1,\ldots)$ sind keine weiteren Funktionswertberechnungen notwendig.

Wir haben uns zur numerischen Berechnung von Integralen im Rahmen unserer Software für das Romberg-Verfahren entschieden, da es einerseits sehr leicht zu programmieren ist und andererseits in der Regel sehr schnell gegen das gesuchte Integral konvergiert. Zu seiner Durchführung haben wir in der Unit UNum die Prozedur

```
PROCEDURE Integrate (F              : MapRToR;
                     LowerBound,
                     UpperBound,
                     Epsilon        : EXTENDED;
                     VAR IntF       : EXTENDED;
                     VAR NoInt      : INTEGER);
```

implementiert, die wir nun beschreiben.

Die Übergabeparameter haben folgende Bedeutung:

F   steht für den Integranden.

LowerBound   ist die untere Grenze des Integrals.

UpperBound   ist die obere Grenze des Integrals.

Epsilon   legt die Genauigkeit für das Abbruchkriterium
                 (6.19) fest.

IntF   enthält den für das Integral ermittelten Nähe-
                 rungswert.

NoInt   enthält die Anzahl der benötigten Schritte.

Da zur Berechnung der Größen in der k-ten Zeile des Romberg-
Schemas alle Größen aus der (k-1)-ten Zeile zur Verfügung stehen müssen, reservieren wir für zwei aufeinanderfolgende Zeilen
die Arrays Tkj und TkjOld. Zur Dimensionierung dieser Arrays
benutzen wir die zu Beginn der Prozedur festgesetzte Konstante
MaxNOfSteps für die maximal zulässige Schritt- bzw. Zeilenzahl.
Im Hauptteil der Prozedur besetzen wir als erstes das Array Tkj
mit Nullen. Anschließend legen wir einige Hilfsgrößen fest und
berechnen $T_{0,0}$ = Tkj[0].

Die folgende REPEAT-Schleife brechen wir ab, wenn die geeignet
gesetzte Hilfsvariable StopAlgorithm auf TRUE steht oder der
Zeilenzähler CounterForRows größer gleich der maximal zulässigen Schrittzahl MaxNOfSteps ist.

In der Schleife legen wir zunächst die Schrittweite StepLength
für die k-te Zeile fest und übergeben die Werte der zuletzt berechneten (k-1)-ten Zeile an das Array TkjOld. Danach berechnen
wir gemäß (6.20) den Wert

$$T_{k,0} = \text{Tkj[0]}$$

und in der darauf folgenden Schleife gemäß (6.18) die Werte

$$T_{k,j} = \text{Tkj[CounterForColumns]} \quad (j=1,\ldots,k).$$

Ist das Abbruchkriterium (6.19) erfüllt, so setzen wir Stop-
Algorithm auf TRUE und NoInt auf die aktuelle Zeilenzahl.
Wird die REPEAT-Schleife verlassen, ohne daß das Abbruchkrite-
rium (6.19) erfüllt ist, geben wir einen kurzen Warnton aus.
Auf jeden Fall setzen wir aber die auszugebende Variable IntF
auf den letzten berechneten Wert $T_{k,k}$.

Natürlich haben wir auch die Prozedur Integrate einigen Tests
unterzogen. Damit uns zum Vergleich auch die exakten Integral-
werte zur Verfügung stehen, haben wir uns zum Testen einige
Stammfunktionen vorgegeben, deren Ableitung wir über verschiedene Intervalle und mit unterschiedlichen Abbruchschranken nu-
merisch integriert haben.

Es stellte sich heraus, daß bei "normalen" Funktionen und nicht
zu großen Intervallen die Abbruchschranke ϵ, welche wir durch-
weg aus dem Intervall $[10^{-19}, 10^{-2}]$ gewählt haben, stets nach
wenigen Schritten erreicht wird. Der Abbruchfehler und der relative Fehler haben in der Regel mindestens dieselbe Größenord-
nung wie die Abbruchschranke, häufig sind sie sogar wesentlich
kleiner.

Wegen der speziellen Schrittweitenfolge im Romberg-Verfahren
treten jedoch Problem auf, wenn eine der beiden Grenzen des Integrals in der Nähe einer Polstelle des Integranden liegt. In
solchen Fällen konvergiert das Romberg-Verfahren etwas langsamer. Der Abbruchfehler und der relative Fehler sind – teilweise deutlich – größer als die Abbruchschranke, die aus diesem
Grund nicht zu groß gewählt werden sollte. Dies ist zum Beispiel bei den geodätischen Linien mit asymptotischer Annäherung
in Abschnitt 4.4 zu beachten.

7. AUSGABE DER GRAFIKEN MIT ANDEREN GERÄTEN

Bereits im ersten Kapitel haben wir erwähnt, daß wir unsere
Zeichnungen außer auf dem Bildschirm auch auf anderen Geräten -
zum Beispiel auf einem Plotter oder auf einem postscriptfähigen
Laserdrucker - ausgeben können. Die dazu entwickelte Technik
beschreiben wir in diesem Kapitel.

7.1 Vorbemerkungen

Wir erinnern zunächst daran, daß wir mit der globalen booleschen Variablen OnlyScreen entscheiden, ob nur auf dem Bildschirm gezeichnet wird (OnlyScreen=TRUE) oder ob die Ausgabe
auch auf anderen Geräten möglich ist (OnlyScreen=FALSE). Only-
Screen wird im Anweisungsteil der Unit UG1 mit TRUE vorbesetzt.

Den Begriff "Gerät" fassen wir im Zusammenhang mit der Grafikausgabe etwas weiter, denn wir können anstelle der direkten Ansteuerung des Plotters oder des Druckers während eines Programm-
mes die für sie ermittelten Daten auch in eine Datei schreiben.

Außerdem sind wir in der Lage, die Bildschirmdaten und die Daten bezüglich eines weiteren Koordinatensystems, welches wir
das virtuelle Koordinatensystem nennen, in einer Datei zu speichern.

Um die Datenerzeugung und -ausgabe für die einzelnen Geräte ko-
ordinieren zu können, führen wir zunächst in der Unit UG1 den
folgenden Typ für variante Records ein:

```
TYPE Device = RECORD                                      {UG1}
                Switched,S1,S2,P1,P2,DF: BOOLEAN;
                DFName: String;
                CASE KOfData: CHAR OF
                   't','T': (tData: TEXT);
                   'i','I': (iData: FILE OF INTEGER);
                END;
```

Mit dem Datenfeld Switched entscheiden wir, ob Daten für ein
Gerät erzeugt werden (Switched=TRUE) oder nicht (Switched=
FALSE). Es stellt also den Hauptschalter des jeweiligen Gerätes
dar.

Mit den Datenfeldern S1, S2, P1, P2 und DF legen wir fest, an
welche Adresse die Daten geschickt werden. Hierbei stehen

    S1 für die erste serielle Schnittstelle,

    S2 für die zweite serielle Schnittstelle,

P1   für die erste parallele Schnittstelle,

P2   für die zweite parallele Schnittstelle und

DF   für die Ausgabe in eine Datei.

Die fünf Datenfelder dürfen alle auf TRUE stehen, das heißt,
die entsprechenden Gerätedaten können gleichzeitig an fünf verschiedene Adressen geschickt werden.

Das Feld DFName ist für den Namen der Ausgabedatei reserviert.
Mit dem Feld KOfData merken wir uns die Art der zu erzeugenden
Daten. Hierbei stehen die Werte "t" oder "T" für ASCII-Daten
und "i" oder "I" für Integer-Zahlen.

In Abhängigkeit des Wertes von KOfData heißt das letzte Feld im
Typ Device entweder tData und ist vom Dateivariablentyp TEXT,
oder es heißt iData und ist vom Dateivariablentyp FILE OF INTE-
GER.

Zur bequemen Initialisierung einer Variablen vom Typ Device haben wir folgende Prozedur

```
PROCEDURE SetDev (S1,S2,P1,P2,DF: BOOLEAN;              {UG1}
                  DFName: STRING;
                  KOfData: CHAR;
                  VAR Dev: Device);
```


implementiert. Haben alle fünf übergebenen Adreßschalter den
Wert FALSE, so setzen wir den Hauptschalter Switched der ausge-
gebenen Variablen Dev automatisch auf FALSE, andernfalls auf
TRUE.

In der Unit UG1 haben wir die folgenden globalen Variablen vom
Typ Device deklariert:

HP   für einen Plotter,

PS   für einen postscriptfähigen Drucker,

SD   für die Bildschirmdaten und

VD   für die virtuellen Daten.

Mit der Prozedur

```
PROCEDURE CheckAndAssignDevices                        {UG1}
```

überprüfen wir zunächst anhand der Schalterstellungen dieser
Devices, ob Daten verschiedener Geräte auf ein und dieselbe
Schnittstelle geschickt werden sollen und brechen das Programm
gegebenenfalls mit einer Fehlermeldung ab.

Andernfalls merken wir uns in lokalen Variablen der Unit UG1,
welche Datenkanäle geöffnet werden.

Schließlich weisen wir auch noch den Dateivariablen der zu
öffnenden Dateien mittels Assign die entsprechenden Adressen zu
und öffnen die Dateien durch die Prozedur Rewrite zum Schreiben.

In InitializeGraphic nehmen wir den Aufruf der Prozedur Check-
AndAssignDevices vor, der für jedes Programm mit OnlyScreen=
FALSE notwendig ist.

Die geöffneten Dateien werden am Ende eines Programmes in der
Prozedur CloseGraphic wieder geschlossen.

Wenn ein weiteres Gerät angesteuert werden soll, muß man dazu
eine neue Variable vom Typ Device einführen und die Prozeduren
CheckAndAssignDevices und CloseGraphic entsprechend erweitern.

Im Anweisungsteil der Unit UG1 besetzen wir die Variablen HP,
PS, SD und VD durch einen Aufruf von SetDev vor. Dabei sind
alle Schalter auf FALSE gesetzt und für die Ausgabedatei ist
ein Dummy-Bezeichner angegeben.

Mit den Prozeduren

```
PROCEDURE WriteStringToDev  (VAR Dev: Device; S: String);      {UG1}
PROCEDURE WriteIntegerToDev (VAR Dev: Device; N: Integer);     {UG1}
```

können wir Daten bequem an ein Device schicken. Ihre Implementation schauen wir uns an einem Beispiel an:

```
PROCEDURE WriteStringToDev (VAR Dev: Device; S: String);
BEGIN
  IF Dev.S1 THEN Write (Aux1t, S);
  IF Dev.S2 THEN Write (Aux2t, S);
  IF Dev.P1 THEN Write (Par1t, S);
  IF Dev.P2 THEN Write (Par2t, S);
  IF Dev.DF AND ((Dev.KOfData = 't') OR (Dev.KOfData = 'T')) THEN
    Write (Dev.tData, S);
END;
```

Besitzt die Variable KOfData nicht einen der Werte 't' oder
'T', die zur Übertragung von Strings gültig sind, so brechen

wir das Programm mit einer Fehlermeldung ab.

Ist ein Schalter für eine Schnittstelle auf TRUE gesetzt, so schicken wir den übergebenen String S mit der Prozedur Write dorthin. Die dazu benötigten Textdateivaribalen Aux1t,...,Par2t sind in der Unit UG1 als lokale Variablen deklariert und werden in der Prozedur CheckAndAssignDevices mit den entsprechenden Dateinamen (Adressen) Com1,...,Lpt2 verknüpft.

Steht der Schalter DF zur Erzeugung eines Datenfiles auf TRUE, so schreiben wir S in eine Datei, deren Name im Feld DFName von Dev abgelegt ist und der der Textdateivariablen tData zugewiesen worden sein muß. Wir nehmen diese Zuweisung für unsere vier globalen Devices ebenfalls in der Prozedur CheckAndAssign-Devices vor.

Die Prozedur WriteIntegerToDev ist analog aufgebaut. Bei ihr sind jedoch die benutzten Dateivariablen vom Typ FILE OF INTE-GER.

Achtung: Da der Recordtyp Device variante Teile besitzt, müssen Variablen vom Typ Device stets als Variablenparameter - das heißt, unter Voranstellung des Schlüsselwortes VAR - an Prozeduren oder Funktionen übergeben werden, auch dann, wenn die Prozedur oder Funktion die Variable vom Typ Device nicht ändert!

In den nächsten Abschnitten werden wir beschreiben, wie die Ausgabe auf die zusätzlichen Geräte im Detail funktioniert. Wir erklären jedoch an dieser Stelle noch anhand von zwei Beispielen, wie man in einem Programm die Ausgabegeräte dazuschalten kann.

Fügt man zu Beginn des Hauptteiles eines Programmes die Zeilen

```
OnlyScreen := FALSE;
SetDev (FALSE,FALSE,TRUE,FALSE,FALSE,'Dummy','t', PS);
```

hinzu, so wird ein an der ersten parallelen Schnittstelle angeschlossener postscriptfähiger Drucker während des Programmes direkt angesteuert.

Nimmt man die Zeilen

```
OnlyScreen := FALSE;
SetDev (TRUE ,FALSE,FALSE,FALSE,TRUE,'PlotFile','t', HP);
SetDev (FALSE,FALSE,FALSE,FALSE,TRUE,'ScrFile' ,'i', SD);
```

auf, so wird ein an der ersten seriellen Schnittstelle angeschlossener Plotter während des Programmes direkt angesteuert.
Gleichzeitig werden die Daten für den Plotter und für den Bildschirm in zwei Dateien namens PlotFile und ScrFile abgespeichert.

Die Aufrufe von SetDev müssen auf jeden Fall vor Initialize-
Graphic erfolgen.

Ferner ist darauf zu achten, daß die physikalischen Geräte und
die Schnittstellen, an die sie angeschlossen sind, auf dieselben Übertragungsmodi eingestellt sind.

7.2 Der Plotter

Ein *Plotter* ist ein technisches Zeichengerät, bei dem ein Stift
computergesteuert diskrete Punkte auf einem Blatt anfahren
kann. Dabei kann die Spitze des Stiftes aufliegen oder nicht.

Die Punkte werden bezüglich eines kartesischen Koordinatensystems beschrieben, welches wir das *Plotterkoordinatensystem*
nennen.

Ein großer Vorteil von Plottern liegt in ihrer sehr hohen Auflösung. Bei fast allen gängigen Modellen beträgt eine Plotter-
einheit - das ist der horizontale und vertikale Abstand zweier
benachbarter Punkte - 0.025 mm. Für ein DIN-A4-Blatt erhalten
wir unter Beachtung eines Randes also bereits eine Auflösung
von 10870×7600 Punkten.

Ein weiterer Vorteil besteht darin, daß fast alle Plotter die
von Hewlett-Packard entwickelte Programmiersprache HP-GL (=
Hewlett Packard Graphic Language) verstehen, die wir aus diesem
Grund in unserer Software zur Ansteuerung von Plottern benutzen.

Beim Aufbau der Methoden zur Plottersteuerung gehen wir vollkommen analog wie bei den Bildschirmprozeduren vor.

Den maximalen Bereich, in dem auf einem Blatt Papier überhaupt
gezeichnet werden kann, legen wir mit den Punkten
(MinXPlt, MinYPlt) und (MaxXPlt, MaxYPlt) fest. Die globalen
Variablen MinXPlt,...,MaxYPlt werden - falls HP.Switched auf
TRUE steht - in der Prozedur InitializeGraphic mit denjenigen
Werten besetzt, die für die jeweilige Papiergröße gültig sind
und die wir dem Handbuch entnommen haben. Für die Papiergröße
reservieren wir die globale Variable DinPlt, die wir in der
Unit UG1 auf 4 eingestellt haben.

Wie schon beim Bildschirm wollen wir häufig nur in einem Teilintervall des maximalen Zeichenbereiches plotten. Wir nennen es
das *Plotterintervall* und reservieren für es die globale Variable IPlt.

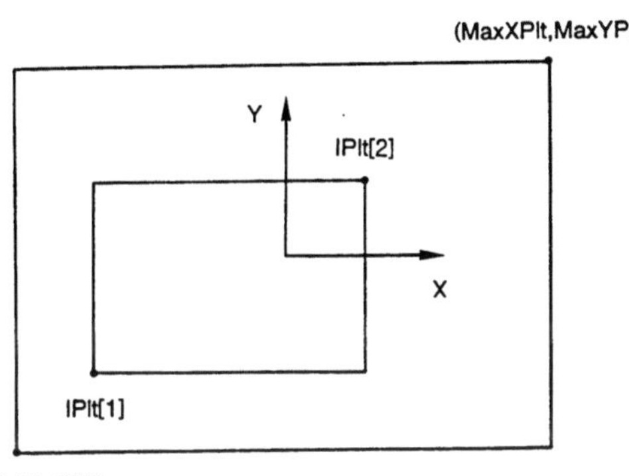

Die Koordinaten der Punkte, die das Plotterintervall definieren, hängen von der Auflösung und vom Papierformat ab.

Da wir bei der Festlegung des Zeichenbereiches jedoch von diesen Größen unabhängig sein wollen, führen wir - wie schon beim
Bildschirm - ein weiteres Koordinatensystem für den Plotter
ein, bei dem beide Seiten eines Blattes unabhängig von seiner
Größe die Länge 10 besitzen. Wir definieren unser Plotterintervall bezüglich dieses Koordinatensystems und benutzen dabei die
globale Variable IPltScal, die wir im Anweisungsteil der Unit
UG1 mit ((0,0), (10,10)) vorbesetzen.

Mit der Prozedur

```
PROCEDURE TransformationIPltScalToIPlt;                    {UG1}
```

rechnen wir das Intervall IPltScal in Plotterkoordinaten um.

Unser Weltintervall WI2D passen wir in der Prozedur

```
PROCEDURE ParameterTransformationPlt;                      {UG1}
```

analog zu unserem Vorgehen beim Bildschirm optimal in das Plotterintervall ein. Gleichzeitig bestimmen wir den Ursprung PltO
des Weltkoordinatensystems in Plotterkoordinaten und den Vektor
PltU der Einheitslängen auf den Achsen des Plotterkoordinaten-

systems ausgedrückt in Plottereinheiten. Das Bild des eingepaßten Weltintervalles speichern wir in der globalen Variablen
IPlt2D.

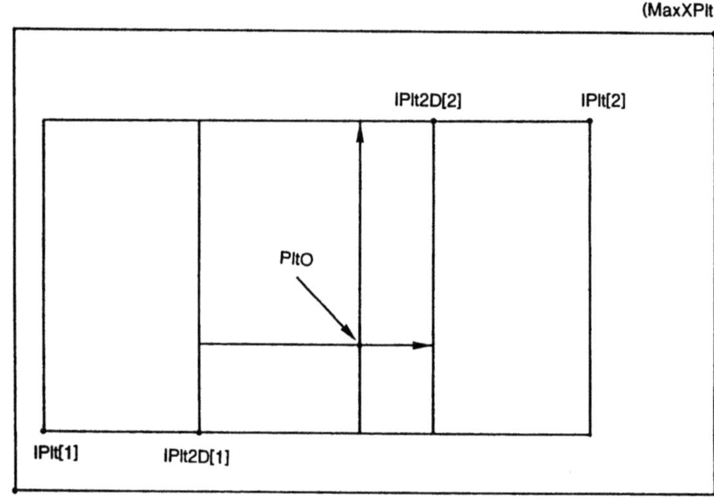

Die Prozeduren TransformationIPltScalToIPlt und ParameterTrans-
formationPlt rufen wir dann - falls HP.Switched auf TRUE steht
- in unseren Prozeduren Parameter2D bzw. Parameter3D auf, die
wir ja zu Beginn eines Programmes sowieso aufzurufen haben
(vergleiche Abschnitt 1.4 bzw. Abschnitt 1.10).

Zur Umrechnung eines Punktes P in 2D-Weltkoordinaten in einen
Punkt PPlt in Plotterkoordinaten stellen wir die Prozedur

```
PROCEDURE TransformationPlt (P: Pt2D; VAR PPlt: Pt2D);          {UG1}
```

zur Verfügung.

Bevor wir die elementaren Zeichenprozeduren für den Plotter beschreiben, erwähnen wir, daß diese speziell auf das Plotter-
modell 7550A der Firma Hewlett Packard zugeschnitten sind. Dieses besitzt zwei zusätzliche Betriebsmodi, die die Grafikausgabe optimieren, nämlich den sogenannten *Polygonmode* und den
Curvedlinegenerator. Beiden gemeinsam ist, daß die empfangenen
Punkte zunächst gespeichert werden und der zugehörige Polygonzug dann in einem Durchgang gezeichnet wird.

Zum Einschalten dieser Modi, die übrigens kombiniert werden
können, benutzen wir die globalen booleschen Variablen Curve-

Generator und PolygonMode. Als Voreinstellung haben wir im Anweisungsteil der Unit UG1 CurveGenerator=TRUE und PolygonMode=FALSE gewählt.

Für andere Plotter, die diese Modi nicht unterstützen, kann man beide Schalter einfach auf FALSE setzen.

Zum Speichern der Punkte steht im HP 7550A nur ein begrenzter Speicher zur Verfügung, der in der Prozedur InitializeGraphic durch das Abschicken der entsprechenden HP-GL-Befehle zwischen den Betriebsmodi aufgeteilt wird. Aus diesem Grund muß der Plotterspeicher von Zeit zu Zeit dadurch geleert werden, daß der bis dahin empfangene Polygonzug ausgegeben wird. Zu diesem Zweck stellen wir die beiden globalen Variablen CounterForCGBreak und CounterForPMBreak zur Verfügung, die beim Senden jedes Plotterbefehles hochgezählt werden. Überschreitet einer der Zähler dabei seine von uns festgelegte Obergrenze MaxNumberForCG bzw. MaxNumberForPM, so wird das Zeichnen ausgelöst. Die in der Prozedur InitializeGraphic eingesetzten Werte für diese Grenzen haben wir empirisch ermittelt.

Analog zur Bildschirmausgabe benötigen wir zum Plotten drei elementare Zeichenprozeduren:

Die Prozedur

```
    PROCEDURE PutPtPlt (PPlt: Pt2D);                    {UPltData}
```

zeichnet den in Plotterkoordinaten gegebenen Punkt PPlt.

Die Prozedur

```
    PROCEDURE MoveToPtPlt (PPlt: Pt2D);                 {UPltData}
```

bewegt den Zeichenstift im angehobenen Zustand zum Punkt PPlt.

Die Prozedur

```
    PROCEDURE DrawToPtPlt (PPlt: Pt2D);                 {UPltData}
```

zeichnet eine Gerade von der aktuellen Stelle des Zeichenstiftes zum Punkt PPlt.

Da wir in unserer Software eine Kurve stets in ein und derselben Farbe durchzeichnen, übergeben wir an die Prozeduren PutPtPlt und DrawToPtPlt - im Gegensatz zu den entsprechenden Bild-

schirmprozeduren - keine Zeichenfarbe, sondern wir schicken gegebenenfalls in den Methoden zum Kurvenzeichnen einen entsprechenden Befehl zur Zeichenstiftwahl.

Wir schauen uns nun als Beispiel die Implementation der Prozedur DrawToPtPlt an.

```
PROCEDURE DrawToPtPlt (PPlt: Pt2D);
VAR PXS,PYS,PltS : STRING;
BEGIN
  IF (PPlt.X < MinXPlt-1) OR (PPlt.X > MaxXPlt+1)  OR
     (PPlt.Y < MinYPlt-1) OR (PPlt.Y > MaxYPlt+1)  THEN BEGIN
   OutError ('Error in Plotter-Data');
  END ELSE BEGIN
    STR (TRUNC(PPlt.X), PXS);
    STR (TRUNC(PPlt.Y), PYS);
    PltS := 'PD;PA'+PXS+','+PYS+';';
    WriteStringToDev (HP,PltS);
  END;

  IF CurveGenerator THEN BEGIN
    INC (CounterForCGBreak);
    IF (CounterForCGBreak  > MaxNumberForCG) THEN BEGIN
      WriteStringToDev (HP,'PU;PD;');
      CounterForCGBreak := 0;
    END;
  END;

  IF PolygonMode THEN BEGIN
    INC (CounterForPMBreak);
    IF (CounterForPMBreak > MaxNumberForPM) THEN BEGIN
      STR (TRUNC(PPlt0.X), PXS);
      STR (TRUNC(PPlt0.Y), PYS);
      PltS := 'PU;PA'+PXS+','+PYS+';PU;PM2;EP;';
      WriteStringToDev (HP,PltS);
      CounterForPMBreak := 0;
      PPlt0 := PPlt;
      STR (TRUNC(PPlt0.X), PXS);
      STR (TRUNC(PPlt0.Y), PYS);
      PltS := 'PU;PA'+PXS+','+PYS+';PM0;';
      WriteStringToDev (HP,PltS);
    END;
  END;
END;
```

Wir wandeln zunächst die Koordinaten des Punktes PPlt in
Strings um. Da in HP-GL nur ganzzahlige Parameter zulässig
sind, dürfen wir dabei nur die Stellen vor dem Komma berück-
sichtigen. Anschließend bilden wir den String PltS aus den
HP-GL-Befehlen "PD;" (Pen Down), "PA" (Plot Absolute) und den
Punktkoordinaten als Parameter, den wir dann mittels Write-
StringToDev an das Device HP schicken.

Ist der Curvegenerator zugeschaltet, so erhöhen wir zunächst
CounterForCGBreak. Wird der Wert dieser Variable größer als
MaxNumberForCG, so lösen wir das Zeichnen durch einfaches Anhe-
ben und Absenken des Zeichenstiftes aus.

Ist der Polygonmode zugeschaltet, so erhöhen wir CounterForPM-
Break. Wird der Wert dieser Variable größer als MaxNumberForPM,
so bewegen wir den Zeichenstift zum Anfang des Polygons, den
wir uns in der globalen Variablen PPlt0 gemerkt haben, und
lösen durch die entsprechenden HP-GL-Befehle das Zeichnen aus.
Anschließend merken wir uns den aktuellen Punkt PPlt als neuen
Polygonanfang und bewegen den Stift dorthin.

Die anderen elementaren Zeichenprozeduren sind analog implementiert. Wie wir sie beim Zeichnen von Kurven einsetzen, beschreiben wir in Abschnitt 7.6.

Neben den elementaren Zeichenprozeduren haben wir weitere Prozeduren für die Ausgabe auf dem Plotter geschrieben.

Mit der Prozedur

```
PROCEDURE DrawIntervalPlt (IPlt: Interval2D;              {UPltData}
                           Col: INTEGER);
```

zeichnen wir in der Farbe Col das in Plotterkoordinaten gegebene Intervall IPlt.

Damit wir bequem einen Stift aus dem Magazin des Plotters wählen können, stellen wir die Prozedur

```
PROCEDURE SelectPlotterPen (PenNumber: INTEGER);          {UPltData}
```

zur Verfügung. Mit ihr senden wir den HP-GL-Befehl zur Auswahl
eines Zeichenstiftes an das Device HP, wenn der Wert von Pen-
Number nicht mit der Nummer des aktuellen Stiftes übereinstimmt, die wir uns zu diesem Zweck in der lokalen Variablen
OldPenNumber gemerkt haben. Damit keine Fehler passieren,
transformieren wir PenNumber vor dem Abschicken des Befehls in
das Intervall [1, MaxNumberOfPens], wobei wir die lokale Konstante MaxNumberOfPens entsprechend der Stiftanzahl des HP
7550A auf 8 gesetzt haben.

Mit der Prozedur

```
PROCEDURE SetPenValues (PenNumber,PenType,                {UPltData}
                        FS,VS,AS        : INTEGER);
```

können wir leicht die Auflagekraft (FS), die Anfahrbeschleunigung (AS) und die Geschwindigkeit (VS) der Zeichenstifte ändern. Für die Art der Stifte, die mit PenType übergeben wird, haben wir in der Unit UPltData einige Konstanten deklariert. Gibt man für PenNumber den Wert 0 ein, werden alle Stifte des Magazins beeinflußt, andernfalls nur der mit PenNumber. Wählt man für einen der Parameter FS, AS oder VS den Wert Null, so werden die vom Hersteller vorgeschlagenen Default-Werte benutzt.

Liegt einer der Parameter außerhalb des zulässigen Bereichs, wird das Programm nach Ausgabe einer Fehlermeldung abgebrochen. In der Prozedur InitializeGraphic wird der Plotter auf die Default-Werte für Faserschreiber voreingestellt. Ein Aufruf von SetPenValues zur Änderung der Werte kann an jeder Stelle eines Programmes erfolgen.

Zum Schluß gehen wir noch kurz auf ein weiteres Leistungsmerkmal des Plotters ein. Im Normalfall erfolgt die Grafikausgabe auf ein quer liegendes Blatt. Der Plotter ist jedoch in der Lage, die Grafik zu drehen und das Blatt somit hochkant zu gebrauchen. Um diese Möglichkeit zu nutzen, führen wir die globale Variable PortraitPlt ein, die wir im Anweisungsteil von UG1 auf FALSE (Querformat) einstellen. Wird in einem Programm PortraitPlt=TRUE gewählt, so werden in der Prozedur Initialize-Graphic die Koordinaten der definierenden Punkte des Plotterintervalles vertauscht und zusätzlich der Befehl "RO90;" an den Plotter geschickt. Weitere Änderungen sind nicht nötig.

7.3 PostScript-Ausgabe

PostScript ist eine Programmiersprache speziell für die Text- und Grafikausgabe. Aufgrund ihrer Universalität hat sie sich in vielen Bereichen als Standardsprache etabliert. Sie ist geräteunabhängig. Daher können diejenigen Prozeduren, die in unserer Software implementiert sind, nicht nur einen postscriptfähigen Laserdrucker ansteuern, sondern die erzeugten Befehle werden von jedem PostScript-Interpreter verstanden. Aus diesem Grund sprechen wir in diesem Abschnitt allgemein auch nur noch von der *PostScript-Ausgabe*.

Da wir eine Technik entwickeln, die zur bereits bewährten Bildschirm- und Plotterausgabe analog ist, benötigen wir nur einen kleinen Teil des immensen PostScript-Befehlssatzes.

Ebenso wie HP-GL liegt auch der Programmiersprache PostScript ein kartesisches Koordinatensystem zugrunde, dessen Einheiten die Länge 1/72 Zoll besitzen. Der Koordinatenursprung befindet sich bei jedem Ausgabemedium in der linken unteren Ecke.

Wir haben in unserer Software bisher nur die Ausgabe auf DIN
A4- und DIN A3-Papier vorgesehen. Die Auswahl des Papierformats
steuern wir mit der globalen Variablen DinPSc, die wir im Anweisungsteil von UG1 mit 4 vorbesetzen.

Den maximalen Bereich, in dem auf einem Ausgabemedium gezeichnet werden darf, legen wir mit den Punkten (MinXPSc, MinYPSc)
und (MaxXPSc, MaxYPSc) fest. Bei den in der Prozedur InitializeGraphic festgelegten Werten für diese Punkte ist auf jeder
Blattseite ein Rand von 30 PostScript-Einheiten (ca. 1 cm) be-
rücksichtigt.

Wie schon bei Bildschirm und Plotter wollen wir häufig nur in
einem Teilintervall des maximalen Zeichenbereiches eines Ausgabemediums zeichnen. Dieses Teilintervall nennen wir das *Post-
Script-Intervall* und reservieren für es die globale Variable
IPSc.

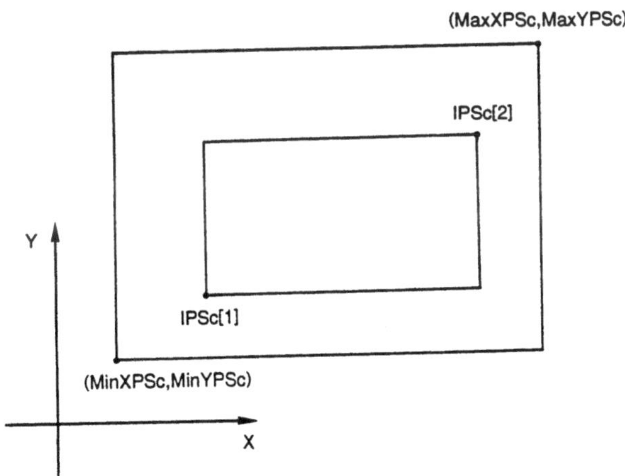

Da IPSc in PostScript-Koordinaten beschrieben werden muß - die
Koordinaten seiner definierenden Punkte also von der Größe des
Ausgabemediums abhängen - führen wir für die PostScript-Ausgabe
ein weiteres Koordinatensystem ein, bei dem die Seiten eines
beliebigen Ausgabemediums die Länge 10 besitzen. Wir definieren
unser PostScript-Intervall bezüglich dieser Koordinaten und benutzen dabei die globale Variable IPScScal, die im Anweisungsteil von UG1 mit ((0,0), (10,10)) vorbesetzt wird.

Zur Umrechnung des Intervalles IPScScal in das Intervall IPSc
stellen wir die Prozedur

```
PROCEDURE TransformationIPScScalToIPSc;                    {UG1}
```

zur Verfügung.

Mit der Prozedur

```
PROCEDURE ParameterTransformationPSc;                    {UG1}
```

passen wir das Weltintervall WI2D optimal in das Intervall IPSc
ein. Das Bild des eingepaßten Weltintervalles speichern wir in
der globalen Variablen IPSc2D. Gleichzeitig bestimmen wir die
globalen Variablen PScO für den Ursprung des Weltkoordinatensystems in PostScript-Koordinaten und PScU für die Einheitslängen auf den Achsen des PostScript-Koordinatensystems - ausgedrückt in PostScript-Einheiten.

Steht PS.Switched auf TRUE, so müssen diese beiden Prozeduren
jeweils einmal aufgerufen werden. Es ist zweckmäßig, dies in
unseren Prozeduren Parameter2D bzw. Parameter3D durchzuführen,
da ihr Aufruf zu Beginn eines Programmes obligatorisch ist.

Zur Umrechnung der 2D-Weltkoordinaten eines Punktes P in seine
PostSript-Koordinaten haben wir die Prozedur

```
PROCEDURE TransformationPSc (P: Pt2D; VAR PPsc : Pt2D);    {UG1}
```

geschrieben.

Bevor wir zu den elementaren Zeichenprozeduren kommen, erklären
wir zunächst die bei PostScript eingesetzte Zeichentechnik:
Ähnlich wie beim Plotter können Kurven aus Geraden- und Kreis-
segmenten zusammengesetzt werden. Jedoch führt PostScript das
Zeichnen einer Strecke oder eines Kreisteiles nicht sofort nach
Erhalt des entsprechenden Befehls aus, sondern es legt die Daten zunächst auf einem Stack ab. Letzterer enthält dadurch also
einen "gedachten" Weg, den man auch als *aktuellen Pfad* bezeichnet. Der Operator 'stroke' wirkt nun so, als ob man den aktuellen Pfad mit einem Stift entlang fährt. Er überträgt den aktuellen Pfad in die *aktuelle Seite*, welche nichts anderes als ein
Platz im Speicher ist, in dem alle Markierungen einer Seite abgelegt sind.

Ein neuer aktueller Pfad wird durch den Operator 'newpath' ein-
geleitet.

Das "physikalische Drucken" einer aktuellen Seite wird durch
den Operator 'showpage' ausgelöst.

Da der Stack eines PostScript-Interpreters beschränkt ist, muß
er von Zeit zu Zeit entleert werden. Aus diesem Grund erhöhen
wir bei jedem abgeschickten PostScript-Befehl den Zähler

CounterForPScCommands. Überschreitet der Zähler eine Obergrenze, so wird der Stackinhalt durch geeignete Befehle ausgegeben. Da die Größe des Stacks bei verschiedenen Interpretern
unterschiedlich groß ist, haben wir in der Unit UG1 für die
globale Konstante MaxNumberOfPScCommands, die für die Obergrenze reserviert ist, einen relativ kleinen Wert eingesetzt,
damit die Ausgabe durch jeden PostScript-Interpreter gewährleistet ist.

Wie schon beim Bildschirm und Plotter benötigen wir für die
PostScript-Ausgabe drei elementare Zeichenprozeduren.

Die Prozedur

```
      PROCEDURE PutPtPSc (PPSc: Pt2D);                    {UPScData}
```

nimmt den Punkt PPSc in den aktuellen Pfad auf und zeichnet
einen Kreis um ihn. Der Radius dieses Kreises ist so klein, daß
auf dem Blatt nur ein Punkt zu sehen ist.

Die Prozedur

```
      PROCEDURE MoveToPtPSc (PPSc: Pt2D);                 {UPScData}
```

nimmt den Punkt PPSc in den aktuellen Pfad auf.

Die Prozedur

```
      PROCEDURE DrawToPtPSc (PPSc: Pt2D);                 {UPScData}
```

nimmt den Punkt PPSc in den aktuellen Pfad auf und zeichnet die
Verbindungsstrecke zwischen dem vorherigen Punkt und PPSc.

Auch hier schauen wir uns die Implementation der Prozeduren an
einem Beispiel an.

```
      PROCEDURE DrawToPtPSc (PPSc: Pt2D);
      VAR PXS,PYS,PScS : STRING;
      BEGIN
        IF (PPSc.X < MinXPSc-1) OR (PPSc.X > MaxXPSc+1)  OR
           (PPSc.Y < MinYPSc-1) OR (PPSc.Y > MaxYPSc+1)  THEN BEGIN
          OutError ('Error in PostScript-Data');
        END ELSE BEGIN
          STR (PPSc.X:5:1, PXS);
          STR (PPSc.Y:5:1, PYS);
```

```
        PScS := PXS+' '+PYS+' lineto '+CHR(10)+CHR(13);
        WriteStringToDev (PS,PScS);
        INC (CounterForPscCommands);

        IF (CounterForPScCommands > MaxNumberOfPScCommands) THEN BEGIN
          WriteStringToDev (PS,'stroke '+CHR(10)+CHR(13));
          WriteStringToDev (PS,'newpath '+CHR(10)+CHR(13));
          PScS := PXS+' '+PYS+' moveto '+CHR(10)+CHR(13);
          WriteStringToDev (PS,PScS);
          CounterForPScCommands := 2;
        END;
      END;
    END;
```

Wir überprüfen zunächst, ob PPSc im maximalen Zeichenbereich
des Ausgabemediums liegt. Ist dies nicht der Fall, so brechen
wir das Programm mit einer Fehlermeldung ab.

Andernfalls wandeln wir die Koordinaten von PPSc in Strings um.
Dabei berücksichtigen wir nur die erste Stelle nach dem Komma.
Dadurch erhalten wir eine maximale Auflösung von 720 dpi (dots
per inch), was für die meisten PostScript-Ausgabegeräte ausreicht. Soll ein Gerät mit einer höheren Auflösung angesteuert
werden, so ist einfach eine weitere Stelle nach dem Komma hin-
zuzufügen.

Anschließend bilden wir aus den Koordinaten und dem Operator
'lineto' den String PScS, den wir mittels WriteStringToDev an
das Device PS schicken, und erhöhen dann den Zähler CounterFor-
PScCommands.

Wird er größer als seine Obergrenze, so leeren wir den Post-
Script-Stack durch den Operator 'stroke', richten durch
'newpath' einen neuen aktuellen Pfad ein und nehmen PPSc als
ersten Punkt in diesem neuen Pfad auf.
Die anderen Prozeduren sind vollkommen analog definiert.

Achtung: Bei unseren Tests haben wir festgestellt, daß einige
         PostScript-Interpreter - entgegen der PostScript-Kon-
         vention - nur Befehlszeilen bis zu einer bestimmten
         maximalen Zeilenlänge verarbeiten können, was unter
         Umständen zu einem Totalabsturz des Systems führt. Aus
         diesem Grund schließen wir jeden PostScript-Befehl mit
         einem "Linefeed" (CHR(10)) und einem "CarriageReturn"
         (CHR(13)) ab.

Wie schon beim Plotter wird an die elementaren Zeichenprozeduren kein Farbparameter übergeben. Stattdessen schicken wir gegebenenfalls zu Beginn einer Kurve einen PostScript-Befehl zur
Auswahl der Zeichenfarbe. Dazu schreiben wir die Prozedur

```
PROCEDURE SetPScColor (Color : INTEGER);                    {UPScData}
```

in der ein Befehl zur Farbwahl jedoch nur dann gesendet wird,
wenn Color nicht denselben Wert wie die lokale Variable OldPSc-
Color hat, in der wir die aktuelle Zeichenfarbe speichern, und
wenn die globale Variable ColoredPScOutput, mit der wir festlegen, ob überhaupt farbig gezeichnet wir, auf TRUE steht.

ColoredPScOutput wird im Anweisungsteil von UG1 mit FALSE vorbesetzt.

Zum Zeichnen eines Intervalles IPSc, das in PostScript-Koordinaten gegeben ist, stellen wir schließlich noch die Prozedur

```
PROCEDURE DrawIntervalPSc (IPSc: Interval2D;               {UPScData}
                           Col: INTEGER);
```

zur Verfügung.

PostScript ist - ähnlich wie HP-GL - in der Lage, eine Zeichnung zu drehen. Dies ermöglicht uns auf einfache Weise, das Papier nicht nur im Hochformat sondern auch im Querformat zu
nutzen.

Zur Festlegung des Formats führen wir die globale boolesche Variable PortraitPSc ein, die im Anweisungsteil von UG1 mit TRUE
(Hochformat) voreingestellt ist.

Ist PortraitPSc=FALSE, so verschieben wir in der Prozedur InitializeGraphic durch geeignete PostScript-Befehle zunächstden
PostScript-Koordinatenursprung in die rechte untere Ecke des
Ausgabemediums und drehen dann die Koordinatenachsen um 90° im
mathematisch positiven Sinn.

Daneben müssen wir noch die Koordinaten der definierenden
Punkte des maximalen Zeichenbereiches vertauschen.
Weitere Änderungen sind in diesem Fall nicht notwendig.

Zum Abschluß des Kapitels geben wir noch einige allgemeine Hin-
weise zu unserer PostScript-Implementation:

In der Prozedur InitializeGraphic senden wir als erstes stets
einige Kommentare an das zugeschaltete Device PS, damit das danach folgende PostScript-Programm konform zur derzeitigen
Struktur-Konvention ist.

Als nächstes retten wir mit dem Operator 'gsave' den aktuellen
Graphics State, den wir in der Prozedur CloseGraphic nach
'showpage' mittels 'grestore' wiederherstellen.

Anschließend legen wir

- mit 'setlinewidth' die aktuelle Linienstärke,

- mit 'setlinejoin' die aktuelle Gestaltung der Übergänge zwischen zwei Liniensegmenten und

- mit 'setlinecap' die Gestaltung der offenen Enden eines Subpfades fest.

Achtung: Wird für 'setlinecap' ein anderer als der Parameterwert 1 gewählt, so muß in der Prozedur PutPtPSc der Befehl

PXS+' '+PYS+' lineto'

durch

PXS+' '+PYS+' 0.5 0 360 arc'

ersetzt werden, damit beim Kurvenzeichnen im Falle WP=TRUE das Punkten funktioniert.

7.4 Das Abspeichern der Bildschirmdaten

Da eine Zeichnung auf dem Bildschirm durch den Aufruf des nächsten Programmes unweigerlich verloren geht, ist es - besonders wegen der langen Laufzeiten einiger unserer Programme - sinnvoll, eine Bildschirmgrafik aufheben zu können.

Am einfachsten wäre es, eine BitMap des Bildschirmes abzuspeichern, jedoch geht dabei die Information über die Erzeugung verloren. Wir legen daher die berechneten Punkte zusammen mit der Information, ob und in welcher Farbe eine Verbindungsstrecke gezeichnet wird, in einer seriellen Datei ab.

Zu diesem Zweck haben wir das Device SD (Screen Data) eingeführt.

Da wir die Bildschirmpunkte schon berechnen können, müssen wir nur die elementaren Prozeduren angeben, mit denen wir die Daten an das Device SD schicken. Wir erinnern an dieser Stelle daran, daß die Daten für dieses Device vom Typ INTEGER sein müssen.

Die Prozedur

```
PROCEDURE DrawToPtScrSD (PScr: PtScr; Col: INTEGER);        {UScrData}
```

sendet nacheinander die Farbe Col und die x- und die y-Koordinate des Bildschirmpunktes PScr nach SD.

Die Prozedur

```
    PROCEDURE MoveToPtScrSD (PScr: PtScr);                {UScrData}
```

sendet nacheinander "-1" und die x- und y-Koordinate von PScr nach SD. Die Information, daß nur der Grafikcursor nach PScr bewegt wird, ist also in einem negativen Farbparameter verschlüsselt.

Da die Prozeduren "PutPt..." in unserer Software stets zuerst ein "MoveTo..." durchführen müssen, sendet die Prozedur

```
    PROCEDURE PutPtScrSD (PScr: PtScr; Col: INTEGER);        {UScrData}
```

zunächst "-1", PScr.X und PScr.Y und dann noch einmal Col, PScr.X und PScr.Y nach SD.

Das Device SD erhält die Bildschirmdaten also immer in Form von Tripeln aus ganzen Zahlen, bei denen die erste Koordinate die Farbinformation und die zweite und dritte Koordinate die x- und die y-Koordinate des nächsten Bildschirmpunktes enthält. Ist die erste Koordinate des Tripels negativ, so ist nur der Grafikcursor zu diesem Punkt zu bewegen. Andernfalls ist von der momentanen Cursorposition zu diesem Punkt eine Linie in derjenigen Farbe zu zeichnen, die der ersten Koordinate entspricht.

Die Prozedur

```
    PROCEDURE DrawIntervalScrSD (IScr: IntervalScr;        {UScrData}
                                 Col: INTEGER);
```

ist ein Analogon zur Prozedur DrawIntervalScr, welche ein in Bildschirmkoordinaten gegebenes Intervall IScr zeichnet.

Nun benötigen wir nur noch eine Prozedur, mit der wir aus den abgespeicherten Daten die Grafik auf dem Bildschirm reproduzieren können.

Wir machen zunächst darauf aufmerksam, daß der Bildschirm, auf dem das gespeicherte Bild ausgegeben werden soll, natürlich in genau demselben Grafikmodus betrieben werden muß, in dem auch das ursprüngliche Bild berechnet wurde.

Aus diesem Grund senden wir - sofern SD.Switched auf TRUE steht
- in der Prozedur InitializeGraphic die Werte der Variablen Gd
für den aktuellen Grafiktreiber und Gm für den aktuellen Grafikmodus als erste Daten nach SD.

Zur Ausgabe eines abgespeicherten Bildes implementieren wir
folgende Prozedur

```pascal
PROCEDURE ReadSDFile (SDFileName:STRING);
VAR Number,Col,
    ErrorCode  : INTEGER;
    PScr       : PtScr;
    Gd,Gm      : INTEGER;
    ScrF       : FILE OF INTEGER;
    Ch         : CHAR;
BEGIN
  ASSIGN (ScrF,SDFileName);
  RESET  (ScrF);
  READ   (ScrF,Number);
  Gd := Number;
  READ   (ScrF,Number);
  Gm := Number;
  InitGraph (Gd, Gm, '');
  ErrorCode := GraphResult;
  IF ErrorCode <> GrOk THEN
    OutError ('Can''t display this SCREEN-FILE (wrong graphicmode)');


  WHILE NOT EOF(ScrF) DO BEGIN
    READ (ScrF, Col,PScr.X,PScr.Y);
    IF Col < 0 THEN MoveToPtScr (PScr)
               ELSE DrawToPtScr (PScr,Col);
  END;
  CLOSE (ScrF);
  REPEAT UNTIL KeyPressed;
  CH := ReadKey;
  CloseGraph;
END;
```

Die übergebene Variable SDFileName muß den Namen der anzuzei-
genden Datei gegebenenfalls einschließlich des vollständigen
Pfades enthalten.

Im Hauptteil weisen wir der lokalen Dateivariablen ScrF die
Adresse SDFileName zu und öffnen die Datei mit Reset zum Lesen.

Als nächstes holen wir uns die ersten beiden Dateieinträge, die
den Grafiktreiber und den Grafikmodus enthalten, und rufen mit
diesen Werten InitGraph auf. Ist die zugehörige BGI-Datei nicht
vorhanden oder kann der angeschlossene Bildschirm die geforderte Auflösung nicht verarbeiten, so brechen wir das Programm

nach Ausgabe einer Fehlermeldung ab.

Andernfalls lesen wir bis zum Erreichen des Dateiendes jeweils
ein Zahlentripel ein. Ist seine erste Koordinate kleiner als
Null, so bewegen wir den Grafikcursor mittels MoveToPtScr zum
Punkt PScr, dessen Koordinaten in den beiden anderen Tripelwer-
ten gespeichert sind. Ist die erste Tripelkoordinate größer als
Null, so zeichnen wir mittels DrawToPtScr die Verbindungs-
strecke zwischen der aktuellen Position des Grafikcursors und
PScr.

Mit dem Programm P8_01 demonstrieren wir die Funktion der Prozedur ReadSDFile. Wir ergänzen dazu eine Kopie irgendeines vorhandenen Programmes zu Beginn des Hauptteiles um die Zeilen

```
OnlyScreen := FALSE;
SetDev (FALSE,FALSE,FALSE,FALSE,TRUE,'TestSD.SCR','i', SD);
```

mit denen wir das Device SD dazuschalten und die Bildschirmdaten in der Datei TestSD.SCR abspeichern. Nach dem Aufruf von
CloseGraphic fügen wir die Zeile

```
ReadSDFile ('TestSD.SCR');
```

ein, mit der wir die Datei TestSD.SCR am Bildschirm darstellen,
die während des Programmablaufes erzeugt worden ist.

Zum Schluß erwähnen wir noch, daß die Bildschirmdaten mit dem
Device SD natürlich auch an eine der möglichen physikalischen
Schnittstellen geschickt werden können.

7.5 Das Device VD

Die im vorherigen Abschnitt geschilderte Technik zum Abspeichern einer Bildschirmgrafik hat den Nachteil, daß bei der Berechnung und bei der späteren Wiedergabe des Bildes derselbe
Bildschirmmodus benutzt werden muß. In diesem Abschnitt zeigen
wir, wie dieses Problem umgangen werden kann.

Wir führen zunächst ein weiteres kartesisches Koordinatensystem
ein, dessen Einheiten auf keine konkrete physikalische Länge
bezogen sind. Aus diesem Grund nennen wir es das *virtuelle
Koordinatensystem*.

Den maximalen Bereich zum Zeichnen im virtuellen Koordinatensystem legen wir durch die Punkte

    (MinXVir, MinYVir) := (-MaxForVD, -MaxForVD) und

    (MaxXVir, MaxYVir) := (MaxForVD, MaxForVD)

fest. Dabei ist MaxForVD eine globale Konstante, die in der Unit UG1 auf 32760 festgesetzt ist. Dieser Wert kommt nicht von ungefähr, denn durch ihn ist gewährleistet, daß der Zeichenbereich möglichst groß ist und die ganzzahligen Anteile der Koordinaten sämtlicher Punkte in ihm als Zahlen des Typs INTEGER behandelt werden können.

Im maximalen Zeichenbereich geben wir uns das Intervall IVir - das sogenannte *virtuelle Intervall* - vor, in dem tatsächlich gezeichnet wird.

Da wir von unserer bisherigen Technik nicht abweichen wollen, führen wir zur Beschreibung des virtuellen Intervalles wieder ein Koordinatensystem ein, bei dem die Seiten des maximalen Zeichenbereiches die Länge 10 besitzen. Wir beschreiben das virtuelle Intervall in diesen Koordinaten und benutzen dazu die globale Variable IVirScal, die im Anweisungsteil von UG1 mit ((0,0), (10,10)) vorbesetzt wird.

Die Prozedur

```
        PROCEDURE TransformationIVirScalToIVir;                    {UG1}
```

rechnet IVirScal in das virtuelle Intervall IVir um.

Mit der Prozedur

```
        PROCEDURE ParameterTransformationVir;                      {UG1}
```

passen wir - anlog zur Plotter- und PostScript-Ausgabe - das Weltintervall WI2D optimal in IVir ein und speichern das Bild des eingepaßten Weltintervalles in der globalen Variablen IVir2D. Ferner bestimmen wir die globalen Variablen VirO für den Ursprung des Weltkoordinatensystem und VirU für die Einheitslängen auf den Achsen - jeweils ausgedrückt in virtuellen Koordinaten.

Den im Falle VD.Switched=TRUE notwendigen Aufruf dieser beiden Prozeduren nehmen wir wieder in den Prozeduren Paramter2D bzw. Parameter3D vor.

Zur Berechnung der virtuellen Koordinaten des Punktes P in 2D-Weltkoordinaten implementieren wir die Prozedur

```
PROCEDURE TransformationVir (P: Pt2D; VAR PVir: Pt2D);          {UG1}
```

Die elementaren Ausgabeprozeduren

```
PROCEDURE PutPtVir    (PVir: Pt2D; Col: INTEGER);          {UVirData}
PROCEDURE MoveToPtVir (PVir: Pt2D);                        {UVirData}
PROCEDURE DrawToPtVir (PVir: Pt2D; Col: INTEGER);          {UVirData}

PROCEDURE DrawIntervalVir (IVir: Interval2D;               {UVirData}
                           Col: INTEGER);
```

sind im wesentlichen analog zu den entsprechenden Methoden des vorangegangenen Abschnittes implementiert, wobei wir hier zusätzlich eine Fehlermeldung ausgeben, wenn der eingegebene Punkt nicht mehr im maximalen Zeichenbereich liegt, und wir andernfalls die Daten an das Device VD (Virtual Data) senden, welches wir zu diesem Zweck eingerichtet haben.

Wir schauen uns nun die Implementation der Prozedur ReadVDFile an, mit der wir anhand einer Datei aus virtuellen Daten eine Grafik auf einem beliebigen Bildschirm reproduzieren können:

```
PROCEDURE ReadVDFile (VDFileName:STRING);
VAR PVir : Pt2DInt;
    P    : Pt2D;
    PScr : PtScr;
    VirF : FILE OF INTEGER;
    Col  : INTEGER;
BEGIN
  ASSIGN (VirF,VDFileName);
  RESET  (VirF);

  OnlyScreen := TRUE;
  InitializeGraphic;

  DefineInterval2D (-MaxForVD,-MaxForVD,
                    MaxForVD, MaxForVD, WI2D);
  SetIScrScal (0,10,10,0);
  Parameter2D;

  WHILE NOT EOF(VirF) DO BEGIN

    READ (VirF, Col,PVir.X,PVir.Y);
    P.X := PVir.X;
    P.Y := PVir.Y;
```

```
    TransformationOS (P, PScr);
    IF Col < 0 THEN MoveToPtScr (PScr)
              ELSE DrawToPtScr (PScr,Col);

  END;

  CLOSE (VirF);
  CloseGraphic (TRUE);
END;
```

Die Variable VDFileName muß den Namen der Datei enthalten – gegebenenfalls mit vollständigem Pfad.

Im Hauptteil der Prozedur weisen wir der lokalen Dateivariablen
VirF den Dateinamen als Adresse zu und öffnen die Datei zum Lesen. Anschließend setzen wir OnlyScreen=TRUE und rufen unsere
Prozedur InitializeGraphic auf. Wir erinnern daran, daß hierin
der Grafikmodus anhand des Wertes der globalen Variablen NRes
ausgewählt wird.

Danach definieren wir das Weltintervall WI2D, so daß es dem
maximalen Zeichenbereich im virtuellen Koordinatensystem entspricht, wählen den gesamten Bildschirm als Ausgabebereich und
rufen Parameter2D auf.

In der folgenden WHILE-Schleife lesen wir solange Zahlentripel
ein, bis das Dateiende erreicht ist.

Die zweite und dritte Koordinate eines Tripels beschreiben den
aktuellen Punkt PVir in ganzzahligen virtuellen Koordinaten.
Zunächst müssen wir PVir in den Punkt P vom Typ Pt2D umwandeln,
dessen Bildschirmkoordinaten wir dann mittels TransformationOS
berechnen; das Ergebnis ist PScr.

Ist die erste Koordinate eines Tripels kleiner als Null, so bewegen wir nur den Grafikcursor nach PScr. Andernfalls zeichnen
wir die Verbindungsstrecke zwischen der momentanen Position des
Grafikcursors und PScr in der Farbe, die dem ersten Tripelwert
entspricht.

Mit dem Programm P8_02 demonstrieren wir die Wirkungsweise der
Prozedur ReadVDFile. Dazu ergänzen wir eine Kopie irgendeines
Programmes zunächst um die Zeilen

```
    OnlyScreen := FALSE;
    SetDev (FALSE,FALSE,FALSE,FALSE,TRUE,'TestVD.VIR','i', VD);
    NRes := 1;
    SetIScrScal (1,9,5,3);
    SetIVirScal (4,3,9,8);
```

Durch den Aufruf von SetDev schalten wir die Erzeugung der Daten hinzu, die auf das virtuelle Koordinatensystem bezogen
sind. Gleichzeitig speichern wir sie in einer Datei namens
TestVD.VIR.

Mit SetIScrScal und SetIVirScal legen wir für den Bildschirm
und im virtuellen Koordinatensystem unterschiedliche Zeichenbe-
reiche fest. Durch die Wahl von NRes:=1 wird die Grafik auf dem
Bildschirm zunächst im CGA-Modus ausgegeben.

Nach dem Aufruf von CloseGraphic fügen wir die Zeilen

```
NRes := 0;
ReadVDFile ('TestVD.VIR');
```

hinzu. Durch die Wahl von NRes:=0 reproduziert der Aufruf von
ReadVDFile die Grafik in dem für den angeschlossenen Bildschirm
bestmöglichen Grafikmodus.

Man erkennt deutlich, daß sich die Grafik an einer anderen
Stelle des Bildschirmes befindet und daß die Qualität des Bildes besser ist, falls CGA nicht von vorneherein die beste Auflösung des angeschlossenen Bildschirmes ist.

Abschließend bemerken wir noch, daß die Ausgabe auf Bildschir-
men mit unterschiedlichen Auflösungen natürlich nicht die einzige Anwendung der virtuellen Daten sein muß. Man kann aus
einer Datei mit diesen Daten zum Beispiel auch ganz andere Gra-
fikausgabeformate gewinnen. Bei der Implementation der dazu
notwendigen Prozeduren kann man sich gut an der Prozedur Read-
VDFile orientieren.

7.6 Das Zeichnen von Kurven auf anderen Geräten

Im letzten Teil dieses Kapitels beschreiben wir, wie wir die in
den vorherigen Abschnitten entwickelten Prozeduren bei der Ausgabe von Kurven auf anderen Geräten benutzen.

Wir implementieren zunächst in der Unit UDraw die allgemeinen
elementaren Zeichenprozeduren

```
PROCEDURE PutPt2D    (P: Pt2D; Col: INTEGER);        {UDraw}
PROCEDURE MoveToPt2D (P: Pt2D);                      {UDraw}
PROCEDURE DrawToPt2D (P: Pt2D; Col: INTEGER);        {UDraw}
```

An einem Beispiel schauen wir uns an, wie wir in ihnen die Prozeduren für die einzelnen Geräte ausnutzen.

```
PROCEDURE DrawToPt2D (P: Pt2D; Col: INTEGER);
VAR PScr  : PtScr;
    PPlt,
    PVir,
    PPSc  : Pt2D;
BEGIN
  TransformationOS (P, PScr);
  DrawToPtScr (PScr,Col);

  IF NOT OnlyScreen THEN BEGIN
    IF HP.Switched THEN BEGIN
      TransformationPlt (P, PPlt);
      DrawToPtPlt (PPlt);
    END;

    IF SD.Switched THEN
      DrawToPtScrSD (PScr,Col);

    IF PS.Switched THEN BEGIN
      TransformationPSc (P, PPSc);
      DrawToPtPSc (PPSc);
    END;

    IF VD.Switched THEN BEGIN
      TransformationVir (P, PVir);
      DrawToPtVir (PVir,Col);
    END;
  END;
END;
```

Als erstes transformieren wir den eingegebenen 2D-Punkt P in Bildschirmkoordinaten und rufen die entsprechende Prozedur für die Bildschirmausgabe auf.

Ist OnlyScreen=FALSE, so überprüfen wir der Reihe nach, welche unserer Geräte dazugeschaltet sind.

Gegebenenfalls transformieren wir dann den Punkt P in die zugehörigen Gerätekoordinaten und rufen die entsprechende Ausgabeprozedur für das Device auf.

Mit der Prozedur

```
PROCEDURE DrawInterval2D (I2D: Interval2D; Col: INTEGER);     {UDraw}
```

zeichnen wir das 2D-Intervall I2D auf allen eingeschalteten Geräten.

Zur Steuerung der Ausgabe beim Kurvenzeichnen stellen wir die Prozedur

```
PROCEDURE Draw (WP: BOOLEAN; P: Pt2D; ChkOld,Chk: BOOLEAN;     {UDraw}
               Col: INTEGER);
```

zur Verfügung, die sich von der Prozedur DrawOS aus Abschnitt 1.7 nur dadurch unterscheidet, daß anstelle der Bildschirmprozeduren die allgemeinen elementaren Zeichenprozeduren aufgerufen werden.

Nun müssen wir nur noch beschreiben, wie die Zeichenmethoden unserer Grundobjekte Curve2DT und Curve3DT im Falle Only-Screen=FALSE arbeiten.

Wir erklären unsere Ausgabestrategie am Beispiel der Methode DrawCurve2D des Typs Curve2DT, deren Teil für OnlyScreen=TRUE wir bereits ausführlich in Abschnitt 1.7 diskutiert haben.

Der zweite Teil der IF-Schleife, in dem der Fall OnlyScreen= FALSE abgearbeitet wird, ist im wesentlichen eine Kopie des ersten Teils, bei der überall anstelle von DrawOS die allgemeine Prozedur Draw benutzt wird.

Daneben sind für den Anfang und das Ende einer Kurve einige Zusätze für die einzelnen Geräte nötig, die wir in der Software durch Kommentare gekennzeichnet haben.

Ist der Plotter zugeschaltet, so rufen wir zunächst Select-PlotterPen auf, damit gegebenenfalls ein neuer Zeichenstift geholt wird. Wenn einer der Betriebsmodi zugeschaltet ist, setzen wir den zugehörigen Zähler auf Null.

Anschließend transformieren wir den Anfangspunkt P der Kurve in Plotterkoordinaten. Ist PolygonMode=FALSE, so bewegen wir den Zeichenstift zum Punkt PPlt, wenn P sichtbar ist. Im Fall Polygonmode=TRUE merken wir uns den Punkt PPlt in der Variablen PPlt0 als Anfang des Polygonzugs, bewegen den Stift nach PPlt und starten das Sammeln der Punkte durch den HP-GL-Befehl "PM0;".

Am Ende der Kurve heben wir den Stift an, wenn PolygonMode= FALSE ist. Andernfalls bewegen wir ihn zum jetzt gültigen Polygonanfang PPlt0, der nicht mehr mit dem Kurvenanfang übereinstimmen muß, und zeichnen das Polygon durch die HP-GL-Befehle "PM2;" und "EP;".

Ist die PostScript-Ausgabe zugeschaltet, so leiten wir mit dem Befehl 'newpath' einen neuen aktuellen Pfad ein und sorgen durch die Prozedur SetPScColor für einen eventuell notwendigen Wechsel der Zeichenfarbe. Ist der Punkt P sichtbar, so transformieren wir ihn in PostScript-Koordinaten und nehmen ihn mittels der Prozedur MoveToPtPSc in den aktuellen Pfad auf. Am Ende der Kurve muß der aktuelle Pfad noch mit 'stroke' in die aktuelle Seite übertragen werden.

Ist das Device SD zugeschaltet und ist der Anfangspunkt P sichtbar, so müssen seine bereits bekannten Bildschirmkoordinaten mit MoveToPtScrSD nach SD geschickt werden. Ergänzungen am Ende der Kurve sind nicht nötig.

Ist das Device VD zugeschaltet und P ist sichtbar, so müssen zunächst die virtuellen Koordinaten von P bestimmt werden, die dann mittels MoveToPtVir nach VD geschickt werden. Auch hier sind keine Ergänzungen am Kurvenende nötig.

In der Methode DrawCurve3D des Objekttyps Curve3DT wird der Fall OnlyScreen=FALSE vollkommen analog behandelt.

Zum Abschluß des Kapitels geben wir in einer Tabelle an, in welchen Prozeduren und Methoden Befehle auftreten, die in direktem oder indirektem Zusammenhang mit der Ausgabe auf andere Geräte stehen, damit man im Falle von Änderungen oder Ergänzungen nicht suchen muß.

Name der Prozedur oder Methode	Unit	Befehl im Zusammenhang mit dem Device			
		HP	PS	SD	VD
CheckAndAssignDevices	UG1	X	X	X	X
InitializeGraphic	UG1	X	X	X	X
CloseGraphic	UG1	X	X	X	X
Parameter2D	UG1	X	X	X	X
Parameter3D	UG1	X	X	X	X
TransformationIScrScalToIScr	UG1			X	
ParameterTransformationScr	UG1			X	
TransformationOS	UG1			X	
TransformationIPltScalToIPlt	UG1	X			
ParameterTransformationPlt	UG1	X			
TransformationPlt	UG1	X			
TransformationIPScScalToIPSc	UG1		X		

Name der Prozedur oder Methode	Unit	Befehl im Zusammenhang mit dem Device			
		HP	PS	SD	VD
ParameterTransformationPSc	UG1		X		
TransformationPSc	UG1		X		
TransformationIVirScalToIVir	UG1				X
ParameterTransformationVir	UG1				X
TransformationVir	UG1				X
PutPt2D	UDRAW	X	X	X	X
MoveToPt2D	UDRAW	X	X	X	X
DrawToPt2D	UDRAW	X	X	X	X
DrawInterval2D	UDRAW	X	X	X	X
DrawCurve2D	UDRAW	X	X	X	X
DrawCurve3D	UDRAW	X	X	X	X

Hinzu kommen sämtliche Prozeduren der Units UScrData, UPltData, UPScData und UVirData.

8. WEITERE BEMERKUNGEN UND ZUSAMMENFASSUNG

Im letzten Kapitel fassen wir die wesentlichen Merkmale unserer Software zusammen. Dabei erklären wir gleichzeitig die noch nicht behandelten Teile der Units und geben eine Übersicht über die implementierte Objekthierarchie.

8.1 Die Unit UEC

Für unsere Software ist es sinnvoll, während eines Programmablaufes Mitteilungen oder nach einem Programmabbruch eigene Fehlermeldungen auszugeben - zusätzlich zu den Meldungen von TURBO-PASCAL. Die grundlegenden Prozeduren hierzu sind in der Unit UEC implementiert.

Wir deklarieren zunächst den Typ

```
TYPE ScrWindow = RECORD
        XL,YL,XR,YR : INTEGER;
     END;
```

mit dem wir ein Fenster auf dem Bildschirm beschreiben. Dabei legt (XL,YL) die linke obere und (XR,YR) die rechte untere Ecke des Fensters fest.

Mit der lokalen Variablen SuppressMessage, die im Anweisungsteil von UEC mit FALSE vorbesetzt wird, bestimmen wir, ob während eines Programmablaufes Meldungen ausgegeben werden können (FALSE) oder nicht (TRUE).

Die Prozedur

```
PROCEDURE SetSuppressMessage (SM: BOOLEAN);
```

überträgt den eingegebenen Wert SM an SuppressMessage, und die Funktion

```
FUNCTION GetSuppressMessage : BOOLEAN;
```

liefert den aktuellen Wert dieser Variablen.

Da wir Meldungen unabhängig vom aktuellen Bildschirmmodus ausgeben wollen, stellen wir die Prozedur

```
FUNCTION SwitchedToGraphicMode : BOOLEAN;
```

zur Verfügung, die den Wert TRUE liefert, wenn der Bildschirm
in den Grafikmodus geschaltet ist, und sonst den Wert FALSE.

Zur Ausgabe einer Meldung schreiben wir die Prozedur

```
PROCEDURE OutMess (Message : STRING;
                   SaveAsLastMessage : BOOLEAN;
                   TextWindow,GraphicWindow : ScrWindow);
```

Ihr Text wird mit Message übergeben.

Gibt man für SaveAsLastMessage den Wert TRUE ein, so wird
Message für eine spätere Wiederholung der Meldung an die lokale
Variable LastMessage übertragen.

Wird der Bildschirm im Textmodus betrieben, so speichern wir
zunächst das aktuelle Bildschirmfenster in der Variablen Old-
TextWindow und definieren dann das eingegebene Fenster TextWindow als neues Textfenster. Nachdem wir seinen Inhalt gelöscht
haben, geben wir die Meldung ab der ersten Position des Fensters aus und wählen dann OldTextWindow wieder als aktuelles
Fenster.

Wenn der Bildschirm in einen Grafikmodus umgeschaltet worden
ist, gehen wir analog vor, wobei wir hier allerdings die Meldung in dem Bildschirmfenster ausgeben, das durch GraphicWindow
beschrieben ist.

Achtung: Der Inhalt desjenigen Teils des Bildschirms, der in
         TextWindow bzw. GraphicWindow liegt, geht beim Aufruf
         von OutMess verloren.

Die Prozedur

```
PROCEDURE OutLastMess (TextWindow,GraphicWindow : ScrWindow);
```

gibt die in LastMessage gespeicherte letzte Meldung aus, wenn
SuppressMessage auf FALSE steht.

Zum Entfernen einer Meldung löscht die Prozedur

```
PROCEDURE DeleteMess (TextWindow,GraphicWindow : ScrWindow);
```

einfach das Fenster TextWindow bzw. GraphicWindow.

Speziell zur Ausgabe von Fehlermeldungen stellen wie die Prozedur

```
PROCEDURE OutErr (Error : STRING;
                 TextWindow,GraphicWindow : ScrWindow);
```

zur Verfügung. In ihr setzen wir zunächst SuppressMessage auf
FALSE, geben dann mittels OutMess diejenige Meldung aus, die in
der Variablen Error übergeben wird, und brechen abschließend
das Programm nach einem Tastendruck durch einen Aufruf der
TURBO-PASCAL-Prozedur Halt ab.

In der Unit UG1 deklarieren wir die folgenden globalen Variablen vom Typ ScrWindow:

- NormalTextPort: Fenster für die Ausgabe von Daten durch
                         ein Programm im Textmodus

- MessagePortText: Fenster für die Ausgabe von Meldungen im
                         Textmodus

- NormalGraphicPort: Fenster für die Ausgabe unserer Grafiken

- MessagePortGraphic: Fenster für die Ausgabe von Meldungen im
                         Grafikmodus.

Während die Werte für NormalTextPort und MessagePortText im Anweisungsteil von UG1 festgelegt werden, bestimmen wir die Werte
für NormalGraphicPort und MessagePortGraphic in Abhängigkeit
der Auflösung in der Prozedur InitializeGraphic.

In den Prozeduren

```
PROCEDURE OutError   (Error : STRING);                   {UG1}
PROCEDURE OutMessage (Message : STRING;                  {UG1}
                 SaveAsLastMessage : BOOLEAN);
PROCEDURE OutLastMessage;                                {UG1}
PROCEDURE DeleteMessage;                                 {UG1}
```

der Unit UG1 rufen wir jeweils nur die entsprechenden Prozeduren der Unit UEC auf, wobei wir an diese die Fenster Message-
PortText und MessagePortGraphic übergeben.

8.2 Die Unit UClock

Beim Testen unserer Prozeduren und Methoden ist es erforderlich gewesen, mit dem Computer die Zeit zu stoppen. Aus diesem Grund haben wir in der Unit UClock eine Stoppuhr programmiert, die universell in allen TURBO-PASCAL-Programmen eingesetzt werden kann.

Im Implementationsteil legen wir zunächst ein konstantes Array für die Tagesanzahlen der einzelnen Monate fest. Daneben deklarieren wir die lokalen Variablen

- StartTime   für die Systemzeit beim Start der Uhr,

- StopTime   für die Systemzeit beim Anhalten der Uhr,

- PassedTime   für die Zeit zwischen dem letzten Start und dem Lesen bzw. Anhalten der Uhr,

- AccumulatedTime   für die akkumulierten Laufzeiten seit dem letzten Zurücksetzen und dem Lesen bzw. Anhalten der Uhr,

- Stopped   zum Speichern der Information, ob die Uhr gerade steht (TRUE) oder läuft (FALSE).

Die lokale Funktion *LeapYear* liefert TRUE, wenn die übergebene Variable Year ein Schaltjahr ist, sonst FALSE.

Zum Bestimmen der Systemzeit implementieren wir die lokale Funktion *SystemTime*. In ihr ermitteln wir zunächst mittels Get-Date und GetTime aktuelles Datum und Uhrzeit des Computers. Nachdem wir von der Jahreszahl die lokale Konstante YearAtStart - für die wir den Wert 1992 gewählt haben - abgezogen haben, rechnen wir die Uhrzeit in Millisekunden um.

Die Funktion SystemTime liefert also die Zeit in Millisekunden, die seit dem 1.1."YearAtStart", 0 Uhr vergangen ist.

Zum Bedienen der Uhr stellen wir die folgenden globalen Prozeduren zur Verfügung:

Die Prozedur *ZeroClock* setzt Stopped auf TRUE sowie PassedTime und AccumulatedTime auf Null. Sie führt also einen Reset der Stoppuhr durch. Wir rufen sie im Anweisungsteil von UClock einmal auf.

Mit der Prozedur *StartClock* wird die stehende Uhr gestartet. Dazu setzen wir Stopped auf FALSE, StartTime durch einen Aufruf von SystemTime auf die aktuelle Systemzeit und PassedTime auf Null. Ist Stopped beim Aufruf von StartClock gleich FALSE, so bleibt er ohne Wirkung.

Mit der Prozedur *StopClock* wird eine laufende Uhr angehalten.
Dazu setzen wir zunächst Stopped auf TRUE und StopTime durch
einen Aufruf von SystemTime auf die aktuelle Systemzeit. Anschließend legen wir die abgelaufene und die akkumulierte Zeit
neu fest:

        PassedTime   := StopTime - StartTime

        AccumulatedTime := AccumulatedTime + PassedTime.

Ist Stopped beim Aufruf von StopClock gleich TRUE, so bleibt er
ohne Wirkung.

Zum Lesen der abgelaufenen Zeit stellen wir die Prozedur *Read-
PassedTime* zur Verfügung. Steht die Uhr, so liefert ReadPassed-
Time die Zeit zwischen dem letzten Start und dem letzten Stop
der Uhr, die in der lokalen Variablen PassedTime abgelegt ist.
Läuft die Uhr, so erhalten wir die Zeit zwischen dem Aufruf von
ReadPassedTime und dem letzten Start der Uhr.

Analog arbeitet die Prozedur *ReadAccumulatedTime*, mit der wir
die akkumulierte Zeit lesen.

Die Funktion *CreateTimeString* wandelt die in Millisekunden eingegebene Zeit in einen String der Form

              XX d XX h XX min XX.XXX sec

um, der zum Beispiel mit unseren Prozeduren zur Ausgabe von
Meldungen angezeigt werden kann.

Für unsere Programme starten wir die Uhr in der Prozedur InitializeGraphic, halten sie in der Prozedur CloseGraphic an und
geben die dazwischen abgelaufene Zeit aus.

Zum Abschluß erwähnen wir noch die ebenfalls in der Unit UClock
implementierte Prozedur *Tone*, die einen Ton der eingegebenen
Höhe Freq und der Länge Duration produziert.

8.3 Die Unit UMath

In der Unit UMath haben wir für einige immer wieder benötigte
Funktionen, die in TURBO-PASCAL nicht vorhanden sind, die folgenden Prozeduren implementiert:

```
FUNCTION TAN    (T: EXTENDED): EXTENDED;
FUNCTION COSH   (T: EXTENDED): EXTENDED;
FUNCTION SINH   (T: EXTENDED): EXTENDED;
FUNCTION ARSINH (T: EXTENDED): EXTENDED;
```

```
FUNCTION  ARCOSH (T: EXTENDED): EXTENDED;
FUNCTION  ARCSIN (T: EXTENDED): EXTENDED;
FUNCTION  ARCCOS (T: EXTENDED): EXTENDED;
FUNCTION  SGN    (T: EXTENDED): EXTENDED;
```

Ihre Bedeutung ergibt sich unmittelbar aus dem Bezeichner. Wird
an eine Funktion ein unzulässiges Argument T übergeben, so brechen wir das Programm mit einer Fehlermeldung ab. Wir benutzen
hierzu jedoch nicht unsere Prozeduren aus der Unit UEC, sondern
die TURBO-PASCAL-Funktion RunError, die wir mit der Fehlernum-
mer 207 ('Invalid floating point operation') aufrufen. Dies hat
den Vorteil, daß uns der Compiler bei einem Programmstart aus
der Entwicklungsumgebung die Absturzstelle im Programmtext an-
zeigt.

Daneben sind weitere Prozeduren mit folgender Bedeutung implementiert:

```
FUNCTION Null(Z,Epsilon: EXTENDED): BOOLEAN;
```

liefert TRUE, falls

$$|z| < Epsilon,$$

und FALSE sonst.

```
FUNCTION  Min (T1,T2: EXTENDED): EXTENDED;
```

liefert den kleineren der Werte T1 und T2.

```
FUNCTION  Max (T1,T2: EXTENDED): EXTENDED;
```

liefert den größeren der Werte T1 und T2.

```
FUNCTION GaussKlammerInt (T : EXTENDED): LONGINT;
```

liefert [T]. Das Ergebnis ist vom Typ LONGINT.

```
FUNCTION GaussKlammerExt (T : EXTENDED): EXTENDED;
```

liefert [T]. Das Ergebnis ist vom Typ EXTENDED.

Für den Umgang mit 2x2- und 3x3-Matrizen führen wir die globalen Typen

```
TYPE

  Matrix2D  = ARRAY[1..2] OF Vt2D;
  Matrix3D  = ARRAY[1..3] OF Vt3D;
```

ein, bei denen wir die Vektoren jeweils als die Zeilen der Matrix interpretieren.

Die Konstanten IdentityMatrix2D und IdentityMatrix3D enthalten die 2x2- und die 3x3-Einheitsmatrix. Daneben legen wir die Konstante

$$\text{Matrix2D0110} = \begin{bmatrix} 0 & 1 \\ 1 & 0 \end{bmatrix}$$

fest.

Die Prozedur

```
PROCEDURE ProductMatrix2DVector2D (M:Matrix2D; V:Vt2D; VAR MV:Vt2D);
```

berechnet das Produkt der Matrix M mit dem Spaltenvektor V. Das Ergebnis wird wieder als Spaltenvektor ausgegeben.

Die Prozedur

```
PROCEDURE TransposeMatrix2D (B:Matrix2D; VAR BT:Matrix2D);
```

liefert die Transponierte BT der 2x2-Matrix B.

Analoge Prozeduren sind auch für 3x3-Matrizen vorhanden.

Zum Schluß erwähnen wir noch die ebenfalls in UMath deklarierten globalen prozeduralen Typen

```
MapRToR  = FUNCTION  (X: EXTENDED): EXTENDED;
MapR2ToR = FUNCTION  (Q: PtPar): EXTENDED;
MapRToR3 = PROCEDURE (X: EXTENDED; VAR V:Vt3D);
```

Zu jedem dieser Typen implementieren wir eine globale Dummy-
Prozedur, die als Übergabeparameter gewählt werden kann, wenn
die zu übergebende Funktion nicht gebraucht wird. Sollte eine
solche Dummy-Funktion fälschlicherweise doch einmal aufgerufen
werden, wird das Programm mit einer Fehlermeldung abgebrochen.

8.4 Die Unit UNum

Die Unit UNum enthält neben den Prozeduren FindZero und Integrate aus dem siebten Kapitel und einigen globalen Variablen
auch die Prozeduren

```
PROCEDURE SquareEquation (A,B,C: EXTENDED; VAR NOS: INTEGER;
                          VAR T1,T2: EXTENDED);

PROCEDURE SquareEquationNS (A,B,C: EXTENDED; VAR NOS: INTEGER;
                            VAR T1,T2: EXTENDED);
```

Sie liefern die Anzahl NOS und - falls NOS $>$ 0 ist - die Werte
T1 und T2 der Lösungen einer quadratischen Gleichung der Form

$$Ax^2 + Bx + C = 0.$$

Hat die Gleichung unendlich viele Lösungen, so wird ebenfalls
NOS=0 ausgegeben.

Die beiden Prozeduren unterscheiden sich dadurch, daß die
Lösungen T1 und T2 in SquareEquation zusätzlich ihrer Größe
nach sortiert werden, d.h. es gilt dort stets T1 $\geq$ T2.

8.5 Die Unit UG1

In der Unit UG1 befinden sich neben den elementaren Initiali-
sierungs- und Transformationsroutinen für die Grafikausgabe
auch alle wesentlichen Typen- und Prozedurdeklarationen zur Behandlung von zwei- und dreidimensionalen Punkten und Vektoren.
Sie stellt also den Werkzeugkasten in unserer Software dar.

Beim Aufbau dieser Unit haben wir uns an der Unit UG der Software in [1] orientiert.

Einen Teil der Typen und Prozeduren in unserer Unit UG1 haben wir direkt aus der Unit UG übernommen. Wir haben die Übernahme im Interface-Teil von UG1 dadurch kenntlich gemacht, daß wir neben der Nummer des Abschnittes unseres Buches auch die des Abschnittes in [1] angeben, in denen die Beschreibung des Typs oder der Prozedur zu finden ist. Dabei bedeutet ein der Nummer vorangestelltes "e" bzw. "ec", daß die entnommenen Teile unverändert bzw. leicht verändert sind.

Alle Rechte an den übernommenen Teilen liegen beim Würfel-Verlag, bei dem wir uns an dieser Stelle herzlich für die freundliche Überlassung bedanken.

Wir erklären nun die Bedeutung der noch nicht behandelten Teile unserer Unit UG1.

Für die immer wieder benötigten zwei- und dreidimensionalen kartesischen Einheitsvektoren sowie den Ursprung eines zwei- und dreidimensionalen Koordinatensystems haben wie die globalen Konstanten

```
O2D         :=    (0,0),

XAxisU2D  :=    {1,0},

YAxisU2D  :=    {0,1},


O3D         :=    (0,0,0)

XAxisU3D  :=    {1,0,0},

YAxisU3D  :=    {0,1,0},

ZAxisU3D  :=    {0,0,1}
```

eingeführt.

Zur Behandlung von 3D-Punkten und Vektoren stellen wir die nun folgenden Prozeduren zur Verfügung. Die analogen Prozeduren auch sind für 2D-Punkte und -Vektoren implementiert, sofern dies sinnvoll ist.

Wir beschreiben die Bedeutung unserer 3D-Prozeduren in der Reihenfolge ihrer Implementation:

```
PROCEDURE Distance3D (P1,P2: Pt3D; VAR D: EXTENDED);
```

liefert den euklidischen Abstand D der Punkte P1 und P2.

```
PROCEDURE MinCoordinatesPt3D (P1,P2: Pt3D; VAR MinP: Pt3D);
```

bestimmt den Punkt

```
MinP := {min{P1.X,P2.X}, min{P1.Y,P2.Y}, min{P1.Z,P2.Z}}.
```

```
PROCEDURE MaxCoordinatesPt3D (P1,P2: Pt3D; VAR MaxP: Pt3D);
```

bestimmt den Punkt

```
MaxP := {max{P1.X,P2.X}, max{P1.Y,P2.Y}, max{P1.Z,P2.Z}}.
```

```
PROCEDURE LengthVt3D (V: Vt3D; VAR L: EXTENDED);
```

liefert die Länge L des Vektors $\vec{V}$.

```
PROCEDURE ScalarVt3D (S: EXTENDED; V: Vt3D; VAR SV: Vt3D);
```

berechnet das S-fache des Vektors $\vec{V}$.

```
PROCEDURE ScaleVt3D (V: Vt3D; LG: EXTENDED; VAR ScalV: Vt3D);
```

berechnet den Vektor $\overline{\text{ScalV}}$ der Länge LG in Richtung von $\vec{V}$, also

$$\overline{\text{ScalV}} := \text{LG} \cdot \frac{\vec{V}}{\|\vec{V}\|}.$$

Ist $\|\vec{V}\| = 0$, so wird der Nullvektor ausgegeben.

```
PROCEDURE SumVt3D (V1,V2: Vt3D; VAR SV: Vt3D);
```

berechnet die Summe $\vec{SV} := \vec{V1} + \vec{V2}$.

```
PROCEDURE DifferenceVt3D (V1,V2: Vt3D; VAR DV: Vt3D);
```

berechnet die Differenz $\vec{DV} := \vec{V1} - \vec{V2}$.

```
PROCEDURE LinearCombinationVt3D (S1,S2: EXTENDED; V1,V2: Vt3D;
                                 VAR LC: Vt3D);
```

berechnet die Linearkombination $\vec{LC} := S1 \cdot \vec{V1} + S2 \cdot \vec{V2}$.

```
PROCEDURE ScalarProductVt3D (V1,V2: Vt3D; VAR SP: EXTENDED);
```

berechnet das Skalarprodukt $SP := \vec{V1} \cdot \vec{V2}$.

```
PROCEDURE DirectionVt3D (Dgr: BOOLEAN; R,Phi,Theta: EXTENDED;
                         VAR V: Vt3D);
```

liefert den Vektor $\vec{V}$ in kartesischen Komponenten, dessen sphärische Komponenten R, Phi und Theta sind. Der Parameter Dgr legt fest, ob die Winkel im Gradmaß (Dgr=TRUE) oder im Bogenmaß (Dgr=FALSE) eingegeben sind.

```
PROCEDURE VectorProductNN (V1,V2: Vt3D; VAR V: Vt3D);
```

liefert das Vektorprodukt $\vec{V} = \vec{V1} \times \vec{V2}$.

PROCEDURE VectorProduct (V1,V2: Vt3D; VAR V: Vt3D);

liefert das normierte Vektorprodukt

$$\vec{V} = \frac{\vec{V1} \times \vec{V2}}{\|\vec{V1} \times \vec{V2}\|}.$$

Ist $\|\vec{V1} \times \vec{V2}\| = 0$, so wird der Nullvektor ausgegeben.

Zur Berechnung von Winkeln stellen wir die folgenden Prozeduren zur Verfügung:

PROCEDURE CosSinToAngle (C,S: EXTENDED; VAR Ang: EXTENDED);

bestimmt den Winkel Ang$\in(-\pi,\pi]$ aus den Werten

$$C := \cos(Ang) \quad \text{und} \quad S := \sin(Ang).$$

PROCEDURE AngleBetweenVts2D (V1,V2: Vt2D; VAR Ang: EXTENDED);

liefert den Winkel Ang inklusive des Vorzeichens, den der Vektor $\vec{V1}$ überstreicht, wenn er auf schnellstem Wege durch eine Drehung um den gemeinsamen Anfangspunkt von $\vec{V1}$ und $\vec{V2}$ in $\vec{V2}$ überführt wird.

Als nächstes fassen wie die Bedeutung einiger allgemeiner Prozeduren zusammen, die wir teilweise schon beschrieben haben.

Mit der Prozedur

PROCEDURE InitializeGraphic;

bereiten wir die Grafikausgabe vor. Dazu berechnen wir alle globalen Variablen, die für das Zeichnen auf dem Bildschirm und den zugeschalteten Ausgabegeräten notwendig sind und öffnen die jeweiligen Ausgabekanäle. Außerdem wird der Bildschirm in den Grafikmodus geschaltet und die eventuell notwendige Initialisierung der Ausgabegeräte vorgenommen.

Die Prozedur

```
PROCEDURE CloseGraphic (WaitForKey: BOOLEAN);
```

ist das Gegenstück von InitializeGraphic. In ihr schließen wir sämtliche Datenkanäle und schalten - falls WaitForKey=TRUE ist nach einem Tastendruck - in den Textmodus zurück.

Die Prozedur

```
PROCEDURE Stop;
```

ist für Programmunterbrechungen vorgesehen. Wurde vor einem Aufruf von Stop eine Taste gedrückt, so wird das Programm mit der Frage nach Fortsetzung unterbrochen. Beantwortet man diese mit "ja", so wird das Programm fortgeführt. Andernfalls erfolgt ein Abbruch des Programmes, vor dem gegebenenfalls mit Close-Graphic die Grafikausgabe ordentlich abgeschlossen wird.

Die Prozedur

```
PROCEDURE WaitUntilKeyIsPressed;
```

arbeitet ähnlich zu Stop, jedoch wird hier das Programm nach einem erneuten Tastendruck auf jeden Fall fortgesetzt.

Abschließend weisen wir auf einige wesentliche Unterschiede zur Software des oben zitierten Buches [1] hin:

- Die Prozedur Project zur Projektion eines 3D-Punktes P liefert bei uns eine Gerade als Sehstrahl, deren Ursprung im Punkt P liegt und deren normierter Richtungsvektor die Richtung von $\overrightarrow{PC}$ besitzt, wobei C das Projektionszentrum ist. In UG hat der Sehstrahl das Projektionszentrum als Ursprung und $\overrightarrow{CP}$ als Richtung.

- In unserer Software führt die Prozedur PutPtScr im Gegensatz zur entsprechenden Prozedur in UG ein "moveto" durch. Dadurch unterscheiden sich auch zwangsläufig die mit Draw bezeichneten Zeichenprozeduren.

- Da wir neben einem Plotter auch andere Geräte ansteuern,
  mußten wir zur Aufrechterhaltung einer systematischen Bezeichnung gegenüber der Unit UG einige Variablen umbenen-
  nen, die für die Plotterausgabe notwendig sind und deren
  Bedeutung jedoch dieselbe geblieben ist.

8.6 Die Inhalte der weiteren Units

In diesem Abschnitt fassen wir die Inhalte der restlichen Units
unserer Software kurz zusammen. Wir führen die Units alphabe-
tisch geordnet auf. Es enthalten

- UCone   die Objekttypen zur Behandlung von Kegeln,

- UCQImpS   die Objekttypen zur Behandlung von Flächen in spe-
               zieller impliziter Form,

- UCrvOnPl   die Objekttypen CircleOnPlT und QCOnPlt zum Zeich-
               nen von Kreisen und allgemeinen quadratischen Kur-
               ven in einer Ebene,

- UCrvOnRS   die Objekttypen LoxOnRotST, SLOnRotST, GeodOnRotST,
               GeodParCoordOnRotST, und GeodPolCoord OnRotST zum
               Zeichnen von Loxodromen, Böschungslinien, geodäti-
               schen Linien, geodätischen Parallelkoordinaten und
               geodätischen Polarkoordinaten auf allgemeinen Rota-
               tionsflächen,

- UCurveEx   die Objekttypen für die im zweiten Kapitel be-
               sprochenen Kurventypen,

- UCyl   die Objekttypen zur Behandlung von Zylindern.

- UDraw   - die Deklaration der prozeduralen Typen für die
               Checkprozeduren,
               - die Implementation der allgemeinen elementaren
               Ausgabeprozeduren und der Prozeduren zum Zeichnen
               der Weltintervalle,
               - die Grundobjekttypen Curve2DT und Curve3DT zum
               Kurvenzeichnen,
               - die Grundobjekttypen Curve2DWithTwoSgnT und
               Curve3DWithTwoSgnT, für Kurven, die aus zwei Zwei-
               gen mit unterschiedlichen Vorzeichen bestehen,
               - die Objekttypen Line2DT, Circle2DT und Line3DT
               zum Zeichnen von 2D- und 3D-Geraden und Kreisen und
               - den Grundobjekttyp UiT zum Zeichnen von Parame-
               terlinien,

- UGenCyl   die Objekttypen zur Behandlung allgemeiner Zylinder
               sowie den Objekttyp GeodOnGenCylT zum Zeichnen geo-
               dätischer Linien auf ihnen,

- UImpS   die Objekttypen zur Behandlung von Flächen in im-
             pliziter Form,

- ULScrewS   die Objekttypen zur Behandlung einer speziellen
             Klasse von Schraubenflächen,

- UPlane   die Objekttypen zur Behandlung von Ebenen.

- UPltData   die elementaren Zeichenprozeduren und einige Hilfs-
             prozeduren zur Plotterausgabe,

- UQC   den Objekttyp QCT zur Darstellung quadratischer
             Kurven,

- UQImpS   die Objekttypen zur Behandlung einer speziellen
             Klasse von Flächen in impliziter Form,

- UQS   die Objekttypen zur Behandlung quadratischer Flä-
             chen in Normalform,

- URotS   die Objekttypen zur Behandlung allgemeiner Rotati-
             onsflächen,

- URulS   die Objekttypen zur Behandlung allgemeiner Regel-
             flächen,

- UScrData   die elementaren Zeichenprozeduren für die Ausgabe
             auf dem Bildschirm und an das Device SD,

- UScrewS   die Objekttypen zur Behandlung allgemeiner Schrau-
             benflächen,

- USphere   die Objekttypen zur Behandlung von Kugeln,

- USurface   den Grundobjekttyp SurfaceT des geometrischen Zwei-
             ges der Objekthierarchie und den Grundobjekttyp
             CFOnSurfT zum Zeichnen von allgemeinen Flächenkur-
             ven,

- UVirData   die Zeichenprozeduren für die Ausgabe an das Device
             VD,

- UVKS   die Objekttypen zur Behandlung von Tangenten-,
             Hauptnormalen- und Binormalenflächen.

8.7 Der Objekttyp SurfaceT

In diesem Abschnitt fassen wir die Bedeutung der Datenfelder
und der Methoden des Typs SurfaceT zusammen, der die Wurzel im
Geometriezweig unserer Objektstruktur bildet. Seine vollständige Deklaration lautet:

```
SurfaceT = OBJECT
  SurfaceType : String[20];
  IU1U2       : IntervalPar;
  I1,I2       : Interval1D;
  I3D         : Interval3D;
  I3DDefined  : BOOLEAN;
  DiamI3D     : EXTENDED;

  CONSTRUCTOR InitLeer;

  PROCEDURE SetIU1U2 (IU1U2Init: IntervalPar);

  FUNCTION  InIU1U2 (Q: PtPar): BOOLEAN;
  FUNCTION  InI1    (U1: EXTENDED): BOOLEAN;
  FUNCTION  InI2    (U2: EXTENDED): BOOLEAN;
  PROCEDURE CalcDiamI3D;

  PROCEDURE ParToSurf     (Q: PtPar; VAR P:Pt3D); VIRTUAL;
  PROCEDURE SurfToPar     (P: Pt3D; VAR Q:PtPar); VIRTUAL;

  PROCEDURE dXdU1         (Q: PtPar; VAR P: Pt3D); VIRTUAL;
  PROCEDURE dXdU2         (Q: PtPar; VAR P: Pt3D); VIRTUAL;

  PROCEDURE d2XdU1dU1     (Q: PtPar; VAR P: Pt3D); VIRTUAL;
  PROCEDURE d2XdU1dU2     (Q: PtPar; VAR P: Pt3D); VIRTUAL;
  PROCEDURE d2XdU2dU2     (Q: PtPar; VAR P: Pt3D); VIRTUAL;

  PROCEDURE d3XdU1dU1dU1 (Q: PtPar; VAR P: Pt3D); VIRTUAL;
  PROCEDURE d3XdU1dU1dU2 (Q: PtPar; VAR P: Pt3D); VIRTUAL;
  PROCEDURE d3XdU1dU2dU2 (Q: PtPar; VAR P: Pt3D); VIRTUAL;
  PROCEDURE d3XdU2dU2dU2 (Q: PtPar; VAR P: Pt3D); VIRTUAL;

  PROCEDURE SurfNormal (Q: PtPar; VAR NV: Vt3D);

  FUNCTION G11  (Q: PtPar): EXTENDED; VIRTUAL;
  FUNCTION G12  (Q: PtPar): EXTENDED; VIRTUAL;
  FUNCTION G22  (Q: PtPar): EXTENDED; VIRTUAL;
  FUNCTION detG (Q: PtPar): EXTENDED; VIRTUAL;

  FUNCTION G11Inverse (Q: PtPar): EXTENDED; VIRTUAL;
  FUNCTION G12Inverse (Q: PtPar): EXTENDED; VIRTUAL;
  FUNCTION G22Inverse (Q: PtPar): EXTENDED; VIRTUAL;

  FUNCTION L11  (Q: PtPar): EXTENDED; VIRTUAL;
  FUNCTION L12  (Q: PtPar): EXTENDED; VIRTUAL;
  FUNCTION L22  (Q: PtPar): EXTENDED; VIRTUAL;
  FUNCTION detL (Q: PtPar): EXTENDED; VIRTUAL;

  FUNCTION FirstChristoffelSymbol  (Q: PtPar;
                                    I,K,L: INTEGER): EXTENDED;
                                                     VIRTUAL;
  FUNCTION SecondChristoffelSymbol (Q: PtPar;
                                    I,K,L: INTEGER): EXTENDED;
                                                     VIRTUAL;
```

```
PROCEDURE PrincipalCurvature (Q: PtPar;
                              VAR UmbilicalPoint: BOOLEAN;
                              VAR Kappa1,Kappa2: EXTENDED); VIRTUAL;
FUNCTION  GaussianCurvature (Q : PtPar): EXTENDED; VIRTUAL;
FUNCTION  MeanCurvature     (Q : PtPar): EXTENDED; VIRTUAL;

END;
```

Das Datenfeld SurfaceType ist für einen Namen vorgesehen, den
wir bei der Ausgabe von Mitteilungen benutzen können. Die Datenfelder IU1U2, I1 und I2 sind für das Parameterintervall sowie für die einzelnen Intervalle der Parameter u^1 und u^2 reserviert. In der Variablen I3D speichern wir ein Intervall, das
die definierte Fläche ganz enthält, wobei wir uns in I3DDefined
merken, ob ein solches Intervall bereits bestimmt worden ist.
DiamI3D ist für den Durchmesser von I3D bestimmt.

Die Methoden haben die folgende Bedeutung:

-   *InitEmpty* ist ein leerer Konstruktor, den wir benutzen,
    wenn wir eine Variable vom Typ SurfaceT oder einem seiner
    Erben nur initialisieren müssen. (Man beachte hierzu auch
    den Hinweis in Abschnitt 1.7 über den Gebrauch von Kon-
    struktoren.)

-   *SetIU1U2* überträgt das eingegebene Intervall an das Feld
    IU1U2 und bestimmt die Felder I1 und I2, so daß I1×I2=
    IU1U2. Ist das eingegebene Intervall fehlerhaft, so wird
    das Programm mit einer Fehlermeldung abgebrochen.

-   *InIU1U2*, *InI1*, *InI2* überprüfen, ob der eingegebene Punkt
    oder die eingegebene Zahl im entsprechenden Intervall
    liegt.

-   *CalcDiamI3D* berechnet den Durchmesser DiamI3D von I3D.

-   *ParToSurf* ist für die Parameterdarstellung reserviert.

-   *SurfToPar* ist für die Umkehrung der Parameterdarstellung
    reserviert.

-   d*XdU1*,...,d*3XdU2dU2dU2* sind für die partiellen Ableitungen
    der Parameterdarstellung bis zur dritten Ordnung reser-
    viert.

-   *SurfNormal* berechnet zum Parameterpunkt Q den Flächennor-
    malenvektor.

-   *G11*, *G12*, *G22*, *detG* berechnen zum Punkt Q die metrischen
    Fundamentalgrößen g_{ik}, (i,k=1,2) bzw. deren Determinante
    (siehe Abschnitt 3.9).

- *G11Inverse*, *G12Inverse*, *G22Inverse* berechnen zum Punkt Q die Größen g^{ik} (siehe Abschnitt 4.1).

- *L11*, *L12*, *L22*, *detL* berechnen zum Punkt Q die zweiten Fundamentalgrößen L_{ik} (i,k=1,2) bzw. deren Determinante (siehe Abschnitt 3.12).

- *FirstChristoffelSymbol* berechnet zum Punkt Q die Christoffelsymbole erster Art [I,K,L] (siehe Abschnitt 4.1).

- *SecondChristoffelSymbol* berechnet zum Punkt Q die Christoffelsymbole zweiter Art $\left\{ {I \atop K\ L} \right\}$ (siehe Abschnitt 4.1).

- *PrincipalCurvature* berechnet zum Punkt Q die beiden Hauptkrümmungen κ_1 und κ_2 und gibt an, ob ein Nabelpunkt vorliegt. (UmbilicalPoint=TRUE) oder nicht (siehe Abschnitt 5.2).

- *GaussianCurvature* berechnet zum Punkt Q die Gauß'sche Krümmung (siehe Abschnitt 5.2).

- *MeanCurvature* berechnet zum Punkt Q die mittlere Krümmung (siehe Abschnitt 5.2).

Die Implementation der Methoden ParToSurf,...,d3XdU2dU2dU2 erzeugt auf der untersten Hierarchiestufe bei ihrem Aufruf nur eine Fehlermeldung. Diese Methoden werden bei den Erben von SurfaceT, bei denen dann eine konkrete Fläche bzw. Klasse von Flächen vorliegt, neu implementiert.

8.8 Die Objekttypen Curve2DT und Curve3DT

Die Objekttypen Curve2DT und Curve3DT bilden die Wurzeln der zeichentechnischen Zweige in unserer Objektstruktur zum Zeichnen zweidimensionaler und dreidimensionaler Kurven.

Da beide Typen in der Bedeutung ihrer Datenfelder und Methoden übereinstimmen, beschreiben wir nur den Typ Curve3DT, dessen vollständige Deklaration wie folgt lautet:

```
Curve3DT = OBJECT
    WP               : BOOLEAN;
    I1D              : Interval1D;
    LL,Col,IP        : INTEGER;
    Check            : Check3D;
    CurveType        : STRING;
    ScanningPossible : BOOLEAN;
```

```
CONSTRUCTOR InitLeer;
CONSTRUCTOR Init (WPInit: BOOLEAN;
                 IPInit,LLInit,ColInit: INTEGER;
                 I1DInit: Interval1D;
                 CheckInit: Check3D);

PROCEDURE TToP   (T: EXTENDED; VAR P  : Pt3D); VIRTUAL;
PROCEDURE dXdT   (T: EXTENDED; VAR dX : Vt3D); VIRTUAL;
PROCEDURE d2XdT2 (T: EXTENDED; VAR d2X: Vt3D); VIRTUAL;
PROCEDURE d3XdT3 (T: EXTENDED; VAR d3X: Vt3D); VIRTUAL;

PROCEDURE TangentVt          (T: EXTENDED; VAR TV:  Vt3D);
PROCEDURE PrincipalNormalVt  (T: EXTENDED; VAR PNV: Vt3D);
PROCEDURE BinormalVt         (T: EXTENDED; VAR BNV: Vt3D);

FUNCTION Curvature (T: EXTENDED):EXTENDED; VIRTUAL;
FUNCTION Torsion   (T: EXTENDED):EXTENDED; VIRTUAL;


PROCEDURE DrawCurve3D;
PROCEDURE ScanForI3D (VAR MaxI3D: Interval3D); VIRTUAL;
END;
```

Mit dem Datenfeld WP entscheiden wir, ob unsichtbare Teile
einer Kurve gepunktet werden (WP=TRUE) oder nicht (WP=FALSE).
Das Feld I1D ist für das Parameterintervall der Kurve reser-
viert. In den Feldern LL, Col und IP halten wir die Anzahl der
Unterteilungspunkte, die Zeichenfarbe und die Anzahl der Inter-
polationsschritte fest. An das Datenfeld Check vom prozeduralen
Datentyp Check3D übergeben wir die Prozedur, mit der wir die
Kurvenpunkte auf Sichtbarkeit untersuchen.

Das Feld CurveType ist für einen Namen vorgesehen, den wir bei
der Ausgabe von Mitteilungen verwenden.

Schließlich legen wir mit dem Schalter ScanningPossible fest,
ob die Kurve gescannt werden darf.

Die Methoden haben folgende Bedeutung:

-   *InitEmpty* ist ein leerer Konstruktor, den wir benutzen,
    wenn wir eine Instanz vom Typ Curve3DT oder einem seiner
    Erben nur initialisieren müssen.

-   *Init* ist ein Konstruktor, mit dem wir die wesentlichen
    Kurvendaten an die entsprechenden Felder übergeben.

-   *TToP* ist für die Parameterdarstellung der Kurve reser-
    viert.

-   *dXdT*, *d2XdT2*, *d3XdT3* sind für die Ableitungen der Parame-
    terdarstellung bis zur dritten Ordnung reserviert.

- **_TangentVt_** berechnet den Tangentenvektor zum Parameterwert
  T (siehe Abschnitt 2.6).

- **_PrincipalNormalVt_** berechnet Hauptnormalenvektor zum Parameterwert T (siehe Abschnitt 2.7).

- **_BinormalVt_** berechnet den Binormalenvektor zum Parameterwert T (siehe Abschnitt 2.7).

- **_Curvature_** berechnet die Krümmung zum Parameterwert T (siehe Abschnitt 2.8).

- **_Torsion_** berechnet die Torsion zum Parameterwert T (siehe
  Abschnitt 2.8).

- **_DrawCurve3D_** führt das Zeichnen der Kurve aus (siehe Abschnitt 1.7).

- **_ScanForI3D_** bestimmt das kleinste Intervall MaxI3D, das den
  Polygonzug der Kurve ganz enthält (siehe Abschnitt 1.7).

Die Implementation der Methoden TToP,...,d3XdT3 erzeugt auf der
untersten Hierarchiestufe bei ihrem Aufruf nur eine Fehlermeldung. Diese Methoden werden bei den Erben von Curve3DT, bei
denen dann konkrete Kurven vorliegen, neu implementiert.

8.9 Der Objekttyp UiT

Den Objekttyp UiT haben wir als Erben von Curve3DT so angelegt,
daß er bereits fast alle zum Zeichnen für Parameterlinien notwendigen Daten und Methoden enthält. Seine vollständige Deklaration lautet:

```
UiT = OBJECT (Curve3DT)
    WPU1,WPU2                        : BOOLEAN;
    IPU1,LLU1,ColU1,NNU1,SU1,EU1,
    IPU2,LLU2,ColU2,NNU2,SU2,EU2     : INTEGER;
    CheckU1,CheckU2                  : Check3D;
    U1,U2                            : EXTENDED;
    SurfaceType                      : String[20];
    ISurf                            : IntervalPar;
    I1DU1,I1DU2                      : Interval1D;
    U1Line,AutoScan                  : BOOLEAN;

    CONSTRUCTOR Init (WPU1Init: BOOLEAN;
                      IPU1Init,LLU1Init,ColU1Init: INTEGER;
                      CheckU1Init: Check3D;
                      NNU1Init,SU1Init,EU1Init:INTEGER;
                      WPU2Init: BOOLEAN;
                      IPU2Init,LLU2Init,ColU2Init: INTEGER;
```

```
                    CheckU2Init: Check3D;
                    NNU2Init,SU2Init,EU2Init:INTEGER;
                    AutoScanInit:BOOLEAN);

         PROCEDURE DrawU1;  VIRTUAL;
         PROCEDURE DrawU2;  VIRTUAL;
         PROCEDURE ScanUiLinesForI3D (VAR MaxI3D: Interval3D);
                                         VIRTUAL;
      END;
```


Die meisten Datenfelder haben dieselbe Bedeutung, wie die entsprechenden des Vorfahr Curve3DT, wobei das hier angehängte "U1" bzw. "U2" festlegt, für welche Linien die Felder gültig sind. Die Bedeutung der übrigen Datenfelder ist in Abschnitt 1.13 näher beschrieben.

Die Methoden erfüllen folgende Funktionen:

- *Init* ist ein Konstruktor, mit dem neben der Initialisierung einer Instanz die übergebenen Werte in die entsprechenden Datenfelder übertragen werden.

- *DrawU1* zeichnet die u^1-Linien.

- *DrawU2* zeichnet die u^2-Linien.

- *ScanUiLinesForI3D* gibt in der Variablen MaxI3D das kleinste 3D-Intervall aus, das alle Parameterlinien vollständig enthält.

Durch die geschickte Deklaration dieses Typs müssen seine Erben, mit denen die Parameterlinien einer konkreten Fläche gezeichnet werden, nur noch ergänzt werden um

- eine Instanz des Objekttyps, der für die entsprechende Flächenklasse eingerichtet worden ist,

- die neu zu implementierende Methode TToP und

- einen neuen Konstruktor.

Die neuen Konstruktoren der Erben haben wir immer so geschrieben, daß im Falle der Übergabe von AutoScan=TRUE automatisch ScanUiLinesForI3D aufgerufen wird und das ermittelte Intervall an das Datenfeld I3D der Instanz für die Fläche übergeben wird.

8.10 Der Objekttyp CFOnSurfT

Zum Zeichnen von allgemeinen Flächenkurven haben wir den Grundobjekttyp CFOnSurfT eingeführt. Seine vollständige Implementationen lautet

```
CFOnSurfT = OBJECT (Curve3DT)
  NNF         : INTEGER;
  FamPar      : EXTENDED;
  SurfaceType : String[20];

  PROCEDURE CalculateFamPar (N: INTEGER);  VIRTUAL;

  FUNCTION  TToU1   (T: EXTENDED): EXTENDED; VIRTUAL;
  FUNCTION  TToU2   (T: EXTENDED): EXTENDED; VIRTUAL;
  FUNCTION  dU1dT   (T: EXTENDED): EXTENDED; VIRTUAL;
  FUNCTION  dU2dT   (T: EXTENDED): EXTENDED; VIRTUAL;
  FUNCTION  d2U1dT2 (T: EXTENDED): EXTENDED; VIRTUAL;
  FUNCTION  d2U2dT2 (T: EXTENDED): EXTENDED; VIRTUAL;
  FUNCTION  d3U1dT3 (T: EXTENDED): EXTENDED; VIRTUAL;
  FUNCTION  d3U2dT3 (T: EXTENDED): EXTENDED; VIRTUAL;

  PROCEDURE ParToSurf     (Q: PtPar; VAR P: Pt3D); VIRTUAL;
  PROCEDURE dXdU1         (Q: PtPar; VAR P: Pt3D); VIRTUAL;
  PROCEDURE dXdU2         (Q: PtPar; VAR P: Pt3D); VIRTUAL;

  PROCEDURE d2XdU1dU1     (Q: PtPar; VAR P: Pt3D); VIRTUAL;
  PROCEDURE d2XdU1dU2     (Q: PtPar; VAR P: Pt3D); VIRTUAL;
  PROCEDURE d2XdU2dU2     (Q: PtPar; VAR P: Pt3D); VIRTUAL;

  PROCEDURE d3XdU1dU1dU1 (Q: PtPar; VAR P: Pt3D); VIRTUAL;
  PROCEDURE d3XdU1dU1dU2 (Q: PtPar; VAR P: Pt3D); VIRTUAL;
  PROCEDURE d3XdU1dU2dU2 (Q: PtPar; VAR P: Pt3D); VIRTUAL;
  PROCEDURE d3XdU2dU2dU2 (Q: PtPar; VAR P: Pt3D); VIRTUAL;

  PROCEDURE TToP    (T: EXTENDED; VAR P  : Pt3D); VIRTUAL;
  PROCEDURE dXdT    (T: EXTENDED; VAR dX : VT3D); VIRTUAL;
  PROCEDURE d2XdT2 (T: EXTENDED; VAR d2X: Vt3D); VIRTUAL;
  PROCEDURE d3XdT3 (T: EXTENDED; VAR d3X: Vt3D); VIRTUAL;

  PROCEDURE SurfNormal (T: EXTENDED; VAR NV: Vt3D);

  FUNCTION  G11  (T: EXTENDED): EXTENDED; VIRTUAL;
  FUNCTION  G12  (T: EXTENDED): EXTENDED; VIRTUAL;
  FUNCTION  G22  (T: EXTENDED): EXTENDED; VIRTUAL;
  FUNCTION  detG (T: EXTENDED): EXTENDED; VIRTUAL;

  FUNCTION  G11Inverse (T: EXTENDED): EXTENDED; VIRTUAL;
  FUNCTION  G12Inverse (T: EXTENDED): EXTENDED; VIRTUAL;
  FUNCTION  G22Inverse (T: EXTENDED): EXTENDED; VIRTUAL;

  FUNCTION  L11  (T: EXTENDED): EXTENDED; VIRTUAL;
  FUNCTION  L12  (T: EXTENDED): EXTENDED; VIRTUAL;
  FUNCTION  L22  (T: EXTENDED): EXTENDED; VIRTUAL;
```

```
FUNCTION  detL (T: EXTENDED): EXTENDED; VIRTUAL;

FUNCTION  FirstChristoffelSymbol  (T: EXTENDED;
                              I,K,L: INTEGER): EXTENDED;
                                             VIRTUAL;
FUNCTION  SecondChristoffelSymbol (T: EXTENDED;
                              I,K,L: INTEGER): EXTENDED;
                                             VIRTUAL;

FUNCTION  NormalCurvature    (T: EXTENDED): EXTENDED; VIRTUAL;
FUNCTION  GeodesicCurvature  (T: EXTENDED): EXTENDED; VIRTUAL;
PROCEDURE PrincipalCurvature (T: EXTENDED;
                          VAR UmbilicalPoint: BOOLEAN;
                          VAR Kappa1,Kappa2: EXTENDED);
                                             VIRTUAL;
FUNCTION  GaussianCurvature  (T : EXTENDED): EXTENDED; VIRTUAL;
FUNCTION  MeanCurvature      (T : EXTENDED): EXTENDED; VIRTUAL;

PROCEDURE ScanFamilyForI3D (VAR I3D: Interval3D); VIRTUAL;
PROCEDURE DrawFamily; VIRTUAL;
END;
```

Im Datenfeld NNF merken wir uns die Anzahl der zu zeichnenden
Kurven. Das Feld FamPar ist für einen reellen Parameter reserviert, wie er bei vielen Kurvenscharen auftritt.

Die Methoden dieses Typs haben die folgenden Bedeutungen:

- *ClaculateFamPar* ist für die Ermittlung des Kurvenparameters reserviert.

- *TToU1*, *TToU2*,...., *d3U2dT3* sind für die Parameterfunktionen $u^i(t)$ (i=1,2) und deren Ableitungen bis zur dritten
  Ordnung vorgesehen.

- *NormalCurvature* berechnet die Normalkrümmung zum Parameterwert T (siehe Abschnitt 5.1).

- *GeodesicCurvature* berechnet die geodätische Krümmung zum
  Parameterwert T (siehe Abschnitt 3.12).

Die restlichen Methoden haben dieselbe Bedeutung, wie die entsprechenden des Typs SurfaceT, wobei hier allerdings an einige
nicht der Parameterpunkt Q, sondern der Kurvenparameter T übergeben wird. Aus diesem werden dann beim Aufruf der Methode zunächst mittels TToU1 und TToU2 die Flächenparameter bestimmt.

8.11 Eine Übersicht über die konstruierten Objekthierarchien

Aufbauend auf den vier Basistypen aus den vorangegangenen Abschnitten haben wir eine Objekthierarchie konstruiert, die aus zwei Zweigen besteht, welche wir mit *Geometriezweig* und *zeichentechnischem Zweig* bezeichnet haben und deren Aufbau wir jeweils mit einem Diagramm darstellen.

In diesem wird Vererbung durch einen Pfeil vom Vorfahr zum Erben dargestellt. Es werden nur die Objekttypen aufgeführt, die in Units deklariert worden sind.

1. <u>Geometriezweig</u>

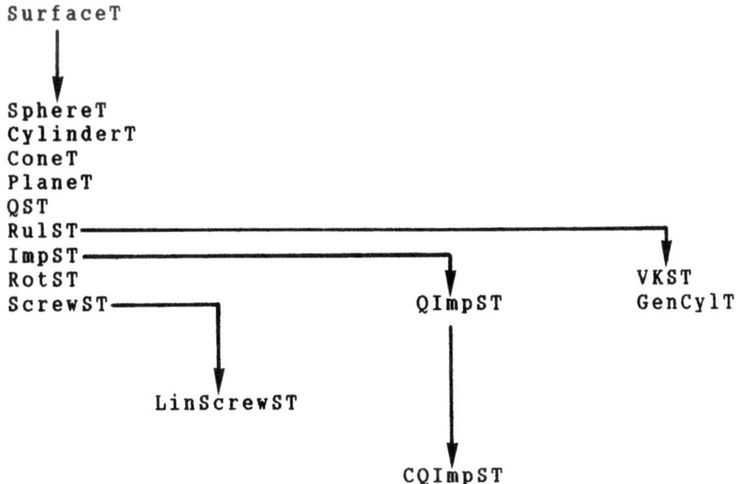

2. <u>Zeichntechnischer Zweig (2D-Teil)</u>

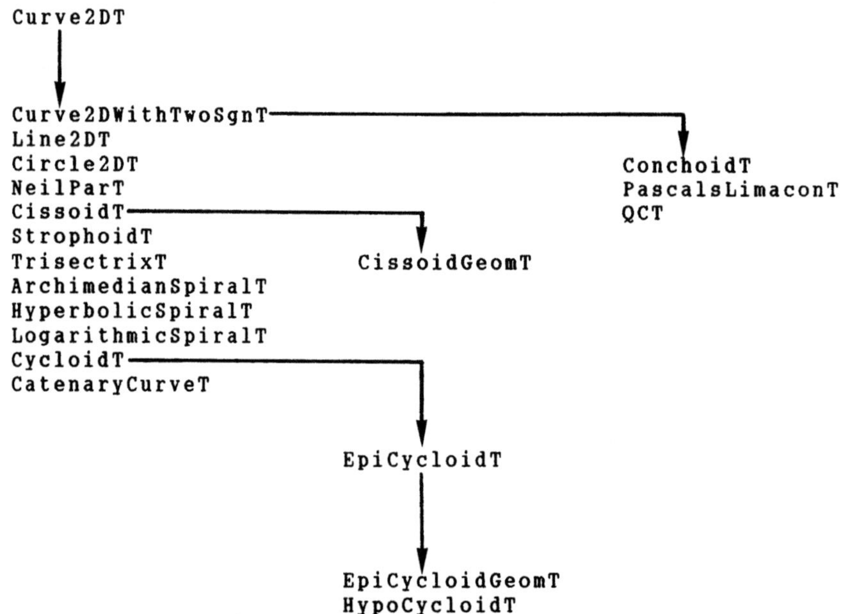

3. <u>Zeichentechnischer Zweig (3D-Teil)</u>

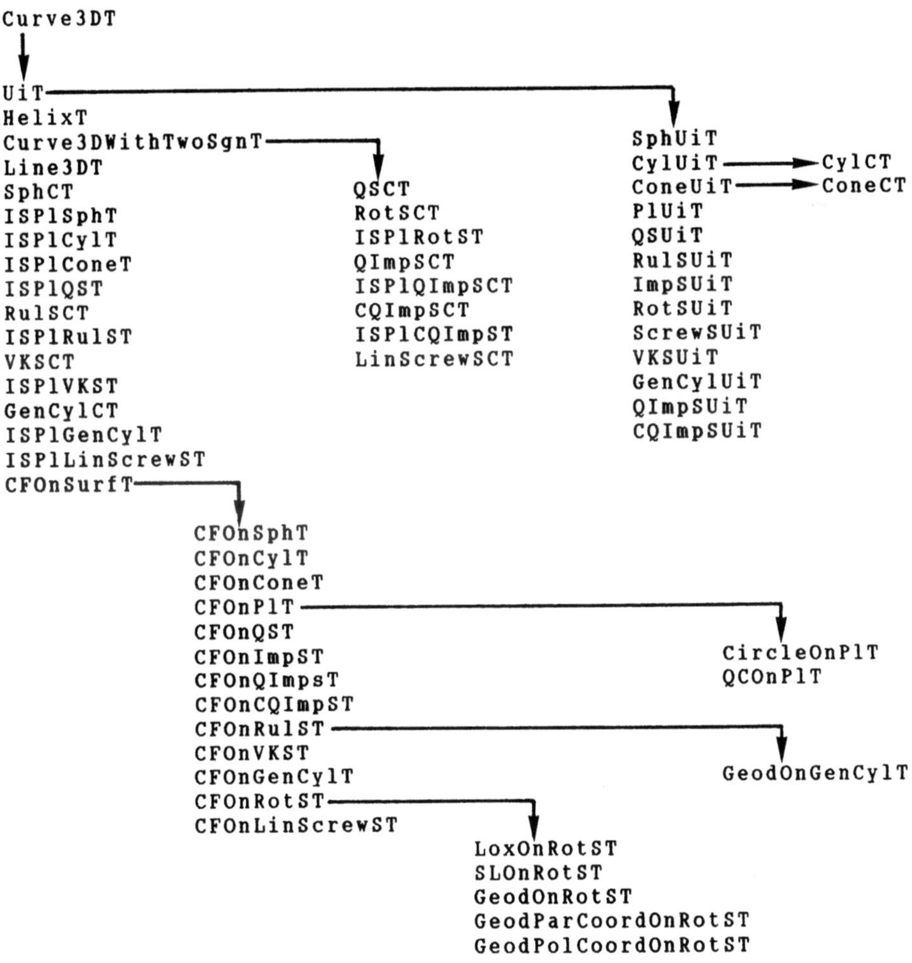

8.12 Regeln für die Wahl von Bezeichnern und Abkürzungen

Bei der Wahl der Bezeichner in unserer Software haben wir uns strikt an einige Regeln gehalten, die wir an dieser Stelle kurz zusammenfassen.

Oberstes Gebot ist es, möglichst aussagekräftige und übersicht-
liche Bezeichner zu benutzen.

Besteht ein Bezeichner aus mehreren Wörtern, wird der erste
Buchstabe eines jeden Wortes groß und der Rest klein geschrieben. Variablentypen und Operatoren aus TURBO-PASCAL werden
vollständig in Großbuchstaben geschrieben.

Für immer wiederkehrende Teile in unseren Bezeichnern haben wir
prägnante Abkürzungen benutzt. Im einzelnen stehen

- C   als letzter - bzw. bei Objekttypen als vorletzter -
             Buchstabe für Kontur
- Cart   für kartesisch
- CF   für Curve Family
- Cyl   für Cylinder
- GenCyl   für allgemeiner Zylinder
- Geod   für geodätisch
- H   zu Beginn eines Bezeichners für eine Hilfsvariable
- ImpS   für Flächen in impliziter Form
- Intv   für Intervall
- IS   für Intersection
- Max   für Maximum
- Min   für Minimum
- N   für Number
- Num   für Number
- Par   für parallel
- Pl   für Plane
- Plt   für Plotter
- Pol   für Polar
- PSc   für PostScript
- Pt   für Punkt
- QC   für Quadratic Curve
- QS   für Quadratic Surface
- RotS   für Rotation Surface
- RulS   für Ruled Surface
- ScrewS   für Schraubenflächen
- Scr   für Screen
- Sph   für Sphere
- Str   am Ende eines Bezeichners für einen String
- T   als letzter Buchstabe für Objekttyp
- Vir   für virtuell
- Vt   für Vektor

Beschreibt eine Prozedur oder eine Methode die Ableitung ir-
gendeiner Funktion, so kennzeichnen wir dies durch das Voran-
stellen von "d" gefolgt von einer Ziffer für die Ordnung der
Ableitung, sofern diese größer als eins ist.

In den meisten Fällen fügen wir zur Vermeidung von Irrtümern an
den Namen der Funkton ein weiteres "d" an, gefolgt von dem Bezeichner der Variablen, nach der differenziert wird.
Wir geben hierzu einige Beispiele:

- dFdX   beschreibt die erste Ableitung einer Funktion F nach der Variablen X

- d2U2dT2   beschreibt die zweite Ableitung einer Funktion U2 nach der Variablen T

- d2XdU1dU2   beschreibt die partielle Ableitung zweiter Ordnung einer Funktion X, wobei zuerst nach U1 und dann nach U2 differenziert worden ist.

Besitzt ein Objekttyp Datenfelder, die von prozeduralem Typ sind, so führen wir in seiner Deklaration für die Funktionen oder die Prozeduren dieser Datenfelder - mit Ausnahme der Checkprozeduren - stets auch eine Methode ein (vergleiche Abschnitt 3.4). Als Bezeichner für eine solche Methode wählen wir stets ein "m" gefolgt vom Namen des entsprechenden Datenfeldes. Auch hierzu geben wir ein Beispiel: Der Typ RotST enthält ein Feld d2R für die zweite Ableitung der Funktion $r(u^1)$ der Rotationsfläche. Die dazu in RotST implementierte Methode heißt also md2R.

LISTE DER PROGRAMME

P1_01:   Kreis
P1_02:   Kreis mit Sichtbarkeit
P1_03:   Helix
P1_04:   Helix in WI3D
P1_05:   Parameterlinien auf einer Kugel
P1_06:   Parameterlinien auf einem Teil einer Kugel
P1_07:   Kugel mit Kontur
P1_08:   Zylinder
P1_09:   Kegel
P1_10:   Ebene
P1_11:   Schnitt zwischen einer Kugel und einer Ebene
P1_12:   Schnitt zwischen einem Zylinder und einer Ebene
P1_13:   Schnitt zwischen einem Kegel und einer Ebene
P1_14:   Flächenkurven auf einer Kugel
P1_15:   Flächenkurven auf einem Zylinder
P1_16:   Flächenkurven auf einem Kegel

P2_01:   Neil'sche Parabel
P2_02:   Quadratische Kurve in vorgegebenem 2D-Intervall
P2_03:   Quadratische Kurve
P2_04:   Kissoide
P2_05:   Erzeugungsprinzip der Kissoide
P2_06:   Strophoide
P2_07:   Trisektrix
P2_08:   Konchoide
P2_09:   Pascal'sche Schnecke
P2_10:   Gewöhnliche Zykloide
P2_11:   Epizykloide
P2_12:   Hypozykloide
P2_13:   Erzeugungsprinzip der Epizykloide
P2_14:   Archimedische Spirale
P2_15:   Hyperbolische Spirale
P2_16:   Logarithmische Spirale
P2_17:   Kettenlinie
P2_18:   Tangente und Tangentenvektor an einem Kreis
P2_19:   Tantenten an eine Helix, Schnittkurve der Tangenten
           mit der x^1x^2-Ebene
P2_20:   Loxodrome einer Kreisschar mit Tangentenvektoren
P2_21:   Darstellung der Bedeutung der Bogenlänge
P2_22:   Begleitendes Dreibein längs einer Helix
P2_23:   Darstellung der Bedeutung der Krümmung
P2_24:   Darstellung der Bedeutung der Torsion
P2_25:   Risse einer Helix
P2_26:   Krümmungskreise bei einer Epizykloiden
P2_27:   Krümmungskreis und Schmiegebene bei einer Helix
P2_28:   Schmiegkugel und Schmiegebene bei einer Helix
P2_29:   Böschungslinien auf einer Kugel und deren orthogonale
           Projektion
P2_30:   Sphärische Bilder einer Helix
P2_31:   Sphärische Bilder einer Loxodrome auf einer Kugel

P2_32:   Demonstration des Darboux-Vektors bei einer Kurve auf
          einer Kugel
P2_33:   Demonstration des Darboux-Vektors bei einer Kurve auf
          einem Kegel
P2_34:   Evolventen einer Loxodrome auf einer Kugel
P2_35:   Planevolventen einer Helix
P2_36:   Evolute einer Helix
P2_37:   Ergänzung einer logarithmischen Spirale zum BKP
P2_38:   Ergänzung einer Helix zum BKP

P3_01:   Ebene, auf Polarkoordinaten bezogen
P3_02:   Kugel, auf verschiedene Koordinaten bezogen
P3_03:   Kugel, deren Parameterlinien Loxodrome sind
P3_04:   Kurven auf einer Kugel
P3_05:   Tangentialebene an eine Kugel
P3_06
 bis
P3_14:   Verschiedene Quadriken
P3_15
 bis
P3_20:   Verschiedene Regelflächen
P3_21:   Tangenten-, Normalen- und Binormalenfläche einer Helix
P3_22:   Fläche vom Typ ImpST
P3_23:   Fläche vom Typ QImpST
P3_24:   Affensattel
P3_25
 bis
P3_29:   Verschiedene Rotationsflächen
P3_30
 bis
P3_31:   Verschiedene Schraubenflächen
P3_32:   Spezielle Schraubenfläche vom Typ LinScrewST
P3_33:   Schnitt einer Ebene mit einer Quadrik
P3_34:   Schnitt einer Ebene mit einer Regelfläche
P3_35:   Schnitt einer Ebene mit einer Normalenfläche
P3_36:   Schnitt einer Ebene mit einer Fläche vom Typ QImpST
P3_37:   Schnitt einer Ebene mit einem Affensattel
P3_38:   Schnitt einer Ebene mit einer Rotationsfläche
P3_39:   Schnitt einer Ebene mit einer speziellen Schraubenflä-
          che
P3_40:   Loxodrome auf einem Torus
P3_41:   Böschungslinien auf einer Rotationsfläche
P3_42:   Böschungslinie auf einem Rotationsparaboloid
P3_43:   Orthogonale Parameterlinien auf einer speziellen
          Schraubenfläche

P4_01:   Großkreise und Großkreisebene einer Kugel
P4_02:   Geodätische Linien auf einem Kegel
P4_03:   Geodätische Linie auf einem allgemeinen Zylinder
P4_04:   Geodätische Linien auf einem Zylinder
P4_05:   Geodätische Linien auf einem Kegel
P4_06:   Schmiegebene und darin liegender Flächennormalenvektor
          in einem Punkt einer Geodätischen auf einer Kugel

P4_07:   Geodätische Linie auf einem Rotationshyperboloid
P4_08:   Geodätische Linien auf einer Rotationsfläche (erste Verlaufsform)
P4_09:   Geodätische Linien auf einer Rotationsfläche (zweite Verlaufsform)
P4_10:   Geodätische Linien auf einer Rotationsfläche (dritte Verlaufsform)
P4_11:   Parameterlinien bezüglich geodätischer Parameter auf einem Zylinder
P4_12:   Parameterlinien bezüglich geodätischer Parameter auf einem Rotationsparaboloid
P4_13:   Parallelkurven zu einer Loxodrome auf einem Kegel
P4_14:   Geodätische Parallelkoordinaten auf einem Zylinder
P4_15:   Geodätische Parallelkoordinaten auf einem Kegel
P4_16:   Geodätische Parallelkoordinaten auf einer allgemeinen Rotationsfläche
P4_17:   Geodätische Polarkoordinaten auf einem Zylinder
P4_18:   Geodätische Polarkoordinaten auf einem Kegel
P4_19:   Geodätische Polarkoordinaten auf einer allgemeinen Rotationsfläche
P4_20:   Parallelverschiebung nach Levi-Civita längs einer Loxodromen auf einer Kugel
P4_21:   Parallelverschiebung nach Levi-Civita längs einer Geodätischen auf einem Kegel
P4_22:   Parallelverschiebung nach Levi-Civita längs einer Geodätischen auf einer allgemeinen Rotationsfläche
P4_23:   Demonstration der Unabhängigkeit der Parallelverschiebung nach Levi-Civita von der Kurve auf Torsen

P5_01:   Zerlegung des Krümmungsvektors
P5_02:   Zusammenhang zwischen Tangentenrichtung und Normalkrümmung
P5_03:   Normalschnitt in einem Punkt einer Loxodrome auf einem Torus
P5_04:   Darstellung des Satzes von Meusnier
P5_05:   Hauptkrümmungsrichtungen in einem Punkt einer Fläche von spezieller impliziter Form
P5_06:   Krümmungslinien auf einem allgemeinen Zylinder
P5_07:   Krümmungslinien auf einem allgemeinen Kegel
P5_08:   Krümmungslinien auf einer Tangentenfläche
P5_09:   Krümmungslinien auf einer Fläche von spezieller impliziter Form
P5_10:   Krümmungslinien auf einem elliptischen Kegel
P5_11:   Dreifaches Orthogonalsystem aus Ebenen, Kugeln und Kegeln
P5_12:   Krümmungslinien auf Ellipsoid
P5_13:   Krümmungslinien auf einschaligem Hyperboloid
P5_14:   Krümmungslinien auf zweischaligem Hyperboloid
P5_15:   Regelfläche, deren Parameterlinien Asymptotenlinien sind
P5_16:   Asymptotenlinien auf einem Affensattel
P5_17:   Asymptotenlinien auf einem Katenoid
P5_18:   Asymptotenlinien auf einer Regelfläche

LITERATURVERZEICHNIS

Computergrafik

[1] ENDL, K. und ENDL, R.: Computergrafik 1. Würfel-Verlag
     (1989).

[2] ENDL, K.: Computergrafik 2. Würfel-Verlag (1991).

[3] ENDL, K.: Kreative Computergrafik. VDI-Verlag (1986).

[4] FOLEY, J.D.: VAN DAM, A.: Fundamentals of Interactive
     Computer Graphics. Addison-Wesley (1984).

Differentialgeometrie und Analytische Geometrie

[5] BLASCHKE, W; LEICHTWEISS, K.: Elementare Differential-
     geometrie. Springer-Verlag (5. Auflage, 1973).

[6] ENDL, K.: Analytische Geometrie und Lineare Algebra.
     Würfel-Verlag (1984).

[7] ENDL, K.: Analytische Geometrie und Lineare Algebra,
     Aufgaben und Lösungen. VDI-Verlag (1987).

[8] FISCHER, G.: Analytische Geometrie. Vieweg (1979).

[9] KLOTZEK, B.: Einführung in die Differentialgeometrie
     (2 Bände). VEB Deutscher Verlag der Wissenschaften, Ber-
     lin (1981).

[10] KREYSZIG, E.: Differentialgeometrie. Akademische Ver-
     lagsgesellschaft, Geest & Portig K.-G (1957).

[11] LAUGWITZ, D.: Differentialgeometrie. B.G.Teubner Ver-
     lagsgesellschaft (1960).

[12] PICKERT, G.: Analytische Geometrie. Akademische Ver-
     lagsgesellschaft Geest & Portig K.-G. (7. Auflage, 1976).

[13] ROTHE, R.: Differentialgeometrie I. Walter de Gruyter
     (1944).

[14] SCHÖNE, W.: Differentialgeometrie. Verlag Harri Deutsch
     (1978).

[15] SPIVAK, M.: Differential Geometry (Volume Three). Pub-
     lish or Perish, Inc. (1975).

Numerische Mathematik

[16] BÖHM, W; GOSE, G.: Einführung in die Methoden der numerischen Mathematik. Vieweg (1977).

[17] BJÖRCK, A.; DAHLQUIST, G.: Numerische Methoden. R. Oldenbourg Verlag (1972).

[18] ENDL, R.: Numerische Behandlung und computergrafische Darstellung geodätischer Linien auf Rotationsflächen. Diplomarbeit am Mathematischen Institut der Universität Gießen (1989).

[19] JORDAN-ENGELN, G.; REUTTER, F.: Formelsammlung zur numerischen Mathematik mit Standard-FORTRAN-Programmen. Bibliographisches Institut AG, Mannheim (1972).

[20] STIEFEL, E.L.: Einführung in die numerische Mathematik. Teubner (4.Auflage, 1969).

[21] STOER, J.; BULIRSCH, R.: Einführung in die numerische Mathematik. Springer-Verlag (1984).

Programmiersprachen und objektorientiertes Programmieren

[22] ADOBE SYSTEMS INC.: PostScript-Handbuch. Addison-Wesley (1989).

[23] AUPPERLE, M.: Objektorientierte Programmierung mit TURBO PASCAL. Vieweg (1990).

[24] BORLAND INTERNATIONAL INC.: Handbücher zu TURBO-PASCAL 5.5 und 6.0. (1989 und 1990).

[25] HEWLETT-PACKARD: Interfacing and programming manual for the HP 7550A Graphics-Plotter. (Third edition, 1986).

[26] SOMMER, M.; GASIOROWSKI, H.: Modulares Programmieren in TURBO-PASCAL 5.0. McGraw-Hill (1989).

[27] THIES, K.-D.: Objektorientierte und modulare Software-Entwicklung mit TURBO-PASCAL 5.5. te-wi (1990).

[28] WIRTH, N.: Systematisches Programmieren. Teubner (1979).

SACHWORTREGISTER

Kurt Endl und Robert Endl

Computergrafik 1

Eine Software zur Geometrie
in Turbo-Pascal

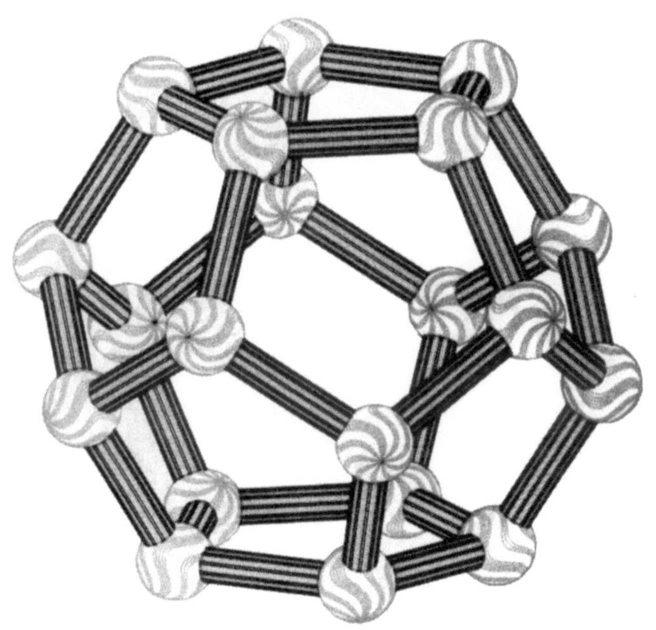

Würfel-Verlag

In Band 1 finden sich die mathematischen Herleitungen und Im-
plementierungen für den "Geometrischen Werkzeugkasten" (Initialisierung, Punkte, Intervalle, Koordinatentransformationen,
Vektoren, Geraden, Ebenen und allgemeine Perspektive). Eingehend behandelt werden Ebenen, Kugel, Kegel und Zylinder, ferner
die platonischen Körper.

Würfel-Verlag 448 S., mehrfarbig, 320 Abb., incl. Diskette
DM 78,00 ISBN 3-923210-95-7

Kurt Endl

Computergrafik 2

Eine Software zur Geometrie
in objektorientierter Programmierung
mit Turbo-Pascal

Würfel-Verlag

In Band 2 wird der "Geometrische Werkzeugkasten" zur Erstellung
einer Software in objektorientierter, dynamischer Form herangezogen. Alle in Band 1 behandelten Flächen sind nun gleichzeitig
in einem Programm darstellbar. Hierbei kann jede Fläche beliebig aufgeschnitten und mit Ornamentik inklusive Schrift versehen werden. Die Software zur Geometrie wurde mit dem Deutsch-
Österreichischen Hochschulpreis 1993 als beste Lernsoftware in
Mathematik ausgezeichnet.

Würfel-Verlag 528 S., mehrfarbig, 212 Abb., incl. Diskette
DM 88,00 ISBN 3-923210-96-5

MIX
Papier aus verantwortungsvollen Quellen
Paper from responsible sources
FSC® C105338

If you have any concerns about our products,
you can contact us on
ProductSafety@springernature.com

In case Publisher is established outside the EU,
the EU authorized representative is:
Springer Nature Customer Service Center GmbH
Europaplatz 3, 69115 Heidelberg, Germany

Printed by Libri Plureos GmbH
in Hamburg, Germany